网页设计与前端开发从入门到精通

Dreamweaver+Flash+Photoshop+HTML+CSS+JavaScript

何新起 任慎存 田月梅 编著

人民邮电出版社
北京

图书在版编目（CIP）数据

网页设计与前端开发 : Dreamweaver+Flash+Photoshop+HTML+CSS+JavaScript从入门到精通 / 何新起, 任慎存, 田月梅编著. -- 2版. -- 北京 : 人民邮电出版社, 2016.7（2020.8重印）
ISBN 978-7-115-42456-3

Ⅰ. ①网… Ⅱ. ①何… ②任… ③田… Ⅲ. ①网页制作工具 Ⅳ. ①TP393.092

中国版本图书馆CIP数据核字(2016)第114806号

内 容 提 要

本书紧密围绕网页设计师在制作网页过程中的实际需要和应该掌握的技术，全面介绍了使用 Dreamweaver、Photoshop、Flash、HTML、CSS、JavaScript 进行网站建设和网页设计的各方面内容和技巧。本书不仅仅将笔墨局限于基本工具和语法讲解上，更重要的是通过一个个鲜活、典型的实战来达到学以致用的目的。

全书由不同行业中的实例应用组成，书中各实例均经过精心设计，操作步骤清晰简明，技术分析深入浅出，实例效果精美实用。本书还精心配备了 PPT 电子课件，便于老师课堂教学和学生把握知识要点。

本书语言简洁，内容丰富，适合网页设计与制作人员、网站建设与开发人员、大中专院校相关专业师生、网页制作培训班学员和个人网站爱好者阅读。

◆ 编　　著　何新起　任慎存　田月梅
责任编辑　赵　轩
责任印制　焦志炜

◆ 人民邮电出版社出版发行　　北京市丰台区成寿寺路 11 号
邮编　100164　　电子邮件　315@ptpress.com.cn
网址　http://www.ptpress.com.cn
北京七彩京通数码快印有限公司印刷

◆ 开本：787×1092　1/16
印张：31.5
字数：771 千字　　2016 年 7 月第 2 版
印数：15 001 – 15 400 册　　2020 年 8 月北京第 10 次印刷

定价：59.00 元

读者服务热线：(010)81055410　印装质量热线：(010)81055316
反盗版热线：(010)81055315

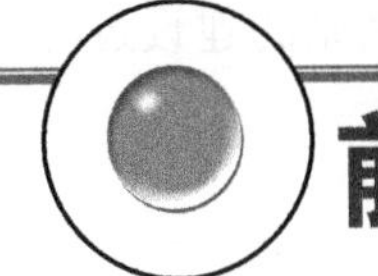

前　言

网络技术的日益成熟，给人们带来了诸多方便。如今，网络正在各个领域发挥着巨大的作用，成为人们日常生活中不可或缺的部分。人们可以足不出户网上购物，随时查询股票信息，在自己的博客上尽情发表言论……以上这些都离不开最基本的网页设计、制作与维护。

制作一个网站需要很多技术，包括图像设计和处理、网页动画的制作和网页版面的布局编辑等。随着网页制作技术的不断发展和完善，产生了众多网页制作与网站建设软件。但是目前使用最多的是 Photoshop、Dreamweaver 和 Flash 这三款软件，它们已经成为网页制作的梦幻工具组合，以其强大的功能和易学易用的特性，赢得了广大网页制作与网站建设人员的青睐。这些软件的功能相当强大，使用非常方便。但是对于高级的网页制作人员来讲，作为一个专业网页设计者仍需了解 HTML、CSS、JavaScript 等网页设计语言和技术的使用，这样才能充分发挥自己丰富的想象力，更加随心所欲地设计符合标准的网页，以实现网页设计软件不能实现的许多重要功能。

本书主要内容

本书紧密围绕网页设计师在制作网页过程中的实际需要和应该掌握的技术，全面介绍了使用 Dreamweaver、Photoshop、Flash、HTML、CSS、JavaScript 进行网站建设和网页设计的各方面内容和技巧。本书不仅仅将笔墨局限于基本工具和语法讲解上，更重要的是通过一个个鲜活、典型的实战来达到学以致用的目的。

第 1 部分　网页设计基础与 HTML 篇：包括网页设计基础知识、HTML 基础。

第 2 部分　Dreamweaver CC 网页制作篇：包括使用 Dreamweaver CC 创建基本文本网页、创建超级链接、使用图像和多媒体创建丰富多彩的网页、使用表格布局排版网页、使用模板和库批量制作风格统一网页、使用行为创建特效网页、创建动态数据库网页。

第 3 部分　CSS 美化布局网页篇：包括使用 CSS 样式表美化网页、CSS 属性基础、CSS+Div 布局方法。

第 4 部分　JavaScript 网页特效篇：包括 JavaScript 脚本基础、JavaScript 中的事件、JavaScript 函数与对象。

第 5 部分　Flash 动画设计篇：包括 Flash 绘制图形和编辑对象、使用文本工具创建文字、使用时间轴与图层、创建基本 Flash 动画、使用 ActionScript 制作交互动画、HTML5 动画。

第 6 部分　Photoshop CC 图像处理篇：包括 Photoshop 基础操作、使用绘图工具绘制图像、图层与文本的使用、设计制作网页中的图像。

第 7 部分　网站综合案例篇：从综合应用的方面讲述了一个完整的企业网站的建设过程，包括网站规划、设计网站封面型首页、使用 CSS+Div 布局网站主页。

本书主要特色

- **系统全面**

本书不仅介绍了 Photoshop、Dreamweaver、Flash 这三款软件的使用方法和技巧，还介绍了网页制作的核心语言 HTML、CSS、JavaScript，以及网站建设与网页设计的方方面面的知识，完成了由入门到精通的转变。

- **技巧提示**

作者在编写时，将平时工作中总结的创建模型的实战技巧与设计经验毫无保留地奉献给读者，不仅大大丰富和提高了本书的含金量，更方便读者提升自己的实战技巧与经验，让读者举一反三，从而学到更多的方法。

- **实例丰富**

全书由不同行业中的实例组成，各实例均经过精心设计，操作步骤清晰简明，技术分析深入浅出，实例效果精美实用。

- **图解方式**

在正文中，每一个操作步骤后均附上对应的操作截屏图，便于读者直观、清晰地看到操作效果，牢牢记住操作的各个细节。

- **电子课件**

本书还精心配备了 PPT 电子课件，便于老师课堂教学和学生把握知识要点。

- **资源下载**

注册异步社区（www.epubit.com.cn），然后从本书页面下载案例文件及课件。

本书读者对象

本书由一线网页制作和网站建设人员，以及资深网页设计培训教师共同策划、编写。由于时间所限，书中疏漏之处在所难免，恳请广大读者朋友批评指正，并发送邮件至 1005431430@qq.com。

本书适合网页设计与制作人员、网站建设与开发人员、大中专院校相关专业师生、网页制作培训班学员和个人网站爱好者阅读。

编　者

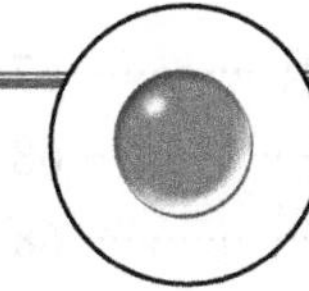

目　　录

第1部分　网页设计基础与HTML篇

第2部分　Dreamweaver CC网页制作篇

第 3 部分 CSS 美化布局网页篇

第4部分 JavaScript网页特效篇

第 5 部分 Flash 动画设计篇

第 6 部分 Photoshop CC 图像处理篇

第7部分 网站综合案例篇

第1部分 网页设计基础与HTML篇

第1章

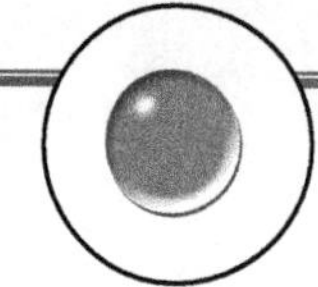

网页设计基础知识

为了能够使网页初学者对网页设计有个总体的认识，本章首先将介绍网页的基本知识，接着介绍网页的基本构成元素，最后简单介绍网页设计常用工具 Dreamweaver、Flash 和 Photoshop。通过本章的学习可以为后面设计制作更复杂的网页打下良好的基础。

学习目标

- 网页基础知识入门
- 掌握网页的基本构成元素
- 掌握网页设计的原则
- 掌握常见的版面布局形式
- 掌握常用网页设计软件

1.1 网页基础知识入门

1.1.1 认识互联网

因特网是一个全球性的计算机互联网络，中文名称为“国际互联网”或“因特网”。它集现代通信技术和现代计算机技术于一体，是计算机之间进行国际信息交流和实现资源共享的良好手段。互联网将各种各样的物理网络连接起来，构成一个整体，而不考虑这些网络类型的异同、规模的大小和地理位置的差异，如图 1-1 所示。

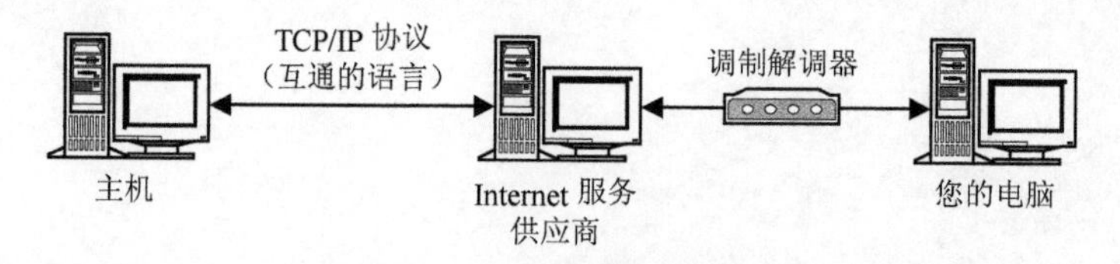

图 1-1 Internet 示意图

互联网是全球最大的信息资源库，几乎包括了人类生活的方方面面的信息，如政府部门、教育、科研、商业、工业、出版、文化艺术、通信、广播电视、娱乐等。经过多年的发展，互联网已经在社会的各个方面为全人类提供便利，如电子邮件、即时消息、视频会议、网络日志及网上购物等。

1.1.2　域名与空间

域名是企业或各类机构在因特网上的网络地址。在网络时代，域名是企业和各类机构进入互联网必不可少的身份证明。

国际域名资源是十分有限的，为了满足更多企业、机构的申请要求，各个国家、地区在域名最后加上了国家标记段，由此形成了各个国家、地区的国内域名，如中国是cn、日本是jp等，这样就扩大了域名的数量，满足了用户的要求。

注册域名前应该在域名查询系统中查询所希望注册的域名是否已经被注册。几乎每一个域名注册服务商都在自己的网站上提供查询服务。图1-2所示为在万网申请注册域名。

图1-2　在万网申请注册域名

网站是建立在网络服务器上的一组电脑文件，它需要占据一定的硬盘空间，也就是一个网站所需的网站空间。

1.1.3　网页与网站

网页是一种可以在互联网上传输，能被浏览器识别和翻译成页面并显示出来的文件，是网站的基本构成元素。一般网页上都会有文本和图片等信息，而一些复杂的网页上还会有声音、视频、动画等多媒体内容。网页通常分为动态网页和静态网页两种。

网站也叫做站点，是提供各种信息和服务的基地。网站是有独立域名、独立存放空间的内容的集合，这些内容可能是网页，也可能是程序或其他文件。网站中不一定要有很多网页，只要有独立域名和空间，哪怕只有一个页面也叫网站。

很多网页链接在一起就组成了一个网站。用户浏览一个网站时，看到的第一个页面叫做主页。从主页出发，可以访问本网站中的每一个页面，也可以链接到其他网站。

1.1.4　静态网页与动态网页

网页又称 HTML 文件，在网站建设初期经常采用静态网页的形式。网站建设者把内容设计成静态网页，访问者只能被动地浏览网站建设者提供的网页内容。静态网页的特点如下。

- 网页内容不会发生变化，除非网页设计者修改了网页的内容。
- 不能实现与浏览网页的用户之间的交互。信息流向是单向的，即从服务器到浏览器。服务器不能根据用户的选择来调整返回给用户的内容。静态网页的浏览过程如图 1-3 所示。

动态网页是指网页文件里包含了程序代码，通过后台数据库与服务器的信息交互，由后台数据库提供实时数据更新和数据查询服务。这种网页的后缀名称一般根据不同的程序设计语言而不同，常见的有.asp、.jsp、.php、.perl、.cgi 等形式。动态网页能够根据不同时间和不同访问者而显示不同内容。如常见的 BBS、留言板和购物系统通常是用动态网页实现。

动态网页的制作比较复杂，需要用到 ASP、PHP、JSP 和 ASP.NET 等专业动态网页设计语言。动态网页浏览过程如图 1-4 所示。

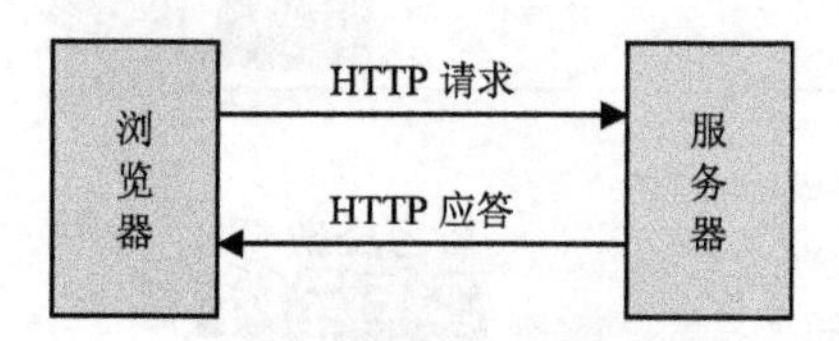

图 1-3　静态网页的浏览过程

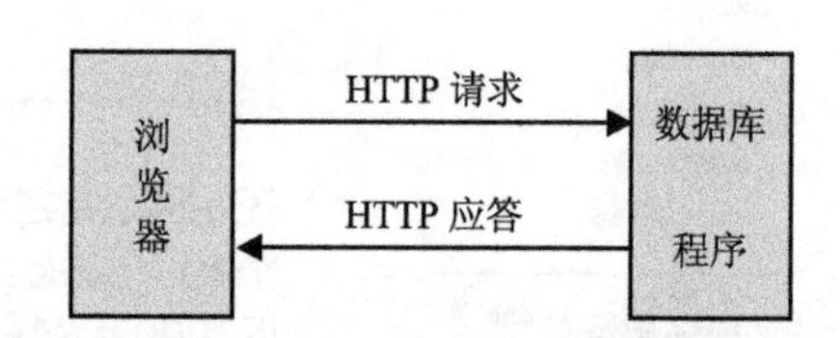

图 1-4　动态网页浏览过程

动态网页的一般特点如下。

- 动态网页以数据库技术为基础，可以大大降低网站维护的工作量。
- 采用动态网页技术的网站可以实现更多的功能，如用户注册、用户登录、搜索查询、用户管理、订单管理等。
- 动态网页并不是独立存在于服务器上的网页文件，只有当用户请求时服务器才返回一个完整的网页。
- 搜索引擎一般不可能从一个网站的数据库中访问全部网页，因此采用动态网页的网站在进行搜索引擎推广时需要做一定的技术处理才能适应搜索引擎的要求。

1.1.5　网站的类型

网站是多个网页的集合，目前还没有一个严谨的网站分类方式。按照主体性质划分，网站可以分为门户网站、电子商务网站、娱乐网站、游戏网站、时尚网站及个人网站等。

1. 个人网站

个人网站包括博客、个人论坛、个人主页等。网络的大发展趋势就是向个人网站发展。个人网站就是自己的心情驿站。有的是为了拥有共同爱好的朋友相互交流而创建的网站，也有以自我介绍的简历形式的网站，图 1-5 所示的个人网站。

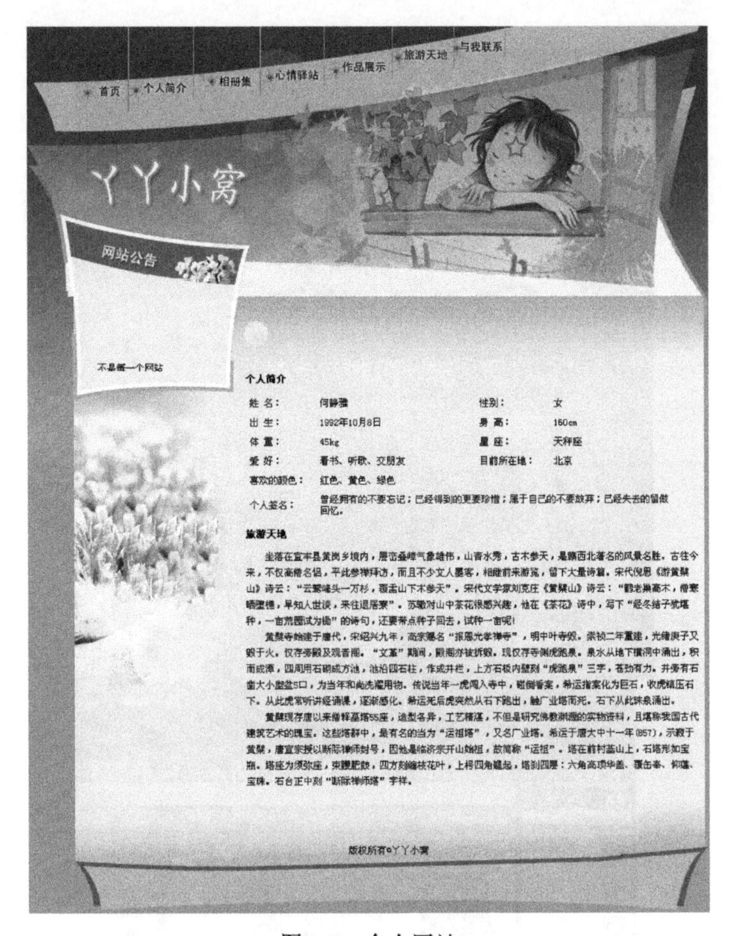

图 1-5 个人网站

2. 电子商务网站

电子商务网站为浏览者搭建起一个网络平台，浏览者和潜在客户在这个平台上可以进行整个交易/交流过程。电子商务型网站业务更依赖于互联网，是公开的信息仓库。

所谓电子商务，是指利用当代计算机、网络通信等技术实现各种商务活动的信息化、数字化、无纸化和国际化。狭义上说，电子商务就是电子贸易，主要指利用在网络进行电子交易，买卖产品和提供服务，图 1-6 所示为购物网站。广义上说，电子商务还包括企业内部的商务活动，如生产、管理、财务以及企业间的商务活动等。

通过电子商务，可实现如下目标。

- 能够使商家通过网络将产品销售到全世界，能够使消费者足不出户便买到全世界的商品。
- 可以实现在线销售、在线购物、在线支付，使商家和企业及时跟踪顾客的购物趋势。
- 商家和企业可以利用电子商务在网上推广自己的独特形象。
- 商家和企业可以利用电子商务同合作伙伴保持密切的联系，改善合作关系。
- 商家可以为顾客提供及时的技术支持和技术服务，降低服务成本。
- 可以促使商家和企业之间的信息交流，及时得到各种信息，保证决策的科学性和及时性。

图 1-6 购物网站

3. 游戏网站

游戏是当今网络中的热门话题，许多门户网站也专门增加了游戏频道。游戏网站一般情况下是以矢量风格的卡通插图为主体的，色彩对比比较鲜明。渐变的背景色彩使页面看起来十分明亮，少许立体感的游戏风格使页面看起来十分可爱，带有西方童话色彩的框架设计使网站看起来十分特别。图 1-7 所示为游戏网站。

4. 新闻网站

新闻资讯类网站具有传播速度快、传播范围广、不受时间和空间限制等特点，因此新闻网站得到了飞速的发展。并且新闻资讯网站以其新闻传播领域的丰富网络资源，逐渐成为继传统媒体之后的第四新闻媒体。如图 1-8 所示新闻类网站。

图 1-7 游戏网站

图 1-8 新闻资讯类网站

5. 时尚网站

追求流行是充满活力年轻人秉持的生活态度。时尚则是各种流行文化和设计理念的交汇与碰撞。如图 1-9 所示的某时尚网，它们体现着时尚、潮流，融合最前沿的文化信息。

图 1-9　时尚网

6. 门户网站

门户类网站是互联网的巨人，它们拥有庞大的信息量和用户资源，这是这类网站的优势。门户网站将无数信息整合、分类，为访问者打开方便之门，绝大多数网民通过门户网站来寻找感兴趣的信息资源，巨大的访问量给这类网站带来了无限的商机。图 1-10 所示为门户网站。

图 1-10　门户网站

1.2 网页的基本构成元素

不同性质的网站，构成网页的基本元素是不同的。网页中除了使用文本和图像外，还可以使用丰富多彩的多媒体素材等。

1.2.1 网站 Logo

网站 Logo 也称为网站标志，它是一个站点的象征，也是一个站点是否正规的标志之一。网站的标志应体现该网站的特色、内容以及其内在的文化内涵和理念。成功的网站标志有着独特的形象标识，在网站的推广和宣传中将起到事半功倍的效果。网站标志一般放在网站的左上角，访问者一眼就能看到它。网站标志通常有三种尺寸：88×31、120×60 和 120×90 像素。图 1-11 所示为网站 Logo。

标志的设计创意来自网站的名称和内容，大致分以下三个方面。

- 网站有代表性的人物、动物、花草，可以用它们作为设计的蓝本，加以卡通化和艺术化。
- 如果是专业性网站，可以用本专业的代表物品作为标志，如中国银行的铜板标志、奔驰汽车的方向盘标志。
- 最常用和最简单的方式是用自己网站的英文名称作为标志。采用不同的字体、字符的变形、字符的组合可以很容易地制作出自己的标志。

图 1-11 网站 Logo

1.2.2 网站 Banner

网站 Banner 是横幅广告，是互联网广告中最基本的广告形式。Banner 可以位于网页顶部、中部或底部任意位置，一般为横向贯穿整个或者大半个页面的广告条。常见的尺寸是 480×60 像素或 233×30 像素，使用 GIF 格式的图像文件，可以使用静态图形，也可以使用动画图像。除普通 GIF 格式外，采用 Flash 能赋予 Banner 更强的表现力和交互性。

网站 Banner 首先要美观，如果这个小的区域设计得非常漂亮和舒服，即使不是浏览者所要看的东西，或者是一些他们不感兴趣的东西，他们也会去点击。其次 Banner 还要与整个网页协调，同时又要突出、醒目，用色要同页面的主色相搭配，如主色是浅黄，广告条的用色就可以用一些浅的其他颜色，切忌用一些对比色。图 1-12 所示为网站 Banner。

图 1-12 网站 Banner

1.2.3 导航栏

导航栏是网页的重要组成元素，它的任务是帮助浏览者在站点内快速查找信息。好的导航系统应该能引导浏览者浏览网页而不迷失方向。导航栏的形式多样，可以是简单的文字链接，也可以是设计精美的图片或是丰富多彩的按钮，还可以是下拉菜单导航。

一般来说，网站中的导航在各个页面中出现的位置是比较固定的，而且风格也应一致。导航的位置一般有四种：在页面的左侧、右侧、顶部和底部。有时候在同一个页面中运用了多种导航。当然并不是导航在页面中出现得越多越好，而是要合理运用，达到页面整体上协调一致。图 1-13 所示为网站的左侧导航栏。

网站首页
公司简介
新闻中心
精彩案例
装饰知识
诚聘英才
项目报价
装饰订单
联系我们

图 1-13 网站的左侧导航栏

1.2.4 文本

网页内容是网站的灵魂，网页中的信息也以文本为主。无论制作网页的目的是什么，文本都是网页中最基本的、必不可少的元素。与图像相比，文字虽然不如图像那样易于吸引浏览者的注意，但却能准确地表达信息的内容和含义。

一个内容充实的网站必然会使用大量的文本。良好的文本格式可以创建出别具特色的网页，激发浏览者的兴趣。为了克服文字固有的缺点，人们赋予了文本更多的属性，如字体、字号、颜色等，通过不同的格式，突出显示重要的内容。此外，还可以在网页中设置各种各样的文字列表，来明确表达一系列的项目。这些功能给网页中的文本增加了新的生命力，图 1-14 所示为网页正文部分，其中运用了大量文本。

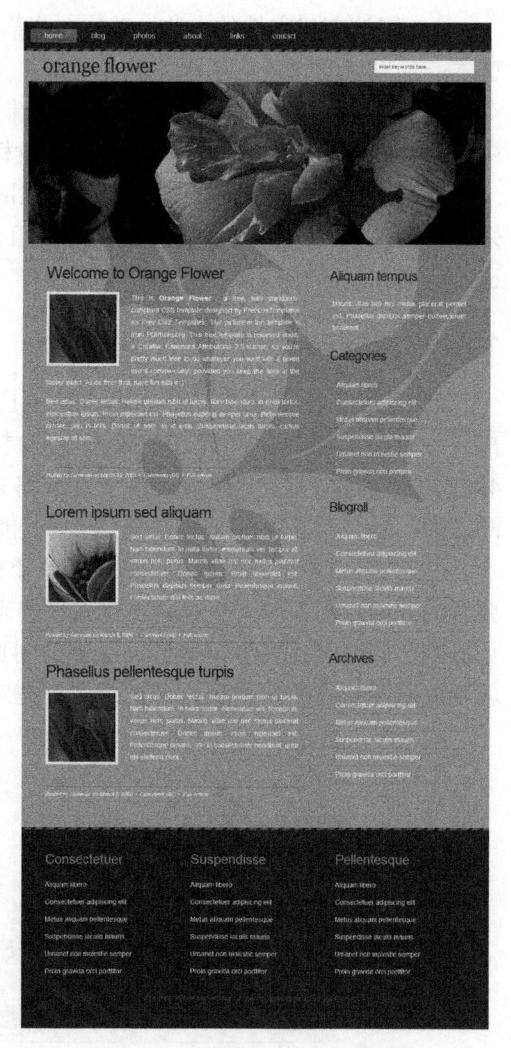

图 1-14 运用了大量文本的网页

1.2.5 图像

图像在网页中具有提供信息、展示形象、装饰网页、表达个人情趣和风格的作用。图像是文本的说明和解释，在网页适当位置放置一些图像，不仅可以使文本清晰易读，而且使得网页更加有吸引力。现在几乎所有的网站都使用图像来增加网页的吸引力，有了图像，网站才能吸引更多的浏览者。可以在网页中使用 GIF、JPEG 和 PNG 等多种图像格式，其中使用最广泛的是 GIF 和 JPEG 两种格式。如图 1-15 所示，在网页中插入图片生动形象地展示了信息。

图 1-15　在网页中使用图片

1.2.6　Flash 动画

Flash 动画具有简单易学、灵活多变的特点，所以受到很多网页制作人员的喜爱。它可以生成亮丽夺目的图形界面，而文件的体积一般只有 5～50KB。随着 ActionScript 动态脚本编程语言的逐渐发展，Flash 已经不再仅局限于制作简单的交互动画程序，通过复杂的动态脚本编程可以制作出各种各样有趣、精彩的 Flash 动画。由于 Flash 动画具有很强的视觉冲击力和听觉冲击力，因此一些公司的网站往往会采用 Flash 制作相关的页面，借助 Flash 的精彩效果吸引客户的注意力，从而达到比以往静态页面更好的宣传效果，图 1-16 所示为用 Flash 动画制作的页面。

图 1-16　Flash 动画制作的页面

1.3 网页设计的原则

设计是有原则的，网页设计遵循以下几个原则：统一、连贯、分割、对比及和谐。

- 统一是指网页的整体性和一致性。网页的整体效果是至关重要的，网页中各个版块设计风格要一致协调。图 1-17 所示的网页整体看起来就比较统一。
- 连贯是指要注意页面的相互关系。设计中要注意各组成部分在内容上的内在联系和表现形式上的相互呼应，并注意整个页面设计风格的一致性，实现视觉上和心理上的连贯，使整个页面设计的各个部分融洽得犹如一气呵成。
- 分割是指将页面分成若干小块，小块之间有视觉上的不同，这样可以使浏览者一目了然。图 1-18 所示的网页分成了若干小块。

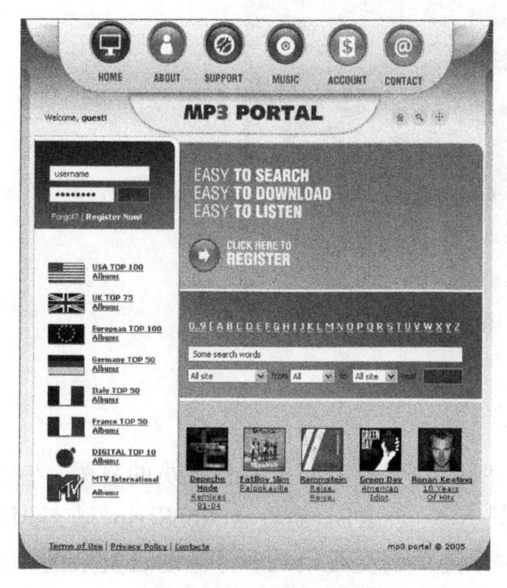

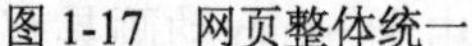
图 1-17　网页整体统一

图 1-18　网页分成若干小块

- 对比就是通过矛盾和冲突，使设计更加富有生气。对比的手法很多，如多与少、曲与直、强与弱、长与短、粗与细、主与次、黑与白、动与静及美与丑等。在使用对比的时候应慎重，对比过强容易破坏美感，影响统一。图 1-19 所示的网页设计中运用了对比效果。

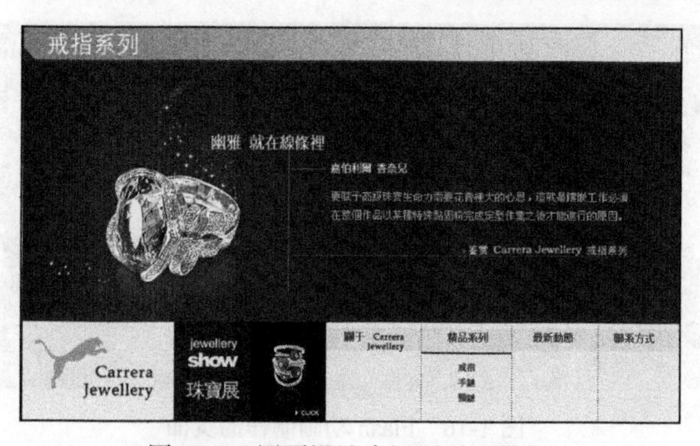

图 1-19　网页设计中运用对比效果

● 和谐是指整个页面符合美的法则，浑然一体。网页不仅仅是色彩、形状、线条等的随意混合。

1.4 常用网页设计软件

制作网页首先就是选择网页制作软件。由于目前所见即所得类型的工具越来越多，使用也越来越方便，所以制作网页已经变成了一件轻松的工作。Dreamweaver、Flash、Photoshop这三款软件相辅相承，是制作网页的首选工具。其中Dreamweaver主要用来制作网页文件，制作出来的网页兼容性好、制作效率也很高，Flash用来制作精美的网页动画，Photoshop用来处理网页中的图像。

1.4.1 Dreamweaver CC 概述

Dreamweaver是网页设计与制作领域中用户最多、应用最广、功能最强的软件，随着Dreamweaver CC的发布，更坚定了Dreamweaver在网页设计与制作领域中的地位。Dreamweaver用于网页的整体布局和设计，以及对网站进行创建和管理，利用它可以轻而易举地制作出充满动感的网页。Dreamweaver CC提供众多的可视化设计工具、应用开发环境以及代码编辑支持。开发人员和设计师能够快捷地创建功能强大的网络应用程序。图1-20所示为利用Dreamweaver CC制作网页。

图1-20 Dreamweaver CC制作网页

1.4.2 Photoshop CC 概述

Photoshop是Adobe公司推出的图像处理软件，目前已被广泛应用于平面设计、网页设计和照片处理等领域。随着计算机技术的发展，Photoshop已历经数次版本更新，目前最新版本为Photoshop CC。图1-21所示为利用Photoshop CC设计网页图像。

图 1-21　利用 Photoshop CC 设计网页图像

1.4.3　Flash CC 概述

Flash 是一款功能非常强大的交互式矢量多媒体网页制作工具，能够轻松输出各种各样的动画网页。它不需要特别繁杂的操作，但它的动画效果、互动效果、多媒体效果十分出色。由于用 Flash 制作的网页文件比普通网页文件要小得多，所以大大加快了浏览速度。图 1-22 所示为利用 Flash CC 制作网页动画。

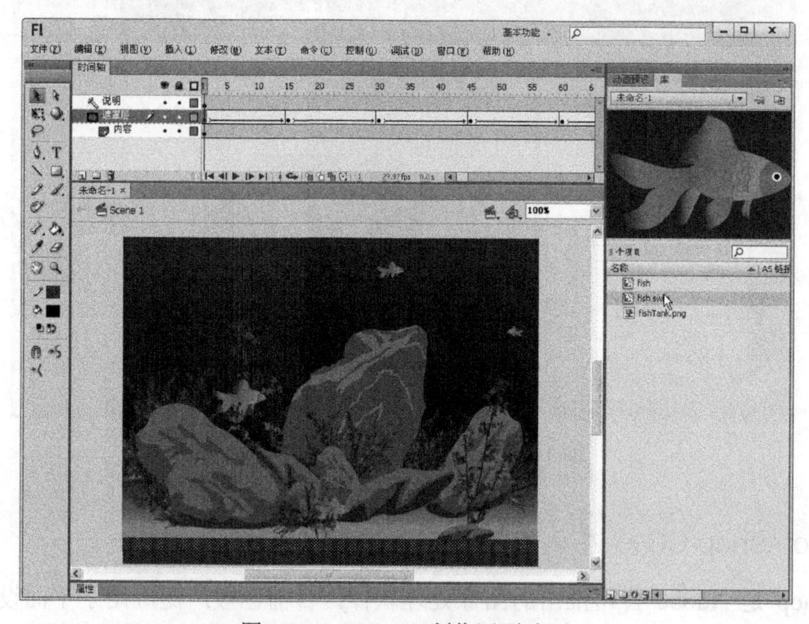

图 1-22　Flash CC 制作网页动画

第2章

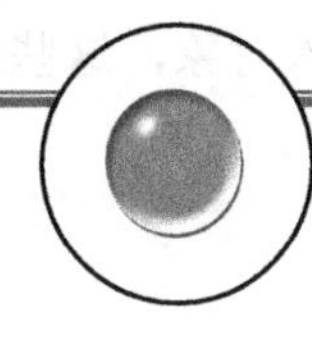

HTML 基础

在当今社会中，网络已成为人们生活的一部分，网页设计技术已成为学习计算机的重要内容之一。目前大部分网页都是采用可视化网页编辑软件来制作的，但是无论采用哪一种网页编辑软件，最后都是将所设计的网页转化为 HTML。HTML 是搭建网页的基础，如果不了解 HTML，就不能灵活地实现想要的网页效果。本章就来介绍 HTML 的基本概念和编写方法以及浏览 HTML 文件的方法，使读者对 HTML 有个初步的了解，从而为后面的学习打下基础。

学习目标

- HTML 的基本概念
- 掌握 HTML 文件的编写方法
- 掌握 HTML 头部标记 head
- 掌握网页的主体标记 body

2.1 HTML 的基本概念

HTML 的英文全称是 Hyper Text Markup Language，它是网页超文本标记语言，也是全球广域网上描述网页内容和外观的标准。

2.1.1 HTML 简介

HTML 作为一种标记语言，它本身不能显示在浏览器中。标记语言经过浏览器的解释和编译，才能正确地反映 HTML 标记语言的内容。HTML 发展至今经历了巨大的变化，从单一的文本显示功能到多功能互动，许多特性经过多年的完善，已经成为了一种非常成熟的标记语言。

HTML 不是一种编程语言，而是一种描述性的标记语言，用于描述超文本中内容的显示方式。如文字以什么颜色、大小来显示等，这些都是利用 HTML 标记完成的。其最基本的语法就是<标记符>内容</标记符>。标记符通常都是成对使用，有一个开头标记和一个结束标记。结束标记只是在开头标记的前面加一个斜杠“/”。当浏览器收到 HTML 文件后，就会解释里面的标记符，然后把标记符相对应的功能表达出来。

如在 HTML 中用<I></I>标记符来定义文字为斜体字，用<B></B>标记符来定义文字为粗体字。当浏览器遇到<I></I>标记时，就会把<I></I>标记之间的所有文字以斜体样式显示出来。遇到<B></B>标记时，就会把<B></B>标记之间的所有文字以粗体样式显示出来。

2.1.2 HTML 文件的基本结构

完整的 HTML 文件包括标题、段落、列表、表格以及各种嵌入对象，这些对象统称为 HTML 元素。一个 HTML 文件的基本结构如下。

```
<html>文件开始标记<head>文件头开始的标记
……文件头的内容
</head>文件头结束的标记
<body>文件主体开始的标记
……文件主体的内容
</body>文件主体结束的标记
</html>文件结束标记
```

从上面的代码可以看出，在 HTML 文件中，所有的标记都是相对应的，开头标记为<>，结束标记为</>，在这两个标记中间添加内容。

2.1.3 认识 HTML 标记

HTML 是超文本标记语言，主要通过各种标记来标示和排列各对象，通常由尖括号“<”“>”以及其中所包含的标记元素组成。

在 HTML 中，所有的标记都是成对出现的，而结束标记总是在开始标记前增加一个“/”。标记与标记之间还可以嵌套，也可以放置各种属性。此外，在源文件中标记是不区分大小写的。

HTML 定义了以下三种标记，用于描述页面的整体结构。

<html>标记：它放在 HTML 的开头，表示网页文档的开始。

<head>标记：出现在文档的起始部分，标明文档的头部信息，一般包括标题和主题信息，其结束标记</head>指明文档标题部分的结束。

<body>标记：用来指明文档的主体区域，网页所要显示的内容都放在这个标记内，其结束标记</body>指明主体区域的结束。

2.2 HTML 文件的编写方法

编写 HTML 的方法比较简单，可以使用任何一种文本编辑工具来编写，比如 Dreamweaver、记事本等。

2.2.1 使用记事本手工编写 HTML

HTML 是一种以文字为基础的语言，并不需要什么特殊的开发环境，可以直接在 Windows 自带的记事本中编写。HTML 文档以.html 为扩展名，将 HTML 源代码输入到记事本并保存之后，可以在浏览器中打开文档以查看其效果。使用记事本编写 HTML 文件的具体操作步骤如下。

❶ 选择菜单中的【开始】|【所有程序】|【附件】|【记事本】命令，打开一个记事本，在记事本中即可编写 HTML 代码，如图 2-1 所示。

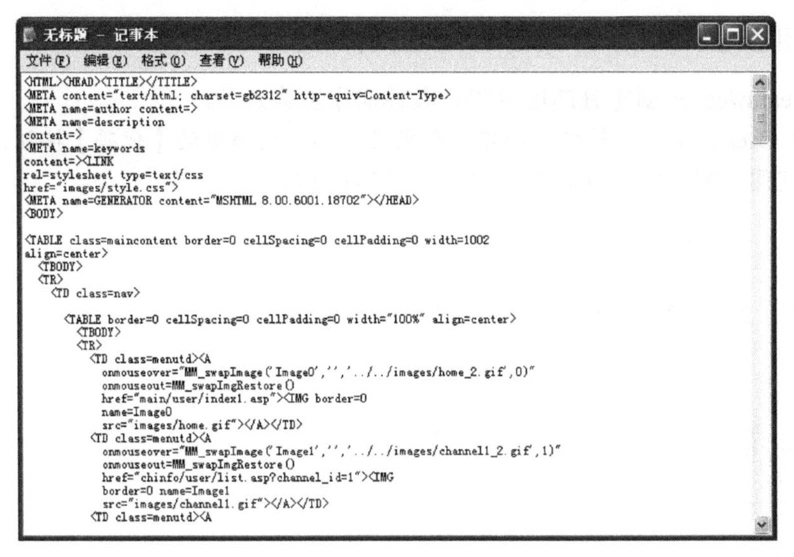

图 2-1　编辑 HTML 代码

❷ 当编辑完 HTML 文件后，选择菜单中的【文件】|【保存】命令，弹出【另存为】对话框，将它存为扩展名为.htm 或.html 的文件即可，如图 2-2 所示。

❸ 单击【保存】按钮，保存文档。打开网页文档，在浏览器中预览效果，如图 2-3 所示。

图 2-2　【另存为】对话框

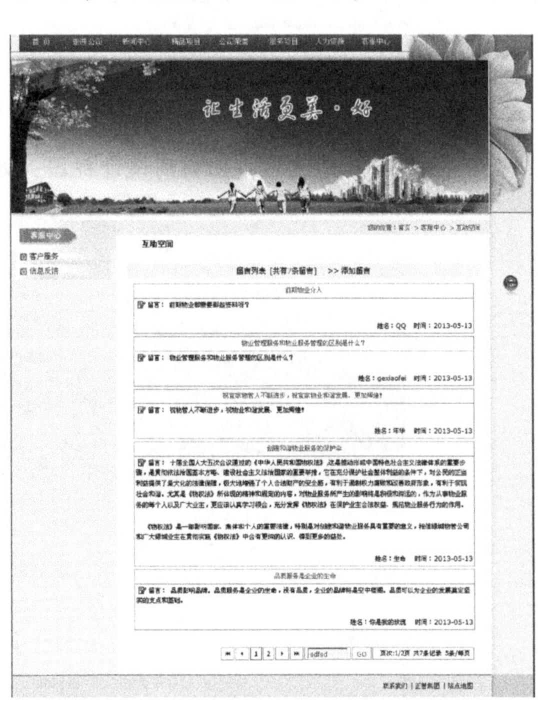

图 2-3　浏览效果

提示　任何文字处理器都可以用来处理 HTML 代码，但必须记得要以.html 的扩展名对其加以保存。

2.2.2 使用 Dreamweaver 编写 HTML 文件

使用 Dreamweaver 创建 HTML 文件，具体操作步骤如下。

❶ 打开 Dreamweaver 软件，新建一个文档，单击文档中的【代码】按钮，打开代码视图，在代码视图中可以输入 HTML 代码，如图 2-4 所示。

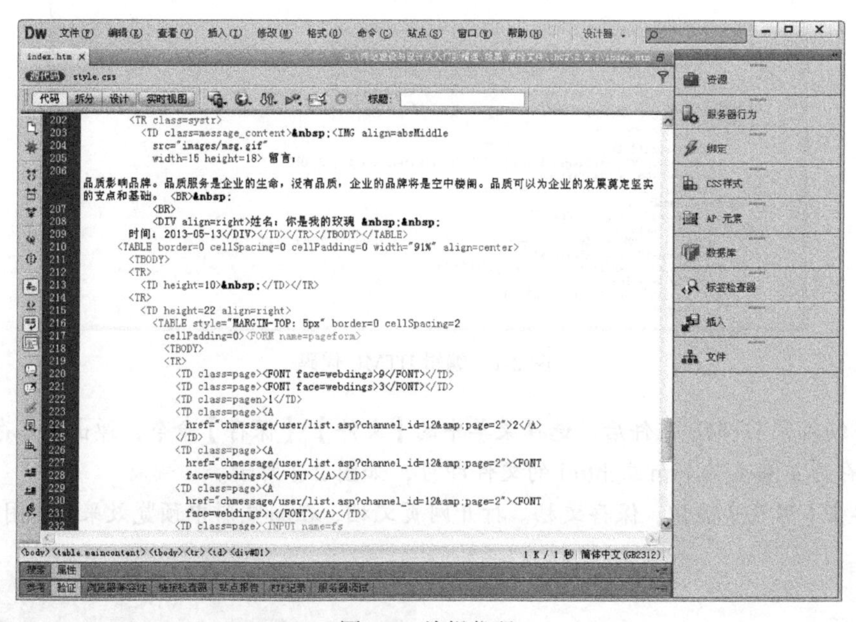

图 2-4　编辑代码

❷ 输入代码完成后，切换到设计视图，效果如图 2-5 所示。

图 2-5　设计视图中的效果

2.3 HTML 头部标记 head

在 HTML 语言的头部元素中，一般需要包括标题、基础信息和元信息等。HTML 的头部元素是以<head>为开始标记，以</head>为结束标记。

语法：

```
<head>……</head>
```

说明：

定义在 HTML 语言头部的内容都不会在网页上直接显示，而是通过另外的方式起作用。

实例：

```
<html>
<head>
文档头部信息
</head>
<body>
文档正文内容
</body>
</html>
```

2.4 网页的主体标记 body

网页的主体部分包括要在浏览器中显示处理的所有信息。在网页的主体标记中有很多的属性设置，包括网页的背景设置、文字属性设置和链接设置等。

2.4.1 网页背景色 bgcolor

对大多数浏览器而言，其默认的背景颜色为白色或灰白色。使用<body>标记的 bgcolor 属性可以为整个网页定义背景颜色。

语法：

```
<body bgcolor="背景颜色">
```

说明：

在该语法中的 body 就是页面的主体标记，bgcolor 的值可以是一个已命名的颜色，也可以是一个十六进制的颜色值。

实例：

```
<html>
<head>
<meta http-equiv="content-type" content="text/html; charset=gb2312" />
<title>页面背景颜色</title>
</head>
<body bgcolor="#F90000">
</body>
</html>
```

代码中加粗部分的代码标记是为页面设置背景颜色，在浏览器中预览效果，如图 2-6 所示。

背景颜色在网页上非常常见，如图 2-7 所示的网页使用了大面积的黄色背景。

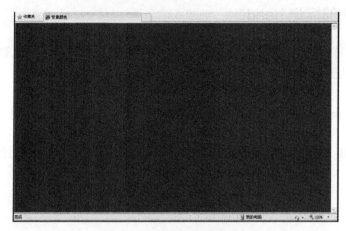

图 2-6　设置页面的背景颜色

图 2-7　使用背景颜色的网页

2.4.2　网页背景图片 background

使用恰当的图片作为背景，能够使页面看上去更加生动美观。使用 background 属性可以将图片设置为背景，还可以设置背景图片的平铺方式、显示方式等。

语法：

```
<body background="图片的地址">
```

说明：

图片的地址可以是相对地址，也可以是绝对地址。在默认情况下，用户可以省略此属性，这时图片会按照水平和垂直方向不断重复出现，直到铺满整个页面。

实例：

```
<html>
<head>
<meta http-equiv="content-type" content="text/html; charset=gb2312" />
<title>页面背景图片</title>
</head>
<body background="images/bg.gif">
</body>
</html>
```

代码中加粗部分的代码标记为设置的网页背景图片，在浏览器中预览可以看到背景图像，如图 2-8 所示。

在网络上除了可以看到各种背景色的页面之外，还可以看到一些以图片作为背景的网页。如图 2-9 所示的网页使用了背景图像。

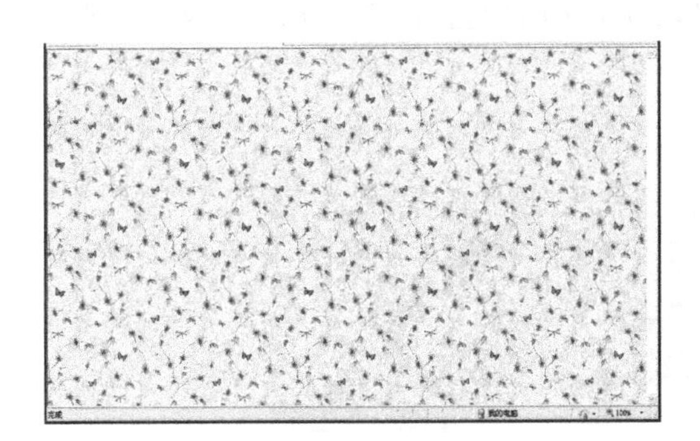

图 2-8　页面的背景图像

图 2-9　使用了背景图像的网页

2.4.3　文字颜色 text

可以通过 text 标记来设置文字的颜色。在没有对文字的颜色进行单独定义时，这一属性可以对页面中所有的文字起作用。

语法：

```
<body text="文字的颜色">
```

说明：

在该语法中，text 的属性值与设置页面背景色的相同。

实例：

```
<html >
<head>
<meta http-equiv="Content-Type" content="text/html; charset=utf-8" />
<title>文字颜色</title>
```

```
</head>
<body text="#F60000">
小学、初中、高中、国际部共 55 个班级，2500 多名学生。学前街、太科园两个校区共拥有九万多平方米的教学楼、体育馆、食堂、宿舍等设施，以及智能化、现代化的多媒体设备、物联网应用等。
</body>
</html>
```

在代码中加粗部分的代码标记为设置的文字颜色，在浏览器中预览可以看到文档中文字的颜色，如图 2.10 所示。

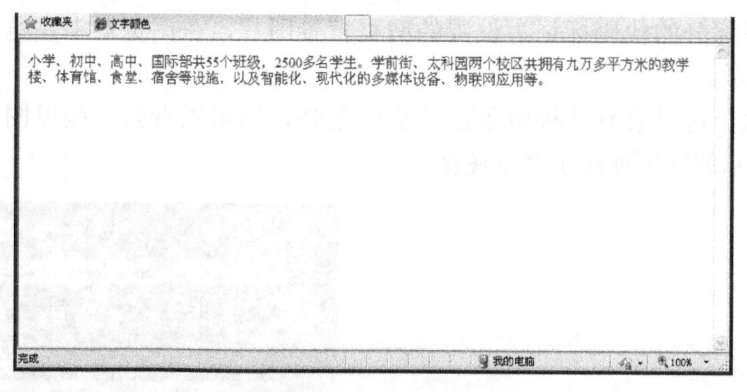

图 2-10 设置文字的颜色

在网页中需要根据网页整体色彩的搭配来设置文字的颜色，图 2-11 所示的文字和整个网页的颜色相协调。

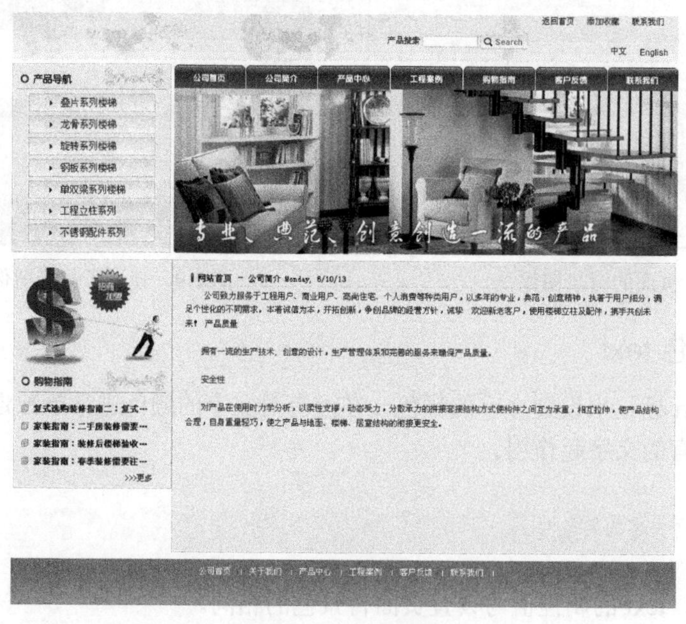

图 2-11 文字的颜色

2.4.4 链接文字属性 link

超级链接是网页中最重要、最根本的元素之一。网站中的一个个网页是通过超级链接的形式关联在一起的，正是因为有了网页之间的链接才形成了这纷繁复杂的网络世界。超级链接中以文字链接最多，在默认情况下，浏览器以蓝色作为超链接文字的颜色，访问过的文字颜色变为暗红色。可以通过 link 参数修改链接文字的颜色。

语法：

```
<body link="颜色">
```

说明：

这一属性的设置与前面几个设置颜色的参数类似，都是与 body 标签放置在一起，表明它对网页中所有未单独设置的元素起作用。

实例：

```
<html >
<head>
<meta http-equiv="Content-Type" content="text/html; charset=utf-8" />
<title>链接文字的颜色</title>
</head>
<body  link="#993300">
<a href="#">链接的文字</a></body>
</html>
```

在代码中加粗部分的代码标记是为链接文字设置颜色，在浏览器中预览效果，可以看到链接的文字已经不是默认的蓝色，如图 2-12 所示。

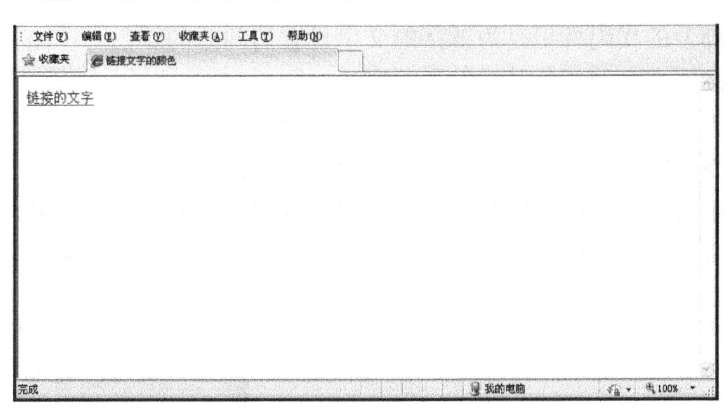

图 2-12 设置链接文字的颜色

使用 alink 可以设置正在访问的文字颜色，举例如下。

```
<html>
<head>
<meta http-equiv="content-type" content="text/html; charset=gb2312" />
<title>链接文字的颜色</title>
</head>
<body link="#993300" alink="#0066FF">
<a href="#">链接的文字</a>
</body>
</html>
```

代码中加粗部分的代码标记是为单击链接的文字时设置颜色，在浏览器中预览效果，可以看到单击链接的文字时，文字已经改变了颜色，如图 2-13 所示。

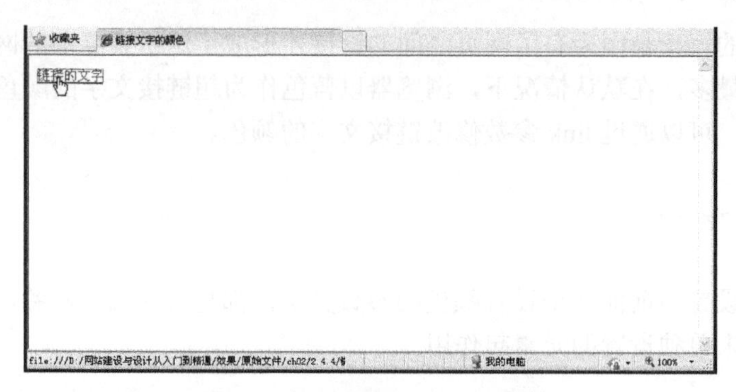

图 2-13　单击链接文字时的颜色

使用 vlink 可以设置访问后的链接文字的颜色，举例如下。

```
<html>
<head>
<meta http-equiv="Content-Type" content="text/html; charset=gb2312" />
<title>链接文字的颜色</title>
</head>
<body link="#993300" alink="#0066FF" vlink="#336600">
  <a href="#">链接的文字</a>
</body>
</html>
```

代码中加粗部分的代码标记是为链接的文字设置访问后的颜色，在浏览器中预览效果，可以看到单击链接后文字的颜色已经发生改变，如图 2-14 所示。

在网页中，一般文字上的超链接都是蓝色（当然，也可以自己设置成其他颜色），文字下面有一条下划线。当移动鼠标指针到该超链接上时，鼠标指针就会变成一只手的形状，这时候用鼠标左键单击，就可以直接跳到与这个超链接相连接的网页。如果已经浏览过某个超链接，这个超链接的文本颜色就会发生改变。如图 2-15 所示网页中的超链接文字颜色。

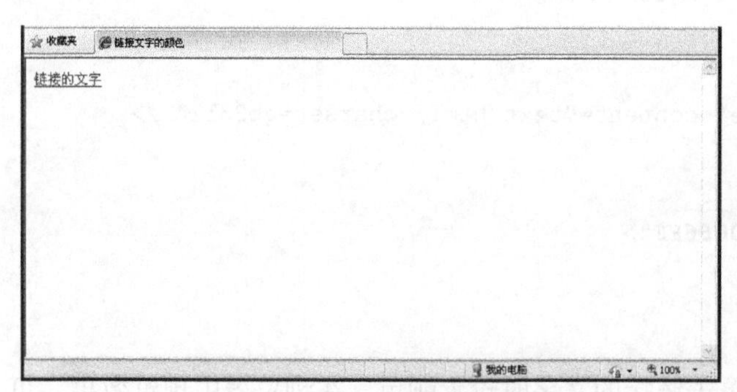

图 2-14　访问后的链接文字的颜色

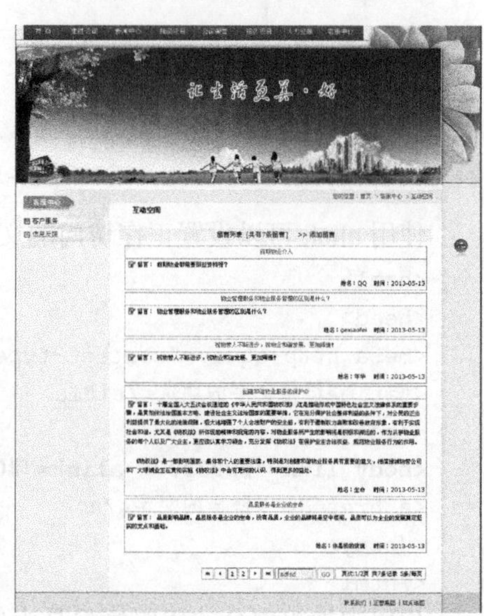

图 2-15　网页中的超链接文字颜色

第2部分

Dreamweaver CC 网页制作篇

第3章

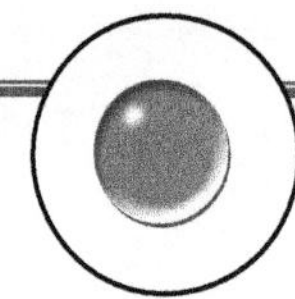

Dreamweaver CC 创建基本文本网页

Dreamweaver CC 是业界领先的 Web 开发工具，该工具可以帮助设计师和开发者高效地设计、开发和维护网站。利用 Dreamweaver CC 中的可视化编辑功能，可以快速地创建网页而不需要编写任何代码，这对于网页制作者来说，工作变得很轻松。文本是网页中最基本和最常用的元素，是网页信息传播的重要载体。学会在网页中使用文本和设置文本格式对于网页设计人员来说是至关重要的。

学习目标

- Dreamweaver CC 工作环境
- 创建站点
- 添加文本元素
- 编辑文本格式
- 设置头信息
- 创建基本文本网页

3.1 Dreamweaver CC 工作环境

Dreamweaver CC 工作界面主要由菜单栏、文档窗口、属性面板以及多个浮动面板组成，如图 3-1 所示。

图 3-1 Dreamweaver CC 的工作界面

- 菜单栏：菜单栏由各种菜单命令构成。
- 文档窗口：文档窗口内容与浏览器中的画面内容相同，是进行实际操作的窗口。
- 属性面板：用于设置文档窗口内元素的属性。
- 浮动面板：其他的面板可以统称为浮动面板，这主要是根据面板的特征命名的，这些面板都是浮动于编辑窗口之外的。

3.1.1 菜单栏

菜单栏包括【文件】、【编辑】、【查看】、【插入】、【修改】、【格式】、【命令】、【站点】、【窗口】和【帮助】共 10 个菜单，如图 3-2 所示。

文件(F) 编辑(E) 查看(V) 插入(I) 修改(M) 格式(O) 命令(C) 站点(S) 窗口(W) 帮助(H)

图 3-2 菜单栏

- 【文件】菜单：用来管理文件，包括创建和保存文件、导入与导出文件、浏览和打印文件等。
- 【编辑】菜单：用来编辑文本，包括撤消与恢复、复制与粘贴、查找与替换、参数设置和快捷键设置等。
- 【查看】菜单：用来查看对象，包括代码的查看、网格线与标尺的显示、面板的隐藏和工具栏的显示等。
- 【插入】菜单：用来插入网页元素，包括插入图像、多媒体、表格、布局对象、表单、电子邮件链接、日期和 HTML 等。
- 【修改】菜单：用来实现对页面元素修改的功能，包括页面属性、CSS 样式、快速标签编辑器、链接、表格、框架、AP 元素与表格的转换、库和模板等。
- 【格式】菜单：用来对文本进行操作，包括字体、字形、字号、字体颜色、HTML/CSS 样式、段落格式化、扩展、缩进、列表、文本的对齐方式等。
- 【命令】菜单：收集了所有的附加命令项，包括应用记录、编辑命令清单、获得更多命令、扩展管理、清除 HTML/Word HTML、检查拼写和排序表格等。
- 【站点】菜单：用来创建与管理站点，包括新建站点、管理站点、上传与存回和查看链接等。
- 【窗口】菜单：用来打开与切换所有的面板和窗口，包括插入栏、【属性】面板、站点窗口和【CSS】面板等。
- 【帮助】菜单：内含 Dreamweaver 帮助、Spry 框架帮助、Dreamweaver 支持中心、产品注册和更新等。

3.1.2 文档窗口

文档窗口主要用于文档的编辑，可同时打开多个文档进行编辑，可以在【代码】视图、【拆分】视图和【设计】视图中分别查看文档，如图 3-3 所示。

图 3-3 文档窗口

- 【代码】：显示 HTML 源代码视图。
- 【拆分】：同时显示 HTML 源代码和设计视图。
- 【设计】：是系统默认设置，只显示设计视图。
- 【实时】：显示不可编辑的、交互式的、基于浏览器的文档视图。

3.1.3 属性面板

【属性】面板主要用于查看和更改所选对象的各种属性，每种对象都具有不同的属性。在【属性】面板包括两种选项，一种是【HTML】选项，如图 3-4 所示，将默认显示文本的格式、样式和对齐方式等属性。另一种是【CSS】选项，单击【属性】面板中的【CSS】选项，可以在【CSS】选项中设置各种属性。

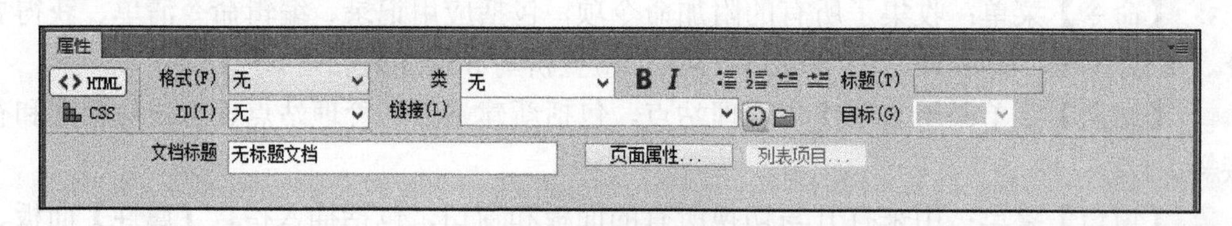

图 3-4 属性面板

3.1.4 面板组

在 Dreamweaver 工作界面的右侧排列着一些浮动面板，这些面板集中了网页编辑和站点管理过程中最常用的一些工具按钮。这些面板被集合到面板组中，每个面板组都可以展开或折叠，并且可以和其他面板停靠在一起。面板组还可以停靠到集成的应用程序窗口中，这样就能够很容易地访问所需的面板，而不会使工作区变得混乱。面板组如图 3-5 所示。

3.1.5 插入栏

【插入】栏有两种显示方式：一种是以菜单方式显示，另一种是以制表符方式显示。【插入】栏中放置的是制作网页的过程中经常用到的对象和工具，通过【插入】栏可以很方便地插入网页对象。【插入】栏中包含用于创建和插入对象（例如表格、图像和链接）的按钮。这些按钮按几个类别进行组织，可以通过从【类别】弹出菜单中选择所需类别来进行切换，如图 3-6 所示。

图 3-5 面板组

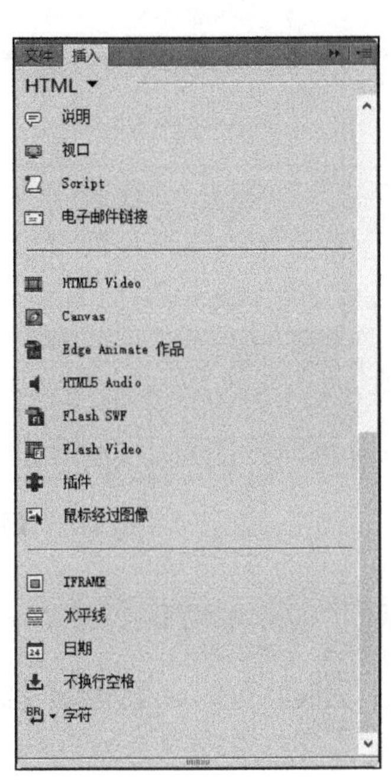

图 3-6 插入栏

3.2 创建站点

在使用 Dreamweaver 制作网页以前，最好先定义一个新站点，这是为了更好地利用站点对文件进行管理，也可以尽可能减少错误，如路径、链接出错。新手做网页时，条理性和结构性不强，往往一个文件放这里，另一个文件放那里，或者所有文件都放在同一文件夹内，这样显得很乱。建议建立一个文件夹用于存放网站的所有文件，再在文件内建立几个文件夹，将文件分类。如将图片文件放在 images 文件夹内，HTML 文件放在根目录下。如果站点比较大，文件比较多，可以先按栏目分类，在栏目里再分类。

3.2.1 使用向导建立站点

Web 站点是一组具有相关主题、类似设计、链接文档和资源等相似属性的站点。Dreamweaver CC 是一个站点创建和管理工具，不仅可以创建单独的文档，还可以创建完整的 Web 站点。为了达到最佳效果，在创建任何 Web 站点页面之前，应对站点的结构进行设计和规划。

使用【站点定义向导】快速创建本地站点，具体操作步骤如下。

❶ 启动 Dreamweaver，选择菜单中的【站点】|【管理站点】命令，弹出【管理站点】对话框。在对话框中单击【新建站点】按钮，如图 3-7 所示。

❷ 弹出【站点设置对象实例素材】对话框，在对话框中选择【站点】，在【站点名称】文本框中输入名称，如图 3-8 所示。

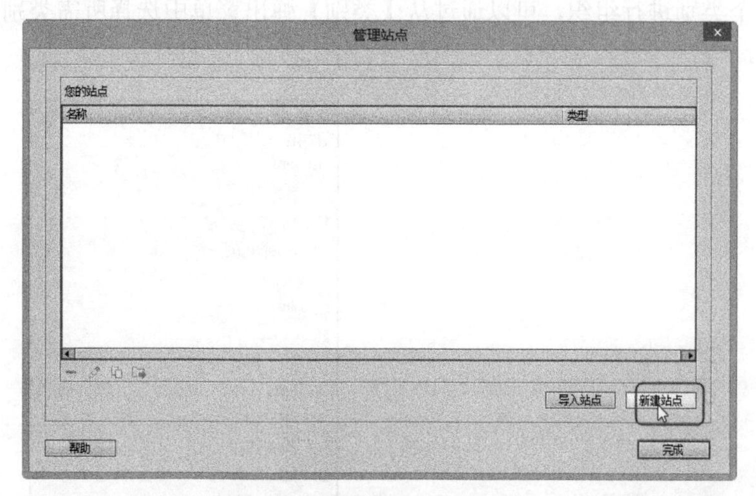

图 3-7 【管理站点】对话框

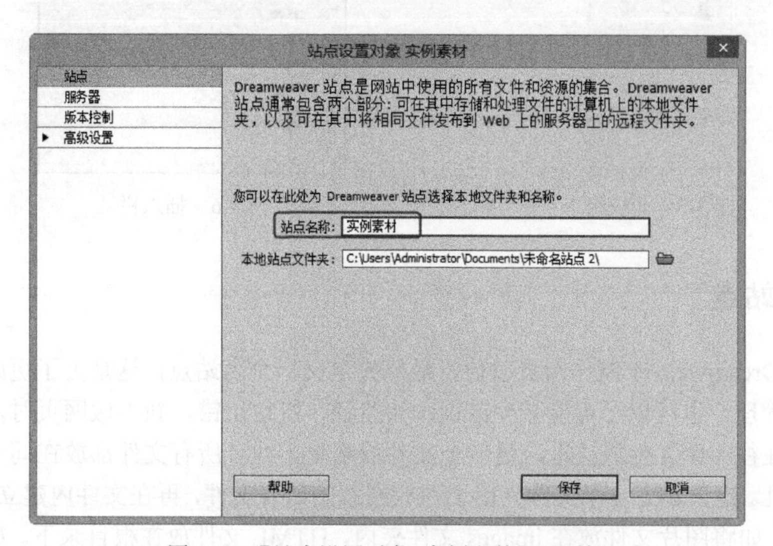

图 3-8 【站点设置对象 实例文件】对话框

❸ 单击【本地站点文件夹】文本框右边的浏览文件夹按钮，弹出【选择根文件夹】对话框，选择站点文件，如图 3-9 所示。

❹ 选择站点文件后，单击【选择】按钮，如图 3-10 所示。

❺ 单击【保存】按钮，更新站点缓存，出现【管理站点】对话框，其中显示了新建的站点，如图 3-11 所示。

❻ 单击【完成】按钮，即可创建一个站点，如图 3-12 所示。

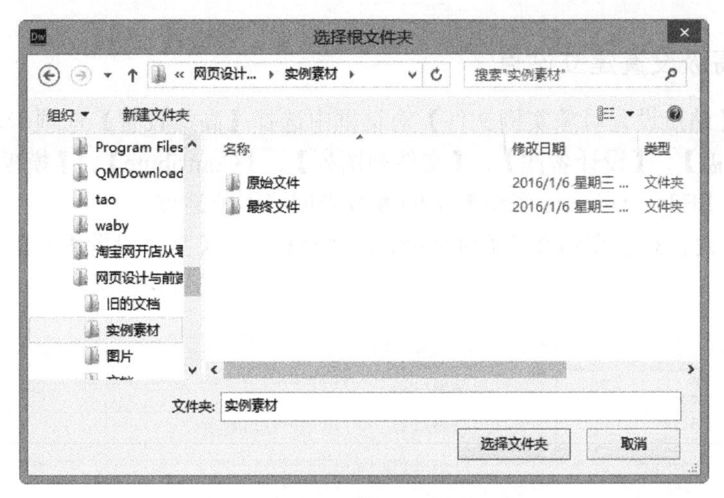

图 3-9　【选择根文件夹】对话框

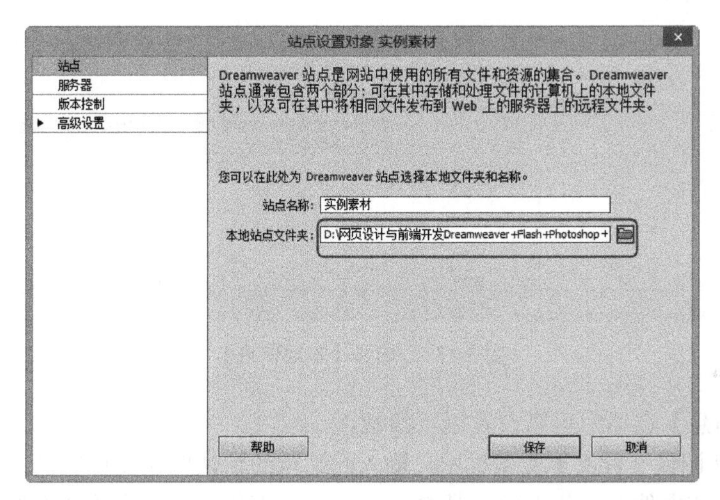

图 3-10　指定站点位置

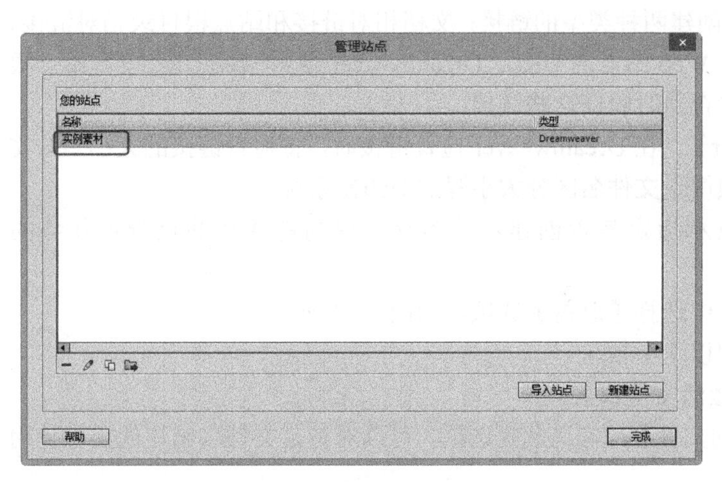

图 3-11　【管理站点】对话框

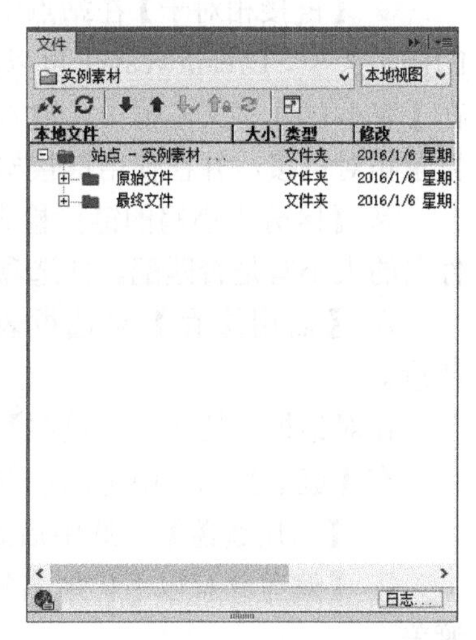

图 3-12　创建的站点

3.2.2 使用高级设置建立站点

还可以在【站点设置对象实例文件】对话框中选择【高级设置】选项卡，快速设置【本地信息】、【遮盖】、【设计备注】、【文件视图列】、【Contribute】、【模板】、【jQuery】、【Web 字体】和【Edge Animate 资源】中的参数来创建本地站点。

打开【站点设置对象实例文件】对话框，在对话框中的【高级设置】中选择【本地信息】，如图 3-13 所示。

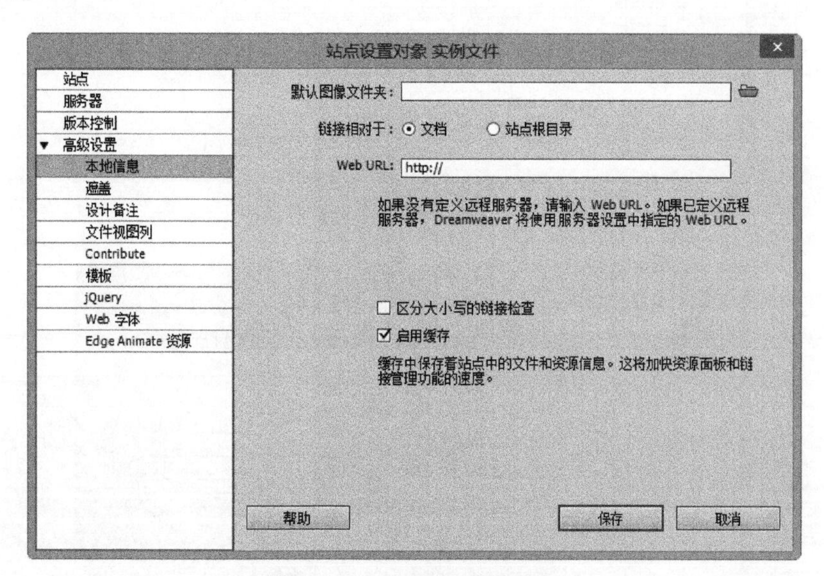

图 3-13　选择【本地信息】

在【本地信息】选项中可以设置以下参数。

- 在【默认图像文件夹】文本框中，输入此站点的默认图像文件夹的路径，或者单击文件夹按钮浏览到该文件夹。此文件夹是 Dreamweaver 上传到站点上的图像的位置。
- 【链接相对于】在站点中创建指向其他资源或页面的链接时，指定 Dreamweaver 创建的链接类型。Dreamweaver 可以创建两种类型的链接：文档相对链接和站点根目录相对链接。在【Web URL】文本框中，输入 Web 站点的 URL。Dreamweaver 使用 Web URL 创建站点根目录相对链接，并在使用链接检查器时验证这些链接。
- 【区分大小写的链接检查】，在 Dreamweaver 检查链接时，将检查链接的大小写与文件名的大小写是否匹配。此选项用于文件名区分大小写的 UNIX 系统。
- 【启用缓存】复选框表示指定是否创建本地缓存以提高链接和站点管理任务的速度。

在对话框中的【高级设置】中选择【遮盖】选项，如图 3-14 所示。

在【遮盖】选项中可以设置以下参数。

- 【启用遮盖】：选中后激活文件遮盖。
- 【遮盖具有以下扩展名的文件】：勾选此复选框，可以对特定文件名结尾的文件使用遮盖。

在对话框中的【高级设置】中选择【设计备注】选项，在最初开发站点时，需要记录一些开发过程中的信息、备忘。如果在团队中开发站点，需要记录一些与别人共享的信息，如图 3-15 所示。

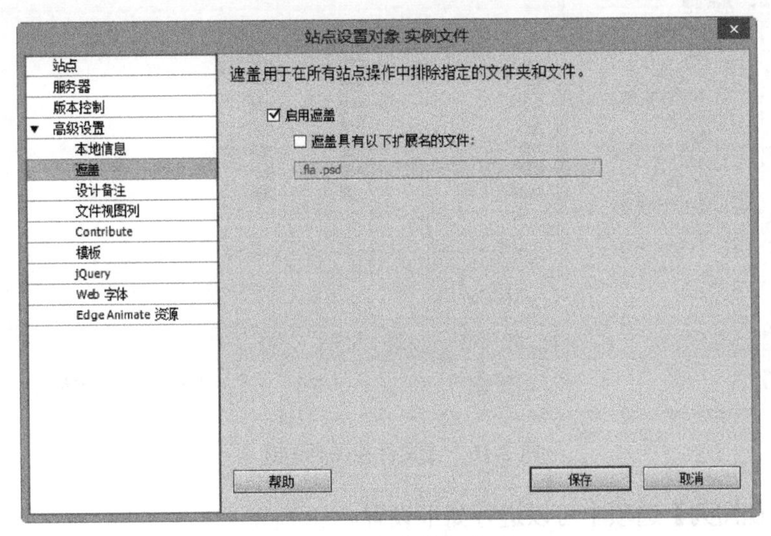

图 3-14　【遮盖】选项

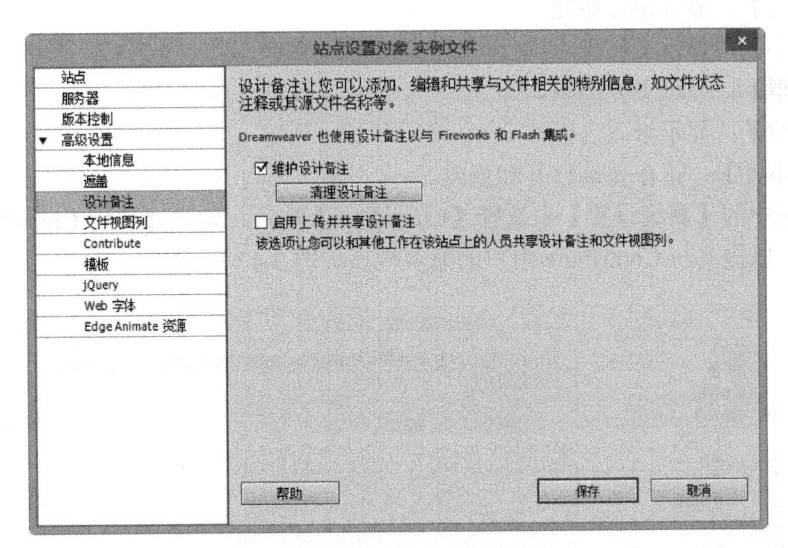

图 3-15　【设计备注】选项

在【设计备注】选项中可以进行如下设置。

- 【维护设计备注】：可以保存设计备注。
- 【清理设计备注】：单击此按钮，删除过去保存的设计备注。
- 【启用上传并共享设计备注】：可以在上传或取出文件的时候，将设计备注上传到【远程信息】中设置的远端服务器上。

在对话框中的【高级设置】中选择【文件视图列】选项，用来设置站点管理器中的文件浏览器窗口所显示的内容，如图 3-16 所示。

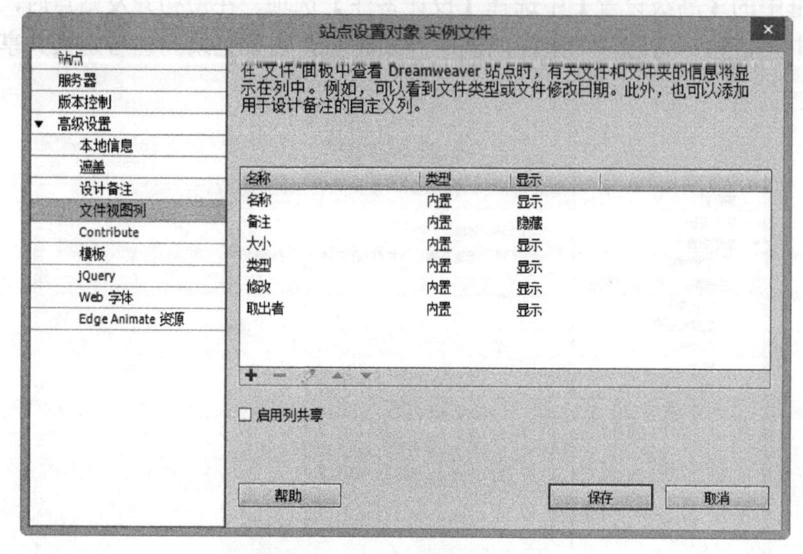

图 3-16 【文件视图列】选项

在【文件视图列】选项中可以进行如下设置。

- 【名称】：显示文件名。
- 【备注】：显示设计备注。
- 【大小】：显示文件大小。
- 【类型】：显示文件类型。
- 【修改】：显示修改内容。
- 【取出者】：正在被谁打开和修改。

在对话框中的【高级设置】中选择【Contribute】选项，勾选【启用 Contribute 兼容性】复选框，则可以提高与 Contribute 用户的兼容性，如图 3-17 所示。

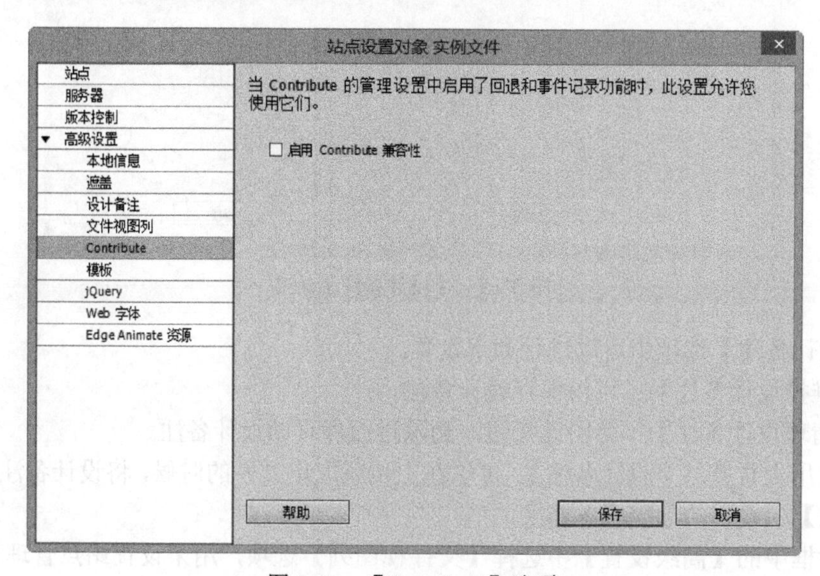

图 3-17 【Contribute】选项

在对话框中的【高级设置】中选择【模板】选项，如图 3-18 所示。

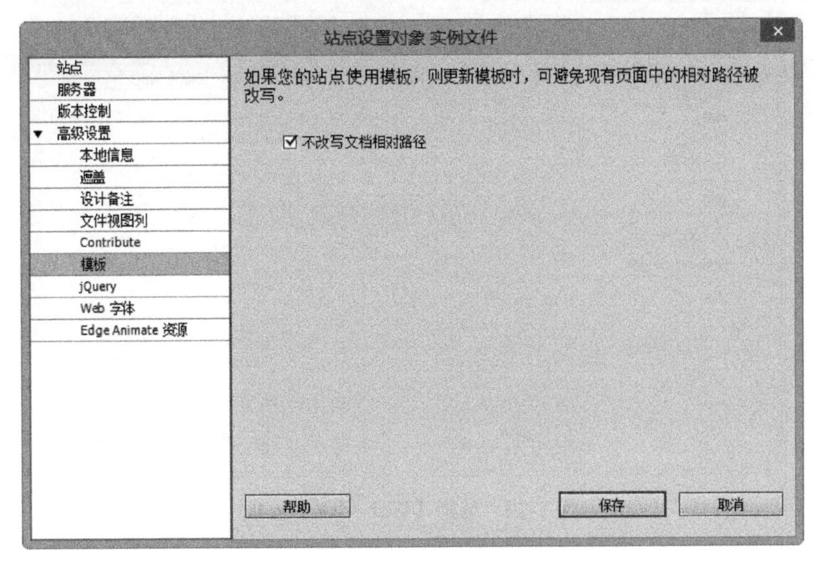

图 3-18 【模板】选项

在对话框中的【高级设置】中选择【jQuery】选项，如图 3-19 所示。

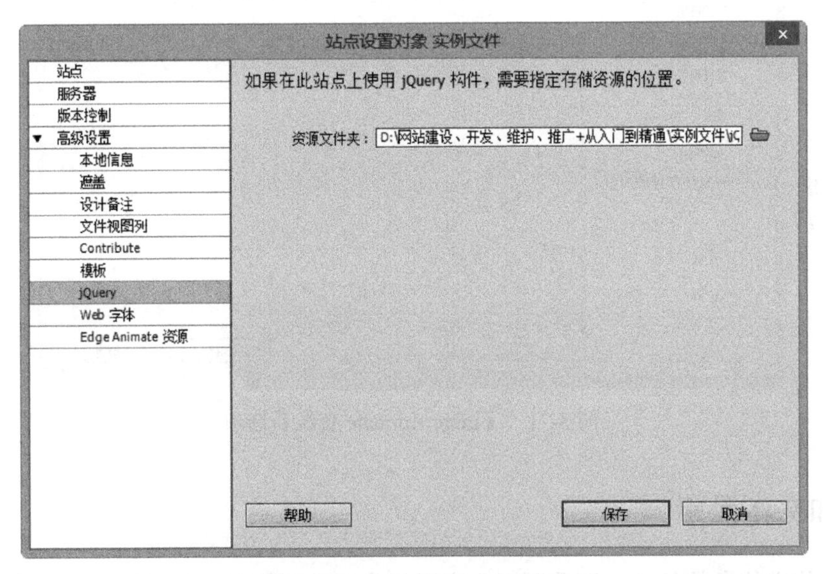

图 3-19 选择【jQuery】选项

在对话框中的【高级设置】中选择【Web 字体】选项，如图 3-20 所示。

在对话框中的【高级设置】中选择【Edge Animate 资源】选项，如图 3-21 所示

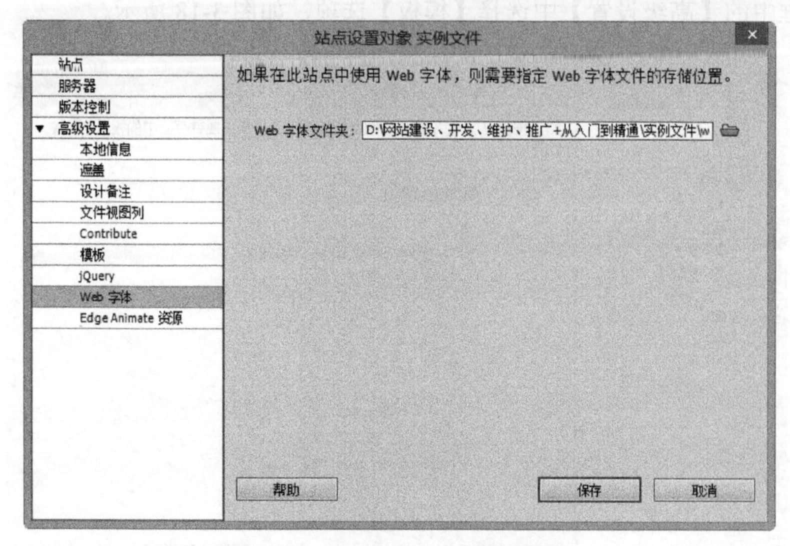

图 3-20　选择【Web 字体】选项

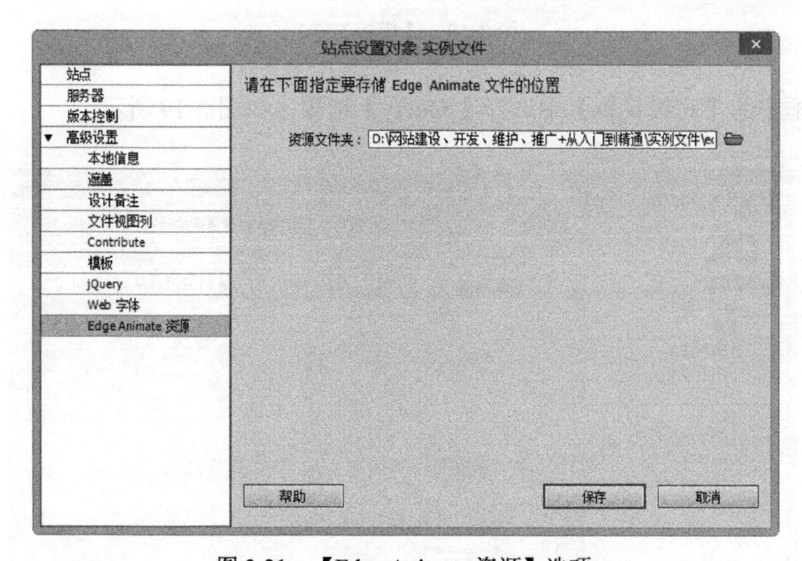

图 3-21　【Edge Animate 资源】选项

3.3　添加文本元素

文本是传递信息的基础，浏览网页内容时，大部分时间是浏览网页中的文本，所以学会在网页中创建文本至关重要。在 Dreamweaver CC 中可以很方便地创建出所需的文本，还可以对创建的文本进行段落格式的排版。

3.3.1　在网页中添加文本

Dreamweaver 提供了多种向网页中添加文本和设置文本格式的方法，可以插入文本、设置字体类型、大小、颜色和对齐属性等。在网页中可直接输入文本信息，也可以将其他应用程序中的文本直接粘贴到网页中。此外，还可以导入已有的 Word 文档。在网页中添加文本的具体操作步骤如下。

原始文件	CH03/3.3.1/index.html
最终文件	CH03/3.3.1/index1.html
学习要点	在网页中添加文本

❶ 打开素材文件“CH03/3.3.1/index.html”，如图 3-22 所示。

❷ 将光标放置在要输入文本的位置，输入文本，如图 3-23 所示。

图 3-22　打开素材文件

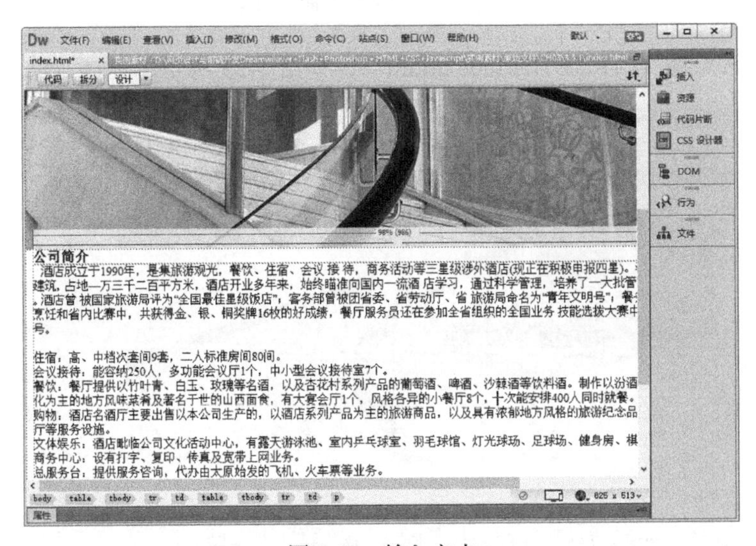

图 3-23　输入文本

❸ 保存文档，按 F12 键在浏览器中预览效果，如图 3-24 所示。

图 3-24　预览效果

3.3.2　插入日期

在 Dreamweaver 中插入日期非常方便，它提供了一个插入日期的快捷方式，用任意格式即可在文档中插入当前时间，同时它还提供了日期更新选项，当保存文件时，日期也随着更新。

原始文件	CH03/3.3.2/index.html
最终文件	CH03/3.3.2/index1.html
学习要点	在网页中插入日期

❶ 打开素材文件“CH03/3.3.2/index.html”，如图 3-25 所示。

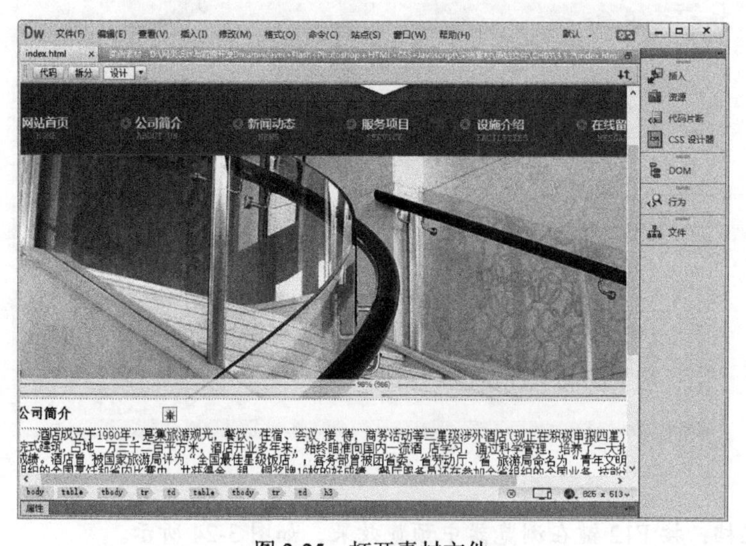

图 3-25　打开素材文件

❷ 将光标置于要插入日期的位置，选择菜单中的【插入】|【HTML】|【日期】命令，弹出【插入日期】对话框，在【插入日期】对话框中，在【星期格式】、【日期格式】和【时间格式】列表中分别选择一种合适的格式。勾选【储存时自动更新】复选框，每一次存储文档都会自动更新文档中插入的日期，如图 3-26 所示。

❸ 单击【确定】按钮，即可插入日期，如图 3-27 所示。

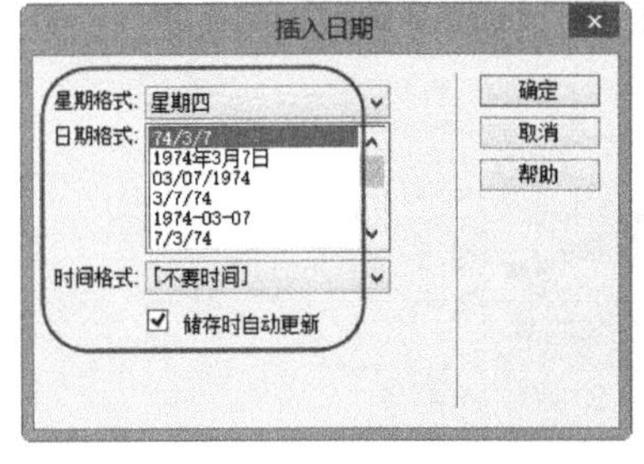

图 3-26 【插入日期】对话框

图 3-27 插入日期

提示 显示在【插入日期】对话框中的时间和日期不是当前的日期，它们也不会反映访问者查看用户网站的日期/时间。

❹ 保存文档，按 F12 键在浏览器中预览效果，如图 3-28 所示。

图 3-28 插入日期效果

3.3.3 插入特殊字符

在页面中添加的文本，除了可以输入汉字、英文和其他语言以外，还可以输入一些无法直接输入的特殊字符，如￥、$、◎、#等。在 Dreamweaver 中，用户可以利用系统自带的符号集合，方便快捷地插入一些常用的特殊字符，如版权、货币符以及数字运算符号等。

原始文件	CH03/3.3.3/index.html
最终文件	CH03/3.3.3/index1.html
学习要点	在网页中输入特殊字符

❶ 打开素材文件“CH03/3.3.3/index.html”，选择菜单中的【插入】|【HTML】|【字符】命令，根据不同的需要进行选择，如图 3-29 所示。

❷ 在这里选择版权符号，选择命令后，即可插入版权符号，如图 3-30 所示。

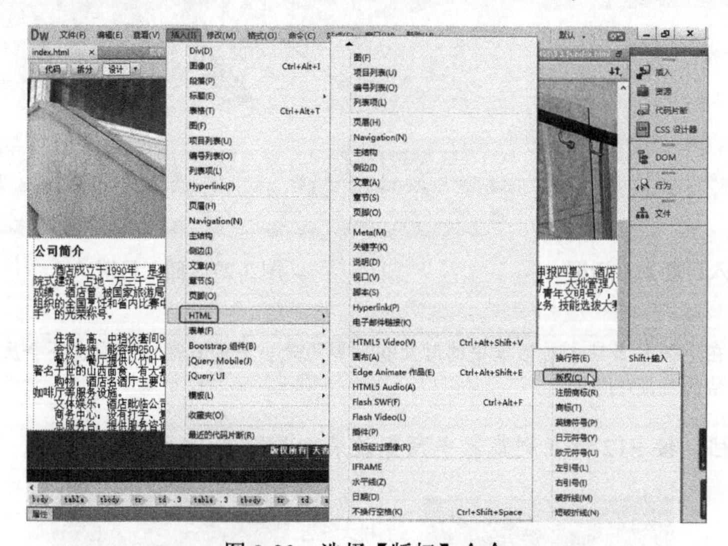

图 3-29 选择【版权】命令

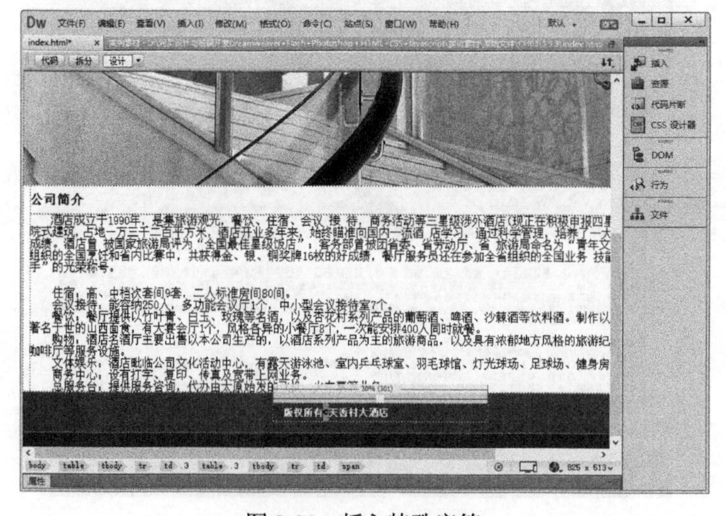

图 3-30 插入特殊字符

> **提示** 选择菜单中的【插入】|【HTML】|【字符】|【其他字符】命令，弹出【插入其他字符】对话框，在对话框中可以选择更多的特殊字符。

❸ 保存文档。按 F12 键在浏览器中预览效果，如图 3-31 所示。

图 3-31 预览效果

3.3.4 插入水平线

在网页中除了插入文字和日期外，还可以插入水平线或注释等。水平线在网页文档中经常用到，它主要用于分隔文档内容，使文档结构清晰明了，合理使用水平线可以获得非常好的效果。一篇内容繁杂的文档，如果合理放置水平线，会变得层次分明、易于阅读。

原始文件	CH03/3.3.4/index.html
最终文件	CH03/3.3.4/index1.html
学习要点	在网页中插入水平线

❶ 打开素材文件“CH03/3.3.4/index.html”，如图 3-32 所示。

❷ 将光标置于要插入水平线的位置，选择菜单中的【插入】|【HTML】|【水平线】命令，如图 3-33 所示。

❸ 选择命令后，插入水平线，如图 3-34 所示。

> **提示** 将光标放置在插入水平线的位置，单击【HTML】插入栏中的【水平线】按钮，也可插入水平线。

❹ 选中水平线，打开【属性】面板，可以在【属性】面板中设置水平线的高、宽、对齐方式和阴影，如图 3-35 所示。

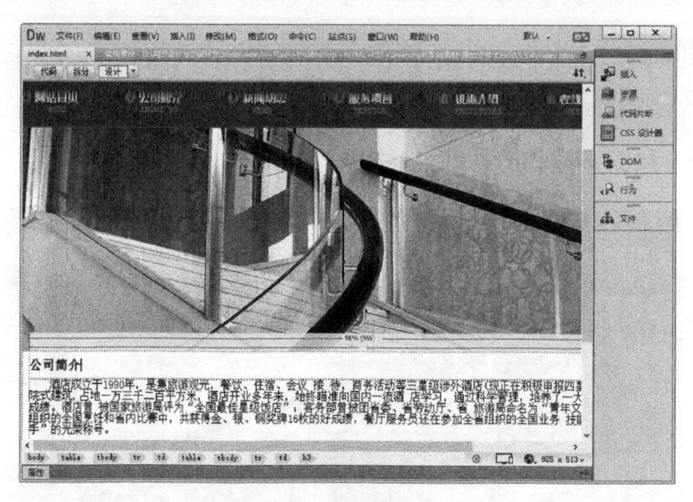

图 3-32　打开素材文件

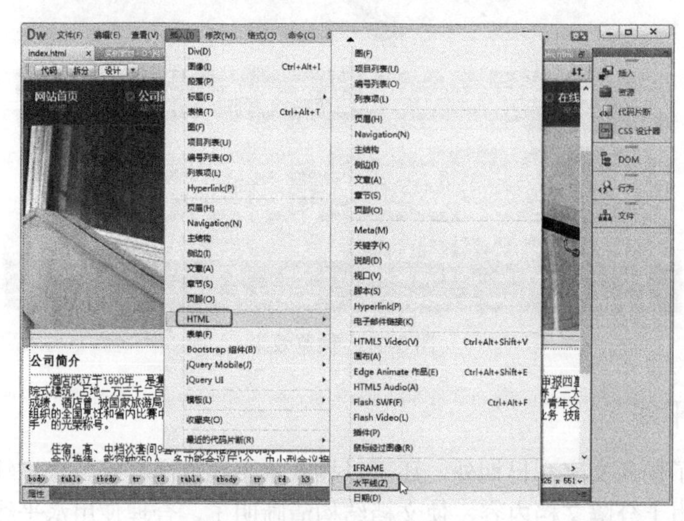

图 3-33　选择【水平线】命令

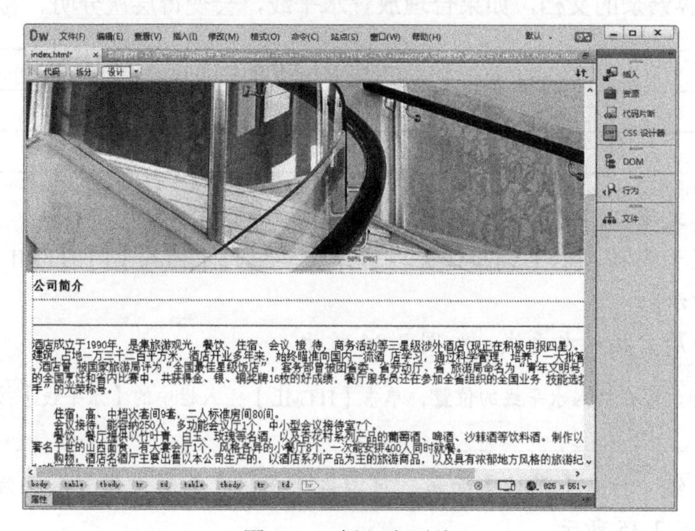

图 3-34　插入水平线

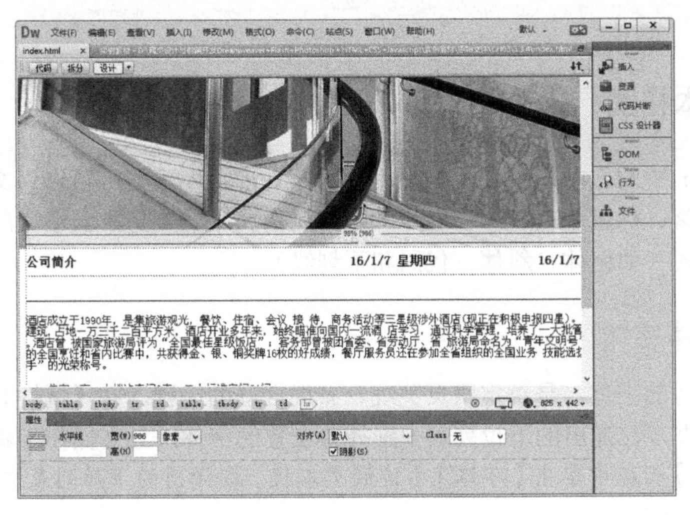

图 3-35 设置水平线属性

在水平线【属性】面板中可以设置以下参数。

- 【宽】和【高】：以像素为单位或以页面尺寸百分比的形式设置水平线的宽度和高度。
- 【对齐】：设置水平线的对齐方式，包括“默认”“左对齐”“居中对齐”和“右对齐”四个选项。只有当水平线的宽度小于浏览器窗口的宽度时，该设置才适应。
- 【阴影】：设置绘制的水平线是否带阴影。取消选择该项将使用纯色绘制水平线。

提示　设置水平线颜色：在【属性】面板中并没有提供关于水平线颜色的设置选项。如果需要改变水平线的颜色，只需要直接进入源代码更改〈hr color=“对应颜色的代码”〉即可。

❺ 保存文档，按 F12 键在浏览器中浏览效果，如图 3-36 所示。

图 3-36 预览效果

3.4 编辑文本格式

Dreamweaver 中的文本格式设置与使用标准字处理程序类似。可以为文本块设置默认格式设置样式（段落、标题 1、标题 2 等）、更改所选文本的字体、大小、颜色和对齐方式，或者应用文本样式（如粗体、斜体、代码和下划线）。

3.4.1 设置文本字体

选择一款合适的字体，是决定网页美观、布局合理的关键。在【属性】面板中单击【字体】右边的文本框，在弹出的下拉列表中选择要设置的字体，具体操作步骤如下。

❶ 在【属性】面板中单击【字体】右边的文本框，在弹出的下拉列表中选择【管理字体】选项，如图 3-37 所示。

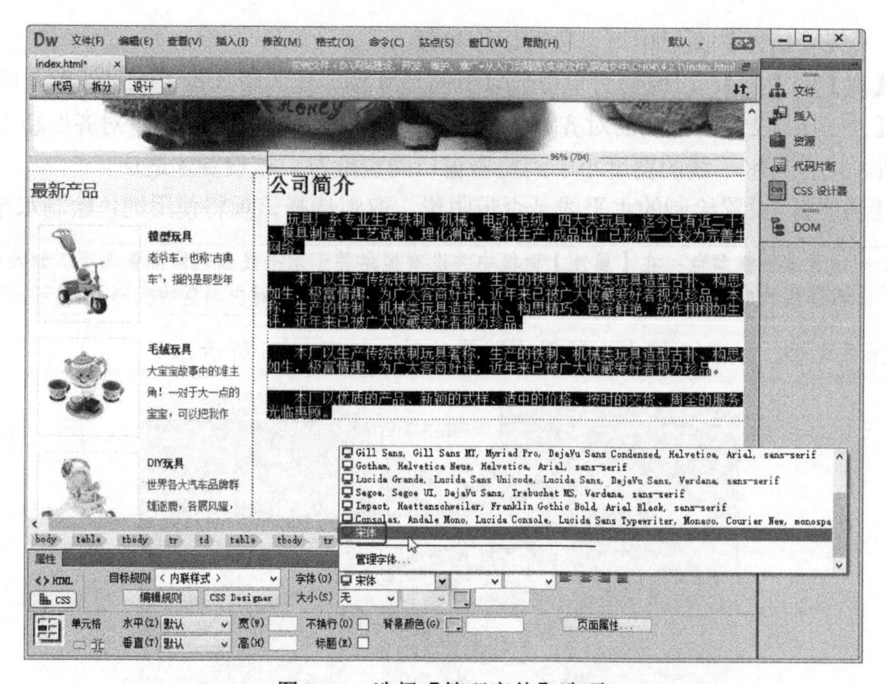

图 3-37 选择【管理字体】选项

❷ 弹出【管理字体】对话框，在对话框中选择【自定义字体堆栈】选项，在【自定义字体堆栈】的【可用字体】选项中选择添加的字体，单击 << 按钮添加到左侧的【选择的字体】列表框中，在【字体】列表框中也会显示新添加的字体，如图 3-38 所示。重复以上操作即可添加多种字体。若要取消已添加的字体，可以选中该字体单击 >> 按钮。完成一个字体样式的编辑后，单击 + 按钮可进行下一个样式的编辑。若要删除某个已经编辑的字体样式，可选中该样式单击 − 按钮。

❸ 完成字体样式的编辑后，单击【完成】按钮，关闭【字体管理】对话框。返回到文档窗口中，可以看到添加的字体，如图 3-39 所示。

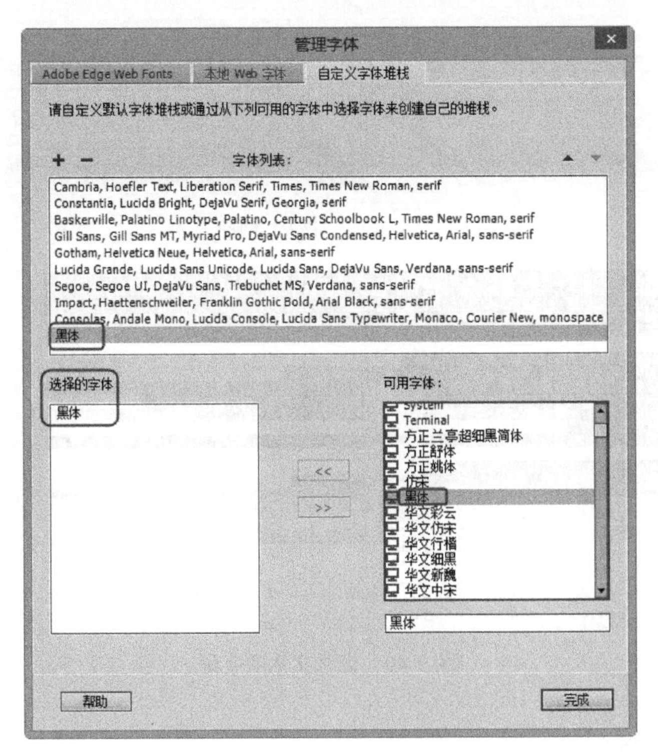

图 3-38　【管理字体】对话框

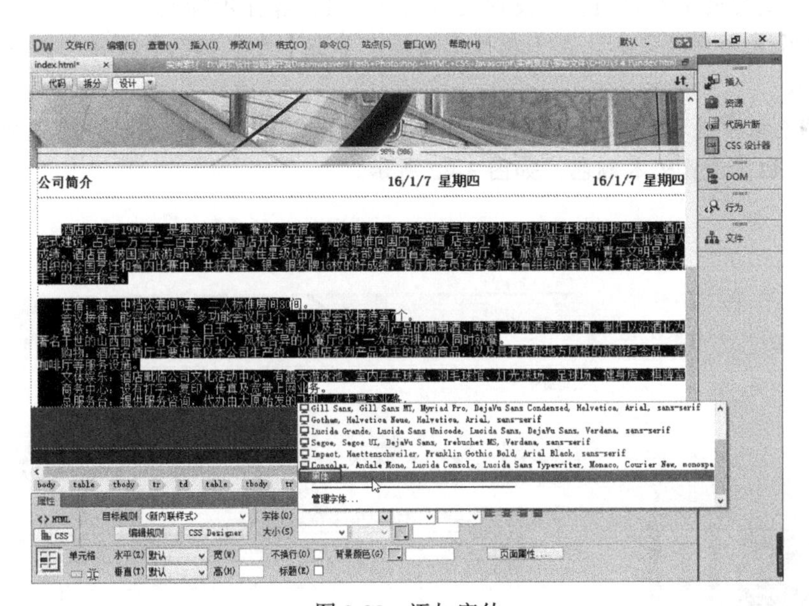

图 3-39　添加字体

3.4.2　设置文本大小

选中要设置字号的文本，在【属性】面板中的【大小】下拉列表中选择字号的大小，或者直接在文本框中输入相应大小的字号，如图 3-40 所示。

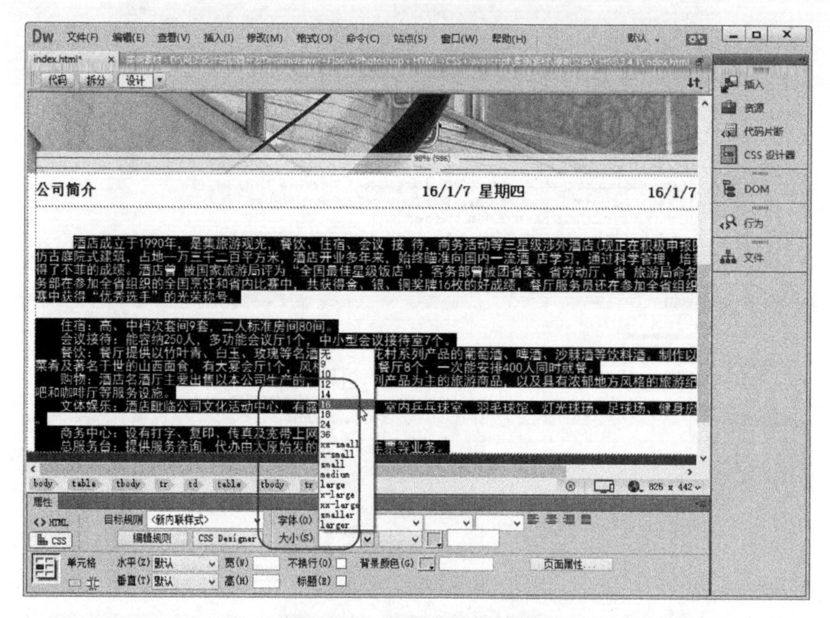

图 3-40　设置文本的字号

3.4.3　设置文本颜色

还可以改变网页文本的颜色，设置文本颜色的具体操作步骤如下。

❶ 选中设置颜色的文本，在【属性】面板中单击【文本颜色】按钮，打开如图 3-41 所示的调色板。

❷ 在调色板中选中所需的颜色，光标变为形状，单击鼠标左键即可选取该颜色。单击【确定】按钮，设置文本颜色，如图 3-42 所示。

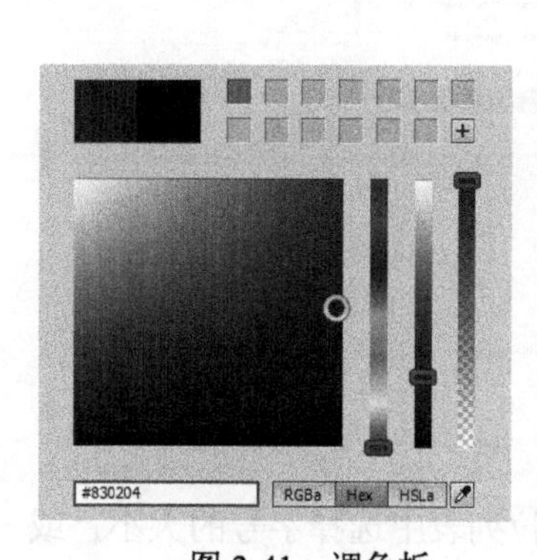

图 3-41　调色板

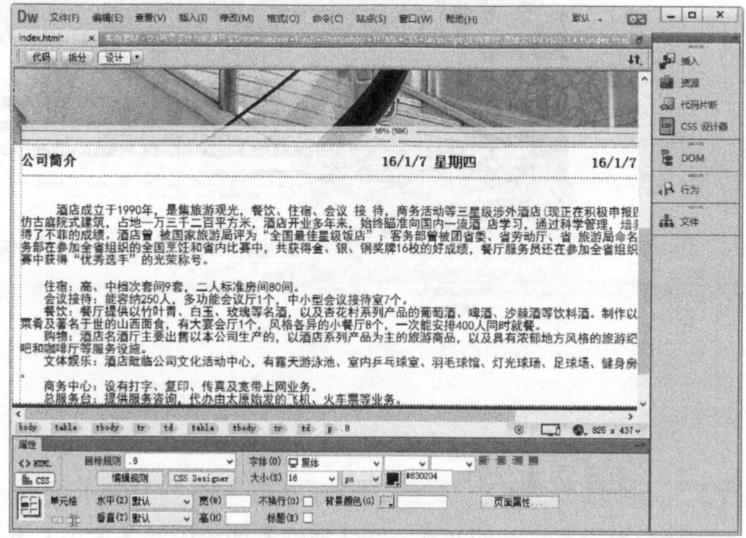

图 3-42　设置文本颜色

3.5 设置头信息

文件头标签也就是通常说的META标签，文件头标签在网页中是看不到的，它包含在网页中<head>和</head>标签之间。所有包含在该标签之间的内容在网页中都是不可见的。

文件头标签主要包括META、关键字、说明、脚本和链接，下面分别进行介绍常用的文件头标签的使用。

3.5.1 设置 META

META对象常用于插入一些为Web服务器提供选项的标记符，方法是通过http-equiv属性和其他各种在网页中包括的、不会使浏览者看到的数据。设置 META 的具体操作步骤如下。

❶ 选择菜单中的【插入】|【HTML】|【META】命令，弹出【META】对话框，如图3-43所示。

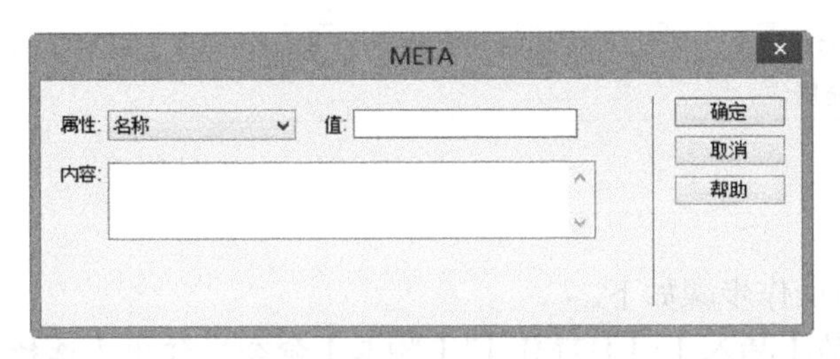

图3-43 【META】对话框

❷ 在【属性】下拉列表中可以选择【名称】或【http-equiv】选项，指定META标签是否包含有关页面的描述信息或http标题信息。

❸ 在【值】文本框中指定在该标签中提供的信息类型。

❹ 在【内容】文本框中输入实际的信息。

❺ 设置完毕后，单击【确定】按钮即可。

提示 单击【HTML】插入栏中的按钮，在弹出的菜单中选择 META 选项，弹出【META】对话框，插入META信息。

3.5.2 插入关键字

关键字也就是与网页主题内容相关的简短而有代表性的词汇，这是给网络中的搜索引擎准备的。关键字一般要尽可能地概括网页内容，这样浏览者只要输入很少的关键字，就能最大程度地搜索网页。插入关键字的具体操作步骤如下。

❶ 选择菜单中的【插入】|【HTML】|【关键字】命令，弹出【Keywords】对话框，如图3-44所示。

❷ 在【Keywords】文本框中输入一些值，单击【确定】按钮即可。

提示 单击【HTML】插入栏中的按钮，在弹出的菜单中选择【关键字】选项，弹出【Keywords】对话框，插入关键字。

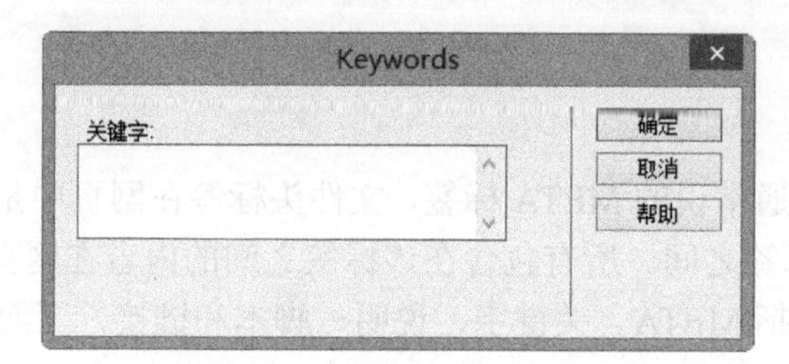

图 3-44 【Keywords】对话框

3.5.3 插入说明

插入说明的具体操作步骤如下。

❶ 选择菜单中的【插入】|【HTML】|【说明】命令，弹出【说明】对话框，如图 3-45 所示。

❷ 在【说明】文本框中输入一些值，单击【确定】按钮即可。

提示 单击【HTML】插入栏中的按钮，在弹出的菜单中选择【说明】选项，弹出【说明】对话框，插入说明。

3.5.4 插入脚本

设置脚本的具体操作步骤如下。

❶ 选择菜单中的【插入】|【HTML】|【脚本】命令，弹出【选择文件】对话框，在对话框中选择文件，如图 3-46 所示。

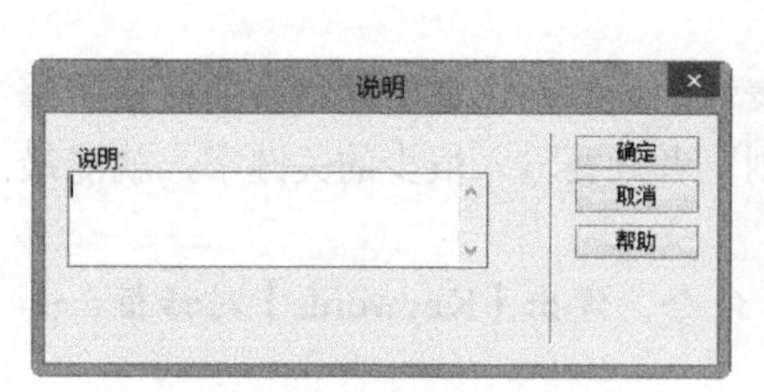

图 3-45 【说明】对话框

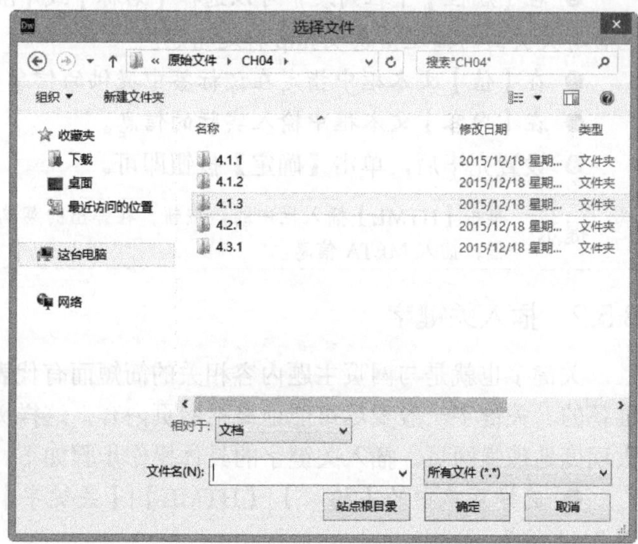

图 3-46 【选择文件】对话框

❷ 单击【确定】按钮，即可插入脚本。

3.6 实战演练——创建基本文本网页

前面讲述了 Dreamweaver CC 的基本知识，以及在网页中插入文本和设置文本属性。下面利用实例讲述创建基本文本网页的效果，具体操作步骤如下。

原始文件	CH03/3.6/index.html
最终文件	CH03/3.6/index1.html
学习要点	创建基本文本网页

❶ 打开素材文件“CH03/3.6/index.html”，如图 3-47 所示。

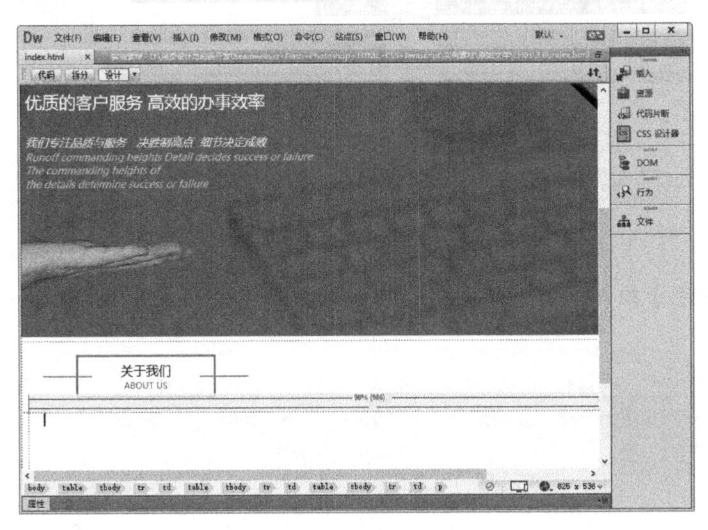

图 3-47　打开素材文件

❷ 将光标放置在要输入文字位置，输入文字，如图 3-48 所示。

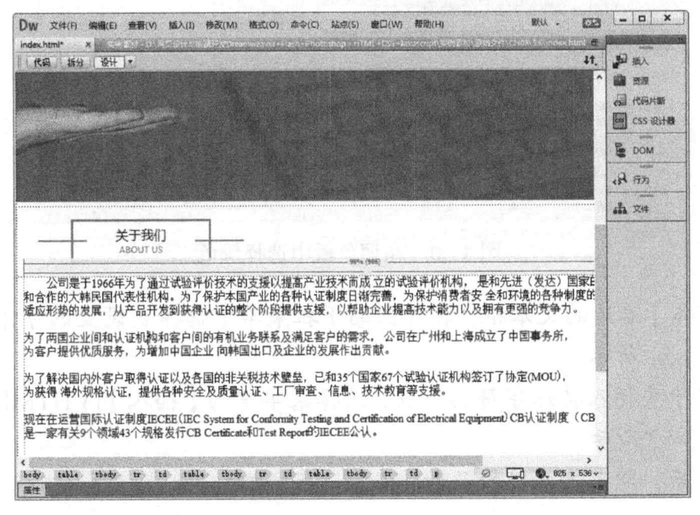

图 3-48　输入文字

❸ 选中输入的文字，在【属性】面板中单击【大小】文本框右边的按钮，在弹出的列表中选择12像素，如图3-49所示。设置字体大小。

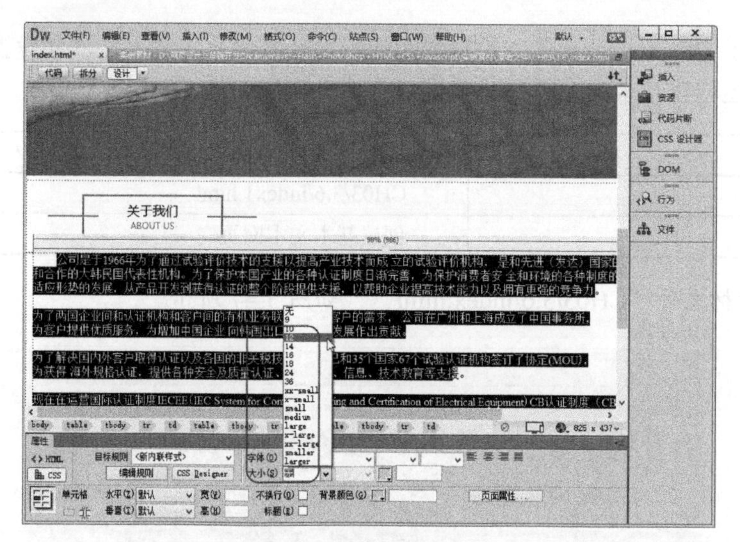

图3-49 设置字体大小

❹ 单击【颜色】按钮，打开调色板，在对话框中选择颜色#09BCA3，如图3-50所示。

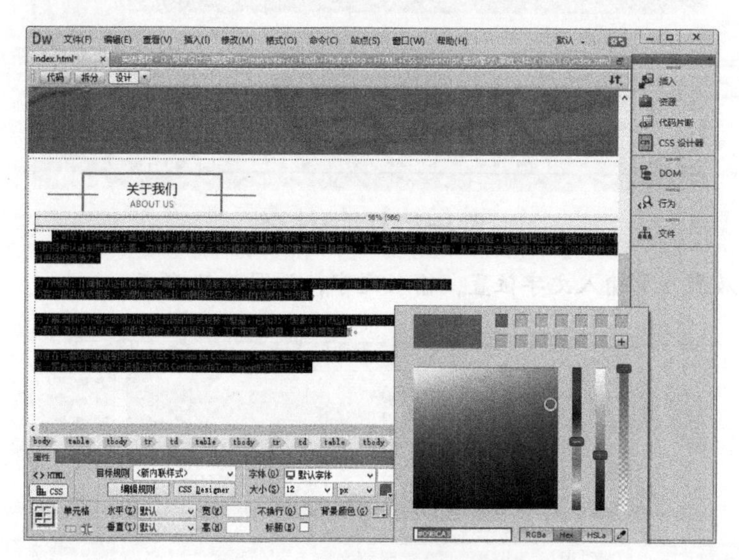

图3-50 在调色板中选择颜色

❺ 单击【字体】右边的文本框，在弹出的下拉菜单中选择要设置的字体，在这里设置字体为黑体，如图3-51所示。

❻ 将光标置于要插入特殊字符的位置，选择菜单中的【插入】|【HTML】|【字符】|【版权】命令，如图3-52所示。

❼ 选择命令后，即可插入版权符号，如图3-53所示。

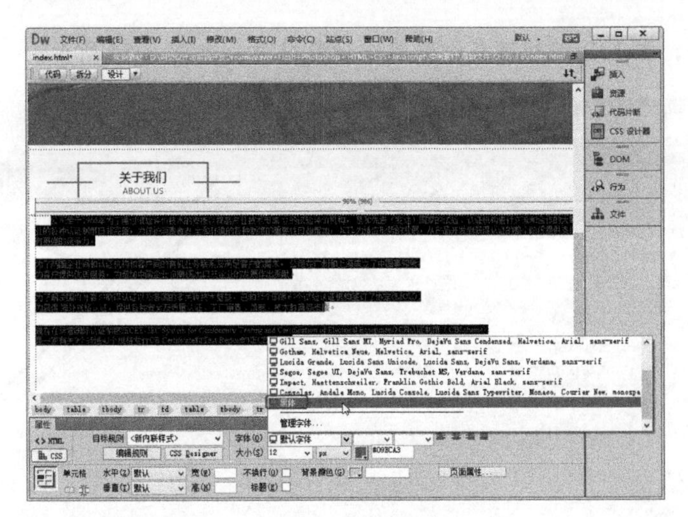

图 3-51 设置字体

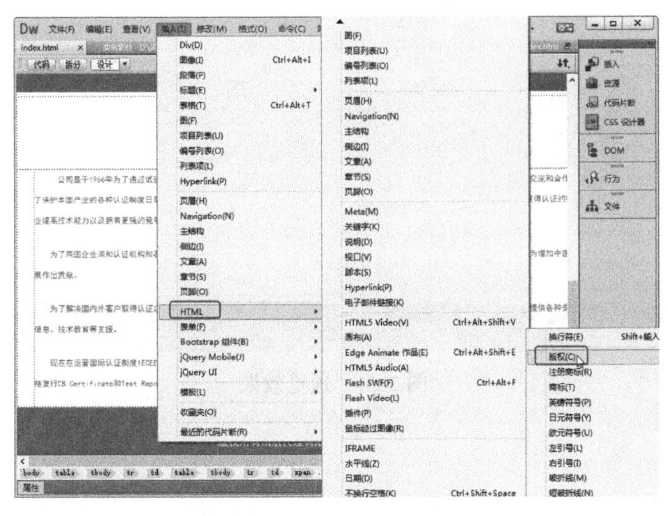

图 3-52 选择【版权】命令

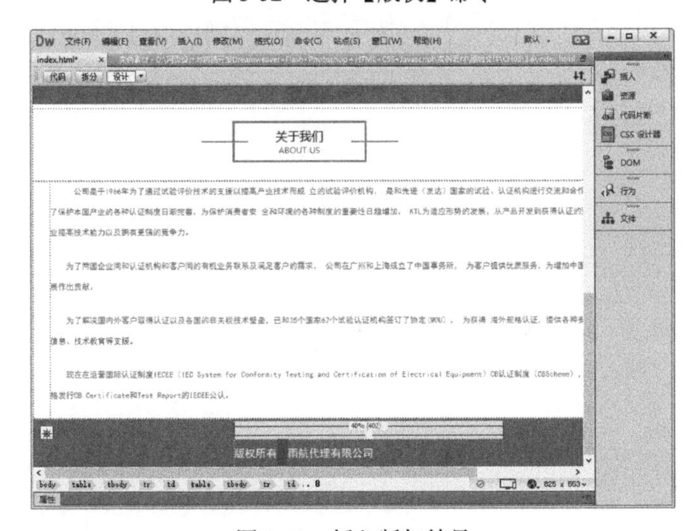

图 3-53 插入版权符号

❽ 保存文档，按 F12 键即可在浏览器中预览效果，如图 3-54 所示。

图 3-54　预览效果

第4章

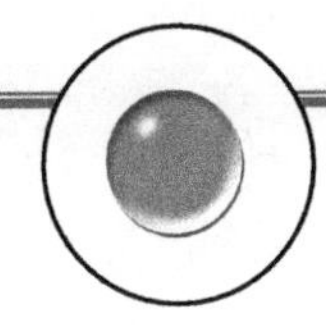

创建超级链接

超级链接是构成网站最为重要的部分之一，单击网页中的超级链接，即可跳转到相应的网页，因此可以非常方便地从一个网页到达另一个网页。在网页上创建超链接，就可以把因特网上众多的网站和网页联系起来，构成一个有机的整体。本章主要讲述超级链接的基本概念、各种类型的超级链接的创建方法。

学习目标

- 超级链接的基本概念
- 创建链接的方法
- 掌握实战演练

4.1 超级链接的基本概念

网络中的一个个网页是通过超级链接的形式关联在一起的。可以说超级链接是网页中最重要、最根本的元素之一。超级链接的作用是在因特网上建立从一个位置到另一个位置的链接。超级链接由源地址文件和目标地址文件构成，当访问者单击超级链接时，浏览器会从相应的目标地址检索网页并显示在浏览器中。如果目标地址不是网页而是其他类型的文件，浏览器会自动调用本机上的相关程序打开所访问的文件。

在网页中的链接按照链接路径的不同可以分为三种形式：绝对路径、相对路径和基于根目录路径。这些路径都是网页中的统一资源定位，只不过后两种路径将 URL 的通信协议和主机名省略了。后两种路径必须有参照物，一种是以文档为参照物，另一种是以站点的根目录为参照物。而第一种路径就不需要有参照物，它是最完整的路径，也是标准的 URL。

4.2 创建超级链接的方法

使用 Dreamweaver 创建链接既简单又方便，只要选中要设置成超链接的文字或图像，然后应用以下几种方法添加相应的 URL 即可。

4.2.1 使用属性面板创建链接

利用【属性】面板创建链接的方法很简单，选择要创建链接的对象，选择菜单中的【窗

口】|【属性】命令，打开【属性】面板。在面板中的【链接】文本框中的输入要链接的路径，即可创建链接，如图 4-1 所示。

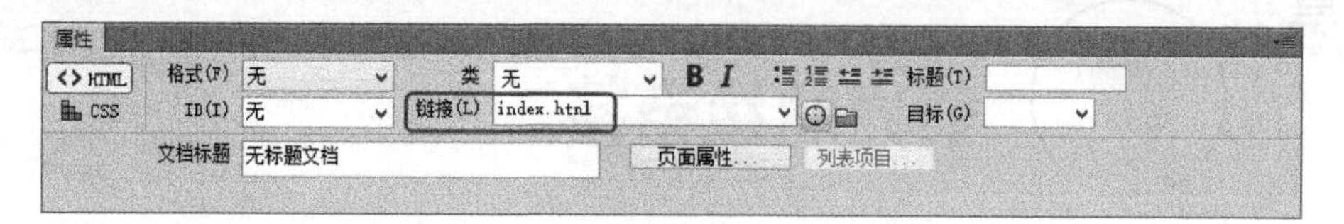

图 4-1　在【属性】面板中设置链接

4.2.2　使用指向文件图标创建链接

利用直接拖动的方法创建链接时，要先建立一个站点，选择菜单中【窗口】|【属性】命令，打开【属性】面板，选中要创建链接的对象，在面板中单击【指向文件】按钮，按住鼠标左键不放并将该按扭拖动到站点窗口中的目标文件上，释放鼠标左键即可创建链接，如图 4-2 所示。

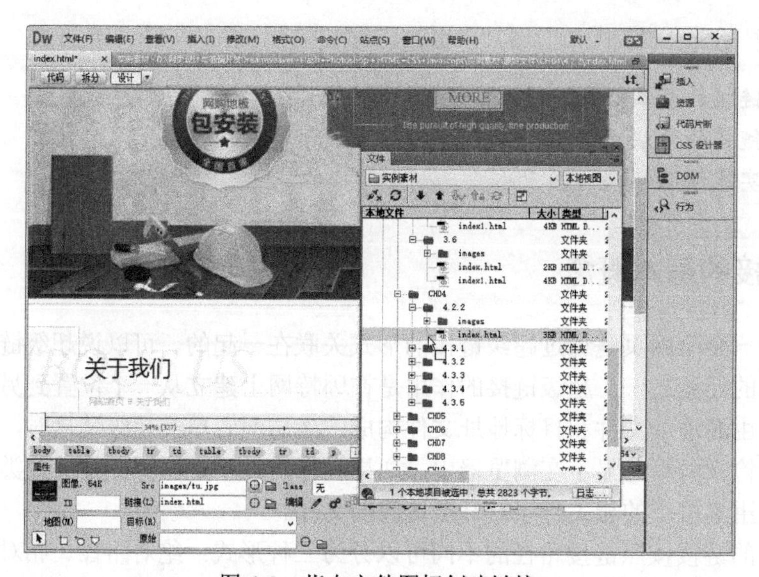

图 4-2　指向文件图标创建链接

4.2.3　使用菜单命令创建链接

使用菜单命令创建链接也非常简单，选中创建超链接的文本，选择菜单中的【插入】|【Hyperlink】命令，弹出【Hyperlink】对话框，如图 4-3 所示。在对话框中的【链接】文本框中输入链接的目标，或单击【链接】文本框右边的【浏览文件】按钮，选择相应的链接目标，单击【确定】按钮，即可创建链接。

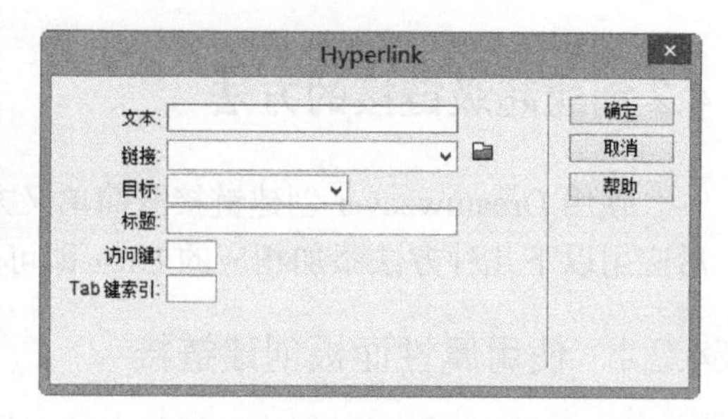

图 4-3　【Hyperlink】对话框

4.3 实战演练

前面介绍了超级链接的基本概念及创建链接的几种方法，下面通过几个实例来巩固所学的知识。

4.3.1 实例 1——创建外部链接

外部链接是指本站以外的链接，表达的是网站之间的链接关系，反映了网站之间的信任关系。创建外部链接的具体操作步骤如下。

原始文件	CH04/4.3.1/index.html
最终文件	CH04/4.3.1/index1.html
学习要点	创建外部链接

❶ 打开素材文件“CH04/4.3.1/index.html”，选中要创建链接的文本，如图 4-4 所示。

图 4-4　打开素材文件

❷ 选择菜单中的【窗口】|【属性】命令，打开【属性】面板，在【属性】面板中的【链接】文本框中直接输入外部链接的地址“http://www.baidu.com”，如图 4-5 所示。

图 4-5　添加链接文件

❸ 保存网页文档，按 F12 键即可在浏览器中浏览网页，如图 4-6 所示。单击链接的文本可以打开相应的链接，如图 4-7 所示。

图 4-6　单击链接

图 4-7　单击链接后

4.3.2　实例 2——创建 E-mail 链接

E-mail 链接也叫电子邮件链接，在制作网页时，有些内容需要创建电子邮件链接。当单击此链接时，将启动邮件程序发送 E-mail 信息。在 Dreamweaver 中，创建 E-mail 链接可以在【属性】面板中进行设置，也可以使用菜单命令进行设置，具体操作步骤如下。

原始文件	CH04/4.3.2/index.html
最终文件	CH04/4.3.2/index1.html
学习要点	创建 E-mail 链接

❶ 打开素材文件“CH04/4.3.2/index.html”，如图 4-8 所示。

❷ 将光标放置在页面中相应的位置，选择菜单中的【插入】|【HTML】|【电子邮件链接】命令，弹出【电子邮件链接】对话框，在对话框中的【文本】文本框中输入“联系我们”，在【电子邮件】文本框中输入“mailto：sdhzwey@163.com”，如图 4-9 所示。

图 4-8 打开素材文件

图 4-9 【电子邮件链接】对话框

提示 在【HTML】插入栏中单击【电子邮件链接】按钮，打开【电子邮件链接】对话框，创建电子邮件链接。

❸ 单击【确定】按钮，创建 E-mail 链接，如图 4-10 所示。

图 4-10 创建 E-mail 链接

❹ 保存文档，按 F12 键即可在浏览器中预览效果，单击 E-mail 链接，可以看到【新邮件】对话框，如图 4-11 所示。

图 4-11　预览效果

4.3.3　实例 3——创建下载文件的链接

如果要在网站中提供下载资料，就需要为文件提供下载链接，如果超级链接指向的不是一个网页文件，而是其他文件，如 ZIP、MP3、EXE 文件等，单击链接的时候就会下载文件，具体操作步骤如下。

原始文件	CH04/4.3.3/index.html
最终文件	CH04/4.3.3/index1.html
学习要点	创建下载文件链接

❶ 打开素材文件“CH04/4.3.3/index.html”，选中要创建下载链接的文本，如图 4-12 所示。

图 4-12　打开素材文件

❷ 在【属性】面板中单击【链接】文本框右边的【浏览文件】图标，如图 4-13 所示。

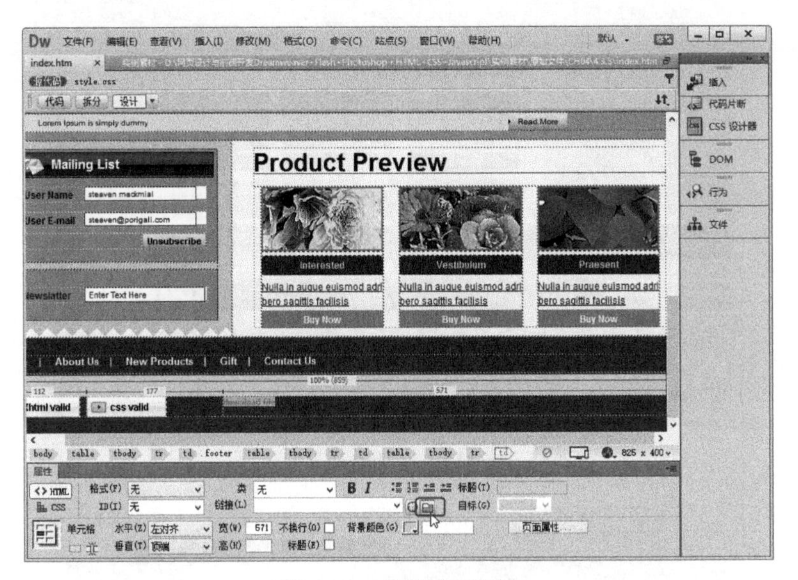

图 4-13 【属性】面板

❸ 弹出【选择文件】对话框，在对话框中选择文件，如图 4-14 所示。

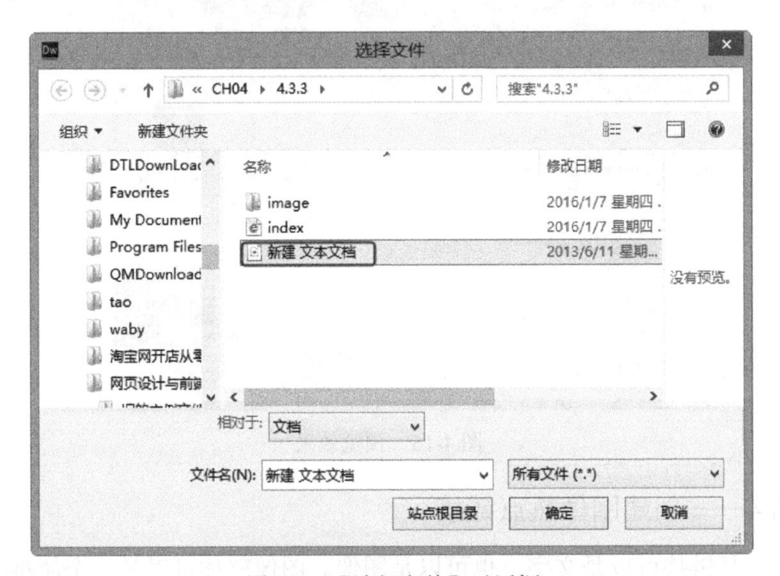

图 4-14 【选择文件】对话框

❹ 单击【确定】按钮，添加文件，如图 4-15 所示。

❺ 保存文档，按 F12 键在浏览器中预览，单击文本，如图 4-16 所示。

提示 网站中的每个下载文件必须对应一个下载链接，而不能为多个文件或文件夹建立下载链接。如果需要对多个文件或文件夹提供下载，只能利用压缩软件将这些文件或文件夹压缩为一个文件。

图 4-15　添加链接文件

图 4-16　预览效果

4.3.4　实例 4——创建图像热点链接

在网页中，超链接可以是文字，也可以是图像。图像整体可以是一个超链接的载体，而且图像中的一部分或多个部分也可以分别成为不同的链接，具体操作步骤如下。

原始文件	CH04/4.3.4/index.html
最终文件	CH04/4.3.4/index1.html
学习要点	创建图像热点链接

❶ 打开素材文件“CH04/4.3.4/index.html”，如图 4-17 所示。

❷ 选中创建图像热点链接的图像，打开【属性】面板，单击【矩形热点工具】按钮，如图 4-18 所示。

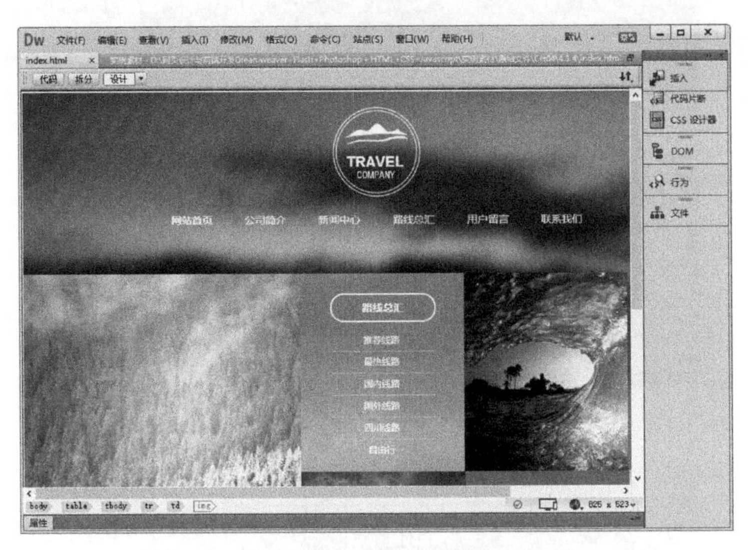

图 4-17　打开素材文件

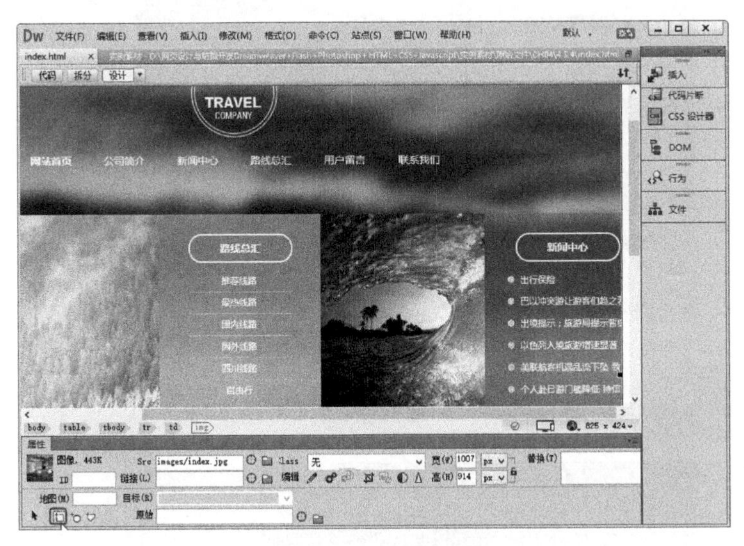

图 4-18　【属性】面板

提示　在【属性】面板中有三种热点工具，分别是【矩形热点工具】、【圆形热点工具】和【多边形热点工具】，可以根据图像的形状来选择热点工具。

❸ 将光标移动到要绘制热点图像【网站首页】的上方，按住鼠标左键不放，拖动鼠标左键绘制一个矩形热点，如图 4-19 所示。

❹ 打开属性面板，在【属性】面板【链接】文本框中输入地址，如图 4-20 所示。

❺ 同理绘制其他的图像热点链接，并输入相应的链接，如图 4-21 所示。

❻ 保存文档，按 F12 键即可在浏览器中预览效果，如图 4-22 所示。

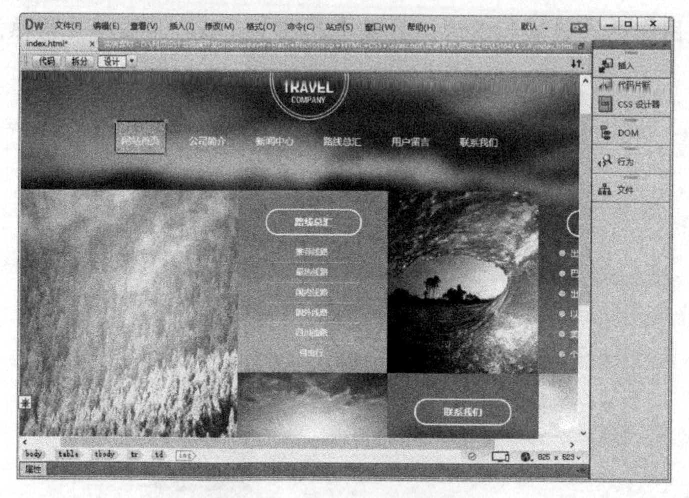

图 4-19 绘制一个矩形热点

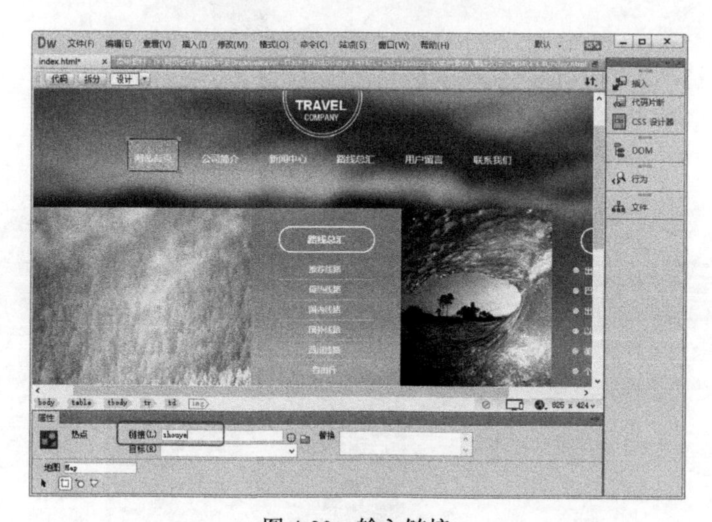

图 4-20 输入链接

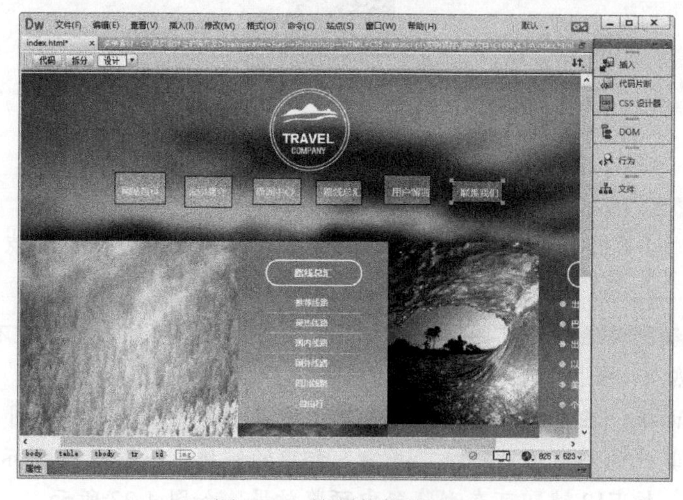

图 4-21 绘制其他的热点

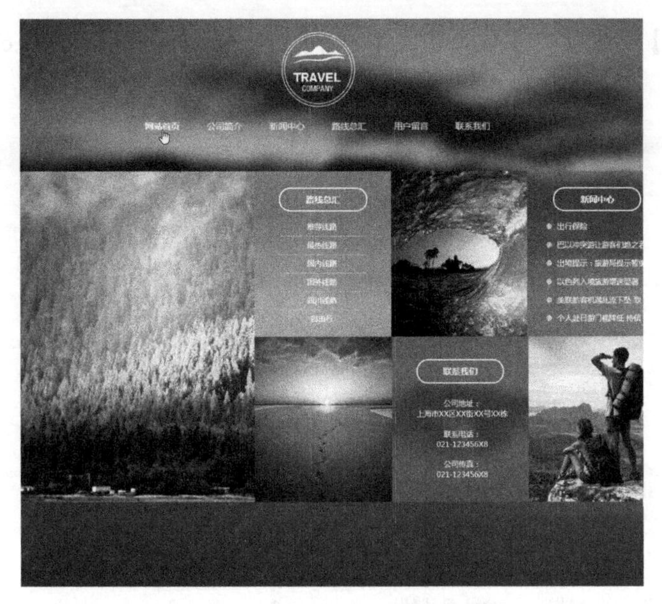

图 4-22 创建图像热点链接的效果

4.3.5 实例 5——创建脚本链接

脚本超链接执行 JavaScript 代码或调用 JavaScript 函数，它非常有用，能够在不离开当前网页文档的情况下为访问者提供有关某项的附加信息。脚本超链接还可以用于在访问者单击特定项时，执行计算、表单验证和其他处理任务，具体操作步骤如下。

原始文件	CH04/4.3.5/index.html
最终文件	CH04/4.3.5/index1.html
学习要点	创建脚本链接

❶ 打开素材文件“CH04/4.3.5/index.html”，选中文本“关闭网页”，如图 4-23 所示。

图 4-23 打开素材文件

❷ 在【属性】面板中的【链接】文本框中输入“javascript:window.close()”，如图 4-24 所示。

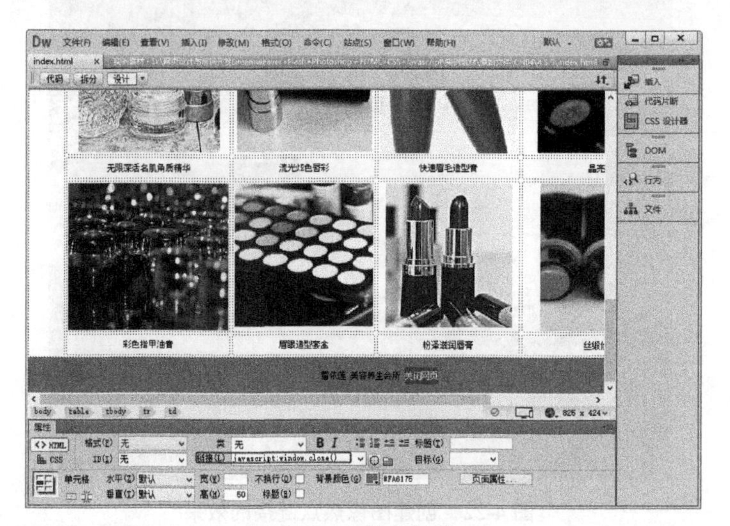

图 4-24　输入链接

❸ 保存文档，按 F12 键在浏览器中预览效果，单击“关闭网页”超文本链接，会自动弹出一个提示对话框，询问是否关闭窗口，单击【是】按钮，即可关闭网页，如图 4-25 所示。

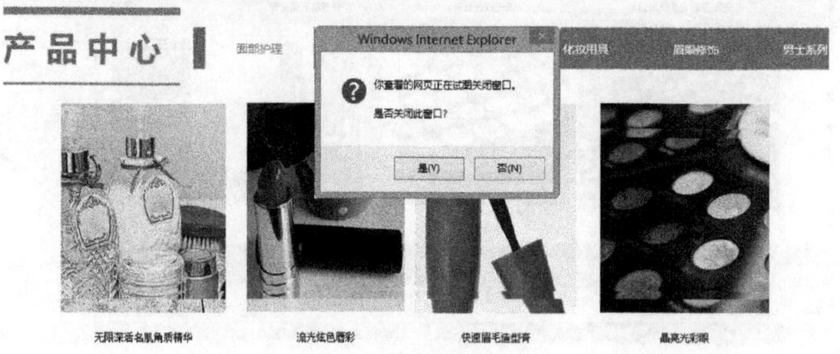

图 4-25　预览效果

4.3.6 实例 6——创建空链接

空链接用于向页面上的对象或文本附加行为，打开要创建空链接的文件，选中文字，在属性面板中的【链接】文本框中输入“#”即可，具体操作步骤如下。

原始文件	CH04/4.3.6/index.html
最终文件	CH04/4.3.6/index1.html
学习要点	创建空链接

❶ 打开素材文件“CH04/4.3.6/index.html”，选中文本，如图 4-26 所示。

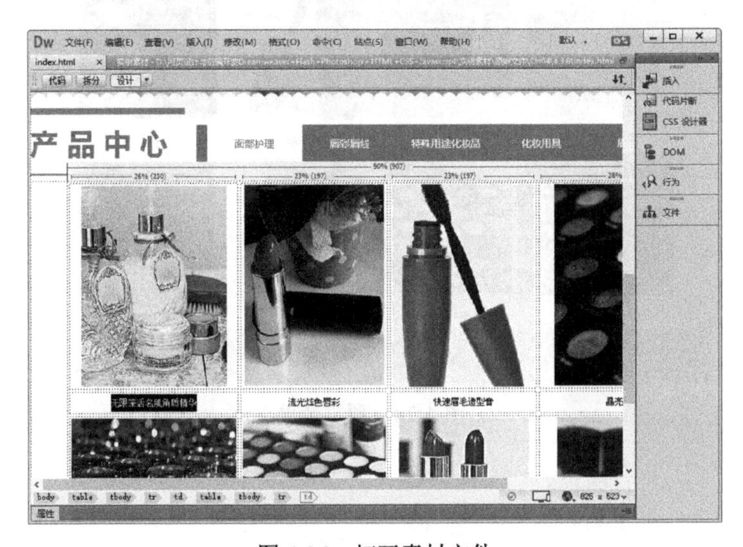

图 4-26 打开素材文件

❷ 在【属性】面板中的【链接】文本框中输入“#”，如图 4-27 所示。

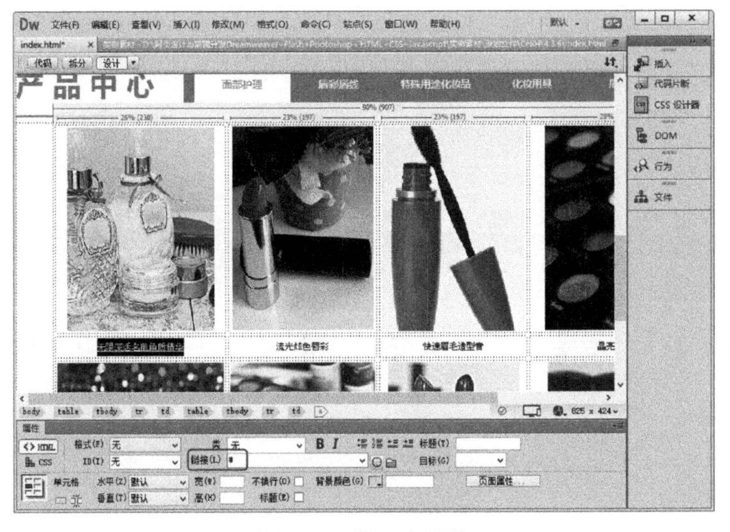

图 4-27 输入空链接

❸ 保存文档，按 F12 键在预览器中预览效果，如图 4-28 所示。

图 4-28　预览效果

第5章

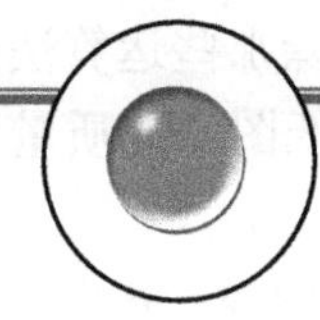

使用图像和多媒体创建丰富多彩的网页

在网络上随意浏览一个页面，会发现除了文字以外还有各种各样的其他元素，如图像、动画和声音。图像或多媒体是文本的解释和说明。在文档的适当位置上放置一些图像或多媒体文件，不仅可以使文本更加容易阅读，而且使得文档更加具有吸引力。本章主要讲述图像的基本使用和添加 Flash 影片等。

学习目标

- 网页中图像的使用常识
- 在网页中使用图像
- 插入其他网页图像
- 添加 Flash 影片
- 使用代码提示添加背景音乐
- 创建鼠标经过图像导航栏
- 创建图文混排网页

5.1 网页中图像的使用常识

网页中图像的格式通常有三种，即 GIF、JPEG 和 PNG。目前 GIF 和 JPEG 文件格式的支持情况最好，大多数浏览器都可以查看它们。由于 PNG 文件具有较大的灵活性并且文件较小，所以它对于几乎任何类型的网页图形都是最适合的。但是 Internet Explorer 和 Netscape Navigator 只能部分支持 PNG 图像的显示。建议使用 GIF 或 JPEG 格式以满足更多人的需求。

GIF 是英文单词 Graphic Interchange Format 的缩写，即图像交换格式，文件最多使用 256 种颜色，最适合显示色调不连续或具有大面积单一颜色的图像，例如导航条、按钮、图标、Logo 或其他具有统一色彩和色调的图像。

GIF 格式的最大优点就是可以制作动态图像，将数张静态文件作为动画帧串联起来，转换成一个动画文件。

GIF 格式的另一优点就是可以将图像以交错的方式在网页中呈现。所谓交错显示，就是当图像尚未下载完成时，浏览器会先已马赛克的形式将图像慢慢显示，让浏览者可以大略猜出下载图像的雏形。

JPEG 是英文单词 Joint Photographic Experts Group（联合图像专家组）的缩写，专门用来处理照片图像。JPEG 的图像为每一个像素提供了 24 位可用的颜色信息，从而提供了上百万种颜色。为了使 JPEG 便于应用，大量的颜色信息必须压缩，即删除那些运算法则认为是多余的信息。JPEG 格式通常被归类为有损压缩，图像的压缩是以降低图像的质量为代价减小图像尺寸的。

PNG 是英文单词 Portable Network Graphic 的缩写，即便携网络图像，它支持索引色、灰度、真彩色图像以及 alpha 通道。PNG 是 Macromedia Fireworks 固有的文件格式。PNG 文件可保留所有原始层、矢量、颜色和效果信息，并且在任何时候所有元素都是可以完全编辑的。文件必须具有.png 文件扩展名才能被 Dreamweaver 识别为 PNG 文件。

5.2 在网页中插入图像

图像是网页中最主要的元素之一，不但能美化网页，而且与文本相比能够更直观地说明问题，使所表达的意思一目了然。这样图像就会为网站增添生命力，同时也加深用户对网站的印象。

5.2.1 插入普通图像

前面介绍了网页中常见的三种图像格式，下面就来学习如何在网页中使用图像。在使用图像前，一定要有目的地选择图像，最好运用图像处理软件美化一下图像，否则插入的图像可能会不美观，非常死板。在网页中插入图像的具体制作步骤如下。

原始文件	CH05/5.2.1/index.html
最终文件	CH05/5.2.1/index1.html
学习要点	插入普通图像

❶ 打开素材文件“CH05/5.2.1/index.html”，如图 5-1 所示。

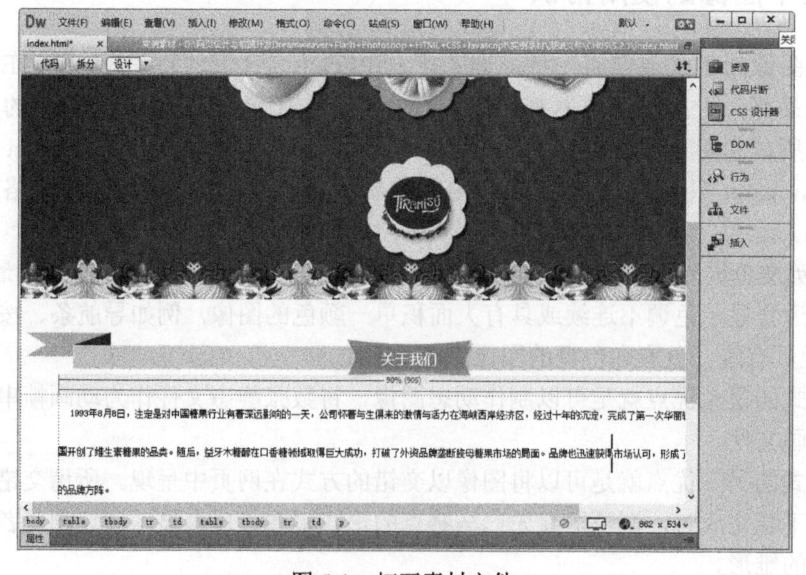

图 5-1 打开素材文件

❷ 将光标放置在要插入图像的位置，选择菜单中的【插入】|【图像】命令，如图 5-2 所示。

提示 使用以下方法也可以插入图像。

- 选择菜单中的【窗口】|【资源】命令，打开【资源】面板，在【资源】面板中单击按钮，展开图像文件夹，选定图像文件，然后用鼠标拖动到网页中合适的位置。
- 单击【HTML】插入栏中的按钮，弹出【选择图像源文件】对话框，从中选择需要的图像文件。

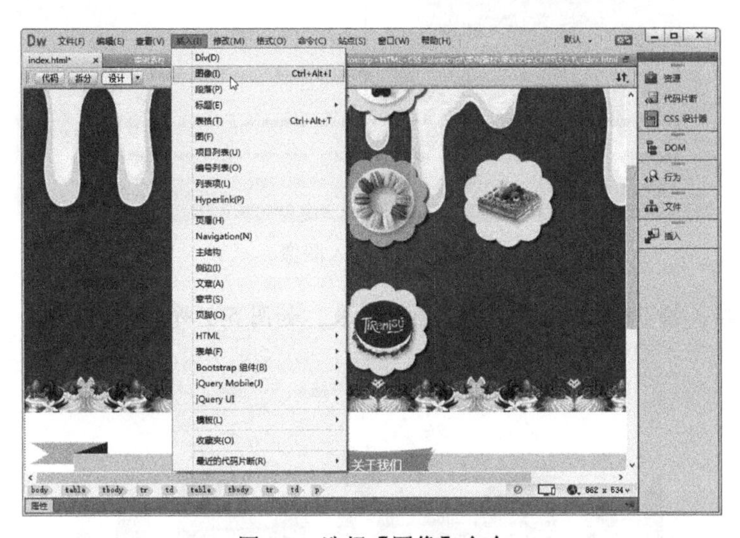

图 5-2 选择【图像】命令

❸ 选择命令后，弹出【选择图像源文件】对话框，在对话框中选择图像文件，如图 5-3 所示。

图 5-3 【选择图像源文件】对话框

❹ 单击【确定】按钮，图像就插入到网页中了，如图 5-4 所示。

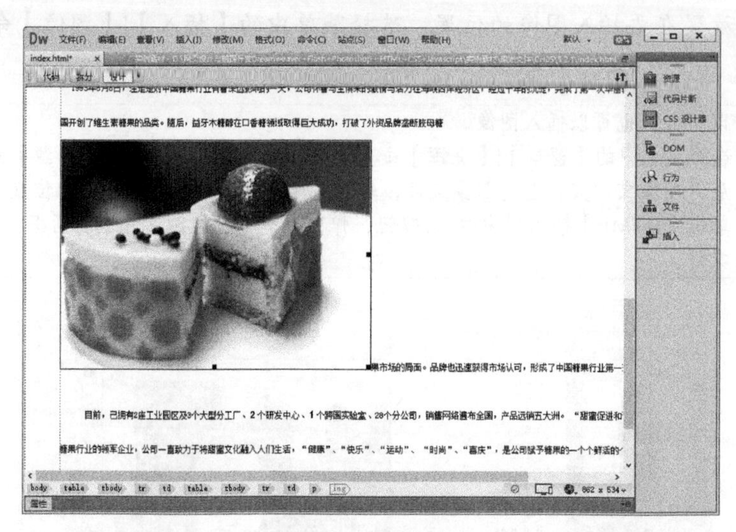

图 5-4　插入图像

❺ 保存文档，按 F12 键在浏览器中预览效果，如图 5-5 所示。

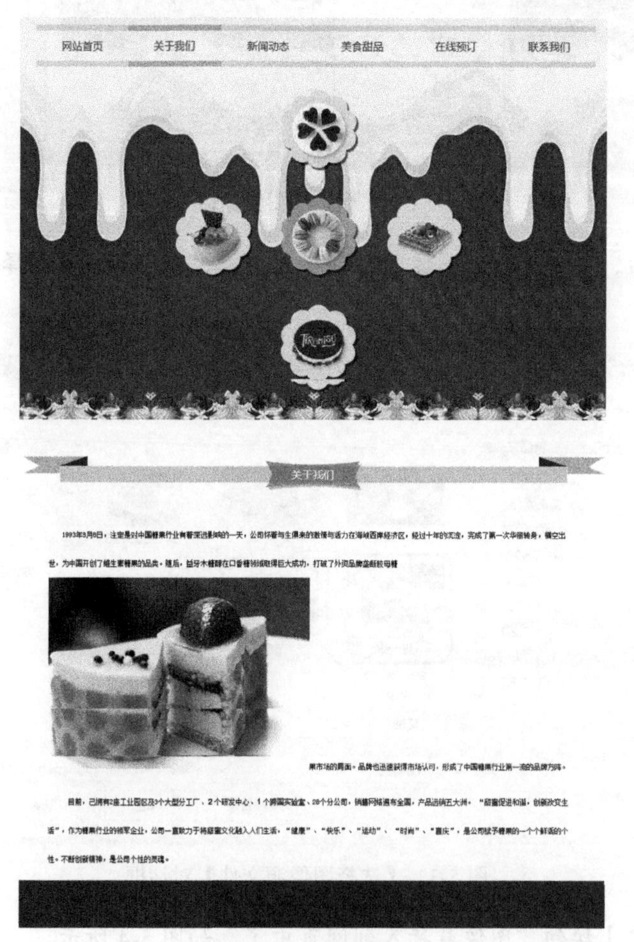

图 5-5　预览效果

5.2.2 设置图像的属性

插入图像后，如果图像的大小和位置并不合适，还需要对图像的属性进行具体的调整，如大小、位置和对齐方式等，具体操作步骤如下。

原始文件	CH05/5.2.2/index.html
最终文件	CH05/5.2.2/index1.html
学习要点	设置图像的属性

❶ 打开素材文件“CH05/5.2.2/index.html”，如图 5-6 所示。

图 5-6 打开素材文件

❷ 选中插入的图像，打开属性面板，在面板中进行图像属性的设置，如图 5-7 所示。

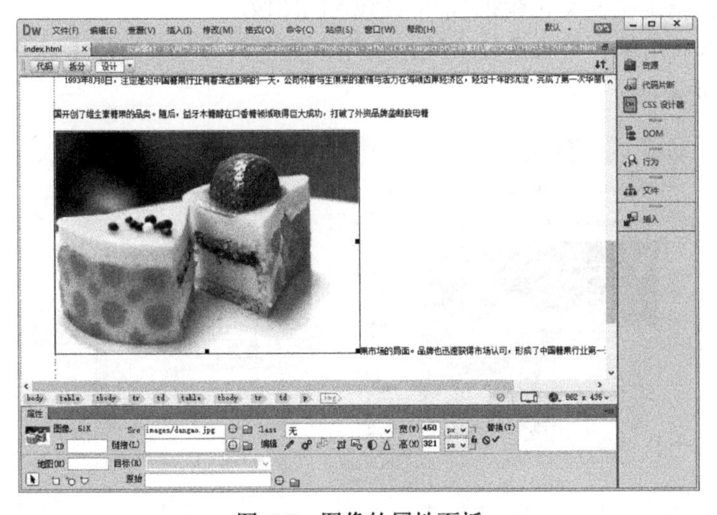

图 5-7 图像的属性面板

在图像属性面板中可以进行如下设置。

● 【宽】和【高】：以像素为单位设定图像的宽度和高度。当在网页中插入图像时，

Dreamweaver 自动使用图像的原始尺寸。可以使用以下单位指定图像大小：点、英寸、毫米和厘米。在 HTML 源代码中，Dreamweaver 将这些值转换为以像素为单位。

- 【Src】：指定图像的具体路径。
- 【链接】：为图像设置超级链接。可以单击按钮浏览选择要链接的文件，或直接输入 URL 路径。
- 【目标】：链接时的目标窗口或框架。在其下拉列表中包括四个选项。

【_blank】：将链接的对象在一个未命名的新浏览器窗口中打开。

【_parent】：将链接的对象在含有该链接的框架的父框架集或父窗口中打开。

【_self】：将链接的对象在该链接所在的同一框架或窗口中打开。_self 是默认选项，通常不需要指定它。

【_top】：将链接的对象在整个浏览器窗口中打开，因而会替代所有框架。

- 【替换】：图片的注释。当浏览器不能正常显示图像时，便在图像的位置用这个注释代替图像。
- 【编辑】：启动【外部编辑器】首选参数中指定的图像编辑器，并使用该图像编辑器打开选定的图像。

编辑：启动外部图像编辑器编辑选中的图像。

编辑图像设置：弹出【图像预览】对话框，在对话框中可以对图像进行设置。

重新取样：将【宽】和【高】的值重新设置为图像的原始大小。调整所选图像大小后，此按钮显示在【宽】和【高】文本框的右侧。如果没有调整过图像的大小，该按钮不会显示出来。

裁剪：修剪图像的大小，从所选图像中删除不需要的区域。

亮度和对比度：调整图像的亮度和对比度。

锐化：调整图像的清晰度。

- 【地图】：名称和【热点工具】标注以及创建客户端图像地图。
- 【原始】：指定在载入主图像之前应该载入的图像。

❸ 选中插入的图像，单击鼠标右键，在弹出的下拉菜单中选择【对齐】|【右对齐】选项，如图 5-8 所示。

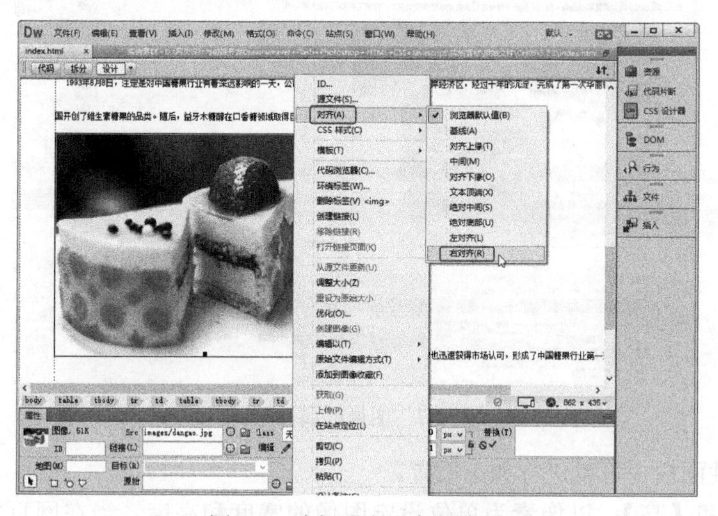

图 5-8　选择【右对齐】选项

❹ 保存文档，按 F12 键在浏览器中预览效果，如图 5-9 所示。

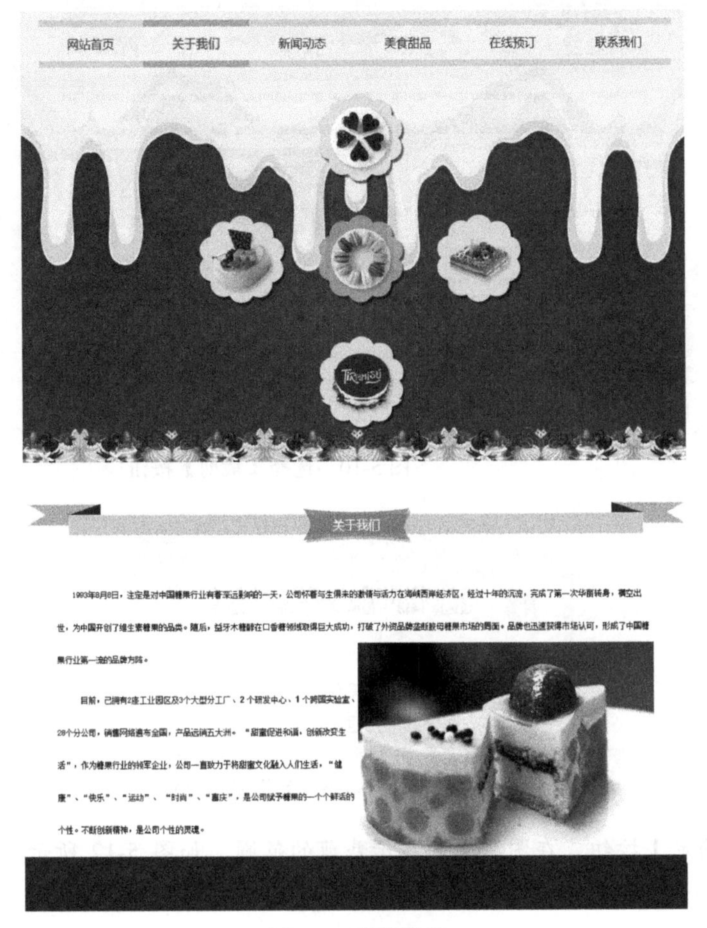

图 5-9 预览效果

5.2.3 裁剪图像

如果所输入的图像太大，还可以在 Dreamweaver CC 中使用【裁剪】按钮来裁剪图像，裁剪图像的具体操作步骤如下。

原始文件	CH05/5.2.3/index.html
最终文件	CH05/5.2.3/index1.html
学习要点	裁剪图像

❶ 打开素材文件“CH05/5.2.3/index.html”，单击并选中图像，在图像【属性】面板中，选中【编辑】右边的【裁剪】按钮，如图 5-10 所示。

提示 当使用 Dreamweaver 裁剪图像时，会直接更改磁盘上的源图像文件，因此需要备份图像文件，以便在需要恢复到原始图像时使用。

❷ 单击此按钮后，弹出【Dreamweaver】提示对话框，如图 5-11 所示。

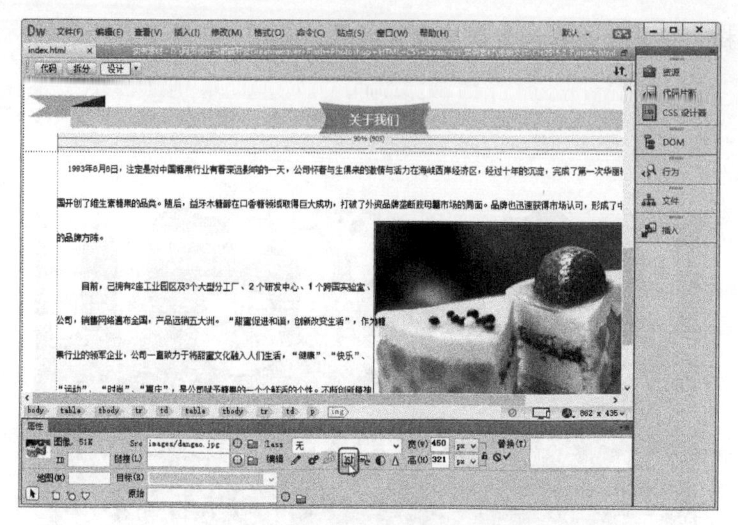

图 5-10　选择【裁剪】按钮

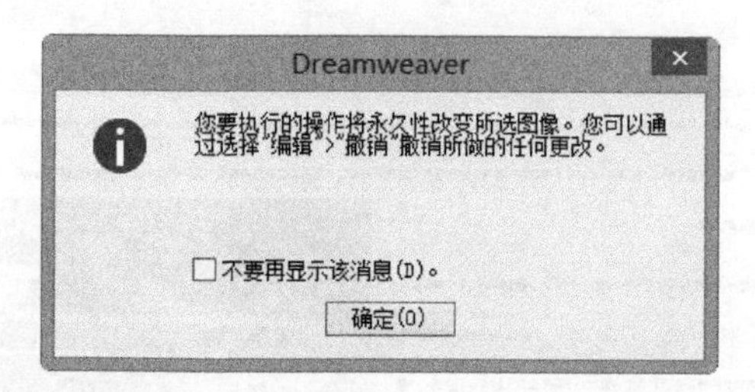

图 5-11　【Dreamweaver】提示对话框

❸ 单击【确定】按钮，在图像上会显示裁剪的范围，如图 5-12 所示。调整裁剪图像范围的大小后，按 Enter 键即可裁剪图像。

图 5-12　图像上显示了裁剪图像的范围

❹ 保存文档，按 F12 键在浏览器中预览效果，如图 5-13 所示。

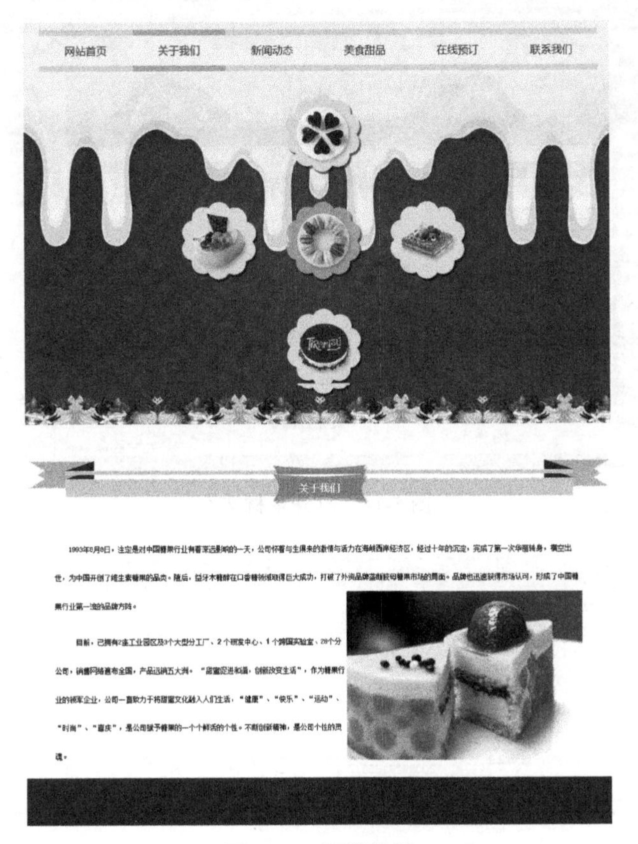

图 5-13 预览效果

5.3 插入其他网页图像

下面讲述在网页中其他使用图像的方法，如设置背景图像，插入鼠标经过图像。

5.3.1 背景图像

在网页中，可以把图像设置为网页的背景，这个图像就是背景图，具体操作步骤如下。

原始文件	CH05/5.3.1/index.html
最终文件	CH05/5.3.1/index1.html
学习要点	背景图像

❶ 打开素材文件“CH05/5.3.1/index.html”，如图 5-14 所示。

❷ 选择菜单中的【修改】|【页面属性】命令，打开【页面属性】对话框，在对话框中单击【背景图像】文本框右边的【浏览】按钮，打开【选择图像源文件】对话框，如图 5-15 所示。

❸ 在对话框中选择图像 images/bj.jpg，单击【确定】按钮，添加到文本框中，如图 5-16 所示。

图 5-14　打开素材文件

图 5-15　【选择图像源文件】对话框

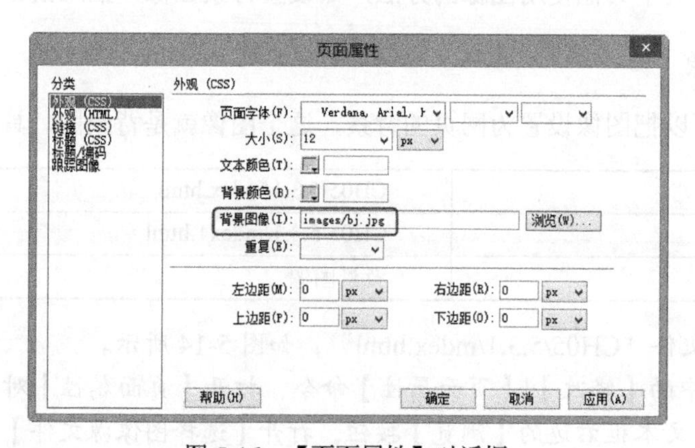

图 5-16　【页面属性】对话框

提示　背景图像要能体现出网站的整体风格和特色，与网页内容和谐统一。一般来说，背景图像的颜色与前景文字的颜色要有一个较强的对比。

❹ 单击【确定】按钮，插入背景图像，如图 5-17 所示。

图 5-17　插入背景图像

❺ 保存文档，按 F12 键在浏览器中预览效果，如图 5-18 所示。

图 5-18　预览效果

5.3.2　创建鼠标经过图像

鼠标经过图像就是当鼠标经过图像时，原图像会变成另外一张图像。鼠标经过图像其实是由两张图像组成的：原始图像和鼠标经过图像。组成鼠标经过图像的两张图像必须大小相同；如果两张图像的大小不同，Dreamweaver 会自动将第二张图像大小调整成第一张同样大小。具体操作步骤如下。

原始文件	CH05/5.3.2/index.html
最终文件	CH05/5.3.2/index1.html
学习要点	创建鼠标经过图像

❶ 打开素材文件“CH05/5.3.2/index.html”，将光标置于要插入鼠标经过图像的位置，如图 5-19 所示。

图 5-19　打开素材文件

❷ 选择菜单中的【插入】|【HTML】|【鼠标经过图像】命令，如图 5-20 所示。

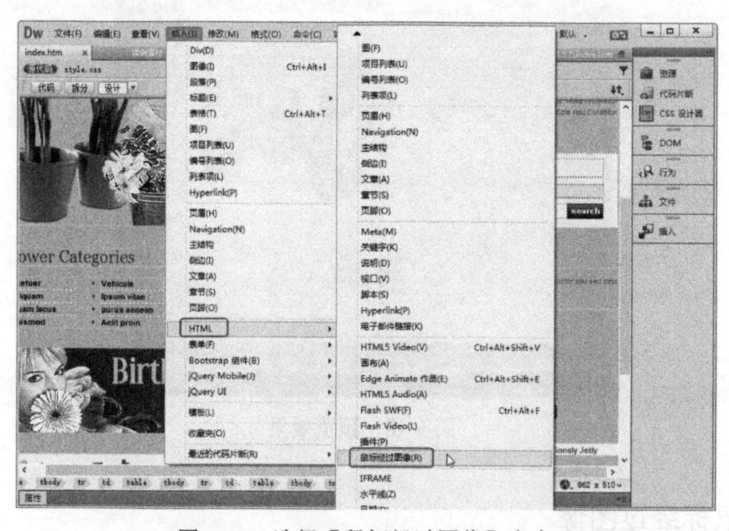

图 5-20　选择【鼠标经过图像】命令

❸ 选择命令后，弹出如图 5-21 所示的【插入鼠标经过图像】对话框。

在【插入鼠标经过图像】对话框中可以设置以下参数。

- 【图像名称】：在文本框中输入图像名称。

◎【原始图像】：单击【浏览】按钮，选择图像源文件，或直接在文本框中输入图像路径。

◎【鼠标经过图像】：单击【浏览】按钮，选择图像文件，或直接在文本框中输入图像路径。设置鼠标经过时显示的图像。

◎【预载鼠标经过图像】：让图像预先加载到浏览器的缓存中，以便加快图像的显示速度。

◎【按下时，前往的 URL】：单击【浏览】按钮，选择文件，或者直接在文框框中输入鼠标经过图像时打开的文件路径。如果没有设置链接，Dreamweaver 会自动在 HTML 代码中为鼠标经过图像加上一个空链接（#）。如果将这个空链接除去，鼠标经过图像就无法应用。

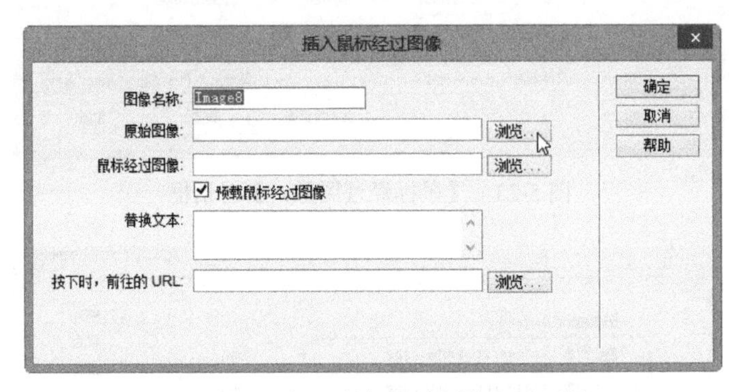

图 5-21 【插入鼠标经过图像】对话框

❹ 在对话框中单击【原始图像】文本框右边的【浏览】按钮，弹出【原始图像：】对话框，在对话框中选择图像文件，如图 5-22 所示。

图 5-22 【原始图像：】对话框

❺ 单击【确定】按钮，添加原始图像，单击【鼠标经过图像】文本框右边的【浏览】按钮，弹出【鼠标经过图像：】对话框，在对话框中选择图像文件，如图 5-23 所示。

❻ 单击【确定】按钮，添加图像文件，如图 5-24 所示。

❼ 单击【确定】按钮，插入鼠标经过图像，如图 5-25 所示。

图 5-23 【鼠标经过图像：】对话框

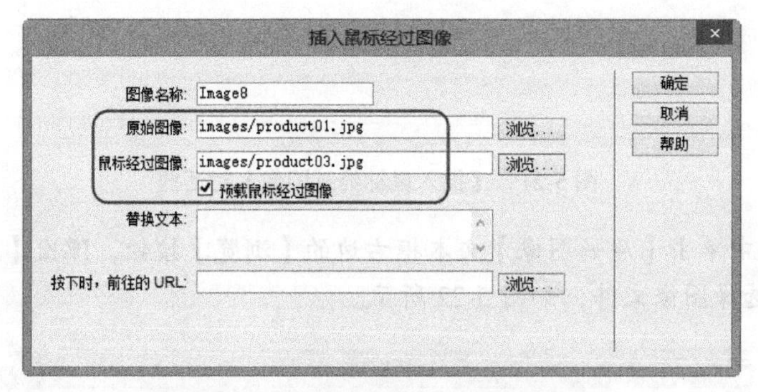

图 5-24 【插入鼠标经过图像】对话框

图 5-25 插入鼠标经过图像

❽ 保存网页文档，按 F12 键即可在浏览器中预览，当鼠标指针没有经过图像时的效果如图 5-26 所示，当鼠标经过图像时的效果如图 5-27 所示。

图 5-26 鼠标经过图像前的效果

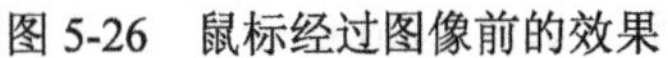

图 5-27 鼠标经过图像时的效果

5.4 添加 Flash 影片

SWF 动画是在 Flash 软件中制作完成的，在 Dreamweaver 中能将现有的 SWF 动画插入到文档中。动画可以增加网页的动感，使网页更具吸引力，因此多媒体元素在网页中的应用越来越广泛。具体操作步骤如下。

原始文件	CH05/5.4/index.html
最终文件	CH05/5.4/index1.html
学习要点	添加 Flash 影片

❶ 打开素材文件“CH05/5.4/index.html”，将光标置于要插入 SWF 影片的位置，如图 5-28 所示。

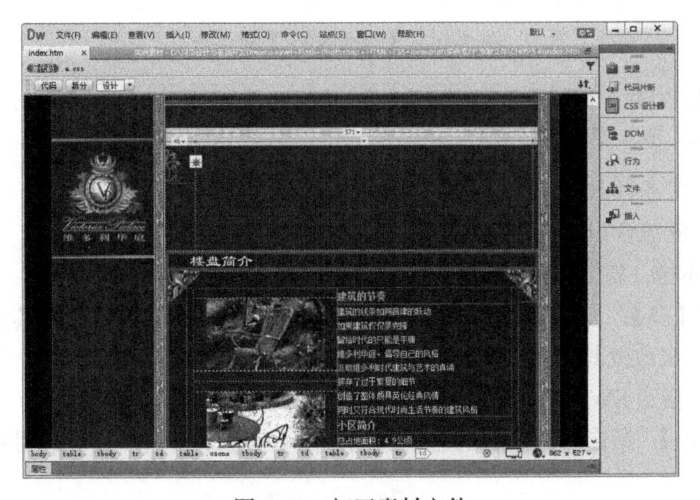

图 5-28 打开素材文件

❷ 选择菜单中的【插入】|【HTML】|【FlashSWF】命令，如图 5-29 所示。

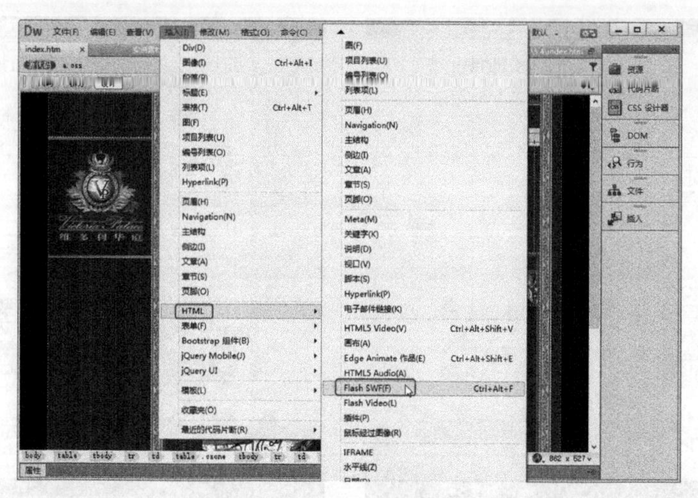

图 5-29　选择【Flash】命令

❸ 弹出【选择 SWF】对话框，在对话框中选择文件，如图 5-30 所示。

图 5-30　【选择 SWF】对话框

提示　单击【HTML】插入栏中的媒体按钮，在弹出的菜单中选择 SWF 选项，弹出【选择 SWF】对话框，插入 SWF 影片。

❹ 单击【确定】按钮，插入 SWF 影片，如图 5-31 所示。

SWF 属性面板包含以下各项设置。

- SWF 文本框：输入 SWF 动画的名称。
- 【宽】和【高】：设置文档中 SWF 动画的尺寸，可以输入数值改变其大小，也可以在文档中拖动缩放手柄来改变其大小。
- 【文件】：指定 SWF 文件的路径。
- 【背景颜色】：指定影片区域的背景颜色。在不播放影片时（在加载时和在播放后）也显示此颜色。
- 【Class】：可用于对影片应用 CSS 类。
- 【循环】：勾选此复选框可以重复播放 SWF 动画。

● 【自动播放】：勾选此复选框，当在浏览器中载入网页文档时，自动播放 SWF 动画。

● 【垂直边距和水平边距】：指定动画边框与网页上边界和左边界的距离。

● 【品质】：设置 SWF 动画在浏览器中的播放质量，包括【低品质】、【自动低品质】、【自动高品质】和【高品质】四个选项。

● 【比例】：设置显示比例，包括【全部显示】、【无边框】和【严格匹配】三个选项。

● 【对齐】：设置 SWF 在页面中的对齐方式。

● 【Wmode】：为 SWF 文件设置 Wmode 参数以避免与 DHTML 元素（例如 Spry 构件）相冲突。默认值是【不透明】，这样在浏览器中，DHTML 元素就可以显示在 SWF 文件的上面。如果 SWF 文件包括透明度，并且希望 DHTML 元素显示在它们的后面，则选择【透明】选项。

● 【参数】：打开一个对话框，可在其中输入传递给影片的附加参数。影片必须已设计好，可以接收这些附加参数。

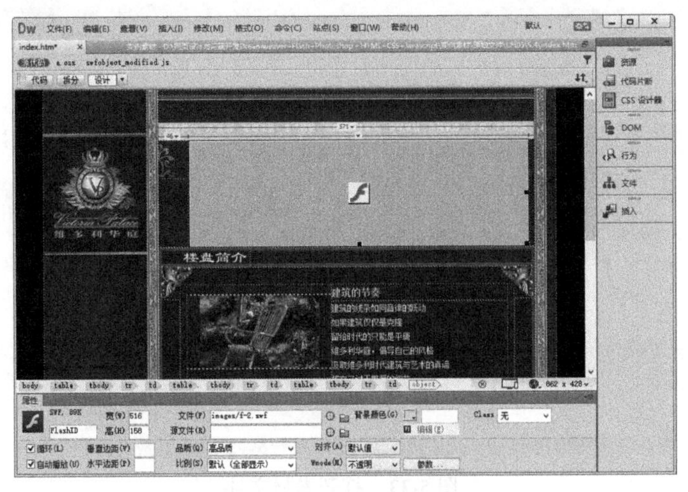

图 5-31　插入 SWF 影片

❺ 保存文档，按 F12 键即可在浏览器中预览效果，如图 5-32 所示。

图 5-32　插入 SWF 影片的效果

5.5 使用代码提示添加背景音乐

在【代码】视图中可以插入代码，在输入某些字符时会显示一个列表，列出此时能执行的操作。下面通过这种代码提示方式插入背景音乐，具体操作步骤如下。

原始文件	CH05/5.5/index.html
最终文件	CH05/5.5/index1.html
学习要点	使用代码提示添加背景音乐

❶ 打开素材文件“CH05/5.5/index.html”，如图 5-33 所示。

图 5-33 打开素材文件

❷ 切换到【代码】视图，在【代码】视图中找到标签<body>，并在其后面输入“<”以显示标签列表，在列表中选择【bgsound】标签，如图 5-34 所示。

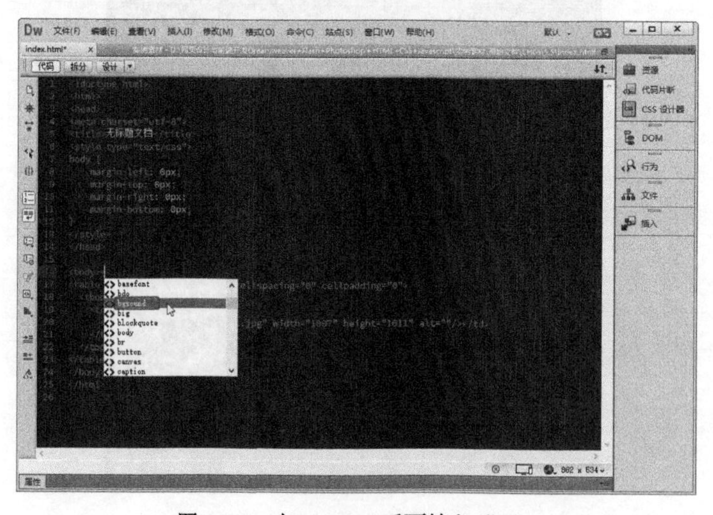

图 5-34 在< body >后面输入“<”

提示 使用<bgsound>来插入背景音乐，只适用于 Internet Explorer 浏览器，并且当浏览器窗口最小化时，背景音乐将停止播放。

❸ 在列表中双击【bgsound】标签，则插入该标签，如果该标签支持属性，则按空格键以显示该标签允许的属性列表，从中选择属性【src】。这个属性用来设置背景音乐文件的路径，如图 5-35 所示。

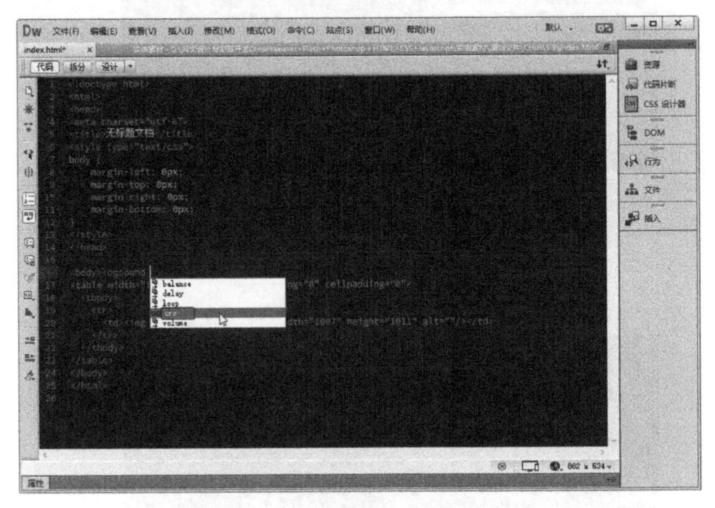

图 5-35 插入标签【bgsound】

❹ 双击后出现【浏览】字样，打开【选择文件】对话框，从对话框中选择音乐文件，如图 5-36 所示。

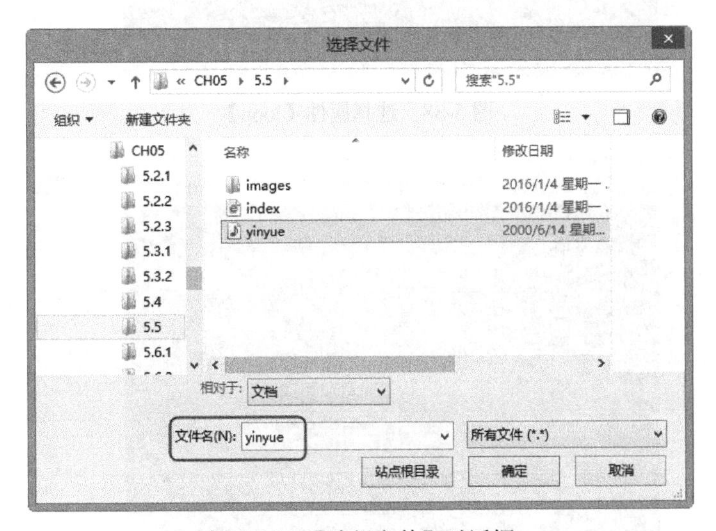

图 5-36 【选择文件】对话框

❺ 选择音乐文件后，单击【确定】按钮，插入音乐文件，如图 5-37 所示。

❻ 在插入的音乐文件后按空格键，在属性列表中选择属性【loop】，如图 5-38 所示。

❼ 然后选中【loop】，出现【−1】并将其选中，即在属性值后面输入 “>”，如图 5-39 所示。

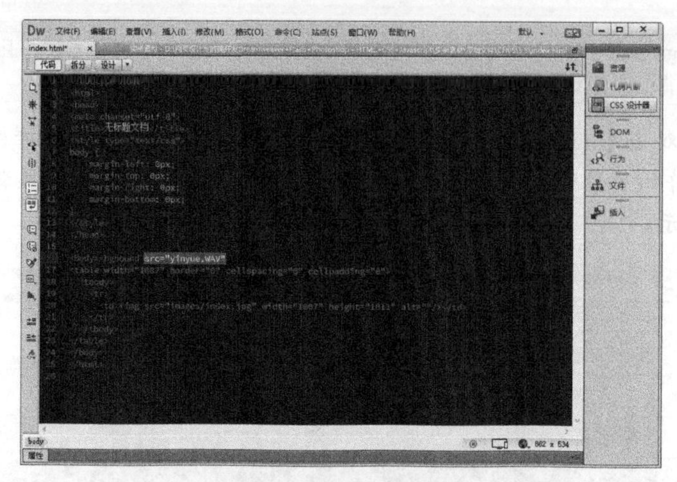

图 5-37　插入音乐文件

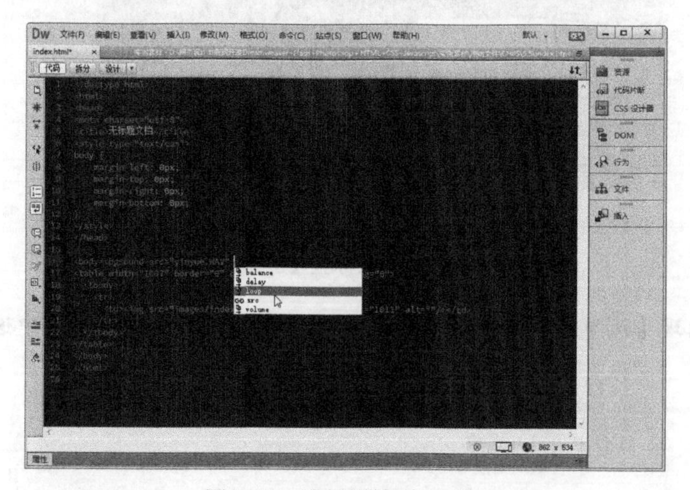

图 5-38　选择属性【loop】

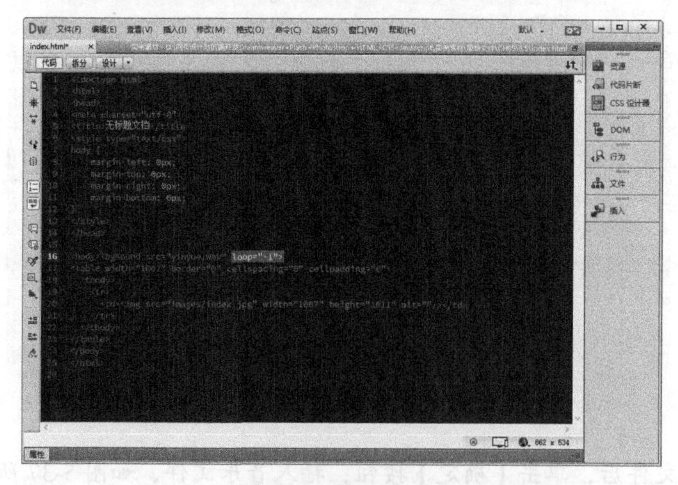

图 5-39　输入【>】

❽ 保存网页文档，按 F12 键即可在浏览器中浏览网页，当打开如图 5-40 所示的网页时就能听到音乐。

图 5-40 预览效果

5.6 实战演练

实例 1——创建翻转图像导航

鼠标经过图片的时候它就变成了另一张图片，用 Dreamweaver CC 制作翻转图像导航的具体操作步骤如下。

原始文件	CH05/5.6.1/index.html
最终文件	CH05/5.6.1/index1.html
学习要点	创建翻转图像导航

❶ 打开素材文件“CH05/5.6.1/index.html”，将光标置于要创建翻转图像导航的位置，如图 5-41 所示。

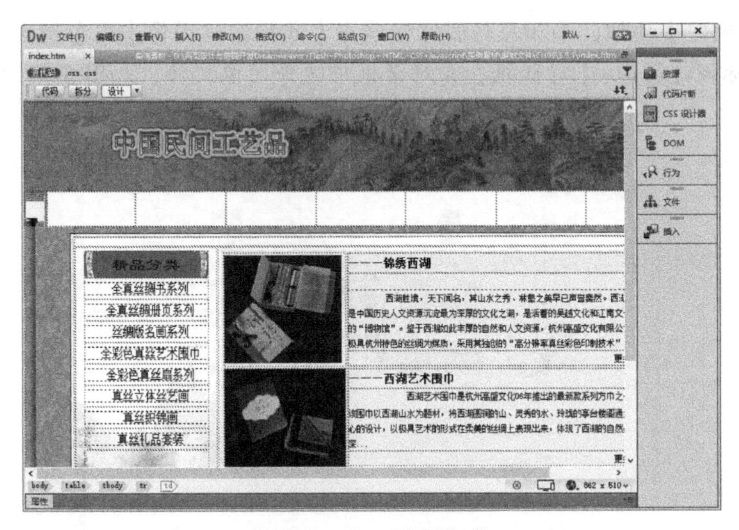

图 5-41 打开素材文件

❷ 选择菜单中的【插入】|【HTML】|【鼠标经过图像】命令，选择命令后，弹出如图5-42所示的【插入鼠标经过图像】对话框。

❸ 在对话框中单击【原始图像】文本框右边的【浏览】按钮，弹出【原始图像:】对话框，在对话框中选择图像文件，如图5-43所示。

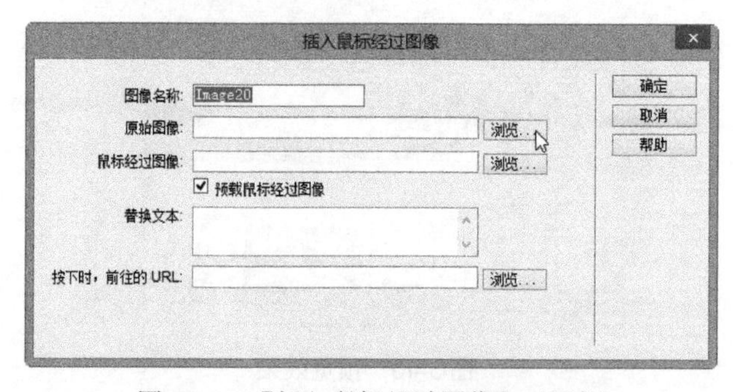

图5-42 【插入鼠标经过图像】对话框

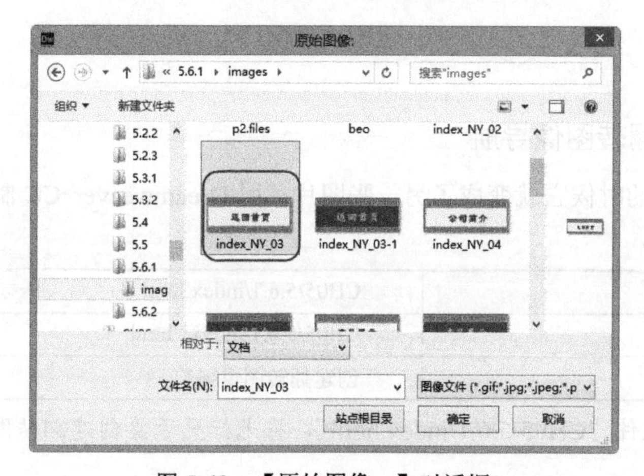

图5-43 【原始图像:】对话框

❹ 单击【确定】按钮，添加原始图像，单击【鼠标经过图像】文本框右边的【浏览】按钮，弹出【鼠标经过图像:】对话框，在对话框中选择图像文件，如图5-44所示。

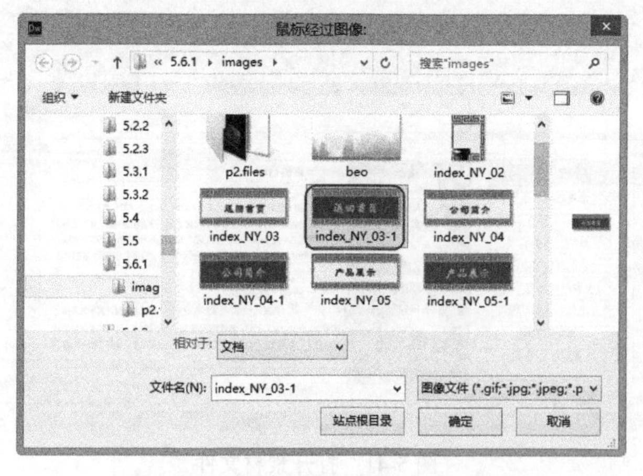

图5-44 【鼠标经过图像:】对话框

❺ 单击【确定】按钮，添加图像文件，如图 5-45 所示。

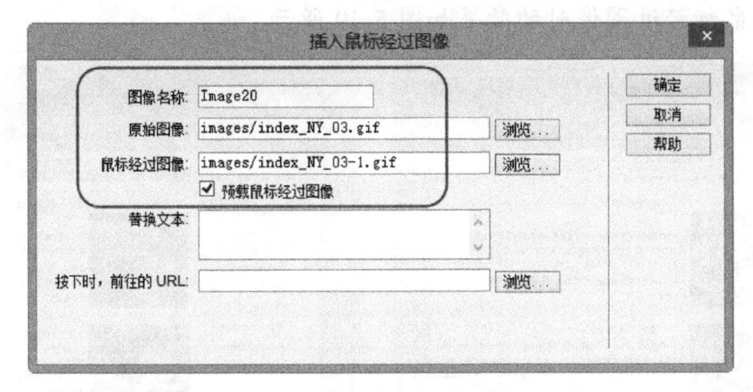

图 5-45 【插入鼠标经过图像】对话框

❻ 单击【确定】按钮，插入翻转图像导航，如图 5-46 所示。

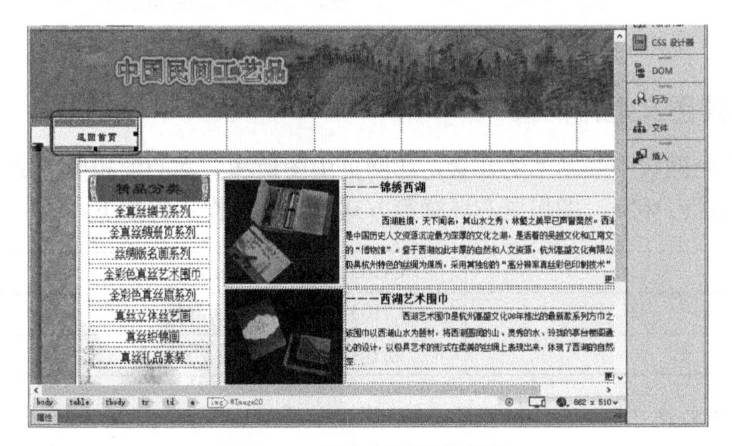

图 5-46 插入翻转图像导航

❼ 重复步骤 3～6 插入其他的翻转图像导航，如图 5-47 所示。

图 5-47 插入其他的翻转图像导航

❽ 保存网页文档，按 F12 键即可在浏览器中浏览，当鼠标指针没有经过图像时的效果如图 5-48 所示，当鼠标经过图像时的效果如图 5 49 所示。

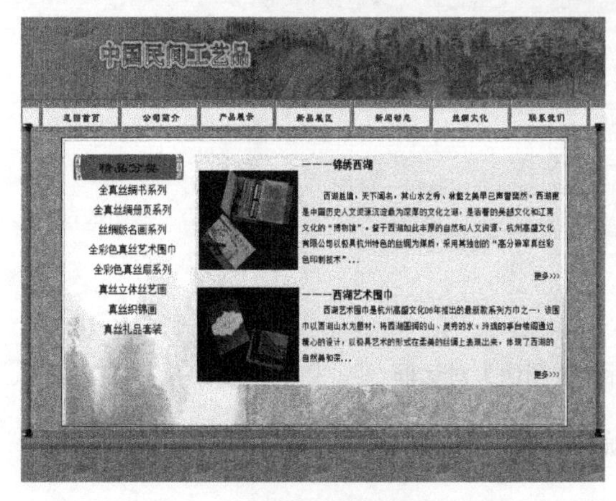

图 5-48　鼠标经过图像前的效果

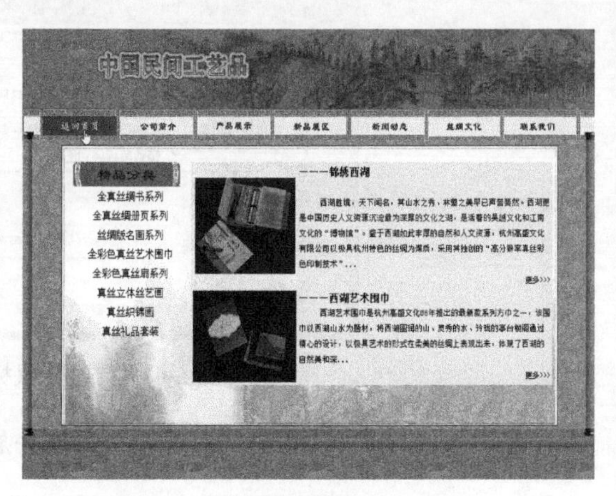

图 5-49　鼠标经过图像时的效果

实例 2——创建图文混排网页

文字和图像是网页中最基本的元素，在网页中图像和文本的混和排版是常见的，图文混排的方式包括图像左环绕、图像居右环绕等方式，具体操作步骤如下。

原始文件	CH05/5.6.2/index.html
最终文件	CH05/5.6.2/index1.html
学习要点	创建图文混排网页

❶ 打开素材文件“CH05/5.6.2/index.html”，如图 5-50 所示。

图 5-50　打开素材文件

❷ 将光标置于页面中，输入文字，如图 5-51 所示。

❸ 选中文本，在【属性】面板中单击【大小】文本框右边的按钮，在弹出的列表中选择 12，如图 5-52 所示。

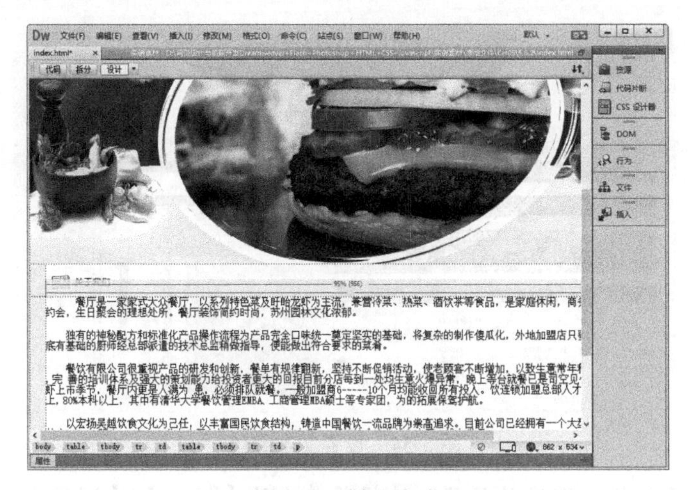

图 5-51 输入文字

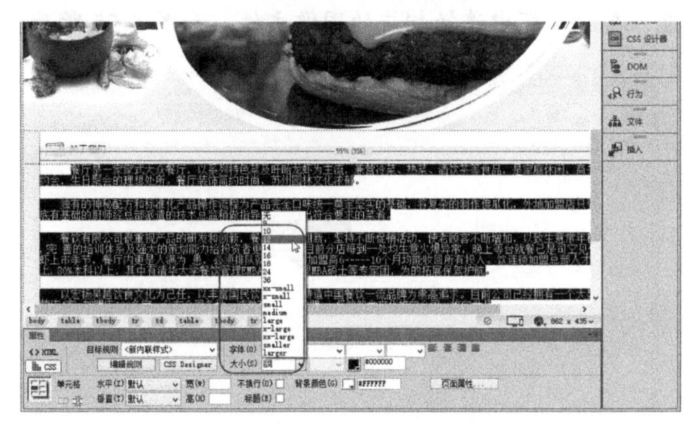

图 5-52 选择字号

❹ 选中文本，在【属性】面板中单击【字体】文本框右边的按钮，在弹出的列表中选择字体，如图 5-53 所示。

❺ 选中文本，在【属性】面板中单击颜色按钮，在弹出的颜色拾色器中选择相应的颜色，如图 5-54 所示。

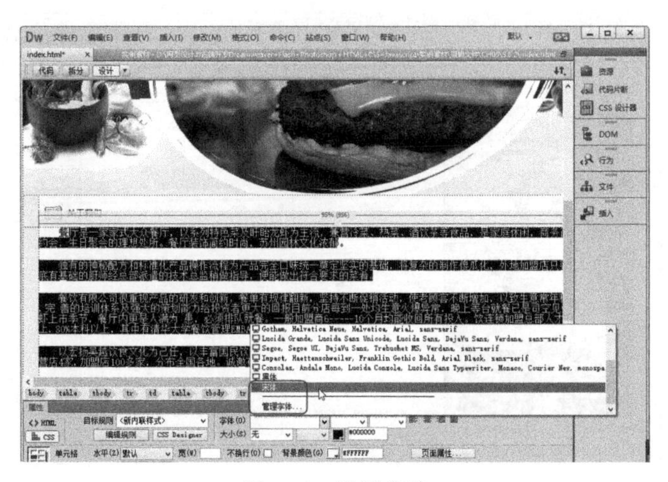

图 5-53 设置字体

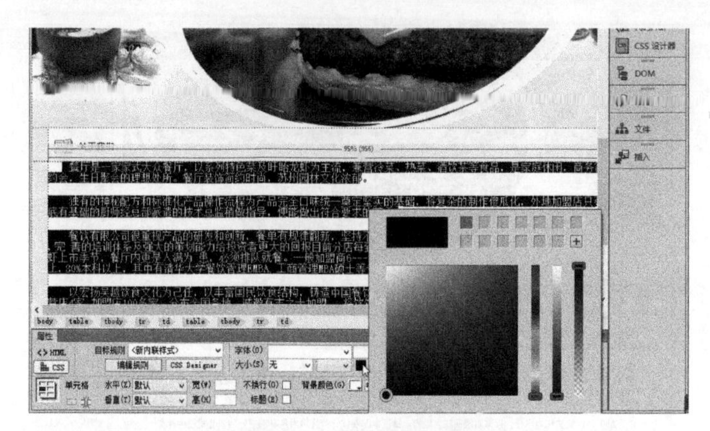

图 5-54 设置文本颜色

❻ 将光标置于要插入图像的位置，选择菜单中的【插入】|【图像】命令，弹出【选择图像源文件】对话框，在对话框中选择相应的图像文件，如图 5-55 所示。

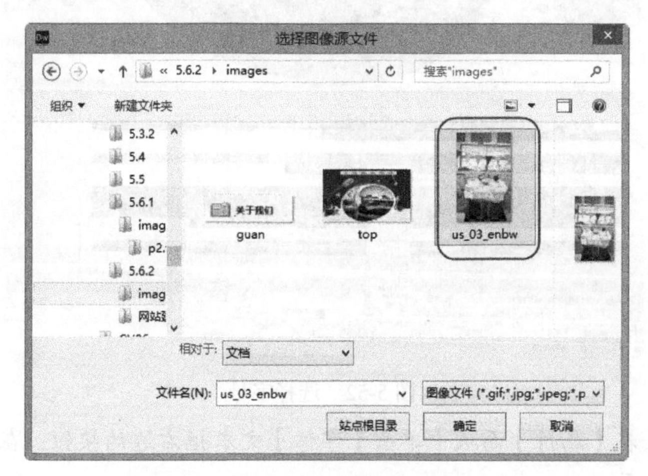

图 5-55 【选择图像源文件】对话框

❼ 单击【确定】按钮，插入图像 images/tu.jpg，如图 5-56 所示。

图 5-56 插入图像

❽ 选中插入的图像，单击鼠标右键，在弹出的下拉菜单中选择【对齐】|【左对齐】选项，如图 5-57 所示。

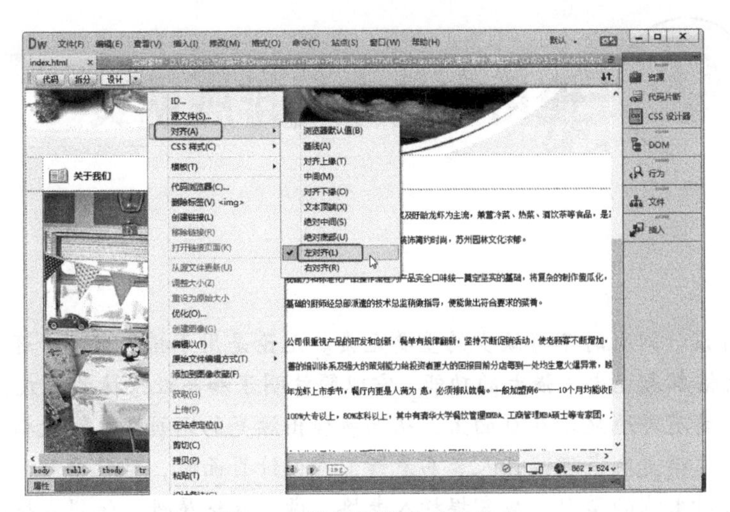

图 5-57 设置图像的对齐方式

❾ 保存文档，在浏览器中预览网页效果，如图 5-58 所示。

图 5-58 创建图文混排网页的效果

第6章

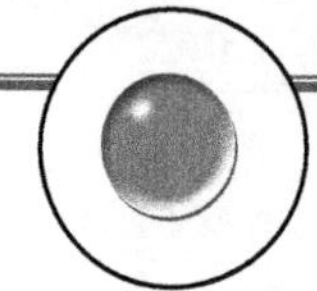

使用表格布局排版网页

表格是制作设计网页时不可缺少的重要元素。无论是用于排列数据，还是在页面上对文本进行排版，表格都表现出了强大的功能。它以简洁明了和高效快捷的方式，将数据、文本、图像、表单等元素有序地显示在页面上，从而展现出漂亮的网页版式。表格最基本的作用就是让复杂的数据变得更有条理，让人容易看懂，在设计页面时，往往要利用表格来布局定位网页元素。通过对本章的学习，应掌握插入表格、设置表格属性、编辑表格的方法。

学习目标

- 插入表格
- 设置表格的各项属性
- 选择表格
- 表格的基本操作
- 排序及整理表格内容
- 创建细线表格
- 创建圆角表格

6.1 插入表格

在 Dreamweaver 中，表格可以用于制作简单的图表，还可以用于安排网页文档的整体布局，起着非常重要的作用。利用表格设计页面布局，可以不受分辨率的限制。

6.1.1 表格的基本概念

表格基础是随着添加正文或图像而扩展的。表格由行、列和单元格这三部分组成。行贯穿表格的左右，列则是上下方式的。单元格是行和列交汇的部分，它是输入信息的地方。单元格会自动扩展到与输入信息相适应的尺寸。如果设置了表格边框，浏览器会显示表格边框和其中包含的所有单元格。图 6-1 所示为表格的结构。

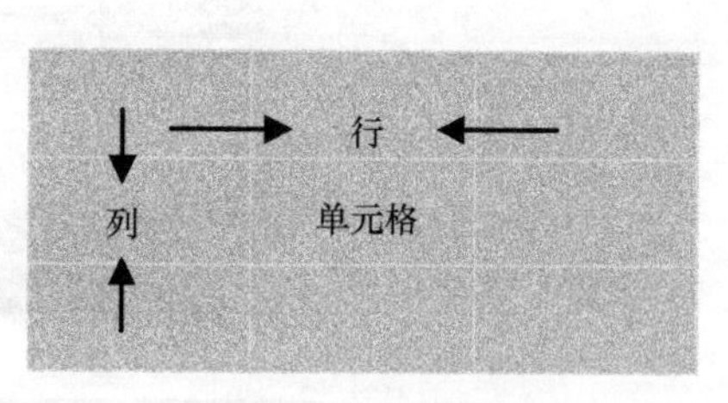

图 6-1 表格的结构

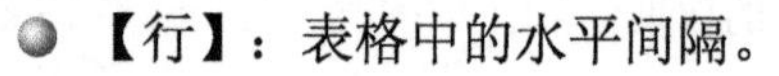

- 【行】：表格中的水平间隔。

- 【列】：表格中的垂直间隔。
- 【单元格】：表格中一行与一列相交所产生的区域。

6.1.2 插入表格

在 Dreamweaver 中插入表格非常简单，具体操作步骤如下。

原始文件	CH06/6.1.2/index.html
最终文件	CH06/6.1.2/index1.html
学习要点	插入表格

❶ 打开素材文件“CH06/6.1.2/index.html”，将光标放置在要插入表格的位置，如图 6-2 所示。

❷ 选择菜单中的【插入】|【表格】命令，弹出【Table】对话框，在对话框中将【行数】设置为 3，【列数】设置为 4，【表格宽度】设置为 95%，其他保持默认设置，如图 6-3 所示。

图 6-2 打开素材文件

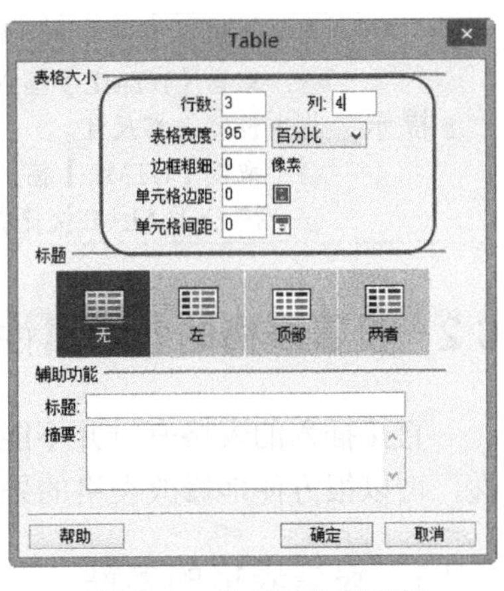

图 6-3 【Table】对话框

在【表格】对话框中可以进行如下设置。

- 【行数】：在文本框中输入新建表格的行数。
- 【列数】：在文本框中输入新建表格的列数。
- 【表格宽度】：用于设置表格的宽度，其中右边的下拉列表中包含百分比和像素。
- 【边框粗细】：用于设置表格边框的宽度，如果设置为 0，在浏览时则看不到表格的边框。
- 【单元格边距】：单元格内容和单元格边界之间的像素数。
- 【单元格间距】：单元格之间的像素数。
- 【标题】：可以定义表头样式，四种样式可以任选一种。
- 【辅助功能】：定义表格的标题。
- 【对齐标题】：用来定义表格标题的对齐方式。
- 【摘要】：用来对表格进行注释。

❸ 单击【确定】按钮，即可插入表格，如图 6-4 所示。

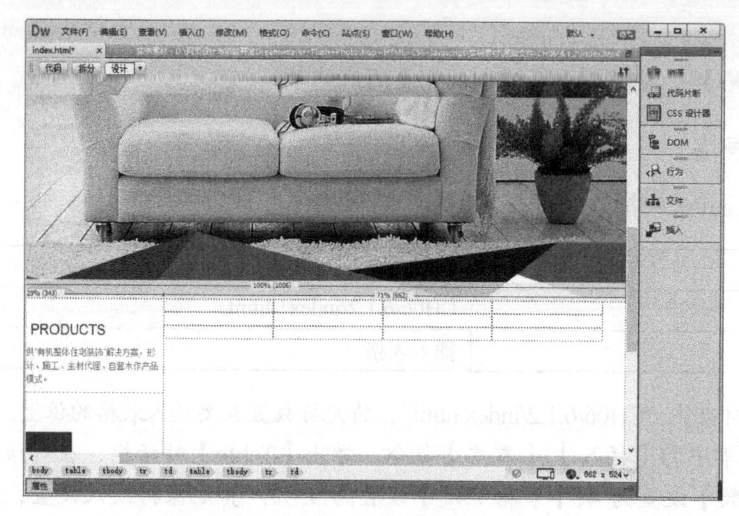

图 6-4　插入表格

提示

还可以用以下任一方法插入表格。

- 单击【HTML】插入栏中的【插入表格】按钮，弹出【表格】对话框，在弹出的对话框中设置表格尺寸。
- 拖曳【HTML】插入栏中的表格按钮，弹出【表格】对话框。
- 按 Ctrl+Alt+T 快捷键，同样也可以弹出【表格】对话框。

6.2　设置表格的各项属性

直接插入的表格有时并不能让人满意，在 Dreamweaver 中，通过设置表格或单元格的属性，可以很方便地修改表格的外观。

6.2.1　设置表格的属性

原始文件	CH06/6.2.1/index.html
最终文件	CH06/6.2.1/index1.html
学习要点	设置表格的属性

为了使创建的表格更加美观、醒目，需要对表格的属性（如表格的颜色、单元格的背景图像及背景颜色等）进行设置。要设置表格的属性，首先要选定整个表格，然后利用属性面板进行设置，具体操作步骤如下。

❶ 打开素材文件“CH06/6.2.1/index.html”，单击表格边框选中表格。

❷ 在属性面板中，将【Collpad】设置为 5，【CellSpace】设置为 1，【Border】设置为 1，【Align】设置为居中对齐，如图 6-6 所示。

在表格的【属性】面板中可以设置以下参数。

- 表格文本框：输入表格的 ID。
- 【行】和【Cols】：表格中行和列的数量。
- 【宽】：以像素为单位或表示为占浏览器窗口宽度的百分比。

- 【Collpad】：单元格内容和单元格边界之间的像素数。
- 【CellSpace】：相邻的表格单元格间的像素数。
- 【Align】：设置表格的对齐方式，该下拉列表框中共包含四个选项，即【默认】、【左对齐】、【居中对齐】和【右对齐】。
- 【Border】：用来设置表格边框的宽度。
- 【Class】：对该表格设置一个 CSS 类。
- ：用于清除列宽。
- ：用于清除行高。
- ：将表格的宽由百分比转换为像素。
- ：将表格的宽由像素转换为百分比。

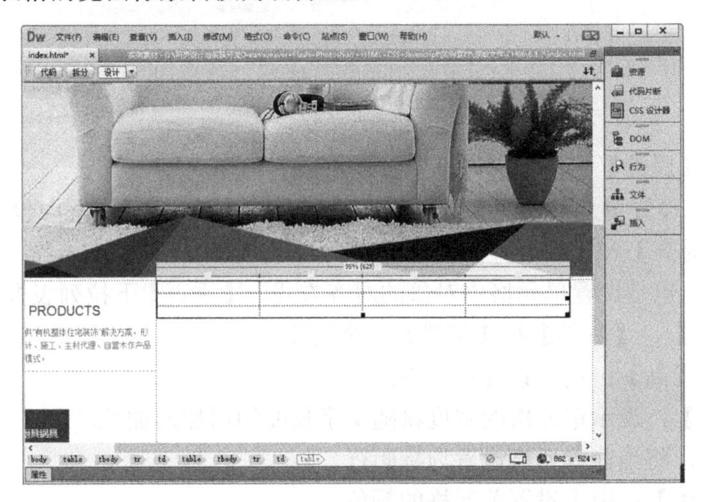

图 6-5 选中表格

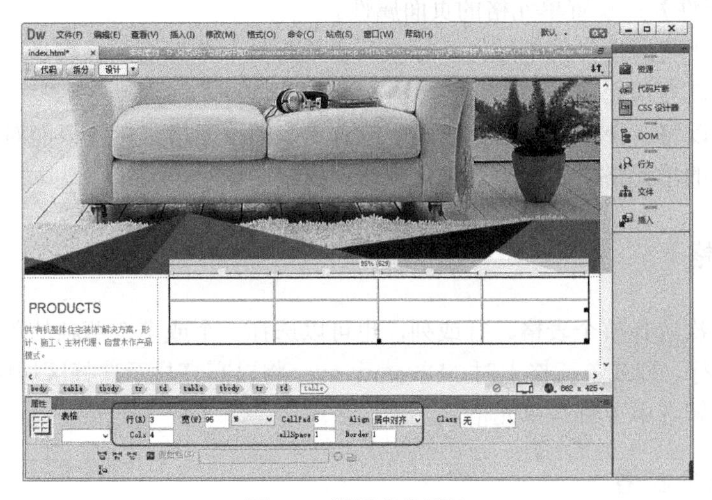

图 6-6 设置表格属性

6.2.2 设置单元格属性

将光标置于要设置属性的单元格中，打开【属性】面板，进行相应的设置，如图 6-7 所示。

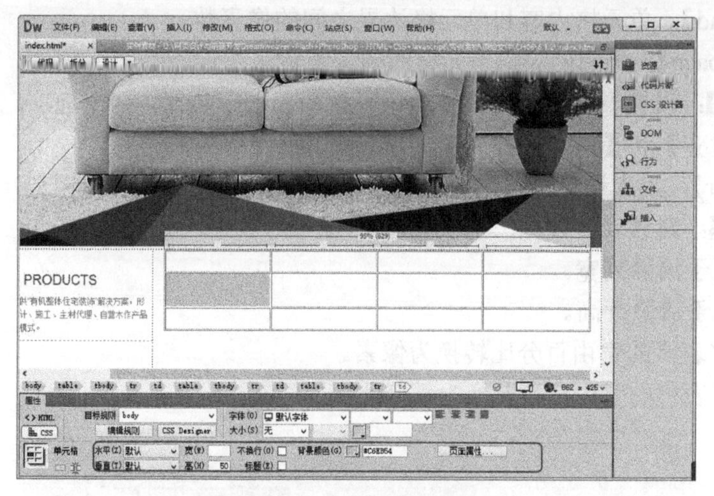

图 6-7 单元格属性面板

在单元格的【属性】面板中可以设置以下参数。

- 【水平】：设置单元格中对象的对齐方式，【水平】下拉列表框中包含【默认】、【左对齐】、【居中对齐】和【右对齐】四个选项。
- 【垂直】：也是设置单元格中对象的对齐方式，【垂直】下拉列表框中包含【默认】、【顶端】、【居中】、【底部】和【基线】五个选项。
- 【宽】和【高】：用于设置单元格的宽与高。
- 【不换行】：表示单元格的宽度将随文字长度的增加而加长。
- 【标题】：将当前单元格设置为标题行。
- 【背景颜色】：用于设置单元格的颜色。
- 【页面属性】：设置单元格的页面属性。
- ▭：用于将所选择的单元格、行或列合并为一个单元格。只有当所选择的区域为矩形时才可以合并这些单元格。
- 拆分按钮：可以将一个单元格拆分成两个或者更多的单元格。一次只能对一个单元格进行拆分，如果选择的单元格多余一个，则此按钮将被禁用。

6.3 选择表格

用户可以一次选择整个表格、行或列，也可以选择一个或多个单独的单元格。当鼠标指针移动到表格、行、列或单元格上时，Dreamweaver 将以高亮显示选择区域中的所有单元格，以便于确切地了解选中了哪些单元格。

6.3.1 选择整个表格

可以使用以下方法选择整个表格。

- 单击表格线的任意位置，如图 6-8 所示。
- 将光标置于表格内的任意位置，选择菜单中的【修改】|【表格】|【选择表格】命令，如图 6-9 所示。

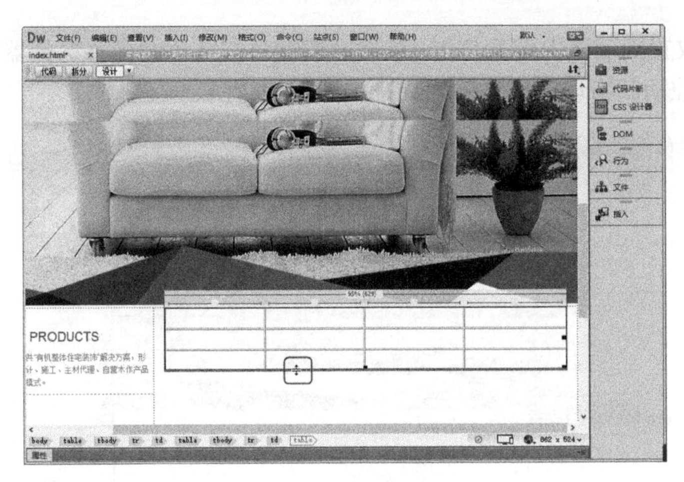

图 6-8 单击表格线

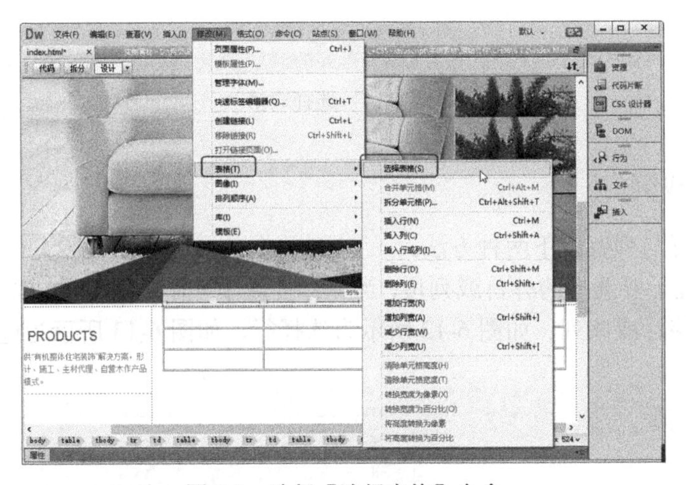

图 6-9 选择【选择表格】命令

● 将光标放置到表格的左上角，按住鼠标左键不放并拖曳指针到表格的右下角，将整个表格选中，单击鼠标右键，从弹出的菜单中选择【表格】|【选择表格】选项，如图 6-10 所示。

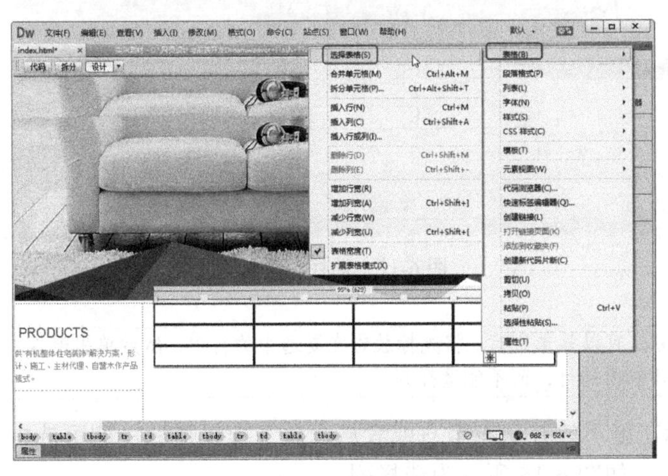

图 6-10 选择【选择表格】选项

● 将光标放置到表格的任意位置，单击文档窗口左下角的标签选择器中的<table>标签，选中表格后选项控柄就出现在表格的四周，如图 6-11 所示。

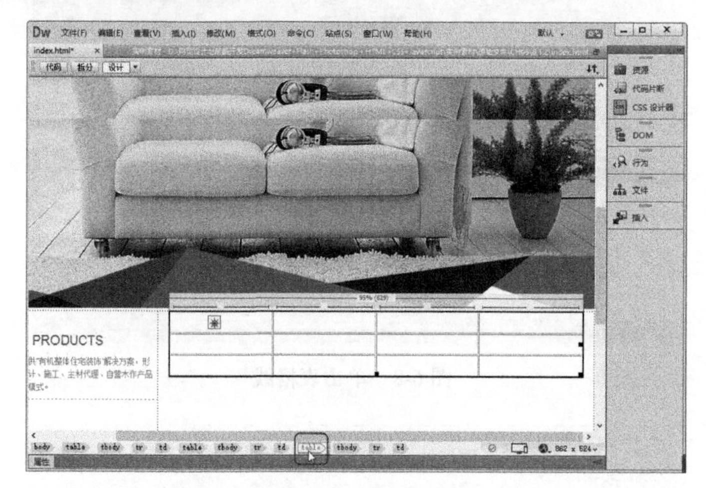

图 6-11 选择表格

6.3.2 选取行或列

选择表格的行与列有以下两种方法。

● 将光标置于要选择的行首或列顶，当光标变成了→箭头形状或↓箭头形状时，单击鼠标左键即可选中该行或该列。如图 6-12 所示为选择行，如图 6-13 所示为选择列。

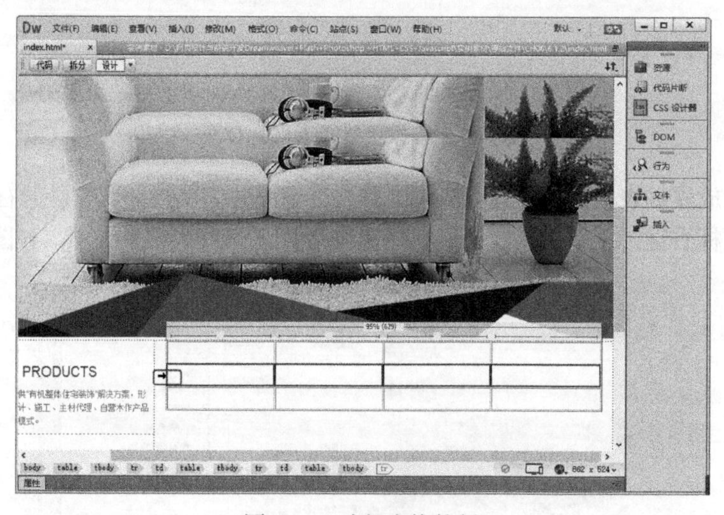

图 6-12 选择表格的行

提示 有一种方法可以只选中行。将光标放置在要选中的行中，然后单击窗口左下角的<tr>标签。这种方法只能选择行，而不能选择列。

● 按住鼠标左键不放并从左至右或者从上至下拖曳指针，即可选中该行或该列。如图 6-14 所示为选择行，如图 6-15 所示为选择列。

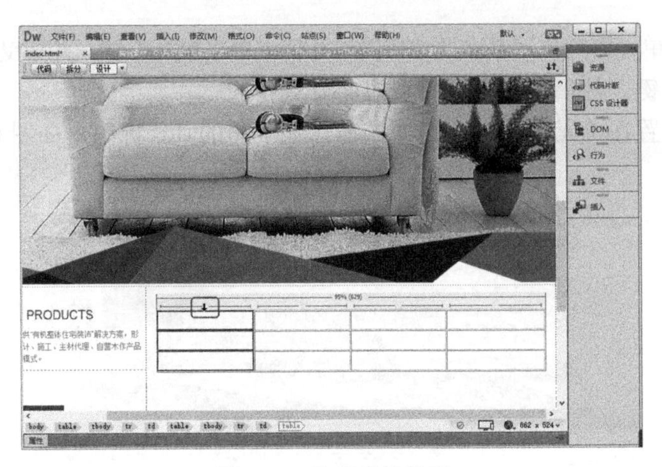

图 6-13 选择表格的列

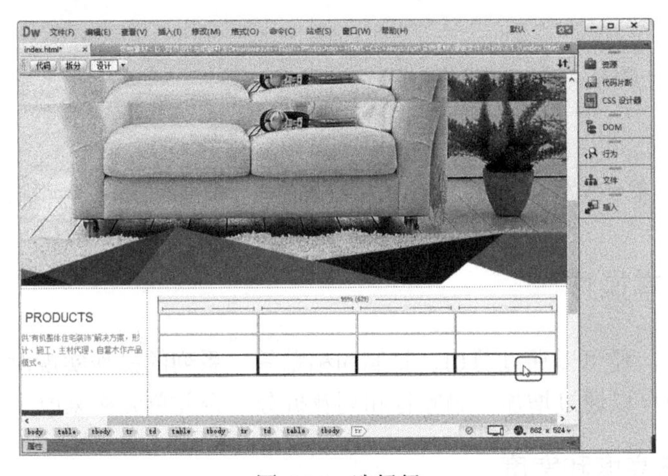

图 6-14 选择行

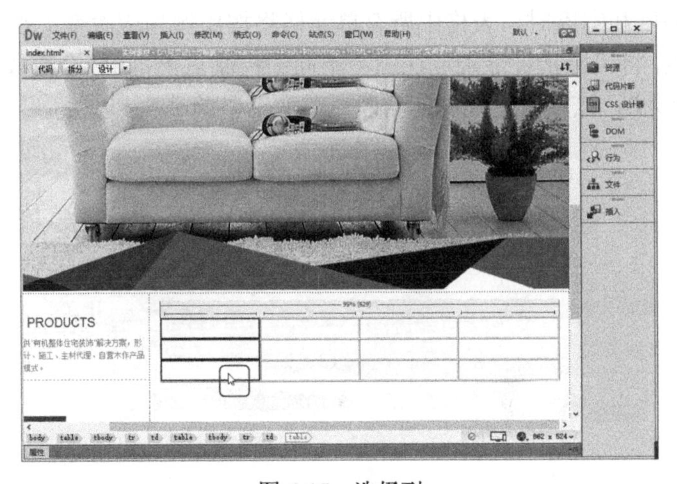

图 6-15 选择列

6.3.3 选取单元格

选择一个单元格有以下几种方法。

- 选取单个单元格的方法是在要选择的单元格中单击鼠标左键，并拖曳鼠标至单元格末尾。
- 按住 Ctrl 键，然后单击单元格可以将其选中。
- 将光标放置在单元格中，单击文档窗口左下角的<td>标签，如图 6-16 所示。

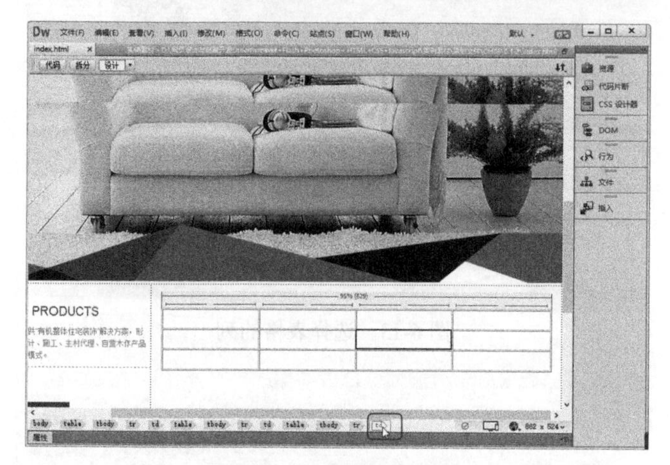

图 6-16　选择一个单元格

提示　若要选择不相邻的单元格，则在按住 Ctrl 键的同时单击要选择的单元格、行或列。

6.4　表格的基本操作

选择了表格后，便可以通过剪切、复制和粘贴等一系列的操作实现对表格的编辑操作。表格的行数、列数可以通过增加、删除行和列及拆分、合并单元格来改变。

6.4.1　调整表格高度和宽度

调整表格的高度和宽度时，表格中所有单元格将按比例相应改变大小。选中表格，此时会出现三个控制点，将鼠标指针分别放在三个不同的控制点上，指针会变成如图 6-17、图 6-18 和图 6-19 所示的形状，按住鼠标左键拖动即可改变表格的高度和宽度。

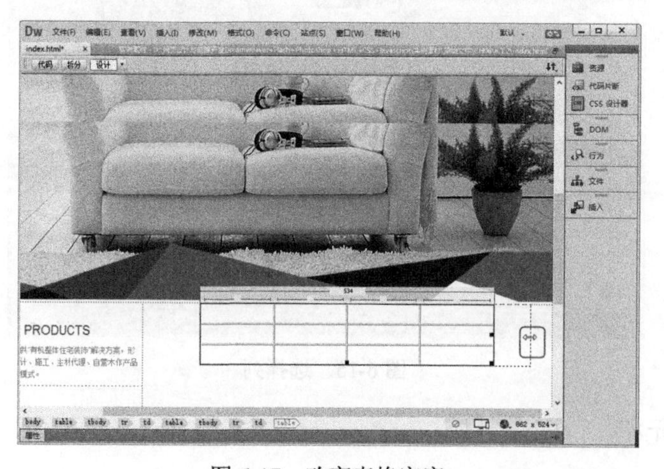

图 6-17　改变表格宽度

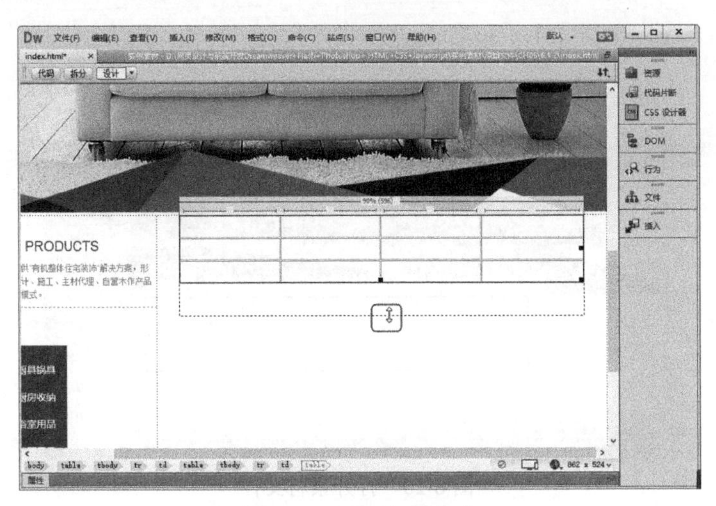

图 6-18　改变表格高度

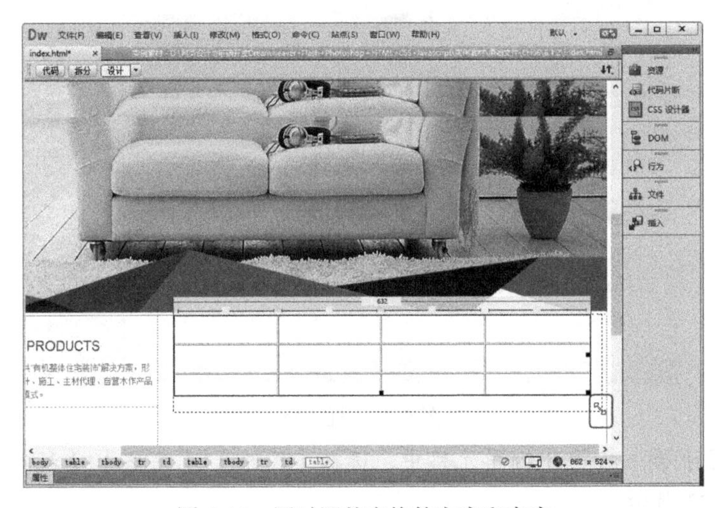

图 6-19　同时调整表格的宽度和高度

提示　还可以在【属性】面板中改变表格的【宽】和【高】。

6.4.2　添加或删除行或列

原始文件	CH06/6.4.2/index.html
最终文件	CH06/6.4.2/index1.html
学习要点	添加或删除行或列

在网页文档中添加行或列的具体操作步骤如下。

❶ 打开素材文件“CH06/6.4.2/index.html”，如图 6-20 所示。

❷ 将光标置于第 1 行单元格中，选择菜单中的【修改】|【表格】|【插入行】命令，即可插入 1 行，如图 6-21 所示。

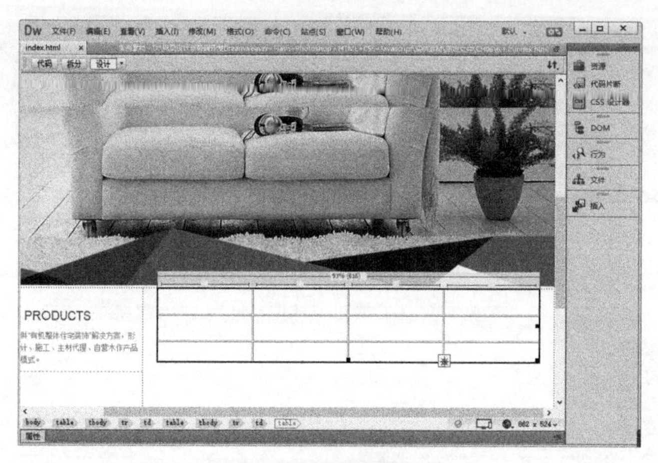

图 6-20 打开素材文件

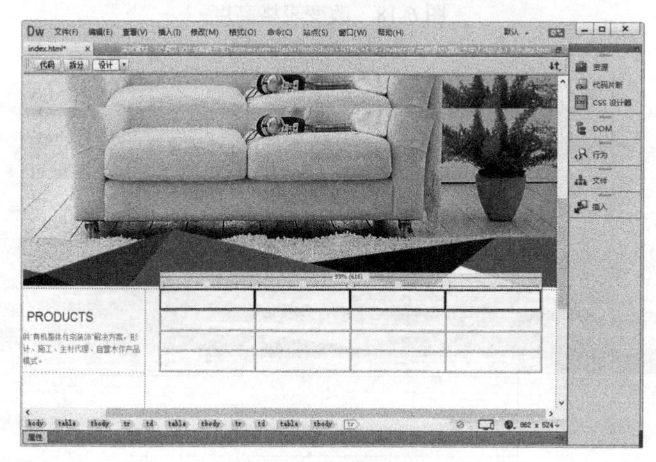

图 6-21 插入行

❸ 将光标置于第 1 行第 1 列单元格中，选择【修改】|【表格】|【插入列】命令，即可插入列，如图 6-22 所示。

❹ 将光标置于第 2 行第 1 列单元格中，选择【修改】|【表格】|【插入行或列】命令，弹出【插入行或列】对话框，如图 6-23 所示。

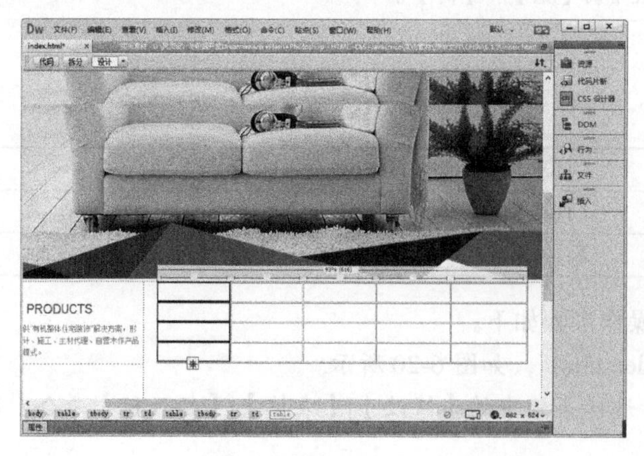

图 6-22 插入列

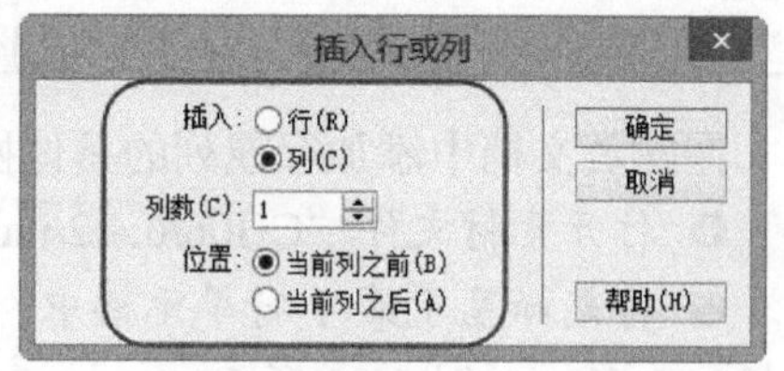

图 6-23 【插入行或列】对话框

❺ 在对话框的【插入】单选按钮中选择【列】,【列数】设置为 1,【位置】选择【当前列之后】,单击【确定】按钮，插入列，如图 6-24 所示。

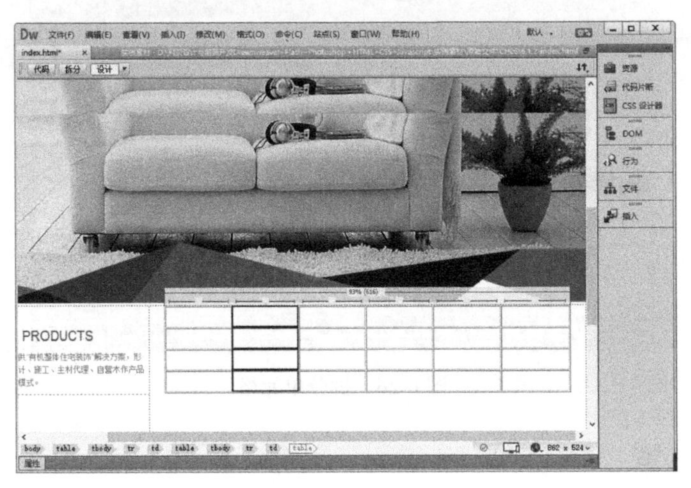

图 6-24　插入列

提示　将光标置于插入行或列的位置，单击鼠标右键，在弹出的菜单中选择【表格】|【插入行或列】选项，也可以弹出【插入行或列】对话框。

在网页文档中删除行或列的具体操作步骤如下。

❶ 将光标置于要删除行的任意一个单元格，选择菜单中的【修改】|【表格】|【删除行】命令就可以删除当前行。

❷ 将光标置于要删除列中的任意一个单元格，选择菜单中的【修改】|【表格】|【删除列】命令，就可以删除当前列。

提示　还可以单击鼠标右键，在弹出的菜单中选择【表格】|【删除列】选项，删除列。

6.4.3　拆分单元格

在使用表格的过程中，有时需要拆分单元格以达到自己所需的效果。拆分单元格就是将选中的表格单元格拆分为多行或多列，具体操作步骤如下。

❶ 将光标置于要拆分的单元格中，选择菜单中的【修改】|【表格】|【拆分单元格】命令，弹出【拆分单元格】对话框，如图 6-25 所示。

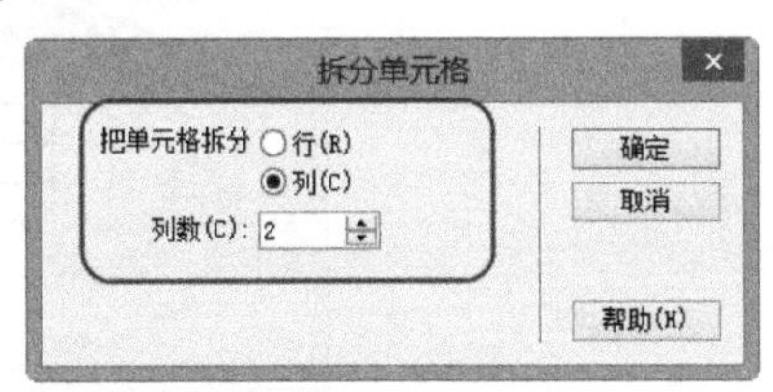

图 6-25　【拆分单元格】对话框

❷ 在对话框中【把单元格拆分】中选择【列】，将【列数】设置为 2，单击【确定】按钮，将单元格拆分，如图 6-26 所示。

提示　拆分单元格还有以下两种方法。

- 将光标置于拆分的单元格中，单击鼠标右键，在弹出的菜单中选择【表格】|【拆分单元格】选项，弹出【拆分单元格】对话框，然后进行相应的设置。
- 单击【属性】面板中的【拆分单元格】按钮，弹出【拆分单元格】对话框，然后进行相应的设置。

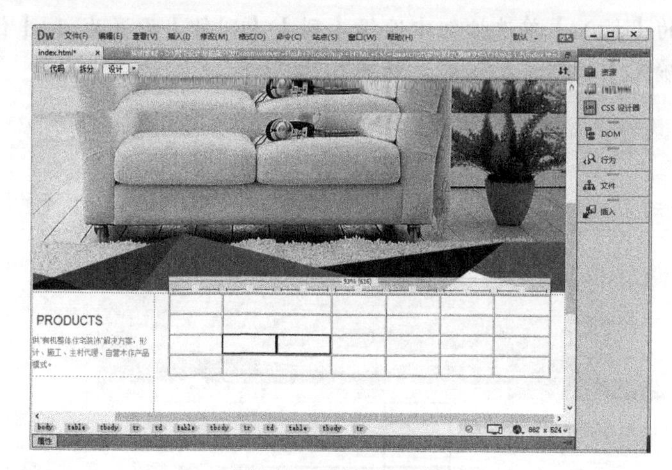

图 6-26　拆分单元格

6.4.4　合并单元格

只要选择的单元格形成一行或一个矩形，便可以合并任意数目的相邻的单元格，以生成一个跨多个列或行的单元格。

原始文件	CH06/6.4.4/index.html
最终文件	CH06/6.4.4/index1.html
学习要点	合并单元格

❶ 打开素材文件"CH06/6.4.4/index.html"，将光标置于第 1 行第 1 列单元格中，按住鼠标左键向右拖动至第 1 行第 2 列单元格中，选中要合并的单元格，如图 6-27 所示。

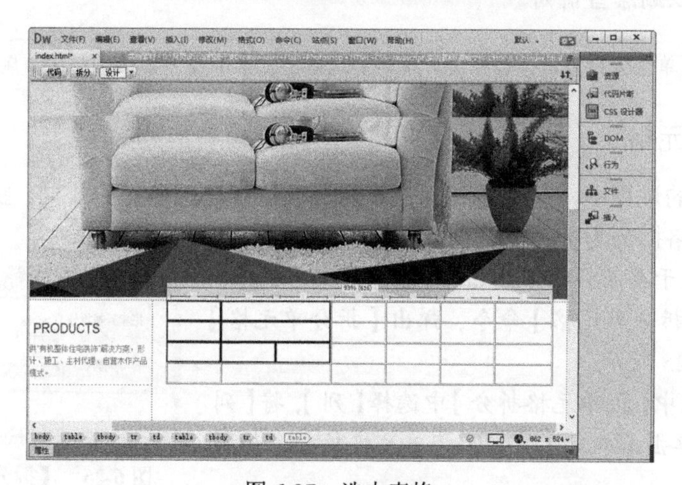

图 6-27　选中表格

❷ 单击属性面板中的（合并所选单元格，使用跨度）图标，就可以将单元格合并，如图 6-28 所示。

提示　选择菜单中的【修改】|【表格】|【合并单元格】命令，将单元格合并。还可以在合并的单元格上单击鼠标右键，在弹出的菜单中选择【表格】|【合并单元格】命令，将单元格合并。

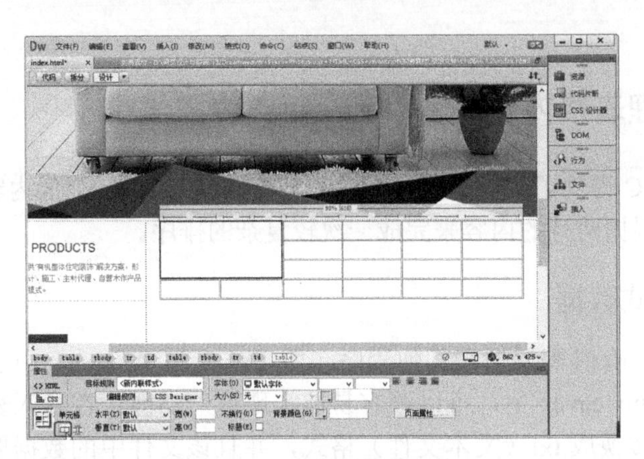

图 6-28 合并所选单元格

6.4.5 剪切、复制、粘贴单元格

下面讲述剪贴、复制和粘贴表格，具体的操作步骤如下。

❶ 选择要剪贴的表格，选择菜单中的【编辑】|【剪切】或【拷贝】命令，如图 6-29 所示。

❷ 将光标置于表格中，选择菜单中的【编辑】|【粘贴】命令，粘贴表格后的效果如图 6-30 所示。

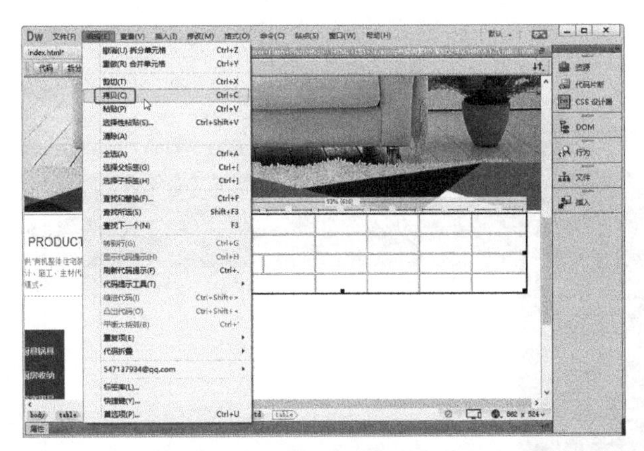

图 6-29 选择【拷贝】命令

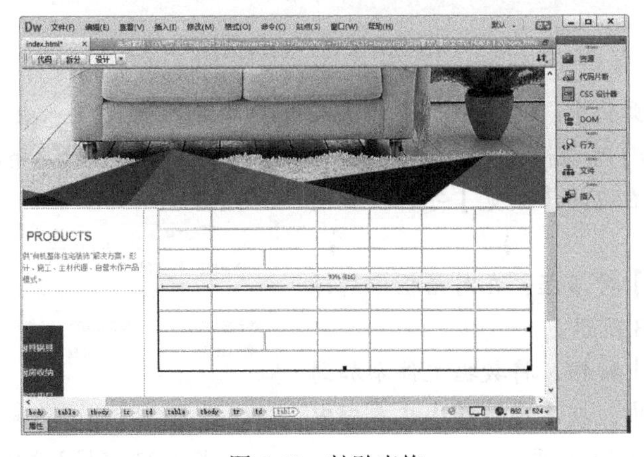

图 6-30 粘贴表格

6.5 排序及整理表格内容

Dreamweaver CC 提供了对表格进行排序的功能，可以根据一列的内容来完成一次简单的表格排序，也可以根据两列的内容来完成一次较复杂的排序。

6.5.1 导入表格式数据

在实际工作中，有时需要把在其他程序（如 Excel 和 Access）中建立的表格数据导入到网页中，在 Dreamweaver 中，可以很容易地实现这一功能。在导入表格式数据前，首先要将表格数据文件转换成.txt（文本文件）格式，并且该文件中的数据要带有分隔符，如逗号、分号和冒号等，具体操作步骤如下。

原始文件	CH06/6.5.1/index.html
最终文件	CH06/6.5.1/index1.html
学习要点	导入表格式数据

❶ 打开素材文件“CH04/6.5.1/index.html”，如图 6-31 所示。

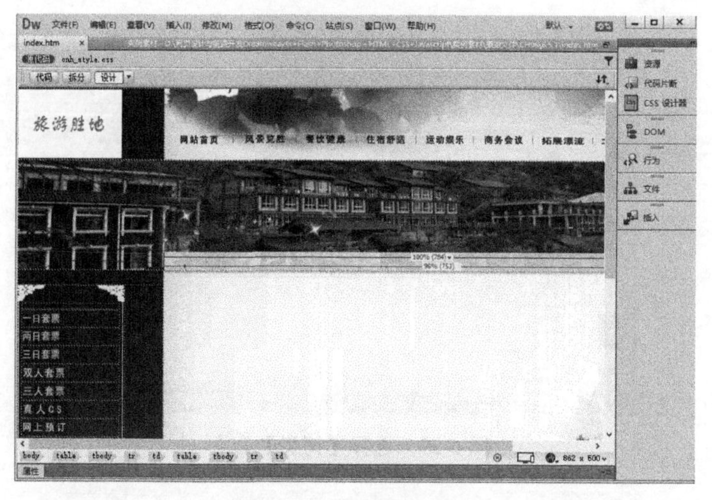

图 6-31 打开素材文件

❷ 将光标置于页面中，选择菜单中的【文件】|【导入】|【导入表格式数据】命令，弹出【导入表格式数据】对话框，在对话框中单击【数据文件】文本框右边的【浏览】字样，如图 6-32 所示。

❸ 弹出【打开】对话框，在对话框中选择数据文件，如图 6-33 所示。

❹ 单击【打开】按钮，将数据文件添加到【数据文件】文本框中，在【定界符】文本框中选择【逗点】，如图 6-34 所示。

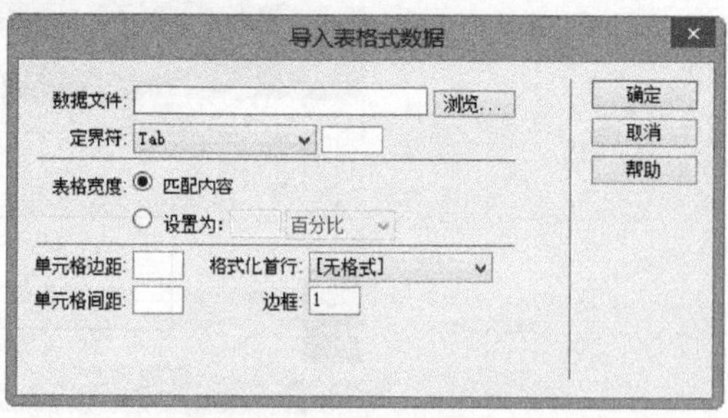

图 6-32 【导入表格式数据】对话框

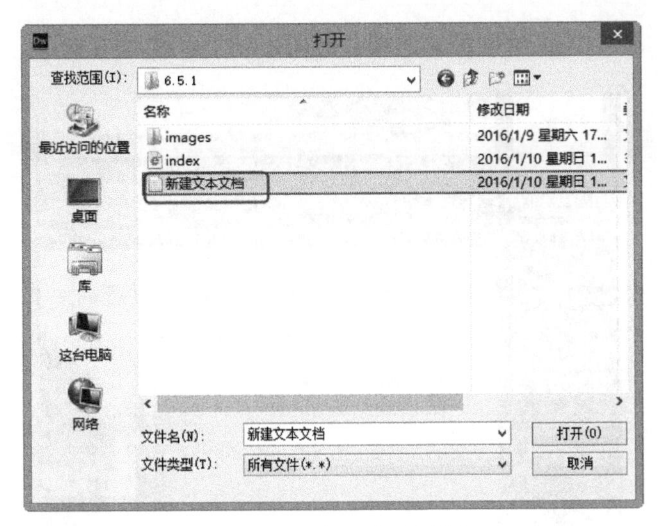

图 6-33　【打开】对话框

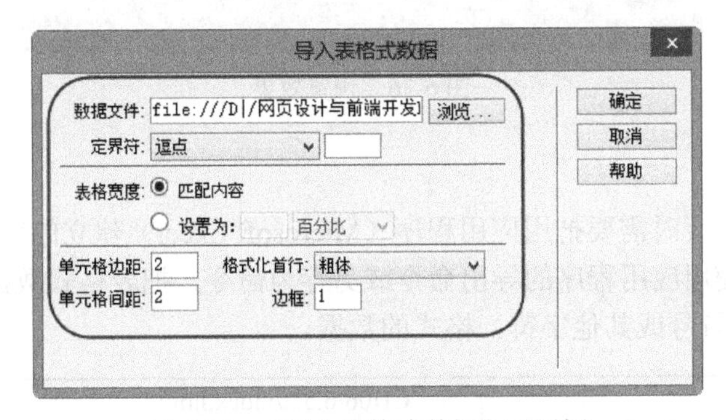

图 6-34　【导入表格式数据】对话框

❺ 单击【确定】按钮，导入表格式数据，如图 6-35 所示。

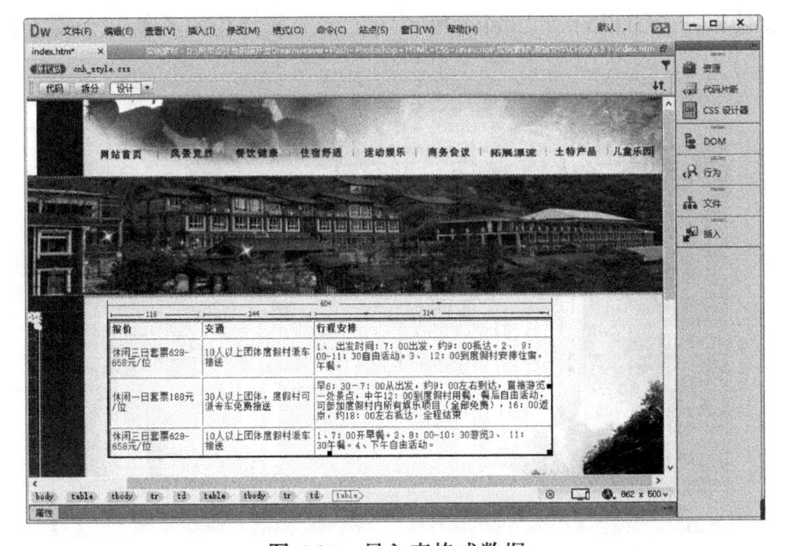

图 6-35　导入表格式数据

❻ 保存文档，按F12键即可在浏览器中浏览效果，如图6-36所示。

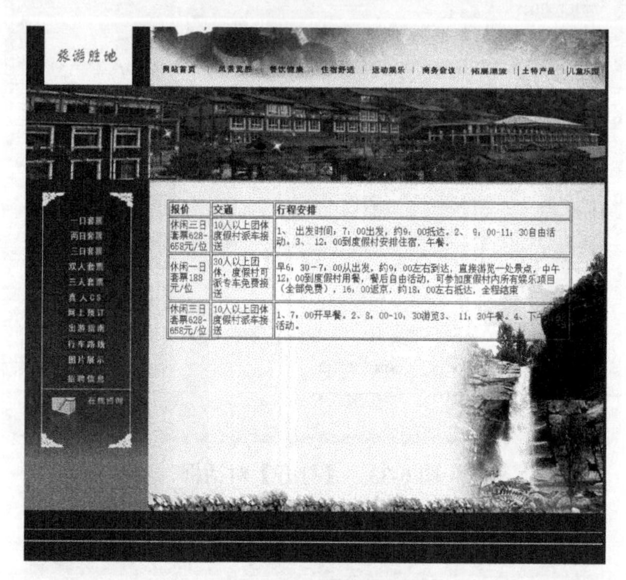

图6-36　预览效果

6.5.2　排序表格

在实际工作中，有时需要把用应用程序（Microsoft Excel）建立的表格数据发布到网上。其实现的方法是，使用应用程序的导出命令或另存为命令，把表格式数据保存为带分隔符号（如制表符、逗号、冒号或其他字符）格式的数据。

原始文件	CH06/6.5.2/index.html
最终文件	CH06/6.5.2/index1.html
学习要点	排序表格

❶ 打开素材文件“CH06/6.5.2/index.html”，选中要排序的表格，如图6-37所示。

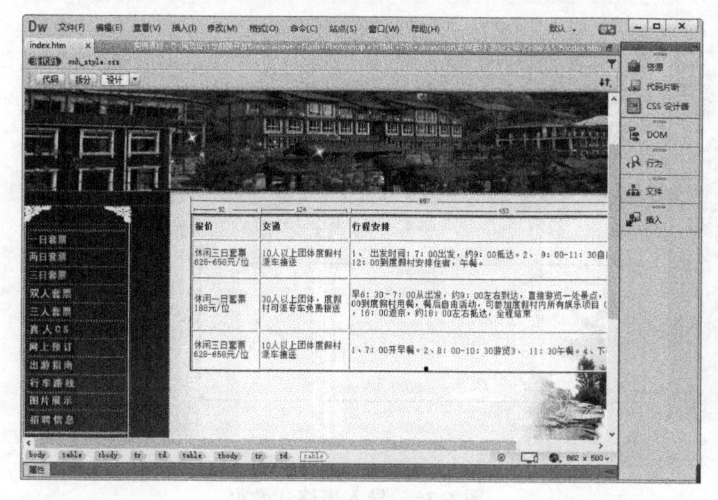

图6-37　打开素材文件

❷ 选择菜单中的【命令】|【排序表格】命令，弹出【排序表格】对话框，在对话框中进行相应的设置，如图 6-38 所示。

【排序表格】对话框主要有以下选项。

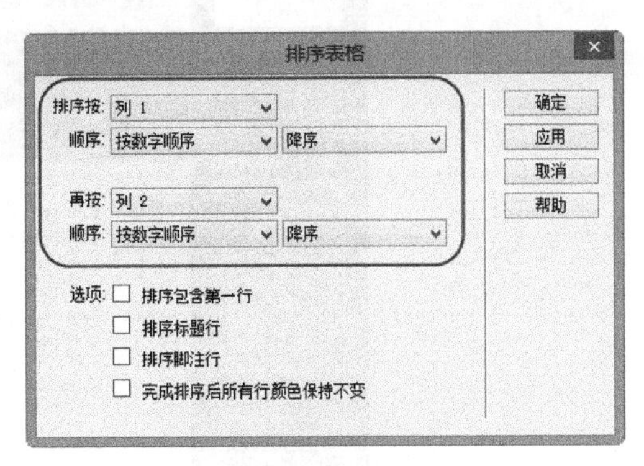

图 6-38 【排序表格】对话框

- 排序按：可以确定哪个列的值将用于对表格的行进行排序。
- 顺序：确定是按字母还是按数字顺序以及是以升序（A 到 Z，小数字到大数字）还是降序对列进行排序。
- 再按/顺序：确定在不同列上第二种排序方法的排序顺序。在【再按】下拉列表中指定应用第二种排序方法的列，并在【顺序】下拉菜单中指定第二种排序方法的排序顺序。
- 排序包含第一行：指定表格的第一行应该包括在排序中。如果第一行是不应移动的标题，则不选择此选项。
- 排序标题行：指定使用与 body 行相同的条件对表格 thead 部分中的所有行进行排序。
- 排序脚注行：指定使用与 body 行相同的条件对表格 tfoot 部分（如果存在）中的所有行进行排序。
- 完成排序后所有行颜色保持不变：指定排序之后表格行属性（如颜色）应该与同一内容保持关联。如果表格行使用两种交替的颜色，则不要选择此选项。如果行属性特定于每行的内容，则选择此选项以确保这些属性保持与排序后表格中正确的行关联在一起。

❸ 单击【确定】按钮，即可将表格内的数据数排列，如图 6-39 所示。

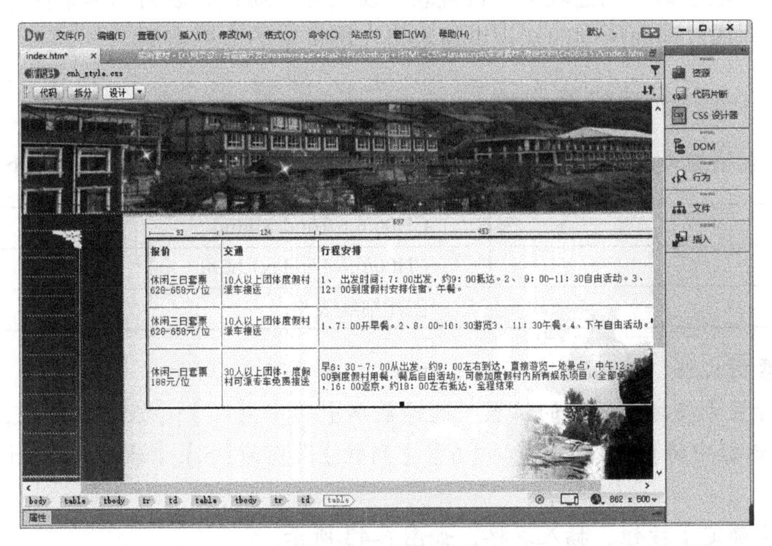

图 6-39 排序表格

❹ 保存文档，按 F12 键在浏览器中预览效果，如图 6-40 所示。

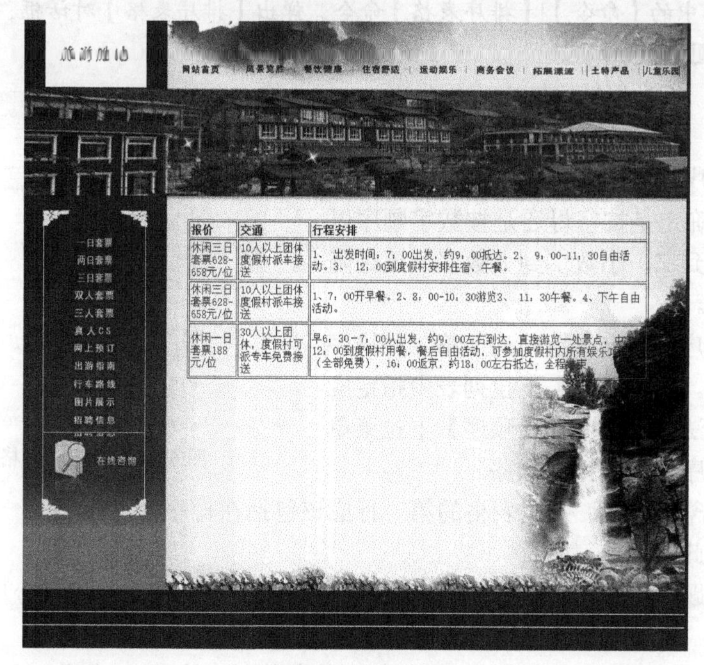

图 6-40　预览效果

提示　如果表格中含有合并单元格或拆分单元格，则无法使用表格排序功能。

6.6　实战演练

本章主要讲述了如何创建表格、设置表格及其元素属性、表格的基本操作以及表格的其他功能等。下面通过前面所学的知识讲述表格在网页中的应用实例。

6.6.1　实例 1——创建细线表格

通过设置表格属性和单元格的属性可以制作细线表格，具体操作步骤如下。

原始文件	CH06/6.6.1/index.html
最终文件	CH06/6.6.1/index1.html
学习要点	创建细线表格

❶ 打开素材文件“CH06/6.6.1/index.html”，如图 6-41 所示。

❷ 将光标置于要插入表格的位置，选择菜单中的【插入】|【表格】命令，弹出【表格】对话框，在对话框中将【行数】设置为【6】，【列数】设置为【5】，【表格宽度】设置为【90%】，如图 6-42 所示。

❸ 单击【确定】按钮，插入表格，如图 6-43 所示。

❹ 选中插入的表格，打开【属性】面板，在面板中将【填充】设置为 3，【间距】设置为 1，【对齐】设置为居中对齐，如图 6-44 所示。

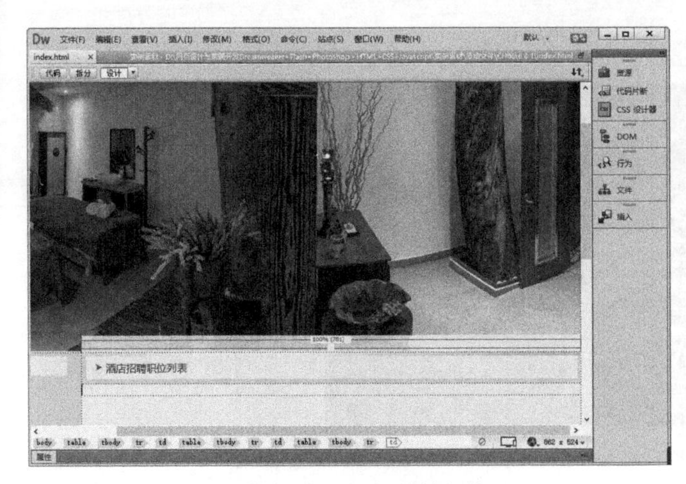

图 6-41 打开素材文件

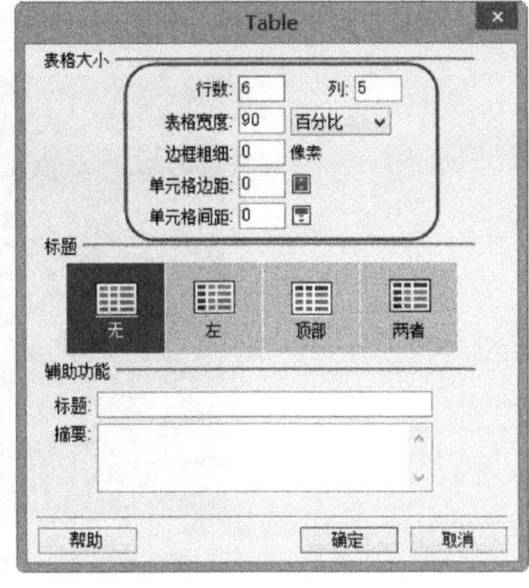

图 6-42 【表格】对话框

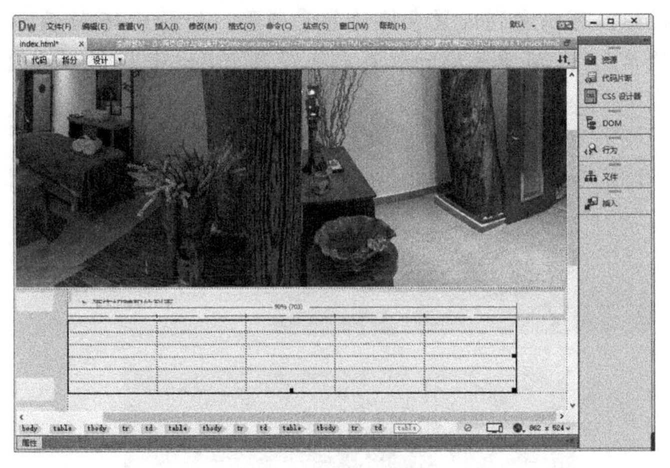

图 6-43 插入表格

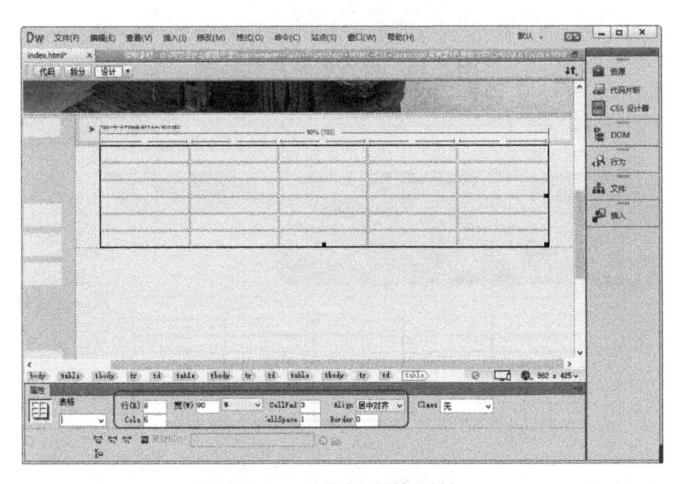

图 6-44 设置表格属性

❺ 选中插入的表格，打开代码视图，在表格代码中输入 bgcolor="#3A5E069"，如图 6-45 所示。

图 6-45　输入代码

❻ 返回设计视图，可以看到设置表格的背景颜色，如图 6-46 所示。

❼ 选中所有的单元格，将单元格的背景颜色设置为 bgcolor="#FFFFFF"，如图 6-47 所示。

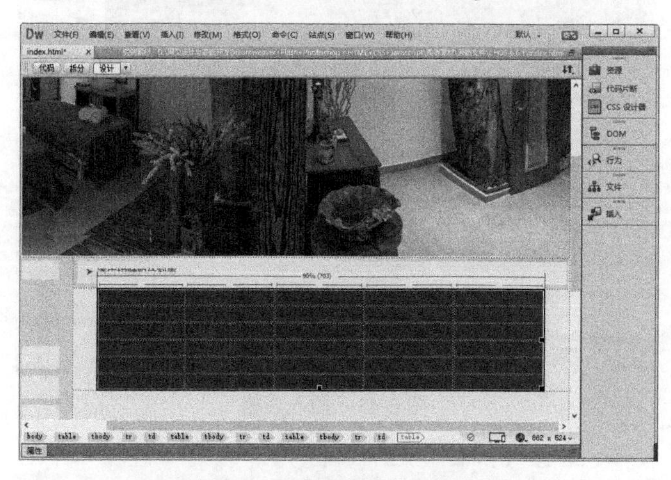

图 6-46　设置表格背景颜色

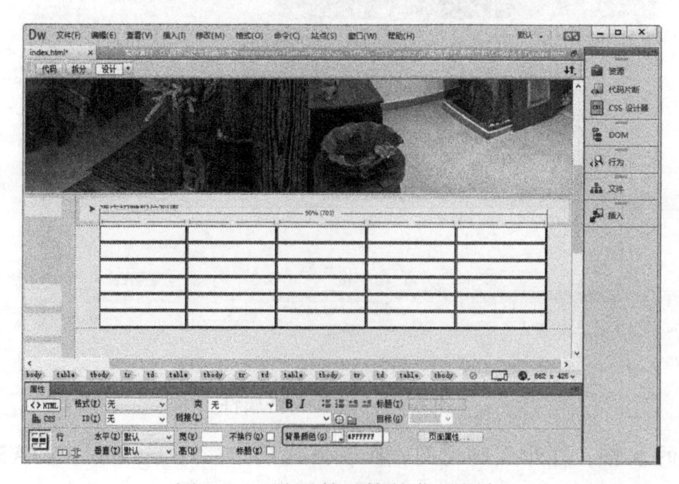

图 6-47　设置单元格的背景颜色

❽ 将光标置于表格的单元格中，输入相应的文字，如图 6-48 所示。

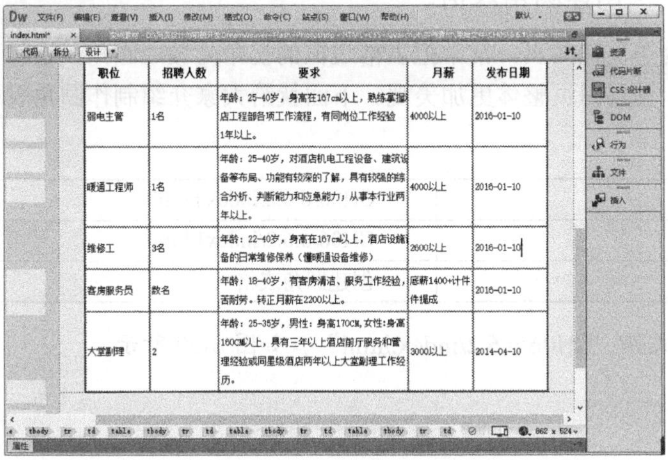

职位	招聘人数	要求	月薪	发布日期
弱电主管	1名	年龄：25-40岁，身高在167cm以上，熟练掌握店工程部各项工作流程，有同岗位工作经验1年以上。	4000以上	2016-01-10
暖通工程师	1名	年龄：25-40岁，对酒店机电工程设备、建筑设备等布局、功能有较深的了解，具有较强的综合分析、判断能力和应急能力；从事本行业两年以上。	4000以上	2016-01-10
维修工	3名	年龄：22-40岁，身高在167cm以上，酒店设施设备的日常维修保养（懂暖通设备维修）	2600以上	2016-01-10
客房服务员	数名	年龄：18-40岁，有客房清洁、服务工作经验，吃苦耐劳。转正月薪在2200以上。	底薪1400+计件提成	2016-01-10
大堂副理	2	年龄：25-35岁，男性：身高170CM，女性：身高160CM以上，具有三年以上酒店前厅服务和管理经验或同星级酒店两年以上大堂副理工作经历。	3000以上	2014-04-10

图 6-48 输入文字

❾ 保存文档，按 F12 键即可在浏览器中预览效果，如图 6-49 所示。

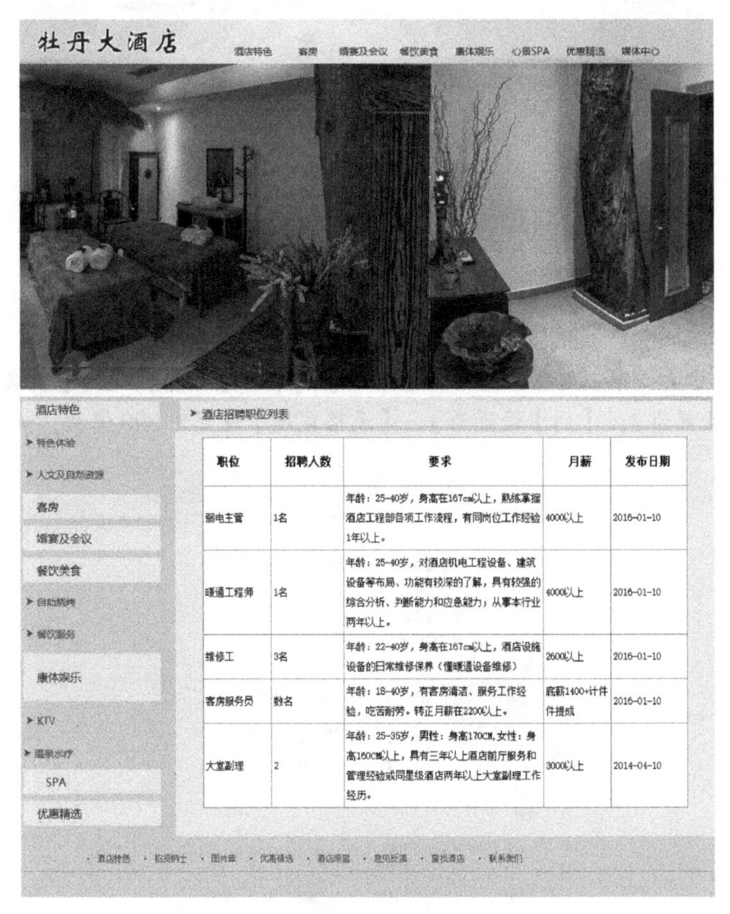

图 6-49 预览效果

6.6.2 实例2——创建圆角表格

做网页时候为了美化网页，常常把表格边框的拐角处做成圆角，这样可以避免直接使用表格直角的生硬，使得网页整体更加美观。下面就给大家介绍制作圆角表格的常用办法。具体操作步骤如下。

原始文件	CH06/6.6.2/index.html
最终文件	CH06/6.6.2/index1.html
学习要点	创建圆角表格

❶ 打开素材文件“CH06/6.6.2/index.html”，如图6-50所示。

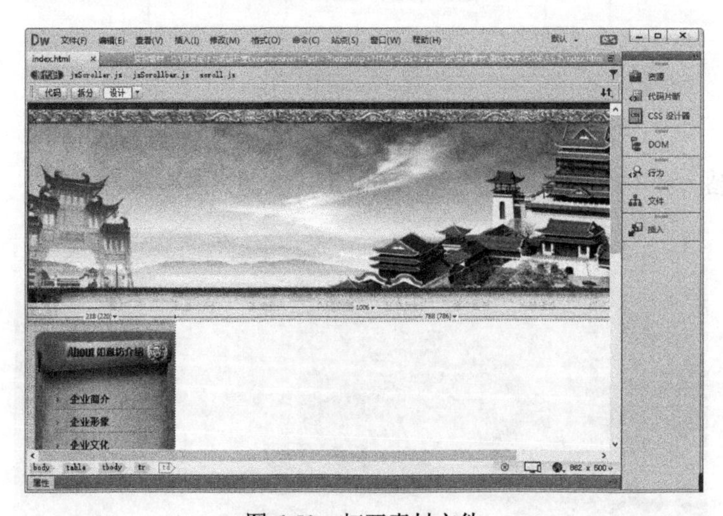

图6-50 打开素材文件

❷ 将光标置于页面中，选择菜单中的【插入】|【表格】命令，弹出【表格】对话框，在对话框中将【行】设置为3，【列】设置为1，【表格宽度】设置为790像素，如图6-51所示。

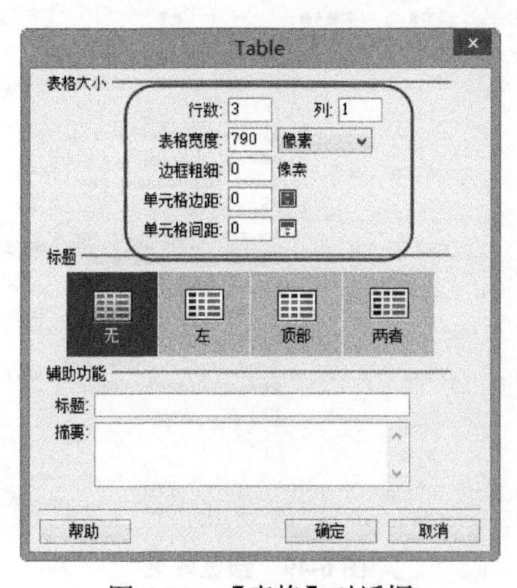

图6-51 【表格】对话框

❸ 单击【确定】按钮，插入表格，此表格记为表格 1，如图 6-52 所示。

❹ 将光标置于表格 1 的第 1 行单元格中，选择菜单中的【插入】|【图像】命令，弹出【选择图像源文件】对话框，选择相应的圆角图像文件 images/rigtjt.jpg，如图 6-53 所示。

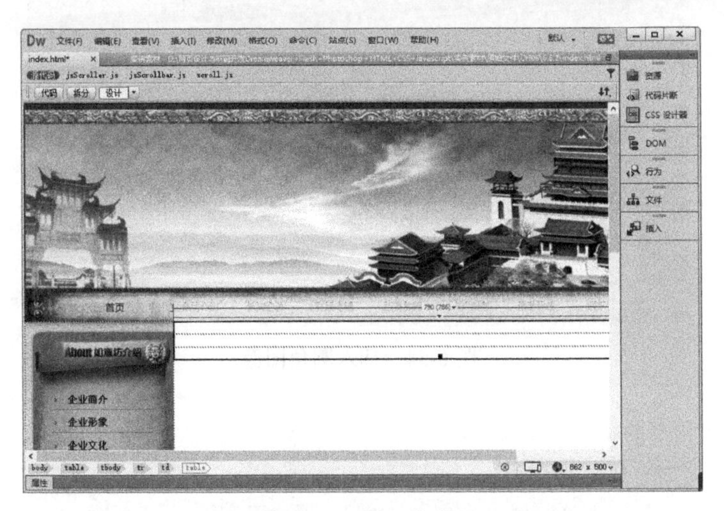

图 6-52　插入表格 1

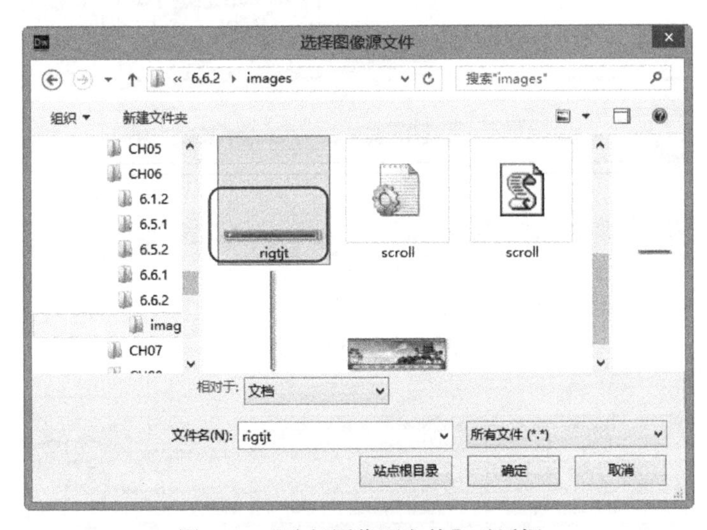

图 6-53 【选择图像源文件】对话框

❺ 单击【确定】按钮，插入圆角图像，如图 6-54 所示。

❻ 将光标置于表格 1 的第 2 行单元格中，选择菜单中的【插入】|【表格】命令，插入 1 行 3 列的表格，此表格记为表格 2，如图 6-55 所示。

❼ 将光标放置在表格 2 的第 1 列单元格中，选择菜单中的【插入】|【图像】命令，插入图像 images/left1.jpg，如图 6-56 所示。

❽ 将光标置于表格 2 的第 2 列单元格中，将单元格的【背景颜色】设置为#F6E1B2，如图 6-57 所示。

图 6-54　插入圆角图像

图 6-55　插入表格 2

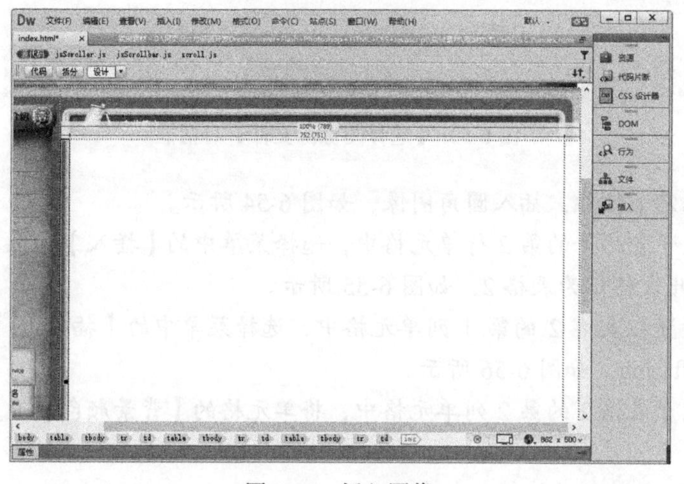

图 6-56　插入图像

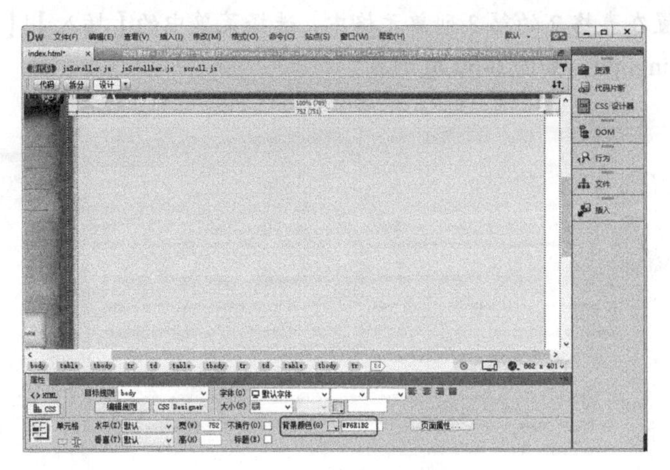

图 6-57 设置单元格属性

❾ 将光标放置在表格 2 的第 2 列单元格中，选择菜单中的【插入】|【表格】命令，插入 1 行 1 列的表格，此表格记为表格 3，将【对齐】设置为居中对齐，如图 6-58 所示。

❿ 将光标放置在表格 3 的单元格中，输入相应的文字，如图 6-59 所示。

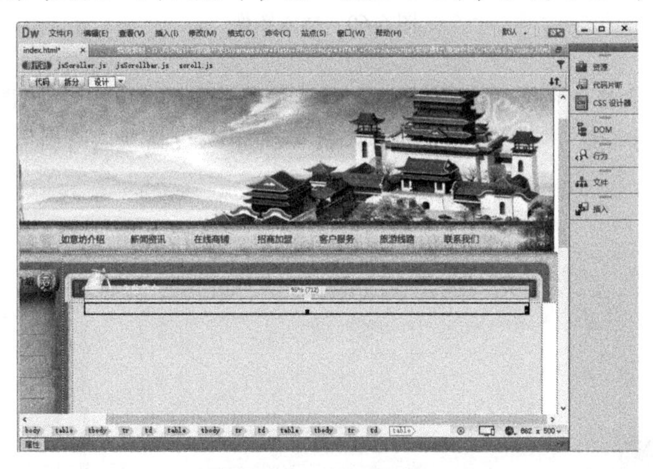

图 6-58 插入表格 3

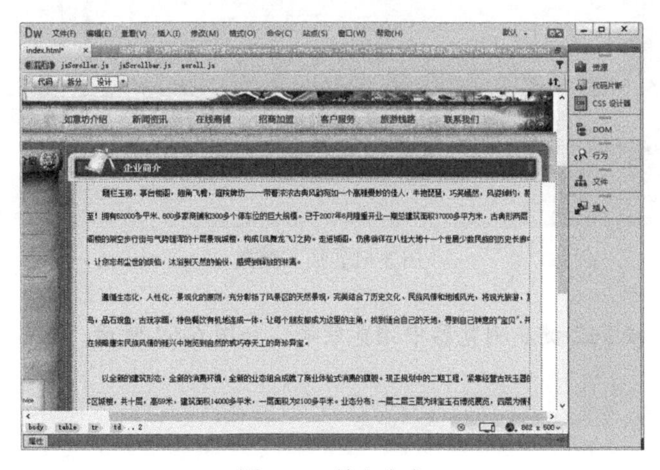

图 6-59 输入文字

⓫ 将光标放置在表格 2 的第 3 列单元格中，选择菜单中的【插入】|【图像】命令，插入图像文件 images/ting.jpg，如图 6-60 所示。

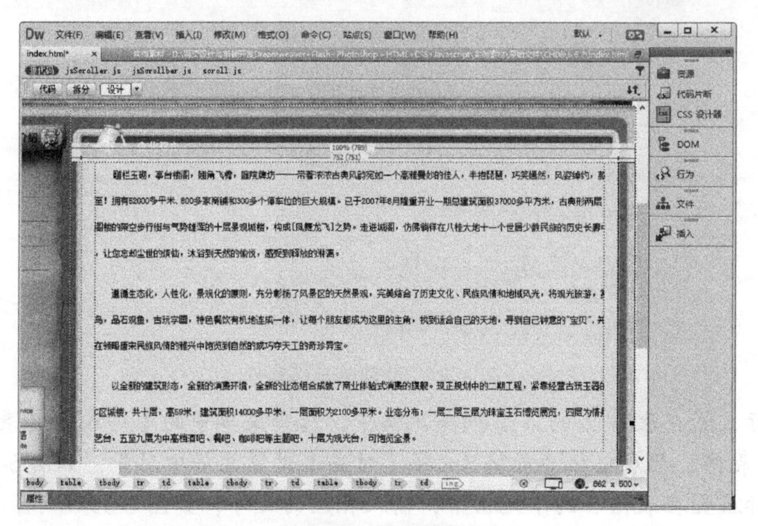

图 6-60　插入图像

⓬ 将光标置于表格 1 的第 3 行单元格中，选择菜单中的【插入】|【图像】命令，在打开【选择图像源文件】对话框中选择圆角图像，单击【确定】按钮，插入圆角图像文件 images/dib.jpg，如图 6-61 所示。

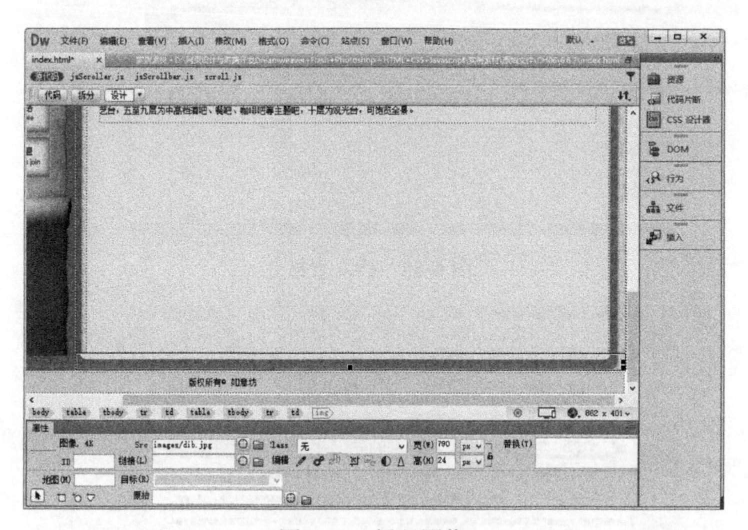

图 6-61　插入图像

⓭ 保存文档，按 F12 键在浏览器中预览效果，如图 6-62 所示。

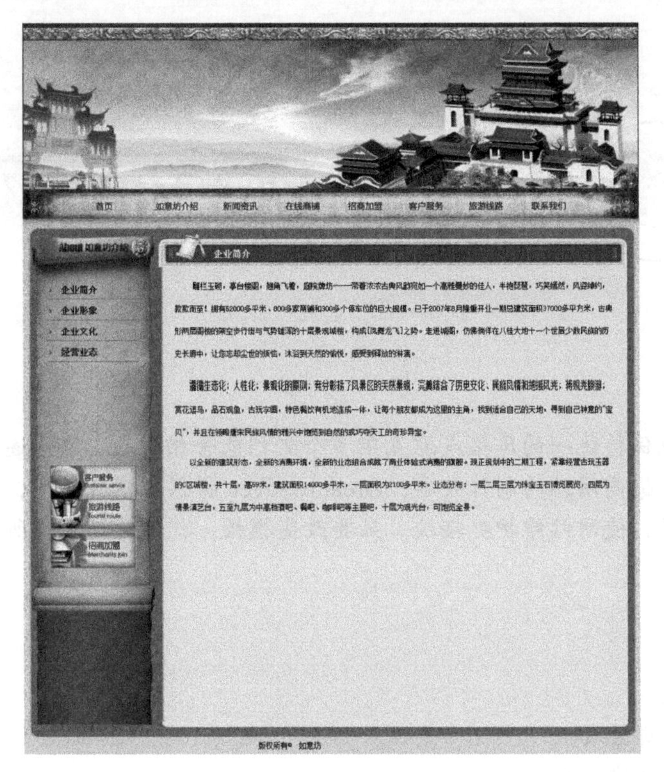
首页
如意坊介绍
新闻资讯
在线商铺
招商加盟
客户服务
旅游线路
联系我们
企业简介
企业简介
企业形象
企业文化
经营业态
客户服务
旅游线路
招商加盟

图 6-62　预览效果

第7章

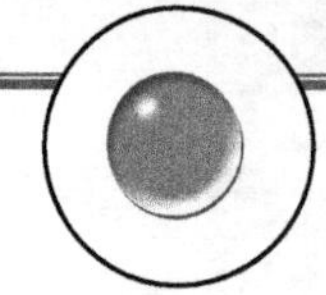

使用模板和库批量制作风格统一的网页

如果想让站点保持统一的风格或站点中多个文档包含相同的内容，逐一对其进行编辑未免过于麻烦。为了提高网站的制作效率，Dreamweaver 提供了模板和库，可以使整个网站的页面设计风格一致，使网站维护更轻松。只要改变模板，就能自动更改所有基于这个模板创建的网页。

学习目标

- 创建模板
- 创建可编辑区域
- 使用模板创建新网页
- 管理站点中的模板
- 创建与应用库项目
- 创建网站模板
- 利用模板创建网页

7.1 创建模板

Dreamweaver CC 模板是一种特殊类型的文档，用于设计“固定的”页面布局。设计者可以基于模板创建文档，从而使创建的文档继承模板的页面布局。设计模板时，可以指定在基于模板的文档中可以编辑的区域。

使用模板能够帮助设计者快速制作出一系列具有相同风格的网页。制作模板与制作普通网页相同，只是不把网页的所有部分都制作完成，而只是把导航栏和标题栏等各个网页的共有部分制作出来，把中间部分留给各个网页安排具体内容。在模板中，可编辑区域是基于该模板的页面中可以修改的部分，不可编辑（锁定）区域是在所有页面中保持不变的页面布局部分。创建模板时，新模板中的所有区域都是锁定的，所以要使该模板可用，必须定义一些可编辑区域。在基于模板的文档中，只能对文档的可编辑区域进行修改，文档的锁定区域是不能修改的。

7.1.1 新建模板

直接创建模板的具体操作步骤如下。

❶ 选择菜单中的【文件】|【新建】命令，弹出【新建文档】对话框，在对话框中选择【新建文档】选项卡中的【文档类型】|【HTML 模板】|【无】选项，如图 7-1 所示。

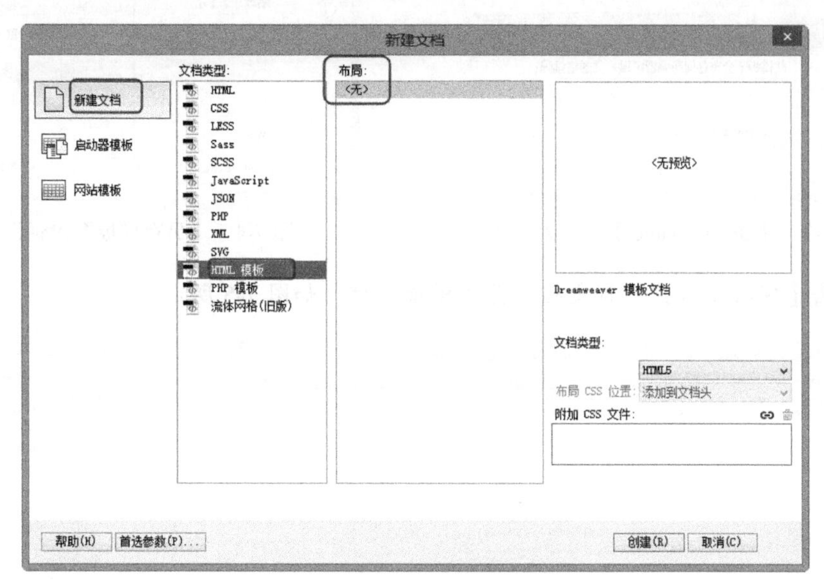

图 7-1 【新建文档】对话框

❷ 单击【创建】按钮，即可创建一个模板网页，如图 7-2 所示。

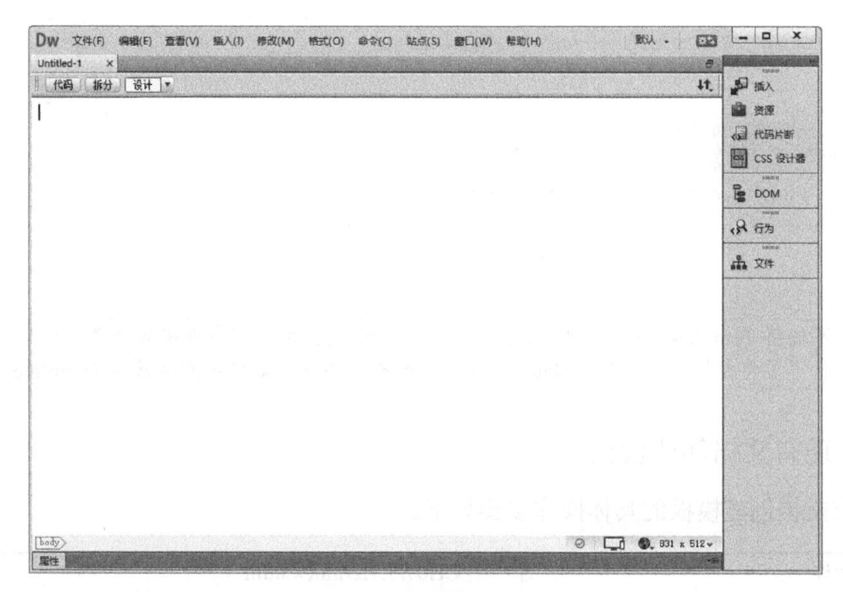

图 7-2 创建模板网页

❸ 选择菜单中的【文件】|【保存】命令，弹出【Dreamweaver】提示对话框，如图 7-3 所示。

❹ 单击【确定】按钮，弹出【另存模板】对话框，在对话框的【另存为】文本框中输入名称，如图 7-4 所示。

Dreamweaver
此模板不含有任何可编辑区域。您想继续吗?
不再警告我。(D)
确定 取消

图 7-3 【Dreamweaver】提示对话框

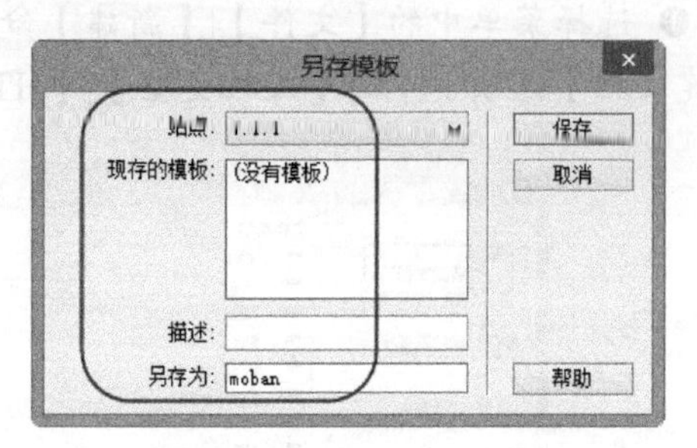

图 7-4 【另存模板】对话框

❺ 单击【保存】按钮，将文档另存为模板文档，如图 7-5 所示。

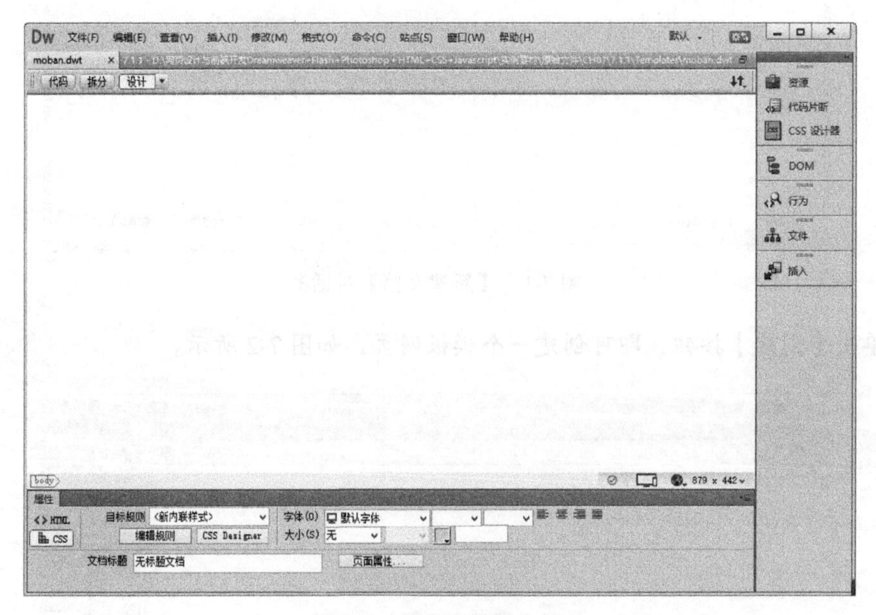

图 7-5 另存为模板文档

提示 不能将 Templates 文件移到本地根文件夹之外，这样做将在模板中的路径中引起错误。此外，也不要将模板移动到 Templates 文件夹之外或者将任何非模板文件放在 Templates 文件夹中。

7.1.2 从现有文档创建模板

从现有文档创建模板的具体操作步骤如下。

原始文件	CH07/7.1.2/index.html
最终文件	CH07/7.1.2/Templates/moban.dwt
学习要点	从现有文档创建模板

❶ 打开素材文件“CH09/7.1.2/index.html”，如图 7-6 所示。

❷ 选择菜单中的【文件】|【另存为模板】命令，弹出【另存模板】对话框，在对话框中的【站点】下拉列表中选择保存模板的站点，在【另存为】文本框中输入 moban，如图 7-7 所示。

图 7-6 打开素材文件

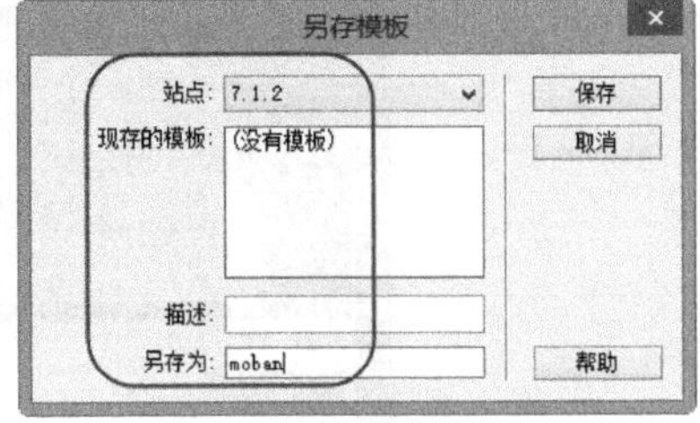

图 7-7 【另存模板】对话框

❸ 单击【保存】按钮，即可将文档另存为模板，如图 7-8 所示。

图 7-8 另存模板

7.2 创建可编辑区域

模板实际上就是具有固定格式和内容的文件，文件扩展名为.dwt。模板的功能很强大，通过定义和锁定可编辑区域可以保护模板的格式和内容不会被修改，只有在可编辑区域中才能输入新的内容。模板最大的作用就是可以创建统一风格的网页文件，在模板内容发生变化后，可以同时更新站点中所有使用到该模板的网页文件，不需要逐一修改。

7.2.1 插入可编辑区域

在模板中，可编辑区域是页面的一部分，对于基于模板的页面，能够改变可编辑区域中的内容。默认情况下，新创建的模板所有区域都处于锁定状态，因此，要使用模板，必须将模板中的某些区域设置为可编辑区域。创建可编辑区域的具体操作步骤如下。

❶ 打开上节创建的模板网页，如图 7-9 所示。

图 7-9 打开模板网页

❷ 将光标放置在要插入可编辑区域的位置，选择菜单中的【插入】|【模板】|【可编辑区域】命令，弹出【新建可编辑区域】对话框，如图 7-10 所示。

❸ 单击【确定】按钮，插入可编辑区域，如图 7-11 所示。

新建可编辑区域
名称：EditRegion3
此区域将可以在基于该模板的文档中进行编辑。
确定
取消
帮助

图 7-10 【新建可编辑区域】对话框

图 7-11 插入可编辑区域

提示 单击【模板】插入栏中的可编辑区域按钮，弹出【新建可编辑区域】对话框，插入可编辑区域。

7.2.2 删除可编辑区域

在选中可编辑区域状态下，选择菜单中的【修改】|【模板】|【删除模板标记】命令，可以将编辑区域删除，如图 7-12 所示。

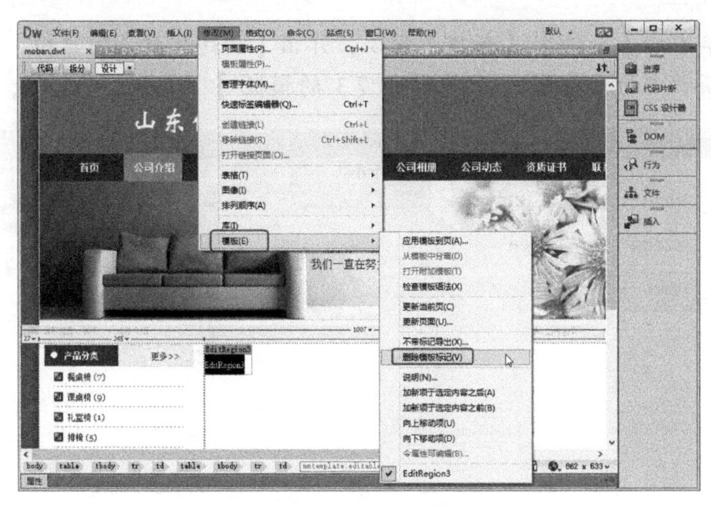

图 7-12 选择【删除模板标记】命令

7.2.3 更改可编辑区域

定义可编辑区域后，选中可编辑区域，在【属性】面板中可以更改名称，如图 7-13 所示。

图 7-13 更改可编辑区域

7.3 使用模板创建新网页

模板最强大的用途之一是一次更新多个页面。从模板创建的文档与该模板保持连接状态。可以修改模板并立即更新基于该模板的所有文档中的设计。使用模板可以快速创建大量风格一致的网页，具体操作步骤如下。

原始文件	CH07/7.3/Templates/moban.dwt
最终文件	CH07/7.3/index1.html
学习要点	使用模板创建新网页

❶ 选择菜单中的【文件】|【新建】命令，弹出【新建文档】对话框，在对话框中选择【网站模板】选项卡中的【站点 7.3】|【站点"7.3"的模板:】|【moban】选项，如图 7-14 所示。

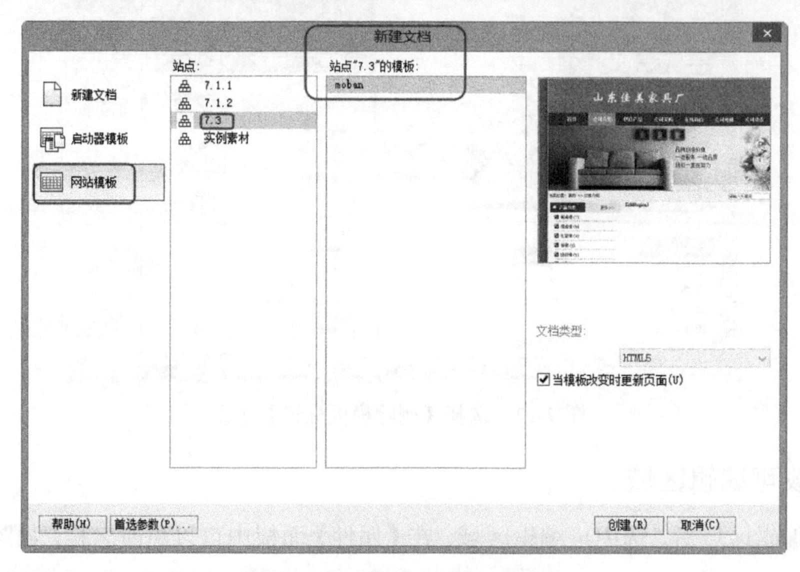

图 7-14 【新建文档】对话框

❷ 单击【创建】按钮，创建一个模板网页，如图 7-15 所示。

图 7-15 创建模板网页

❸ 选择菜单中的【文件】|【保存】命令，弹出【另存为】对话框，在【文件名】文本框中输入 index1.htm，如图 7-16 所示。

❹ 单击【保存】按钮，保存文档，将光标放置在可编辑区域中，选择菜单中的【插入】|【表格】命令，插入 2 行 1 列的表格，此表格记为表格 1，如图 7-17 所示。

❺ 将光标置于表格 1 的第 1 行单元格，选择菜单中的【插入】|【图像】命令，弹出【选择图像源文件】对话框，在对话框中选择图像文件 images/jianjie.jpg，如图 7-18 所示。

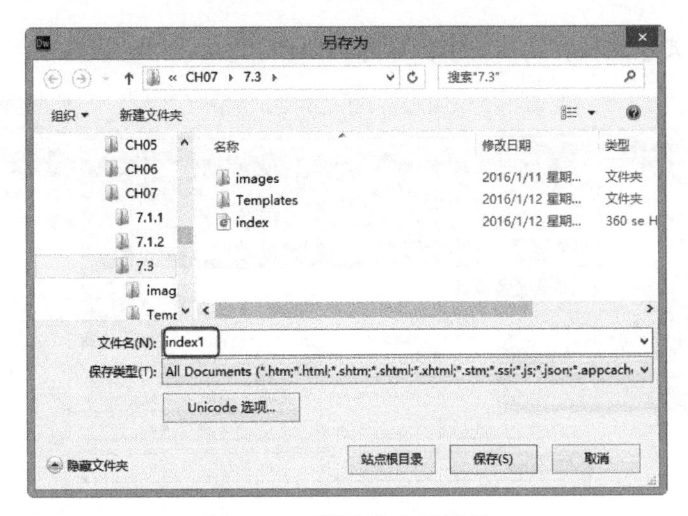

图 7-16 【另存为】对话框

图 7-17 插入表格 1

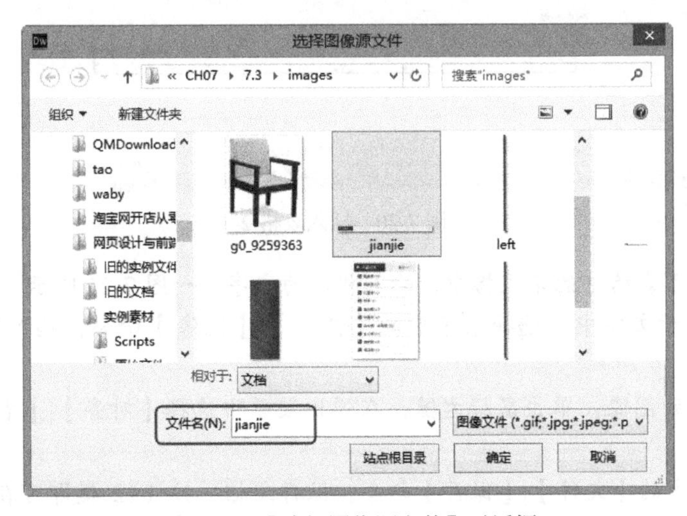

图 7-18 【选择图像源文件】对话框

❻ 单击【确定】按钮，插入图像，如图 7-19 所示。

图 7-19　插入图像

❼ 将光标放置在表格 1 第 2 行单元格中，选择菜单中的【插入】|【表格】命令，插入 1 行 1 列的表格，此表格记为表格 2，如图 7-20 所示。

图 7-20　插入表格 2

❽ 将光标置于表格 2 的单元格中，输入相应的文字，如图 7-21 所示。

❾ 将光标置于文字中，选择菜单中的【插入】|【图像】命令，插入图像，如图 7-22 所示。

❿ 选中插入的图像，单击鼠标右键，在弹出菜单中选择【对齐】|【右对齐】选项，如图 7-23 所示。

⓫ 选择菜单中的【文件】|【保存】命令，保存文档，按 F12 键即可在浏览器中预览效果，如图 7-24 所示。

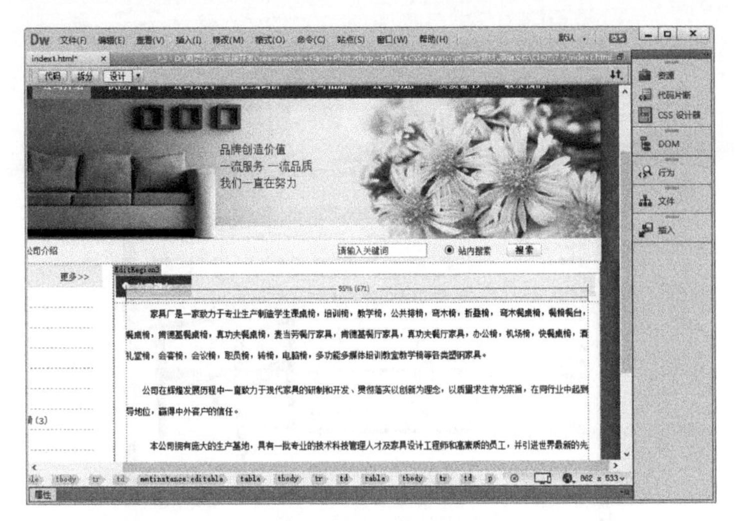

图 7-21　输入文件

图 7-22　插入图像

图 7-23　设置图像右对齐

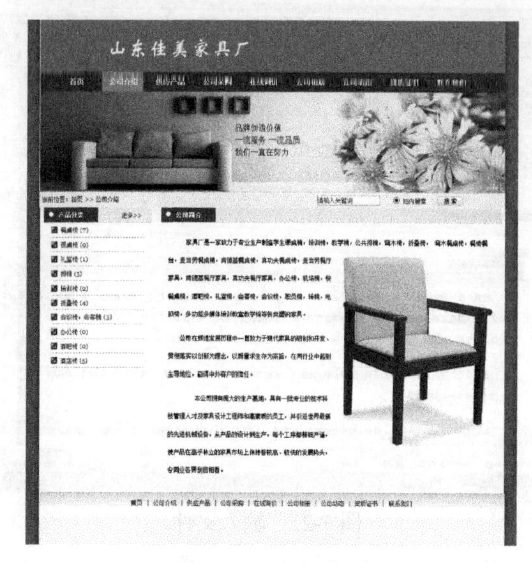

图 7-24 预览效果

7.4 管理站点中的模板

在 Dreamweaver 中，可以对模板文件进行各种管理操作，如重命名、删除等。

7.4.1 从模板中分离

若要更改基于模板的文档的锁定区域，必须将该文档从模板中分离。将文档分离之后，整个文档都将变为可编辑的。

原始文件	CH07/7.4.1/index1.html
最终文件	CH07/7.4.1/index2.html
学习要点	从模板中分离

❶ 打开素材文件“CH07/7.4.1/index1.html”，选择菜单中的【修改】|【模板】|【从模板中分离】命令，如图 7-25 所示。

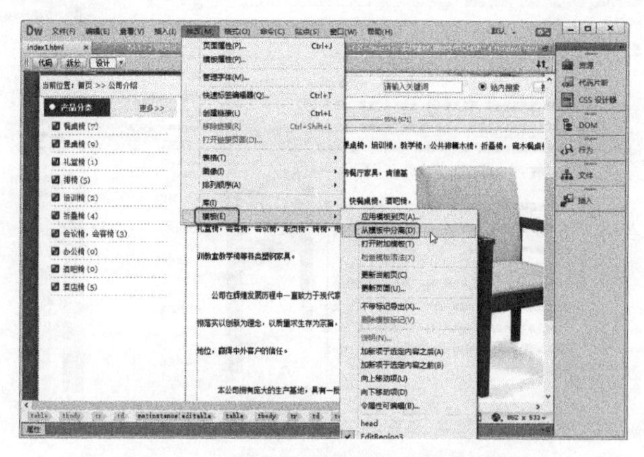

图 7-25 选择【从模板中分离】命令

❷ 选择命令后，即可从模板中分离出来，如图 7-26 所示。

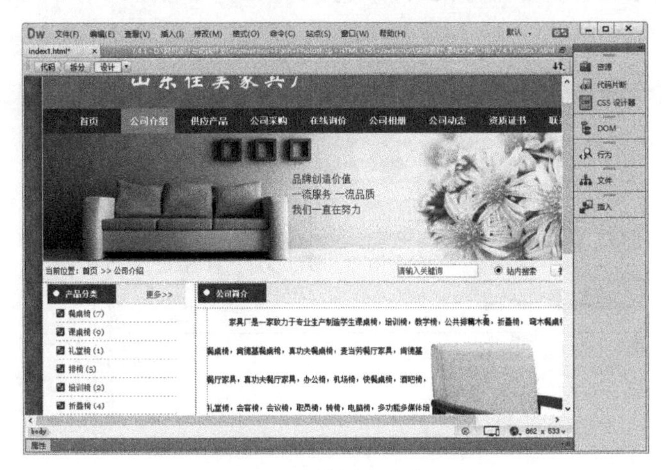

图 7-26 从模板中分离出来

7.4.2 修改模板

在通过模板创建文档后，文档就同模板密不可分了。以后每次修改模板后，都可以利用 Dreamweaver 的站点管理特性，自动对这些文档进行更新，从而改变文档的风格。

原始文件	CH07/7.4.2/Templates/moban.dwt
最终文件	CH07/7.4.2/index1.html
学习要点	修改模板

❶ 打开模板文件“CH07/7.4.2/ Templates/moban.dwt”，选中图像，在【属性】面板中【链接】选择矩形热点工具，如图 7-27 所示。

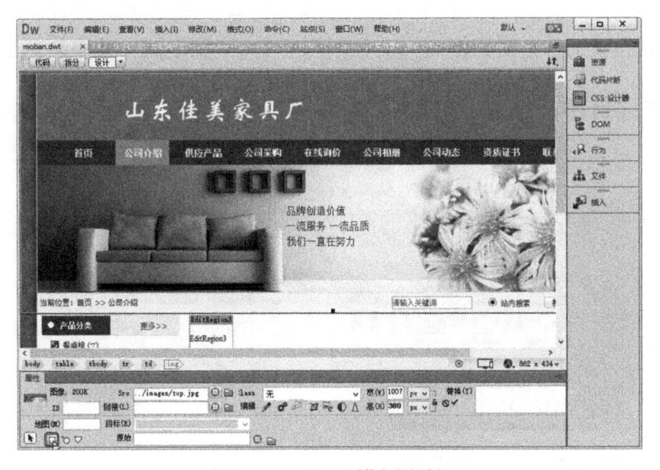

图 7-27 打开模板文档

❷ 在图像上绘制矩形热点，并输入相应的链接，如图 7-28 所示。

❸ 选择菜单中的【文件】|【保存】命令，弹出【更新模板文件】对话框，在该对话框中显示要更新的网页文档，如图 7-29 所示。

❹ 单击【更新】按钮，弹出【更新页面】对话框，如图 7-30 示。

图 7-28　绘制热点

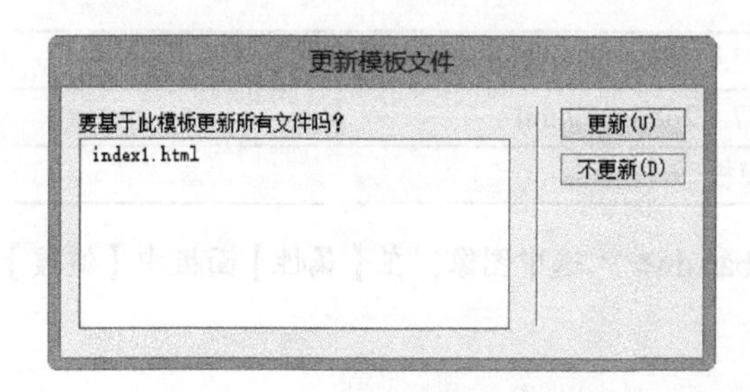

图 7-29　【更新模板文件】对话框

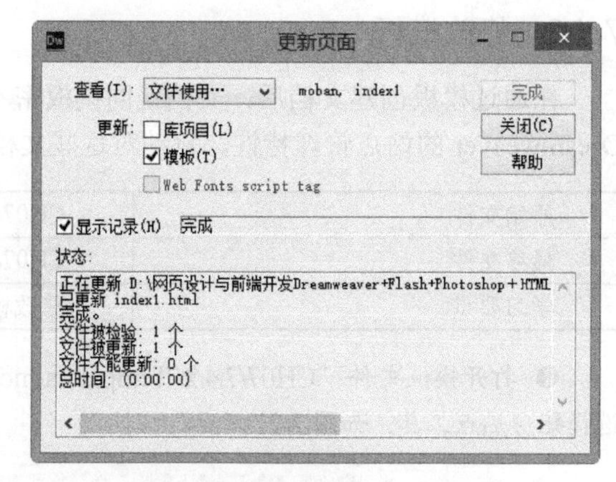

图 7-30　【更新页面】对话框

❺ 打开利用模板创建的文档，可以看到文档已经更新，如图 7-31 所示。

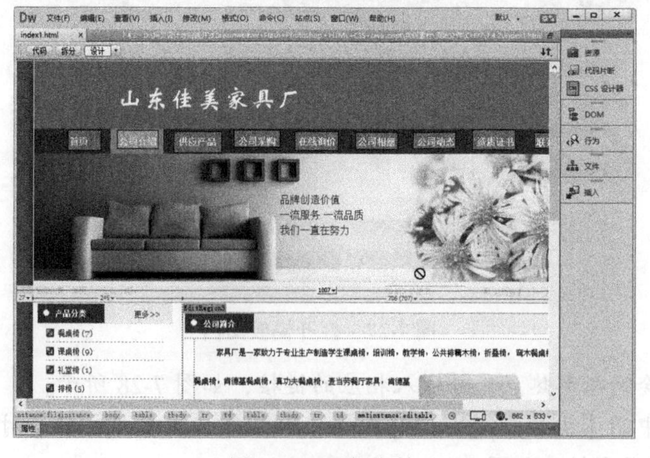

图 7-31　更新文档

7.5 创建与应用库项目

在 Dreamweaver 中，另一种维护文档风格的方法是使用库项目。如果说模板从整体上控制了文档风格的话，库项目则从局部上维护了文档的风格。

7.5.1 创建库项目

库是一种用来存储想要在整个网站上经常重复使用或更新的页面元素（如图像、文本和其他对象）的方法，这些元素称为库项目。

可以先创建新的库项目，然后编辑其中的内容，也可以将文档中选中的内容作为库项目保存。创建库项目的具体操作步骤如下。

最终文件	CH07/7.5.1/top.lbi
学习要点	创建库项目

❶ 选择菜单中【文件】|【新建】命令，弹出【新建文档】对话框，在对话框中选择【新建文档】中的【文档类型】|【HTML】|【无】选项，如图 7-32 所示。

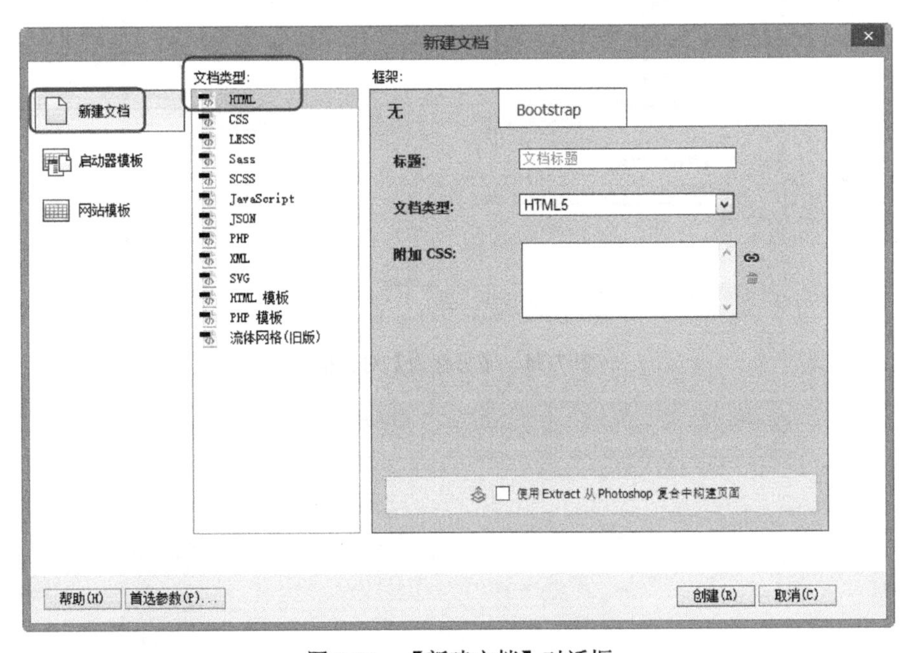

图 7-32 【新建文档】对话框

❷ 单击【创建】按钮，创建一个文档，如图 7-33 所示。

❸ 选择菜单中的【文件】|【保存】命令，弹出【另存为】对话框，在【文件名】文本框中输入 top，在【保存类型】中选择【库文件*.lbi】，如图 7-34 所示。

❹ 单击【创建】按钮，创建一个库文档，如图 7-35 所示。

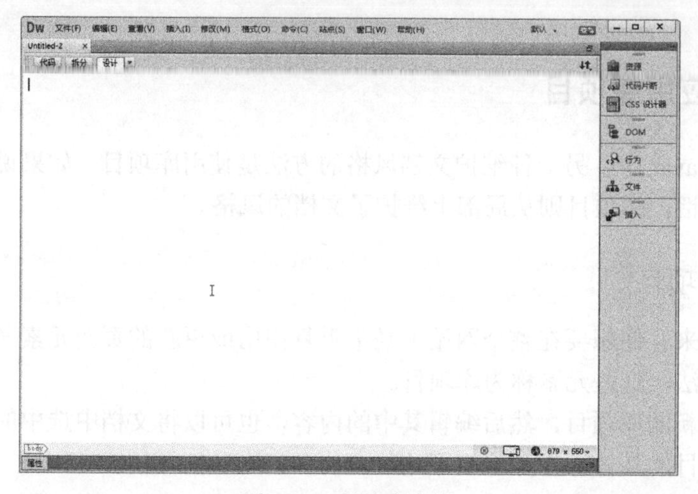

图 7-33　创建库文档

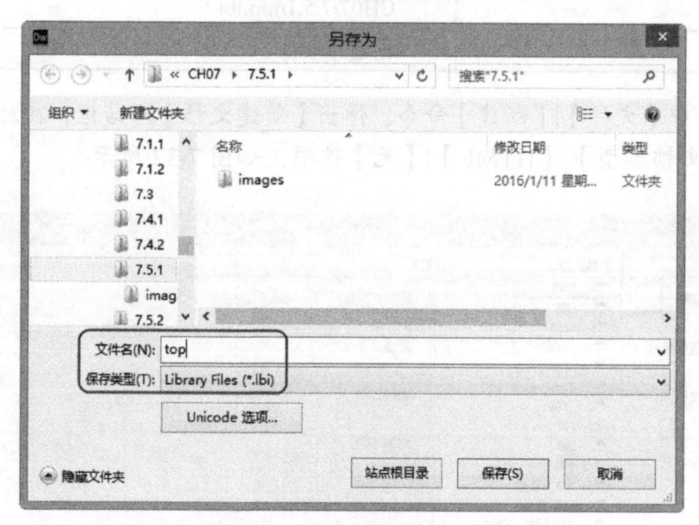

图 7-34　【另存为】对话框

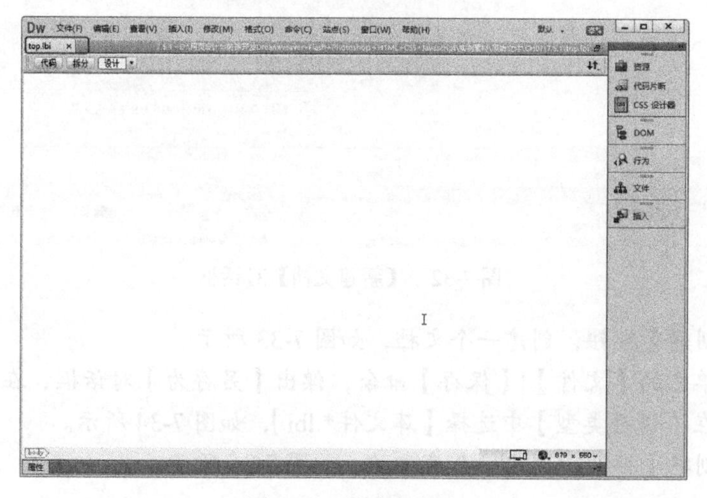

图 7-35　创建库文档

❺ 将光标置于页面中，选择菜单中的【插入】|【表格】命令，插入 1 行 1 列的表格，如图 7-36 所示。

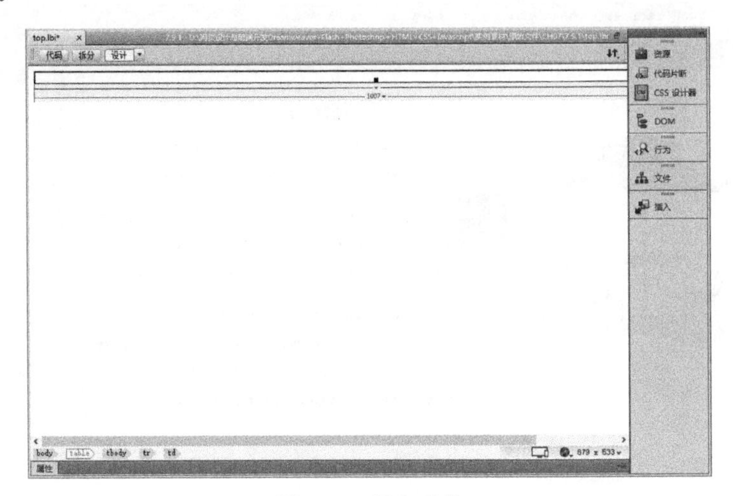

图 7-36　插入表格

❻ 将光标置于表格的单元格中，选择菜单中的【插入】|【图像】命令，插入图像 top.jpg，如图 7-37 所示。

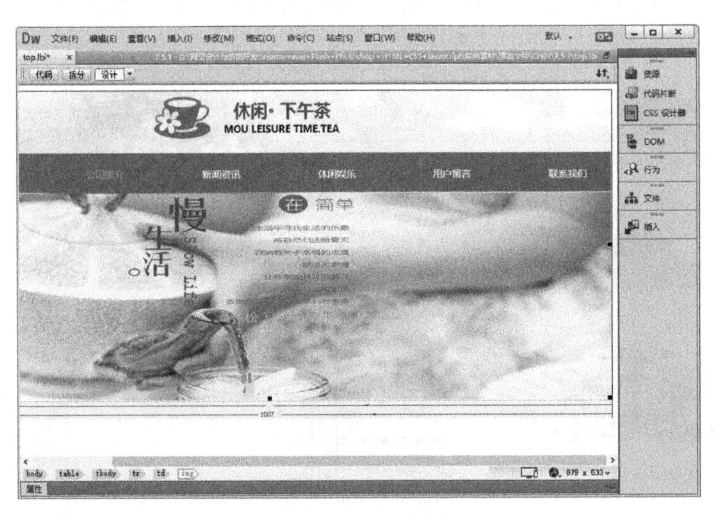

图 7-37　插入图像

❼ 选择菜单中的【文件】|【保存】命令，保存库文件。

7.5.2　应用库项目

将库项目应用到文档，实际内容以及对项目的引用就会被插入到文档中。在文档中应用库项目的具体操作步骤如下。

原始文件	CH07/7.5.2/index.html
最终文件	CH07/7.5.2/index1.html
学习要点	应用库项目

❶ 打开素材文件“CH07/7.5.2/index.html”，如图 7-38 所示。

图 7-38　打开素材文件

❷ 打开【资源】面板，在该面板中选择创建好的库文件，单击 插入 按钮，如图 7-39 所示。

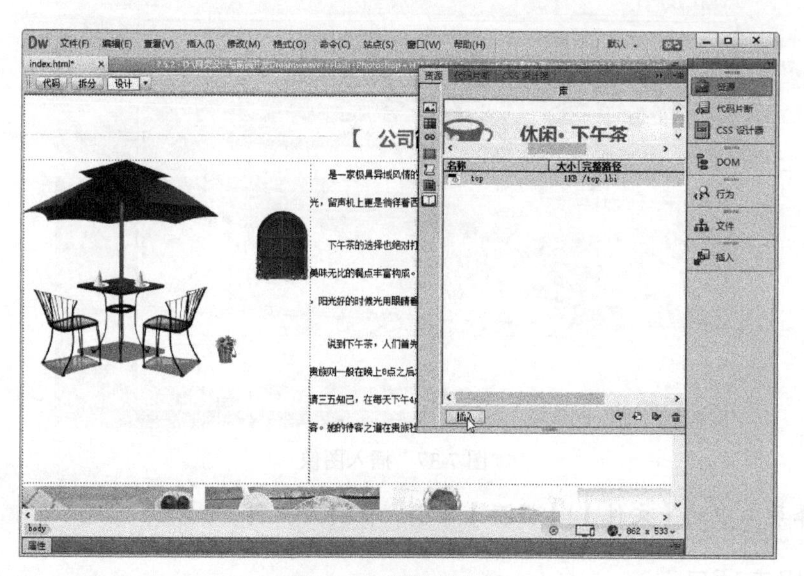

图 7-39　选择库文件

❸ 将库文件插入到文档中，如图 7-40 所示。

提示　如果希望仅仅添加库项目内容对应的代码，而不希望它作为库项目出现，则可以按住 Ctrl 键，再将相应的库项目从【资源】面板中拖到文档窗口。这样插入的内容就以普通文档的形式出现。

❹ 保存文档，在浏览器中预览效果，如图 7-41 所示。

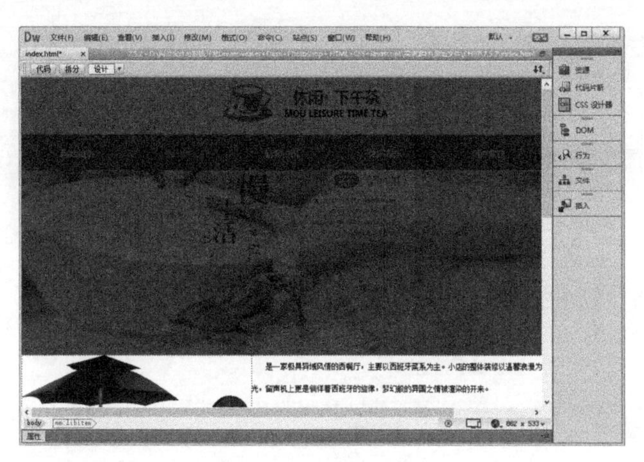

图 7-40 插入库文件

图 7-41 预览效果

7.5.3 修改库项目

和模板一样，通过修改某个库项目来修改整个站点中所有应用该库项目的文档，实现统一更新文档风格。

原始文件	CH07/7.5.3/index.html
最终文件	CH07/7.5.3/index1.html
学习要点	修改库项目

❶ 打开素材文件“CH07/7.5.3/index.html”，在图像【公司简介】上绘制矩形热区，在【属性】面板中【链接】文本框中输入链接，如图 7-42 所示。

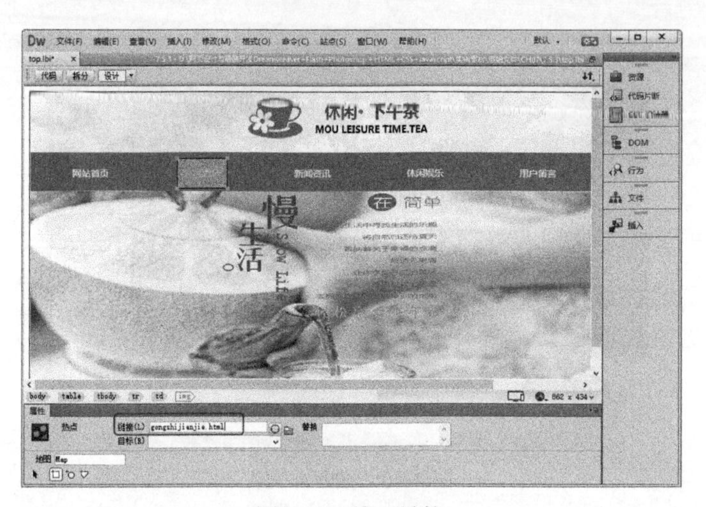

图 7-42　输入链接

❷ 保存库文件，选择菜单中的【修改】|【库】|【更新页面】命令，打开【更新页面】对话框，如图 7-43 所示。

❸ 单击【开始】按钮，即可按照指示更新文件，如图 7-44 所示。

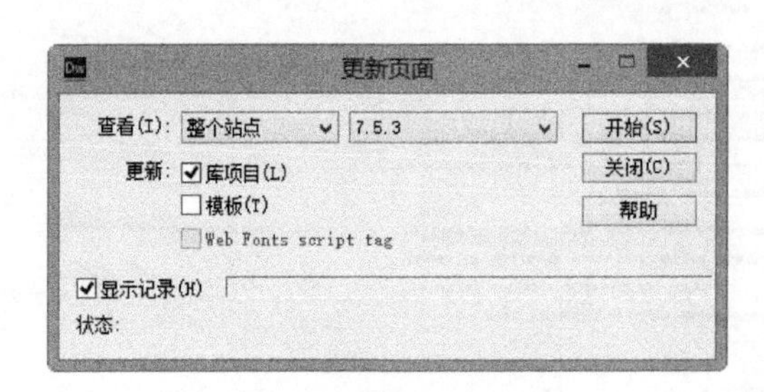

图 7-43　【更新页面】对话框

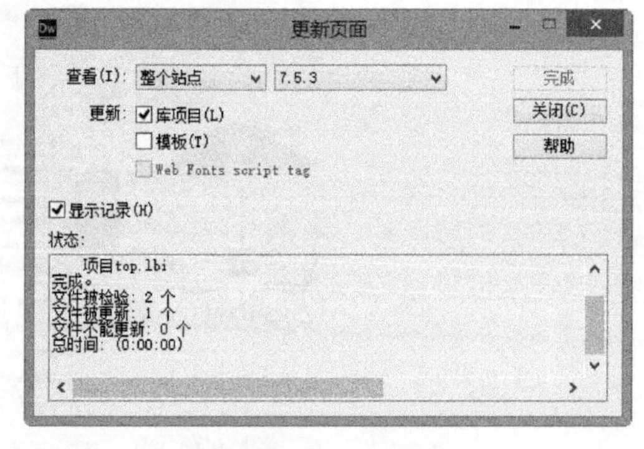

图 7-44　更新文件

❹ 打开应用库项目的文件，可以看到文件已经更新，如图 7-45 所示。

图 7-45　文件更新

7.6 实战演练

本章主要讲述了模板和库的创建、管理和应用，通过本章的学习，读者基本可以学会创建模板和库。下面通过两个实例来具体讲述创建完整的模板网页。

7.6.1 实例 1——创建模板

下面利用实例讲述模板的创建，具体操作步骤如下。

最终文件	CH07/7.6.1/Templates/moban.dwt
学习要点	创建模板

❶ 选择菜单中的【文件】|【新建】命令，弹出【新建文档】对话框，在对话框中选择【新建文档】选项，选择【文档类型】选项中的【HTML 模板】，在【布局】中选择【无】选项，如图 7-46 所示。

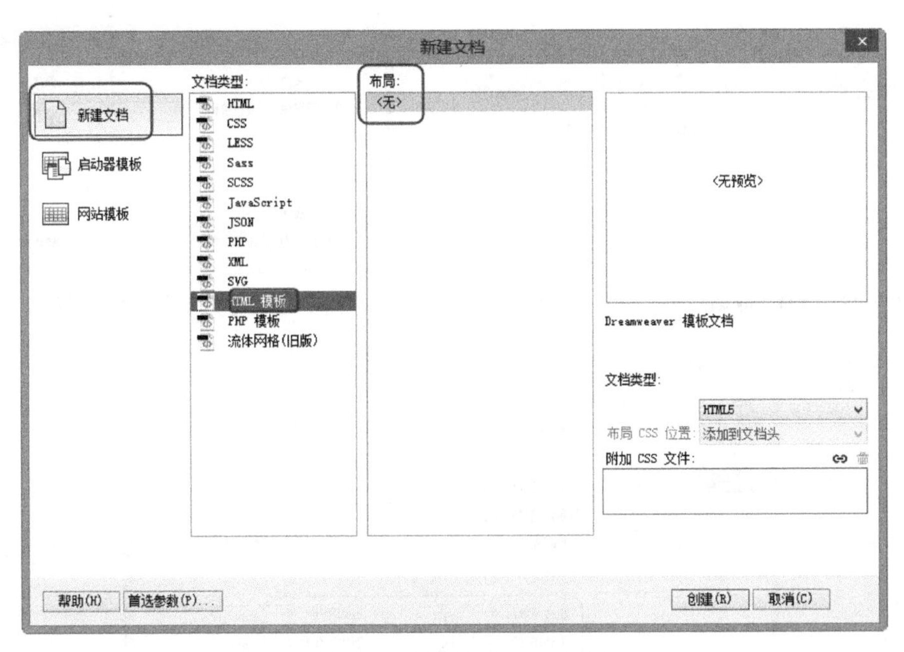

图 7-46 【新建文档】对话框

❷ 单击【创建】按钮，创建一个网页文档，如图 7-47 所示。

❸ 选择菜单中的【文件】|【保存】命令，弹出提示对话框，如图 7-48 所示。

❹ 单击【确定】按钮，弹出【另存模板】对话框，在【文件名】文本框中输入 moban，如图 7-49 所示。

❺ 单击【保存】按钮，将文件保存为模板。将光标置于文档中，选择菜单中的【修改】|【页面属性】命令，弹出【页面属性】对话框，在对话框中将【左边距】、【上边距】、【下边距】、【右边距】分别设置为 0，如图 7-50 所示。单击【确定】按钮，修改页面属性。

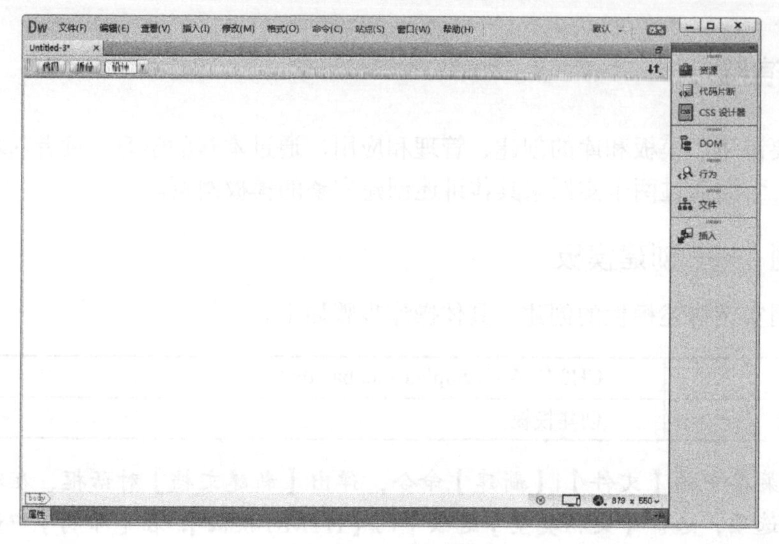

图 7-47　创建文档

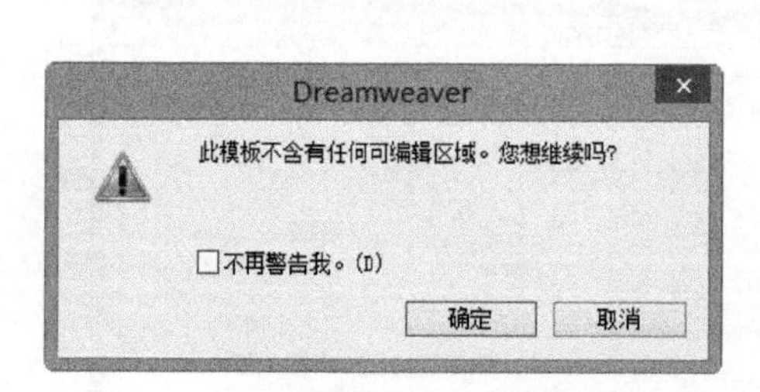

图 7-48　【Dreamweaver】提示对话框

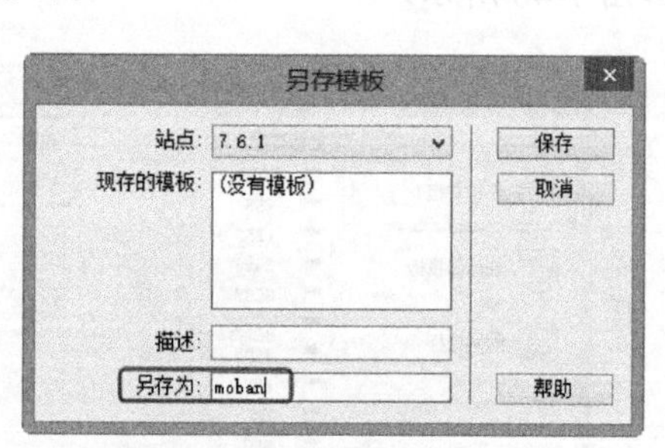

图 7-49　【另存模板】对话框

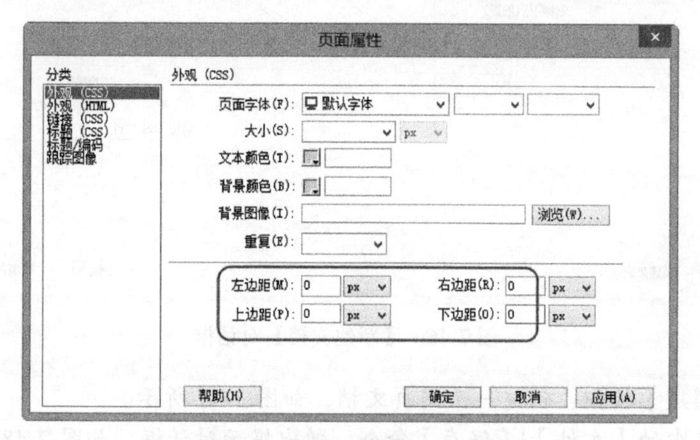

图 7-50　【页面属性】对话框

❻ 选择菜单中的【插入】|【表格】命令，弹出【Table】对话框，在对话框中将【行数】设置为 4，【列数】设置为 1，【表格宽度】设置为 868 像素，如图 7-51 所示。

❼ 单击【确定】按钮，插入表格，此表格记为表格 1，如图 7-52 所示。

❽ 将光标置于表格 1 的第 1 行单元格中，选择菜单中的【插入】|【图像】命令，弹出【选择图像源文件】对话框，在对话框中选择图像 top.jpg，如图 7-53 所示。

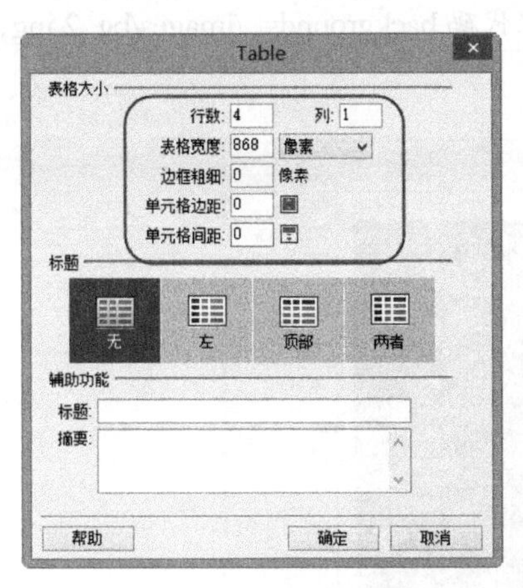

图 7-51　【表格】对话框

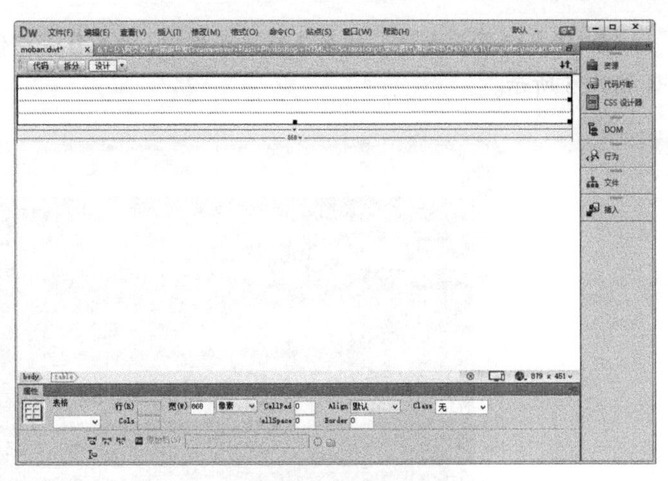

图 7-52　插入表格 1

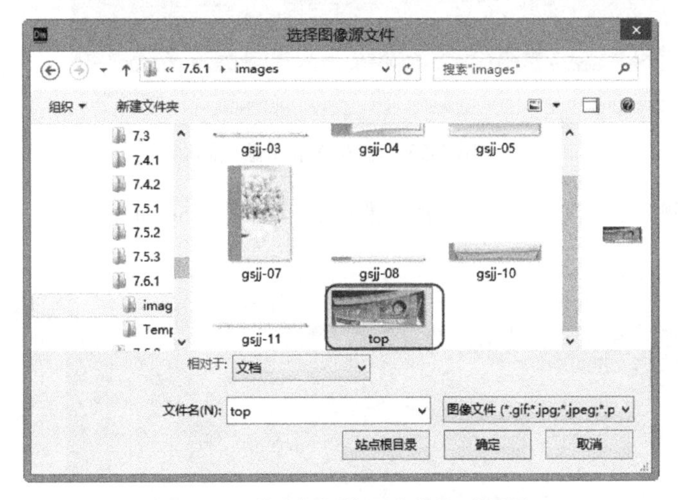

图 7-53　【选择图像源文件】对话框

❾ 单击【确定】按钮，插入图像 images/top.jpg，如图 7-54 所示。

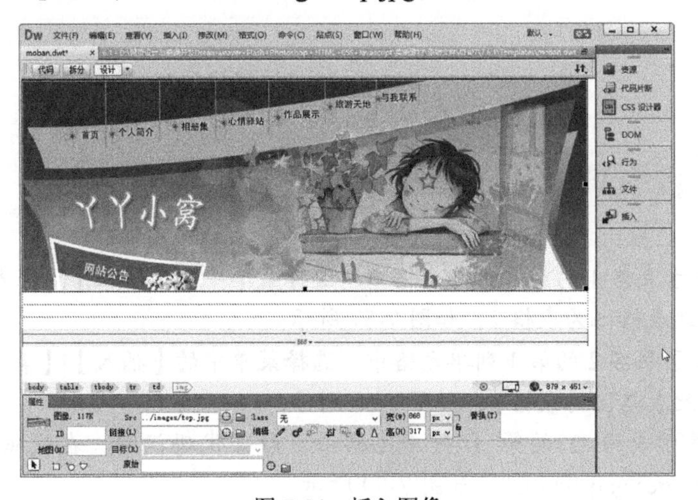

图 7-54　插入图像

❿ 将光标置于表格 1 的第 2 行单元格中，输入背景图像代码 background=../images/bg_2.jpg，如图 7-55 所示。

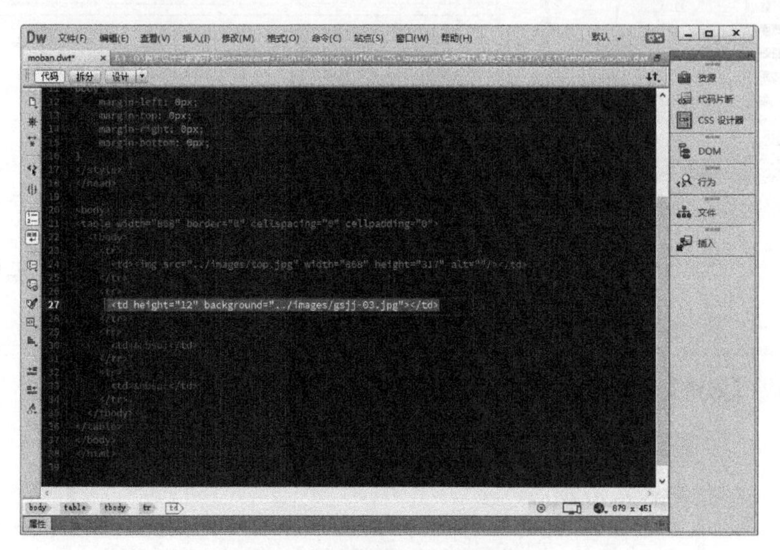

图 7-55　输入背景图像代码

⓫ 返回设计视图，可以看到插入的背景图像，如图 7-56 所示。

图 7-56　输入背景图像

⓬ 将光标置于表格 1 的第 3 行单元格中，选择菜单中的【插入】|【表格】命令，插入 1 行 2 列的表格，此表格记为表格 2，如图 7-57 所示。

⓭ 将光标置于表格 2 的第 1 列单元格中，选择菜单中的【插入】|【表格】命令，插入 2 行 1 列的表格，此表格记为表格 3，如图 7-58 所示。

⓮ 将光标置于表格 2 的第 1 行单元格中，打开代码视图，在代码中输入背景图像 background="../images/gsjj-04.jpg"，如图 7-59 所示。

图 7-57　插入表格 2

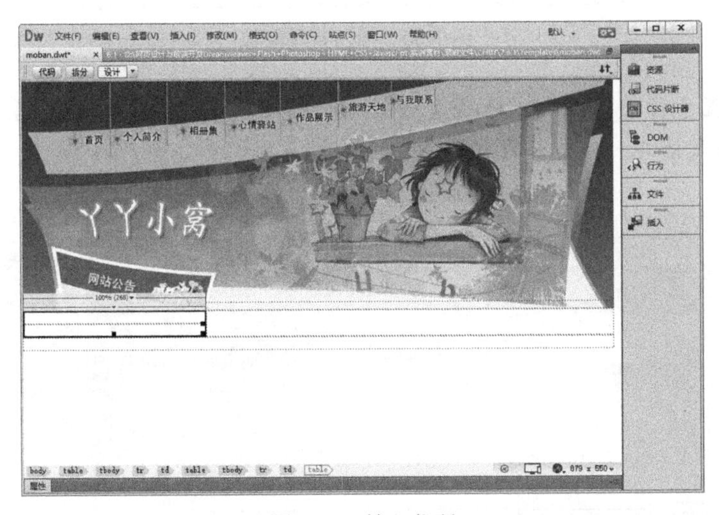

图 7-58　输入代码

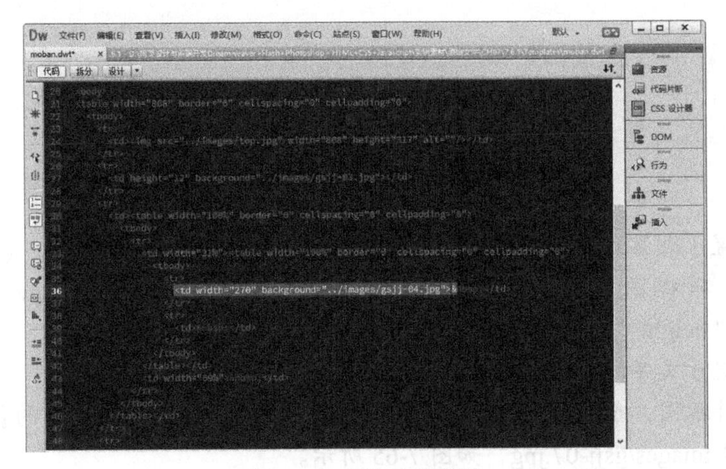

图 7-59　插入背景图像

⑮ 返回设计视图，可以看到插入的背景图像，如图 7-60 所示。

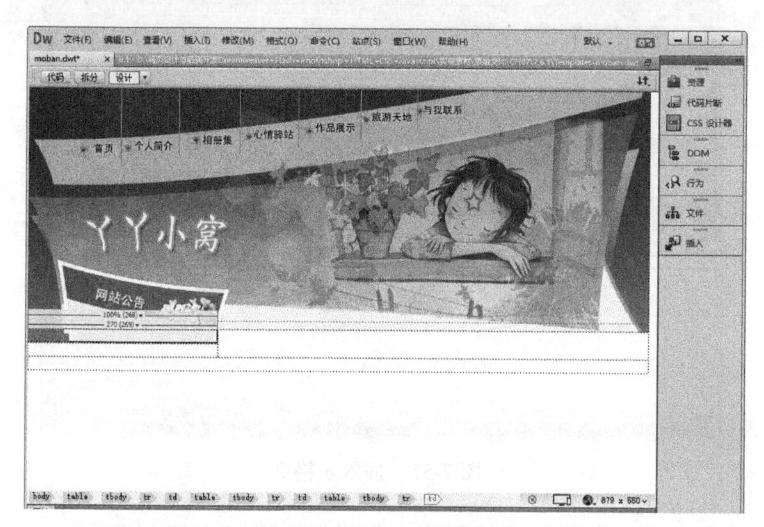

图 7-60 插入背景图像

⑯ 将光标置于背景图像上，选择菜单中的【插入】|【表格】命令，插入 1 行 1 列的表格，此表格记为表格 4，如图 7-61 所示。

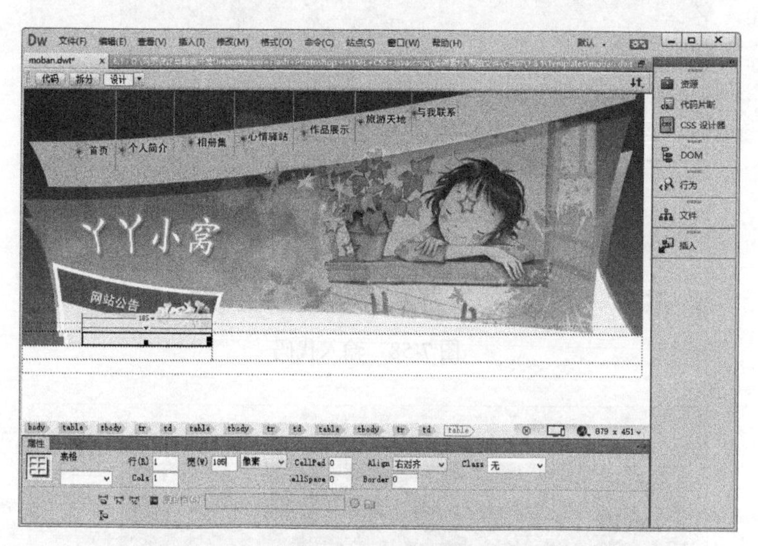

图 7-61 插入表格 4

⑰ 将光标置于表格 4 的单元格中，输入相应的文字，如图 7-62 所示。

⑱ 打开代码视图，将光标置于文字的前面，输入代码<marquee direction="up" scrollamount="2" height="100">，如图 7-63 所示。

⑲ 将光标置于文字的后面，输入代码</marquee>，如图 7-64 所示。

⑳ 返回设计视图，将光标置于表格 3 的第 2 行单元格中，选择菜单中的【插入】|【图像】命令，插入图像 images/gsjj-07.jpg，如图 7-65 所示。

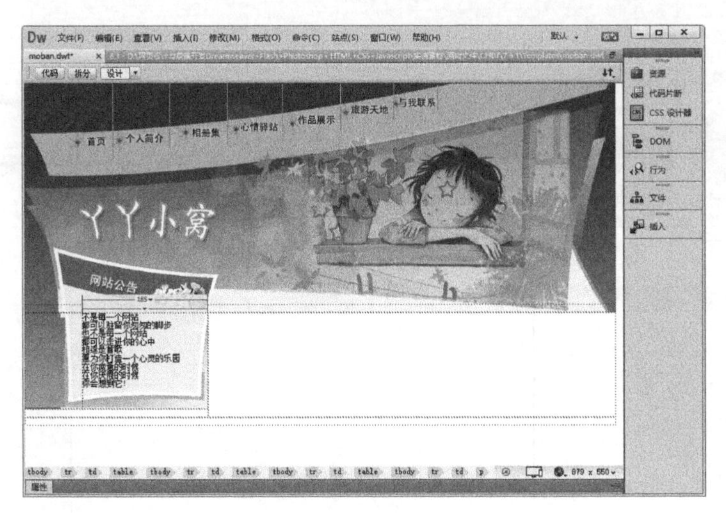

图 7-62　输入文字

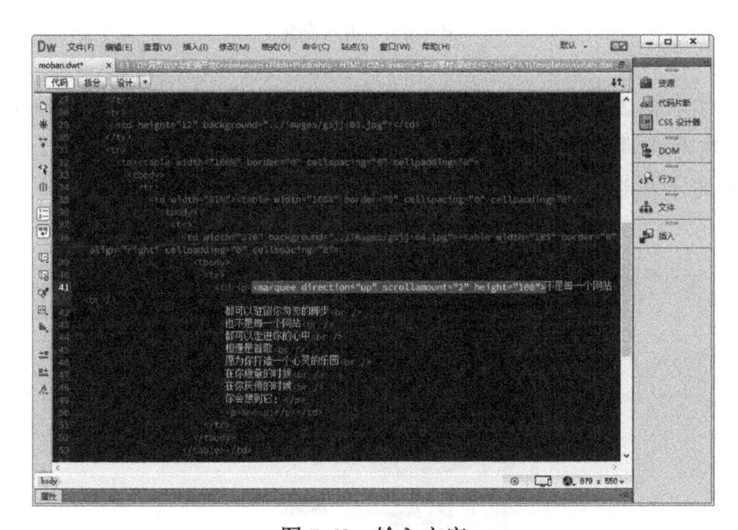

图 7-63　输入文字

图 7-64　输入代码

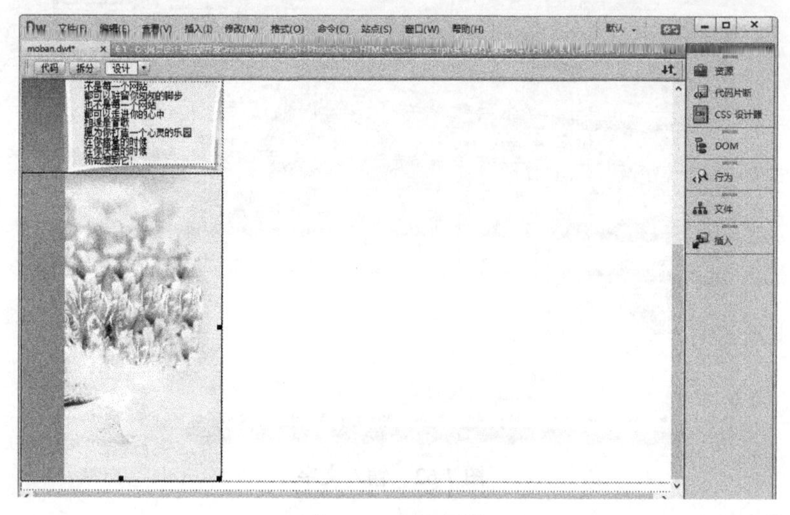

图 7-65　插入图像

㉑ 将光标置于表格 2 的第 2 列单元格中，选择菜单中的【插入】|【模板】|【可编辑区域】命令，弹出【新建可编辑区域】对话框，如图 7-66 所示。

㉒ 单击【确定】按钮，创建可编辑区域，如图 7-67 所示。

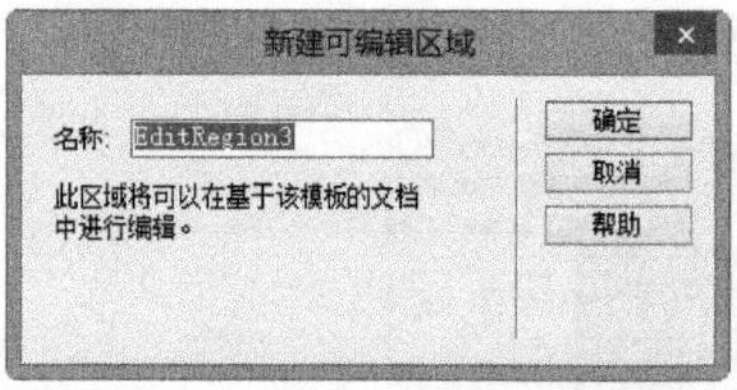

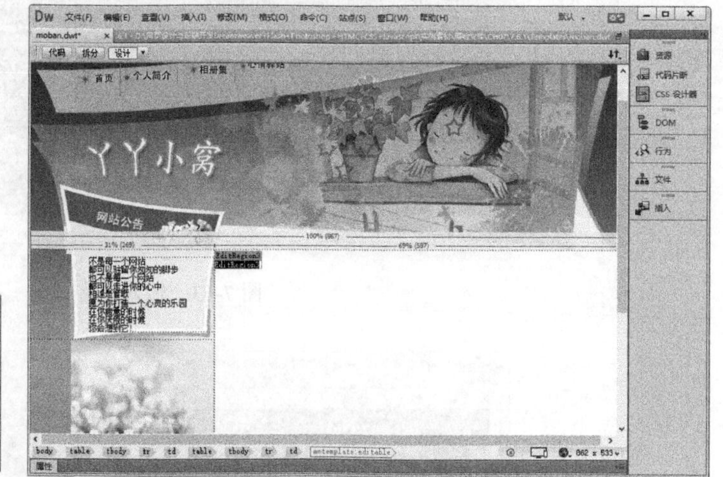

图 7-66　【新建可编辑区域】对话框

图 7-67　插入可编辑区域

㉓ 将光标置于表格 1 的第 4 行单元格中，打开代码视图，在代码中输入背景图像代码 height="153" background="../images/gsjj-10.jpg"，如图 7-68 所示。

㉔ 返回设计视图，可以看到插入的背景图像，如图 7-69 所示。

㉕ 将光标置于背景图像上，选择菜单中的【插入】|【表格】命令，插入 1 行 1 列的表格，此表格记为表格 5，如图 7-70 所示。

㉖ 将光标置于表格 5 的单元格中，输入相应的文字，如图 7-71 所示。

图 7-68 输入代码

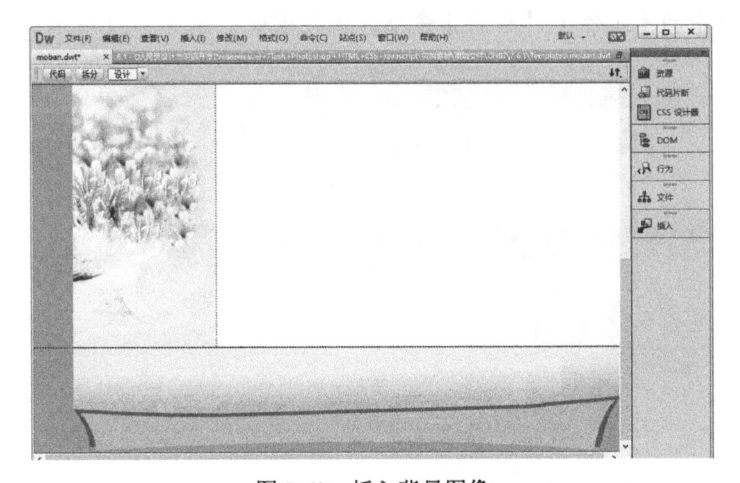

图 7-69 插入背景图像

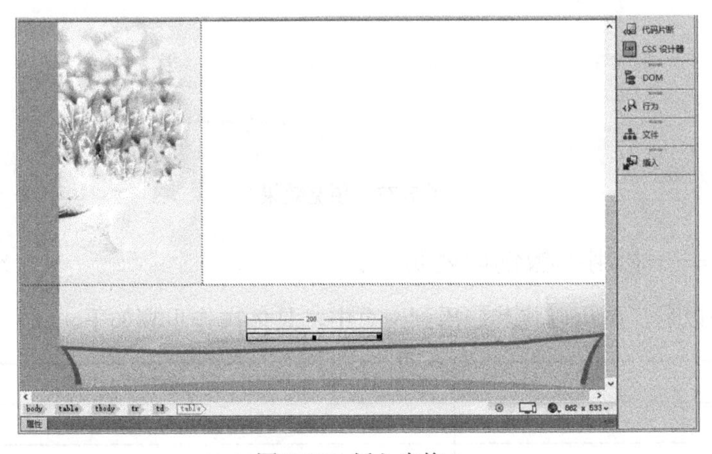

图 7-70 插入表格 5

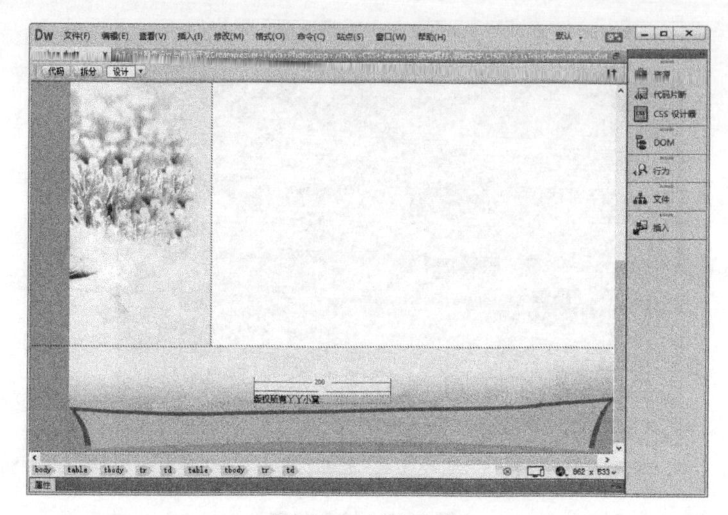

图 7-71　输入文字

㉗ 选择菜单中的【文件】|【保存】命令，保存模板，如图 7-72 所示。

图 7-72　预览效果

7.6.2　实例 2——利用模板创建网页

模板创建好以后，就可以将其应用到网页中，具体操作步骤如下。

原始文件	CH07/7.6.2/Templates/moban.dwt
最终文件	CH07/7.6.2/index1.html
学习要点	利用模板创建网页

❶ 选择菜单中的【文件】|【新建】命令，弹出【新建文档】对话框，在对话框中选择【网站模板】选项，选择【站点 7.6.2】选项中的【moban】，如图 7-73 所示。

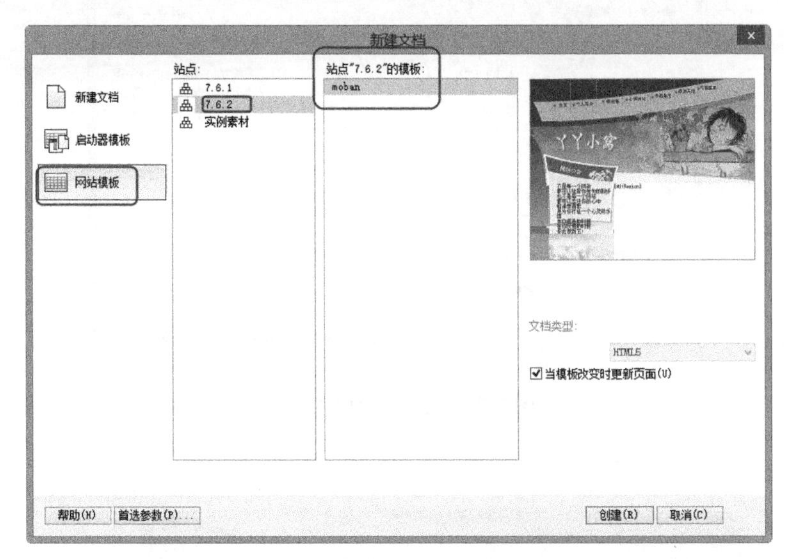

图 7-73 【新建文档】对话框

❷ 单击【创建】按钮，创建一个网页文档。如图 7-74 所示。

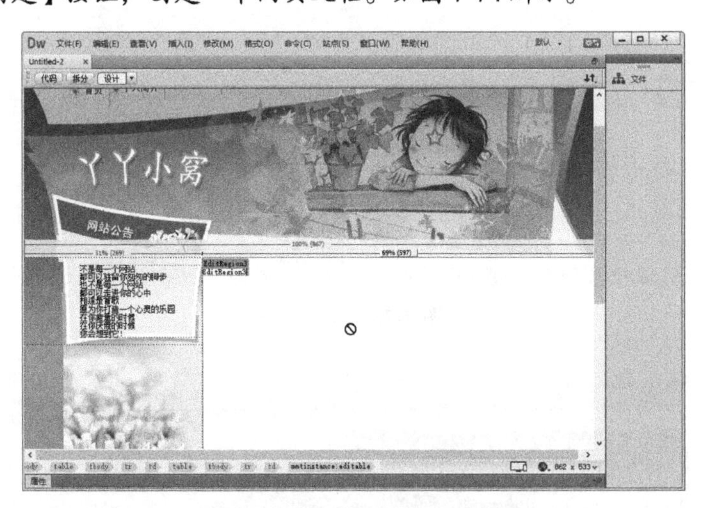

图 7-74 利用模板创建网页文档

❸ 选择菜单中的【文件】|【保存】命令，弹出【另存为】对话框，将文件保存为 index1，如图 7-75 所示。

❹ 单击【确定】按钮，保存文档，将光标置于可编辑区中，插入 2 行 1 列的表格，如图 7-76 所示。

❺ 将光标置于表格的第 1 行单元格中，选择菜单中的【插入】|【图像】命令，插入图像 images/gsjj-05.jpg，如图 7-77 所示。

❻ 将光标置于表格的第 2 行单元格中，打开代码视图，在代码中输入背景图像代码，如图 7-78 所示。

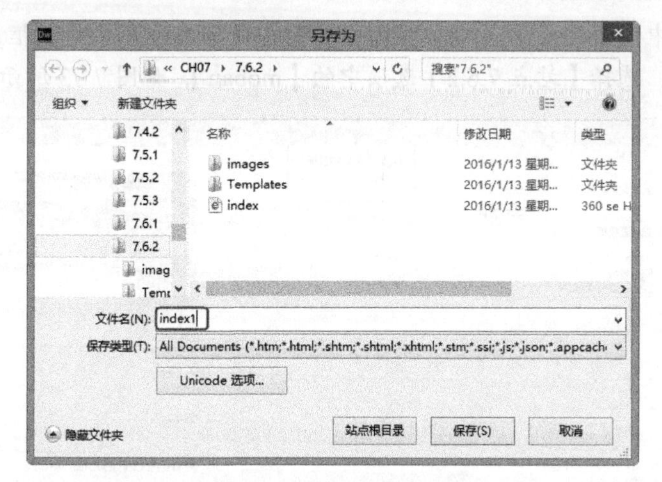

图 7-75 【另存为】对话框

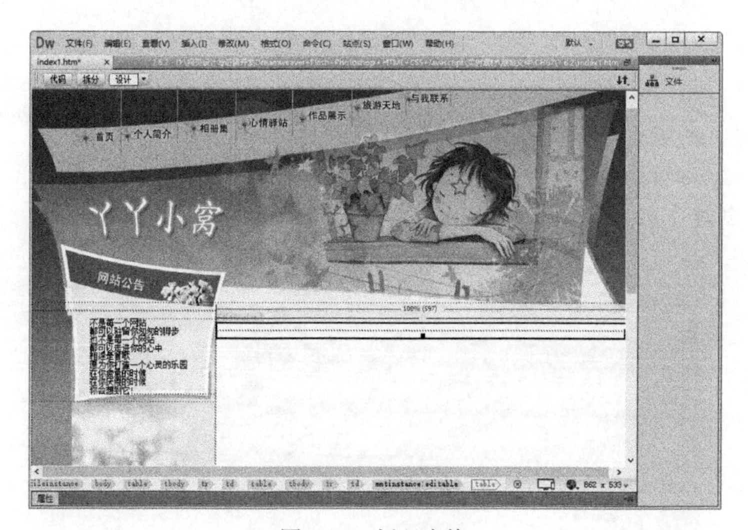

图 7-76 插入表格

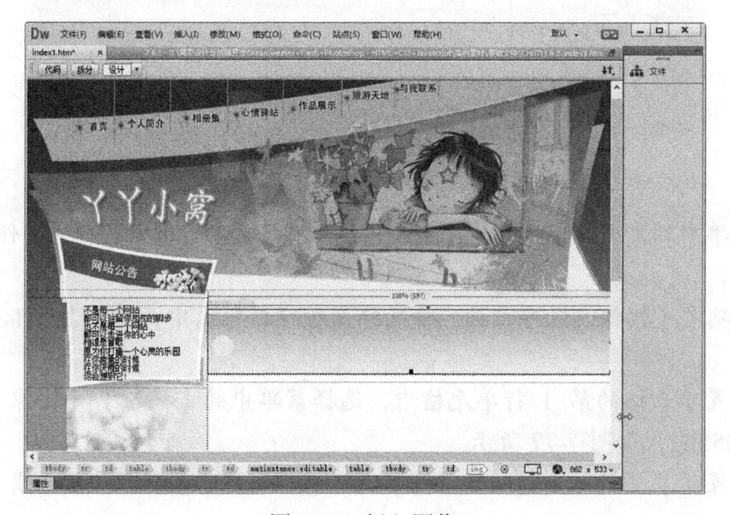

图 7-77 插入图像

图 7-78　插入背景图像

❼ 返回设计视图，可以看到插入的背景图像，如图 7-79 所示。

❽ 将光标置于背景图像上，选择菜单中的【插入】|【表格】命令，插入 1 行 1 列的表格，如图 7-80 所示。

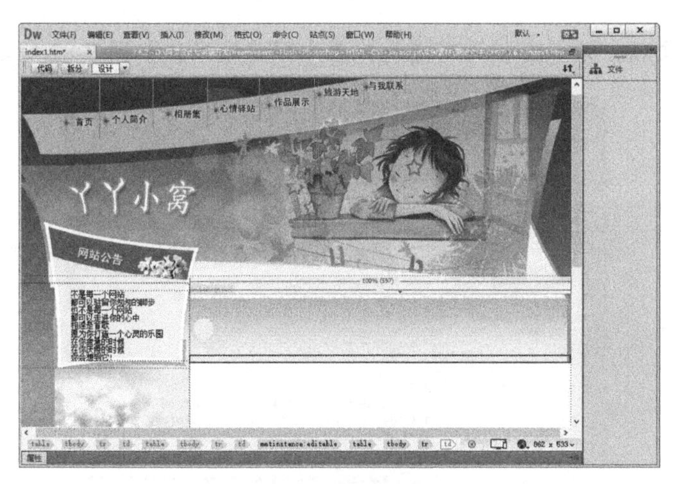

图 7-79　插入背景图像

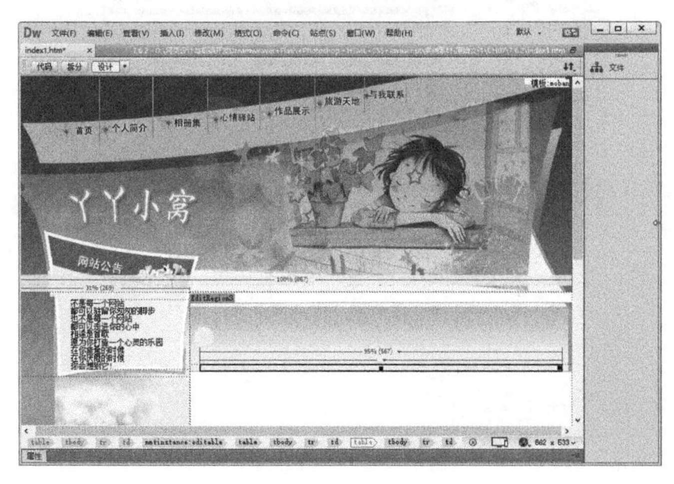

图 7-80　插入表格

❾ 将光标置于表格的单元格中，输入相应的文字，如图 7-81 所示。

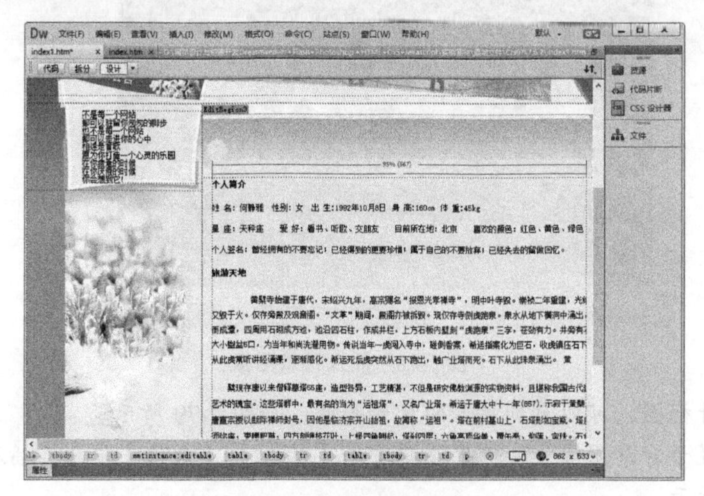

图 7-81　输入相应的文字

❿ 保存模板文档，按 F12 键即可在浏览器中预览效果，如图 7-82 所示。

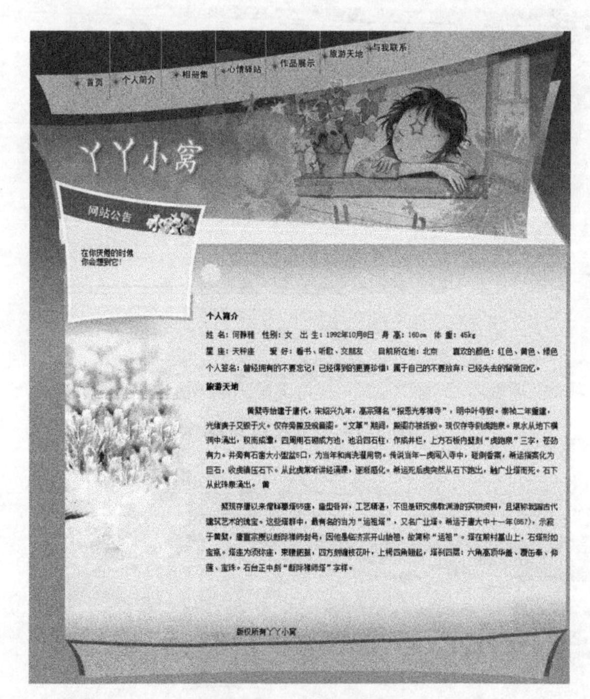

图 7-82　预览效果

第8章

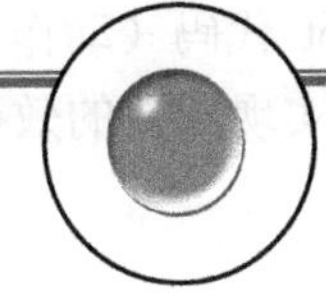

使用行为创建特效网页

行为是 Dreamweaver 预置的 JavaScript 程序库，是为响应某一具体事件而采取的一个或多个动作。行为由对象、事件和动作构成，当指定的事件被触发时，将运行相应的 JavaScript 程序，执行相应的动作。所以在创建行为时，必须先指定一个动作，再指定触发动作的事件。行为是 Dreamweaver CC 中最有特色的功能之一，用户不用编写 JavaScript 代码即可快速制作实现多种动感特效的网页。

学习目标

- 行为概述
- 制作指定大小的弹出窗口
- 调用 JavaScript
- 设置浏览器环境
- 对图像设置动作
- 设置文本
- 设置效果
- 转到 URL

8.1 行为的概述

为了更好地理解行为的概念，下面分别解释与行为相关的三个重要的概念：【对象】、【事件】和【动作】。

【对象】是产生行为的主体，很多网页元素都可以成为对象，如图片、文字或多媒体文件等。此外，网页本身有时也可作为对象。

【事件】是触发动态效果的原因，它可以附加到各种页面元素上，也可以附加到 HTML 标记中。一个事件总是针对页面元素或标记而言的，例如将鼠标指针移到图片上、把鼠标指针放在图片之外和单击鼠标左键，是与鼠标有关的三个最常见的事件（即 onMouseOver、onMouseOut 和 onClick）。不同的浏览器支持的事件种类和数量是不一样的，通常高版本的浏览器支持更多的事件。

【动作】是指最终需完成的动态效果，如交换图像、弹出信息、打开浏览器窗口及播放声音等都是动作。动作通常是一段 JavaScript 代码。在 Dreamweaver CC 中使用内置的行为时，系统会自动向页面中添加JavaScript代码，用户完全不必自己编写。

将事件和动作组合起来就构成了行为。例如，将onMouseOver行为事件与一段JavaScript代码相关联，当鼠标指针放在对象上时就可以执行相应的JavaScript代码（动作）。一个事件可以同多个动作相关联，即发生事件时可以执行多个动作。为了实现需要的效果，用户还可以指定和修改动作发生的顺序。

8.1.1 认识事件

所谓的动作就是设置交换图像、弹出信息等特殊的JavaScript效果。在设定的事件发生时运行动作。表8-1列出了Dreamweaver中默认提供的动作种类。

表8-1　Dreamweaver中常见的动作

动作种类	说明
弹出消息	设置的事件发生之后，显示警告信息
交换图像	发生设置的事件后，用其他图片来取代选定的图片
恢复交换图像	在运用交换图像动作之后，显示原来的图片
打开浏览器窗口	在新窗口中打开
拖动AP元素	允许在浏览器中自由拖动AP元素
转到URL	可以转到特定的站点或者网页文档上
检查表单	检查表单文档有效性的时候使用
调用JavaScript	调用JavaScript特定函数
改变属性	改变选定对象的属性
跳转菜单	可以建立若干个链接的跳转菜单
跳转菜单开始	在跳转菜单中选定要移动的站点之后，只有单击按钮才可以移动到链接的站点上
预先载入图像	为了在浏览器中快速显示图片，事先下载图片之后显示出来
设置框架文本	在选定的框架上显示指定的内容
设置文本域文字	在文本字段区域显示指定的内容
设置容器中的文本	在选定的容器上显示指定的内容
设置状态栏文本	在状态栏中显示指定的内容
显示-隐藏AP元素	显示或隐藏特定的AP元素

8.1.2 动作类型

事件就是选择在特定情况下发生选定行为动作的功能。例如，如果运用了单击图片之后转移到特定站点上的行为，这是因为事件被指定了onClick，所以执行了在单击图片的一瞬间转移到其他站点的这一动作。表8-2所示的是Dreamweaver中常见的事件。

表8-2　Dreamweaver中常见的事件

事件	说明
onAbort	在浏览器窗口中停止加载网页文档的操作时发生的事件
onMove	移动窗口或者框架时发生的事件
onLoad	选定的对象出现在浏览器上时发生的事件

续表

事　件	说　明
onResize	访问者改变窗口或帧的大小时发生的事件
onUnLoad	访问者退出网页文档时发生的事件
onClick	用鼠标单击选定元素的一瞬间发生的事件
onBlur	鼠标指针移动到窗口或帧外部，即在这种非激活状态下发生的事件
onDragDrop	拖动并放置选定元素的那一瞬间发生的事件
onDragStart	拖动选定元素的那一瞬间发生的事件
onFocus	鼠标指针移动到窗口或帧上，即激活之后发生的事件
onMouseDown	单击鼠标右键一瞬间发生的事件
onMouseMove	鼠标指针指向字段并在字段内移动
onMouseOut	鼠标指针经过选定元素之外时发生的事件
onMouseOver	鼠标指针经过选定元素上方时发生的事件
onMouseUp	单击鼠标右键，然后释放时发生的事件
onScroll	访问者在浏览器上移动滚动条的时候发生的事件
onKeyDown	当访问者按下任意键时产生
onKeyPress	当访问者按下和释放任意键时产生
onKeyUp	在键盘上按下特定键并释放时发生的事件
onAfterUpdate	更新表单文档内容时发生的事件
onBeforeUpdate	改变表单文档项目时发生的事件
onChange	访问者修改表单文档的初始值时发生的事件
onReset	将表单文档重设置为初始值时发生的事件
onSubmit	访问者传送表单文档时发生的事件
onSelect	访问者选定文本字段中的内容时发生的事件
onError	在加载文档的过程中，发生错误时发生的事件
onFilterChange	运用于选定元素的字段发生变化时发生的事件
Onfinish Marquee	用功能来显示的内容结束时发生的事件
Onstart Marquee	开始应用功能时发生的事件

8.2 制作指定大小的弹出窗口

使用行为提高了网站的交互性。在 Dreamweaver 中插入行为，实际上是给网页添加了一些 JavaScript 代码，这些代码能实现动感网页效果。使用【打开浏览器窗口】动作在打开当前网页的同时，还可以再打开一个新的窗口。同时还可以编辑浏览窗口的大小、名称、状态栏菜单栏等属性，具体操作步骤如下。

原始文件	CH08/8.2/index.html
最终文件	CH08/8.2/index1.html
学习要点	打开浏览器窗口

❶ 打开素材文件“CH08/8.2/index.html”，如图 8-1 所示。

图 8-1　打开素材文件

❷ 单击文档窗口左下角的<body>标签，打开【行为】面板，单击添加行为按钮，在弹出菜单中选择【打开浏览器窗口】选项，如图 8-2 所示。

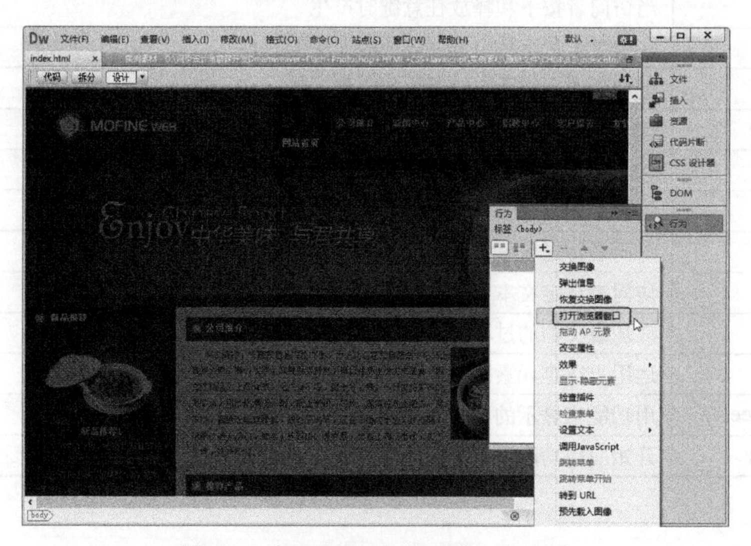

图 8-2　选择【打开浏览器窗口】选项

❸ 弹出【打开浏览器窗口】对话框，在对话框中单击【要显示的 URL】文本框右边的【浏览】按钮，弹出【选择文件】对话框，在对话框中选择文件，如图 8-3 所示。

❹单击【确定】按钮，添加文件，在【打开浏览器窗口】对话框中将【窗口宽度】设置为 600,【窗口高度】设置为 370，勾选【调整大小手柄】复选框，如图 8-4 所示。

在【打开浏览器窗口】对话框中可以设置以下参数。

- 【要显示的 URL】：要打开的新窗口名称。
- 【窗口宽度】：指定以像素为单位的窗口宽度。
- 【窗口高度】：指定以像素为单位的窗口高度。

- 【导航工具栏】：浏览器按钮包括前进、后退、主页和刷新。
- 【地址工具栏】：浏览器地址。
- 【状态栏】：浏览器窗口底部的区域，用于显示信息。
- 【菜单条】：浏览器窗口菜单。
- 【需要时使用滚动条】：指定如果内容超过可见区域时滚动条自动出现。
- 【调整大小手柄】：指定用户是否可以调整窗口大小。
- 【窗口名称】：新窗口的名称。

❺ 单击【确定】按钮，添加行为，如图 8-5 所示。

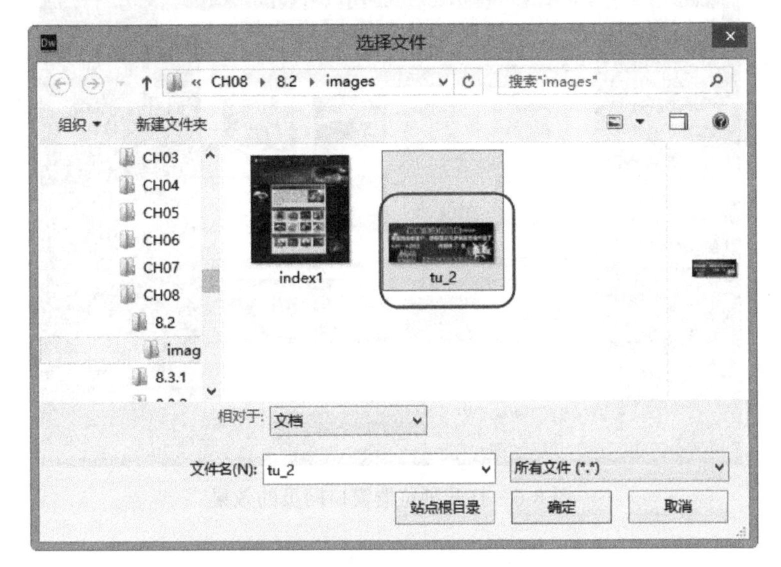

图 8-3 【选择文件】对话框

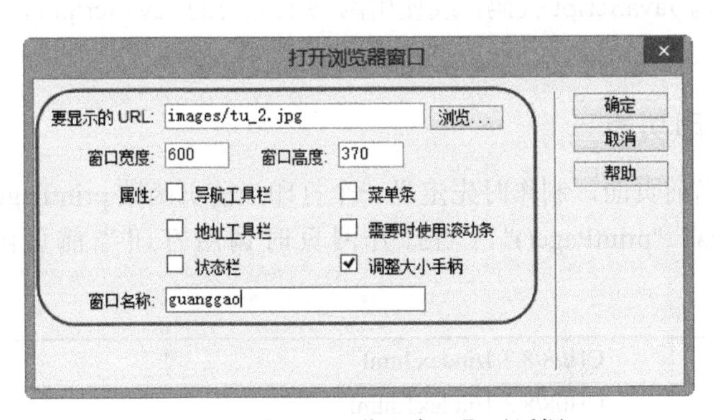

图 8-4 【打开浏览器窗口】对话框

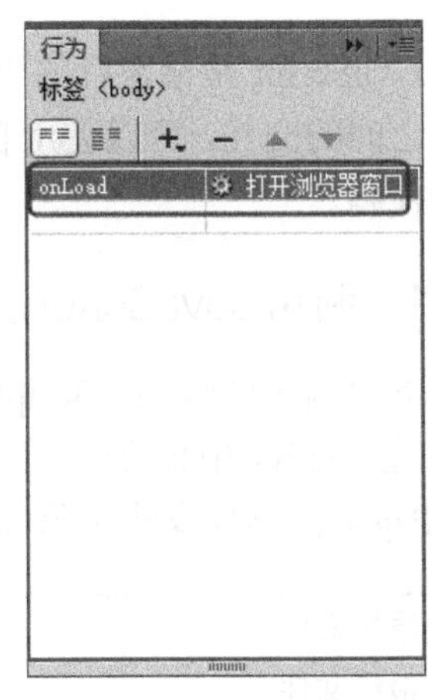

图 8-5 添加行为

❻ 单击【确定】按钮，按 F12 键即可预览效果，如图 8-6 所示。

提示 如果不指定该窗口的任何属性，在打开时，它的大小和属性与打开它的窗口相同。

图 8-6　打开浏览器窗口网页的效果

8.3　调用 JavaScript

JavaScript 是最流行的脚本语言，它存在于全世界所有 Web 浏览器中，用于增强用户与网站之间的交互。可以使用自己编写 JavaScript 代码，或使用网络上免费的 JavaScript 库中提供的代码。

8.3.1　利用 JavaScript 实现打印功能

下面制作调用 JavaScript 打印当前页面，制作时先定义一个打印当前页函数 printPage()，然后在<body>中添加代码 OnLoad="printPage()"，当打开网页时调用打印当前页函数 printPage()，具体操作步骤如下。

原始文件	CH08/8.3.1/index.html
最终文件	CH08/8.3.1/index1.html
学习要点	利用 JavaScript 函数实现打印功能

❶ 打开素材文件“CH08/8.3.1/index.html”，如图 8-7 所示。

❷ 切换到代码视图，在<body>和</body>之间输入相应的代码，如图 8-8 所示。

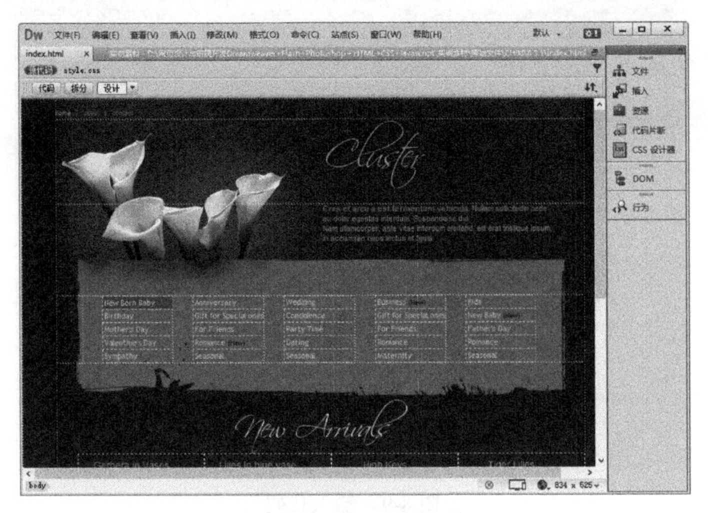

图 8-7 打开素材文件

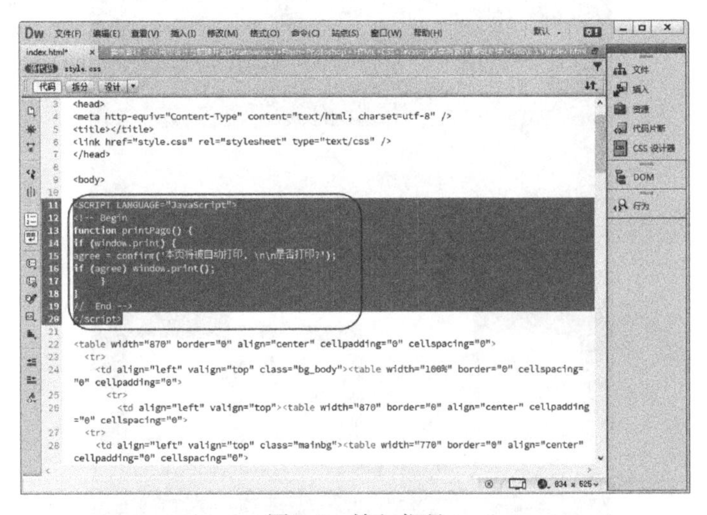

图 8-8 输入代码

```
<SCRIPT LANGUAGE="JavaScript">
<!-- Begin
function printPage() {
if (window.print) {
agree = confirm('本页将被自动打印. \n\n是否打印?');
if (agree) window.print();
    }
}
// End -->
</script>
```

❸ 切换到拆分视图，在<body>语句中输入代码 OnLoad="printPage()"，如图 8-9 所示。

❹ 保存文档，按 F12 键在浏览器中预览效果，如图 8-10 所示。

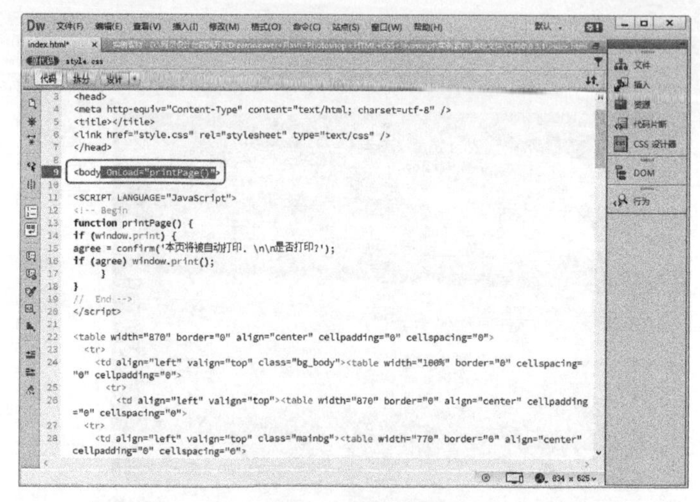

图 8-9 输入代码

图 8-10 预览效果

8.3.2 利用 JavaScript 实现关闭网页

【调用 JavaScript】动作允许使用【行为】面板指定一个自定义功能，或当发生某个事件时应该执行的一段 JavaScript 代码。可以自己编写或者使用各种免费获取的 JavaScript 代码，具体操作步骤如下。

原始文件	CH08/8.3.2/index.html
最终文件	CH08/8.3.2/index1.html
学习要点	制作自动关闭网页

❶ 打开素材文件“CH08/8.3.2/index.html”，如图 8-11 所示。

图 8-11　打开素材文件

❷ 选择菜单中的【窗口】|【行为】命令，打开【行为】面板，单击添加【行为】面板上的添加行为按钮 +，在弹出菜单中选择【调用 JavaScript】选项，如图 8-12 所示。

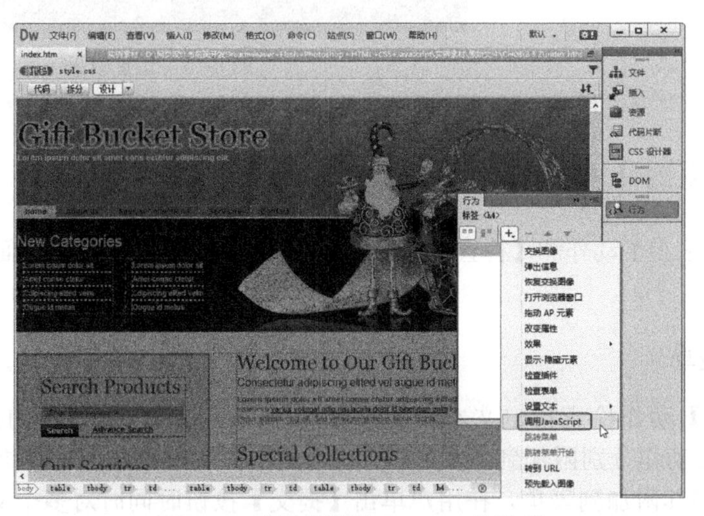

图 8-12　选择【调用 JavaScript】选项

❸ 弹出【调用 JavaScript】对话框，在弹出的【调用 JavaScript】对话框中输入：window.close()，如图 8-13 所示。

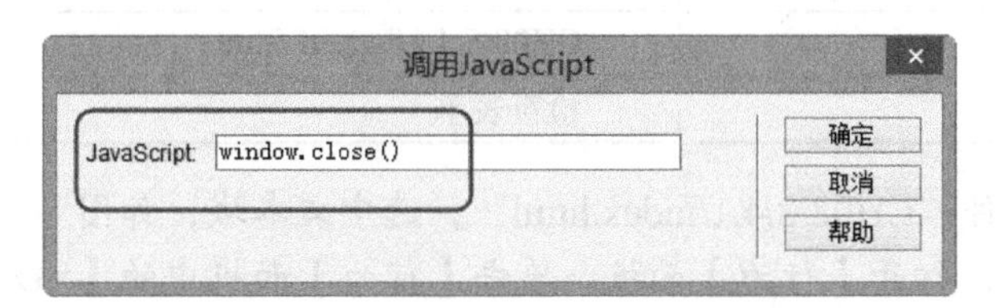

图 8-13　【调用 JavaScript】对话框

❹ 单击【确定】按钮，添加行为，如图 8-14 所示。

❺ 保存文档，按 F12 键在浏览器中预览效果，如图 8-15 所示。

图 8-14　添加行为

图 8-15　预览效果

8.4　设置浏览器环境

使用【检查表单】动作和【检查插件】动作可以设置浏览器环境，下面就讲述这两个动作的使用。

8.4.1　检查表单

【检查表单】动作检查指定文本域的内容以确保用户输入了正确的数据类型。使用 onBlur 事件将此动作分别附加到各文本域，在用户填写表单时对文本域进行检查；或使用 onSubmit 事件将其附加到表单，在用户单击【提交】按钮时同时对多个文本域进行检查。将此动作附加到表单防止表单提交到服务器后任何指定的文本域包含无效的数据。具体操作步骤如下。

原始文件	CH08/8.4.1/index.html
最终文件	CH08/8.4.1/index1.html
学习要点	检查表单

❶ 打开素材文件“CH08/8.4.1/index.html”，选中文本域，如图 8-16 所示。

❷ 选择文本域，打开【行为】面板。单击【行为】面板中的【添加行为】按钮 +，从弹出的菜单中选择【检查表单】选项，如图 8-17 所示。

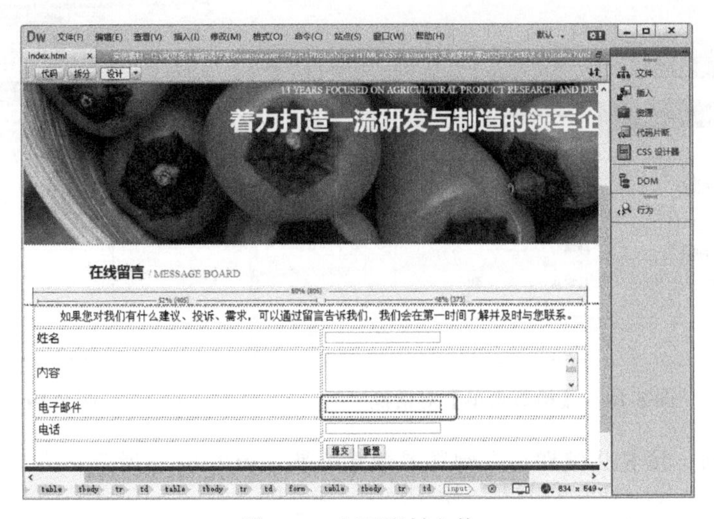

图 8-16 打开素材文件

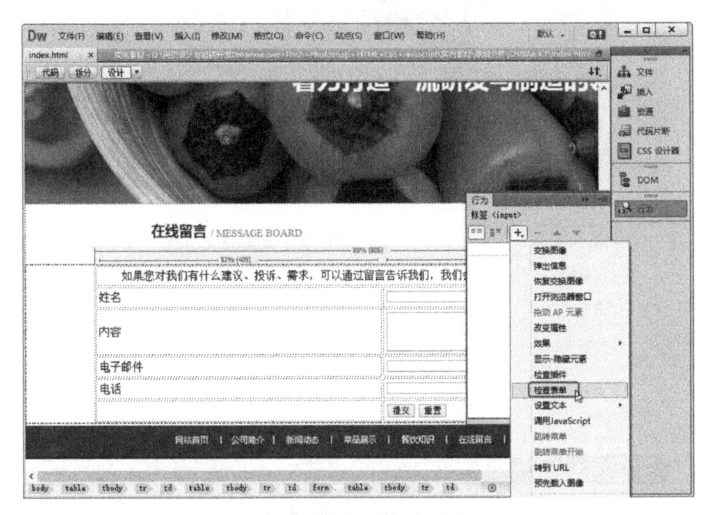

图 8-17 选择【检查表单】选项

❸ 弹出【检查表单】对话框，如图 8-18 所示。

在【检查表单】对话框中可以设置以下参数。

在【域】中选择要检查的文本域对象。

在对话框中将【值】右边的【必需的】复选框选中。

【可接受】选区中有以下单选按钮设置。

- 【任何东西】：如果并不指定任何特定数据类型（前提是【必需的】复选框没有被勾选），该单选按钮就没有意义了，也就是说等于表单没有应用【检查表单】动作。
- 【电子邮件地址】：检查文本域是否含有带@符号的电子邮件地址。
- 【数字】：检查文本域是否仅包含数字。
- 【数字从】：检查文本域是否仅包含特定数列的数字。

❹ 单击【确定】按钮，添加行为，如图 8-19 所示。

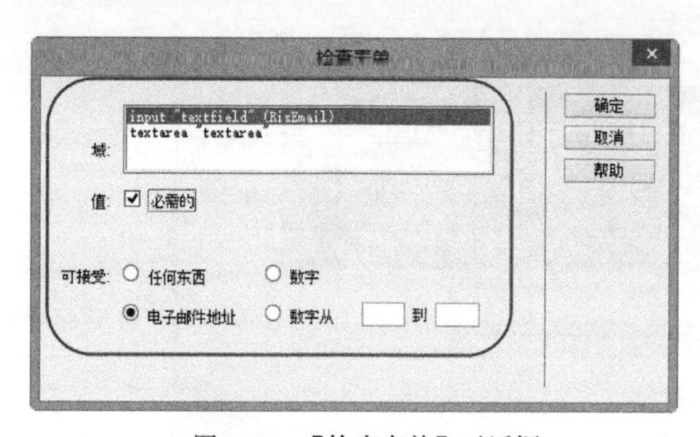

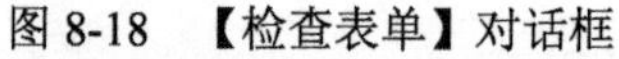

图 8-18 【检查表单】对话框

图 8-19 添加行为

❺ 保存文档，按 F12 键即可在浏览器预览效果，如图 8-20 所示。

图 8-20 预览效果

8.4.2 检查插件

【检查插件】动作用来检查访问者的计算机中是否安装了特定的插件，从而决定将访问者带到不同的页面。【检查插件】动作具体使用方法如下。

❶打开【行为】面板，单击【行为】面板中的按钮，在弹出菜单中选择【检查插件】，弹出【检查插件】对话框，如图 8-21 所示。

在【检查插件】对话框中可以设置以下参数。

- 【插件】：在下拉列表中选择一个插件，或单击【输入】左边的单选按钮并在右边的文本框中输入插件的名称。
- 【如果有，转到 URL】：为具有该插件的访问者指定一个 URL。
- 【否则，转到 URL】：为不具有该插件的访问者指定一个替代 URL。

❷ 设置完成后，单击【确定】按钮。

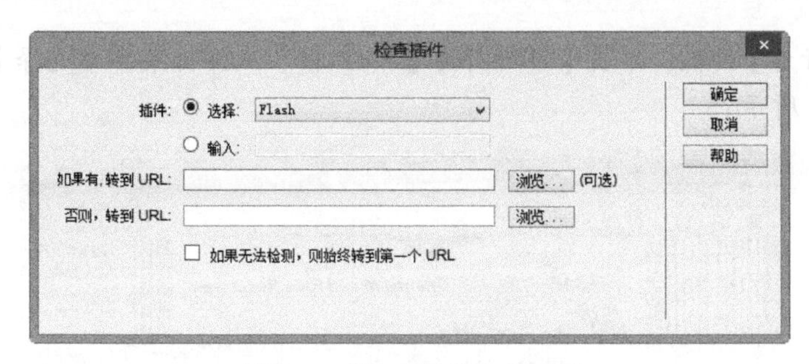

图 8-21 【检查插件】对话框

提示 如果指定一个远程的 URL，则必须在地址中包括 http://前缀；若要让具有该插件的访问者留在同一页上，此文本框不必填写任何内容。

8.5 对图像设置动作

浏览网页时，经常碰到网页上插入大量图片的情况，使用【预先载入图像】动作和【交换图像】动作可以设置网页特效。

8.5.1 预先载入图像

当一个网页包含很多图像，但有些图像在下载时不能被同时下载，需要显示这些图像时，浏览器再次向服务器请求指令继续下载图像，这样会造成一定程度的延迟。而使用【预先载入图像】动作就可以把那些不显示出来的图像预先载入浏览器的缓冲区内，这样就避免了在下载时出现的延迟。

原始文件	CH08/8.5.1/index.html
最终文件	CH08/8.5.1/index1.html
学习要点	预先载入图像

❶ 打开素材文件“CH08/8.5.1/index.html”，选择图像，如图 8-22 所示。

图 8-22 打开素材文件

❷ 打开【行为】面板，单击【添加行为】按钮 +，从弹出菜单中选择【预先载入图像】选项，如图 8-23 所示。

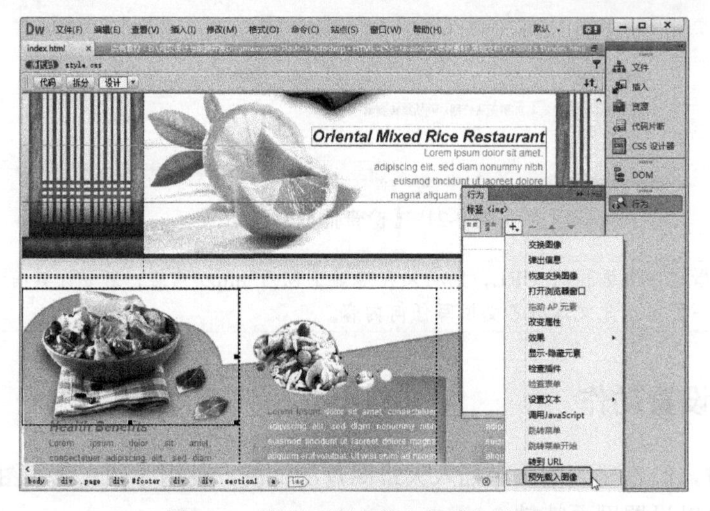

图 8-23　选择【预先载入图像】选项

❸ 弹出【预先载入图像】对话框，在对话框中单击【图像源文件】文本框右边的【浏览】按钮，如图 8-24 所示。

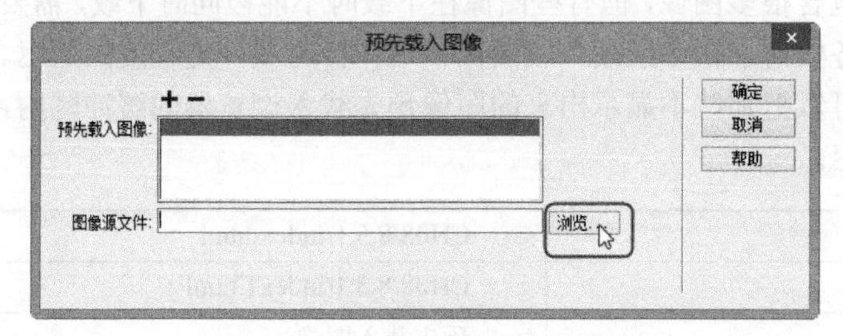

图 8-24　【预先载入图像】对话框

❹ 弹出【选择图像源文件】对话框，在对话框中选择文件，如图 8-25 所示。

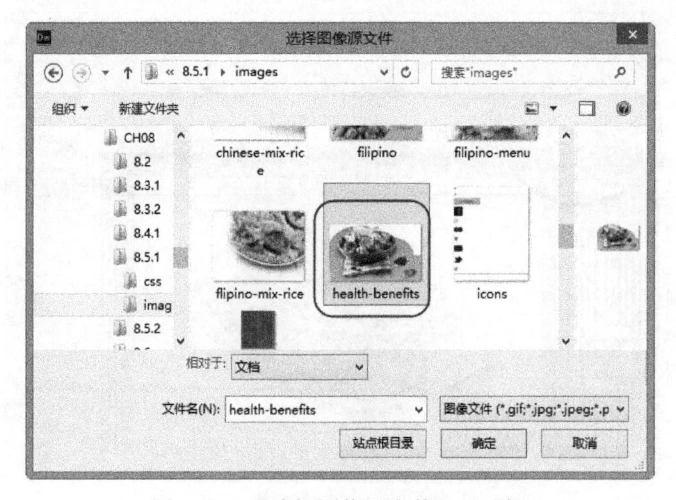

图 8-25　【选择图像源文件】对话框

❺ 单击【确定】按钮，输入图像的名称和文件名。然后单击添加+按钮，将图像加载到【预先载入图像】列表中，如图 8-26 所示。

❻ 添加完毕后，单击【确定】按钮，添加行为，如图 8-27 所示。

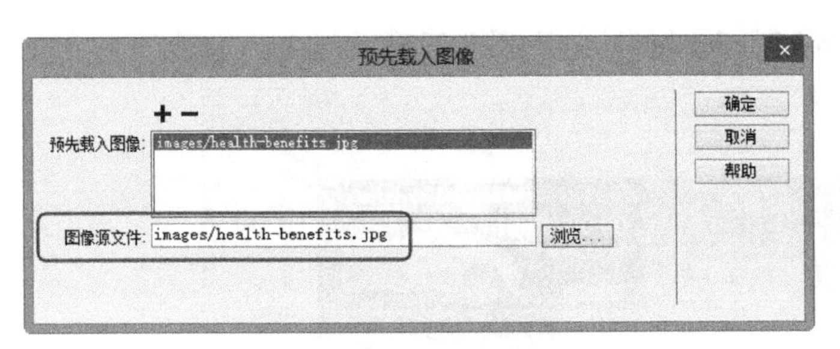

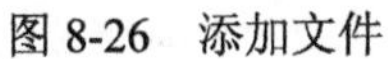

图 8-26 添加文件

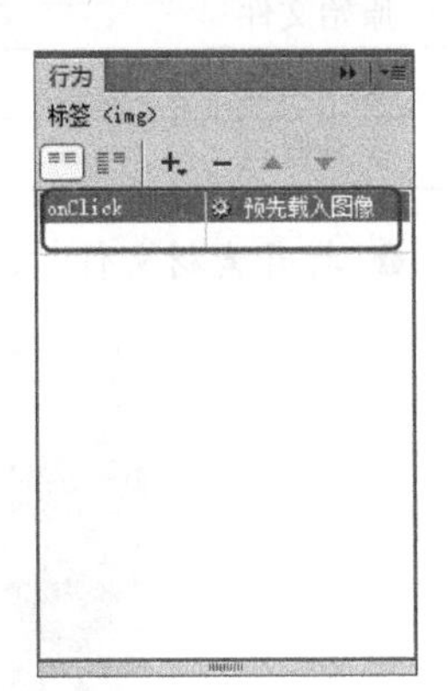

图 8-27 添加行为

提示 如果通过 Dreamweaver 向文档中添加交换图像，可以在添加时指定是否要对图像进行预载，因此不必使用这里的方法再次对图像进行预载。

❼ 保存网页，在浏览器中浏览网页效果，如图 8-28 所示。

图 8-28 预先载入图像的效果

8.5.2 交换图像

交换图像就是当鼠标指针经过图像时，原图像会变成另外一幅图像。一个交换图像其实是由两幅图像组成的：原始图像（当页面显示时候的图像）和交换图像（当鼠标指针经过原始图像时显示的图像）。组成图像交换的两幅图像必须大小相同；如果两幅图像的尺寸不同，Dreamweaver 会自动将第二幅图像尺寸调整成第一幅同样大小。具体操作步骤如下。

原始文件	CH08/8.5.2/index.html
最终文件	CH08/8.5.2/index1.html
学习要点	交换图像

❶ 打开素材文件“CH08/8.5.2/index.html”，如图 8-29 所示。

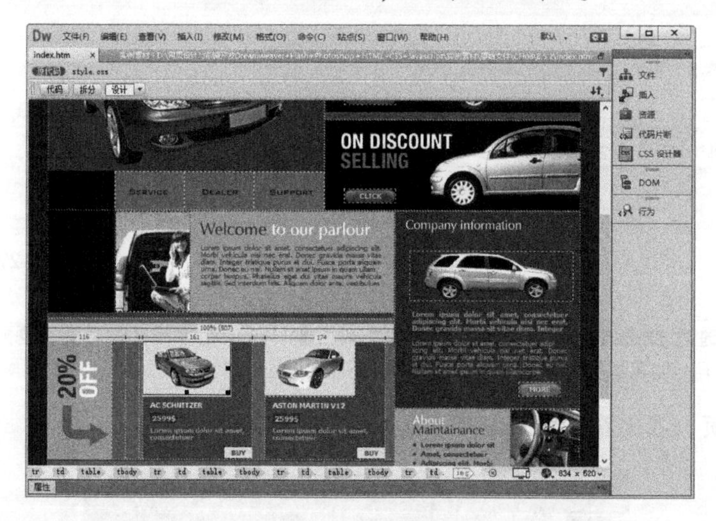

图 8-29　打开素材文件

❷ 选择菜单中的【窗口】|【行为】命令，打开【行为】面板，在面板中单击【添加行为】按钮，在弹出的菜单中选择【交换图像】选项，如图 8-30 所示。

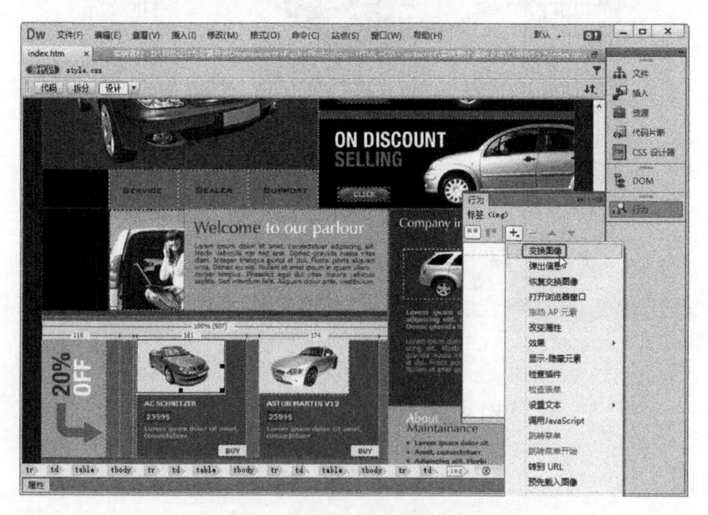

图 8-30　选择【交换图像】选项

❸ 选择后，弹出【交换图像】对话框，在对话框中单击【设定原始档为】文本框右边的【浏览】按钮，弹出【选择图像源文件】对话框，在对话框中选择相应的图像文件，如图 8-31 所示。

❹ 单击【确定】按钮，输入新图像的路径和文件名，如图 8-32 所示。

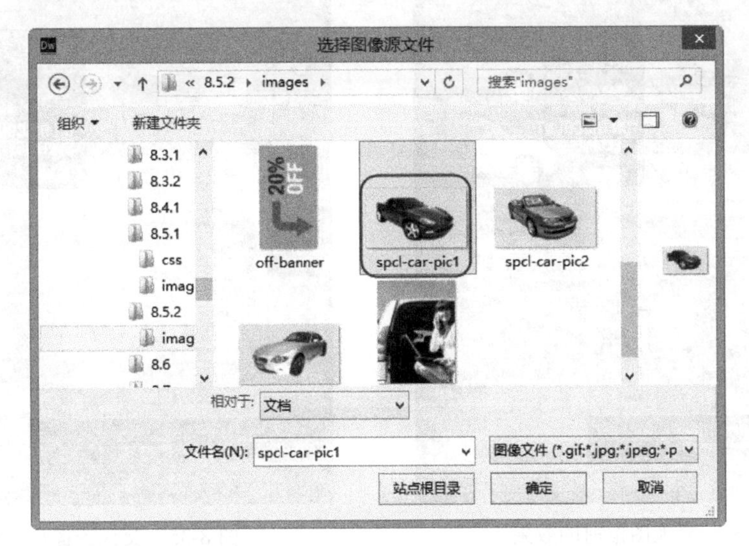

图 8-31 【选择图像源文件】对话框

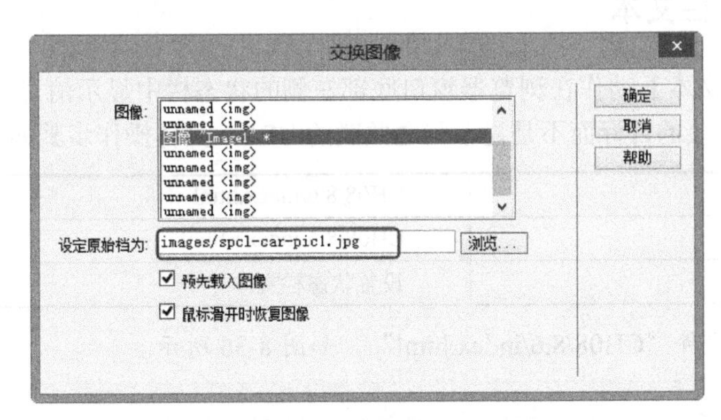

图 8-32 【交换图像】对话框

在【交换图像】对话框中可以进行如下设置。

- 【图像】：在列表中选择要更改其来源的图像。
- 【设定原始档为】：单击【浏览】按钮选择新图像文件，文本框中显示新图像的路径和文件名。
- 【预先载入图像】：勾选该复选框，这样在载入网页时，新图像将载入到浏览器的缓冲区，防止当该图像出现时由于下载而导致的延迟。
- 【鼠标滑开时恢复图像】：选择该选项，则鼠标离开设定行为的图像对象时，恢复显示原始图像。

❺ 单击【确定】按钮，添加行为，如图 8-33 所示。

❻ 保存文档，在浏览器中浏览效果。交换图像前的效果如图 8-34 所示，交换图像后的效果如图 8-35 所示。

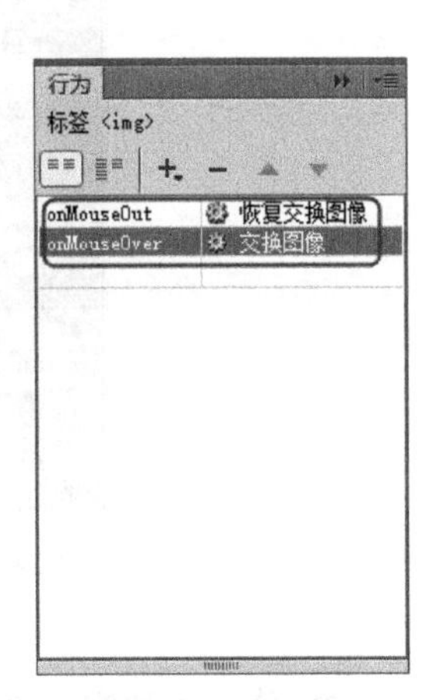

图 8-33 添加行为

图 8-34　交换图像前的效果

图 8-35　交换图像后的效果

8.6　设置状态栏文本

【设置状态栏文本】动作在浏览器窗口底部左侧的状态栏中显示消息。可以使用此动作在状态栏中说明链接的目标而不是显示与之关联的 URL。具体操作步骤如下。

原始文件	CH08/8.6/index.html
最终文件	CH08/8.6/index1.html
学习要点	设置状态栏文本

❶ 打开素材文件“CH08/8.6/index.html”，如图 8-36 所示。

图 8-36　打开素材文件

❷ 单击文档窗口左下角的<body>标签，打开【行为】面板，单击【添加行为】按钮，在弹出的菜单中选择【设置文本】|【设置状态栏文本】选项，如图 8-37 所示。

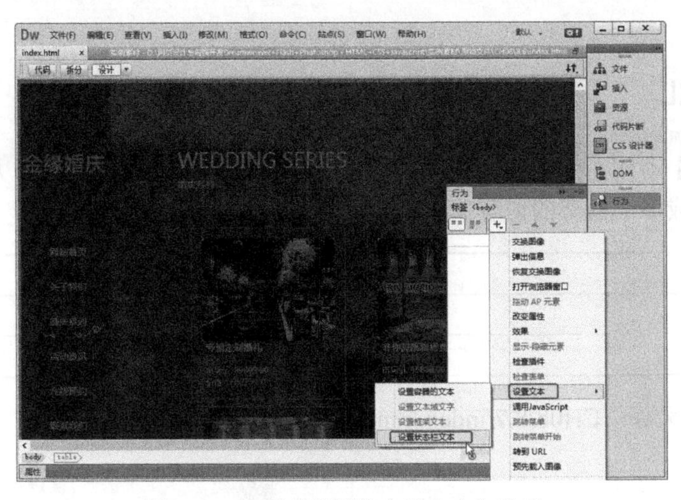

图 8-37 选择【设置状态栏文本】选项

❸ 选择选项后，弹出【设置状态栏文本】对话框，在对话框中的【消息】文本框中输入“欢迎光临我们的网站!”，如图 8-38 所示。

❹ 单击【确定】按钮，添加行为，将事件设置为 onMouseOver，如图 8-39 所示。

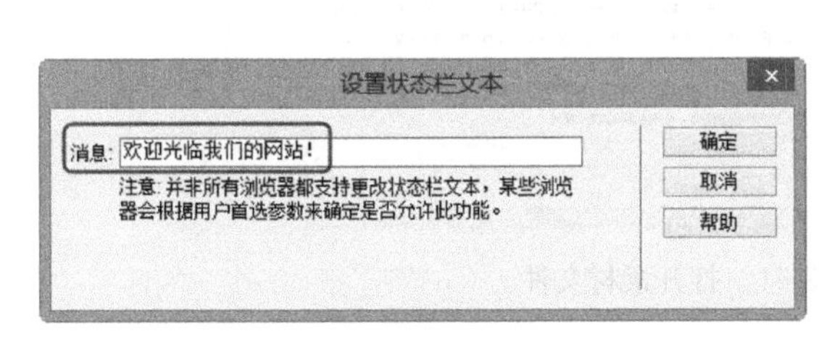

图 8-38 【设置状态栏文本】对话框

图 8-39 添加行为

❺ 保存文档，按 F12 键即可在浏览器中预览效果，如图 8-40 所示。

图 8-40 预览效果

8.7 转到 URL

【转到 URL】动作在当前窗口或指定的框架中打开一个新页。此操作尤其适用于通过一次单击更改两个或多个框架的内容。具体操作步骤如下。

原始文件	CH08/8.7/index.html
最终文件	CH08/8.7/index1.html
学习要点	转到 URL

❶ 打开素材文件“CH08/8.7/index.html”，如图 8-41 所示。

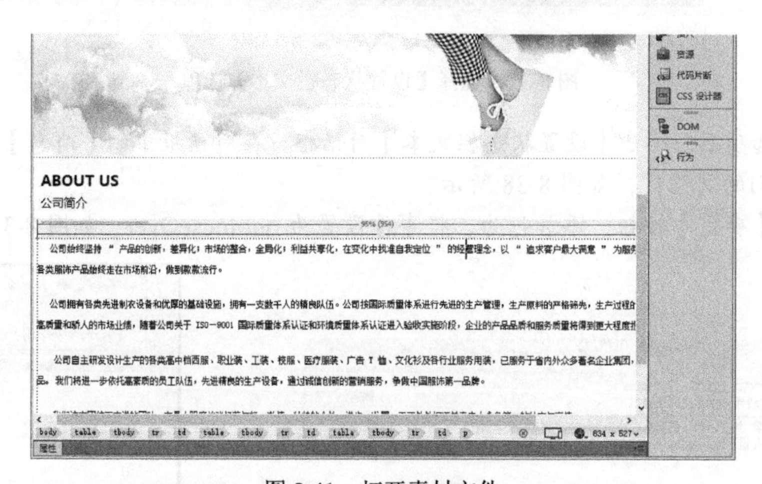

图 8-41　打开素材文件

❷ 单击文档窗口左下角的<body>标签，选择菜单中的【窗口】|【行为】命令，打开【行为】面板，单击【添加行为】按钮 +，在弹出的菜单中选择【转到 URL】选项，如图 8-42 所示。

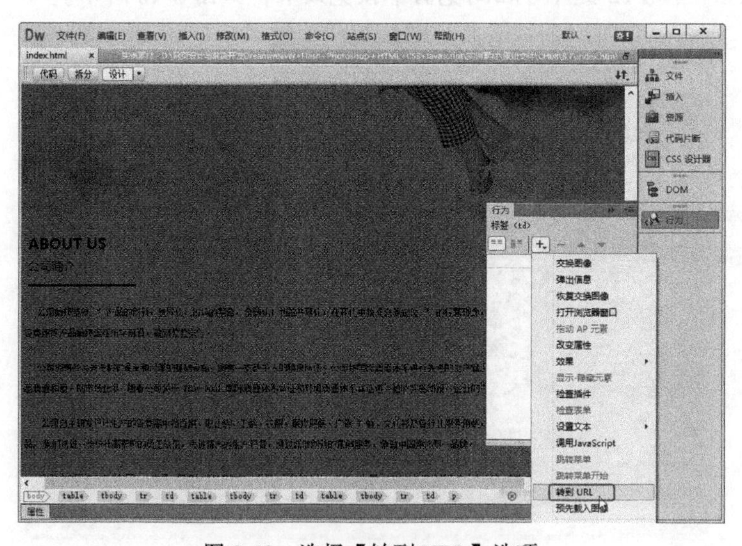

图 8-42　选择【转到 URL】选项

❸ 弹出【转到 URL】对话框，在对话框中单击【浏览】按钮，弹出【选择文件】对话框，在对话框中选择文件，如图 8-43 所示。

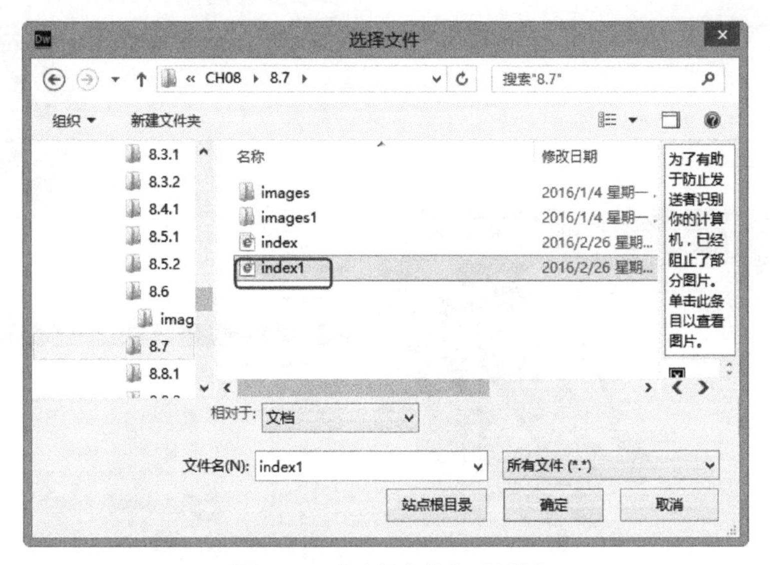

图 8-43　【选择文件】对话框

❹ 单击【确定】按钮，添加文件，如图 8-44 所示。

在【转到 URL】对话框中有如下参数。

- 【打开在】：选择要打开的网页。
- 【URL】：在文本框中输入网页的路径或者单击【浏览】按钮，在弹出【选择文件】对话框中选择要打开的网页。

❺ 单击【确定】按钮，添加行为，如图 8-45 所示。

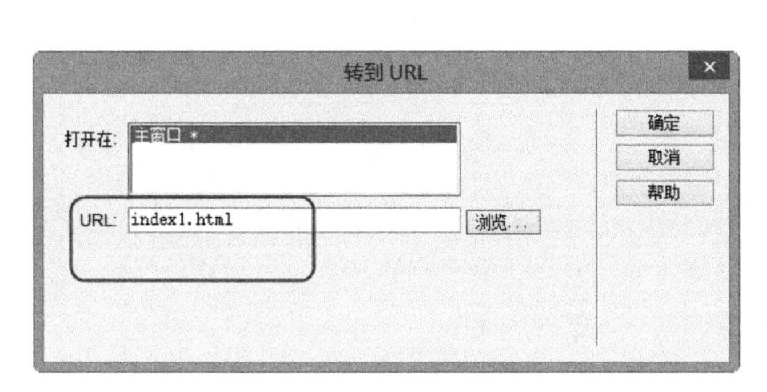

图 8-44　【转到 URL】对话框

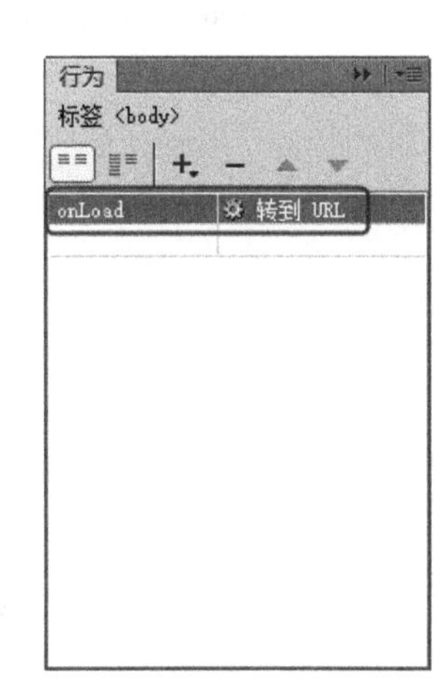

图 8-45　添加行为

❻ 保存文档，按 F12 键即可在浏览器中预览效果。跳转前的效果如图 8-46 所示，跳转后的效果如图 8-47 所示。

图 8-46　跳转前的效果

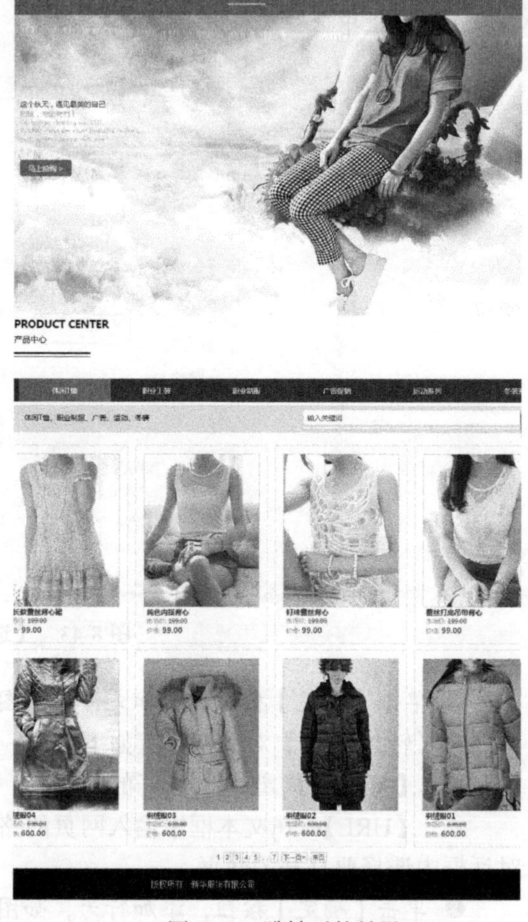

图 8-47　跳转后的效果

第9章

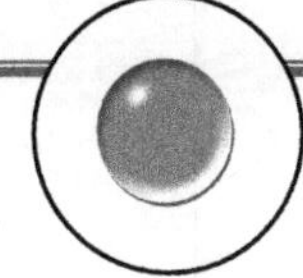

创建动态数据库网页

动态网页是指使用网页脚本语言，如 PHP、ASP、ASP.NET、JSP 等，通过脚本将网站内容动态存储到数据库，用户访问网站是通过读取数据库来动态生成网页的方法。网站上主要是一些框架基础，网页的内容大多存储在数据库中。

学习目标

- 搭建服务器平台
- 创建数据库
- 创建数据库链接

9.1 搭建服务器平台

对于静态网页，直接用浏览器打开就可以完成测试，但是对于动态网页无法直接用浏览器打开，因为它属于应用程序，必须有一个执行 Web 应用程序的开发环境才能进行测试。

IIS 的安装

IIS 是网页服务组件，包括 Web 服务器、FTP 服务器、NNTP 服务器和 SMTP 服务器，分别用于网页浏览、文件传输、新闻服务和邮件发送等。安装因特网信息服务器 IIS 的具体操作步骤如下。

❶ 在 Windows 7 中执行【开始】|【控制面板】|【程序和功能】命令，单击【打开或关闭 Windows 功能】链接，如图 9-1 所示。

❷ 弹出【Windows 功能】对话框，如图 9-2 所示。

❸ 勾选需要的功能后，单击【确定】按钮，弹出如图 9-3 所示的【Microsoft Windows】对话框，提示“Windows 正在更改功能，请稍后。这可能需要几分钟。”

❹ 安装完成后，再回到控制面板，找到【管理工具】，单击进入，如图 18-4 所示。

❺ 双击【Internet 信息服务（IIS）管理器】，如图 9-5 所示。

❻ 安装成功后，窗口会消失，然后回到控制面板，选择【系统和安全】，如图 9-6 所示。

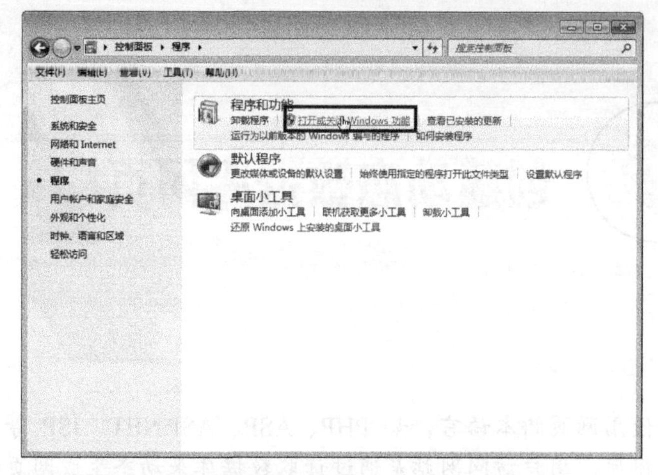

图 9-1　单击【打开或关闭 Windows 功能】链接

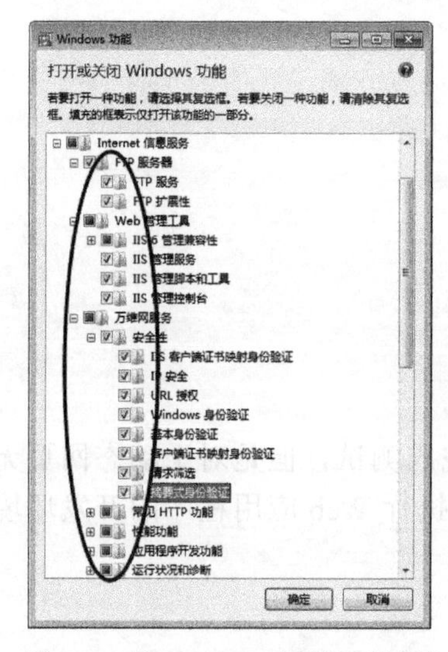

图 9-2　【Windows 功能】对话框

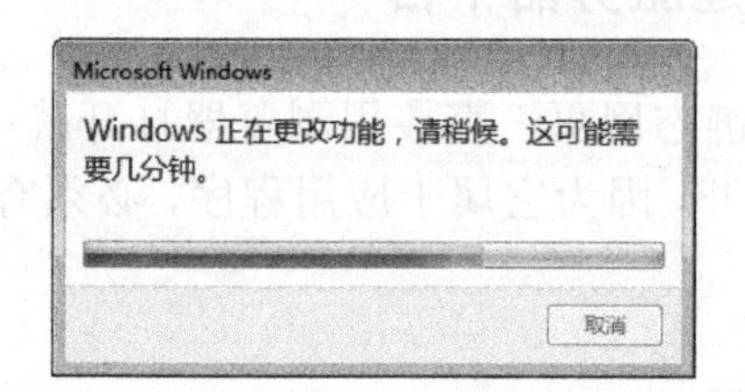

图 9-3　【Microsoft Windows】对话框

图 9-4　管理工具

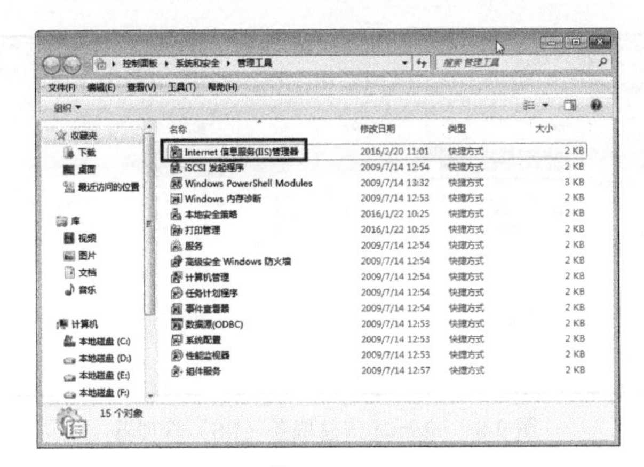

图 9-5　IIS

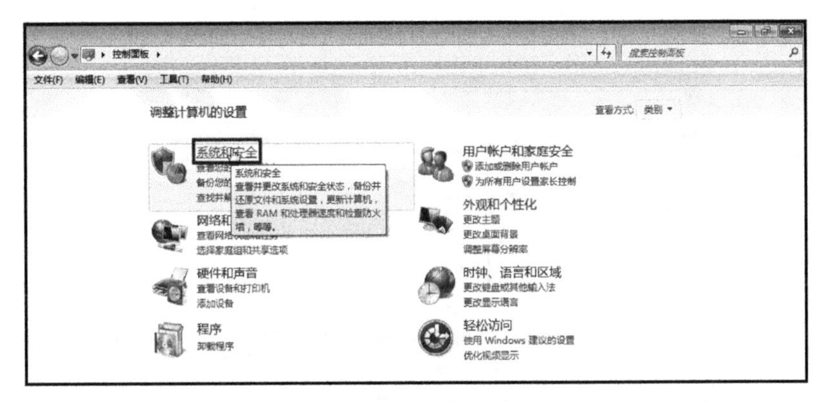

图 9-6　选择系统和安全

❼ 进入系统和安全窗口，然后单击左下角的【管理工具】，如图 9-7 所示。

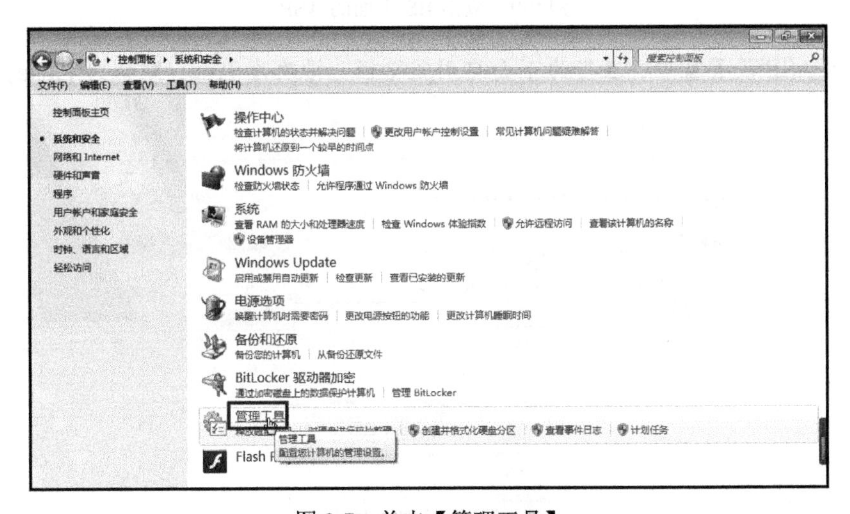

图 9-7　单击【管理工具】

❽ 进入管理工具窗口，此时就可以看到 Internet 信息服务了，选择【Internet 信息服务（IIS）管理器】，如图 9-8 所示。

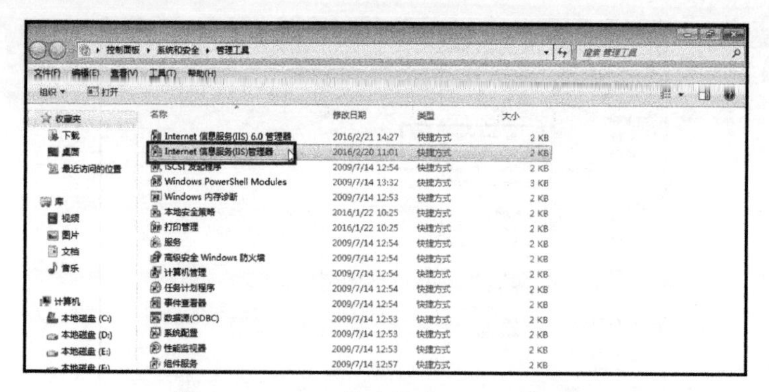

图 9-8　internet 信息服务（IIS）管理器

❾ 单击左边的倒三角，就会看到网站下面的【Default Web Site】，然后双击【ASP】，如图 9-9 所示。

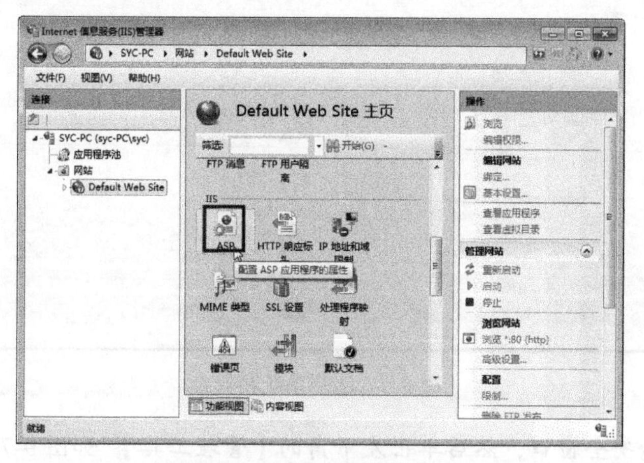

图 9-9　双击 IIS 下面的 ASP

❿ 进入 ASP 设置窗口，在行为下面启用父路径，修改为 True，默认为 False，如图 9-10 所示。

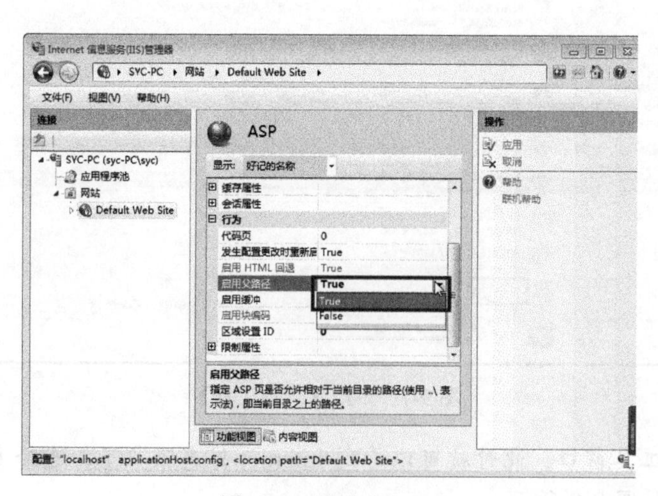

图 9-10　修改为 True

⓫ 然后再来设置高级设置，先点击【Default Web Site】，然后单击最下面的【内容视图】，再单击右边的【高级设置】，如图 9-11 所示。

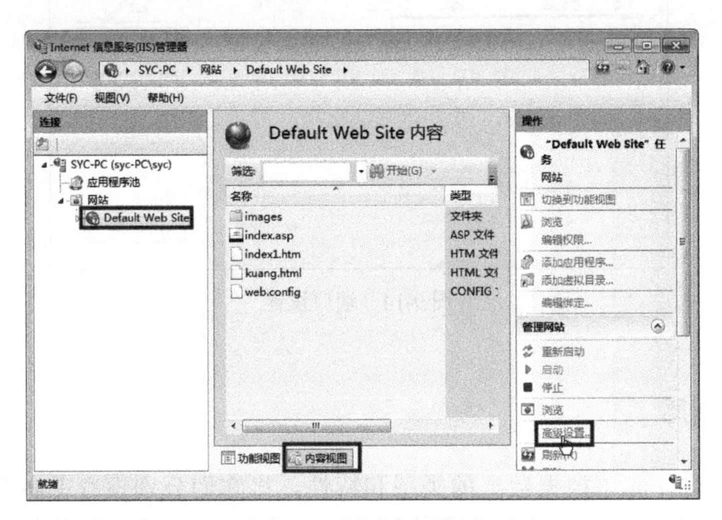

图 9-11 设置高级设置

⓬ 进入高级设置，需要修改的是物理路径，即本地文件程序存放的位置，如图 9-12 所示。

⓭ 设置端口，单击【Default Web Site】，再单击最下面的【内容视图】，然后单击右边的【编辑绑定】，如图 9-13 所示。

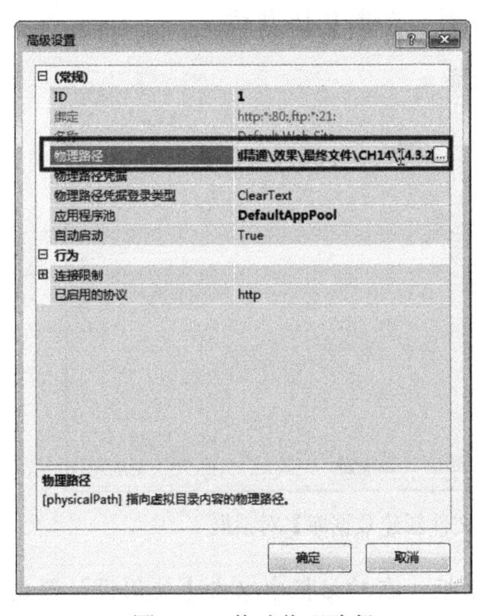

图 9-12 修改物理路径

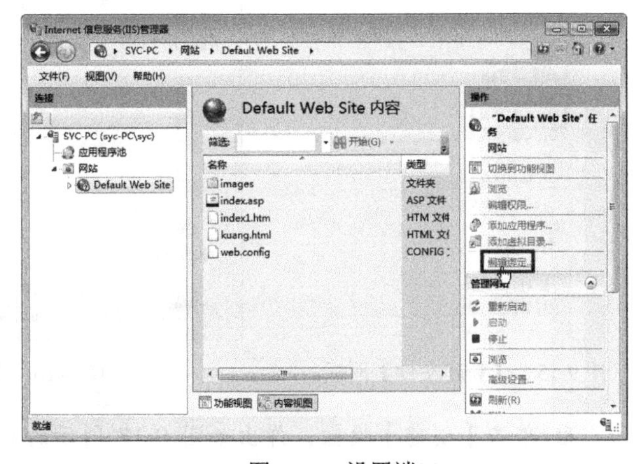

图 9-13 设置端口

⓮ 进入网址绑定窗口，也就是端口设置窗口，一般 80 端口很容易被占用，这里可以设置添加一个端口即可，如 800 端口，如图 9-14 所示。

⓯ 此时，基本完成 IIS 的设置。

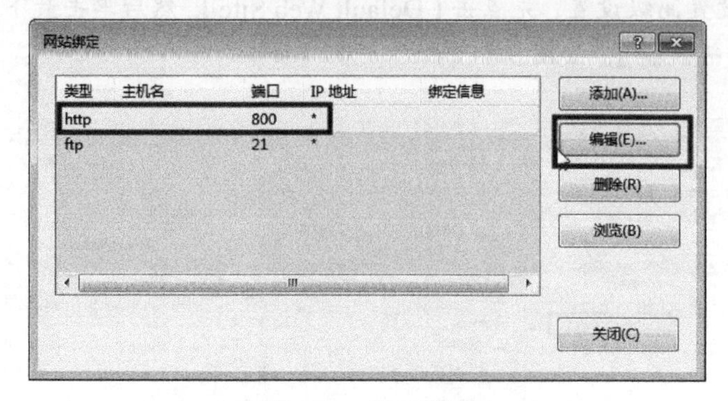

图 9-14 端口设置

9.2 设计数据库

创建数据库时，应该根据数据的类型和特性，将它们分别保存在各自独立的存储空间中，这些空间称为表。表是数据库的核心，一个数据库可包含多个表，每个表具有惟一的名称，这些表可以是相关的，也可以是彼此独立的。创建数据库的具体操作步骤如下。

❶ 启动 Microsoft Access 2003，执行【文件】|【新建】命令，打开【新建文件】面板，如图 9-15 所示。

❷ 在面板中单击【空数据库】选项，弹出【文件新建数据库】对话框。选择保存数据的位置，在对话框中的【文件名】文本框中输入数据库名称，如图 9-16 所示。

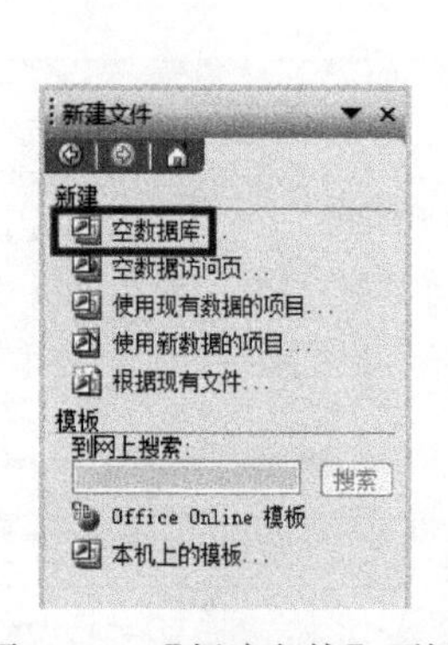

图 9-15 【新建文件】面板

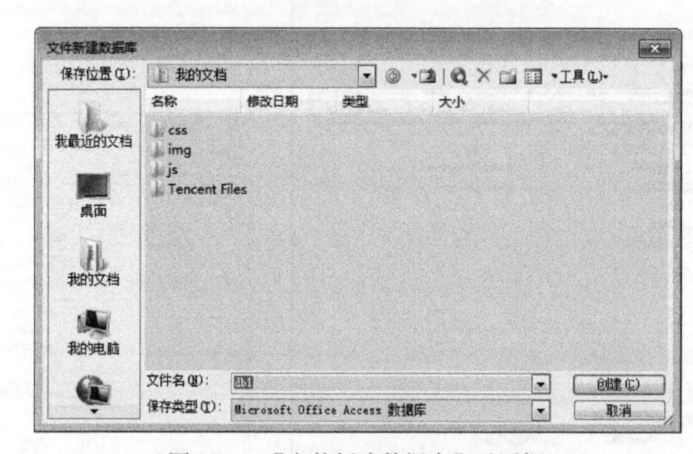

图 9-16 【文件新建数据库】对话框

❸ 单击【创建】按钮，弹出如图 9-17 所示的对话框，在对话框中双击【使用设计器创建表】选项。

❹ 弹出【表】窗口，在窗口中设置【字段名称】和【数据类型】，如图 9-18 所示。

❺ 将光标放置在字段 ID 中，单击右键，在弹出的菜单中选择【主键】选项，如图 9-19 所示，即可将该字段设为主键。

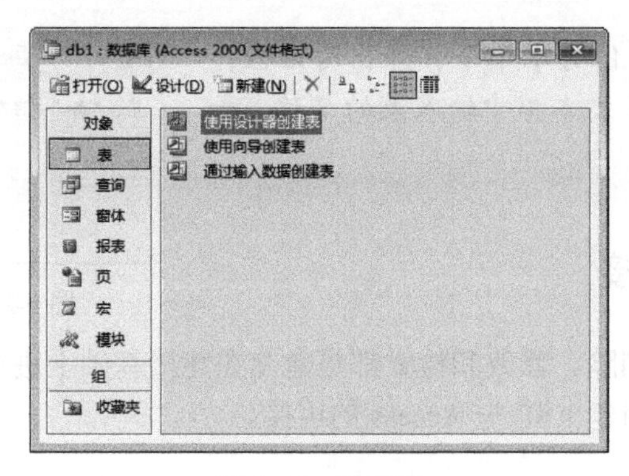

图 9-17 数据库

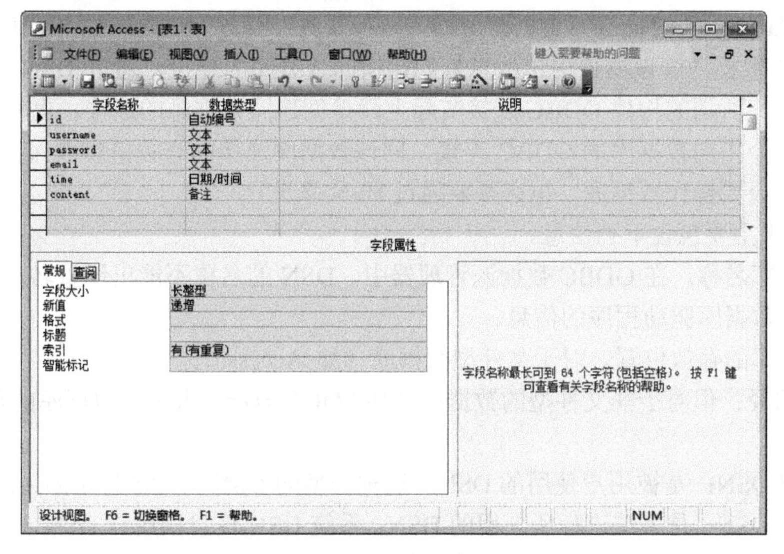

图 9-18 【表】窗口

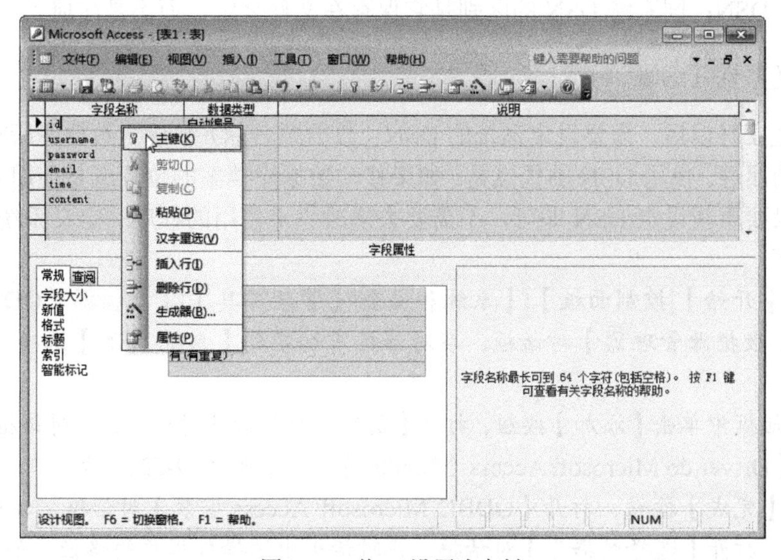

图 9-19 将 id 设置为主键

❻ 执行【文件】|【保存】命令，弹出对话框，在对话框中的【表名称】文本框中输入表的名称，如图 9-20 所示。

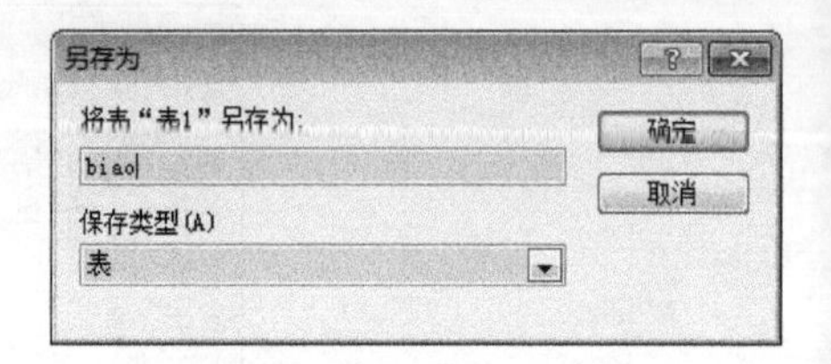

图 9-20 【另存为】对话框

9.3 建立数据库连接

任何内容的添加、删除、修改和检索都是建立在连接基础上进行的，可以想象连接的重要性了。下面讲述如何创建 ASP 与 Access 的连接。

9.3.1 了解 DSN

DSN（Data Source Name，数据源名称），表示将应用程序和某个数据库建立连接的信息集合。ODBC 数据源管理器使用该信息来创建指向数据库的连接，通常 DSN 可以保存在文件或注册表中。所谓的构建 ODBC 连接实际上就是创建同数据源的连接，也就是定义 DSN。一旦创建了一个指向数据库的 ODBC 连接，同该数据库连接的有关信息被保存在 DSN 中，而在程序中如果要操作数据库，也必须要通过 DSN 来进行。

在 DSN 中主要包含下列信息。

- 数据库名称，在 ODBC 数据源管理器中，DSN 的名称不能出现重名。
- 关于数据库驱动程序的信息。
- 数据库的存放位置。对于文件型数据库（如 Access）来说，数据库存放的位置是数据库文件的路径；但对于非文件型的数据库（如 SQL Server）来说，数据库的存放位置是服务器的名称。
- 用户 DSN：是被用户使用的 DSN，这种类型的 DSN 只能被特定的用户使用。
- 系统 DSN：是系统进程所使用的 DSN，系统 DSN 信息同用户 DSN 一样被储存在注册表的位置，Dreamweaver 只能使用系统 DSN。
- 文件 DSN：同系统 DSN 的区别是它保存在文件夹中，而不是注册表中。

9.3.2 定义系统 DSN

数据库建立好以后，需要设定系统的 DSN（数据源名称）来确定数据库所在的位置以及数据库相关的属性。使用 DSN 的优点是：如果移动数据库档案的位置或是使用其他类型的数据库，那么只要重新设定 DSN 即可，不需要去修改原来使用的程序。定义系统 DSN 的具体操作步骤如下。

❶ 执行【开始】|控制面板】|【系统和安全|【管理工具】|【数据源（ODBC）】命令，打开【ODBC 数据源管理器】对话框，在对话框中切换到【系统 DSN】选项卡，如图 9-21 所示。

❷ 在对话框中单击【添加】按钮，打开【创建新数据源】对话框，在对话框中的【名称】列表中选择【Driver do Microsoft Access（*.mdb）】选项，如图 9-22 所示。

❸ 单击【完成】按钮，打开【ODBC Microsoft Access 安装】对话框，在对话框中单击【选择】按钮，打开【选择数据库】对话框，在对话框中选择数据库的路径，如图 9-23 所示。

❹ 单击【确定】按钮，在【数据源名】文本框中输入 date，如图 9-24 所示。

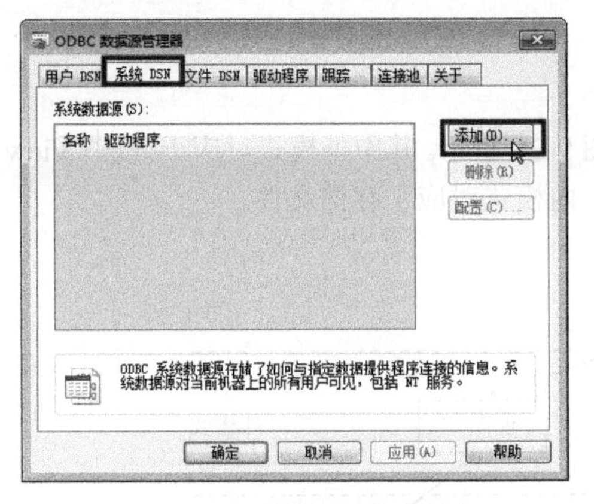

图 9-21 【系统 DSN】选项卡

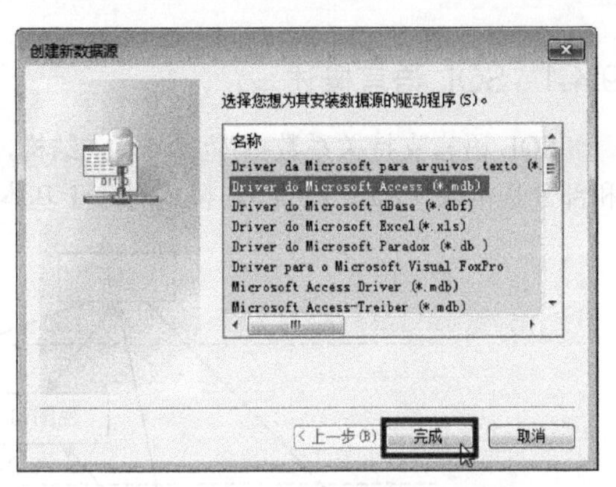

图 9-22 【创建新数据源】对话框

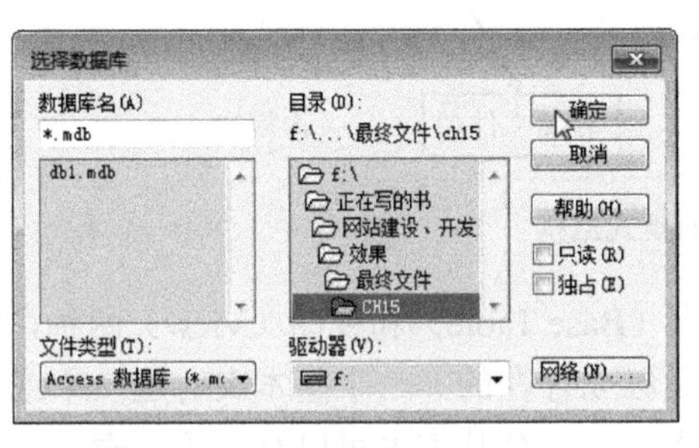

图 9-23 【选择数据库】对话框

图 9-24 【ODBC Microsoft Access 安装】对话框

❺ 单击【确定】按钮，返回到【ODBC 数据源管理器】对话框，可以看到创建的数据源，如图 9-25 所示。

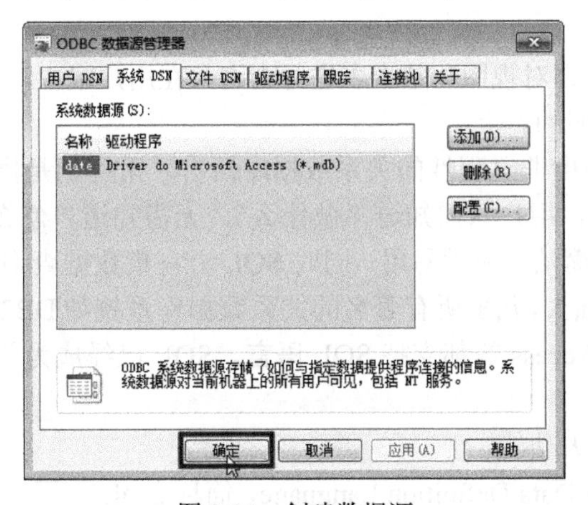

图 9-25 创建数据源

9.4 SQL 语言简介

SQL 语言功能极强，但由于设计巧妙，语言十分简洁，完成数据定义、数据操纵、数据控制的核心功能只用了 9 个动词。而且 SQL 语法简单，因此容易学习，容易使用。

9.4.1 SQL 语言概述

SQL 语言支持关系数据库三级模式结构，如图 9-26 所示。其中外模式对应于视图（View）和部分基本表（Base Table），模式对应于基本表，内模式对应于存储文件。

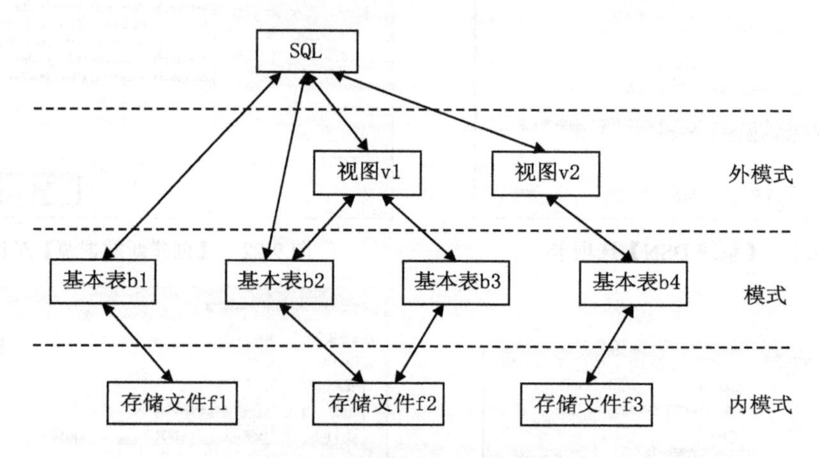

图 9-26　数据库系统的模式结构

在关系数据库中，关系就是表，表又分成基本表（Base Table）和视图（View）两种，它们都是关系。基本表是实际存储在数据库中的表，是独立存在的。一个基本表对应一个或多个存储文件，一个存储文件可以存放一个或多个基本表，一个基本表可以有若干个索引，索引同样存放在存储文件中。

视图是从基本表或其他视图中导出的表，它本身不独立存储在数据库中，也就是说数据库中只存放视图的定义，不存放视图对应的数据，数据仍存放在导出视图的基本表中，因此视图是一个虚表。

用户可以用 SQL 语言对视图和基本表进行查询。在用户眼中，视图和基本表都是关系，而存储文件对用户是透明的。

SQL 语言是一种高度非过程性的关系数据库语言，采用的是集合的操作方式，操作的对象和结果都是的集合，用户只需知道“做什么”，无需知道“怎么做”，因此 SQL 语言接近英语自然语言、结构简洁、易学易用。同时 SQL 语言集数据查询、数据定义、数据操纵、数据控制为一体，功能强大，几乎所有著名的关系数据库系统如 DB2、Oracle、MySql、Sybase、SQL Server、FoxPro、Access 等都支持 SQL 语言。SQL 已经成为关系数据库的国际性标准语言。

SQL 语言主要有四大功能。

- 数据定义语言（Data Definition Language，简称 DDL），用于定义数据库的逻辑结构，是对关系模式一级的定义，包括基本表、视图及索引的定义。
- 数据查询语言（Data Query Language，简称 DQL），用于查询数据。
- 数据操纵语言（Data Manipulation Language，简称 DML），用于对关系模式中的具体数据的添加、删除、修改等操作。
- 数据控制语言（Data Control Language，简称 DCL），用于数据访问权限的控制。

9.4.2 SQL 的优点

SQL 语言简单易学、风格统一，利用几个简单的英语单词的组合就可以完成所有的功能。在 SQL Plus Worksheet 环境下可以单独使用 SQL 语句，并且几乎可以不加修改地嵌入到例如 Visual Basic、Power Builder 这样的前端开发平台上。利用前端工具的计算能力和 SQL 的数据库操纵能力，可以快速建立数据库应用程序。SQL 语言主要有以下优点。

- 非结构化语言：SQL 是一个非过程化的语言，一次处理一个记录，为数据提供自动导航。SQL 允许用户在高层的数据结构上工作，可操作记录集而不对单个记录进行操作。所有 SQL 语句接受集合作为输入，返回集合作为输出。SQL 的集合特性允许一条 SQL 语句的结果作为另一条 SQL 语句的输入。SQL 不要求用户指定数据的存放方法，这种特性使用户更易集中精力于要得到的结果。所有 SQL 语句使用查询优化器，它是关系型数据库管理系统（RDBMS）的一部分，由它决定对指定数据存取的最快速度的手段。查询优化器知道存什么索引，在哪里使用合适，而用户不需要知道表是否有索引，表有什么类型的索引。
- 统一的语言：SQL 可用于所有用户的 DB 活动模型，包括系统管理员、数据库管理员、程序员、决策支持系统人员及许多其他类型的终端用户。SQL 命令只需很少时间就能学会。SQL 为许多任务提供了命令，包括查询数据，在表中插入、修改和删除记录，建立、修改和删除数据对象，控制对数据和数据对象的存取，保证数据库的一致性和完整性等。
- 所有关系型数据库的公共语言：由于所有主要的 RDBMS 都支持 SQL 语言，用户可将使用 SQL 的技能从一个 RDBMS 转移到另一个 RDBMS，所以，用 SQL 编写的程序都是可以移植的。

9.5 常用的 SQL 语句

一个典型的关系型数据库通常由一个或多个被称为表格的对象组成。数据库中的所有数据或信息都被保存在这些数据库表格中。数据库中的每一个表格都具有自己惟一的表格名称，都是由行和列组成，其中每一列包括了该列名称、数据类型，以及列的其他属性等信息，而行则具体包含某一列的记录或数据。下面讲述表的定义、删除和修改等基本操作。

9.5.1 表的建立：CREATE TABLE

建立数据库最重要的一步就是定义一些基本表。下面要介绍的是如何利用 SQL 命令来建立一个数据库中的表格，其一般格式如下。

```
CREATE TABLE<表名>(
      <列名><数据类型>[列级完整性约束条件]
      [,<列名><数据类型>[列级完整性约束条件]. . . ]
      [,<表级完整性约束条件>])
```

说明：

```
<列级完整性约束条件>
```

用于指定主键、空值、惟一性、默认值、自动增长列等。

```
<表级完整性约束条件>
```

用于定义主键、外键、及各列上数据必须符合的相关条件。

简单来说，创建新表格时，在关键词 CREATE TABLE 后面加入所要建立的表格的名称，然后在括号内顺次设定各列的名称、数据类型，以及可选的限制条件等。注意，所有的 SQL 语句在结尾处都要使用“;”符号。

★ 指点迷津 ★

使用 SQL 语句创建的数据库表格和表格中列的名称必须以字母开头，后面可以使用字母、数字或下划线，名称的长度不能超过 30 个字符。注意，用户在选择表格名称时不要使用 SQL 语言中的保留关键词作为表格或列的名称，如 select、create 和 insert 等。

【例】建立一个“学生”表 Student，它由学号 Sno、姓名 Sname、性别 Sex、年龄 Sage、所在系 Sdept 五个属性组成，其中学号属性不能为空，并且其值是惟一的。

```
CREATE TABLE Sudent
(Sno    CHAR(5) NOT NULL UNIQUE,
Sname   CHAR(10),
Ssex    CHAR(1),
Sage    INT,
Sdept   CHAR(10));
```

★ 指点迷津 ★

最后，在创建新表格时需要注意的一点就是表格中列的限制条件。所谓限制条件就是当向特定列输入数据时所必须遵守的规则。例如，unique 这一限制条件要求某一列中不能存在两个值相同的记录，所有记录的值都必须是惟一的。除 unique 之外，较为常用的列的限制条件还包括 not null 和 primary key 等。not null 用来规定表格中某一列的值不能为空。primary key 则为表格中的所有记录规定了惟一的标识符。

9.5.2 插入数据：INSERT INTO

SQL 的数据插入语句 INSERT 通常有两种形式，一种是插入一个元组，另一种是插入子查询结果。后者可以一次插入多个元组。可以使用 INSERT 语句来添加一个或多个记录到一个表中。

1. 插入单个元组

插入单个元组的 INSERT 语句的格式为：

```
INSERT
INTO<表名>[(<属性列 1>[, <属性列 2>…])
VALUES(<常量 1>[, <常量 2>]…)
```

其功能是将新元组插入指定表中。其中新记录属性列 1 的值为常量 1，属性列 2 的值为常量 2……。如果某些属性列在 INTO 子句中没有出现，则新记录在这些列上将取空值。

在表定义时说明了 NOT NULL 的属性列不能取空值，如果 INTO 子句中没有指明任何列名，则新插入的记录必须在每个属性列上均有值。

【例】将一个学生记录（学号：2009020；姓名：马燕；性别：女；所在系：计算机；年龄：21 岁）插入表 Student 中。

```
INSERT
Into Student
Values('2009020', '马燕', '女', '计算机',21);
```

2. 插入查询结果

子查询不仅可以嵌套在 SELECT 语句中，也可以嵌套在 INSERT 语句中，用以生成要插入的数据。插入子查询结果的 INSERT 语句的格式为：

```
INSERT
Into <表名>[(<属性列 1>[, <属性列 2>]…]
子查询;
```

其功能是以批量插入，一次将子查询的结果全部插入指定表中。

【例】对每一个系，求学生的平均年龄，并把结果存入数据库。

首先要在数据库中建立一个有两个属性列的新表，表中一列存放系名，另一列存放相应系的学生平均年龄。

```
Create table Deptage   (Sdept CHAR(15), Avgage smallint);
INSERT into Deptage(Sdept, Average)
        (SELECT Sdept, AVG(Sage)
         FROM Student
         GROUP BY Sdept);
```

9.5.3 修改数据：UPDATE

对于已经插入的记录，如果有不正确的地方，那最好能够直接在原有记录中进行修改，而不是将原有记录删除，然后再创建一条新的内容记录。

修改操作又称为更新操作，其语句的一般格式为：

```
UPDATE<表名>
Set<列名>=<表达式>[, <列名> =<表达式>]. . .
[where<条件>];
```

其功能是修改指定表中满足 where 子句条件的元组。其中 Set 于句用于指定修改方法，即用<表达式>的值取代相应的属性列值。如果省略 WHERE 子句，则表示要修改表中的所有元组。

1. 修改某一个元组的值

【例】将学生 2008001 的年龄改为 24 岁。

```
Update Student
Set Sage =24
where Sno ='2008001';
```

2. 修改多个元组的值

【例】将所有学生的年龄增加 1 岁。

```
Update Student
Set Sage = Sage +1
```

9.5.4 删除数据：DELETE

DELETE 语句是用来从表中删除记录或者行，其语句格式为：

```
DELETE
    FROM<表名>
    [WHERE<条件>];
```

DELETE 语句的功能是从指定表中删除满足 WHERE 语句条件的所有元组。如果省略 WHERE 子句，表示删除表中全部元组，但表的定义仍在字典中，也就是说，DELETE 语句删除的是表中的数据，而不是关于表的定义。

1. 删除某一个元组的值

【例】删除学号为 2008001 的学生记录。

```
Delete
    From Student
    Where Sno= '2008001';
```

DELETE 操作也是一次只能操作一个表，因此同样会遇到 UPDATE 操作中提到的数据不一致问题。比如 2008001 学生删除除后，有关他的其他信息也应同时删除，而这必须用一条独立的 DELETE 语句完成。

2. 删除多个元组的值

【例】删除所有的学生选课记录。

```
DELETE
FROM SC
```

这条 DELETE 语句格使 SC 成为空表，它删除了 SC 的所有元组。

9.5.5 SQL 查询语句：SELECT

在众多的 SQL 命令中，SELECT 语句应该算是使用最频繁的。SELECT 语句主要用来对数据库进行查询并返回符合用户查询标准的结果数据。

建立数据库的目的是为了查询数据，因此，可以说数据库查询是数据库的核心操作。SQL 语言提供了 SELECT 语句进行数据库的查询，该语句具有灵活的使用方式和丰富的功能。SELECT 语句有一些子句可以选择，而 FROM 是唯一必需的子句。每一个子句有大量的选择项、参数等。

```
SELECT [ALL | DISTINCT][TOP n ]<目标列表达式>[,<目标列表达式>]…
FROM<表名或视图名>[,<表名或视图名>]…
[WHERE<条件表达式>]
[GROUP BY<列名 1>[HAVING<条件表达式>]]
[ORDER BY<列名 2> [ASC | DESC]];
```

整个 SELECT 语句的含义是，根据 WHERE 子句的条件表达式，从 FROM 子句指定的基本表或视图中找出满足条件的元组，再按 SELECT 子句中的目标列表达式，选出元组中的属性值形成结果表。如果有 GROUP 子句，则将结果按<列名 1>的值进行分组，该属性列值相等的元组为一个组，每个组产生结果表中的一条记录。通常会在每组中作用集函数。如果

GROUP 子句带 HAVING 短语，则只有满足指定条件的组才输出。如果有 ORDER 子句，则结果表还要按<列名 2>的值以升序或降序排序。

下面以“学生-课程”数据库为例说明 SELECT 语句的各种用法，“学生-课程”数据库中包括三个表。

1．“学生”表 Student 由学号（Sno）、姓名（Sname）、性别（Ssex）、年龄（Sage）、所在系（Sdept）五个属性组成，可记为：

```
Student(Sno, Sname,Ssex,Sage, Sdept)
```

其中 Sno 为主码。

2．“课程”表 Course 由课程号（Cno）、课程名（Cname）、先修课号（Cpno）、学分（Ccredit）四个属性组成，可记为；

```
Course(Cno, Cname, Cpno, Ccredit)
```

其中 Cno 为主码。

3．“学生选课”表 SC 由学号（Sno）、课程号（Cno）、成绩（Grade）三个属性组成，可记为：

```
SC(Sno, Cno, ,Grade)
```

其中（Sno，Cno）为主码。

SELECT 语句既可以完成简单的单表查询，也可以完成复杂的连接查询和嵌套查询。

1．选择表中的若干列

选择表中的全部列或部分列，其变化方式主要表现在 SELECT 子句的<目标列表达式>上。

【例】查询全体学生的学号与姓名。

```
SELECT Sno, Sname
FROM Student;
```

【例】查询全体学生的详细记录。

```
SELECT *
FROM Student;
```

2．选择表中的若干元组

通过<目标列表达式>的各种变化，可以根据实际需要，从一个指定的表中选择出所有元组的全部或部分列。如果只想选择部分元组的全部或部分列，则还需要指定 DISTINCT 短语或指定 WHERE 子句。

【例】查询所有选修过课的学生的学号。

```
SELECT Sno
FROM SC;
```

假设 SC 表中有下列数据。

```
Sno     Cno    Grade
09001   1       92
09001   2       85
09001   3       88
09002   2       90
09002   3       80
```

执行上面的SELECT语句后，结果为：

```
Sno
    09001
    09001
    09001
    09002
    09002
```

可用DISTINCT短语消除重复：

```
SELECT DISTINCT Sno
FROM SC;
```

执行结果为：

```
Sno
09001
09002
```

【例】查询所有年龄在18岁以下的学生姓名及年龄。

```
SELECT Sname, Sage
FROM Student
WHERE Sage<18;
```

或：

```
SELECT Sname, Sage
FROM Student
WHERE NOT Sage>=18;
```

【例】查询年龄在15至23岁之间的学生的姓名、系别和年龄。

```
SELECT Sname, Sdept, Sage
FROM Student
WHERE Sage BETWEEN 15 AND 23;
```

第3部分

CSS美化布局网页篇

第10章

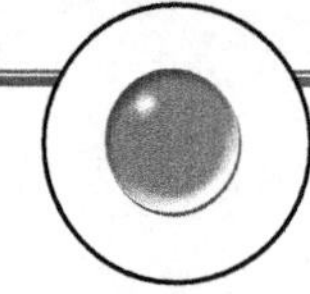

使用CSS美化网页

CSS是Cascading Style Sheet的缩写，又称为“层叠样式表”，简称为样式表。它是一种制作网页的新技术，现在已经为大多数浏览器所支持，成为网页设计必不可少的工具之一。掌握基于CSS的网页布局方式，是实现Web标准的基础。在网页制作时采用CSS技术，可以有效地对页面的布局、字体、颜色、背景和其他效果实现更加精确的控制。

学习目标

- 了解CSS样式表
- CSS的使用
- 设置CSS属性
- 应用CSS样式定义字体大小
- 应用CSS样式制作阴影文字

10.1 了解CSS样式表

网页最初是用HTML标记来定义页面文档及格式，如标题<hl>、段落<p>、表格<table>等。但这些标记不能满足更多的文档样式需求，为了解决这个问题，在1997年W3C（TheWorld Wide Web Consortium）在颁布HTML4标准的同时也公布了有关样式表的第一个标准CSS1，自CSS1的版本之后，又在1998年5月发布了CSS2版本，样式表得到了更多的充实。

使用CSS能够简化网页的格式代码，加快下载显示的速度，也减少了需要上传的代码数量，大大减少了重复劳动的工作量。

样式表首要目的是为网页上的元素精确定位。其次，它把网页上的内容结构和格式控制相分离。浏览者想要看的是网页上的内容结构，而为了让浏览者更好地看到这些信息，就要通过使用格式来控制。内容结构和格式控制相分离，使得网页可以仅由内容构成，而将所有网页的格式通过CSS样式表文件来控制。

CSS主要有以下优点。

- 利用CSS制作和管理网页都非常方便。
- CSS可以更加精细地控制网页的内容形式，如<font>标记中的size属性，它用来控制文字的大小，但它控制的字体大小只有7级，要是出现需要使用10像素或100像素大的字体的情况，HTML标记就无能为力了，而CSS可以办到，它可以随意设置字体的大小。

- CSS 样式比 HTML 更加丰富，如滚动条的样式定义、鼠标光标的样式定义等。
- CSS 的定义样式灵活多样，可以根据不同的情况，选用不同的定义方法，如可以在 HTML 文件内部定义，可以分标记定义、分段定义，也可以在 HTML 文件外部定义，基本上能满足使用。

10.2 CSS 的使用

掌握基于 CSS 的网页布局方式，是实现 Web 标准的基础。在网页制作时采用 CSS 技术，可以有效地对页面的布局、字体、颜色、背景和其他效果实现更加精确的控制。

10.2.1 CSS 基本语法

CSS 的语法结构仅由三部分组成，选择符、样式属性和值，基本语法如下。

```
选择符{样式属性：取值；样式属性：取值；样式属性：取值；……}
```

- 选择符（Selector）指这组样式编码所要针对的对象，可以是一个 XHTML 标签，如 body、hl；也可以是定义了特定 id 或 class 的标签，如#lay 选择符表示选择<div id=lay>，即一个被指定了 lay 为 id 的对象。浏览器将对 CSS 选择符进行严格的解析，每一组样式均会被浏览器应用到对应的对象上。
- 属性（Property）是 CSS 样式控制的核心，对于每一个 XHTML 中的标签，CSS 都提供了丰富的样式属性，如颜色、大小、定位、浮动方式等。
- 值（value）是指属性的值，形式有两种，一种是指定范围的值，如 float 属性，只可能应用 left、right 和 none 三种值。另一种为数值，如 width 能够使用 0～9999px，或其他数学单位来指定。

在实际应用中，往往使用以下类似的应用形式：

```
body{background-color: red}
```

表示选择符为 body，即选择了页面中的<body>这个标签，属性为 background-color，这个属性用于控制对象的背景色，而值为 red。页面中的 body 对象的背景色通过使用这组 CSS 编码，被定义为了红色。

除了单个属性的定义，同样可以为一个标签定义一个甚至更多个属性定义，每个属性之间使用分号隔开。

10.2.2 添加 CSS 的方法

添加 CSS 有四种方法：链接外部样式表、内部样式表、导入外部样式表和内嵌样式。下面分别介绍。

1．链接外部样式表

链接外部样式表就是在网页中调用已经定义好的样式表来实现样式表的应用，它是一个单独的文件，然后在页面中用<link>标记链接到这个样式表文件，这个<link>标记必须放到页面的<head>区内。这种方法最适合大型网站的 CSS 样式定义，如下：

```
<head>…
<link rel=stylesheet type=te xt/css href=slstyle.css>
…
```

```
</head>
```

上面这个例子表示浏览器从 slstyle.css 文件中以文档格式读出定义的样式表。rel=stylesheet 是指在页面中使用外部的样式表，type=text/css 是指文件的类型是样式表文件，href=slstyle.css 是文件所在的位置。

一个外部样式表文件可以应用于多个页面。当改变这个样式表文件时，所有页面的样式都随着改变。在制作大量相同样式页面的网站时，非常有用，不仅减少了重复的工作量，而且有利于以后的修改、编辑，浏览时也减少了重复下载代码。

2. 内部样式表

这种 CSS 一般位于 HTML 文件的头部，即<head>与</head>标签内，并且以<style>开始，以</style>结束。这些定义的样式就应用到页面中了。下面实例就是使用<style>标记创建的内部样式表。

```
<head>
<style type="text/css">
<!--
body{
margin-left:0px;
margin-top:0px;
margin-right:0px;
margin-bottom:0px;
}
.style1{
color:#fbe334;
font-size:13px;
}
-->
</style>
</head>
```

3. 导入外部样

导入外部样式表是指在内部样式表的<style>里导入一个外部样式表，导入时用@import，看下面这个实例。

```
<head>
…
<style type=text/css>
<!—
@import slstyle.css
其他样式表的声明

</style>
…
</head>
```

此例中@import slstyle.css 表示导入 slstyle.css 样式表，注意使用时外部样式表的路径、方法和链接外部样式表的方法类似，但导入外部样式表输入方式更有优势。实质上它是相当于存在内部样式表中的。

4. 内嵌样式

内嵌样式是混合在 HTML 标记里使用的，用这种方法，可以简单地对某个元素单独定义样式。主要是在 body 内实现。内嵌样式的使用是直接在 HTML 标记里添加 style 参数，而 style 参数的内容就是 CSS 的属性和值，在 style 参数后面的引号里的内容相当于在样式表大括号里的内容，如：

```
<table style=color:red; margin-right: 220px>
这是个表格
</p>
```

这种方法使用比较简单、显示直观，无法发挥样式表的优势，因此不推荐使用。

10.3 设置 CSS 属性

控制网页元素外观的 CSS 样式用来定义字体、颜色、边距和字间距等属性，可以使用 Dreamweaver 来对所有的 CSS 属性进行设置。CSS 属性被分为【类型】、【背景】、【区块】、【方框】、【边框】、【列表】、【定位】、【扩展】、【过渡】九大类，下面分别进行介绍。

10.3.1 设置 CSS 类型属性

在 CSS 样式定义对话框左侧的【分类】列表框中选择【类型】选项，在右侧可以设置 CSS 样式的类型参数，如图 10-1 所示。

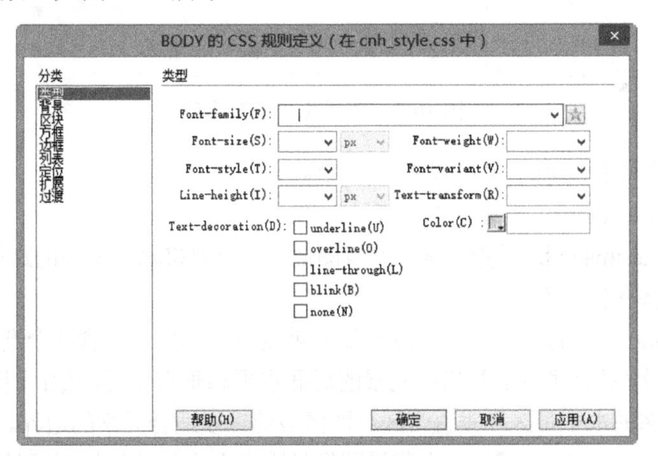

图 10-1 选择【类型】选项

在 CSS 的【类型】选项中的各参数如下。

- 【Font-family】：用于设置当前样式所使用的字体。
- 【Font-size】：定义文本大小。可以通过选择数字和度量单位来选择特定的大小，也可以选择相对大小。
- 【Font-style】：将【正常】、【斜体】或【偏斜体】指定为字体样式。默认设置是【正常】。
- 【Line-height】：设置文本所在行的高度。该设置传统上称为【前导】。选择【正常】自动计算字体大小的行高，或输入一个确切的值并选择一种度量单位。

- 【Text-decoration】：向文本中添加下划线、上划线或删除线，或使文本闪烁。正常文本的默认设置是【无】。【链接】的默认设置是【下划线】。将【链接】设置为无时，可以通过定义一个特殊的类删除链接中的下划线。
- 【Font-weight】：对字体应用特定或相对的粗体量。【正常】等于 400，【粗体】等于 700。
- 【Font-variant】：设置文本的小型大写字母变量。Dreamweaver 不在文档窗口中显示该属性。
- 【Text-transform】：将选定内容中的每个单词的首字母大写或将文本设置为全部大写或小写。
- 【color】：设置文本颜色。

10.3.2 设置 CSS 背景属性

使用【CSS 规则定义】对话框的【背景】类别可以定义 CSS 样式的背景设置。可以对网页中的任何元素应用背景属性，如图 10-2 所示。

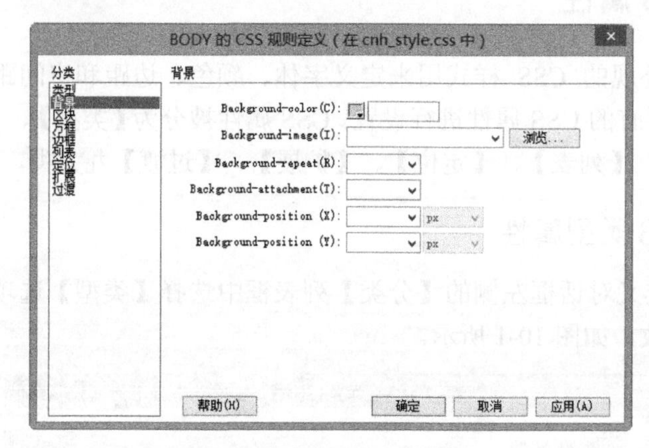

图 10-2 选择【背景】选项

在 CSS 的【背景】选项中可以设置以下参数。

- 【Background-color】：设置元素的背景颜色。
- 【Background-image】：设置元素的背景图像。可以直接输入图像的路径和文件，也可以单击【浏览】按钮选择图像文件。
- 【Background-repeat】：确定是否以及如何重复背景图像，包含四个选项：【不重复】指在元素开始处显示一次图像；【重复】指在元素的后面水平和垂直平铺图像；【横向重复】和【纵向重复】分别显示图像的水平带区和垂直带区。图像被剪辑以适合元素的边界。
- 【Background-attachment】：确定背景图像是固定在它的原始位置还是随内容一起滚动。
- 【Background-position(X)】和【Background-position(Y)】：指定背景图像相对于元素的初始位置。这可以用于将背景图像与页面中心垂直和水平对齐，如果附件属性为【固定】，则位置相对于文档窗口而不是元素。

10.3.3 设置 CSS 区块属性

使用【CSS 规则定义】对话框的【区块】类别可以定义标签和属性的间距和对齐设置，在对话框中左侧的【分类】列表中选择【区块】选项，在右侧可以设置相应的 CSS 样式，如图 10-3 所示。

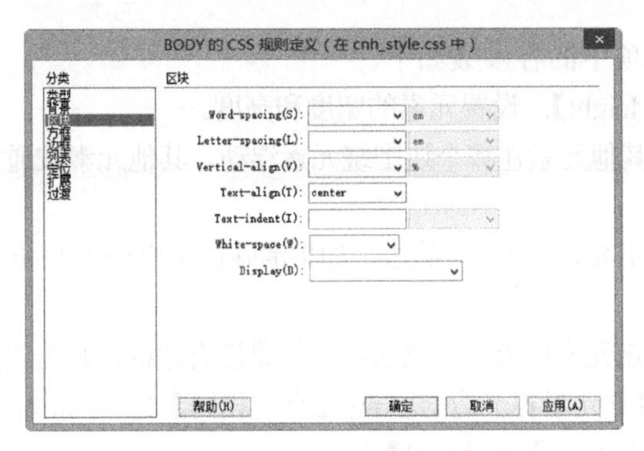

图 10-3　选择【区块】选项

CSS 的【区块】选项中各参数如下。

- 【Word-spacing】：设置单词的间距，若要设置特定的值，在下拉列表框中选择【值】，然后输入一个数值，在第二个下拉列表框中选择度量单位。
- 【Letter-spacing】：增加或减小字母或字符的间距。若要减少字符间距，指定一个负值，字母间距设置覆盖对齐的文本设置。
- 【Vertical-align】：指定应用它的元素的垂直对齐方式。仅当应用于<img>标签时，Dreamweaver 才在文档窗口中显示该属性。
- 【Text-align】：设置元素中的文本对齐方式。
- 【Text-indent】：指定第一行文本缩进的程度。可以使用负值创建凸出，但显示取决于浏览器。仅当标签应用于块级元素时，Dreamweaver 才在文档窗口中显示该属性。
- 【White-space】：确定如何处理元素中的空白。从下面三个选项中选择：【正常】指收缩空白；【保留】的处理方式与文本被括在<pre>标签中一样（即保留所有空白，包括空格、制表符和回车）；【不换行】指定仅当遇到
标签时文本才换行。Dreamweaver 不在文档窗口中显示该属性。
- 【Display】：指定是否显示以及如何显示元素。

10.3.4　设置 CSS 方框属性

使用【CSS 规则定义】对话框的【方框】类别可以为用于控制元素在页面上的放置方式的标签和属性定义设置。可以在应用填充和边距设置时将设置应用于元素的各个边，也可以使用【全部相同】设置将相同的设置应用于元素的所有边，如图 10-4 所示。

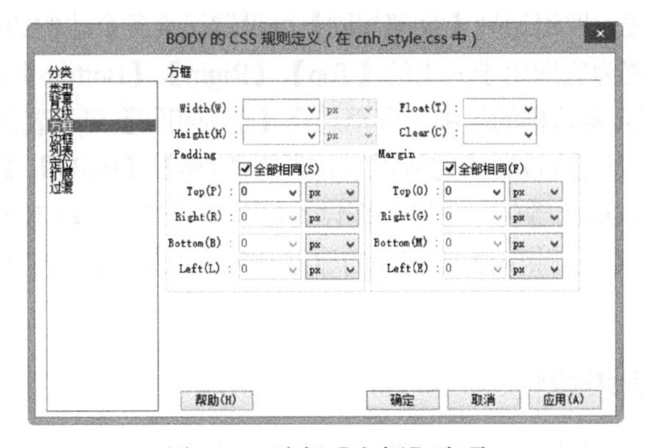

图 10-4　选择【方框】选项

CSS 的【方框】选项中的各参数如下。

- 【Width】和【Height】：设置元素的宽度和高度。
- 【Float】：设置其他元素在哪个边围绕元素浮动。其他元素按通常的方式环绕在浮动元素的周围。
- 【Clear】：定义不允许 AP Div 的边。如果清除边上出现 AP Div，则带清除设置的元素将移到该 AP Div 的下方。
- 【Padding】：指定元素内容与元素边框（如果没有边框，则为边距）之间的间距。取消选择【全部相同】选项可设置元素各个边的填充；【全部相同】将相同的填充属性设置为它应用于元素的【Top】、【Right】、【Bottom】和【Left】侧。
- 【Margin】：指定一个元素的边框（如果没有边框，则为填充）与另一个元素之间的间距。仅当应用于块级元素（段落、标题和列表等）时，Dreamweaver 才在文档窗口中显示该属性。取消选择【全部相同】可设置元素各个边的边距；【全部相同】将相同的边距属性设置为它应用于元素的【Top】、【Right】、【Bottom】和【Left】侧。

10.3.5 设置 CSS 边框属性

CSS 的【边框】类别可以定义元素周围边框的设置，如图 10-5 所示。

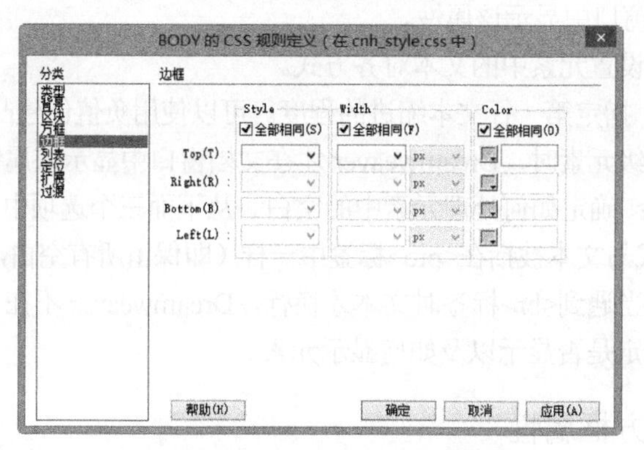

图 10-5 选择【边框】选项

CSS 的【边框】选项中的各参数如下。

- 【Style】：设置边框的样式外观。样式的显示方式取决于浏览器。Dreamweaver 在文档窗口中将所有样式呈现为实线。取消选择【全部相同】可设置元素各个边的边框样式；【全部相同】将相同的边框样式属性设置为它应用于元素的【Top】、【Right】、【Bottom】和【Left】侧。
- 【Width】：设置元素边框的粗细。取消选择【全部相同】可设置元素各个边的边框宽度；【全部相同】将相同的边框宽度设置为它应用于元素的【Top】、【Right】、【Bottom】和【Left】侧。
- 【Color】：设置边框的颜色。可以分别设置每个边的颜色。取消选择【全部相同】可设置元素各个边的边框颜色；【全部相同】将相同的边框颜色设置为它应用于元素的【Top】、【Right】、【Bottom】和【Left】侧。

10.3.6 设置 CSS 列表属性

CSS 的【列表】类别为列表标签定义列表设置，如图 10-6 所示。

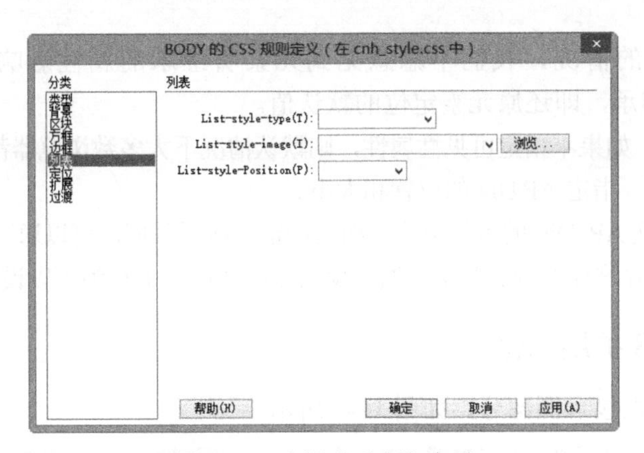

图 10-6 选择【列表】选项

CSS 的【列表】选项中的各参数如下。

- 【List-style-type】：设置项目符号或编号的外观。
- 【List-style-image】：可以为项目符号指定自定义图像。单击【浏览】按钮选择图像，或输入图像的路径。
- 【List-style-Position】：设置列表项文本是否换行和缩进（外部）以及文本是否换行到左边距（内部）。

10.3.7 设置 CSS 定位属性

CSS 的【定位】样式属性使用【层】首选参数中定义层的默认标签，将标签或所选文本块更改为新层，如图 10-7 所示。

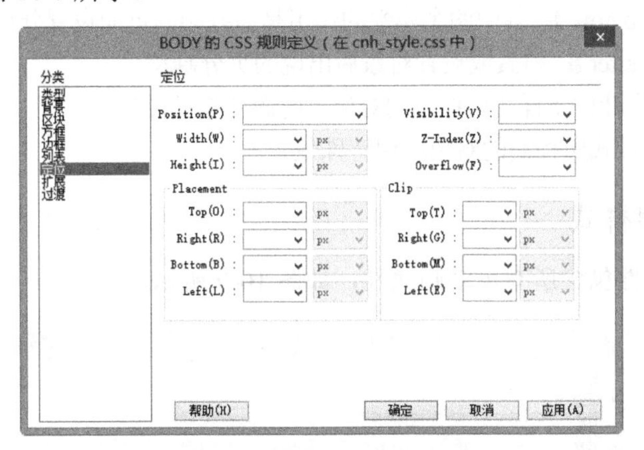

图 10-7 选择【定位】选项

CSS 的【定位】选项中的各参数如下。

- 【Position】：在 CSS 布局中，Position 发挥着非常重要的作用，很多容器的定位是用 Position 来完成。Position 属性有四个可选值，它们分别是 static、absolute、fixed、relative。

【absolute】：能够很准确地将元素移动到你想要的位置，绝对定位元素的位置。

【fixed】：相对于窗口的固定定位。

【relative】：相对定位是相对于元素默认的位置的定位。

【static】：该属性值是所有元素定位的默认情况，在一般情况下，我们不需要特别声明它，但有时候遇到继承的情况，我们不愿意见到元素所继承的属性影响本身，从而可以用position:static 取消继承，即还原元素定位的默认值。

- 【Visibility】：如果不指定可见性属性，则默认情况下大多数浏览器都继承父级的值。
- 【Placement】：指定 AP Div 的位置和大小。
- 【Clip】：定义 AP Div 的可见部分。如果指定了剪辑区域，可以通过脚本语言访问它，并操作属性以创建像擦除这样的特殊效果。通过使用【改变属性】行为可以设置这些擦除效果。

10.3.8 设置 CSS 扩展属性

【扩展】样式属性包含两部分，如图 10-8 所示。

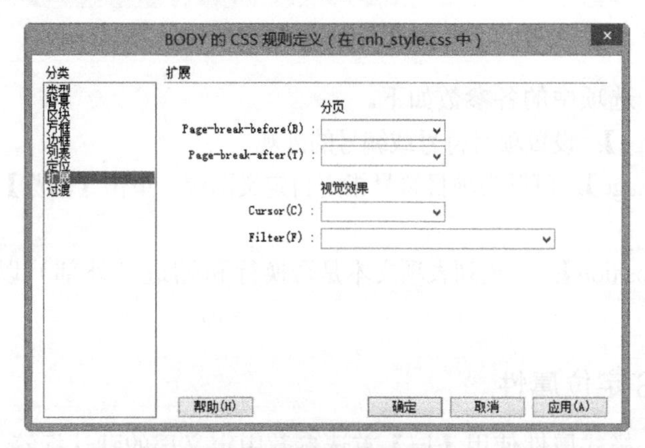

图 10-8 选择【扩展】选项

- 【Page-break-before】：其中两个属性的作用是为打印的页面设置分页符。
- 【Page-break-after】：检索或设置对象后出现的页分割符。
- 【Cursor】：指针位于样式所控制的对象上时改变指针图像。
- 【Filter】：对样式所控制的对象应用特殊效果。

10.3.9 设置过渡样式

【过渡】样式属性包含所有可动画属性，如图 10-9 所示。

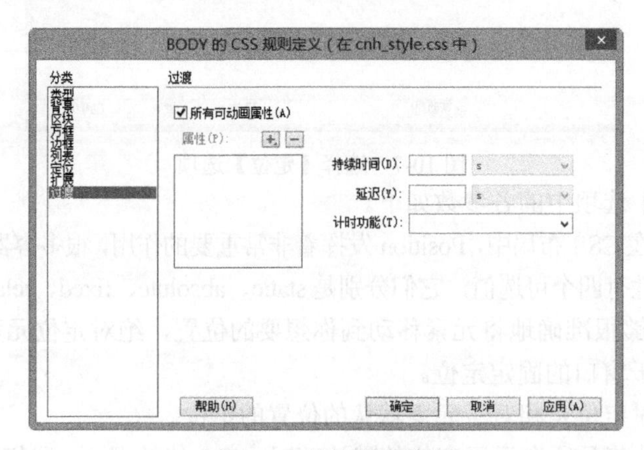

图 10-9 【过渡】属性

10.4　实战演练

CSS 可以说是一门语言，浏览器借助它来读懂网页设计，并准确地在页面上显示出来。

10.4.1　实例 1——应用 CSS 样式定义字体大小

利用 CSS 可以固定字体大小，使网页中的文本始终不随浏览器改变而发生变化，总是保持着原有的大小，具体操作步骤如下。

原始文件	CH10/10.4.1/index.html
最终文件	CH10/10.4.1/index1.html
学习要点	应用 CSS 样式定义字体大小

❶ 打开素材文件“CH10/10.4.1/index.html”，如图 10-10 所示。

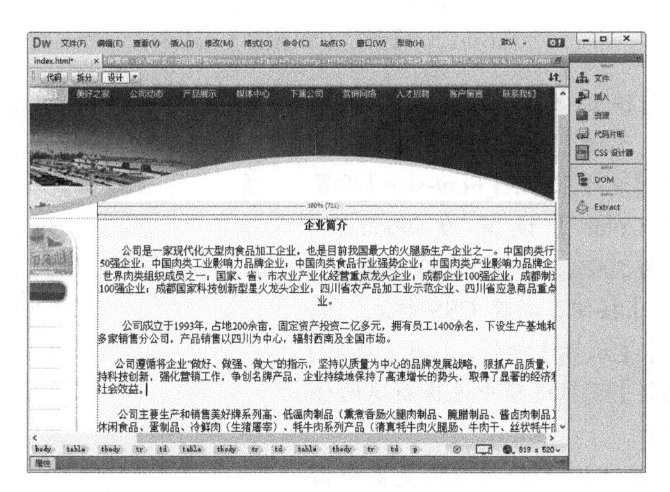

图 10-10　打开素材文件

❷ 选择文档中的文本，单击鼠标右键，在弹出的菜单中选择【新建】选项，如图 10-11 所示。

图 10-11　选择【新建】选项

❸ 弹出【新建 CSS 规则】对话框，在【选择器名称】中输入.yangshi，在【选择器类型】中选择【类】，在【规则定义】选择【仅限该文档】，如图 10-12 所示。

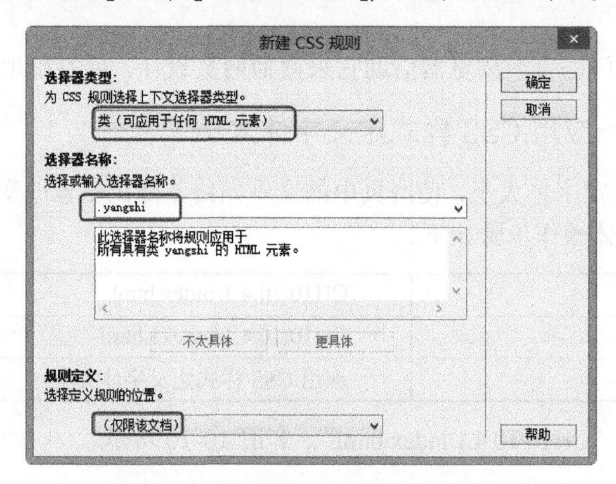

图 10-12 【新建 CSS 规则】对话框

❹ 单击【确定】按钮，弹出【.yangshi 的 CSS 样式定义】对话框，选择【分类】中的【类型】选项，【Font-Family】选择宋体，【Font-size】设置为 12 像素，【Color】设置为#966635，【Line-height】设置为 200%，如图 10-13 所示。

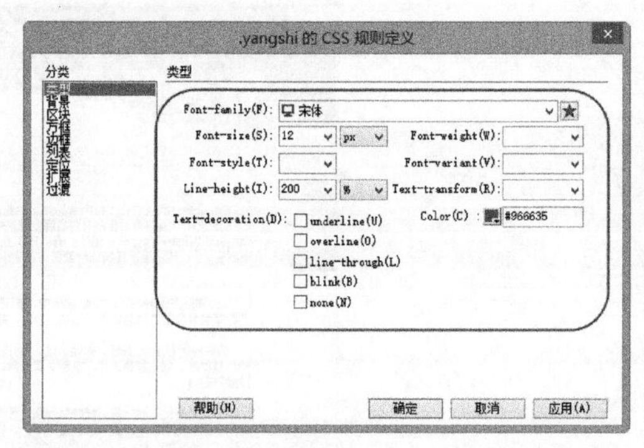

图 10-13 【.yangshi 的 CSS 样式定义】对话框

❺ 单击【确定】按钮，新建 CSS 样式，选择菜单中的【窗口】|【属性】命令，打开【属性】面板，在【目标规则】下拉选项中选择新建的样式，如图 10-14 所示。

❻ 保存文档，按 F12 键即可在浏览器中预览效果，如图 10-15 所示。

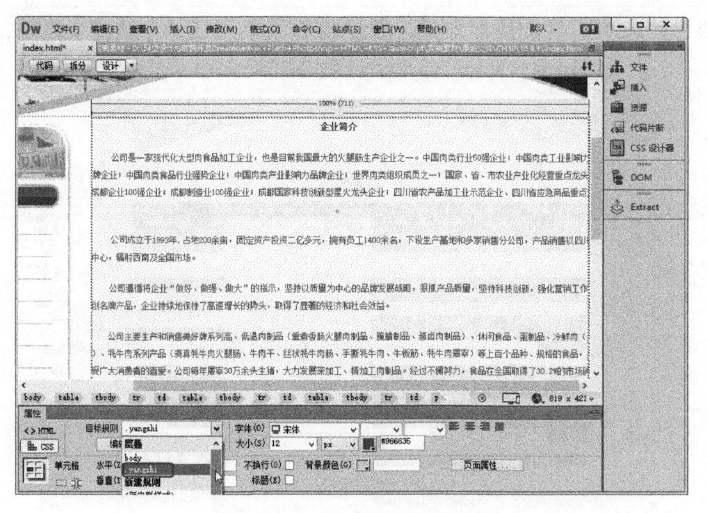

图 10-14 应用新建的样式

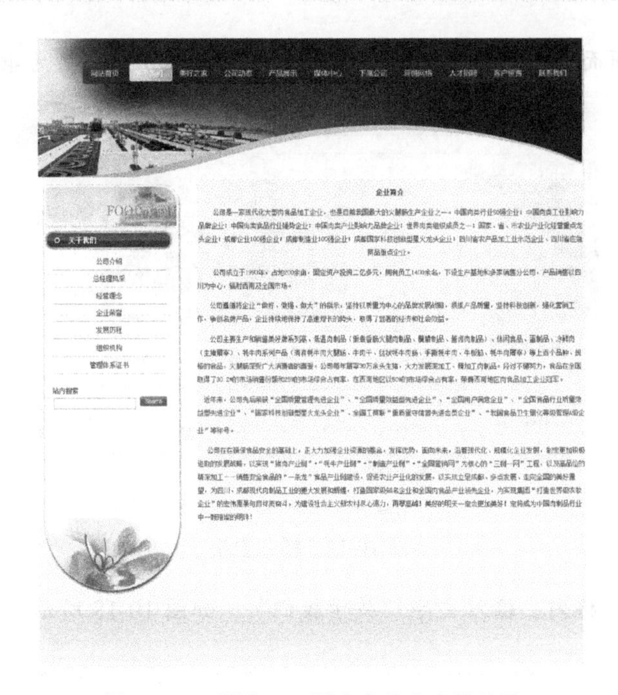

图 10-15 利用 CSS 固定字体大小的效果

10.4.2 实例 2——应用 CSS 样式制作阴影文字

有两种 CSS 滤镜能够使文字产生阴影效果，分别是 Drowshadow 和 Shadow，它们产生的效果略有不同。制作阴影字的操作步骤很简单，只要在 CSS 样式中重新选择一种滤镜即可，具体操作步骤如下。

原始文件	CH10/10.4.2/index.html
最终文件	CH10/10.4.2/index1.html
学习要点	应用 CSS 样式制作阴影文字

❶ 打开素材文件“CH10/10.4.2/index.html”，如图 10-16 所示。

图 10-16 打开素材文件

❷ 将光标置于页面中，插入 1 行 1 列的表格，将【表格宽度】设置为 40%，如图 10-17 所示。

图 10-17　插入表格

❸ 将光标置于表格内，输入文字“关于我们”，如图 10-18 所示。

图 10-18　输入文字

❹ 选中表格，单击鼠标右键，在弹出的菜单中选择【新建】选项，如图 10-19 所示。

图 10-19　选择【新建】命令

❺ 弹出的【新建 CSS 规则】对话框，在【选择器名称】文本框中输入.yinying，在【选择器类型】中选择【类】，在【规则定义】中选择【仅限该文档】选项，如图 10-20 所示。

❻ 单击【确定】按钮，弹出【.yinying 的 CSS 样式定义】对话框，选择【分类】中的【类型】选项，将【Font-family】设置为【黑体】，将【Font-size】设置为 18，将【Color】设置为#EB0E11，如图 10-21 所示，单击【应用】按钮。

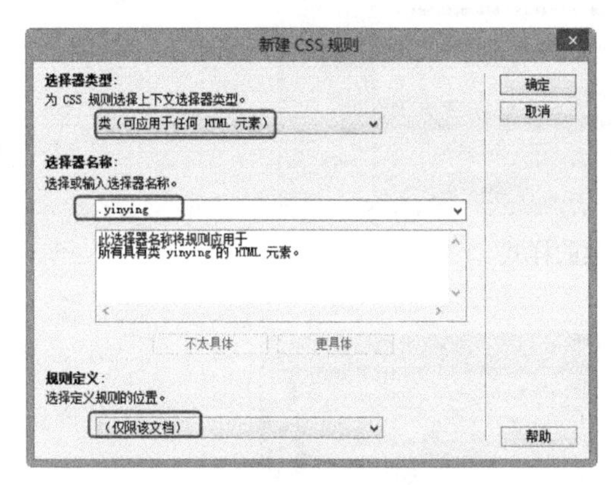

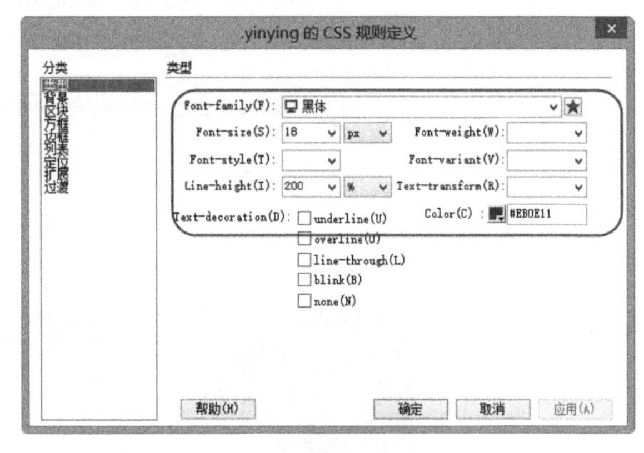

图 10-20 【新建 CSS 规则】对话框　　　　图 10-21 【. yinying 的 CSS 样式定义】对话框

❼ 选择【分类】中的【扩展】选项，【Filter】选择为【Shadow】选项，并设置相应的参数 Shadow（Color=#8B2092，Direction=15），如图 10-22 所示。

❽ 单击【确定】按钮，在文档中选中表格，在属性面板中，单击【Class】下拉列表中新建的样式，如图 10-23 所示。

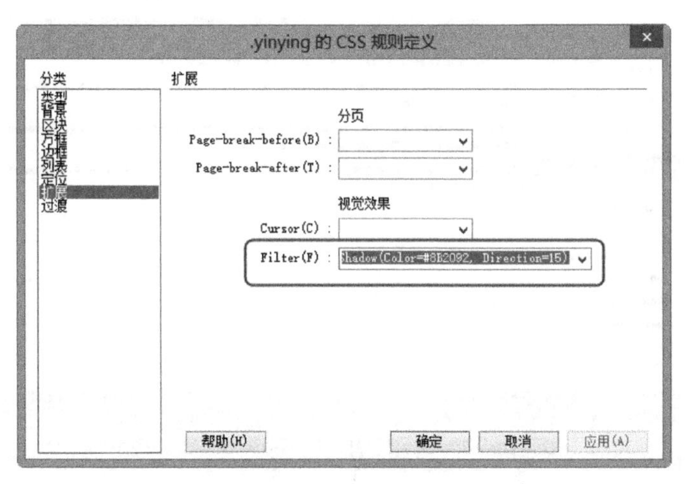

图 10-22 设置对话框

❾ 保存文档，按 F12 键在浏览器中预览效果，如图 10-24 所示。

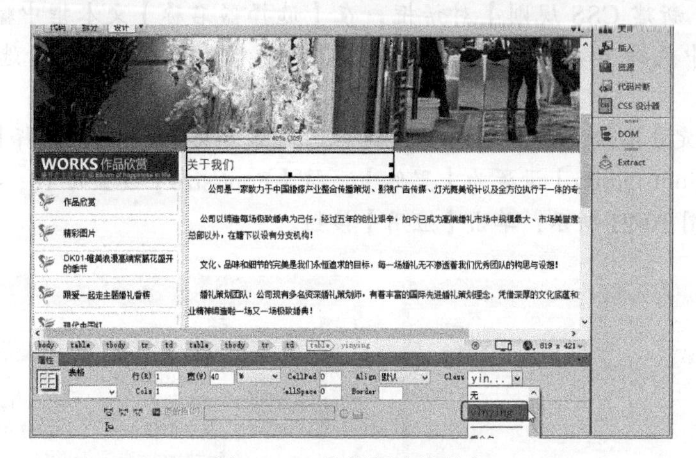

图 10-23　选择新建的样式

图 10-24　预览效果

第11章

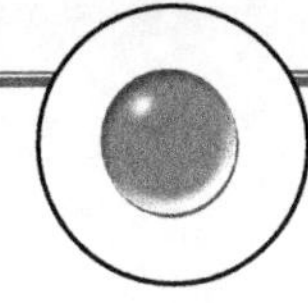

CSS 属性基础

本章介绍常用的 CSS 属性，使用这些属性可以对网页美化，所以认识 CSS 常用属性是必要的。可设置的 CSS 属性包括：字体属性、文本属性、颜色及背景属性等。

学习目标

- 字体属性
- 段落属性
- 颜色及背景属性
- 滤镜属性

11.1 字体属性

在前面 HTML 的章节中已经介绍了网页中文字的常见标签，下面将以 CSS 的样式定义方法来介绍文字的使用。

11.1.1 字体 font-family

如果你想让网站上的文字看起来更加不一样，就必须要给网页中的标题、段落和其他页面元素应用不同的字体。可以用 font-family 属性在 CSS 样式里设置字体。在 HTML 中，设置文字的字体属性需要通过<font>标签中的 face 属性，而在 CSS 中，则使用 font-family 属性。

语法：

```
font-family: "字体 1", "字体 2", …
```

说明：

但是要让设置的这种字体正确显示，电脑上必须装有该字体，否则将按原字体样式显示。当然，也可以写上多种字体，当对方浏览你的网站，没有安装第一种字体时，浏览器就会在列表中继续往上搜寻，直到找到有适合的字体为止。即当浏览器不支持“字体 1”时，则会采用“字体 2”；如果不支持“字体 1”和“字体 2”，则采用“字体 3”，依次类推。如果浏览器不支持 font-family 属性中定义的所有字体，则会采用系统默认的字体。

实例：

```
<!DOCTYPE html>
<html>
<meta charset="UTF-8">
```

```
<head>
<title>设置字体</title>
<style type="text/css">
<!--
.h {
    font-family: "宋体";
}
.g {
    font-family: "隶书";
}
-->
</style>
</head>
<body>
<p><span class="g">北京房车露营公园</span>
 <p><span class="h">北京马上就要进入秋高气爽的好时节了，喜爱户外旅游的你，一定想感受自然的拥抱、体验自驾的畅快、享受舒适的休息环境。带着孩子一起全家一起到京郊享受一个完美假期吧。但如果想一次满足多个心愿，把房车停在露营地是个不错的选择，这是一种生活方式，装备齐全的露营地有你想进行娱乐所需的一切。</span><br>
 </p>
</body>
</html>
```

此段代码中首先在<head>和</head>之间，用<style>定义了 h 中的字体 font-family 为“宋体”，g 中的字体 font-family 为“隶书”，在浏览器中浏览可以看到段落中的标题文字以“隶书”显示，正文以“宋体”显示，如图 11-1 所示。

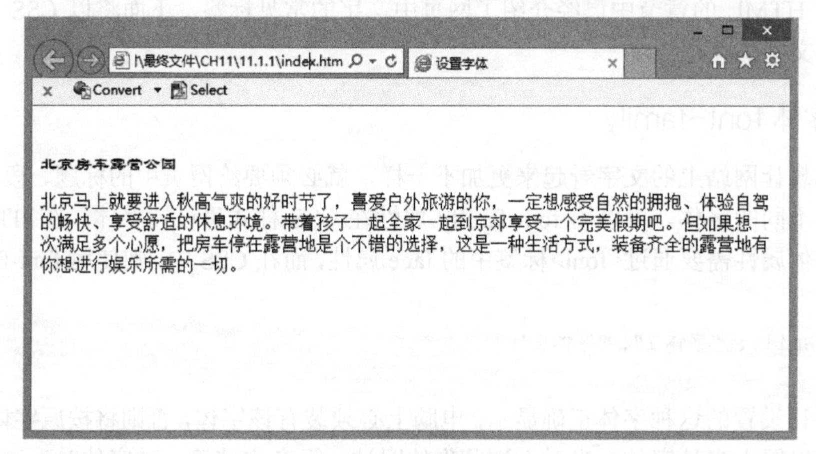

图 11-1　设置字体

11.1.2　字号 font-size

在 HTML 中，文字的大小是由<font>标签中的 size 属性来控制的。在 CSS 里可以使用 font-size 属性来自由控制字体的大小。

语法：

```
font-size:大小的取值
```

说明：

font-size 的取值范围如下。

xx-small：绝对字体尺寸，最小。

x-small：绝对字体尺寸，较小。

small：绝对字体尺寸，小。

medium：绝对字体尺寸，正常默认值。

large：绝对字体尺寸，大。

x-large：绝对字体尺寸，较大。

xx-large：绝对字体尺寸，最大。

larger：相对字体尺寸，相对于父对象中字体尺寸进行相对增大。

smaller：相对字体尺寸，相对于父对象中字体尺寸进行相对减小。

length：可采用百分数或长度值，不可为负值，其百分比取值是基于父对象中字体的尺寸。

实例：

```
<!DOCTYPE html>
<html>
<head>
<meta charset="utf-8">
<title>设置字号</title>
<style type="text/css">
<!--
.h {
    font-family: "宋体";
    font-size: 12px;
}
.h1 {
    font-family: "宋体";
    font-size: 14px;
}
.h2 {
    font-family: "宋体";
    font-size: 16px;
}
.h3 {
    font-family: "宋体";
    font-size: 18px;
}
.h4 {
    font-family: "宋体";
    font-size: 24px;
    }
-->
</style>
</head>
<body>
```

```
<p class="h">这里是 12 号字体。</p>
<p class="h1"> 这里是 14 号字体。</p>
<p class="h2">这里是 16 号字体。</p>
<p class="h3">这里是 18 号字体。</p>
<p class="h4">这里是 24 号字体。</p>
</body>
</html>
```

此段代码中首先在<head>和</head>之间，用样式定义了不同的字号 font-size，然后在正文中对文本应用样式，在浏览器中的浏览效果如图 11-2 所示。

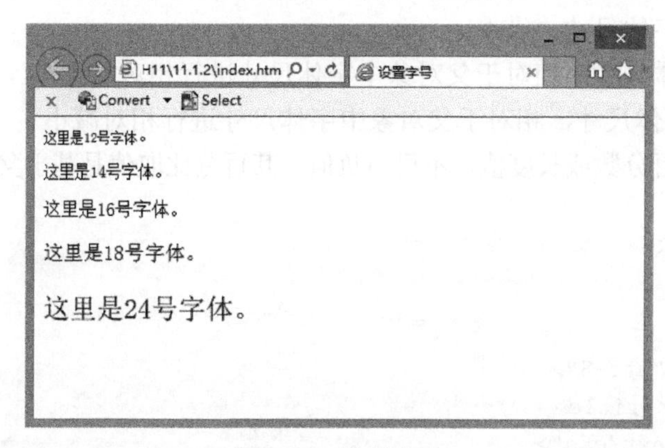

图 11-2　设置字号

11.1.3　字体风格 font-style

字体风格 font-style 属性用来设置字体是否为斜体。

语法：

```
font-style:样式的取值
```

说明：

样式的取值有三种：normal 是默认正常的字体；italic 以斜体显示文字；oblique 属于中间状态，以偏斜体显示。

实例：

```
<!DOCTYPE html>
<html>
<head>
<meta charset="utf-8">
<title>设置斜体</title>
<style type="text/css">
<!--
.h {font-family: "宋体";
    font-size: 24px;
    font-style: italic;}
-->
</style>
</head>
<body>
```

```
    <span class="h">自古无鱼不成宴。鱼以其无脂肪、多蛋白、味鲜美、易吸收等特点一直被人们所喜爱。其实人们只知道鱼好吃，但对于鱼的营养价值认识的并不全面。科学研究表明：鱼为益智食品，对于儿童的智力发育、中青年人缓解压力、提神醒脑、老年人的健康长寿等方面有着极大的作用。</span>
    </body>
    </html>
```

此段代码中首先在<head>和</head>之间，用<style>定义了 h 中的字体风格 font-style 为斜体 italic，然后在正文中对文本应用 h 样式，在浏览器中的浏览效果如图 11-3 所示。

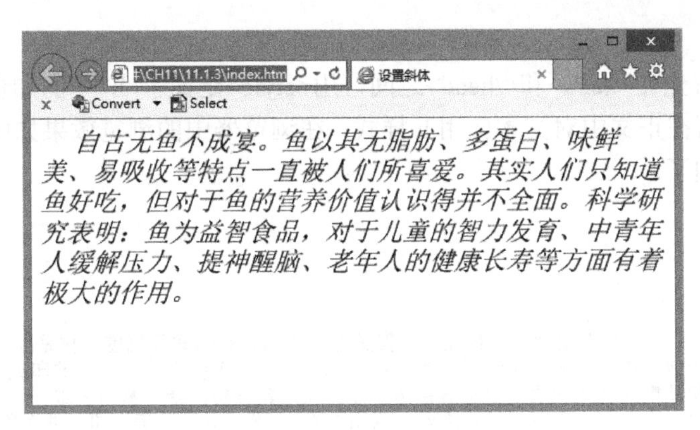

图 11-3　字体风格为斜体

11.1.4　字体加粗 font-weight

在 HTML 里使用<b>标签设置文字为粗体显示，而在 CSS 中利用 font-weight 属性来设置字体的粗细。

语法：

```
font-weight:字体粗度值
```

说明：

font-weight 的取值范围包括 normal、bold、bolder、lighter、number。其中 normal 表示正常粗细；bold 表示粗体；bolder 表示特粗体；lighter 表示特细体；number 不是真正的取值，其范围是 100～900，一般情况下都是整百的数字，如 200、300 等。

实例：

```
<!DOCTYPE html>
<html>
<head>
<meta charset="utf-8">
<title>设置加粗字体</title>
<style type="text/css">
<!--
.h {
    font-family: "宋体";
    font-size: 18px;
    font-weight: bold;
}
-->
```

```
</style>
</head>
<body>
<span class="h">五岳是中国群山的代表，不仅是因为他们具有的非凡气度，更是因为他们在中华的五千年长河中，积累沉淀下了关于历史关于岁月的印记和厚重的文化积层。对于五岳是向往已深，登五岳，看尽泰山之雄、华山之险、衡山之秀、恒山之幽、嵩山之峻。 泰山并不以美、奇、或者险著称，没有多少特别之处。人们大多慕名而来，是因它深厚的底蕴以及历代帝王的光顾。</span>
</body>
</html>
```

此段代码中首先在<head>和</head>之间，用<style>定义了 h 中的加粗字体 font-weight 为粗体 bold，然后在正文中对文本应用 h 样式，在浏览器中的浏览效果如图 11-4 所示，可以看到正文字体加粗了。

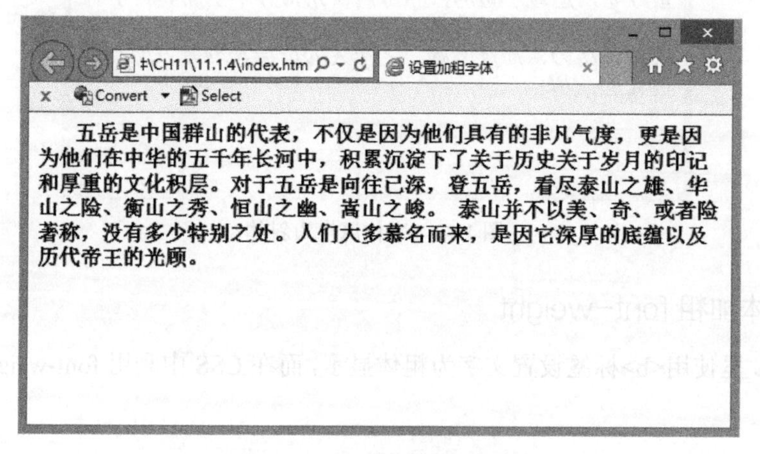

图 11-4 设置加粗字体效果

11.1.5 字体变形 font-variant

使用 font-variant 属性可以将小写的英文字母转变为大写。

语法：

```
font-variant:取值
```

说明：

在 font-variant 属性中，设置值只有两个，一个是 normal，表示正常显示，另一个是 small-caps，它能将小写的英文字母转化为大写字母且字体较小。

实例：

```
<!DOCTYPE html>
<html>
<head>
<meta charset="utf-8">
<title>小型大写字母</title>
<style type="text/css">
<!--
.j {
```

```
    font-family: "宋体";
    font-size: 18px;
    font-variant: small-caps;
}
-->
</style>
</head>
<body class="j">
We are experts at translating those needs into marketing solutions that work,look great and communicate very very well.to your needs and those of your clients.We are experts at translating those needs into marketing solutions that work,look great and communicate very very well.
</body>
</html>
```

此段代码中首先在<head>和</head>之间，用<style>定义了 j 中的 font-variant 属性为 small-caps，然后在正文中对文本应用 j 样式，在浏览器中预览效果，如图 11-5 所示，可以看到小写的英文转变为大写。

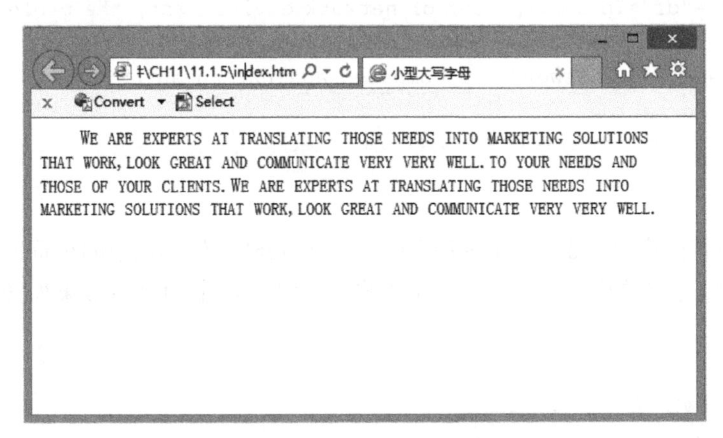

图 11-5　小写字母转为大写

11.2　段落属性

利用 CSS 还可以控制段落的属性，主要包括单词间距、字符间隔、文字修饰、纵向排列、文本转换、文本排列、文本缩进和行高等。

11.2.1　单词间隔 word-spacing

使用单词间隔 word-spacing 可以控制单词之间的间隔距离。

语法：

```
word-spacing:取值
```

说明：

可以使用 normal，也可以使用长度值。normal 指正常的间隔，是默认选项；长度是设置单词间隔的数值及单位，可以使用负值。

实例：

```
<!DOCTYPE html>
<html>
<head>
<meta charset="utf-8">
<title>单词间隔</title>
<style type="text/css">
<!--
.df {
    font-family: "宋体";
    font-size: 18px;
    word-spacing: 5px;
}
-->
</style>
</head>
<body>
<span class="df">In a multiuser or network environment, the process by which the system validates a user's logon information. <br/>
A user's name and password are compared against an authorized list, validates a user's logon information.
</span>
</body>
</html>
```

此段代码中首先在<head>和</head>之间，用<style>定义了 df 中的单词间隔 word-spacing 为#5px，然后对正文中的段落文本应用 df 样式，在浏览器中的浏览效果如图 11-6 所示。

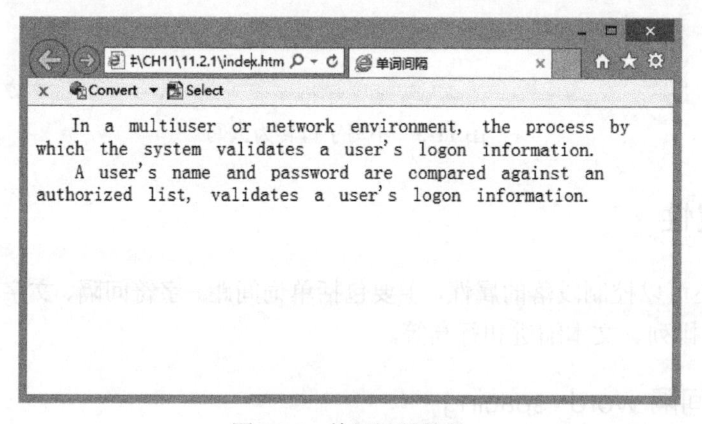

图 11-6　单词间隔效果

11.2.2　字符间隔 letter-spacing

使用字符间隔可以控制字符之间的间隔距离。

语法：

```
letter-spacing:取值
```

实例：

```
<!DOCTYPE html>
<html>
<head>
<meta charset="utf-8">
<title>字符间隔</title>
<style type="text/css">
<!--
.s {font-family: "新宋体";
    font-size: 14px;
    letter-spacing: 5px;}
-->
</style>
</head>
<body>
<span class="s">In a multiuser or network environment, the process by which the system validates a user's logon information. <br/>
A user's name and password are compared against an authorized list, validates a user's logon information.</span>
</body>
</html>
```

此段代码中首先在<head>和</head>之间，用<style>定义了 s 中的字符间隔 letter-spacing 为#5px，然后对正文中的段落文本应用 s 样式，在浏览器中的浏览效果如图 11-7 所示。

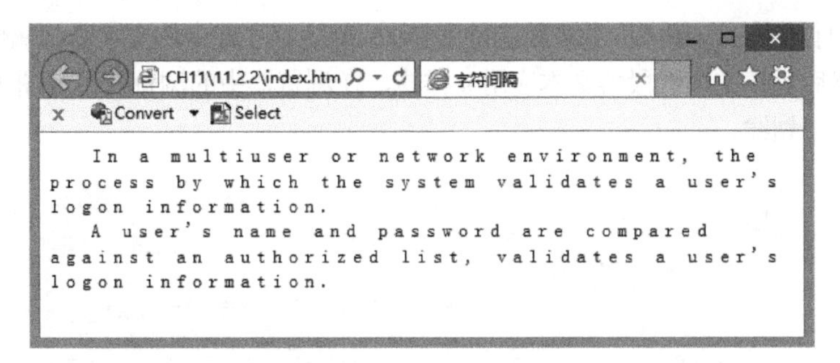

图 11-7　字符间隔效果

11.2.3　文字修饰 text-decoration

使用文字修饰属性可以对文本进行修饰，如设置下划线、删除线等。

语法：

```
text-decoration:取值
```

说明：

none 表示不修饰，是默认值；underline 表示对文字添加下划线；overline 表示对文字添加上划线；line-through 表示对文字添加删除线；blink 表示文字闪烁效果。

实例：

```
<!DOCTYPE html>
<html>
```

```
<head>
<meta charset="utf-8">
<title>文字修饰</title>
<style type="text/css">
<!--
.s {
    font-family: "新宋体";
    font-size: 18px;
    text-decoration: underline;
}
-->
</style>
</head>
<body>
<span class="s">商厦始建于 1986 年 12 月，主营面积 4 万平方米，经营品种 5 万余种，下设服装、鞋类、钟表珠宝、化妆品等 8 个专业商场，拥有一座建筑面积 26000 平方米，高 22 层的涉外三星级酒店和一座 1.8 万平方米，可容纳 500 辆汽车的停车楼，以及面积达 4000 多平方米的现代化影院。是集购物、住宿、餐饮、娱乐于一体的现代化、多功能、综合性大型百货零售企业。<br />
在经营上，商厦充分发挥规模优势，全方位满足顾客需求，重点突出穿着类商品；在商品品牌引进方面，以国内名牌为主，重点锁定市场占有率高、质量信誉好、大众消费群熟知的知名品牌，逐步引进国际大众品牌；坚持品牌营销、文化营销，引导消费新时尚。多年来，商厦凭借准确的市场定位，丰富的服务内涵，先进的管理理念，规范的管理制度跻身全国百家最大规模和最佳效益百货零售商店之列。</span>
</body>
</html>
```

此段代码中首先在<head>和</head>之间，用<style>定义了 s 中的文字修饰属性 text-decoration 为 underline，然后对正文中的段落文本应用 s 样式，在浏览器中的浏览效果如图 11-8 所示，可以看到文本添加了下划线。

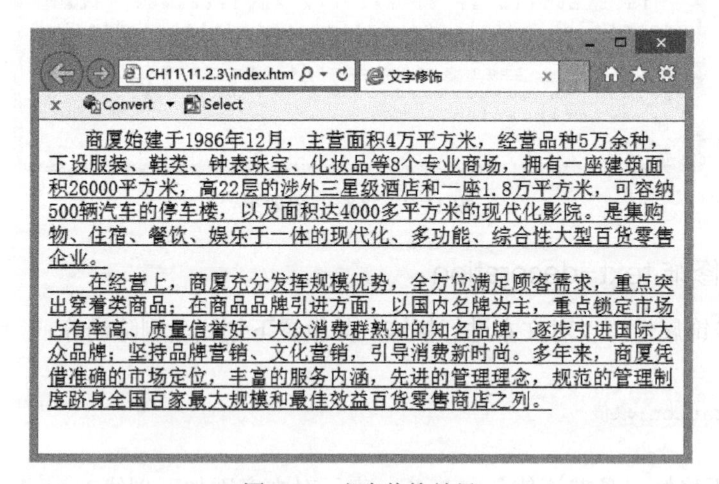

图 11-8　文字修饰效果

11.2.4　垂直对齐方式 vertical-align

使用垂直对齐方式可以设置段落的垂直对齐方式。

语法：

```
vertical-align:排列取值
```

说明：

vertical-align 包括以下取值范围。

Baseline：浏览器的默认垂直对齐方式。

Sub：文字的下标。

Super：文字的上标。

Top：垂直靠上对齐。

text-top：使元素和上级元素的字体向上对齐。

middle：垂直居中对齐。

text-bottom：使元素和上级元素的字体向下对齐。

实例：

```
<!DOCTYPE html>
<html>
<head>
<meta charset="utf-8">
<title>垂直对齐方式</title>
<style type="text/css">
<!--
.ch {
    vertical-align: super;
    font-family: "宋体";
    font-size: 12px;
}
-->
</style>
</head>
<body>
10<span class="ch">2</span>-2<span class="ch">2</span>=96
</body>
</html>
```

此段代码中首先在<head>和</head>之间，用<style>定义了 ch 中的 vertical-align 属性为 super，表示文字上标，然后对正文中的段落文本应用 ch 样式，在浏览器中的浏览效果如图 11-9 所示。

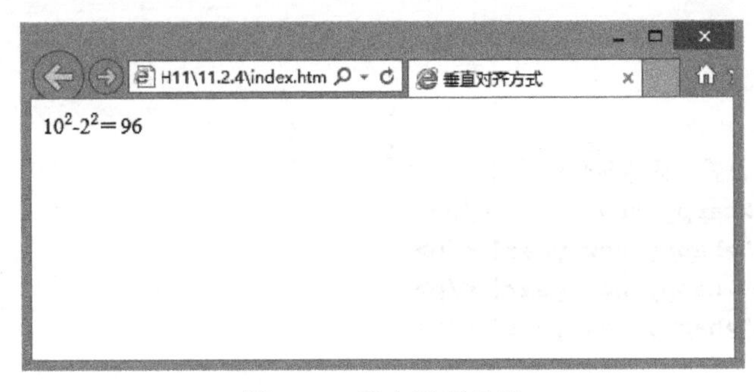

图 11-9　纵向排列效果

11.2.5 文本转换 text-transform

文本转换属性用来转换英文字母的大小写。

语法：

```
text-transform:转换值
```

说明：

text-transform 包括以下取值范围。

none：表示使用原始值。

lowercase：表示使每个单词的第一个字母大写。

uppercase：表示使每个单词的所有字母大写。

capitalize：表示使每个字的所有字母小写。

实例：

```
<!DOCTYPE html>
<html>
<head>
<meta charset="utf-8">
<title>文本转换</title>
<style type="text/css">
<!--
.zh {
    font-size: 14px;
    text-transform: capitalize;
}
.zh1 {
    font-size: 14px;
    text-transform: uppercase;
}
.zh2 {
    font-size: 14px;
    text-transform: lowercase;
}
.zh3 {
    font-size: 14px;
    text-transform: none;
}
-->
</style>
</head>
<body>
<p>下面是一句话设置不同的转化值效果：</p>
<p class="zh">happy new year! </p>
<p class="zh1">happy new year! </p>
<p class="zh2">happy new year! </p>
<p class="zh3">happy new year! </p>
</body>
</html>
```

此段代码中首先在<head>和</head>之间，定义了 zh、zh1、zh2、zh3 四个样式，text-transform 属性分别设置为 capitalize（第一个字母大写）、uppercase（所有字母大写）、lowercase（所有字母小写）、none（原始值），在浏览器中预览效果，如图 11-10 所示。

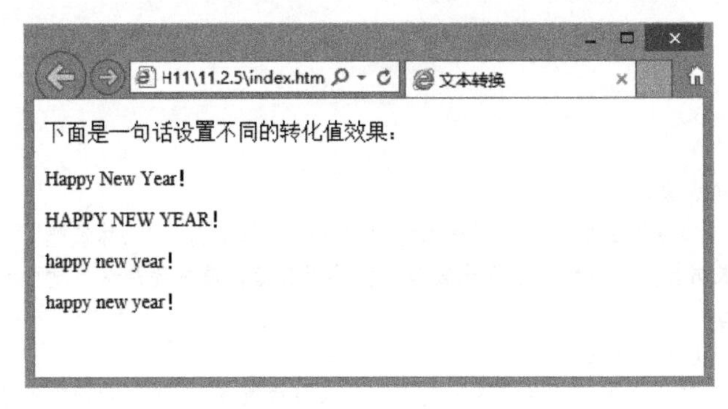

图 11-10　文本转换效果

11.2.6　水平对齐方式 text-align

使用 text-align 属性可以设置元素中文本的水平对齐方式。

语法：

```
text-align:排列值
```

说明：

水平对齐方式取值范围包括 left、right、center 和 justify 五种对齐方式。

Left：左对齐。

Right：右对齐。

Center：居中对齐。

Justify：两端对齐。

Inherit：规定应该从父元素继承 text-align 属性的值。

实例：

```
<!DOCTYPE html>
<html>
<head>
<meta charset="utf-8">
<title>文本排列</title>
<style type="text/css">
<!--
.a {font-family: "宋体";
    font-size: 16pt;
    text-align: left;}
.b {
    font-family: "宋体";
    font-size: 16pt;
    text-align: center;
}
.c {
```

```
    font-family: "宋体";
    font-size: 16pt;
    text-align: right;
  }
  -->
  </style>
  </head>
  <body >
  <p class="a">珍珠泉乡<br>
  珍珠泉乡是北京市人口密度最低的乡镇，林木绿化率 88%，被誉为 “松林氧吧”。莱食河流域风景更加独特。在这里住宿、吃饭很明智，民俗村农家院比较多，价格很公道，最主要是这里地面开阔景色怡人，又是通往很多美景的中转地。</p>
  <p class="b">珠泉喷玉<br>
  相传永乐皇帝北征时饮此泉水并赐名“珠泉喷玉”。泉眼海拔 650 米，四季喷涌不断，泉水的温度常年保持在 16℃，泉水富含二氧化碳，万珠滚动争相而上，串串气泡晶莹激滟，珍珠泉由此得名。</p>
  <p class="c">望泉亭<br>
  全长 6 公里，海拔 900 米，这里植被丰茂，到达山顶即是望泉亭，可观珍珠泉村全景和百亩花海。</p>
  </body>
  </html>
```

此段代码中首先在<head>和</head>之间，用<style>定义了 text-align 的不同属性，然后对不同的段落应用不同样式，在浏览器中的预览效果，如图 11-11 所示，可以看到文本的不同对齐方式。

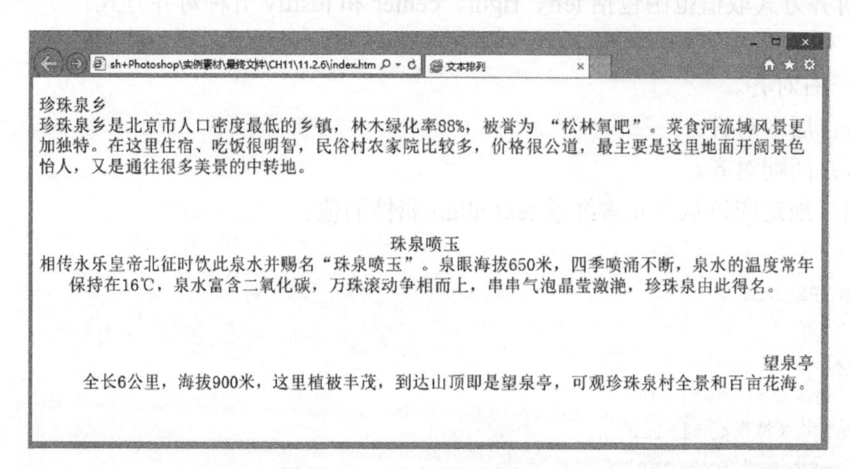

图 11-11　文本不同对齐方式

11.2.7　文本缩进 text-indent

在 HTML 中只能控制段落的整体向右缩进，如果不进行设置，浏览器则默认为不缩进，而在 CSS 中可以控制段落的首行缩进以及缩进的距离。

语法：

```
text-indent:缩进值
```

说明：

文本的缩进值必须是一个长度值或一个百分比。

实例：

```
<!DOCTYPE html>
<html>
<head>
<meta charset="utf-8">
<title>文本缩进</title>
<style type="text/css">
<!--
.k {
    font-family: "宋体";
    font-size: 16pt;
    text-indent: 40px;
}
-->
</style>
</head>
<body>
<p class="k">为了赶上潮流，女士们每过一季都要把自己衣柜里的衣服淘汰，最好的服装永远都在商店的橱窗里。在中国时尚女装井喷式消费热潮中，一枝独秀的韩国女装尽管售价比国内品牌高数倍，但消费需求依然旺盛。携手国际品牌女装大鳄，独步鲜有对手的美丽事业，每季数百款靓丽女装为您带来千百万财富。</p>
</body>
</html>
```

此段代码中首先在<head>和</head>之间，用<style>定义了 k 中的 text-indent 属性为 40px，表示缩进 40 个像素，然后对正文中的段落文本应用 k 样式，在浏览器中的浏览效果，如图 11-12 所示。

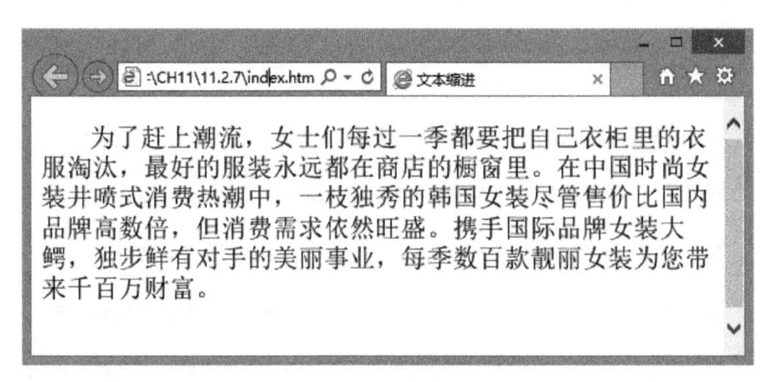

图 11-12　文本缩进效果

11.2.8　文本行高 line-height

使用行高属性可以控制段落中行与行之间的距离。

语法：

```
line-height:行高值
```

说明：

行高值可以为长度、倍数和百分比。

实例：

```
<!DOCTYPE html>
<html>
<head>
<meta charset="utf-8">
<title>文本行高</title>
<style type="text/css">
<!--
.k {
    font-family: "宋体";
    font-size: 14pt;
    line-height: 50px;
}
-->
</style>
</head>
<body>
<span class="k">延庆四海镇比市区海拔高，林木覆盖率高、日照充足，是一个天然大花圃，今年这里种植的花卉有数千余亩，四海镇种植了万寿菊、百合、茶菊、玫瑰、种籽种苗、宿根花卉和草盆花等等，这些花会分季节开放，所以这里实现了四季鲜花不断的美景。延庆县四海镇、珍珠泉乡等地都形成了富有当地特色的旅游模式。周边有很多民俗村、民俗户都在发展农家乐旅游，农家院，好的标间也就一百多一间，普通的也就几十。</span>
</body>
</html>
```

此段代码中首先在<head>和</head>之间，用<style>定义了k中的line-height属性为50px，表示行高为50像素，然后对正文中的段落文本应用k样式，在浏览器中的浏览效果，如图11-13所示，可以看到行间距比默认的间距增大了。

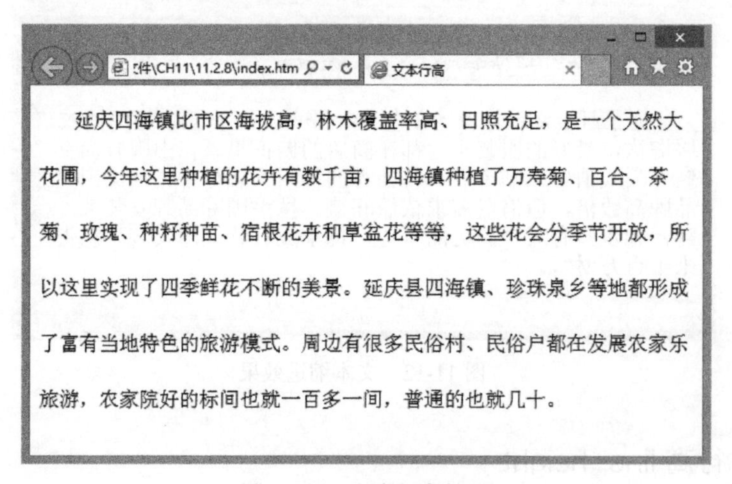

图 11-13　文本行高效果

11.3　图片样式设置

在网页中恰当地使用图片，能够充分展现网页的主题和增强网页的美感，同时能够极大地吸引浏览者的目光。CSS提供了强大的图片样式控制能力，以帮助用户设计专业美观的网页。

11.3.1 定义图片边框

在 HTML 中，我们使用表格来创建文本周围的边框，但是通过使用 CSS 边框属性，我们可以创建出效果出色的边框，并且可以应用于任何元素。默认情况下，图片是没有边框的，通过“边框”属性可以为图片添加边框线。

下面是一个图片边框的实例，其代码如下：

```
<!doctype html>
<html>
<head>
<meta charset="utf-8">
<title>图片边框</title>
<style type="text/css">
.wu {
    border: 5px solid  #F60;
}
</style>
</head>
<body>
<img src="tu.jpg" width="350" height="385" class="wu" />
</body>
</html>
```

这里首先定义了一个样式，设置了边框宽度为 5px，实线，边框颜色为#F60，在正文中对图片应用样式，效果如图 11-14 所示。

利用 border: 5px dashed 设置 5px 的虚线边框，效果如图 11-15 所示。

其 CSS 代码如下：

```
.wu {border: 5px dashed #F60;}
```

图 11-14　实线边框效果

图 11-15　虚线效果图

通过该变边框样式、宽度和颜色，可以得到下列各种不同效果。

（1）设置“border: 5px dotted #F60”，效果如图 11-16 所示。

（2）设置“border: 5px double #F60”，效果如图 11-17 所示。

（3）设置“border: 30px groove #F60”，效果如图 11-18 所示。

（4）设置“border: 30px ridge #F60”，效果如图 11-19 所示。

图 11-16 点划线效果

图 11-17 双线效果

图 11-18 槽状效果

图 11-19 脊状效果

（5）设置“border: 30px inset #F60”，效果如图 11-20 所示。

（6）设置“border: 30px outset #F60”，效果如图 11-21 所示。

图 11-20 凹陷效果

图 11-21 凸出效果

11.3.2 文字环绕图片

在网页中仅有文字是非常单调的，因此在段落中经常会插入图片。在网页构成的诸多要素中，图片是形成设计风格和吸引访问者的重要因素之一。

下面通过 float 设置文字环绕图片实例，预览效果如图 11-22 所示，其 CSS 代码如下：

```
<!doctype html>
<html>
<head>
<meta charset="utf-8">
<title>文字环绕</title>
<style type="text/css">
<!--
.wu {padding: 10px;float: left;}
</style>
</head>
<body>
<table width="90%" border=0 align="center" cellpadding=0 cellspacing=0>
  <tbody>
    <tr>
    <tdheight="450"><span>房地产开发经营公司是一个充满活力,健康向上的企业。它创立于1994年，具有房地产开发二级资质。能够承担全市范围内的房地产开发、商品房销售，危旧房改造，房屋拆迁、房屋拆除及物业管理等任务，属于综合性开发公司。
<imgsrc="images/zp-2.jpg"width="450"height="230"align="right"class="wu"><br>
      1994 年，为进一步适应危改工作发展的需要，推动整个地区危旧房改造工程，在地区政府的大力支持下，经市建委批准，正式成立了危改小区开发公司。1997 年，为适应房地产市场发展，。十几年来，伴随着几个破旧平房区变成了优美的居住小区，上万户居民搬进了公司为他们打造的新居。十几年来，公司沐浴了房地产高速发展的阳光，也经历了房地产充满艰辛的风雨。在阳光的照耀下，在风雨的磨练中，我们看见了绚丽的彩虹，随着房地产市场的发展，公司也不断发展壮大，当年一棵春笋，如今已长成茂密的竹林。
这是一片生机勃勃的沃土，生长着健康、动感、活力、向上的种子。
</span></td>
    </tr>
  </tbody>
</table>
</body>
</html>
```

图 11-22　文字环绕图片效果

11.4 背景样式设置

网页中的背景设计是相当重要的，好的背景不但能影响访问者对网页内容的接受程度，还能影响访问者对整个网站的印象。如果你经常注意别人的网站，你应该会发现在不同的网站上，甚至同一个网站的不同页面上，都会有各式各样的不同的背景设计。

11.4.1 设置页面背景颜色

背景颜色的设置是最为简单的，但同时也是最为常用和最为重要的，因为相对于背景图片来说，它有无与伦比的显示速度上的优势。在 HTML 中，利用<body>标记中的 bgcolor 属性可以设置网页的背景颜色，而在 CSS 中使用 background-color 属性不但可以设置网页的背景颜色，还可以设置文字的背景颜色。

语法：

```
background-color:颜色取值
```

实例：

```
<!doctype html>
<html>
<head>
<meta charset="utf-8">
<title>背景颜色</title>
<style type="text/css">
<!--
.gh {
    font-family: "宋体";
    font-size: 24px;
    color: #9900FF;
    background-color: #FF99FF;
}
body {
    background-color: #FF99CC;
}
-->
</style>
</head>
<body>
  <span class="gh">这次文化节游客除赏花以外，鲜花港还为游客打造了全方位的休闲体验方式，以食够味、玩刺激、购时尚、享休闲为特色开启了游园之旅。经典的各色美食，特色的民俗表演，边吃，边玩，边看，享受真正的盛宴；看挑战人类极限的精彩表演，到水上蹦床上闪转腾挪，体会惊声尖叫的超快感；爱花，就在花艺中心选购精品花卉；爱自然，就去绿尚农园，采摘绿色鲜果。</span>
</body>
</html>
```

此段代码中首先在<head>和</head>之间，用<style>定义了 gh 标记中的背景颜色属性 background-color 为#ff99ff，然后在正文中对文本应用 gh 样式，利用 body {background-color: #ff99cc;}定义整个网页的背景颜色。在浏览器中预览效果，如图 11-23 所示，可以看到应用样式的文本和整个网页有不同的背景颜色。

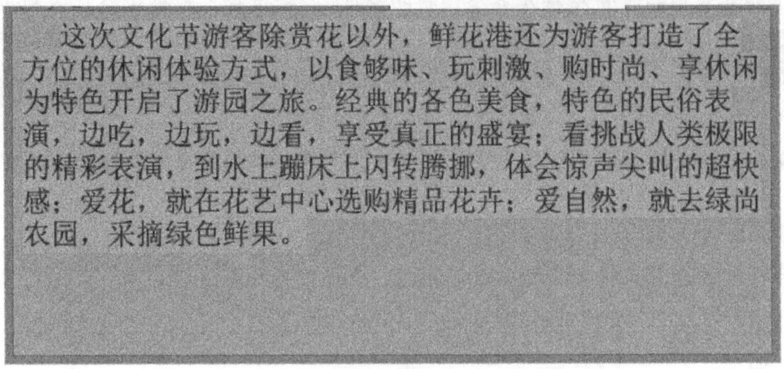

这次文化节游客除赏花以外，鲜花港还为游客打造了全方位的休闲体验方式，以食够味、玩刺激、购时尚、享休闲为特色开启了游园之旅。经典的各色美食，特色的民俗表演，边吃，边玩，边看，享受真正的盛宴；看挑战人类极限的精彩表演，到水上蹦床上闪转腾挪，体会惊声尖叫的超快感；爱花，就在花艺中心选购精品花卉；爱自然，就去绿尚农园，采摘绿色鲜果。

图 11-23　设置文本和整个网页的背景色

11.4.2　定义背景图片

使用 background-image 属性可以设置元素的背景图片。为保证浏览器载入网页的速度，建议尽量不要使用字节过大的图片作为背景图片。

语法：

```
background-image:url（图片地址）
```

说明：

图片地址可以是绝对地址，也可以是相对地址。

实例：

```
<!doctype html>
<html>
<head>
<meta charset="utf-8">
<title>背景图片</title>
<style type="text/css">
<!--
.l {
font-family: "宋体";
    font-size: 20px;
    background-image: url(images/ber_12.gif);
}
-->
</style>
</head>
<body class="l">
<table width="78%" border="0" align="center" cellpadding="0" cellspacing="0">
  <tr>
    <td><table width="85%" border="0" align="left" cellpadding="0" cellspacing="0">
      <tr>
   <td>
准确定位：儿童消费市场，时尚个性尽显其中，历时一年的周密调研，专攻“中国儿童时尚消费”之经营定位，加上专营儿童用品的经验与研究成果，切入市场如定海神针！
<br />
```

```
    低价策略：数千种儿童用品，价格档次齐全，折扣最低 1 折供货，规模效益，薄利多销！贝与知名儿童用品厂商合作，大规模销售、流行时间差、换季不同步。大部分产品的价位在三四十元到一两百之间，高、中、低档都有，适合大众消费。
    <br />
    创新时尚：儿童消费，关键有新意！针对各地儿童文化背景、地域背景、兴趣喜好、智力开发等进行研究设计，每年推出的新产品设计就达上万余件！
    <br />
    引领潮流：符合标准的质量，符合个性的潮流创意，令每件产品都成为名品。创意好当然效果好，财富自然跑不了！
    </td>
          </tr>
        </table>
    </td>
      </tr>
    </table>
    </body>
    </html>
```

此段代码中首先在<head>和</head>之间，用<style>定义了 1 标记中的背景图片属性 background-image 为# url(images/ber_12.gif)，然后对<body>应用 1 样式，在浏览器中的浏览效果如图 11-24 所示。

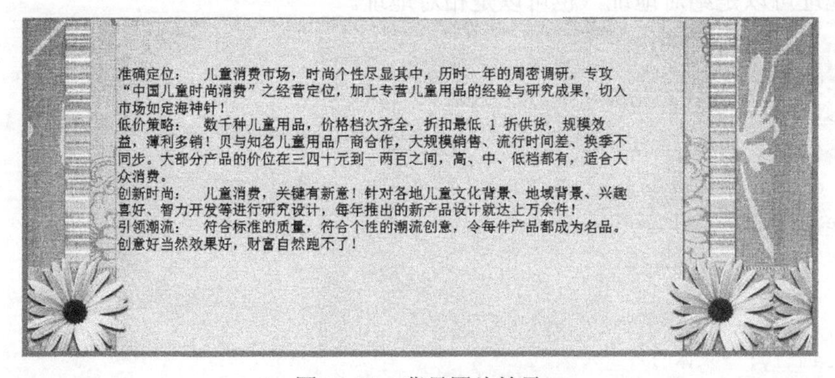

图 11-24　背景图片效果

11.5　滤镜概述

CSS 中的滤镜与 Photoshop 中的滤镜相似，它可以用很简单的方法对网页中的对象进行特效处理。使用滤镜属性可以把一些特殊效果添加到网页元素中，使页面更加美观。

CSS 滤镜的标识符是“filter”，总体的应用和其他的 CSS 语句相同。CSS 滤镜可分为基本滤镜和高级滤镜两种。

可以直接作用于对象上，并且立即生效的滤镜称为基本滤镜。而要配合 JavaScript 等脚本语言，能产生更多变幻效果的则称为高级滤镜。

11.5.1　动感模糊

blur 属性用于设置对象的动态模糊效果。

语法：

```
filter:blur(add=参数值, direction=参数值, strength=参数值)
```

说明：

blur 属性中包括的参数，如表 11-1 所示。

表 11-1　blur 属性的参数

参数	含义
add	设置是否显示原始图片
direction	设置动态模糊的方向，按顺时针的方向以 45 度为单位进行累积
strength	设置动态模糊的强度，只能使用整数来指定，默认是 5 个

实例：

```
<!doctype html>
<html>
<head>
<meta charset="utf-8">
<title>动感模糊</title>
<style type="text/css">
<!--
.g {
    filter: blur(add=true, direction=100, strength=8);
}
.g1 {
    filter: blur(direction=450, strength=150);
}
-->
</style>
</head>
<body>
<table width="400" border="1" align="center" cellpadding="6" cellspacing="0">
  <tr>
    <td align="center">原图</td>
    <td align="center">(direction=100, strength=8)效果</td>
    <td align="center">(direction=450, strength=150)效果</td>
  </tr>
  <tr>
    <td><img src="1.jpg" width="200" height="118"/></td>
    <td><img src="1.jpg" width="200" height="118" class="g" /></td>
    <td><img src="1.jpg" width="200" height="118" class="g1" /></td>
  </tr>
</table>
</body>
</html>
```

在<style>和</style>代码中的加粗部分标记用来设置动感模糊样式，在浏览器中的浏览效果如图 11-25 所示。

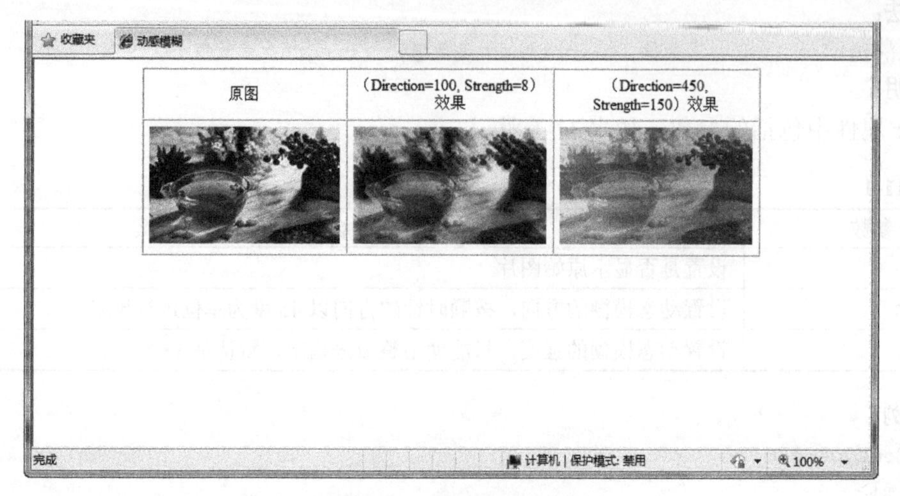

图 11-25　动感模糊效果

11.5.2　对颜色进行透明处理

chroma 滤镜的作用是将图片中的某种颜色换为透明色，变为透明效果。

语法：

```
filter:chroma(color=颜色代码或颜色关键字)
```

实例：

```
<!doctype html>
<html>
<head>
<meta charset="utf-8">
<title>对颜色进行透明处理</title>
<style>
.y {filter: chroma(color=#ff9999);
}
.y1 {
filter: chroma(color=#0099ff);
}
.y2 {filter: chroma(color=#ff9999);
}
</style>
</head>
<body>
<table width="262" border="0" align="center" cellpadding="5" cellspacing="0">
  <tr>
    <td width="127" style="text-align: center" >原图</td>
    <td width="135" style="text-align: center" >变化后</td>
    <td width="135" style="text-align: center" >变化后</td>
  </tr>
  <tr>
    <td ><img src="04.gif" width="248" height="150"  alt=""/></td>
```

```
    <td ><img class="y2" src="04.gif" width="248" height="150" /></td>
    <td ><img class="y1" src="04.gif" width="248" height="150" /></td>
  </tr>
</table>
</body>
</html>
```

在<style>和</style>代码中加粗部分的标记用来设置对颜色进行透明处理的样式，分别对图像应用样式，在浏览器中的浏览效果如图 11-26 所示，可以看到中间的图像中红色被替换了透明，右边的图像中蓝色被替换了透明。

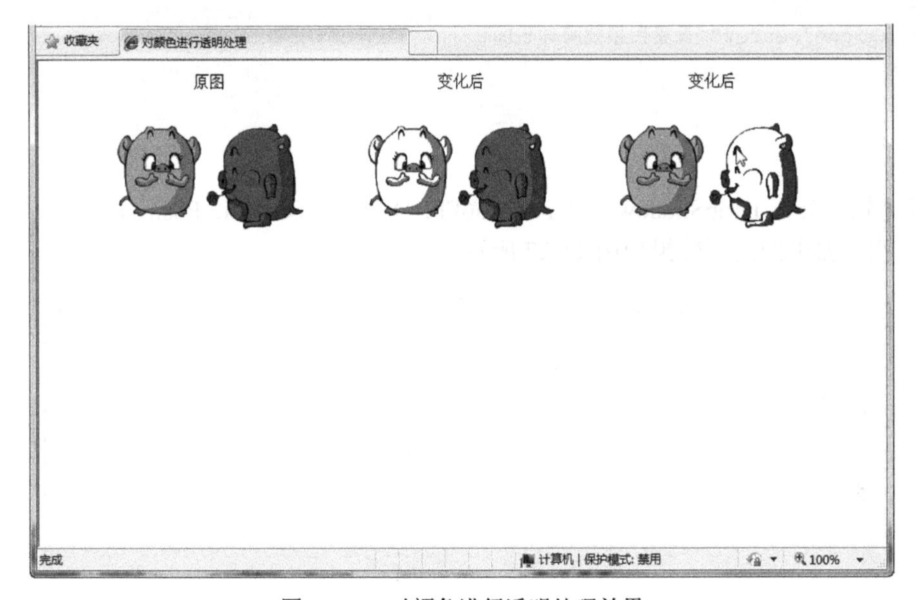

图 11-26　对颜色进行透明处理效果

11.5.3　设置阴影

dropShadow 滤镜用于设置在指定的方向和位置上产生阴影效果。

语法：

```
dropShadow(color=阴影颜色, offX=参数值, offY=参数值, positive=参数值)
```

说明：

Color 属性控制阴影的颜色。

offX 和 offY 分别设置阴影相对原始图像移动的水平距离和垂直距离。

positive 属性设置阴影是否透明。

实例：

```
<!doctype html>
<html>
<head>
<meta charset="utf-8">
<title>阴影效果</title>
<style>
.y {
```

```
    filter: dropshadow(color=#3366ff, offx=2, offy=1, positive=1);
    font-size: 36px;
    color: #ffcc99;
}
</style>
</head>
<body>
<table width="263" height="30" border="0" align="center"
cellpadding="0" cellspacing="0" class="y">
<tr>
<td align="center">设置阴影效果</td>
</tr>
</table>
</body>
</html>
```

在代码中 filter: DropShadow(Color=#3366FF, OffX=2, OffY=1, Positive=1)标记用来设置阴影，在浏览器中的浏览效果如图 11-27 所示。

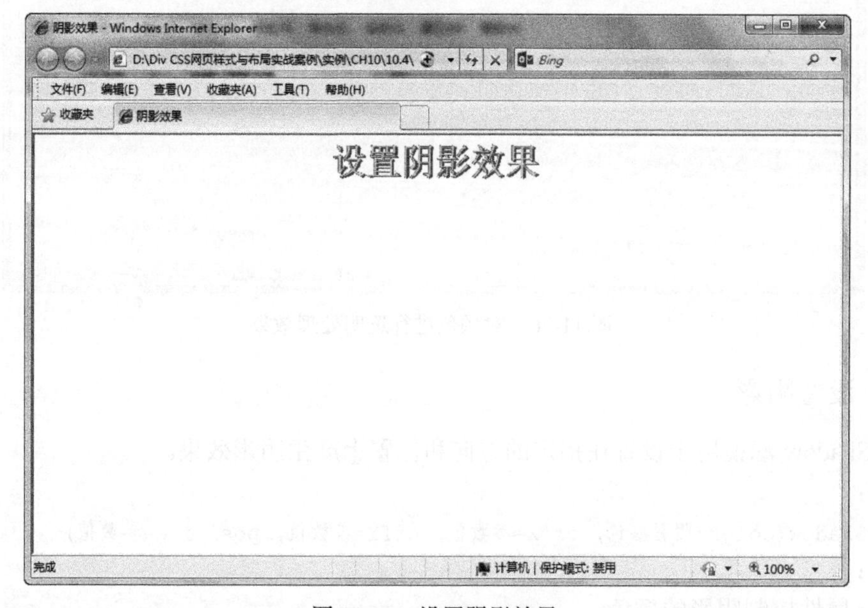

图 11-27　设置阴影效果

第12章

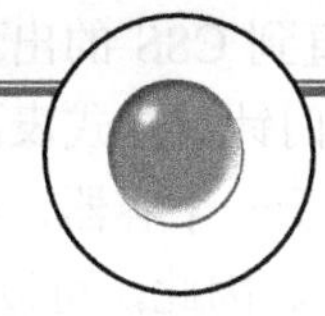

CSS+Div 布局网页

CSS + Div 是网站标准中常用的术语之一，CSS 和 Div 的结构被越来越多的人采用，很多人都抛弃了表格而使用 CSS 来布局页面。它的好处很多：可以使结构简洁；定位更灵活；CSS 布局的最终目的是搭建完善的页面架构。通常在 XHTML 网站设计标准中，不再使用表格定位技术，而是采用 CSS+Div 的方式实现各种定位。

学习目标

- 初识 Div
- CSS 定位
- CSS 布局理念
- 常见的布局类型

12.1 初识 Div

在 CSS 布局的网页中，<Div>与<span>都是常用的标记，利用这两个标记，加上 CSS 对其样式的控制，可以很方便地实现网页的布局。

12.1.1 Div 概述

过去最常用的网页布局工具是<table>标签，它本是用来创建电子数据表的。由于<table>标签本来不是要用于布局的，因此设计师们不得不经常以各种不寻常的方式来使用这个标签——如把一个表格放在另一个表格的单元里面。这种方法的工作量很大，增加了大量额外的 HTML 代码，并使得后面要修改设计很难。

而 CSS 的出现使得网页布局有了新的曙光。利用 CSS 属性，可以精确地设定元素的位置，还能将定位的元素叠放在彼此之上。当使用 CSS 布局时，主要把它用在 Div 标签上，<Div>与</Div>之间相当于一个容器，可以放置段落、表格和图片等各种 HTML 元素。Div 是用来为 HTML 文档内大块的内容提供结构和背景的元素。Div 的起始标签和结束标签之间的所有内容都是用来构成这个块的，其中所包含元素的特性由 Div 标签的属性或通过使用 CSS 来控制。

12.1.2 Div 与 span 的区别

Div 标记早在 HTML3.0 时代就已经出现，但那时并不常用，直到 CSS 的出现，才逐渐发挥出它的优势。而 span 标记直到 HTML4.0 时才被引入，它是专门针对样式表而设计的标记。Div 简单而言是一个区块容器标记，即<Div>与</Div>之间相当于一个容器，可以容纳段落、标题、表格、图片，乃至章节、摘要和备注等各种 HTML 元素。因此，可以把<Div>与</Div>中的内容视为一个独立的对象，用于 CSS 的控制。声明时只需要对 Div 进行相应的控制，其中的各标记元素都会因此而改变。

span 是行内元素，span 的前后是不会换行的，它没有结构的意义，纯粹是应用样式，当其他行内元素都不合适时，可以使用 span。

下面通过一个实例说明 Div 与 span 的区别，代码如下。

```
<html>
<head>
<meta http-equiv="Content-Type" content="text/html; charset=gb2312" />
<title>div 与 span 的区别</title>
<style type="text/css">
.t {
font-weight: bold;
font-size: 16px;
}
.t {
font-size: 14px;
font-weight: bold;
}
</style>
</head>
<body>
<p class="t">div 标记不同行: </p>
<div><img src="tu1.jpg" vspace="1" border="0"></div>
<div><img src="tu2.jpg" vspace="1" border="0"></div>
<div><img src="tu3.jpg" vspace="1" border="0"></div>
<p class="t">span 标记同一行: </p>
<span><img src="tu1.jpg" border="0"></span>
<span><img src="tu2.jpg" border="0"></span>
<span><img src="tu3.jpg" border="0"></span>
</body>
</html>
```

在浏览器中的浏览效果如图 12-1 所示。

正是由于两个对象不同的显示模式，因此在实际使用过程中决定了两个对象的不同用途。Div 对象是一个大的块状内容，如一大段文本、一个导航区域、一个页脚区域等显示为块状的内容。而作为内联对象的 span，用途是对行内元素进行结构编码以方便样式设计例如在一大段文本中，需要改变其中一段文本的颜色，可以将这一小部分文本使用 span 对象，并进行样式设计，这将不会改变这一整段文本的显示方式。

Div标记不同行：

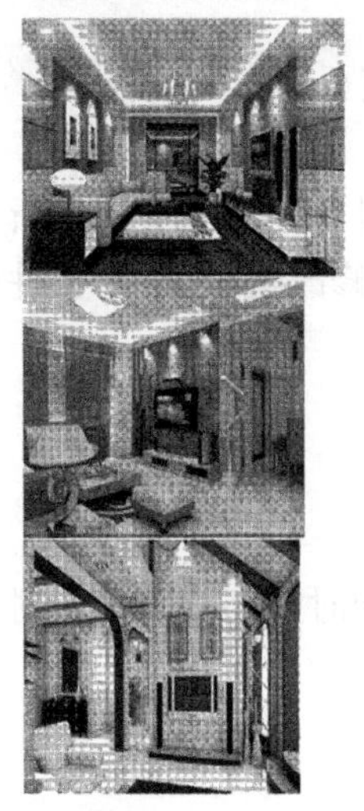

span标记同一行：

图 12-1　Div 与 span 的区别

12.1.3　Div 与 CSS 布局优势

掌握基于 CSS 的网页布局方式，是实现 Web 标准的基础。在制作主页时采用 CSS 技术，可以有效地对页面的布局、字体、颜色、背景和其他效果实现更加精确的控制。只要对相应的代码做一些简单的修改，就可以改变网页的外观和格式。采用 CSS 布局有以下优点。

- 大大缩减页面代码，提高页面浏览速度，缩减带宽成本。
- 缩短改版时间，只要简单地修改几个 CSS 文件就可以重新设计一个拥有成百上千页面的站点。
- 强大的字体控制和排版能力。
- CSS 非常容易编写，可以像写 HTML 代码一样轻松编写 CSS。
- 提高易用性，使用 CSS 可以结构化 HTML，如<p>标记只用来控制段落，heading 标记只用来控制标题，table 标记只用来表现格式化的数据等。
- 表现和内容相分离，将设计部分分离出来放在一个独立样式文件中。
- 更方便搜索引擎的搜索，用只包含结构化内容的 HTML 代替嵌套的标记，搜索引擎将更有效地搜索到内容。
- table 布局灵活性不大，只能遵循 table、tr、td 的格式，而 Div 可以有各种格式。
- 在 table 布局中，垃圾代码会很多，一些修饰的样式及布局的代码混合在一起，很不直观。而 Div 更能体现样式和结构相分离，结构的重构性强。
- 在几乎所有的浏览器上都可以使用。

- 以前一些必须通过图片转换实现的功能，现在只要用 CSS 就可以轻松实现，从而更快地加载页面。
- 使页面的字体变得更漂亮，更容易编排，使页面赏心悦目。
- 可以轻松地控制页面的布局。
- 可以将许多网页的风格格式同时更新，不用再一页一页地更新了。可以将站点上所有的网页风格都使用一个 CSS 文件进行控制，只要修改这个 CSS 文件中相应的行，那么整个站点的所有页面都会随之发生变动。

12.2 CSS 定位

CSS 对元素的定位包括相对定位和绝对定位，同时，还可以把相对定位和绝对定位结合起来，形成混合定位。

12.2.1 盒子模型的概念

如果想熟练掌握 Div 和 CSS 的布局方法，首先要对盒子模型有足够的了解。盒子模型是 CSS 布局网页时非常重要的概念，只有很好地掌握了盒子模型以及其中每个元素的使用方法，才能真正的布局网页中各个元素的位置。

页面中的所有元素都可以看作一个装了东西的盒子，盒子里面的内容到盒子的边框之间的距离即填充（padding），盒子本身有边框（border），而盒子边框外和其他盒子之间，还有边界（margin）。

一个盒子由四个独立部分组成，如图 12-2 所示。

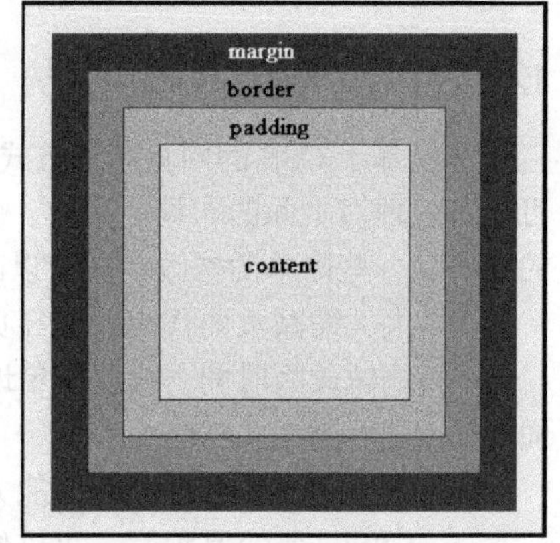

图 12-2　盒子模型图

最外面的是边界（margin）；第二部分是边框（border），边框可以有不同的样式；第三部分是填充（padding），填充用来定义内容区域与边框（border）之间的空白；第四部分是内容区域。

填充、边框和边界都分为上、右、下、左四个方向，既可以分别定义，也可以统一定义。当使用 CSS 定义盒子的 width 和 height 时，定义的并不是内容区域、填充、边框和边界所占的总区域，而是内容区域 content 的 width 和 height。为了计算盒子所占的实际区域必须加上 padding、border 和 margin。

实际宽度=左边界+左边框+左填充+内容宽度（width）+右填充+右边框+右边界

实际高度=上边界+上边框+上填充+内容高度（height）+下填充+下边框+下边界

12.2.2 float 定位

float 属性定义元素在哪个方向浮动。以往这个属性应用于图像，使文本围绕在图像周围，不过在 CSS 中，任何元素都可以浮动。浮动元素会生成一个块级框，而不论它本身是何种元素。float 是相对定位的，会随着浏览器的大小和分辨率的变化而改变。float 浮动属性是元素定位中非常重要的属性，常常通过对 Div 元素应用 float 浮动来进行定位。

语法：

```
float:none|left|right
```

说明：

none 是默认值，表示对象不浮动；left 表示对象浮在左边；right 表示对象浮在右边。CSS 允许任何元素浮动 float，不论是图像、段落还是列表。无论先前元素是什么状态，浮动后都成为块级元素。浮动元素的宽度默认为 auto。如果 float 取值为 none，或没有设置 float 时，不会发生任何浮动，块元素独占一行，紧随其后的块元素将在新行中显示，其代码如下所示。在浏览器中浏览如图 12-3 所示的网页时，可以看到由于没有设置 Div 的 float 属性，因此每个 Div 都单独占一行，两个 Div 分两行显示。

```
<html xmlns="http://www.w3.org/1999/xhtml">
<head>
<meta http-equiv="Content-Type" content="text/html; charset=gb2312" />
 <title>没有设置 float 时</title>
 <style type="text/css">
  #content_a {width:250px; height:100px; border:3px solid #000000; margin:20px;
background: #F90;}
  #content_b {width:250px; height:100px; border:3px solid #000000; margin:20px;
background: #6C6;}    </style>
</head>
<body>
  <div id="content_a">这是第一个 DIV</div>
  <div id="content_b">这是第二个 DIV</div>
</body>
</html>
```

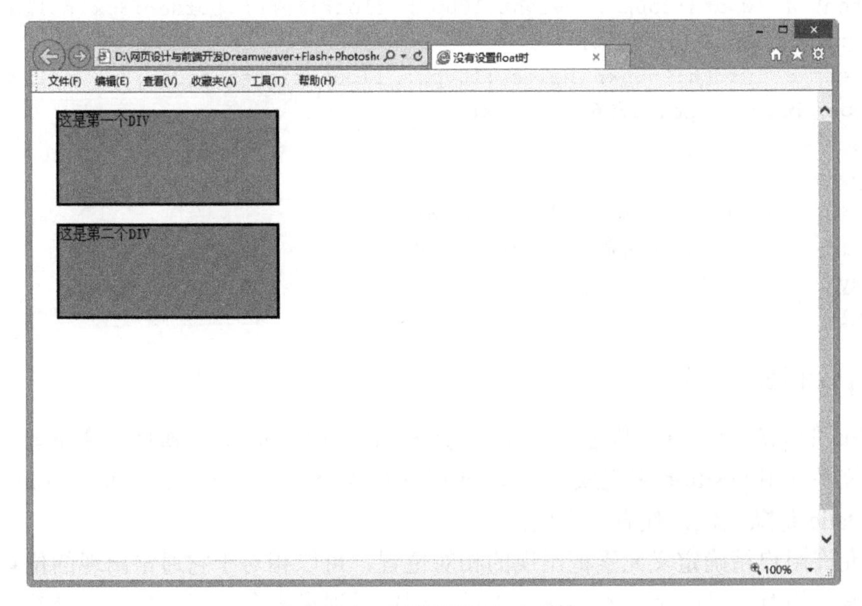

图 12-3　没有设置 float 属性

下面修改一下代码，使用 float:left 对 content_a 应用向左的浮动，而 float:right 对 content_b。其代码如下所示，在浏览器中的浏览效果如图 12-4 所示。可以看到 content_a 向左的浮动，content_b 向右浮动，content_b 在水平方向紧跟着它的后面，两个 Div 占一行，在一行上并列显示。

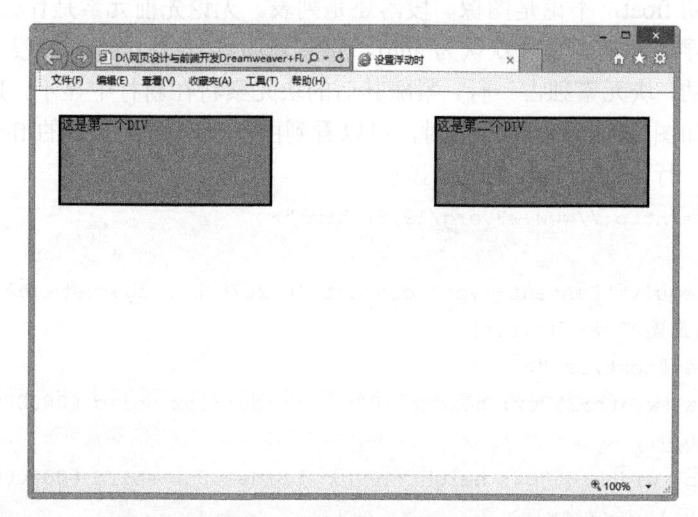

图 12-4　设置 float 属性时，使两个 Div 并列显示

```
<html>
<head>
<meta http-equiv="Content-Type" content="text/html; charset=gb2312"/>
<title>设置浮动时</title>
<style type="text/css">
#content_a {width:250px; height:100px; float:left; border:3px solid #000000;
margin:20px; background: #F90;}
#content_b {width:250px; height:100px; float:right;border:3px solid #000000;
margin:20px; background: #6C6;}    </style>
</head>
<body>
<div id="content_a">这是第一个 DIV</div>
<div id="content_b"> 这是第二个 DIV</div>
</body>
</html>
```

12.2.3　position 定位

position 的原意为位置、状态、安置。在 CSS 布局中，position 属性非常重要，很多特殊容器的定位必须用 position 来完成。position 属性有四个值，分别是 static、absolute、fixed、relative。static 是默认值，代表无定位。

定位允许用户精确定义元素框出现的相对位置，可以相对于它通常出现的位置，相对于其上级元素，相对于另一个元素，或者相对于浏览器视窗本身。每个显示元素都可以用定位的方法来描述，而其位置是由此元素的包含块来决定的。

语法：

```
Position: static | absolute | fixed | relative
```

static 表示默认值，无特殊定位，对象遵循 HTML 定位规则；absolute 表示采用绝对定位，需要同时使用 left、right、top 和 bottom 等属性进行绝对定位。而其层叠通过 z-index 属性定义，此时对象不具有边框，但仍有填充和边框；fixed 表示当页面滚动时，元素保持在浏览器视区内，其行为类似 absolute；relative 表示采用相对定位，对象不可层叠，但将依据 left、right、top 和 bottom 等属性设置在页面中的偏移位置。

12.3 CSS 布局理念

无论使用表格还是 CSS，网页布局都是把大块的内容放进网页的不同区域里面。有了 CSS，最常用来组织内容的元素就是<Div>标签。CSS 排版首先要使用<Div>将页面整体划分为几个板块，然后对各个板块进行 CSS 定位，最后在各个板块中添加相应的内容。

12.3.1 将页面用 Div 分块

在利用 CSS 布局页面时，首先要有一个整体的规划，包括整个页面分成哪些模块，各个模块之间的父子关系等。以最简单的框架为例，页面由 Banner、主体内容（content）、菜单导航（links）和脚注（footer）几个部分组成，各个部分分别用自己的 id 来标识，如图 12-5 所示。

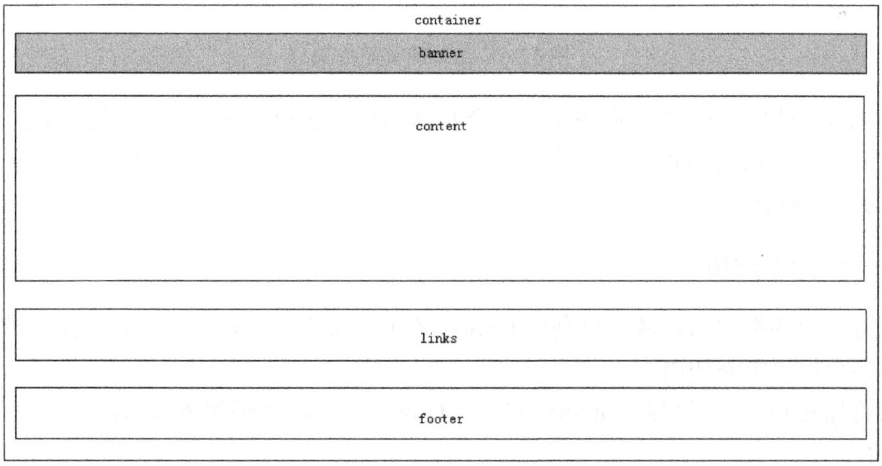

图 12-5 页面内容框架

页面中的 HTML 框架代码如下所示。

```
<div id="container">container
<div id="banner">banner</div>
  <div id="content">content</div>
  <div id="links">links</div>
  <div id="footer">footer</div>
</div>
```

实例中每个板块都是一个<Div>，这里直接使用 CSS 中的 id 来表示各个板块，页面的所有 Div 块都属于 container，一般的 Div 排版都会在最外面加上这个父 Div，便于对页面的整体进行调整。对于每个 Div 块，还可以再加入各种元素或行内元素。

12.3.2 设计各块的位置

当页面的内容确定后，则需要根据内容本身考虑整体的页面布局类型，如是单栏、双栏还是三栏等，这里采用的布局如图 12-6 所示。

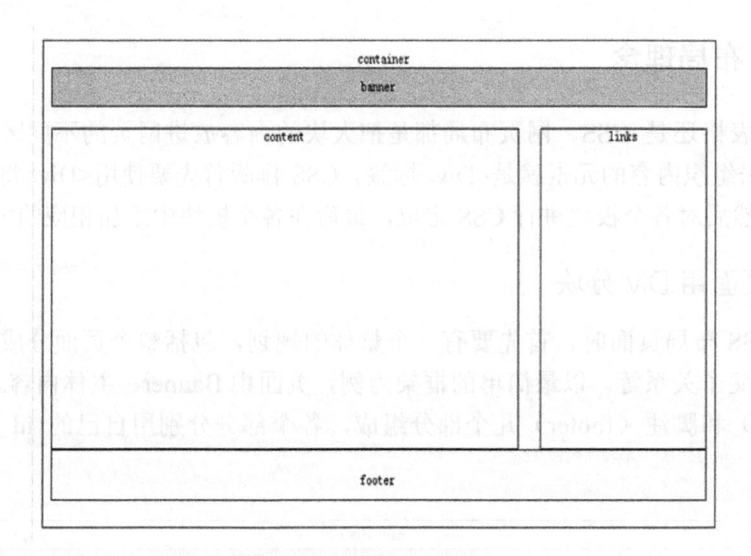

图 12-6 简单的页面框架

由图 12-6 可以看出，在页面外部有一个整体的框架 container，banner 位于页面整体框架中的最上方，content 与 links 位于页面的中部，其中 content 占据着页面的绝大部分。最下面是页面的脚注 footer。

12.3.3 用 CSS 定位

整理好页面的框架后，就可以利用 CSS 对各个板块进行定位，实现对页面的整体规划，然后再往各个板块中添加内容。

下面首先对 body 标记与 container 父块进行设置，CSS 代码如下所示。

```
body{
   margin:10px;
   text-align:center;
}
#container{
   width:900px;
   border:2px solid #000000;
   padding:10px;
}
```

上面代码设置了页面的边界、页面文本的对齐方式，以及将父块的宽度设置为 900px。下面来设置 banner 板块，其 CSS 代码如下所示。

```
#banner{
    margin-bottom:5px;
    padding:10px;
    background-color:#a2d9ff;
    border:2px solid #000000;
    text-align:center;
}
```

这里设置了 banner 板块的边界、填充、背景颜色等。

下面利用 float 方法将 content 移动到左侧，links 移动到页面右侧，这里分别设置了这两个板块的宽度和高度，读者可以根据需要自己调整。

```
#content{
    float:left;
    width:600px;
    height:300px;
    border:2px solid #000000;
    text-align:center;
}
#links{
    float:right;
    width:290px;
    height:300px;
    border:2px solid #000000;
    text-align:center;
}
```

由于 content 和 links 对象都设置了浮动属性，因此 footer 需要设置 clear 属性，使其不受浮动的影响，代码如下所示。

```
#footer{
    clear:both;  /* 不受 float 影响 */
    padding:10px;
    border:2px solid #000000;
    text-align:center;
}
```

这样，页面的整体框架便搭建好了。这里需要指出的是，content 块中不能放置宽度过长的元素，如很长的图片或不换行的英文等，否则 links 将再次被挤到 content 下方。

特别的，如果后期维护时希望 content 的位置与 links 对调，仅仅只需要将 content 和 links 属性中的 left 和 right 改变。这是传统的排版方式所不可能简单实现的，也正是 CSS 排版的魅力之一。

另外，如果 links 的内容比 content 的长，在 IE 浏览器上 footer 就会贴在 content 下方而与 links 出现重合。

12.4 常见的布局类型

现在一些比较知名的网页设计全部采用的 Div+CSS 来排版布局，其好处是可以使 HTML 代码更整齐，更容易使人理解，而且在浏览时的速度也比传统的布局方式快。最重要的是，它的可控性要比表格强得多。下面介绍常见的布局类型。

12.4.1 一列固定宽度

一列式布局是所有布局的基础，也是最简单的布局形式。一列固定宽度中，宽度的属性值是固定像素。下面举例说明一列固定宽度的布局方法，具体步骤如下。

❶ 在 HTML 文档的<head>与</head>之间相应的位置输入定义的 CSS 样式代码，如下所示。

```
<style>
#Layer{
    background-color:#00cc33;
    border:3px solid #ff3399;
    width:500px;
    height:350px;
}
</style>
```

提示 使用 background-color:#00cc33;将 Div 设定为绿色背景，并使用 border:3 solid #ff3399;为 Div 设置粉红色的 3 像素宽度边框，使用 width:500px;设置宽度为 500 像素固定宽度，使用 height:350px;设置高度为 350 像素。

❷ 然后在 HTML 文档的<body>与<body>之间的正文中输入以下代码，给 Div 使用了 layer 作为 id 名称。

```
<div id="Layer">1 列固定宽度</div>
```

❸ 在浏览器中浏览，由于是固定宽度，无论怎样改变浏览器窗口大小，Div 的宽度都不改变，如图 12-7 和图 12-8 所示。

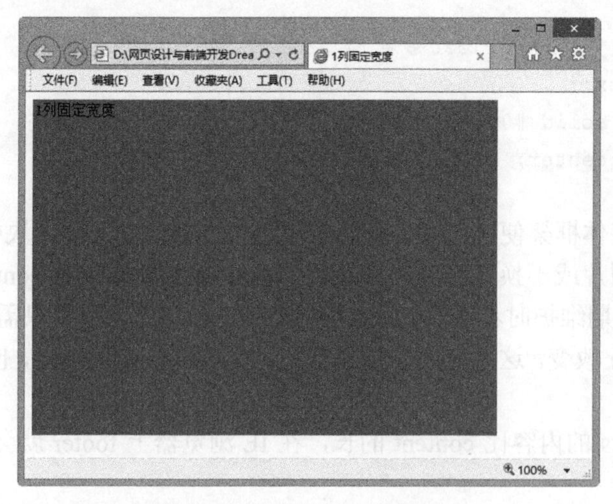

图 12-7 浏览器窗口变小效果

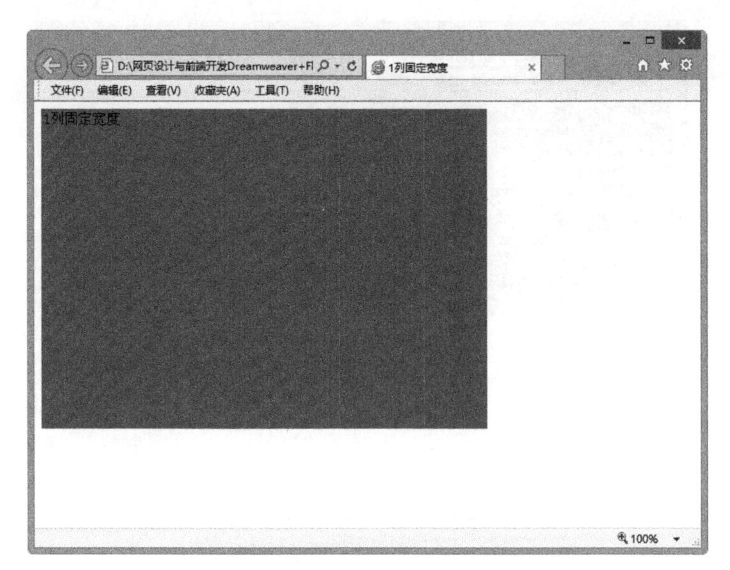

图 12-8 浏览器窗口变大效果

12.4.2 一列自适应

自适应布局是在网页设计中常见的一种布局形式，自适应的布局能够根据浏览器窗口的大小，自动改变其宽度或高度值，是一种非常灵活的布局形式，良好的自适应布局网站对不同分辨率的显示器都能提供最好的显示效果。自适应布局需要将宽度由固定值改为百分比。下面是一列自适应布局的CSS代码。

```
<style>
#Layer{
    background-color:#00cc33;
    border:3px solid #ff3399;
    width:60%;
    height:60%;
}
</style>
<body>
<div id="Layer">1 列自适应</div>
</body>
</html>
```

这里将宽度和高度值都设置为 60%，从浏览效果中可以看到，div 的宽度已经变为浏览器宽度 60%的值，当扩大或缩小浏览器窗口大小时，其宽度和高度还将维持在浏览器当前宽度比例的 60%，如图 12-9 所示。

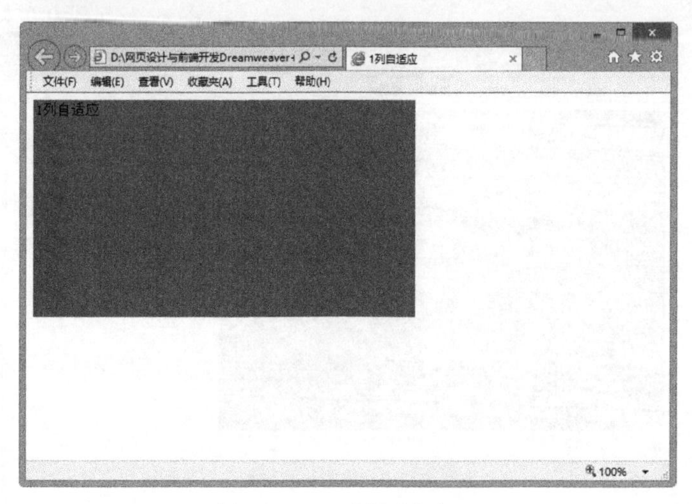

图 12-9　一列自适应布局

12.4.3　两列固定宽度

两列固定宽度非常简单，两列的布局需要用到两个 Div，分别为两个 Div 的 id 设置为 left 与 right，表示两个 Div 的名称。首先为它们指定宽度，然后让两个 Div 在水平线中并排显示，从而形成两列式布局，具体步骤如下。

❶ 在 HTML 文档的<head>与</head>之间相应的位置输入定义的 CSS 样式代码，如下所示。

```
<style>
#left{
    background-color:#00cc33;
    border:1px solid #ff3399;
    width:250px;
    height:250px;
    float:left;
    }
#right{
    background-color:#ffcc33;
    border:1px solid #ff3399;
    width:250px;
    height:250px;
    float:left;
}
</style>
```

提示　left 与 right 两个 Div 的代码与前面类似，两个 Div 使用相同宽度实现两列式布局。float 属性是 CSS 布局中非常重要的属性，用于控制对象的浮动布局方式，大部分 Div 布局基本上都是通过 float 的控制来实现的。

❷ 然后在 HTML 文档的<body>与<body>之间的正文中输入以下代码，给 Div 使用 left 和 right 作为 id 名称。

```
<div id="left">左列</div>
<div id="right">右列</div>
```

❸ 在浏览器中预览效果，如图 12-10 所示的是两列固定宽度布局。

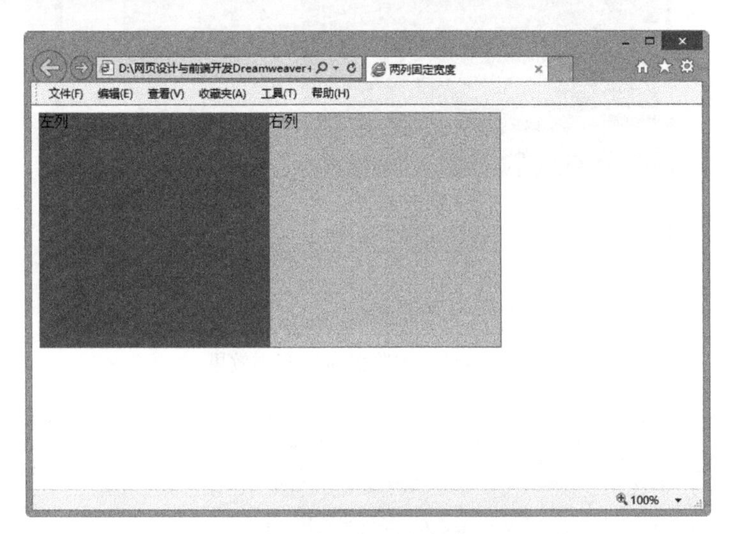

图 12-10　两列固定宽度布局

12.4.4　两列宽度自适应

下面使用两列宽度自适应性，以实现左右列宽度能够做到自动适应，设置自适应主要通过宽度的百分比值设置，CSS 代码修改为如下。

```
<style>
#left{
    background-color:#00cc33;
    border:1px solid #ff3399;
    width:60%;
    height:250px;
    float:left;
    }
#right{
    background-color:#ffcc33;
    border:1px solid #ff3399;
    width:30%;
    height:250px;
    float:left;
}
</style>
```

这里主要修改了左列宽度为 60%，右列宽度为 30%。在浏览器中的浏览效果如图 12-11 和图 12-12 所示。无论怎样改变浏览器窗口大小，左右两列的宽度与浏览器窗口的百分比都不改变。

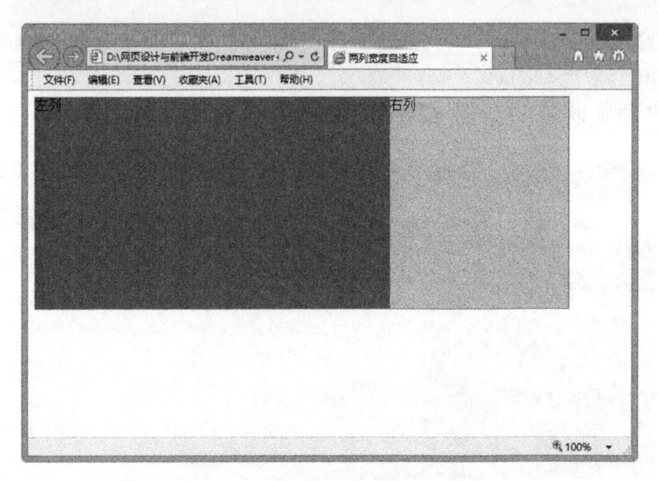

图 12-11　浏览器窗口变小效果

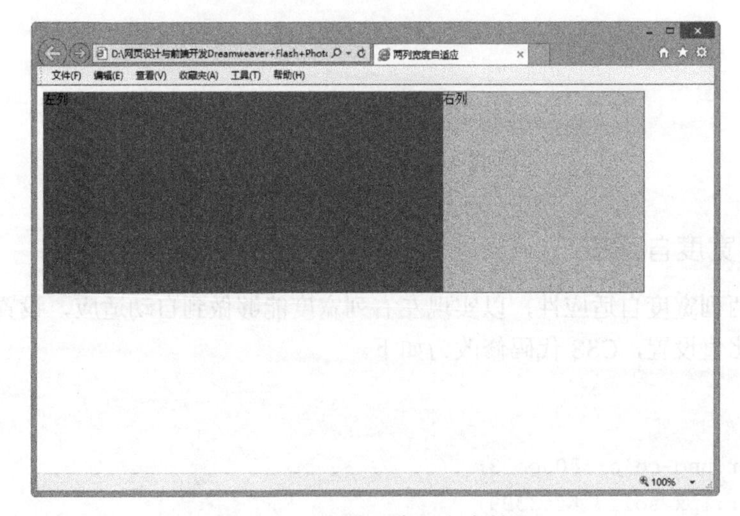

图 12-12　浏览器窗口变大效果

12.4.5　两列右列宽度自适应

右列根据浏览器窗口大小自动适应，在 CSS 中只要设置左列的宽度即可，如上例中左右列都采用了百分比实现了宽度自适应，这里只要将左列宽度设定为固定值，右列不设置任何宽度值，并且右列不浮动，CSS 样式代码如下。

```
<style>
#left{
    background-color:#00cc33;
    border:1px solid #ff3399;
    width:200px;
    height:250px;
    float:left;
    }
#right{
    background-color:#ffcc33;
    border:1px solid #ff3399;
```

```
        height:250px;
    }
    </style>
```

这样，左列将呈现 200px 的宽度，而右列将根据浏览器窗口大小自动适应，如图 12-13 和图 12-14 所示。

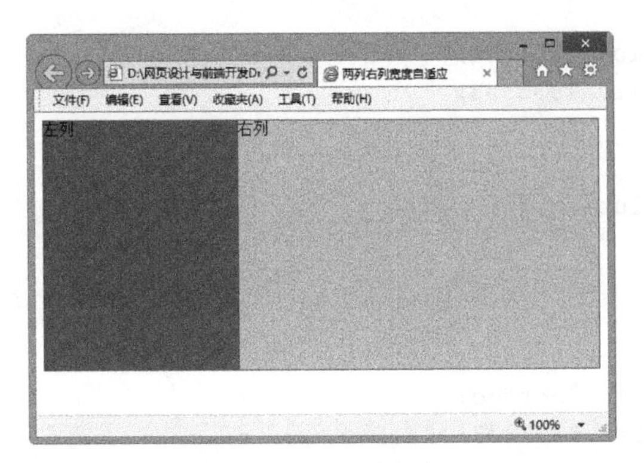

图 12-13　右列宽度

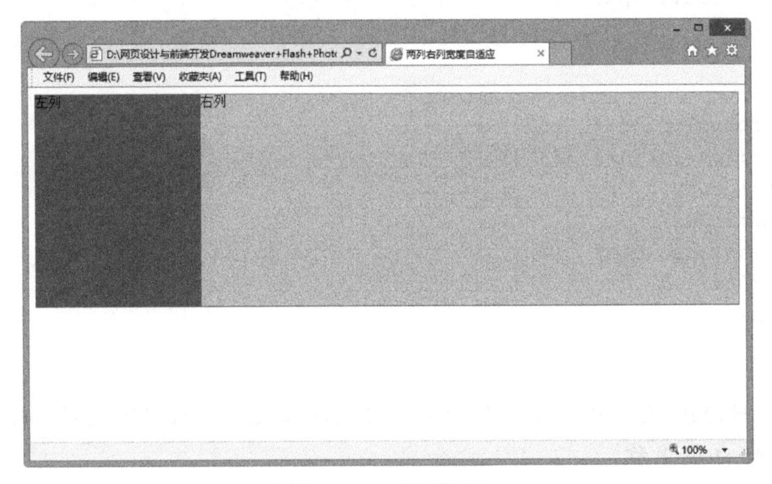

图 12-14　右列宽度

12.4.6　三列浮动中间宽度自适应

使用浮动定位方式，从一列到多列的固定宽度及自适应，基本上可以简单完成，包括三列的固定宽度。而在这里给我们提出了一个新的要求，希望有一个三列式布局，其中左列要求固定宽度，并居左显示，右列要求固定宽度并居右显示，而中间列需要在左列和右列的中间，根据左右列的间距变化自动适应。

在开始这样的三列布局之前，有必要了解一个新的定位方式——绝对定位。前面的浮动定位方式主要由浏览器根据对象的内容自动进行浮动方向的调整，但是当这种方式不能满足定位需求时，就需要新的方法来实现。CSS 提供的除去浮动定位之外的另一种定位方式就是绝对定位，绝对定位使用 position 属性来实现。

下面讲述三列浮动中间宽度自适应布局的创建，具体操作步骤如下。

❶ 在 HTML 文档的<head>与</head>之间相应的位置输入定义的 CSS 样式代码，如下所示。

```
<style>
body{
    margin:0px;
}
#left{
    background-color:#00cc00;
    border:2px solid #333333;
    width:100px;
    height:250px;
    position:absolute;
    top:0px;
    left:0px;
}
#center{
    background-color:#ccffcc;
    border:2px solid #333333;
    height:250px;
    margin-left:100px;
    margin-right:100px;
}
#right{
    background-color:#00cc00;
    border:2px solid #333333;
    width:100px;
    height:250px;
    position:absolute;
    right:0px;
    top:0px;
}
</style>
```

❷ 然后在 HTML 文档的<body>与<body>之间的正文中输入以下代码，给 Div 使用 left、right 和 center 作为 id 名称。

```
<div id="left">左列</div>
<div id="center">右列</div>
<div id="right">右列</div>
```

❸ 在浏览器中的浏览效果，如图 12-15 所示。随着浏览器窗口的改变，中间宽度是变化的。

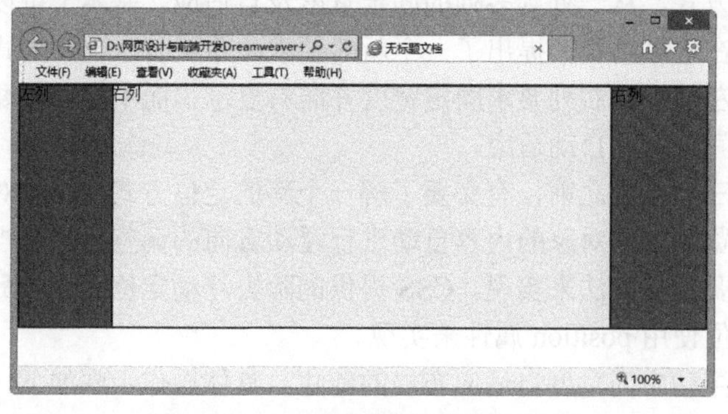

图 12-15　三列浮动中间宽度自适应

第4部分

JavaScript 网页特效篇

第13章

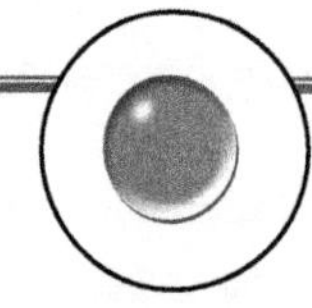

JavaScript 脚本基础

JavaScript 是网页中广泛使用的一种脚本语言，使用 JavaScript 可以使网页产生动态效果，以其小巧简单而备受用户的欢迎。本章将介绍 JavaScript 的基本概念、语言特点、基本语法。

学习目标

- JavaScript 的历史
- JavaScript 特点
- JavaScript 的放置位置
- JavaScript 基本语法

13.1 JavaScript 简介

JavaScript 为网页设计人员提供了极大的灵活性，它能够将网页中的文本、图形、声音和动画等各种媒体形式捆绑在一起，形成一个紧密结合的信息源。

13.1.1 JavaScript 的历史

Java 和 JavaScript 语言虽然在语法上很相似，但它们仍然是两种不同的语言。JavaScript 仅仅是一种嵌入到 HTML 文件中的描述性语言，它并不编译产生机器代码，只是由浏览器的解释器将其动态地处理成可执行的代码。而 Java 语言与 JavaScript 相比，则是一种比较复杂的编译性语言。

JavaScript 是一种面向对象的程序设计语言，它所包含的对象有两个组成部分，即变量和函数，也称为属性和方法。

JavaScript 是一种解释型的、基于对象的脚本语言。尽管与 C++这样成熟的面向对象的语言相比，JavaScript 的功能要弱一些，但对于它的预期用途而言，JavaScript 的功能已经足够大了。JavaScript 是一种宽松类型的语言。宽松类型意味着不必显式定义变量的数据类型。事实上 JavaScript 更进一步，无法在 JavaScript 中明确地定义数据类型。此外，在大多数情况下，JavaScript 会根据需要自动进行转换。

13.1.2 JavaScript 特点

JavaScript 具有以下语言特点。

- JavaScript 是一种脚本编写语言，采用小程序段的方式实现编程，开发过程非常简单。
- JavaScript 是一种基于对象的语言，它能运用已经创建的对象。
- JavaScript 是一种基于 Java 基本语句和控制流之上的简单而紧凑的设计语言，其次它的变量类型采用弱类型，并未使用严格的数据类型。
- JavaScript 是动态的，它可以直接对用户或客户的输入做出响应，无需经过 Web 服务程序。
- JavaScript 是一种安全性语言，它不允许访问本地硬盘，并且不能将数据存入到服务器上，不允许对网络文档进行修改和删除，只能通过浏览器实现信息浏览或动态交互，从而有效地防止数据丢失。
- JavaScript 具有跨平台性，依赖于浏览器本身，与操作环境无关。

13.2 JavaScript 的放置位置

JavaScript 作为一种脚本语言可以放在 HTML 页面中的任何位置，但是浏览器解释 HTML 时是按先后顺序的，所以放在前面的程序会被优先执行。

13.2.1 <script/>使用方法

在 HTML 中输入 JavaScript 时，需要使用<script>标签。在<script>标签中，language 特性声明要使用的脚本语言，language 特性一般被设置为 JavaScript，不过也可用它声明 JavaScript 的确切版本，如 JavaScript 1.3。

当浏览器载入网页 body 部分的时候，就执行其中的 JavaScript 语句，执行之后输出的内容就显示在网页中。

实例：

```
<!doctype html public "-//w3c//dtd xhtml 1.0 transitional//en"
"http://www.w3.org/tr/xhtml1/dtd/xhtml1-transitional.dtd">
<html xmlns="http://www.w3.org/1999/xhtml">
<head>
<meta http-equiv="content-type" content="text/html; charset=utf-8" />
<title>javascript 语句</title>
</head>
<body>
<script type="text/javascript1.3">
<!--
  javascript 语句
  -->
</script>
</body>
</html>
```

浏览器通常忽略未知标签，因此在使用不支持 JavaScript 的浏览器阅读网页时，JavaScript 代码也会被阅读。<!-- -->里的内容对于不支持 JavaScript 的浏览器来说就等同于一段注释，而对于支持 JavaScript 的浏览器，这段代码仍然会被执行。

13.2.2 位于网页之外的单独脚本文件

如果很多网页都需要包含一段相同的代码，最好的方法是将这个 JavaScript 程序放到一个后缀名为“.js”的文本文件里。此后，任何一个需要该功能的网页，只需要引入这个 js 文件就可以了。

这样做可以提高 JavaScript 的复用性，减少代码维护的负担，不必将相同的 JavaScript 代码拷贝到多个 HTML 网页里，将来一旦程序有所修改，也只要修改.js 文件就可以。

在 HTML 文件中可以直接输入 JavaScript，还可以将脚本文件保存在外部，通过<script>中的 src 属性指定 URL，来调用外部脚本语言。外部 JavaScript 语言的格式非常简单。事实上，它们只包含 JavaScript 代码的纯文本文件。在外部文件中不需要<script/>标签，引用文件的<script/>标签出现在 HTML 页中，此时文件的后缀为“.js”。

```
<script type="text/javascript" src="url"></script>
```

实例：

```
<!doctype html public "-//w3c//dtd xhtml 1.0 transitional//en"
"http://www.w3.org/tr/xhtml1/dtd/xhtml1-transitional.dtd">
<html xmlns="http://www.w3.org/1999/xhtml">
<head>
<script src="http://www.baidu.com/common.js"></script>
</head>
<body>
</body>
</html>
```

示例里的 common.js 其实就是一个文本文件，内容如下。

```
function clickme()
{
alert("clicked me!")
}
```

13.2.3 直接位于事件处理部分的代码中

一些简单的脚本可以直接放在事件处理部分的代码中。如下所示直接将 JavaScript 代码加入到 OnClick 事件中。

```
<input type="button" name="fullscreen" value="全屏显示"
onclick="window.open(document.location, 'big', 'fullscreen=yes')">
```

这里，使用<input>标签创建一个按钮，单击它时调用 onclick()方法。onclick 特性声明一个事件处理函数，即响应特定事件的代码。

13.3 JavaScript 基本语法

JavaScript 语言有自己的常量、变量、表达式、运算符以及程序的基本框架，下面将一一进行介绍。

13.3.1 常量和变量

在 JavaScript 中数据可以是常量或者是变量。

1. 常量

常量的值是不能改变的，在常量中有以下几种类型。

- 整型常量：整型常量可以使用十六进制、八进制和十进制表示其值。
- 实型常量：实型常量是由整数部分加小数部分表示，如 5.2、14.1；也可以使用科学或标准方法表示，如 5E7、4e5 等。
- 布尔值：布尔常量只有两种状态：true 或 false。
- 字符型常量：使用单引号或双引号括起来的一个或几个字符。
- 空值：JavaScript 中有一个空值 null，表示什么也没有。
- 特殊字符：JavaScript 中以反斜杠（/）开头的不可显示的特殊字符。

2. 变量

变量值在程序运行期间是可以改变的，它主要作为数据的存取容器。在使用变量的时候，最好对其进行声明。虽然在 JavaScript 中并不要求一定要对变量进行声明，但为了不至于混淆，还是要养成声明变量的习惯。变量的声明主要就是明确变量的名字、变量的类型以及变量的作用域。

变量名是可以随意取的，但要注意以下几点。

- 变量名只能由字母、数字和下划线“_”组成，以字母开头，除此之外不能有空格和其他符号。
- 变量名不能使用 JavaScript 中的关键字，所谓关键字就是 JavaScript 中已经定义好并有一定用途的字符，如 int、true 等。
- 在对变量命名时最好把变量的意义与其代表的意思对应起来，以免出现错误。

在 JavaScript 中声明变量使用 var 关键字，如下所示：

```
var city1:
```

此处定义了一个名为 city1 的变量。

定义了变量就要对其赋值，也就是向里面存储一个值，这需要利用赋值符“＝”完成，如下所示：

```
var city1=100;
var city2=北京;
var city3=true;
var city4=null;
```

上面分别声明了四个变量，并同时赋予了它们值。变量的类型是由数据的类型来确定的。如上面定义的变量中，给变量 city1 赋值为 100，那么 100 为数值，该变量就是数值变量。给变量 city2 赋值为“北京”，那么“北京”为字符串，该变量就是字符串变量，字符串就是使用双引号或单引号括起来的字符。给变量 city3 赋值为 true，那么 true 为布尔常量，该变量就是布尔型变量，布尔型的数据类型一般使用 true 或 false 表示。给变量 city4 赋值为 null，null 表示空值，即什么也没有。

变量有一定的作用范围，在 JavaScript 中有全局变量和局部变量。全局变量定义在所有函数体之外，其作用范围是整个函数；而局部变量定义在函数体之内，只对该函数是可见的，而对其他函数则是不可见的。

13.3.2 表达式和运算符

1. 表达式

表达式就是常量、变量、布尔和运算符的集合，因此表达式可以分为算术表达式、字符表达式、赋值表达式及布尔表达式等。在定义完变量后，就可以对其进行赋值、改变、计算等一系列操作，这一过程通常通过表达式来完成，而表达式中的一大部分是在做运算符处理。

2. 运算符

运算符是用于完成操作的一系列符号。在 JavaScript 中运算符包括算术运算符、比较运算符和逻辑运算符。

算术运算符可以进行加、减、乘、除和其他数学运算，如表 13-1 所示。

表 13-1　算术运算符

算术运算符	描　述
+	加
−	减
*	乘
/	除
%	取模
++	递加 1
--	递减 1

逻辑运算符用于比较两个布尔值（真或假），然后返回一个布尔值，如表 13-2 所示。

表 13-2　逻辑运算符

逻辑运算符	描　述
&&	逻辑与，在形式 A&&B 中，只有当两个条件 A 和 B 都成立时，整个表达式值才为真 true
‖	逻辑或，在形式 A‖B 中，只要两个条件 A 和 B 中有一个成立，整个表达式值就为 true
!	逻辑非，在！A 中，当 A 成立时，表达式的值为 false；当 A 不成立时，表达式的值为 true

比较运算符用于比较表达式的值，并返回一个布尔值，如表 13-3 所示。

表 13-3 比较运算符

比较运算符	描　述
<	小于
>	大于
<=	小于等于
>=	大于等于
=	等于
!=	不等于

13.3.3 基本语句

在 JavaScript 中主要有两种基本语句，一种是循环语句，如 for、while；一种是条件语句，如 if 等。另外还有一些其他的程序控制语句，下面就来详细介绍基本语句的使用。

1. if...else 语句

if ...else 语句是 JavaScript 中最基本的控制语句，通过它可以改变语句的执行顺序。

语法：

```
if(条件)
{执行语句 1
}
else
{执行语句 2
}
```

说明：

当表达式的值为 true，执行语句 1，否则执行语句 2。若 if 后的语句有多行，括在大括号{}内通常是一个好习惯，这样更清楚，并可以避免无意中造成错误。

实例：

```
<html>
<head>
<meta http-equiv="Content-Type" content="text/html; charset=utf-8" />
<title>if 语句</title>
</head>
<body>
<script language="javascript">
for(a=10;a<=15;a++)
if(a%2==0)   // 使用 if 语句来控制图像的交叉显示
document.write("<img src=msn.gif width=",a,"% height=",3*a,"%>");
else
document.write("<img src=qq.gif width=",a,"% height=",2*a,"%>");
</script>
</body>
</html>
```

在代码中加粗部分的代码使用了 if...else 语句。在语句 if(a%2==0)中，%为取模运算符，该表达式的意思就是求变量 a 对常量 2 的取模，如果能除尽，就显示图像 msn.gif，如果不能除尽，则显示图像 qq.gif。同时，变量 a 的值一直递增下去，这样图像就能不断交替显示下去，如图 13-1 所示。

图 13-1　if 语句

2. for 语句

for 语句的作用是重复执行语句，直到循环条件为 false 为止。

语法：

```
for（初始化；条件；增量）
{
语句集;
......
}
```

说明：

初始化参数告诉循环的开始位置，必须赋予变量初值；条件是用于判断循环停止时的条件，若条件满足，则执行循环体，否则跳出循环；增量主要定义循环控制变量在每次循环时按什么方式变化。在三个主要语句之间，必须使用分号（;）分隔。

实例：

```
<html>
<head>
<meta http-equiv="content-type" content="text/html; charset=gb2312" />
<title>for 语句</title>
</head>
<body>
<script language="javascript">
for(a=1;a<=7;a++)
document.write("<font size="+a+">for 语句举例说明<br></font size="+a+">");
</script>
</body>
</html>
```

加粗部分的代码使用了 for 语句，使用 for 语句首先给变量 a 赋值 1，接着执行“a++”，使变量 a 加 1，即等于 a=a+1，这时变量 a 的值就变为 2，再判断是否满足条件 a<=7，继续执行语句，直到 a 的值变为 7，这时结束循环，可以看到效果如图 13-2 所示。

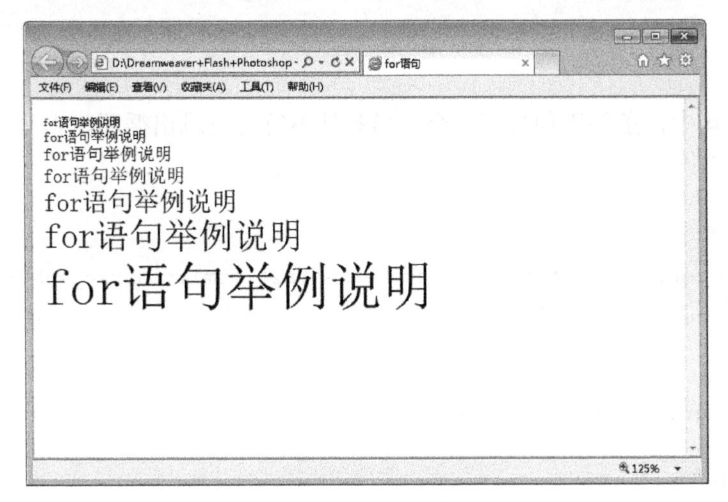

图 13-2 for 语句

3. switch 语句

switch 语句是多分支选择语句，到底执行哪一个语句块，取决于表达式的值与常量表达式相匹配的那一路。不同于 if...else 语句，它的所有分支都是并列的。程序执行时，由第一分支开始查找，如果相匹配，执行其后的块，接着执行第 2 分支、第 3 分支……如果不匹配，则查找下一个分支是否匹配。

语法：

```
switch()
{
case 条件 1:
语句块 1
case 条件 2:
语句块 2
......
default
语句块 N
}
```

说明：

当判断条件比较多时，为了使程序更加清晰，可以使用 switch 语句。使用 switch 语句时，表达式的值将与每个 case 语句中的常量作比较。如果相匹配，则执行该 case 语句后的代码；如果没有一个 case 语句的常量与表达式的值相匹配，则执行 default 语句。当然，default 语句是可选的。如果没有相匹配的 case 语句，也没有 default 语句，则什么也不执行。

4. while 循环

while 语句与 for 语句一样，当条件为真时，重复循环，否则退出循环。

语法：

```
while (条件) {
语句集;
......
}
```

说明：

在 while 语句中，条件语句只有一个，当条件不符合时跳出循环。

实例：

```
<html>
<head>
<meta http-equiv="content-type" content="text/html; charset=gb2312" />
<title>while 语句</title>
</head>
<body>
<script language="javascript">
var a=1
while(a<=5)
{
document.write("<h",a,">while 语句举例说明</h",a,">");
a++;
}
</script>
</body>
</html>
```

加粗部分的代码使用了 while 语句，在 HTML 部分已经介绍了标题标记<h>，它共分为 6 个层次的大小，这里采用 while 语句控制<h>标记依次显示。首先声明变量 a，然后在 while 语句中设置变量 a 的最大值。由于在前面声明变量时已经将变量 a 的值赋为 1，因此在第 1 次判断时满足条件，就执行大括号中的语句。在这里，将变量 a 的最大值设为 5。

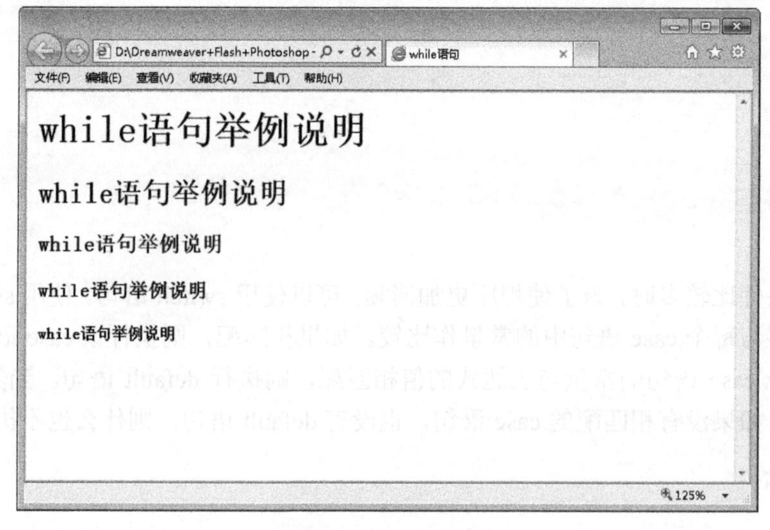

图 13-3 while 语句

如此循环下去直到变量为 6，这时已不满足条件，从而结束循环，因此在图 14.4 中只能看到 5 种层次的标题文字大小。

5. break 语句

break 语句用于终止包含它的 for、switch 或 while 语句的执行，控制传递给该终止语句的后续语句。

语法：

```
break;
```

说明：

当程序遇到 break 语句时，会跳出循环并执行下一条语句。

6. continue 语句

continue 语句只能用在循环结构中。一旦条件为真，执行 continue 语句，程序跳过循环体中位于该语句后的所有语句，提前结束本次循环周期并开始下一个循环周期。

语法：

```
continue;
```

说明：

执行 continue 语句会停止当前循环的迭代，并从循环的开始处继续程序流程。

13.3.4 函数

函数是拥有名称的一系列 JavaScript 语句的有效组合。只要这个函数被调用，就意味着这一系列 JavaScript 语句被按顺序解释执行。一个函数可以有自己的参数，并可以在函数内使用参数。

语法：

```
function 函数名称（参数表）
{
函数执行部分
}
```

说明：

在这一语法中，函数名用于定义函数名称，参数是传递给函数使用或操作的值，其值可以是常量、变量或其他表达式。

第14章

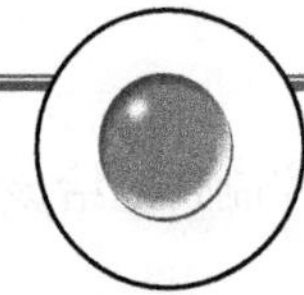

JavaScript 中的事件

JavaScript 是基于对象的语言，而基于对象的基本特征，就是采用事件驱动。通常鼠标或键盘的动作被称为事件，由鼠标或键盘引发的一连串程序的动作，称为事件驱动。而对事件进行处理的程序或函数，则称之为事件处理程序。

学习目标

- onClick 事件
- onChange 事件
- onSelect 事件
- onFocus 事件
- onLoad 事件
- onBlur 事件
- onMouseOver 事件
- onMouseOut 事件
- onDblClick 事件
- 其他常用事件

14.1 onClick 事件

鼠标单击事件是最常用的事件之一，当用户单击鼠标时，产生 onClick 事件，同时 onClick 指定的事件处理程序或代码将被调用执行。

实例：

```
<!doctype html public "-//w3c//dtd xhtml 1.0 transitional//en"
"http://www.w3.org/tr/xhtml1/dtd/xhtml1-transitional.dtd">
<html xmlns="http://www.w3.org/1999/xhtml">
<head>
<meta http-equiv="content-type" content="text/html; charset=gb2312" />
<title></title>
</head>
<body>
<div align="center">
```

```
<p><img src="index .jpg" width="778" height="407"></p>
<p>
<input type="button" name="fullsreen" value="全屏"
onclick="window.open(document.location, 'big', 'fullscreen=yes')">
<input type="button" name="close" value="还原"
onclick="window.close()">
</p>
</div>
</body>
</html>
```

加粗部分的代码为设置 onClick 事件，如图 14-1 所示，单击窗口中的“全屏”按钮，将全屏显示网页，如图 14-2 所示。单击“还原”按钮，将还原到原来的窗口。

图 14-1 onClick 事件

图 14-2 全屏显示

14.2 onChange 事件

它是一个与表单相关的事件，当利用 text 或 textarea 元素输入的字符值改变时发生该事件，同时当在 select 表格中的一个选项状态改变后也会引发该事件。

实例：

```
<!doctype html public "-//w3c//dtd xhtml 1.0 transitional//en"
"http://www.w3.org/tr/xhtml1/dtd/xhtml1-transitional.dtd">
<html xmlns="http://www.w3.org/1999/xhtml">
<head>
<meta http-equiv="content-type" content="text/html; charset=gb2312" />
<title>onchange 事件</title>
</head>
<body>在线留言：
<form id="form1" name="form1" method="post" action="">
<p>您的姓名：
<input type="text" name="textfield" />
</p>
<p><br />
留言内容：<br />
<br />
<textarea name="textarea" cols="50" rows="5"
onchange=alert("输入留言内容")></textarea>
</p>
</form>
</body>
</html>
```

加粗部分的代码为设置 onChange 事件，在文本区域中可输入留言内容，在文本区域外部单击会弹出警告提示对话框，如图 14-3 所示。

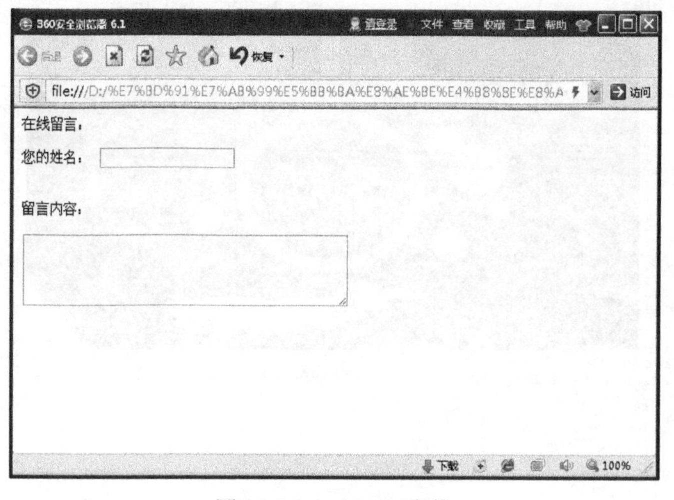

图 14-3　onchange 事件

14.3 onSelect 事件

onSelect 事件是当文本框中的内容被选中时所发生的事件。

语法：

```
onSelect=处理函数或是处理语句
```

实例：

```
<script language="javascript">                                  // 脚本程序开始
function strcon(str)                                            // 连接字符串
{
    if(str!='请选择')                                           // 如果选择的是默认项
    {
        form1.text.value="您选择的是: "+str;                    // 设置文本框提示信息
    }
    else                                                        // 否则
    {
        form1.text.value="";                                    // 设置文本框提示信息
    }
}
</script>                                                       <!-- 脚本程序结束 -->
<form id="form1" name="form1" method="post" action="">          <!--表单-->
<label>
<textarea name="text" cols="50" rows="2"
onselect="alert('您想拷贝吗? ')"></textarea>
</label>
<p><label>
<select name="select1" onchange="stradd(this.value)" >
<option value="请选择">请选择</option><option value="北京" selected>北京
</option><!--选项-->
<option value="上海">上海</option>
<option value="广州">广东</option>
<option value="山东">济南</option>
<option value="天津">天津</option>
<!--选项--><!--选项-->
<option value="其它">其它</option>
</select>
</label>
</p><!--选项-->
</form>
```

本段代码定义函数处理下拉列表框的选择事件，当选择其中的文本时输出提示信息。运行代码效果如图 14-4 所示。

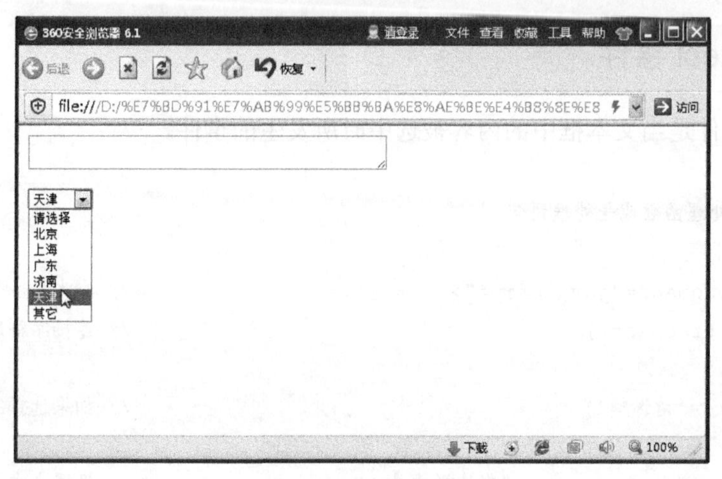

图 14-4 onSelect 事件

14.4 onFocus 事件

获得焦点事件（onFocus）是当某个元素获得焦点时触发事件处理程序。当单击表单对象时，即将光标放在文本框或选择框上时产生 onFocus 事件。

语法：

```
onfocus=处理函数或是处理语句
```

实例：

```
<!doctype html public "-//w3c//dtd xhtml 1.0 transitional//en"
"http://www.w3.org/tr/xhtml1/dtd/xhtml1-transitional.dtd">
<html xmlns="http://www.w3.org/1999/xhtml">
<head>
<meta http-equiv="content-type" content="text/html; charset=gb2312" />
<title>onfocus 事件</title>
</head>
<body>个人爱好：
<form name="form1" method="post" action="">
<p>
<label>
<input type="radio" name="radiogroup1" value="逛街"onfocus=alert("选择逛街！")>
逛街</label>
<br>
<label>
<input type="radio" name="radiogroup1" value="上网"onfocus=alert("选择上网！")>
上网</label>
<br>
<label>
<input type="radio" name="radiogroup1" value="唱歌"onfocus=alert("选择唱歌！")>
唱歌</label>
<br>
<label>
```

```
<input type="radio" name="radiogroup1" value="跳舞"onfocus=alert("选择跳舞! ")>
跳舞</label>
<br>
<label>
<input type="radio" name="radiogroup1" value="画画"onfocus=alert("选择画画! ")>
画画</label>
<br>
</p>
</form>
</body>
</html>
```

加粗部分的代码为设置 onFocus 事件，选择其中的一项后，会弹出选择提示对话框，如图 14-5 所示。

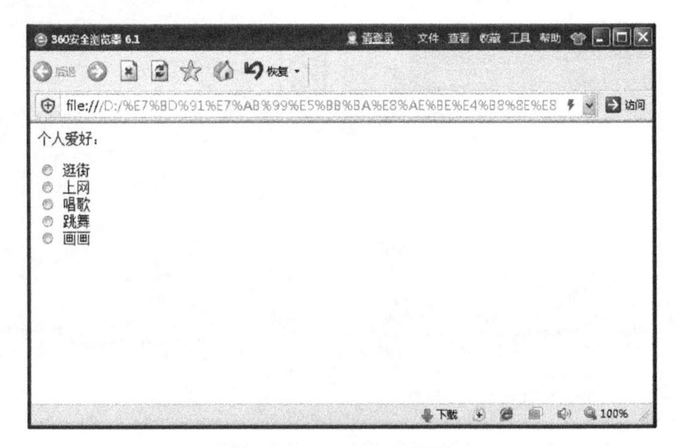

图 14-5 onFocus 事件

14.5 onLoad 事件

当加载网页文档时，会产生该事件。onLoad 事件的作用是在首次载入一个页面文件时检测 cookie 的值，并用一个变量为其赋值，使其可以被源代码使用。

语法：

```
onLoad=处理函数或是处理语句
```

实例：

```
<!doctype html public "-//w3c//dtd xhtml 1.0 transitional//en"
"http://www.w3.org/tr/xhtml1/dtd/xhtml1-transitional.dtd">
<html xmlns="http://www.w3.org/1999/xhtml">
<head>
<meta http-equiv="content-type" content="text/html; charset=gb2312" />
<title>onload 事件</title>
<script type="text/javascript">
<!--
function mm_popupmsg(msg) { //v1.0
alert(msg);
}
```

```
//-->
</script>
</head>
<body onload="mm_popupmsg('欢迎光临！')">
<img src="index1.jpg" width="983" height="614">
</body>
</html>
```

加粗部分的代码为设置 onLoad 事件，在浏览器中预览时，会自动弹出提示对话框，如图 14-6 所示。

图 14-6 onLoad 事件

14.6 onBlur 事件

失去焦点事件正好与获得焦点事件相对，当 text 对象、textarea 对象或 select 对象不再拥有焦点而退到后台时，触发该事件。

实例：

```
<!doctype html public "-//w3c//dtd xhtml 1.0 transitional//en"
"http://www.w3.org/tr/xhtml1/dtd/xhtml1-transitional.dtd">
<html xmlns="http://www.w3.org/1999/xhtml">
<head>
<meta http-equiv="content-type" content="text/html; charset=gb2312" />
<title>onblur 事件</title>
<script type="text/javascript">
<!--function mm_popupmsg(msg) { //v1.0
alert(msg);
}//-->
</script>
</head>
<body>
```

```
<p>会员注册：</p>
<p>帐号：
<input name="textfield" type="text" onblur="mm_popupmsg('文档中的“帐号”文本域失去焦点！')" />
</p>
<p>密码：
<input name="textfield2" type="text" onblur="mm_popupmsg('文档中的“密码”文本域失去焦点！')" />
</p>
</body>
</html>
```

加粗部分的代码为设置 onBlur 事件，在浏览器中预览效果，将光标移动到任意一个文本框中，再将光标移动到其他的位置，就会弹出一个提示对话框，说明某个文本框失去焦点，如图 14-7 所示。

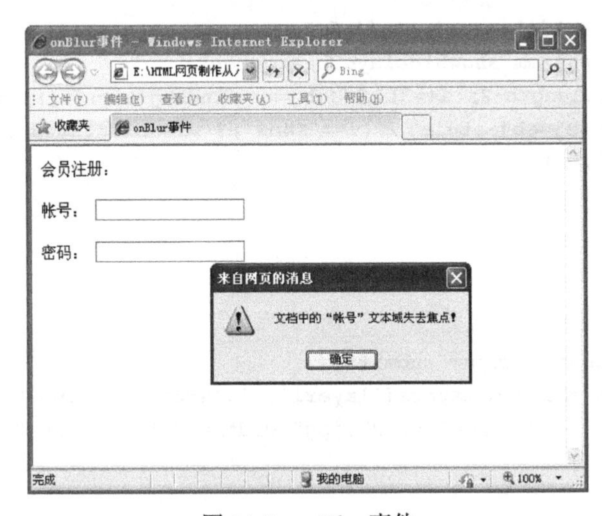

图 14-7　onBlur 事件

14.7　onMouseOver 事件

onMouseOver 是当鼠标指针移动到某对象范围的上方时触发的事件。

实例：

```
<!doctype html public "-//w3c//dtd xhtml 1.0 transitional//en"
"http://www.w3.org/tr/xhtml1/dtd/xhtml1-transitional.dtd">
<html xmlns="http://www.w3.org/1999/xhtml">
<head>
<meta http-equiv="content-type" content="text/html; charset=gb2312" />
<title>onmouseover 事件</title>
<style type="text/css">
<!--
#layer1 {
position:absolute;
width:257px;
height:171px;
z-index:1;
```

```
visibility: hidden;
}
-->
</style>
<script type="text/javascript">
<!--
function mm_findobj(n, d) { //v4.01
var p,i,x;  if(!d) d=document; if((p=n.indexof("?"))>0&&parent.frames.length) {
d=parent.frames[n.substring(p+1)].document; n=n.substring(0,p);}
if(!(x=d[n])&&d.all) x=d.all[n]; for (i=0;!x&&i<d.forms.length;i++) x=d.forms[i][n];
for(i=0;!x&&d.layers&&i<d.layers.length;i++) x=mm_findobj(n,d.layers[i].document);
if(!x && d.getelementbyid) x=d.getelementbyid(n); return x;
}
function mm_showhidelayers() { //v6.0
var i,p,v,obj,args=mm_showhidelayers.arguments;
for (i=0; i<(args.length-2); i+=3) if ((obj=mm_findobj(args[i]))!=null) { v=args[i+2];
if (obj.style) { obj=obj.style; v=(v=='show')?'visible':(v=='hide')?'hidden':v; }
obj.visibility=v; }
}
//-->
</script>
</head>
<body>
<input name="submit" type="submit"
onmouseover="mm_showhidelayers('layer1','','show')" value="显示图像" />
<div id="layer1"><img src="index2.jpg" width="615" height="405" /></div>
</body>
</html>
```

加粗部分的代码为设置 onMouseOver 事件，在浏览器中预览效果，将鼠标指针移动到"显示图像"按钮的上方时显示图像，如图 14-8 所示。

图 14-8　onMouseOver 事件

14.8 onMouseOut 事件

onMouseOut 是当鼠标指针离开某对象范围时触发的事件。

实例：

```
<!doctype html public "-//w3c//dtd xhtml 1.0 transitional//en"
"http://www.w3.org/tr/xhtml1/dtd/xhtml1-transitional.dtd">
<html xmlns="http://www.w3.org/1999/xhtml">
<head>
<meta http-equiv="content-type" content="text/html; charset=gb2312" />
<title>onmouseout 事件</title>
<style type="text/css">
<!--#layer1 {
position:absolute;
width:200px;
height:115px;
z-index:1;
}-->
</style>
<script type="text/javascript">
<!--
function mm_findobj(n, d) { //v4.01
var p,i,x;  if(!d) d=document; if((p=n.indexof("?"))>0&&parent.frames.length) {
d=parent.frames[n.substring(p+1)].document; n=n.substring(0,p);}
if(!(x=d[n])&&d.all) x=d.all[n]; for (i=0;!x&&i<d.forms.length;i++) x=d.forms[i][n];
for(i=0;!x&&d.layers&&i<d.layers.length;i++) x=mm_findobj(n,d.layers[i].document);
if(!x && d.getelementbyid) x=d.getelementbyid(n); return x;
}
function mm_showhidelayers() { //v6.0
var i,p,v,obj,args=mm_showhidelayers.arguments;
for (i=0; i<(args.length-2); i+=3) if ((obj=mm_findobj(args[i]))!=null) { v=args[i+2];
if (obj.style) { obj=obj.style; v=(v=='show')?'visible':(v=='hide')?'hidden':v; }
obj.visibility=v; }
}
//-->
</script>
</head>
<body>
<div id="layer1" onmouseout="mm_showhidelayers('layer1','','hide')">
<div id="layer1"><img src="index2.jpg" width="615" height="405" /></div>
</body>
</html>
```

加粗部分的代码为设置 onMouseOut 事件，在浏览器中预览效果，将鼠标指针移动到图像上，再将鼠标指针移开时，图像将隐藏，如图 14-9 所示。

图 14-9 onMouseOut 事件

14.9 onDblClick 事件

onDblClick 是鼠标双击时触发的事件。

实例：

```
<!doctype html public "-//w3c//dtd xhtml 1.0 transitional//en"
"http://www.w3.org/tr/xhtml1/dtd/xhtml1-transitional.dtd">
<html xmlns="http://www.w3.org/1999/xhtml">
<head>
<meta http-equiv="content-type" content="text/html; charset=gb2312" />
<title>ondblclick 事件</title>
<script type="text/javascript">
<!--
function mm_openbrwindow(theurl,winname,features) { //v2.0
window.open(theurl,winname,features);
}
//-->
</script>
</head>
<body ondblclick="mm_openbrwindow('wy.html','','width=925,height=460')">
双击此链接，可以打开“wy.html”网页文档。
</body>
</html>
```

加粗部分的代码为设置 onDblClick 事件，在浏览器中预览效果，如图 14-10 所示。在文档中双击链接，打开 wy.html 网页文档，如图 14-11 所示。

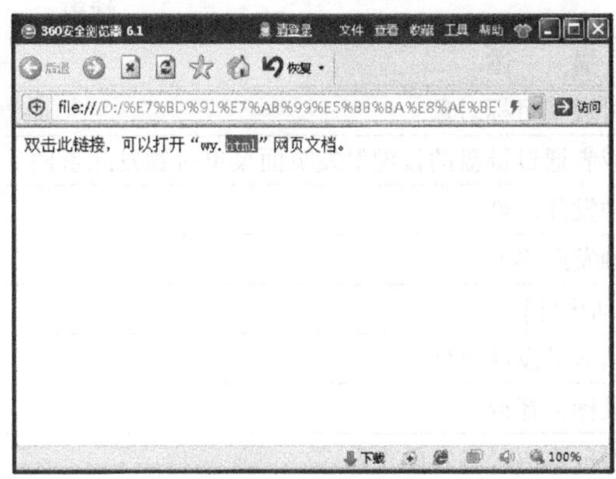

图 14-10　onDblClick 事件

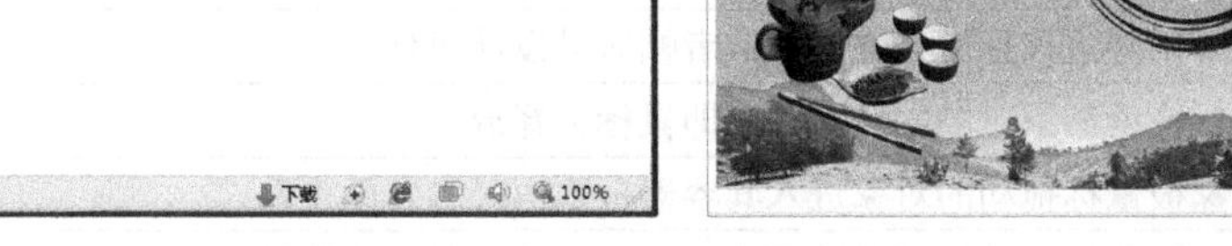

图 14-11　打开 wy.html 网页文档

14.10　其他常用事件

在 JavaScript 中还提供了一些其他的事件，如下表所示。

事　件	描　述
onmousedown	按下鼠标时触发此事件
onmouseup	鼠标按下后松开鼠标时触发此事件
onmousemove	鼠标移动时触发此事件
onkeypress	当键盘上的某个键被按下并且释放时触发此事件
onkeydown	当键盘上某个按键被按下时触发此事件
onkeyup	当键盘上某个按键被放开时触发此事件
onabort	图片在下载时被用户中断时触发此事件
onbeforeunload	当前页面的内容将要被改变时触发此事件
onerror	出现错误时触发此事件
onmove	浏览器的窗口被移动时触发此事件
onresize	当浏览器的窗口大小被改变时触发此事件
onscroll	浏览器的滚动条位置发生变化时触发此事件
onstop	浏览器的“停止”按钮被按下或者正在下载的文件被中断时触发此事件
onreset	当表单中的 reset 属性被激发时触发此事件
onsubmit	一个表单被递交时触发此事件
onbounce	当 Marquee 内的内容移动至 Marquee 显示范围之外时触发此事件
onfinish	当 Marquee 元素完成需要显示的内容后触发此事件
onstart	当 Marquee 元素开始显示内容时触发此事件
onbeforecopy	当页面当前的被选择内容将要复制到浏览者的系统剪贴板前触发此事件
onbeforecut	当页面中的一部分或者全部的内容将被移离当前页面剪切并移动到浏览者的系统剪贴板时触发此事件
onbeforeeditfocus	当前元素将要进入编辑状态时触发此事件
onbeforepaste	内容将要从浏览者的系统剪贴板粘贴到页面中时触发此事件

续表

事　件	描　述
onbeforeupdate	当浏览者粘贴系统剪贴板中的内容时通知目标对象
oncontextmenu	当浏览者按下鼠标右键出现菜单时或者通过键盘的按键触发页面菜单时触发此事件
oncopy	当页面当前的被选择内容被复制后触发此事件
oncut	当页面当前的被选择内容被剪切时触发此事件
ondrag	当某个对象被拖动时触发此事件[活动事件]
ondragdrop	一个外部对象被拖进当前窗口或者帧时触发此事件
ondragend	当鼠标拖动结束时触发此事件，即鼠标被释放
ondragenter	当对象被鼠标拖动的对象进入其容器范围内时触发此事件
ondragleave	当对象被鼠标拖动的对象离开其容器范围内时触发此事件
ondragover	当某被拖动的对象在另一对象容器范围内拖动时触发此事件
ondragstart	当某对象将被拖动时触发此事件
ondrop	在一个拖动过程中，释放鼠标时触发此事件
onlosecapture	当元素失去鼠标移动所形成的选择焦点时触发此事件
onpaste	当内容被粘贴时触发此事件
onselectstart	当文本内容选择将开始发生时触发此事件
onafterupdate	当数据完成由数据源到对象的传送时触发此事件
oncellchange	当数据来源发生变化时触发此事件
ondataavailable	当数据接收完成时触发此事件
ondatasetchanged	数据在数据源发生变化时触发此事件
ondatasetcomplete	当来自数据源的全部有效数据读取完毕时触发此事件
onerrorupdate	当使用 onBeforeUpdate 事件触发取消了数据传送时，代替 onAfterUpdate 事件
onrowenter	当前数据源的数据发生变化并且有新的有效数据时触发此事件
onrowexit	当前数据源的数据将要发生变化时触发此事件
onrowsdelete	当前数据记录将被删除时触发此事件
onrowsinserted	当前数据源将要插入新数据记录时触发此事件
onafterprint	当文档被打印后触发此事件
onbeforeprint	当文档即将打印时触发此事件
onfilterchange	当某个对象的滤镜效果发生变化时触发此事件
onhelp	当浏览者按下 F1 键或者浏览器的帮助选择时触发此事件
onpropertychange	当对象的属性之一发生变化时触发此事件
onreadystatechange	当对象的初始化属性值发生变化时触发此事件

第15章

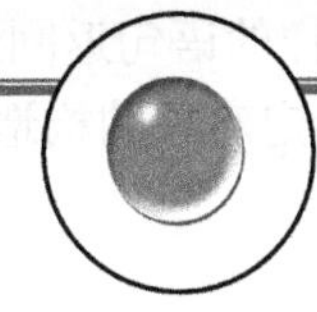

JavaScript 函数和对象

JavaScript 中的函数本身就是一个对象，而且可以说是最重要的对象。之所以称之为最重要的对象，一方面它可以扮演像其他语言中的函数同样的角色，可以被调用，可以被传入参数。另一方面它还被作为对象的构造器来使用，可以结合 new 操作符来创建对象。

学习目标

- 什么是函数
- 函数的定义
- JavaScript 对象的声明和引用
- 浏览器对象
- 内置对象

15.1 什么是函数

JavaScript 中的函数是可以完成某种特定功能的一系列代码的集合，在函数被调用前函数体内的代码并不执行，即独立于主程序。编写主程序时不需要知道函数体内的代码如何编写，只需要使用函数方法即可。可把程序中大部分功能拆解成一个个函数，使程序代码结构清晰，易于理解和维护。函数的代码执行结果不一定是一成不变的，可以通过向函数传参数，以解决不同情况下的问题，函数也可返回一个值。

函数是进行模块化程序设计的基础，编写复杂的应用程序，必须对函数有更深入的了解。JavaScript 中的函数不同于其他的语言，每个函数都是作为一个对象被维护和运行的。通过函数对象的性质，可以很方便地将一个函数赋值给一个变量或者将函数作为参数传递。在继续讲述之前，先看一下函数的使用语法：

```
function func1(…){…}
var func2=function(…){…};
var func3=function func4(…){…};
var func5=new Function();
```

这些都是声明函数的正确语法。

可以用 function 关键字定义一个函数，并为每个函数指定一个函数名，通过函数名来进行调用。在 JavaScript 解释执行时，函数都是被维护为一个对象，这就是要介绍的函数对象（Function Object）。

函数对象与其他用户所定义的对象有着本质的区别，这一类对象被称为内部对象，例如日期对象（Date）、数组对象（Array）、字符串对象（String）都属于内部对象。这些内置对象的构造器是由 JavaScript 本身所定义的：通过执行 new Array()这样的语句返回一个对象，JavaScript 内部有一套机制来初始化返回的对象，而不是由用户来指定对象的构造方式。

15.2 函数的定义

JavaScript 的函数属于 Function 对象，因此可以使用 Function 对象的构造函数来创建一个函数。同时也可以使用 Function 关键字以普通的形式来定义一个函数。

15.2.1 函数的普通定义方式

普通定义方式使用关键字 function，也是最常用的方式，形式上跟其他的编程语言一样，语法格式如下。

语法：

```
Function 函数名（参数 1，参数 2，……）
{  [语句组]
Return  [表达式]
}
```

说明：

- function：必选项，定义函数用的关键字。
- 函数名：必选项，合法的 JavaScript 标识符。
- 参数：可选项，合法的 JavaScript 标识符，外部的数据可以通过参数传送到函数内部。
- 语句组：可选项，JavaScript 程序语句，当为空时函数没有任何动作。
- return：可选项，遇到此指令函数执行结束并返回，当省略该项时函数将在右花括号处结束。
- 表达式：可选项，其值作为函数返回值。

实例：

```
<!doctype html public "-//w3c//dtd xhtml 1.0 transitional//en"
"http://www.w3.org/tr/xhtml1/dtd/xhtml1-transitional.dtd">
<html xmlns="http://www.w3.org/1999/xhtml">
<head>
<meta http-equiv="content-type" content="text/html; charset=gb2312" />
<title></title>
<script type="text/javascript">
function displaymessage()
{
alert("你好啊！");
}
</script>
</head>
<body>
```

```
w<form>
<input type="button" value="快快点击我!" onclick="displaymessage()" />
</form>
</body>
</html>
```

这段代码首先在 JavaScript 内建立一个 displaymessage()显示函数。在正文文档中插入一个按钮，当点击按钮时，显示“您好!”。运行代码，在浏览器中预览效果，如图 15-1 所示。

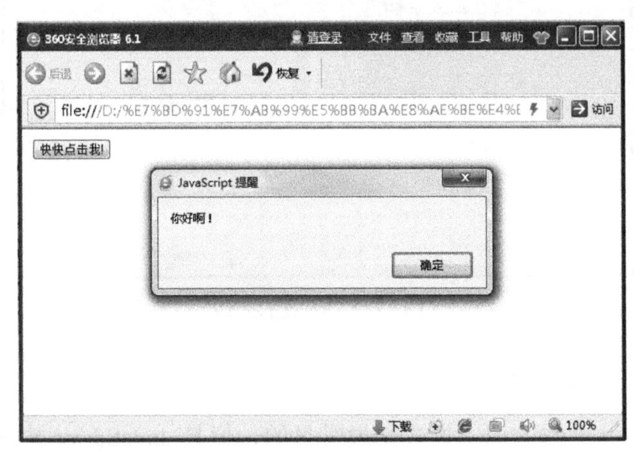

图 15-1 函数的应用

15.2.2 函数的变量定义方式

在 JavaScript 中，函数对象对应的类型是 Function，正如数组对象对应的类型是 Array，日期对象对应的类型是 Date 一样，可以通过 new Function()来创建一个函数对象，语法如下。

语法：

```
Var 变量名=new Function([参数 1, 参数 2, ......], 函数体);
```

说明：

- 变量名：必选项，代表函数名，是合法的 JavaScript 标识符。
- 参数：可选项，作为函数参数的字符串，必须是合法的 JavaScript 标识符，当函数没有参数时可以忽略此项。
- 函数体：可选项，一个字符串。相当于函数体内的程序语句系列，各语句使用分号隔开。

用 new Function()的形式来创建一个函数不常见，因为一个函数体通常会有多条语句，如果将它们以一个字符串的形式作为参数传递，代码的可读性差。

实例：

```
<script language="javascript">
var circularityArea = new Function( "r", "return r*r*Math.PI" );  //创建一个函数对象
var rCircle = 8;                                    // 给定圆的半径
var area = circularityArea(rCircle);                // 使用求圆面积的函数求面积
alert( "半径为 8 的圆面积为: " + area );            // 输出结果
</script>
```

该代码第 2、3 行使用变量定义方式定义一个求圆面积的函数，第 4、5 行设定一个半径为 8 的圆并求其面积。运行代码，在浏览器中预览效果，如图 15-2 所示。

图 15-2　函数的应用

15.2.3　函数的指针调用方式

在前面的代码中，函数的调用方式是最常见的，但是 JavaScript 中函数调用的形式比较多，非常灵活。有一种重要的，在其他语言中也经常使用的调用形式叫做回调，其机制是通过指针来调用函数。回调函数按照调用者的约定实现函数的功能，由调用者调用。通常使用在自己定义功能而由第三方去实现的场合，下面举例说明。

实例：

```
<script language="javascript">
function sortnumber( obj, func )      // 定义通用排序函数
{ // 参数验证，如果第一个参数不是数组或第二个参数不是函数则抛出异常
if( !(obj instanceof array) || !(func instanceof function))
{
var e = new error();                  // 生成错误信息
e.number = 100000;                    // 定义错误号
e.message = "参数无效";               // 错误描述
 throw e;                             // 抛出异常
}
for( n in obj )                       // 开始排序
{
for( m in obj )
{ if( func( obj[n], obj[m] ) )        // 使用回调函数排序，规则由用户设定
{var tmp = obj[n];
obj[n] = obj[m];
obj[m] = tmp;
}
}
}
return obj;                                // 返回排序后的数组
```

```
}
function greatthan( arg1, arg2 )              // 回调函数，用户定义的排序规则
{  return arg1 < arg2;                        // 规则：从大到小
}
try
{   var numary = new array( 11,3,4,77,45,49,21,99 );   // 生成一数组
document.write("<li>排序前："+numary);        // 输出排序前的数据
sortnumber( numary, greatthan )               // 调用排序函数
document.write("<li>排序后："+numary);        // 输出排序后的数组
}
catch(e)
{  alert( e.number+"："+e.message );          // 异常处理
}
</script>
```

这段代码演示了回调函数的使用方法。首先定义一个通用排序函数 SortNumber(obj, func)，其本身不定义排序规则，规则交由第三方函数实现。接着定义一个 greatThan(arg1, arg2) 函数，其内创建一个以小到大为关系的规则。document.write("<li>排序前："+numAry)输出未排序的数组。接着调用 SortNumber(numAry, greatThan)函数排序。运行代码，在浏览器中预览效果，如图 15-3 所示。

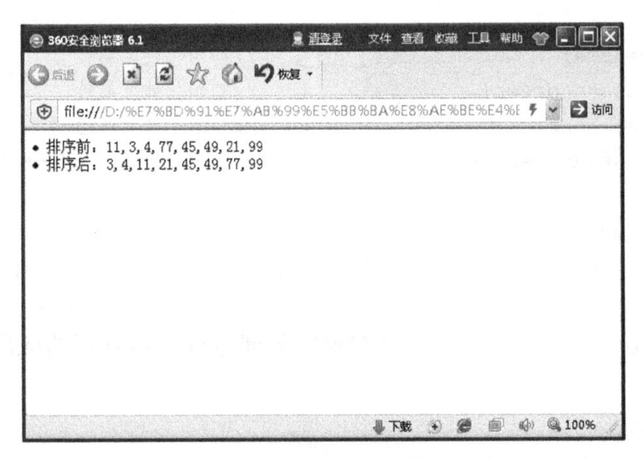

图 15-3　函数的指针调用方式

15.3　JavaScript 对象的声明和引用

对象可以是一段文字、一幅图片、一个表单（Form）等。每个对象有它自己的属性、方法和事件。

15.3.1　声明和实例化

JavaScript 中的对象是由属性（properties）和方法（methods）两个基本元素构成的。前者是对象在实施其所需要行为的过程中，实现信息的装载单位，从而与变量相关联；后者是指对象能够按照设计者的意图执行，从而与特定的函数相联。

例如要创建一个 student（学生）对象，每个对象又有这些属性：name（姓名）、address（地址）、phone（电话）。则在 JavaScript 中可使用自定义对象，下面分步讲解。

首先定义一个函数来构造新的对象 student，这个函数成为对象的构造函数。

```
function student(name,address,phone)        // 定义构造函数
{
    this.name=name;                          //初始化姓名属性
    this.address=address;                    //初始化地址属性
    this.phone=phone;                        //初始化电话属性
}
```

在 student 对象中定义一个 printstudent 方法，用于输出学生信息。

```
Function printstudent()                           // 创建 printstudent 函数的定义
{
    line1="Name:"+this.name+"<br>\n";             //读取 name 信息
    line2="Address:"+this.address+"<br>\n";       //读取 address 信息
    line3="Phone:"+this.phone+"<br>\n"            //读取 phone 信息
    document.writeln(line1,line2,line3);          //输出学生信息
}
```

修改 student 对象，在 student 对象中添加 printstudent 函数的引用。

```
function student(name,address,phone)        //构造函数
{
    this.name=name;                          //初始化姓名属性
    this.address=address;                    //初始化地址属性
    this.phone=phone;                        //初始化电话属性
    this.printstudent=printstudent;          //创建 printstudent 函数的定义
}
```

即实例化一个 student 对象并使用。

```
Tom=new student("轩轩","中华路 666 号","010-1234567";     // 创建轩轩的信息
Tom.printstudent()                                        // 输出学生信息
```

上面分步讲解是为了更好地说明一个对象的创建过程，但真正的应用开发则一气呵成。

实例：

```
<script language="javascript">
function student(name,address,phone)
{
    this.name=name;                                    // 初始化学生信息
    this.address=address;
    this.phone=phone;
    this.printstudent=function()                       // 创建 printstudent 函数的定义
    {
        line1="Name:"+this.name+"<br>\n";              // 输出学生信息
        line2="Address:"+this.address+"<br>\n";
        line3="Phone:"+this.phone+"<br>\n"
        document.writeln(line1,line2,line3);
    }
}
Tom=new student("轩轩","中华路 666 号","010-12334567");   // 创建轩轩的信息
```

```
Tom.printstudent()                                    // 输出学生信息
</script>
```

该代码是声明和实例化一个对象的过程。首先使用 function student()定义一个对象类构造函数 student，包含三种信息，即三个属性——姓名、地址和电话。最后两行创建一个学生对象并输出其中的信息。This 关键字表示当前对象即由函数创建的那个对象。运行代码，在浏览器中预览效果，如图 15-4 所示。

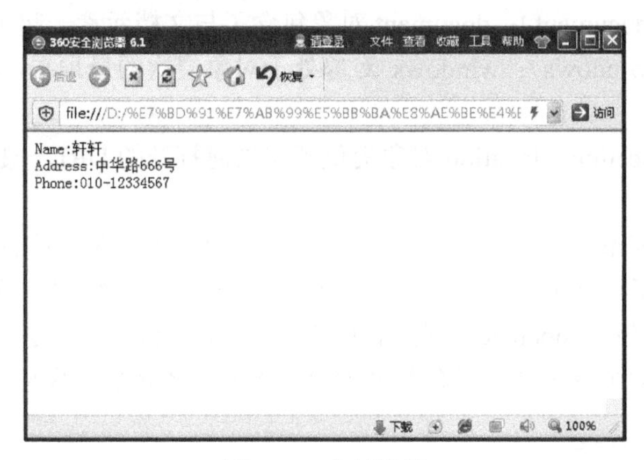

图 15-4　实例效果

15.3.2　对象的引用

JavaScript 为我们提供了一些非常有用的常用内部对象和方法。用户不需要用脚本来实现这些功能，这正是基于对象编程的真正目的。

对象的引用其实就是对象的地址，通过这个地址可以找到对象的所在。对象的来源有如下几种方式。通过取得它的引用即可对它进行操作，例如调用对象的方法或读取或设置对象的属性等。

- 引用 JavaScript 内部对象。
- 由浏览器环境中提供。
- 创建新对象。

这就是说一个对象在被引用之前，这个对象必须存在，否则引用将毫无意义，而出现错误信息。从上面中我们可以看出 JavaScript 引用对象可通过三种方式获取。要么创建新的对象，要么利用现存的对象。

实例：

```
<script language="javascript">
var date;                          // 声明变量
date=new Date();                   // 创建日期对象
date=date.toLocaleString( );       // 将日期置转换为本地格式
alert( date );                     // 输出日期
</script>
```

这里变量 date 引用了一个日期对象，使用 date=date.toLocaleString()通过 date 变量调用日期对象的 tolocalestring 方法，将日期信息以一个字符串对象的引用返回，此时 date 的引用已经发生了改变，指向一个 string 对象。

15.4 浏览器对象

使用浏览器的内部对象，可实现与 HTML 文档进行交互。浏览器的内部对象主要包括以下几个。

- 浏览器对象（navigator）：提供有关浏览器的信息。
- 文档对象（document）：document 对象包含了与文档元素一起工作的对象。
- 窗口对象（windows）：windows 对象处于对象层次的最顶端，它提供了处理浏览器窗口的方法和属性。
- 位置对象（location）：location 对象提供了与当前打开的 URL 一起工作的方法和属性，它是一个静态的对象。
- 历史对象（history）：history 对象提供了与历史清单有关的信息。

JavaScript 提供了非常丰富的内部方法和属性，从而减轻了编程人员的工作，提高了编程效率。在这些对象系统中，document 对象属性非常重要，它位于最底层，但对实现页面信息交互起着关键作用，因而它是对象系统的核心部分。下面具体介绍这些对象的常用属性和方法。

15.4.1 navigator 对象

navigator 对象可用来存取浏览器的相关信息，其常用的属性如表 15-1 所示。

表 15-1 navigator 对象的常用属性

属 性	说 明
appName	浏览器的名称
appVersion	浏览器的版本
appCodeName	浏览器的代码名称
browserLanguage	浏览器所使用的语言
plugins	可以使用的插件信息
platform	浏览器系统所使用的平台，如 win32 等
cookieEnabled	浏览器的 cookie 功能是否打开

实例：

```
<!doctype html public "-//w3c//dtd xhtml 1.0 transitional//en"
"http://www.w3.org/tr/xhtml1/dtd/xhtml1-transitional.dtd">
<html xmlns="http://www.w3.org/1999/xhtml">
<head>
<title>浏览器信息</title>
<meta http-equiv="content-type" content="text/html; charset=utf-8" />
</head>
<body onload=check()>
<script language=javascript>
function check()
{
name=navigator.appname;
if(name=="netscape"){
document.write("您现在使用的是 netscape 网页浏览器<br>");}
```

```
else if(name=="microsoft internet explorer"){
document.write("您现在使用的是microsoft internet explorer网页浏览器<br>");}
else{
document.write("您现在使用的是"+navigator.appname+"网页浏览器<br>");}
}
</script>
</body>
</html>
```

加粗部分的代码为判断浏览器的类型，在浏览器中的预览效果，如图 15-5 所示。

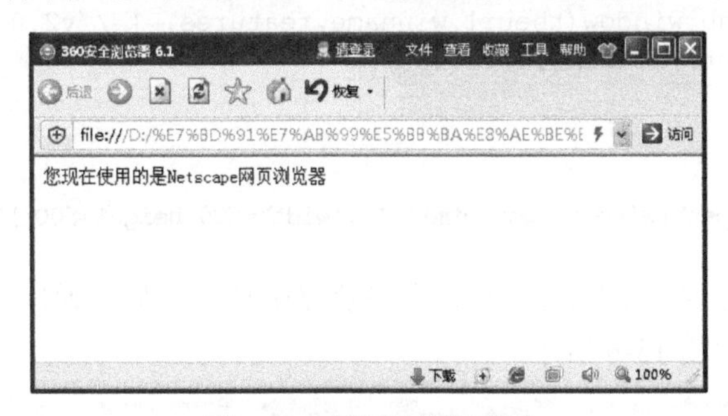

图 15-5　判断浏览器类型

15.4.2　windows 对象

windows 对象处于对象层次的最顶端，它提供了处理 navigator 窗口的方法和属性。JavaScript 的输入可以通过 windows 对象来实现。windows 对象常用的方法如表 15-2 所示。

表 15-2　windows 对象常用的方法

方　法	方法的含义及参数说明
Open(url,windowName,parameterlist)	创建一个新窗口，三个参数分别用于设置 URL 地址、窗口名称和窗口打开属性（一般可以包括宽度、高度、定位、工具栏等）
Close()	关闭一个窗口
Alert(text)	弹出式窗口，text 参数为窗口中显示的文字
Confirm(text)	弹出确认域，text 参数为窗口中的文字
Promt(text,defaulttext)	弹出提示框，text 为窗口中的文字，defaulttext 参数用来设置默认情况下显示的文字
moveBy(水平位移，垂直位移)	将窗口移至指定的位移
moveTo(x,y)	将窗口移动到指定的坐标
resizeBy(水平位移,垂直位移)	按给定的位移量重新设置窗口大小
resizeTo(x,y)	将窗口设定为指定大小
Back()	页面后退
Forward()	页面前进
Home()	返回主页
Stop()	停止装载网页
Print()	打印网页
status	状态栏信息
location	当前窗口 URL 信息

实例：

```
<!doctype html public "-//w3c//dtd xhtml 1.0 transitional//en"
"http://www.w3.org/tr/xhtml1/dtd/xhtml1-transitional.dtd">
<html xmlns="http://www.w3.org/1999/xhtml">
<head>
<meta http-equiv="content-type" content="text/html; charset=gb2312" />
<title>打开浏览器窗口</title>
<script type="text/javascript">
<!--
function mm_openbrwindow(theurl,winname,features) { //v2.0
window.open(theurl,winname,features);
}//-->
</script>
</head>
<body onload="mm_openbrwindow('pop.html','','width=600,height=500')">打开浏览器窗口</body>
</html>
```

加粗部分的代码应用 windows 对象，在浏览器中预览效果，弹出一个宽为 400 像素，高为 500 像素的窗口，如图 15-6 所示。

图 15-6　打开浏览器窗口

15.4.3　location 对象

location 对象是一个静态的对象，它描述的是某一个窗口对象所打开的地址。location 对象常用的属性如表 15-3 所示。

表 15-3　　　　常用的 location 属性

属　性	实现的功能
protocol	返回地址的协议，取值为 http:、https:、file:等
hostname	返回地址的主机名，例如“http://www.microsoft.com/china/”地址的主机名为 www.microsoft.com
port	返回地址的端口号，一般 http 的端口号是 80
host	返回主机名和端口号，如 www.a.com:8080

续表

属　　性	实现的功能
pathname	返回路径名，如“http：//www.a.com/d/index.html”的路径为 d/index.html
hash	返回“#”以及其后的内容，如地址为 c.html#chapter4，则返回#chapter4；如果地址里没有“#”，则返回空字符串
search	返回“?”以及其后的内容；如果地址里没有“?”，则返回空字符串
href	返回整个地址，即返回在浏览器的地址栏中显示的内容

location 对象常用的方法如下。

- reload()：相当于 Internet Explorer 浏览器上的“刷新”功能。
- replace()：打开一个 URL，并取代历史对象中当前位置的地址。用这个方法打开一个 URL 后，单击浏览器的“后退”按钮将不能返回到之前的页面。

15.4.4 history 对象

history 对象是浏览器的浏览历史，history 对象常用的方法如下。

- back()：后退，与单击“后退”按钮是等效的。
- forward()：前进，与单击“前进”按钮是等效的。
- go()：该方法用来进入指定的页面。

实例：

```
<!doctype html public "-//w3c//dtd xhtml 1.0 transitional//en"
"http://www.w3.org/tr/xhtml1/dtd/xhtml1-transitional.dtd">
<html xmlns="http://www.w3.org/1999/xhtml">
<head>
<meta http-equiv="content-type" content="text/html; charset=gb2312" />
<title>history 对象</title>
</head>
<body>
<p><a href="index1.html">history 对象</a></p>
<form name="form1" method="post" action="">
<input name="按钮" type="button" onclick="history.back()" value="返回">
<input type="button" value="前进" onclick="history.forward()">
</form>
</body>
</html>
```

加粗部分的代码为应用 history 对象，在浏览器中的预览效果，如图 15-7 所示。

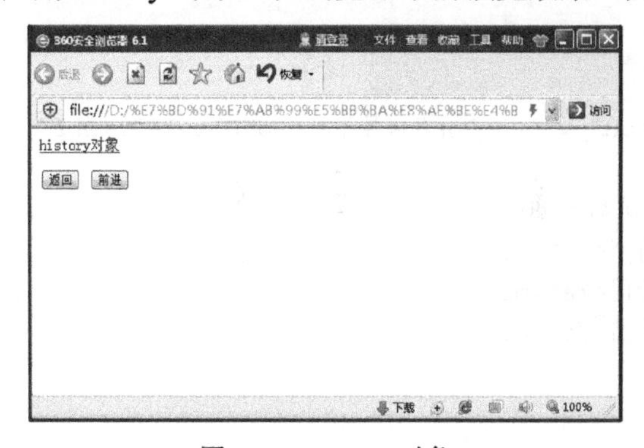

图 15-7　history 对象

15.4.5 document 对象

JavaScript 的输出可通过 document 对象实现。在 document 对象中主要有 links、anchor 和 form 三个最重要的对象。

- anchor 锚对象：是指<a name=…></a>标记在 HTML 源代码中存在时产生的对象，它包含着文档中所有的 anchor 信息。
- links 链接对象：是指用<a href=…></a>标记链接一个超文本或超媒体的元素作为一个特定的 URL。
- form 窗体对象：是文档对象的一个元素，它含有多种格式的对象储存信息，使用它可以在 JavaScript 脚本中编写程序，并可以用来动态改变文档的行为。

document 对象有以下方法。

输出显示 write()和 writeln()：该方法主要用来实现在 Web 页面上显示输出信息。

实例：

```
<!doctype html public "-//w3c//dtd xhtml 1.0 transitional//en"
"http://www.w3.org/tr/xhtml1/dtd/xhtml1-transitional.dtd">
<html xmlns="http://www.w3.org/1999/xhtml">
<head>
<meta http-equiv="content-type" content="text/html; charset=gb2312" />
<title> document 对象</title>
<script language=javascript>
function links()
{
n=document.links.length;  //获得链接个数
s="";
for(j=0;j<n;j++)
s=s+document.links[j].href+"\n";  //获得链接地址
if(s=="")
s=="没有任何链接"
else
alert(s);
}
</script>
</head>
<body>
<form>
<input type="button" value="所有链接地址" onclick="links()"><br>
</form>
<p><a href="#">首页</a><br>
<a href="#">公司简介</a><br>
<a href="#">公司新闻</a><br>
<a href="#">联系我们</a><br>
</p>
</body>
</html>
```

加粗部分的代码为应用 document 对象，在浏览器中的预览效果，如图 15-8 所示。

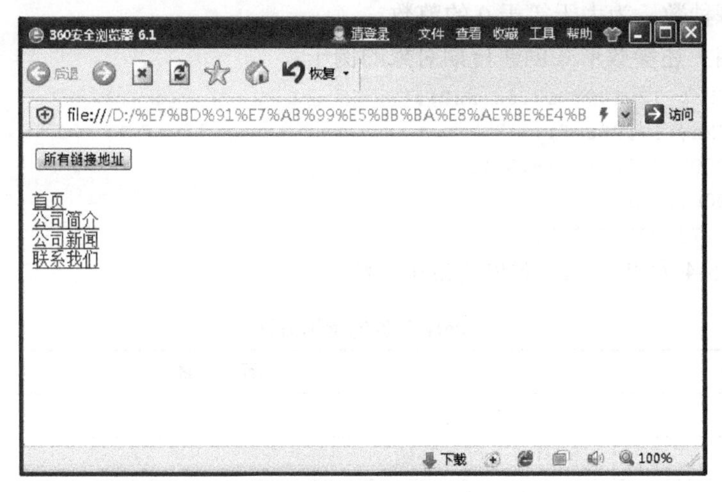

图 15-8 document 对象

15.5 内置对象

JavaScript 中提供的内部对象按使用方式可以分为动态对象和静态对象。这些常见的内置对象包括时间对象 date、数学对象 math、字符串对象 string、数组对象 array 等。

15.5.1 date 对象

时间对象是一个我们经常要用到的对象，时间输出、时间判断等操作都与这个对象分不开。date 对象类型提供了使用日期和时间的共用方法集合。用户可以利用 date 对象获取系统中的日期和时间并加以使用。

语法：

```
var myDate=new date ([arguments]);
```

date 对象会自动把当前日期和时间保存为其初始值，参数的形式有以下五种。

```
new date("month dd,yyyy hh:mm:ss");
new date("month dd,yyyy");
new date(yyyy,mth,dd,hh,mm,ss);
new date(yyyy,mth,dd);
new date(ms);
```

需要注意最后一种形式，参数表示的是需要创建的时间和 GMT 时间 1970 年 1 月 1 日之间相差的毫秒数。各种参数的含义如下。

- month：用英文表示的月份名称，从 January 到 December。
- mth：用整数表示的月份，从 0（1 月）到 11（12 月）。
- dd：表示一个月中的第几天，从 1 到 31。
- yyyy：四位数表示的年份。
- hh：小时数，从 0（午夜）到 23（晚 11 点）。
- mm：分钟数，从 0 到 59 的整数。

- ss：秒数，从 0 到 59 的整数。
- ms：毫秒数，为大于等于 0 的整数。

下面是使用上述参数形式创建日期对象的例子。

```
new date("May 12,2007 17:18:32");
new date("May 12,2007");
new date(2007,4,12,17,18,32);
new date(2007,4,12);
new date(1178899200000);
```

下面的表 15-4 列出了 date 对象的常用方法。

表 15-4　　date 对象的常用方法

方　法	描　述
getYear()	返回年，以 0 开始
getMonth()	返回月值，以 0 开始
getDate()	返回日期
getHours()	返回小时，以 0 开始
getMinutes()	返回分钟，以 0 开始
getSeconds()	返回秒，以 0 开始
getMilliseconds()	返回毫秒(0-999)
getUTCDay()	依据国际时间来得到现在是星期几(0-6)
getUTCFullYear()	依据国际时间来得到完整的年份
getUTCMonth()	依据国际时间来得到月份(0-11)
getUTCDate()	依据国际时间来得到日(1-31)
getUTCHours()	依据国际时间来得到小时(0-23)
getUTCMinutes()	依据国际时间来返回分钟(0-59)
getUTCSeconds()	依据国际时间来返回秒(0-59)
getUTCMilliseconds()	依据国际时间来返回毫秒(0-999)
getDay()	返回星期几，值为 0-6
getTime()	返回从 1970 年 1 月 1 号 0:0:0 到现在一共花去的毫秒数
setYear()	设置年份.2 位数或 4 位数
setMonth()	设置月份(0～11)
setDate()	设置日(1～31)
setHours()	设置小时数(0～23)
setMinutes()	设置分钟数(0～59)
setSeconds()	设置秒数(0～59)
setTime()	设置从 1970 年 1 月 1 日开始的时间，毫秒数
setUTCDate()	根据世界时设置 date 对象中月份的一天（1～31）
setUTCMonth()	根据世界时设置 date 对象中的月份（0～11）
setUTCFullYear()	根据世界时设置 date 对象中的年份（四位数字）
setUTCHours()	根据世界时设置 date 对象中的小时（0～23）

续表

方　法	描　述
setUTCMinutes()	根据世界时设置 date 对象中的分钟（0～59）
setUTCSeconds()	根据世界时设置 date 对象中的秒钟（0～59）
setUTCMilliseconds()	根据世界时设置 date 对象中的毫秒（0～999）
toSource()	返回该对象的源代码
toString()	把 date 对象转换为字符串
toTimeString()	把 date 对象的时间部分转换为字符串
toDateString()	把 date 对象的日期部分转换为字符串
toGMTString()	使用 toUTCString()方法代替
toUTCString()	根据世界时，把 date 对象转换为字符串
toLocaleString()	根据本地时间格式，把 date 对象转换为字符串
toLocaleTimeString()	根据本地时间格式，把 date 对象的时间部分转换为字符串
toLocaleDateString()	根据本地时间格式，把 date 对象的日期部分转换为字符串
UTC()	根据世界时返回 1997 年 1 月 1 日到指定日期的毫秒数
valueOf()	返回 date 对象的原始值

实例：

```
<!doctype html public "-//w3c//dtd xhtml 1.0 transitional//en"
"http://www.w3.org/tr/xhtml1/dtd/xhtml1-transitional.dtd">
<html xmlns="http://www.w3.org/1999/xhtml">
<head>
<meta http-equiv="content-script-type" content="text/javascript">
<meta http-equiv="content-style-type" content="text/css">
<title></title>
<style type="text/css">
<!--
body { background-color: #ffffff; }
-->
</style>
</head>
<body>
*显示年、月、日、时、分、秒
<p>
<script type="text/javascript">
<!--
now = new date();
   if ( now.getyear() >= 2000 ){ document.write(now.getyear(),"年") }
   else { document.write(now.getyear()+1900,"年") }
   document.write(now.getmonth()+1,"月",now.getdate(),"日");
   document.write(now.gethours(),"时",now.getminutes(),"分");
   document.write(now.getseconds(),"秒");
//-->
```

```
</script>
</p>
</body></html>
```

本实例创建了一个 now 对象，从而使用 now = new Date()从电脑系统时间中获取当前时间，并利用相应方法，获取与时间相关的各种数值。在浏览器中的预览效果，如图 15-9 所示。

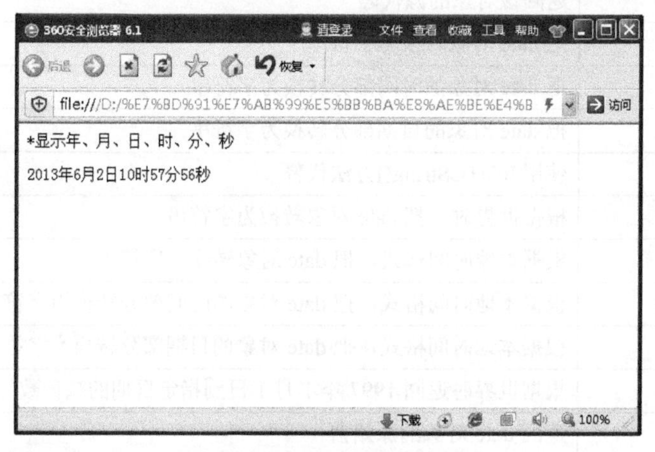

图 15-9　显示具体时间

15.5.2　数学对象 math

JavaScript 将所有这些与数学有关的方法、常数、三角函数以及随机数都集中到一个对象里面——math 对象。math 对象是 JavaScript 中的一个全局对象，不需要由函数进行创建，而且只有一个。

语法：

```
math.属性
math.方法
```

实例：

```
<!doctype html public "-//w3c//dtd xhtml 1.0 transitional//en"
"http://www.w3.org/tr/xhtml1/dtd/xhtml1-transitional.dtd">
<html xmlns="http://www.w3.org/1999/xhtml">
<head>
<meta http-equiv="content-type" content="text/html; charset=utf-8" />
<title>math 数字对象</title>
<script language="javascript" type="text/javascript">
function roundtmp(x,y)
{var _pow=math.pow(10,y);
x*=_pow;x=math.round(x);
return x/_pow;}
alert(roundtmp (65.645345654,2));
</script>
</head>
<body>
</body>
</html>
```

代码的最后以“65.645345654,2”四舍五入到第二位小数为例，说明了函数的执行，输出结果为“65.65”。在浏览器中的预览效果，如图 15-10 所示。

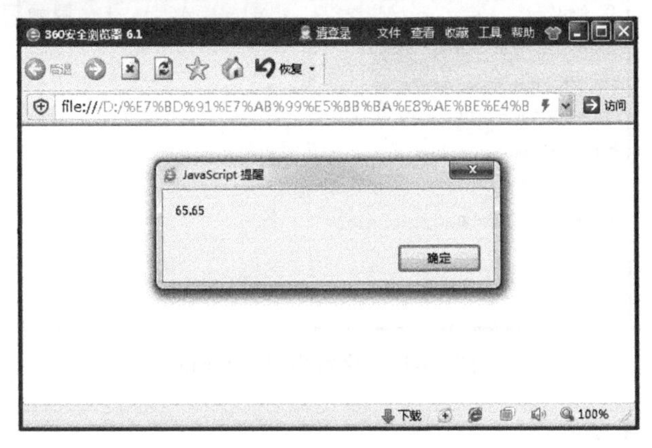

图 15-10　数学对象

15.5.3　字符串对象 string

string 对象是动态对象，需要创建对象实例后才可以引用它的属性或方法，可以把用单引号或双引号括起来的一个字符串当作一个字符串的对象实例来看待，也就是说可以直接在某个字符串后面加上（.）去调用 string 对象的属性和方法。

实例：

```
<!doctype html public "-//w3c//dtd xhtml 1.0 transitional//en"
"http://www.w3.org/tr/xhtml1/dtd/xhtml1-transitional.dtd">
<html xmlns="http://www.w3.org/1999/xhtml">
<head>
<meta http-equiv="content-type" content="text/html; charset=utf-8" />
<title>string 字符串对象 string</title>
</head>
<body>
<script type="text/javascript">
var string="what's your name? "
document.write("<p>大字号显示: " + string.big() + "</p>")
document.write("<p>斜体显示: " + string.italics() + "</p>")
document.write("<p>以打字机文本显示字符串: " + string.fixed() + "</p>")
document.write("<p>显示为下标: " + string.sub() + "</p>")
document.write("<p>显示为上标: " + string.sup() + "</p>")
document.write("<p>将字符串显示为链接: " + string.link("http://www.xxx.com") + "</p>")
</script>
</body>
</html>
```

string 对象用于操纵和处理文本串，可以在程序中获得字符串长度、提取子字符串，以及将字符串转换为大写或小写字符。这里通过 string 的方法，为字符串添加了各种各样的样式，如图 15-11 所示。

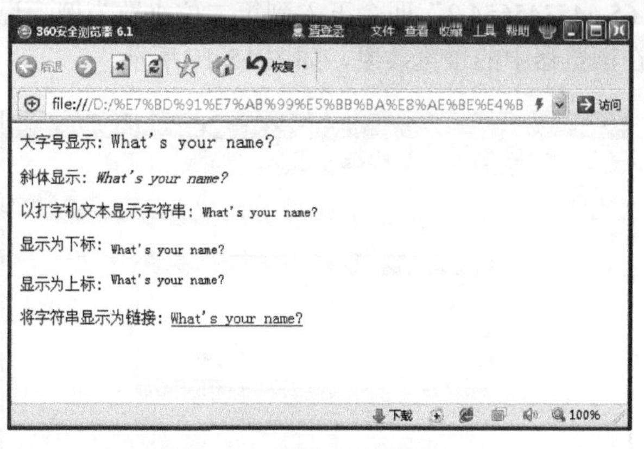

图 15-11　字符串对象 String

15.5.4　数组对象 array

在程序中数据是存储在变量中的，但是如果数据量很大，比如几百个学生的成绩，此时再逐个定义变量来存储这些数据就显得异常繁琐。如果通过数组来存储这些数据就会使这一过程大大简化。在编程语言中，数组是专门用于存储有序数列的工具，也是最基本、最常用的数据结构之一。在 JavaScript 中，array 对象专门负责数组的定义和管理。

每个数组都有一定的长度，表示其中所包含的元素个数，元素的索引总是从 0 开始，并且最大值等于数组长度减 1，本节将分别介绍数组的创建和使用方法。

语法：

数组也是一种对象，使用前先创建一个数组对象。创建数组对象使用 array 函数，并通过 new 操作符来返回一个数组对象，其调用方式有以下三种。

```
new array()
new array(len)
new array([item0,[item1,[item2,…]]]
```

说明：

其中第一种形式创建一个空数组，它的长度为 0；第二种形式创建一个长度为 len 的数组，len 的数据类型必须是数字，否则按照第三种形式处理；第三种形式是通过参数列表指定的元素初始化一个数组。下面是分别使用上述形式创建数组对象的例子。

```
var objarray=new array();   //创建了一个空数组对象
var objarray=new array(6);   //创建一个数组对象，包括 6 个元素
var objarray=new array("x","y","z"); //以"x","y","z"3 个元素初始化一个数组对象
```

在 JavaScript 中，不仅可以通过调用 array 函数创建数组，而且可以使用方括号“[]”的语法直接创造一个数组，它的效果与上面第三种形式的效果相同，都是以一定的数据列表来创建一个数组。这样表示的数组称为一个数组常量，是在 JavaScript1.2 版本中引入的。通过这种方式就可以直接创建仅包含一个数字类型元素的数组了，例如下面的代码。

```
var objarray=[];      //创建了一个空数组对象
var objarray=[2];     //创建了一个仅包含数字类型元素“2”的数组
var objarray=["a","b","c"];  //以"a","b","c"3 个元素初始化一个数组对象
```

实例：

```
<!DOCTYPE html PUBLIC "-//W3C//DTD XHTML 1.0 Transitional//EN"
"http://www.w3.org/TR/xhtml1/DTD/xhtml1-transitional.dtd">
<html xmlns="http://www.w3.org/1999/xhtml">
<head>
<meta http-equiv="Content-Type" content="text/html; charset=utf-8" />
<title>数组对象 array</title>
</head>
<body>
<script type="text/javascript">
function sortNumber(a, b)
{
return a - b
}
var arr = new array(6)
arr[0] = "6"
arr[1] = "5"
arr[2] = "80"
arr[3] = "40"
arr[4] = "1000"
arr[5] = "100"
document.write(arr + "<br />")
document.write(arr.sort(sortNumber))
</script>
</body>
</html>
```

本例使用 sort()方法从数值上对数组进行排序。原来数组中的数字顺序是“3,55,30,10,100,1000”，使用 sort 方法重新排序后的顺序是“3,10,30,55,100,1000”。最后使用 document.write 方法分别输出排序前后的数字，如图 15-12 所示。

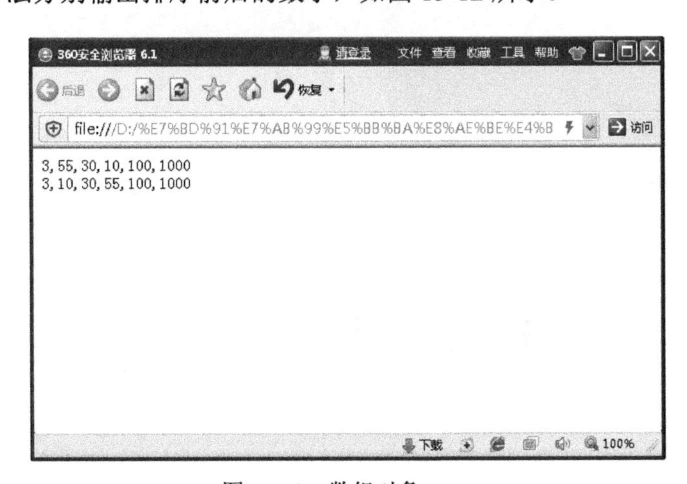

图 15-12 数组对象 array

实例：

```
<!DOCTYPE html PUBLIC "-//W3C//DTD XHTML 1.0 Transitional//EN"
"http://www.w3.org/TR/xhtml1/DTD/xhtml1-transitional.dtd">
<html xmlns="http://www.w3.org/1999/xhtml">
<head>
<meta http-equiv="Content-Type" content="text/html; charset=utf-8" />
<title>数组对象array</title>
</head>
<body>
<script type="text/javascript">
function sortNumber(a,b)
{
return a - b
}
var arr = new Array(6)
arr[0] = "4"
arr[1] = "55"
arr[2] = "30"
arr[3] = "10"
arr[4] = "100"
arr[5] = "1000"
document.write(arr + "<br />")
document.write(arr.sort(sortNumber))
</script>
</body>
</html>
```

本例使用sort()方法从数值上对数组进行排序，原来数组中的数字顺序是“4,55,30,10,100,1000”，使用sort方法重新排序后的顺序是“3,10,30,55,100,1000”，最后使用document.write方法分别输出排序前后的数字，如图15-12所示。

图15-12 数组对象array

第 5 部分

Flash 动画设计篇

第16章

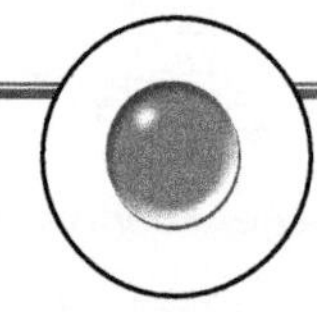

绘制图形和编辑对象

Flash是一款交互式动画设计工具，用它可以将音乐、声效、动画以及富有新意的界面融合在一起，以制作出高品质的Flash动画。熟练使用绘图工具是学习Flash的关键。在学习和使用过程中，应当清楚各种工具的用途。灵活运用这些工具，可以绘制出栩栩如生的矢量图，为后面的动画制作做好准备工作。

学习目标

- Flash 概述
- Flash CC 工作界面
- 绘制图形对象
- 填充图形对象
- 对象的基本操作

16.1 Flash 概述

Flash CC可以实现多种动画特效，在现阶段，Flash应用的领域主要有娱乐短片、片头、广告、MTV、导航条、小游戏、产品展示、应用程序界面等方面。Flash 已经大大增加了网络功能，可以直接通过xml读取数据，又加强了与ColdFusion、ASP、JSP和Generator的整合，所以用Flash开发Web应用程序肯定会应用得越来越广泛。

16.2 Flash CC 工作界面

Flash CC软件内含强大的工具集，排版精确、版面保真并有丰富的动画编辑功能，能清晰地传达创作构思。Flash CC的工作界面由菜单栏、工具箱、时间轴面板、属性面板、舞台和面板组等组成，如图16-1所示。

图 16-1 Adobe Flash Professional CC 工作界面

16.2.1 菜单栏

菜单栏是最常见的界面要素，它包括【文件】、【编辑】、【视图】、【插入】、【修改】、【文本】、【命令】、【控制】、【调试】、【窗口】和【帮助】，如图 16-2 所示。根据不同的功能类型，可以快速地找到所要使用的各项功能选项。

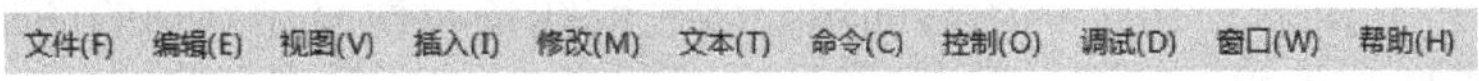

文件(F) 编辑(E) 视图(V) 插入(I) 修改(M) 文本(T) 命令(C) 控制(O) 调试(D) 窗口(W) 帮助(H)

图 16-2 菜单栏

- 【文件】菜单：用于文件操作，如创建、打开和保存文件等。
- 【编辑】菜单：用于动画内容的编辑操作，如复制、剪切和粘贴等。
- 【视图】菜单：用于对开发环境进行外观和版式设置，包括放大、缩小、显示网格及辅助线等。
- 【插入】菜单：用于插入性质的操作，如新建元件、插入场景和图层等。
- 【修改】菜单：用于修改动画中的对象、场景甚至动画本身的特性，主要用于修改动画中各种对象的属性，如帧、图层、场景以及动画本身等。
- 【文本】菜单：用于对文本的属性进行设置。
- 【命令】菜单：用于对命令进行管理。
- 【控制】菜单：用于对动画进行播放、控制和测试。
- 【调试】菜单：用于对动画进行调试。
- 【窗口】菜单：用于打开、关闭、组织和切换各种窗口面板。
- 【帮助】菜单：用于快速获得帮助信息。

16.2.2 工具箱

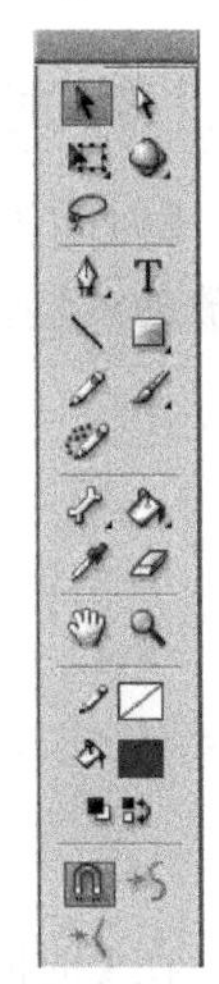

图 16-3 工具箱

工具箱中包含一套完整的绘图工具，位于工作界面的左侧，如图 16-3 所示。如果想将工具箱变成浮动工具箱，可以拖动工具箱最上方的位置，这时屏幕上会出现一个工具箱的虚框，释放鼠标即可将工具箱变成浮动工具箱。

- 【选择】工具：用于选定对象、拖动对象等操作。
- 【部分选取】工具：可以选取对象的部分区域。
- 【任意变形】工具：对选取的对象进行变形。
- 【3D 旋转】工具：3D 旋转功能只能对影片剪辑发生作用。
- 【套索】工具：选择一个不规则的图形区域，还可以处理位图图形。
- 【钢笔】工具：可以使用此工具绘制曲线。
- 【文本】工具T：在舞台上添加文本，编辑现有的文本。
- 【线条】工具：使用此工具可以绘制各种形式的线条。
- 【矩形】工具：用于绘制矩形，也可以绘制正方形。
- 【铅笔】工具：用于绘制折线、直线等。
- 【刷子】工具：用于绘制填充图形。
- 【Deco】工具：Deco 工具是 Flash 中一种类似“喷涂刷”的填充工具，使用 Deco 工具可以快速完成大量相同元素的绘制，也可以应用它制作出很多复杂的动画效果。将其与图形元件和影片剪辑元件配合，可以制作出效果更加丰富的动画效果。
- 【骨骼】工具，可以像 3D 软件一样，为动画角色添加上骨骼，可以很轻松地制作各种动作的动画。
- 【墨水瓶】工具：用于编辑线条的属性。
- 【颜料桶】工具：用于编辑填充区域的颜色。
- 【滴管】工具：用于将图形的填充颜色或线条属性复制到别的图形线条上，还可以采集位图作为填充内容。
- 【橡皮擦】工具：用于擦除舞台上的内容。
- 【手形】工具：当舞台上的内容较多时，可以用该工具平移舞台以及各个部分的内容。
- 【缩放】工具：用于缩放舞台中的图形。
- 【笔触颜色】工具：用于设置线条的颜色。
- 【填充颜色】工具：用于设置图形的填充区域。

16.2.3 时间轴面板

【时间轴】面板是 Flash 界面中重要的组成部分，用于组织和控制文档内容在一定时间内播放的图层数和帧数，如图 16-4 所示。

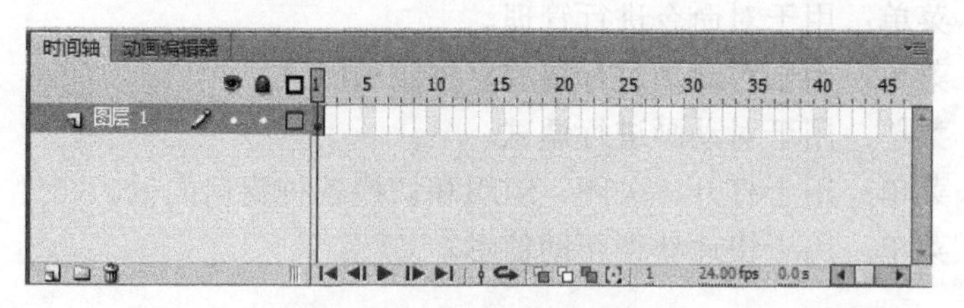

图 16-4 【时间轴】面板

在【时间轴】面板中，其左边的上方和下方的几个按钮用于调整图层的状态和创建图层。在帧区域中，其顶部的标题指示了帧编号，动画播放头指示了舞台中当前显示的帧。

时间轴状态显示在【时间轴】面板的底部，它包括若干用于改变帧显示的按钮，指示当前帧编号、帧频和到当前帧为止的播放时间等。其中，帧频直接影响动画的播放效果，其单位是【帧/秒（fps）】，默认值是 24 帧/秒。

16.2.4 舞台

舞台是放置动画内容的区域，可以在整个场景中绘制或编辑图形，但是最终动画仅显示场景白色区域中的内容，而这个区域就是舞台。舞台之外的灰色称为工作区，在播放动画时不显示此区域，如图 16-5 所示。

舞台中可以放置的内容包括矢量插图、文本框、按钮和导入的位图图形或视频剪辑等。工作时，可以根据需要改变舞台的属性和形式。

图 16-5 舞台

16.2.5 属性面板

【属性】面板的内容取决于当前选定的内容，可以显示当前文档、文本、元件、形状、位图、视频、帧或工具的信息和设置。如当选择工具箱中的【文本】工具时，在【属性】面板中将显示有关文本的一些属性设置，如图 16-6 所示。

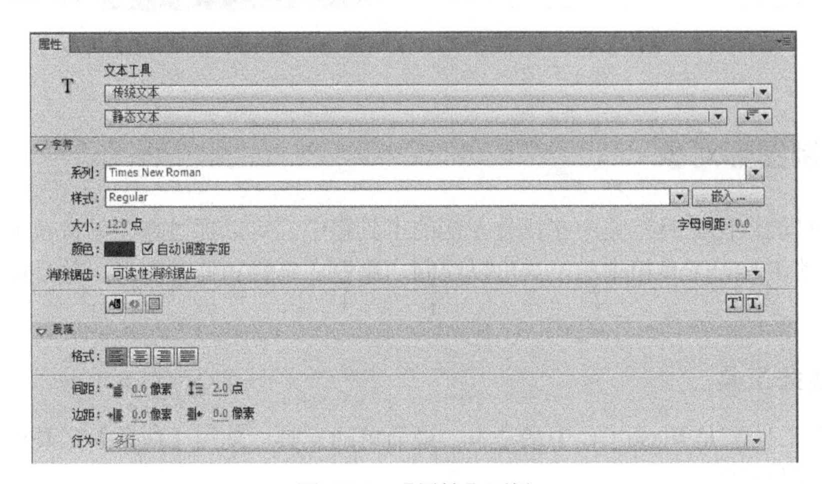

图 16-6 【属性】面板

16.2.6 面板组

Flash CC 以面板的形式提供了大量的操作选项，通过一系列的面板可以编辑或修改动画对象。Flash CC 的面板分为许多种，最主要的面板有【库】面板和【颜色】面板等。

1.【库】面板

选择菜单中的【窗口】|【库】命令或按 F11 键即可打开【库】面板，如图 16-7 所示。在【库】面板中可以方便快捷地查找、组织以及调用资源，【库】面板提供了动画中数据项的许多信息。库中存储的元素被称为【元件】，可以重复利用。

2.【颜色】面板

选择菜单中的【窗口】|【颜色】命令即可打开【颜色】面板，如图 16-8 所示。使用【颜色】面板可以创建和编辑纯色、渐变填充，调制出大量的颜色，以设置笔触、填充色以及透明度等。如果已经在舞台中选定了对象，那么在【颜色】面板中所做的颜色更改就会被应用到该对象。

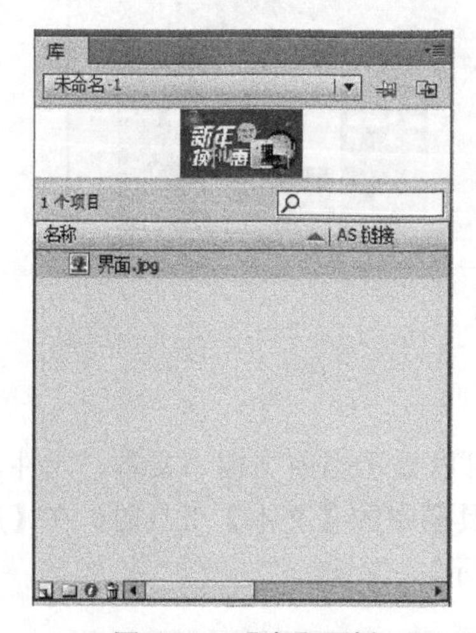

图 16-7 【库】面板

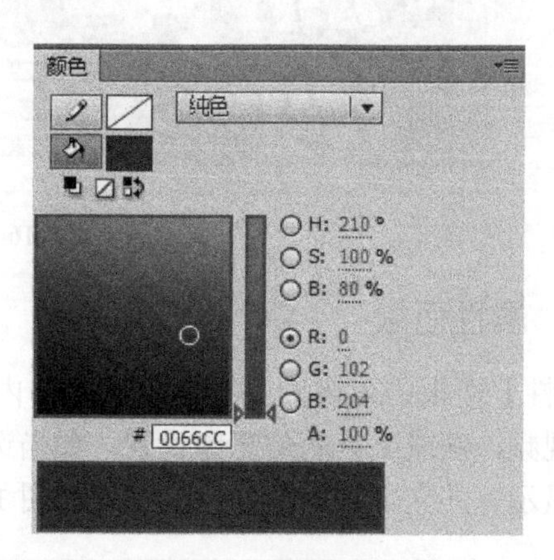

图 16-8 【颜色】面板

16.3 绘制图形对象

Flash CC 的绘图工具都集中在舞台左侧的工具箱中，可以通过在工具按钮上单击鼠标左键选择相应的工具。工具箱中的工具可以绘制、涂色、选择和修改图形，并且可以更改舞台的视图。

16.3.1 线条工具

【线条】工具是 Flash CC 中最基本、最简单的工具。使用【线条】工具可以绘制不同的颜色、宽度和形状。

选择工具箱中的【线条】工具时，此时已经激活了工具，如图 16-9 所示。在【属性】面板中可设置直线的属性，如图 16-10 所示。

图 16-9 选择【线条】工具

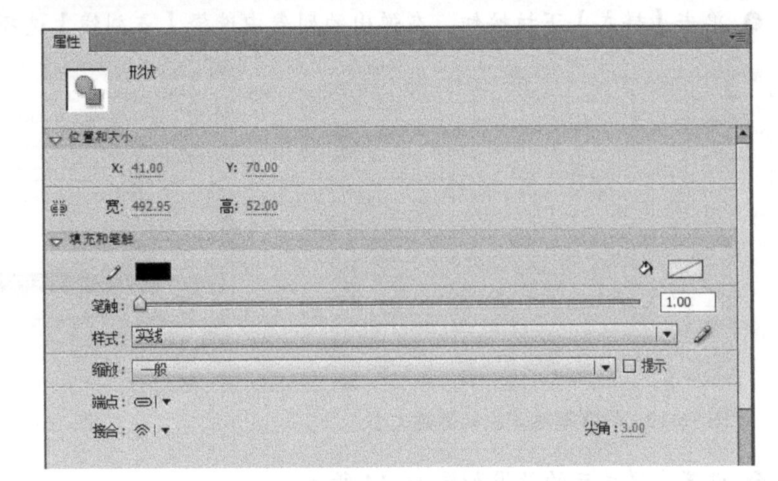

图 16-10 【线条】工具的【属性】面板

使用【线条】工具的具体操作步骤如下。

原始文件	CH16/线条工具.jpg
最终文件	CH16/线条工具.fla
学习要点	线条工具的使用

❶ 打开原始文档，选择工具箱中的【线条】工具，在舞台中按住鼠标左键绘制直线，如图 16-11 所示。

图 16-11 绘制直线

❷ 在【线条】工具【属性】面板中设置笔触颜色为#1E8D03，笔触大小为 14，如图 16-12 所示。

❸ 单击【样式】下拉按钮，在弹出的列表中选择【点刻线】选项，如图 16-13 所示。

图 16-12 设置笔触颜色和笔触大小

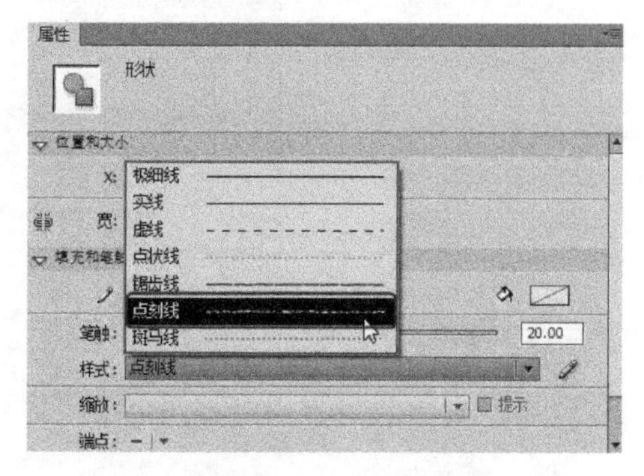

图 16-13 设置样式

❹ 设置完样式后的效果如图 16-14 所示。

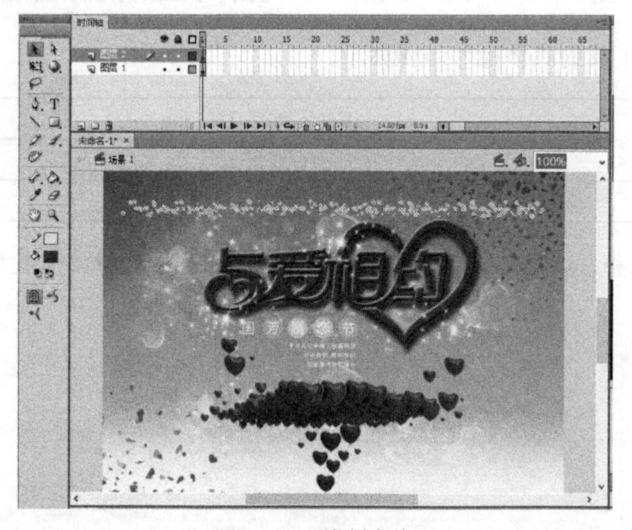

图 16-14 绘制直线

16.3.2 铅笔工具

使用【铅笔】工具可以绘制任意形状的线条，选择工具箱中的【铅笔】工具会出现【铅笔模式】附属工具选项，有三种模式可供选择，如图 16-15 所示。

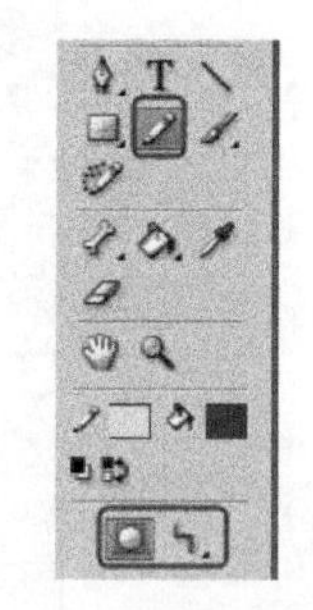

图 16-15 【铅笔】工具

- 【伸直】：在绘图过程中，使用此模式会将线条转换成接近形状的直线，绘制的图形趋向平直、规整。
- 【平滑】：适用于绘制平滑图形，在绘制过程中会自动将所绘图形的棱角去掉，转换成接近形状的平滑曲线，使绘制的图形趋于平滑、流畅。
- 【墨水】：可随意绘制各类线条，这种模式不对笔触进行任何修改。

使用【铅笔】工具绘制图形的具体操作步骤如下。

原始文件	CH16/铅笔工具.jpg
最终文件	CH16/铅笔工具.fla
学习要点	铅笔工具的使用

❶ 打开原始文档，选择工具箱中的【铅笔】工具，在【属性】面板中设置笔触颜色、样式和大小，如图 16-16 所示。

❷ 按住鼠标左键在舞台中绘制形状，如图 16-17 所示。

图 16-16 选择【铅笔】工具

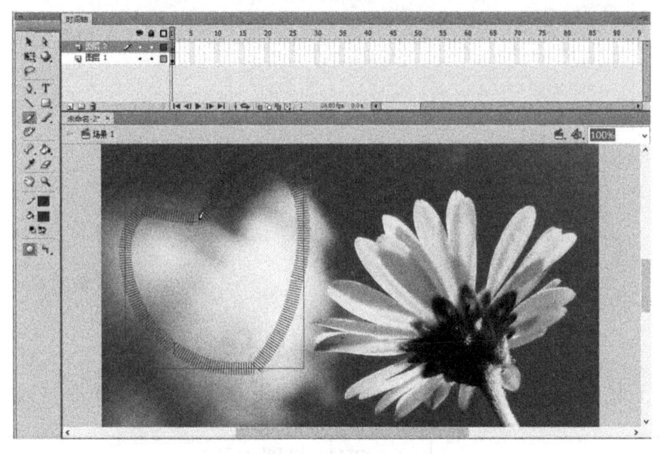

图 16-17 绘制形状

16.3.3 钢笔工具

【钢笔】工具用于绘制路径，可以创建直线或曲线段，然后调整直线段的角度和长度以及曲线段的斜率。

选择工具箱中【钢笔】工具，在舞台上单击确定一个锚记点，继续单击添加相连的线段。直线路径上或曲线路径结合处的锚记点被称为转角点，以小方形显示，如图 16-18 所示。

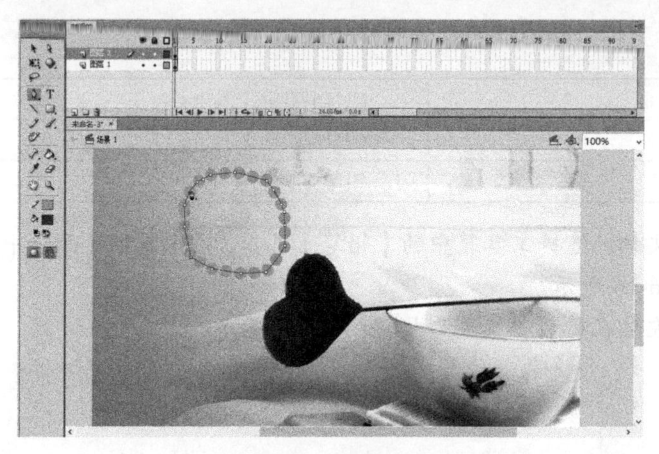

图 16-18　钢笔工具

16.3.4　椭圆工具

【椭圆】工具可用来绘制椭圆和正圆，不仅可以任意选择轮廓线的颜色、线宽和线型，还可以任意选择轮廓线的颜色和圆的填充色。但是边界线只能使用单色，而填充区域则可以使用单色或渐变色。

当选择工具箱中的【椭圆】工具时，Flash 的【属性】面板中将出现与【椭圆】工具有关的属性，如图 16-19 所示。

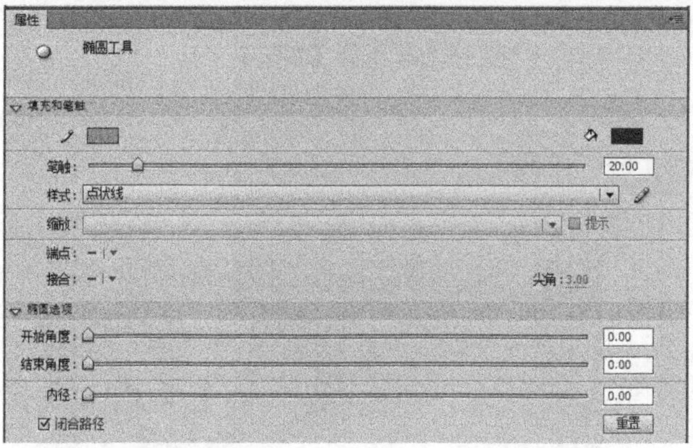

图 16-19　【椭圆】工具的【属性】面板

使用【椭圆】工具绘制图形的具体操作步骤如下。

原始文件	CH16/椭圆工具.jpg
最终文件	CH16/椭圆工具.fla
学习要点	椭圆工具的使用

❶ 打开原始文档，选择工具箱中的【椭圆】工具，如图 16-20 所示。

❷ 单击工具箱中的【颜色】选项中的【笔触颜色】按钮，在弹出的颜色框中设置笔触颜色为【无】。单击【填充颜色】按钮，在弹出的颜色框中设置填充颜色为#F8D62E，如图 16-21 所示。

图 16-20 打开文档

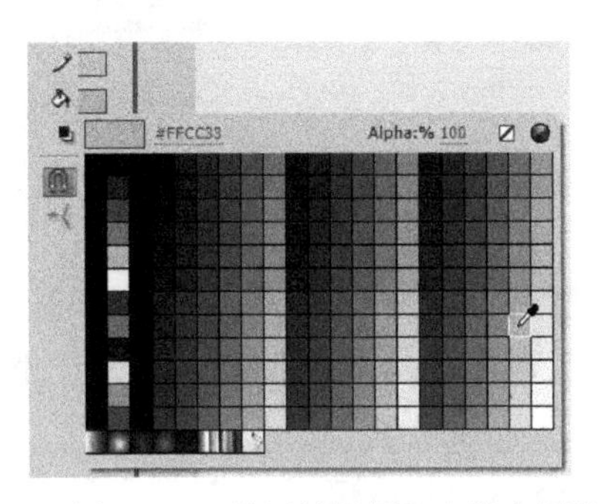

图 16-21 设置笔触颜色和填充颜色

❸ 按住鼠标左键在舞台中绘制椭圆，如图 16-22 所示。

图 16-22 绘制椭圆

16.3.5 矩形工具

【矩形】工具用于创建各种比例的矩形，也可以绘制正方形，其操作步骤和【椭圆】工具相似。所不同的是，在矩形面板中可以设置矩形的边角半径，如图 16-23 所示。

原始文件	CH16/矩形工具.jpg
最终文件	CH16/矩形工具.fla
学习要点	矩形工具的使用

使用【矩形】工具的具体操作步骤如下。

❶ 打开原始文档，选择工具箱中的【矩形】工具，如图 16-24 所示。

❷ 在【属性】面板中可以设置矩形属性选项，单击并拖动鼠标即可绘制矩形，如图 16-25 所示。

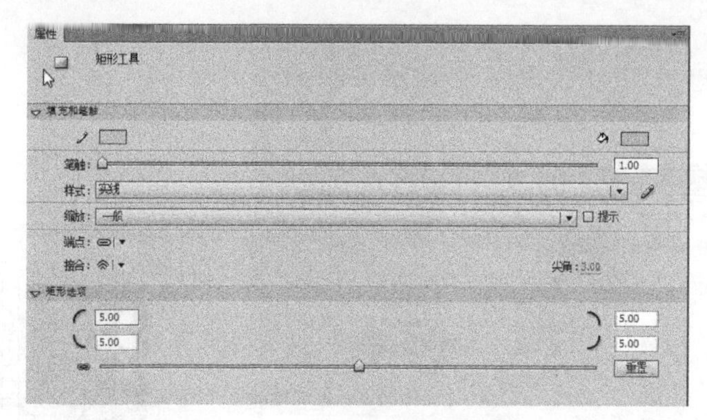

图 16-23　设置矩形的边角半径

图 16-24　选择工具箱中的【矩形】工具

图 16-25　选择【矩形】工具

16.3.6　多角星形工具

【多角星形】工具的用法与【矩形】工具基本一样，所不同的是在【属性】面板中多了一个【选项】按钮，如图 16-26 所示。

单击【属性】面板中的【选项】按钮，弹出【工具设置】对话框，如图 16-27 所示。在对话框中可以自定义多边形的各种属性。

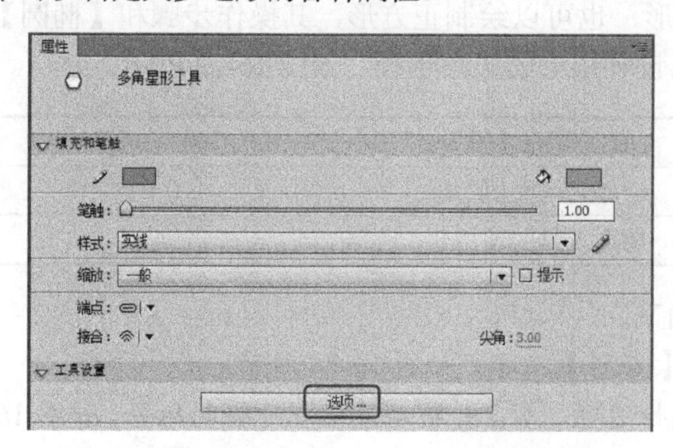

图 16-26　【多角星形】工具的【属性】面板

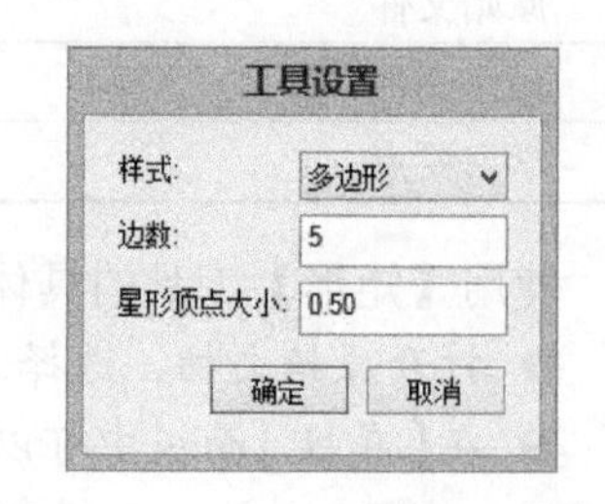

图 16-27　【工具设置】对话框

在【工具设置】对话框中主要有以下参数设置。

- 【样式】：在下拉列表中可以选择多边形和星形。
- 【边数】：设置多边形的边数，其选取范围为3～32。
- 【星形顶点大小】：输入0到1之间的数字以指定星形顶点的深度。此数字越接近0，创建的顶点就越深。

原始文件	CH16/多角星形工具.jpg
最终文件	CH16/多角星形工具.fla
学习要点	多角星形工具的使用

下面讲述利用【多角星形】工具绘制多角星形，具体操作步骤如下。

❶ 打开原始文档，选择工具箱中的【多角星形】工具，如图16-28所示。

图16-28 选择【多角星形】工具

❷ 在【属性】面板中单击【选项】按钮，弹出【工具设置】对话框，在该对话框中【样式】选择【星形】，如图16-29所示。

❸ 在舞台中按住鼠标左键拖动可绘制星形，如图16-30所示。

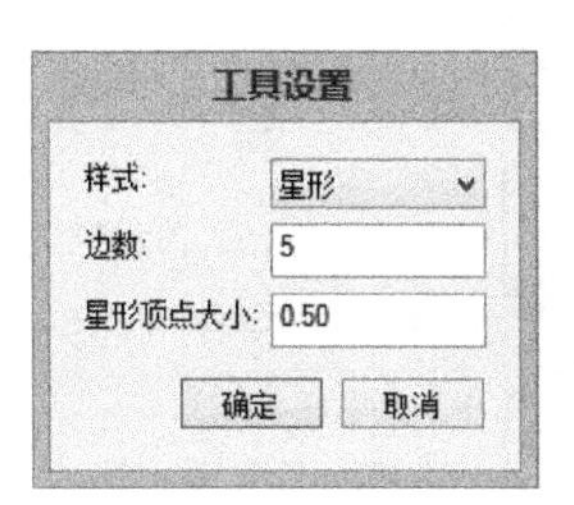

图16-29 【工具设置】对话框

图16-30 绘制星形

16.4 填充图形对象

【填充】工具主要有【墨水瓶】工具、【颜料桶】工具、【滴管】工具、【刷子】工具和【渐变变形】工具五种，下面分别进行介绍。

16.4.1 墨水瓶工具

使用【墨水瓶】工具的具体操作步骤如下。

原始文件	CH16/墨水瓶工具.jpg
最终文件	CH16/墨水瓶工具.fla
学习要点	墨水瓶工具的使用

❶ 打开原始文档，如图 16-31 所示。

❷ 选择导入的图像，按 Ctrl+B 组合键将图像打散，如图 16-32 所示。

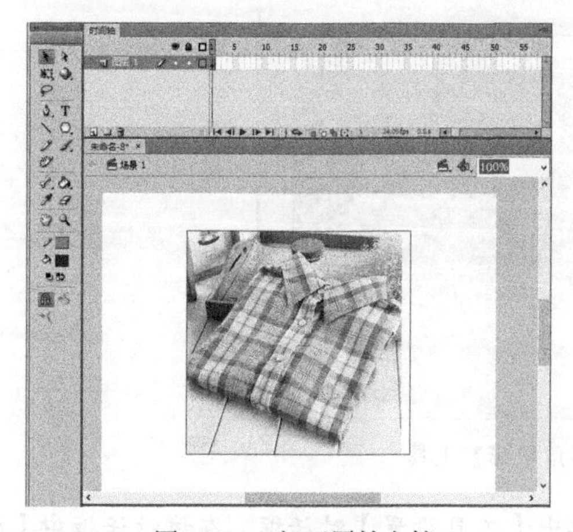

图 16-31 打开原始文档

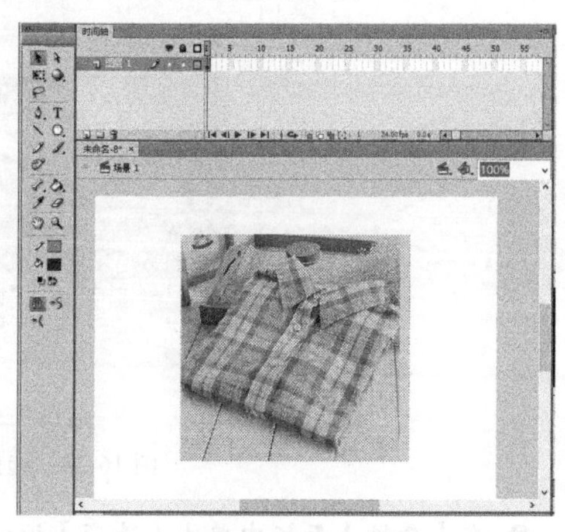

图 16-32 打散图像

❸ 选择工具箱中的【墨水瓶】工具，在【属性】面板中设置【笔触颜色】为绿色，【笔触】为 10，【样式】为【点刻线】，单击形状的填充区域，填充的轮廓如图 16-33 所示。

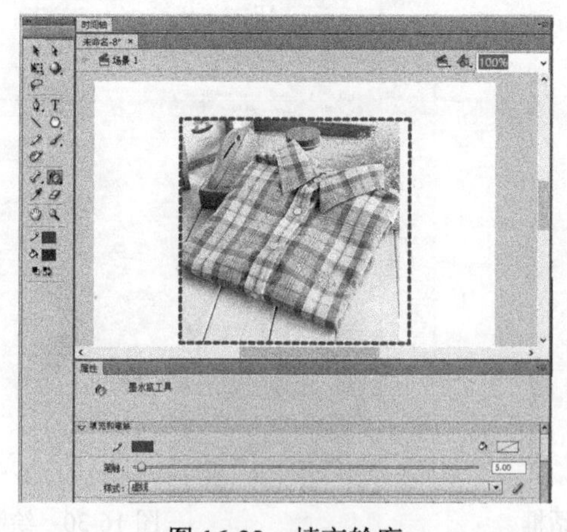

图 16-33 填充轮廓

16.4.2 颜料桶工具

【颜料桶】工具可以为封闭区域填充颜色，还可以更改已涂色区域的颜色。可以使用【颜料桶】工具填充未完全封闭的区域。

选择工具箱中的【颜料桶】工具后，在工具箱的下部会出现【空隙大小】附属工具选项，如图 16-34 所示。

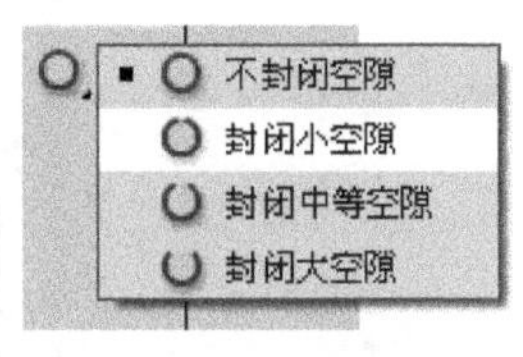

图 16-34 附属工具

- 【不封闭空隙】：不允许有空隙，只限于封闭区域。
- 【封闭小空隙】：如果所填充区域不是完全封闭的，但是空隙很小，则 Flash 会近似地将其判断为完全封闭而进行填充。
- 【封闭中等空隙】：如果所填充区域不是完全封闭的，但是空隙大小中等，则 Flash 会近似地将其判断为完全封闭而进行填充。
- 【封闭大空隙】：如果所填充区域不是完全封闭的，而且空隙尺寸比较大，则 Flash 会近似地将其判断为完全封闭而进行填充。

使用【颜料桶】工具的具体操作步骤如下。

原始文件	CH16/颜料桶工具.jpg
最终文件	CH16/颜料桶工具.fla
学习要点	颜料桶工具的使用

❶ 打开原始文件，选择工具箱中的【颜料桶】工具，设置填充颜色为绿色。在附属工具选项中选择需要的空隙模式，如图 16-35 所示。

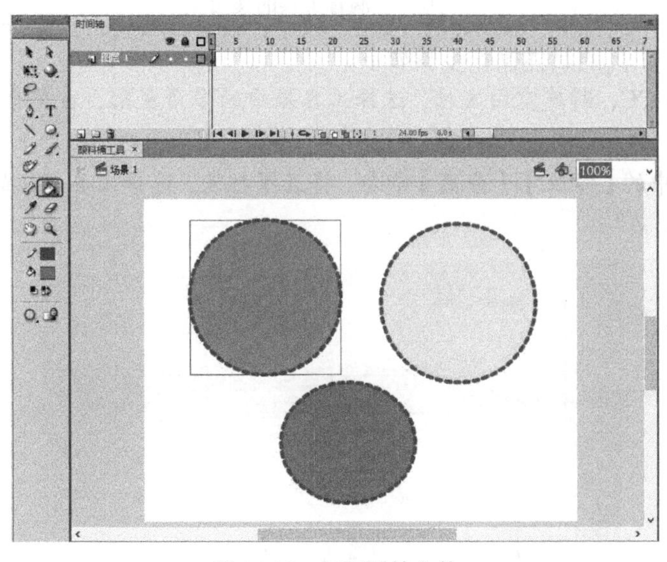

图 16-35 打开原始文件

❷ 将鼠标指针移到舞台中，将发现它变成了一个颜料桶，在填充区域内部单击，填充颜色，如图 16-36 所示。

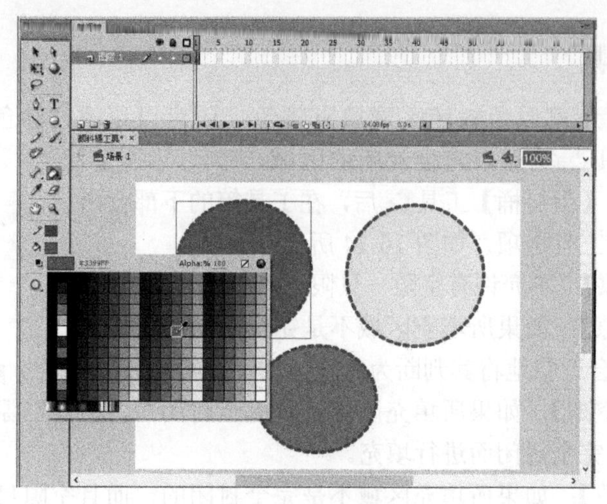

图 16-36　填充颜色

16.4.3　滴管工具

选择工具箱中的【滴管】工具后，光标就会变成一个滴管状，表明此时已经激活了【滴管】工具，可以拾取某种颜色了。然后移动到目标对象上，再单击左键，这样采集的颜色就被填充到目标区域了。

原始文件	CH16/滴管工具.jpg
最终文件	CH16/滴管工具.fla
学习要点	滴管工具的使用

使用【滴管】工具的具体操作步骤如下。

❶ 启动 Flash CC，新建空白文档，选择工具箱中的多角星形，在舞台中绘制五星，如图 16-37 所示。

❷ 选择菜单中的【修改】|【分离】命令，将五星打散，选择工具箱中的【滴管】工具。如图 16-38 所示。

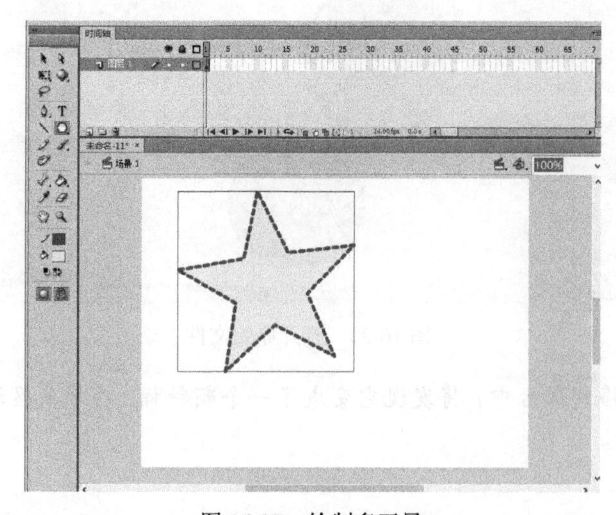

图 16-37　绘制多五星

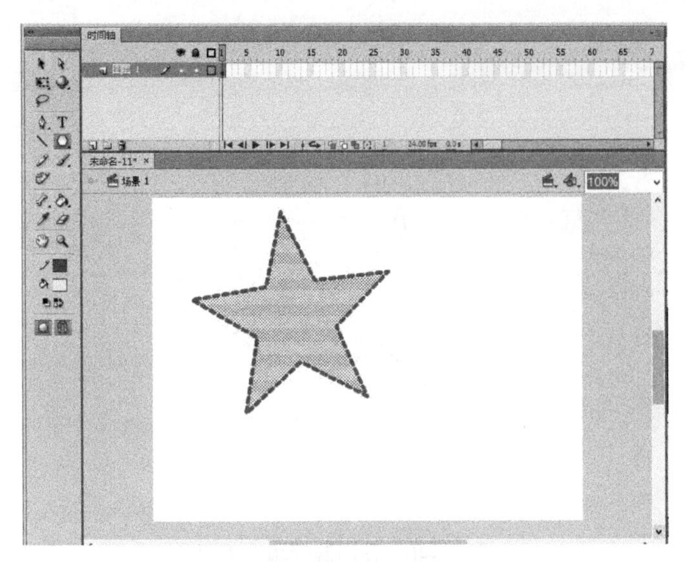

图 16-38 打散五星

❸ 将【滴管】工具放置在要复制其属性的填充上，这时在【滴管】工具的旁边出现了一个刷子图标，单击鼠标则将形状信息采样到填充工具中，如图 16-39 所示。

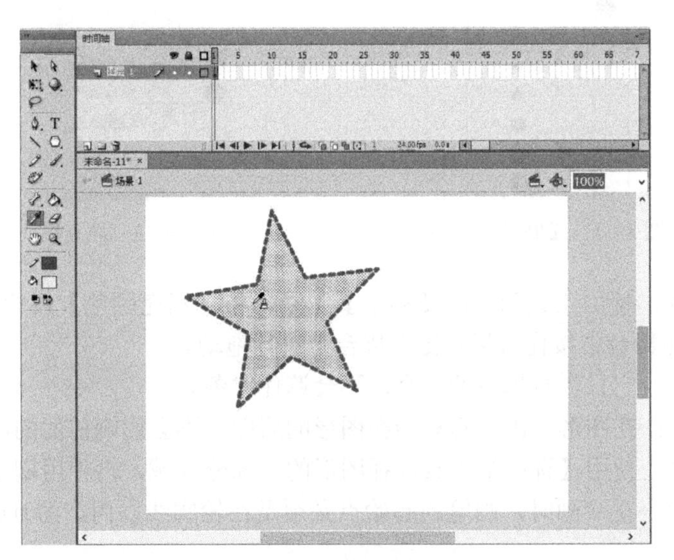

图 16-39 采集填充

❹ 选择工具箱中的【多角星形】工具，在舞台中绘制一个五星，该形状将具有【滴管】工具所提取的填充属性，如图 16-40 所示。

16.4.4 刷子工具

使用工具箱中的【刷子】工具可以随意地画出色块，在其选项中可以设置刷子的大小和样式，如图 16-41 所示。单击【选项】区中的按钮，在弹出的菜单中有五种填充模式，如图 16-42 所示。

图 16-40　使用滴管填充五星

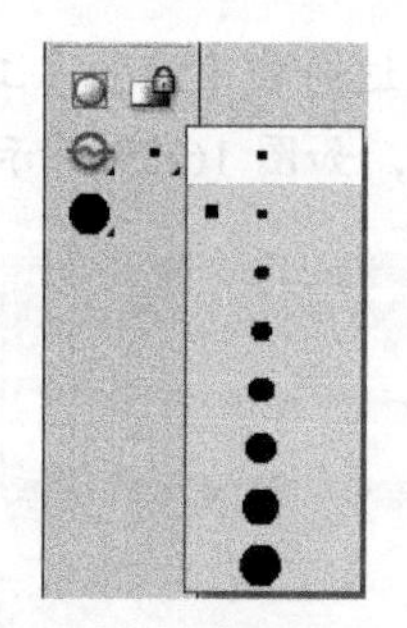

图 16-41 【刷子】大小

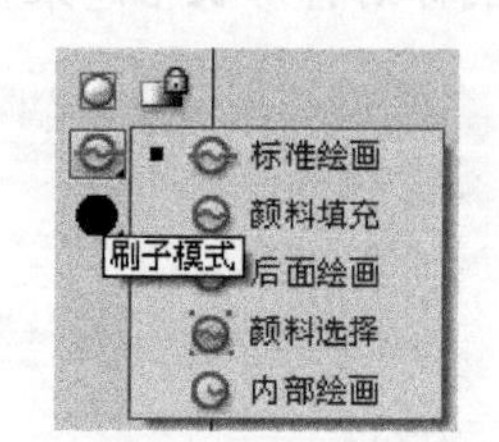

图 16-42　填充模式

- 标准绘画：使用工具箱中的【刷子】工具，将【填充颜色】设置为#ff99ff，将光标移动到舞台上，在舞台中按住鼠标左键在舞台上进行拖动。
- 颜料填充：它只影响填色的内容，不会遮住线条。
- 后面绘画：在图形上画，它只会在图形的后面，不会影响前面的图像。
- 颜料选择：使用【选择】工具选择图形的一部分区域，再使用刷子工具绘制。
- 内部绘画：在绘画时，画笔的起始点必须是在轮廓线以内，而且画布的范围也只作用在轮廓线以内。

使用【刷子】工具的具体操作步骤如下。

原始文件	CH16/刷子工具.jpg
最终文件	CH16/刷子工具.fla
学习要点	刷子工具的使用

❶ 打开原始文件，选择工具箱中的【刷子】工具，设置填充颜色为#CC2A80，如图 16-43 所示。

❷ 将鼠标指针移到舞台中，按住鼠标左键即可绘制色块，如图 16-44 所示。

图 16-43 打开原始文件

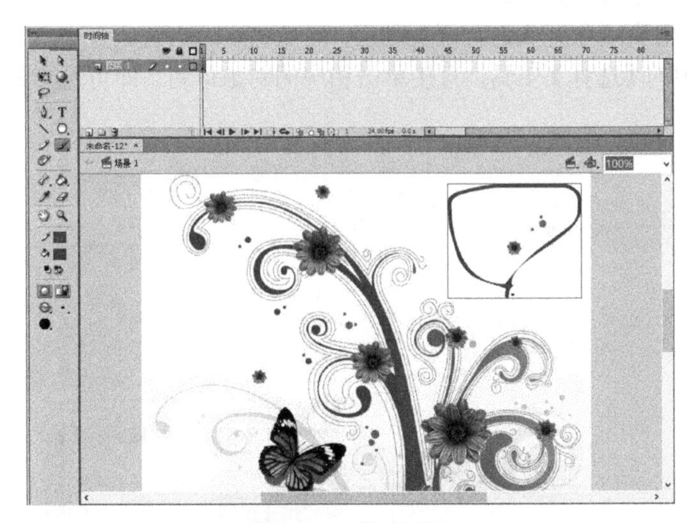

图 16-44 绘制形状

16.4.5 渐变变形工具

【渐变变形】工具可以改变图形中的填充渐变效果。单击工具箱中的【渐变变形】工具按钮，当图形填充为背景渐变色，选择工具箱中的【渐变变形】工具，将光标移动到图形上，单击鼠标左键出现了四个控制点和一个圆形外框，如图 16-45 所示，向圆形外框水平拖动方向水平渐变区域。

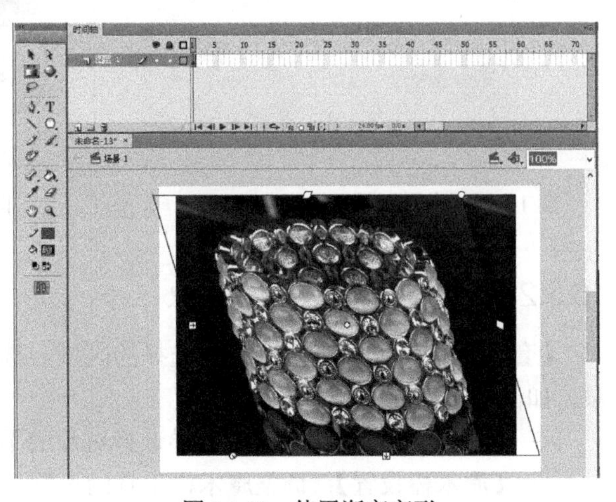

图 16-45 使用渐变变形

16.5 对象的基本操作

首先需要选择将要处理的对象，然后对这些对象进行处理。可以通过在舞台中拖动对象来移动它们，或者剪切后粘贴它们，按方向键移动它们，或使用【属性】面板为它们指定确切的位置。

16.5.1 使用选择工具选择对象

【选择】工具用于选择或移动直线、图形、元件等一个或多个对象，也可以拖动一些未选定的直线、图形、端点或曲线来改变直线或图形的形状。

选择【选择】工具会出现三个附属工具选项，如图 16-46 所示。

- 【贴紧至对象】：选择此选项，绘图、移动、旋转以及调整的对象将自动对齐。
- 【平滑】：对直线和开头进行平滑处理。
- 【伸直】：对直线和开头进行平直处理。

选择工具箱中的【选择】工具，直接单击相应的对象即可，即可选择该对象，如图 16-47 所示。

图 16-46 附属工具

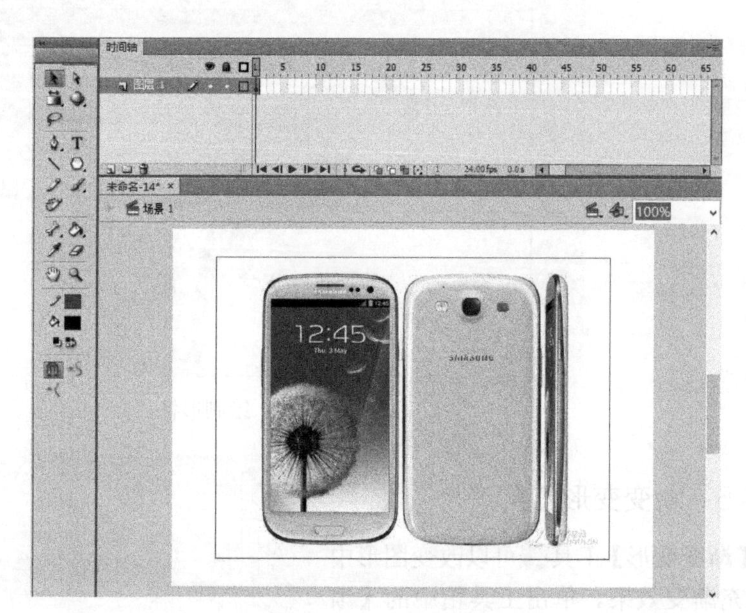

图 16-47 选择图像

16.5.2 使用套索工具选择对象

【套索】工具可以自由选定要选择的区域。选择【套索】工具后会出现三个附属工具选项，如图 16-48 所示。

- 【魔术棒】：根据颜色的差异选择对象的不规则区域。
- 【魔术棒设置】：调整魔术棒工具的设置，单击此按钮，弹出【魔术棒设置】对话框，如图 16-49 所示。

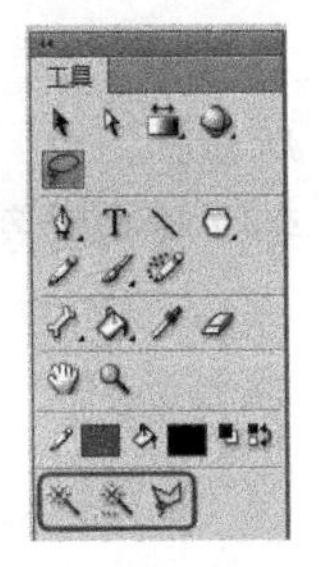

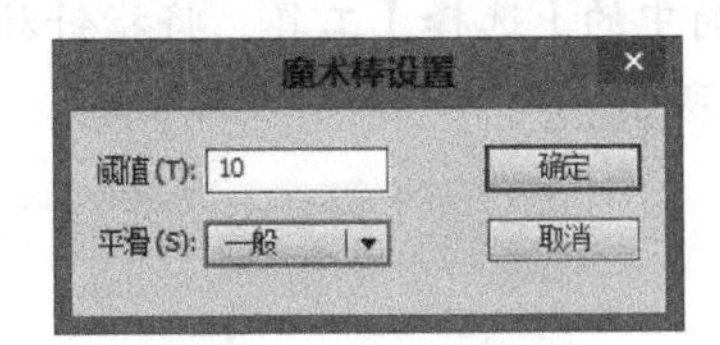

图 16-48 【刷子】大小

图 16-49 填充模式

● 【阈值】：用来设置所选颜色的近似程度，只能输入 0～200 之间的整数，数值越大，差别大的其他邻接颜色就越容易被选中。

● 【平滑】：所选颜色近似程度的单位，默认为【一般】。

● 【多边形模式】：选择多边形区域及不规则区域。

原始文件	CH16/套索工具.jpg
最终文件	CH16/套索工具.fla
学习要点	使用套索工具选择对象

使用【套索】工具具体操作步骤如下。

❶ 打开原始文件，选择工具箱中的【套索】工具，如图 16-50 所示。

❷ 选择菜单中的【修改】|【分离】命令，分离图像文件，如图 16-51 所示。

图 16-50 打开原始文件

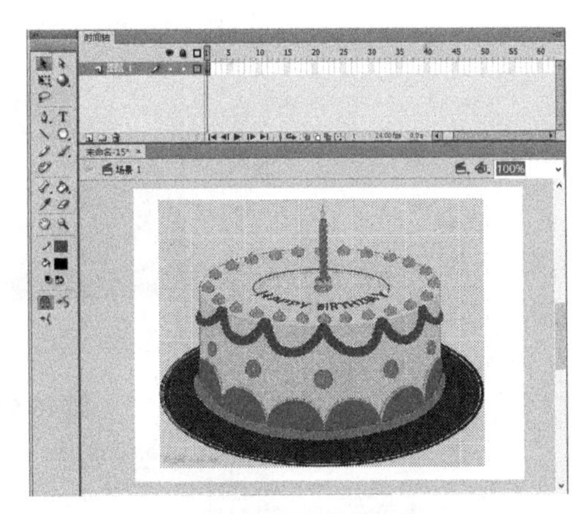
图 16-51 分离图像

❸ 将光标置于要圈选的位置，按住鼠标左键不放拖动，直到全部圈选，释放鼠标即可将鼠标拖动的区域选中，如图 16-52 所示。

16.5.3 移动、复制和删除对象

原始文件	CH16/移动、复制和删除对象.jpg
最终文件	CH16/移动、复制和删除对象.fla
学习要点	移动、复制和删除对象

要移动对象，可以使用下面的方法。

❶ 打开原始文件，在舞台中选择一个对象，如图 16-53 所示。

❷ 选择工具箱中的【选择】工具，将指针放在对象上，要仅移动对象，将其拖到新位置即可，如图 16-54 所示。

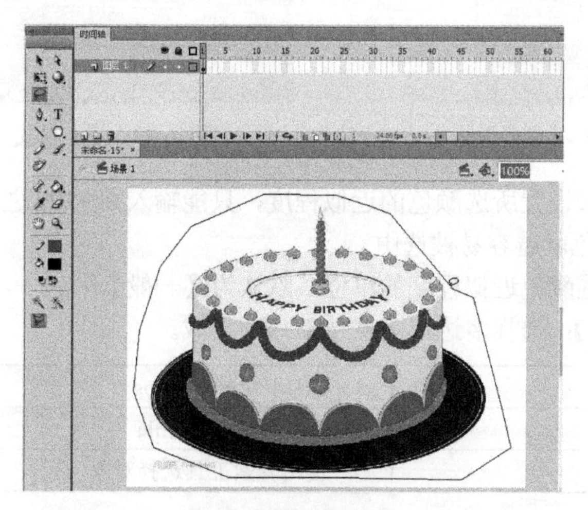

图 16-52　选择图像

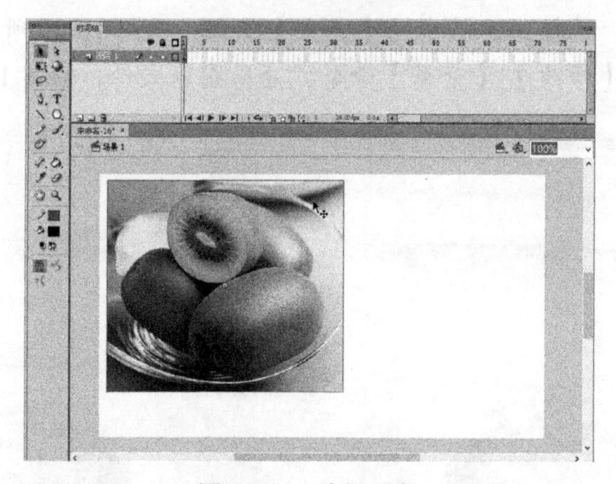

图 16-53　选择对象

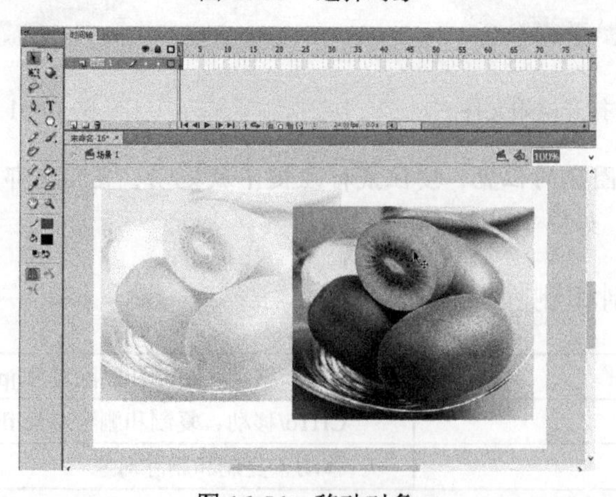

图 16-54　移动对象

当需要在层、场景或多个动画之间移动对象时，上面介绍的几种方法就不适用了。这时候可以用粘贴来移动或复制对象。

原始文件	CH16/移动、复制和删除对象.jpg
最终文件	CH16/移动、复制和删除对象.fla
学习要点	移动、复制和删除对象

❶ 打开 Flash 文档，选择一个对象，如图 16-55 所示。

图 16-55 选择对象

❷ 选择菜单中的【编辑】|【复制】命令，如图 16-56 所示。

❸ 然后选择菜单中的【编辑】|【粘贴到中心位置】，将所选内容粘贴到舞台的中心位置，如图 16-57 所示。

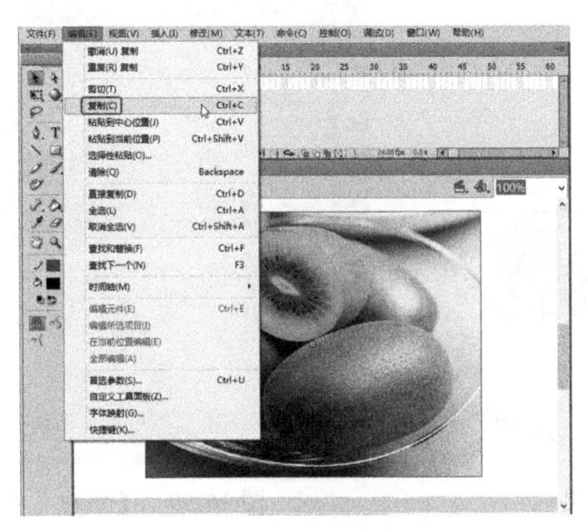

图 16-56 选择复制命令

当在工作区中不再需要某些对象时，可以将其删除。要删除对象有以下方法。

- 按下 Delete 键或 Backspace 键。
- 选择菜单中的【编辑】|【清除】命令删除。
- 选择菜单中的【编辑】|【剪切】命令删除。
- 右击鼠标在弹出的列表中选择【剪切】命令。

图 16-57　粘贴到中心位置

16.6　实战演练—绘制网页标志

下面绘制网站标志效果，如图 16-58 所示，具体操作步骤如下。

最终文件	CH16/绘制网页标志.swf
学习要点	绘制网页标志

❶ 启动 Flash CC，选择菜单中的【文件】|【新建】命令，弹出【新建文档】对话框，将【宽】设置为 550，【高】设置为 400，如图 16-59 所示。

图 16-58　网站标志效果

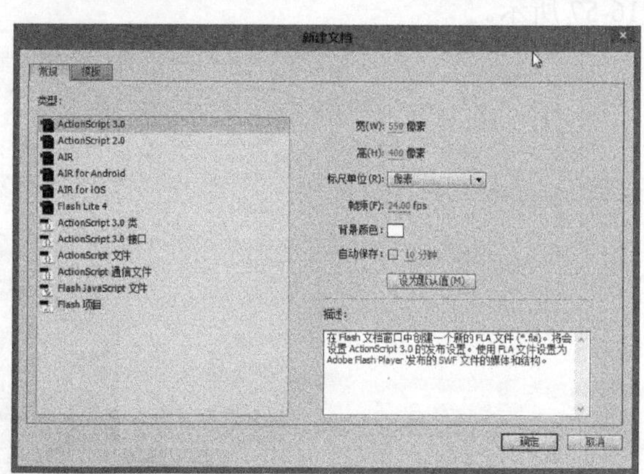

图 16-59　【新建文档】对话框

❷ 单击【确定】按钮，新建空白文档，如图 16-60 所示。

❸ 选择工具箱中的【椭圆】工具，在【属性】面板中将笔触颜色设置为绿色，【笔触】设置为 15，【样式】设置为实线，如图 16-61 所示。

❹ 在舞台中按住鼠标左键绘制椭圆，如图 16-62 所示。

❺ 单击【时间轴】面板中的【新建图层】按钮，在图层 1 的上面新建图层 2，如图 16-63 所示。

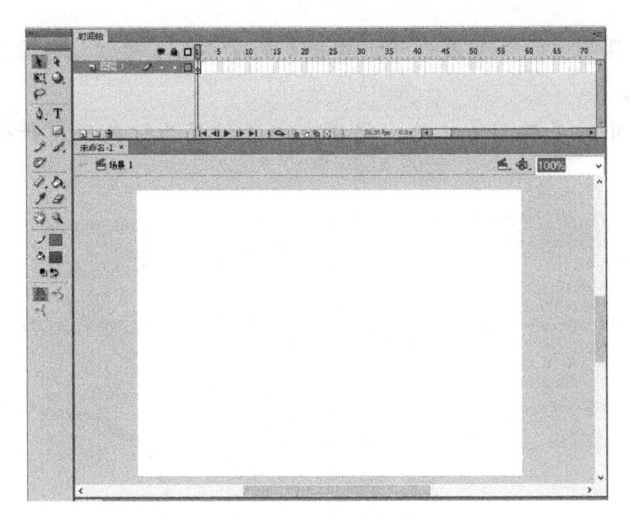

图 16-60 新建文档

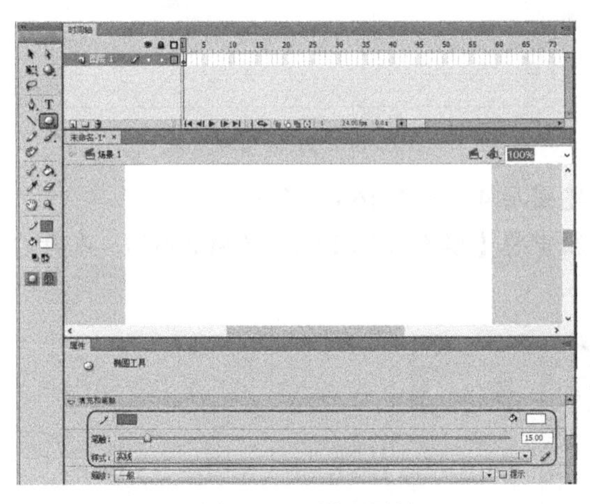

图 16-61 设置属性

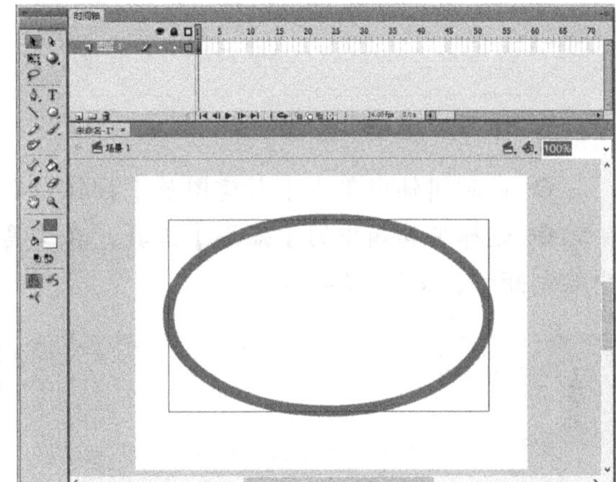

图 16-62 绘制椭圆

❻ 选择工具箱中的【刷子】工具，在舞台中刷出一条波浪形状，如图 16-64 所示。

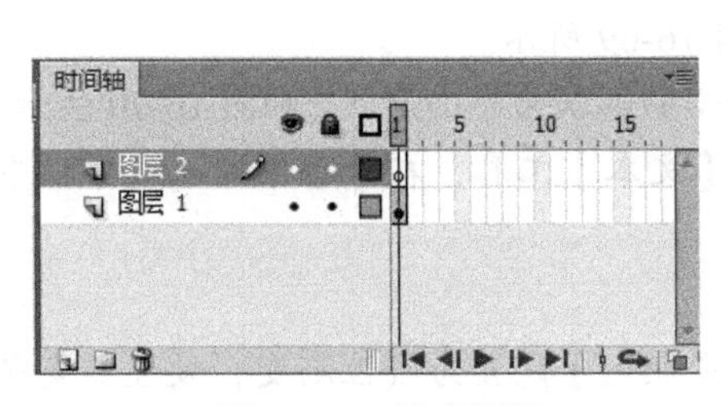

图 16-63 新建图层

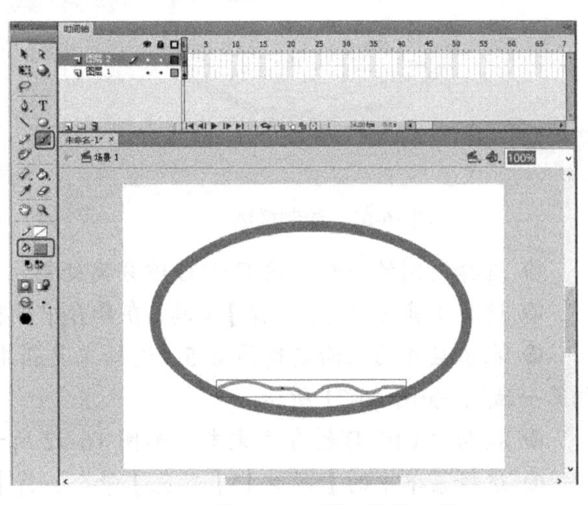

图 16-64 刷出波浪形状

❼ 再用刷子工具刷出两条波浪形状，单击【新建图层】按钮，在图层2的上面新建图层3，如图16-65所示。

❽ 选择工具箱中的【椭圆】工具，将填充颜色设置为红色，在舞台中绘制椭圆，如图16-66所示。

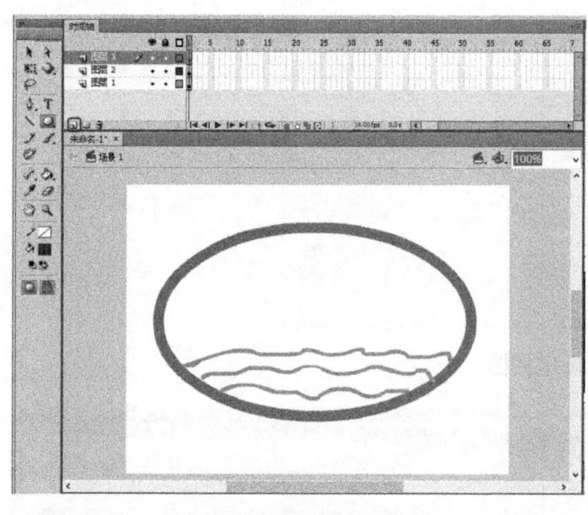

图16-65 绘制形状

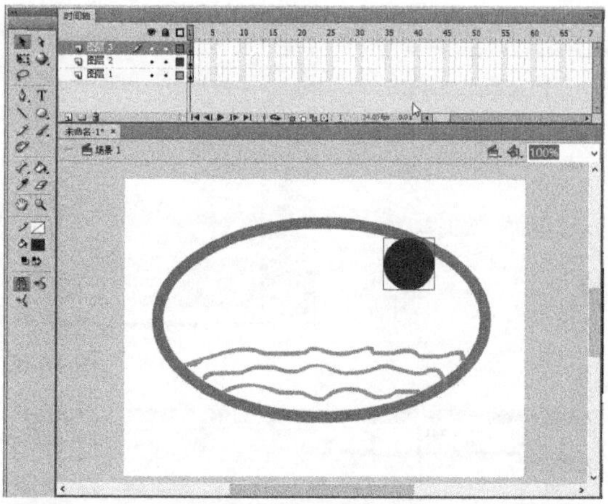

图16-66 绘制椭圆效果

❾ 在时间轴中单击【新建图层】按钮，新建图层4，如图16-67所示。

❿ 选择工具箱中的【矩形】工具，在工具箱中将【填充颜色】设置为#FF6600，在舞台中绘制矩形，如图16-68所示。

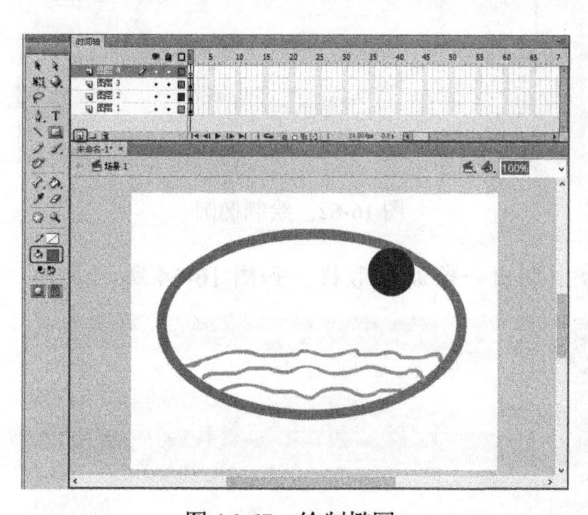

图16-67 绘制椭圆

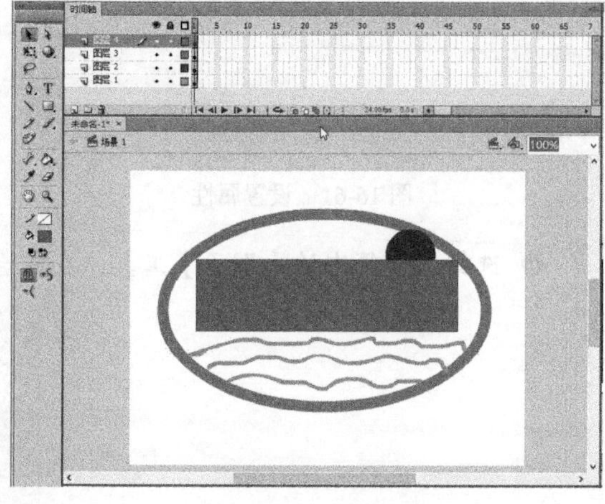

图16-68 绘制矩形

⓫ 选择绘制的矩形，按Ctrl+B键分离矩形，如图16-69所示。

⓬ 选择工具箱中的【选择】工具，在舞台中调整矩形的形状为小山形状，如图16-70所示。

⓭ 在图层4的上面新建图层5，选择工具箱中的【文本】工具，在舞台中输入文字“东旭第一城”，如图16-71所示。

⓮ 按两次Ctrl+B键分离文本，如图16-72所示。

⓯ 选择菜单中的【窗口】|【颜色】命令，将【填充颜色】设置为线性渐变，设置渐变颜色，如图16-73所示。

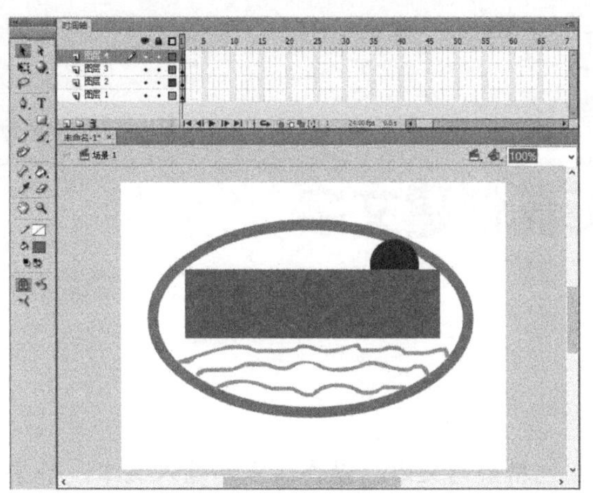

图 16-69　分离矩形

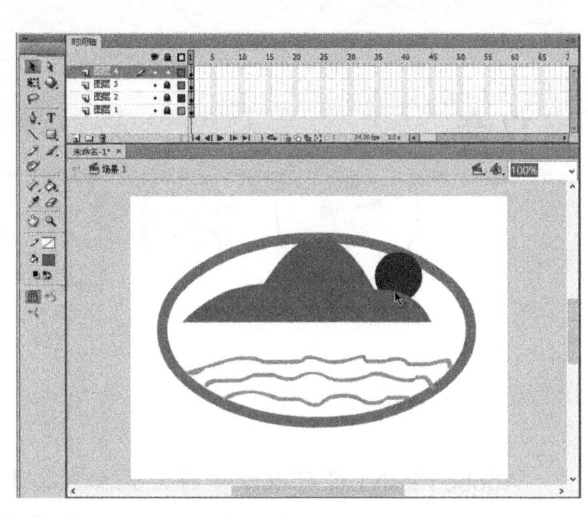

图 16-70　调整形状

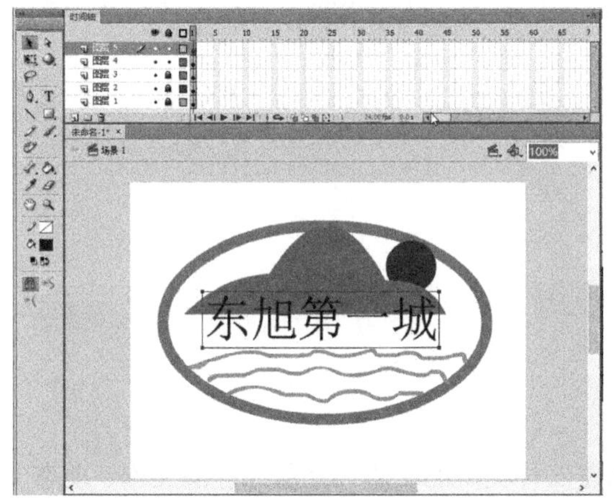

图 16-71　输入文字

图 16-72　分离文本

⑯ 选择工具箱的【颜料桶】工具，在文本上点击填充文本颜色，如图 16-74 所示。

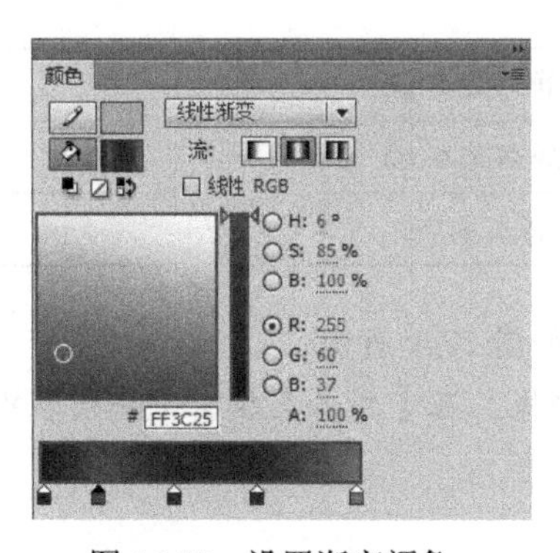

图 16-73　设置渐变颜色

图 16-74　填充文本颜色

第17章

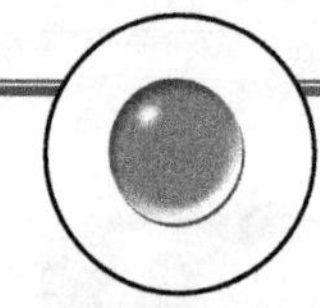

使用文本工具创建文字

Adobe Flash CC 可以以多种方式加入文本，包括静态文本、动态文本和输入文本。静态文本是比较常见的，在编辑的时候就确定了所包含的内容和本身的视觉效果；动态文本就是可以动态更新的文本域，用于经常变化的内容；输入文本可以使 Flash 具有交互功能，如在网上提交表单、在论坛上发布信息等。

学习目标

- 使用文本工具
- 设置文本样式
- 对文本使用滤镜效果

17.1 使用文本工具

Flash 提供了多种文本功能和选项，可以创建三种类型的文本，分别为静态文本、动态文本和输入文本。

17.1.1 静态文本

静态文本是在动画制作阶段创建的，在动画播放阶段不能改变的文本。在静态文本框中，可以创建横排或竖排文本，具体操作步骤如下。

原始文件	CH17/静态文本.jpg
最终文件	CH17/静态文本.fla
学习要点	输入静态文本

❶ 打开原始文档，选择工具箱中的【文本】工具，如图 17-1 所示。

❷ 在舞台上单击并输入文字“春”，打开【属性】面板，在【文本类型】下拉列表中选择【静态文本】，如图 17-2 所示。

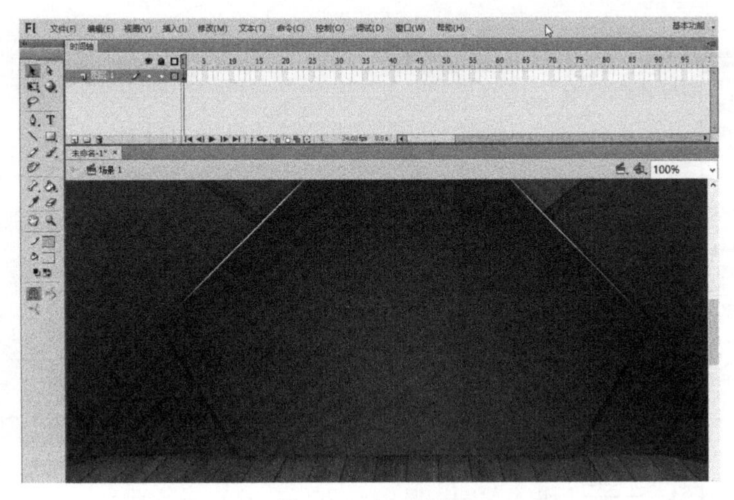

图 17-1 打开文档

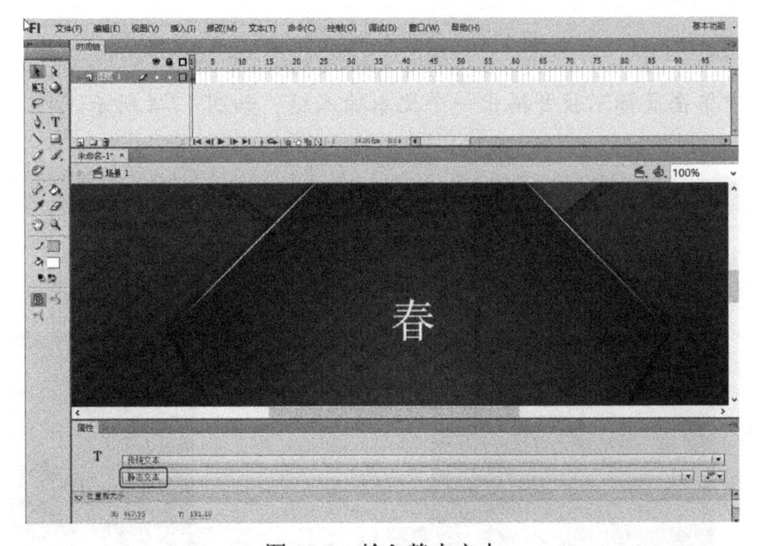

图 17-2 输入静态文本

17.1.2 动态文本

动态文本是可以动态显示的文本。动态文本框里的内容一般都是程序中的变量，其值在程序动态执行过程中决定。动态文本的具体使用步骤如下。

原始文件	CH17/动态文本.jpg
最终文件	CH17/动态文本.fla
学习要点	输入静态文本

❶ 打开原始文档，选择工具箱中的【文本】工具，在【属性】面板中的【文本类型】下拉列表中选择【动态文本】选项，如图 17-3 所示。

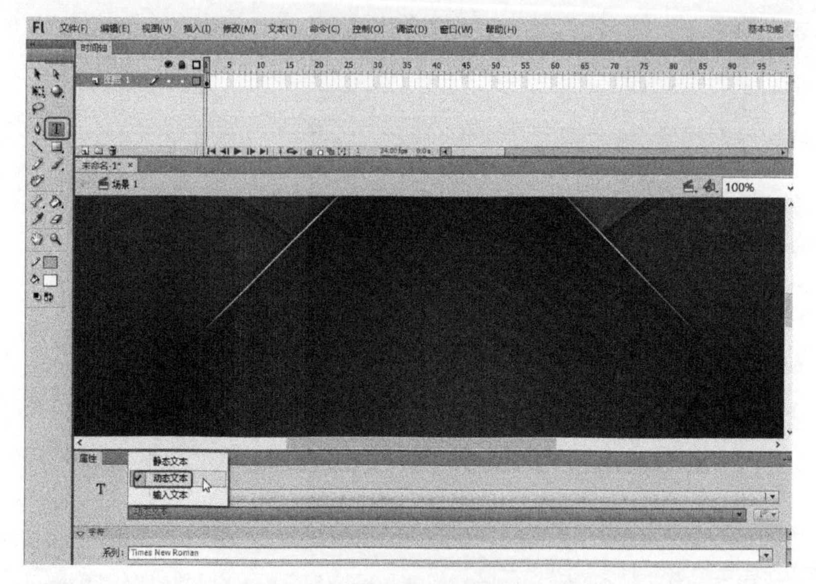

图 17-3　选择【动态文本】选项

❷ 在文档中单击鼠标不放并拖出一个文本输入框，如图 17-4 所示。

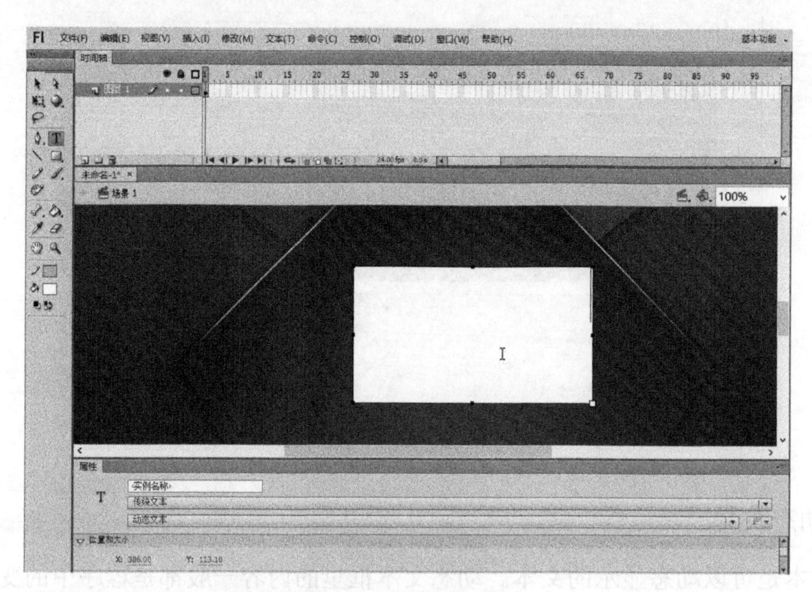

图 17-4　动态文本

17.1.3　输入文本

输入文本是在动画设计中作为一个输入文本框来使用，在动画播放时，输入的文本展现更多信息。打开原始文档，选择工具箱中的【文本】工具，在文档中单击鼠标左键并拖出一个文本框，在【属性】面板中的【文本类型】下拉列表中选择【输入】选项，如图 17-5 所示。

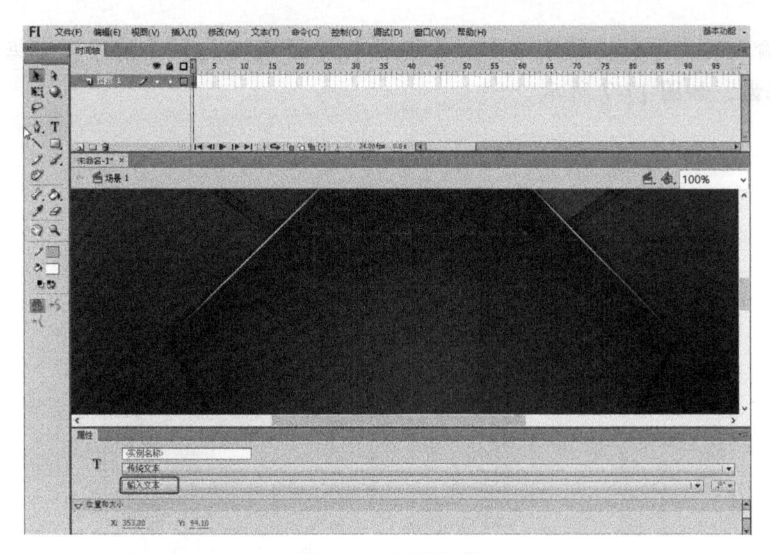

图 17-5 打开文档

17.2 设置文本样式

输入文本以后就可以设置文本的样式了，本节将讲述设置文本样式。

17.2.1 消除文本锯齿

消除文本锯齿，可以更清晰地显示较小的文本，具体操作步骤如下。

原始文件	CH17/文本锯齿.jpg
最终文件	CH17/消除文本锯齿.fla
学习要点	消除文本锯齿

❶ 打开原始文档，选择工具箱中的【文本】工具，在舞台中输入文本“花开花落”，如图 17-6 所示。

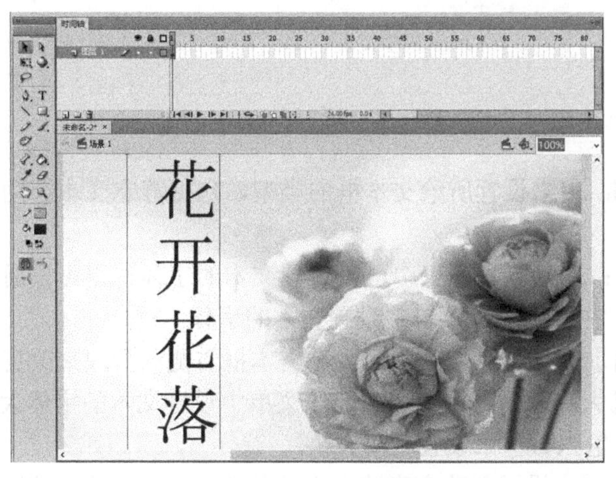

图 17-6 输入文本

❷ 选中输入的文本，选择菜单中的【视图】|【预览模式】|【消除文字锯齿】命令，即可消除文字锯齿，如图 17-7 所示。

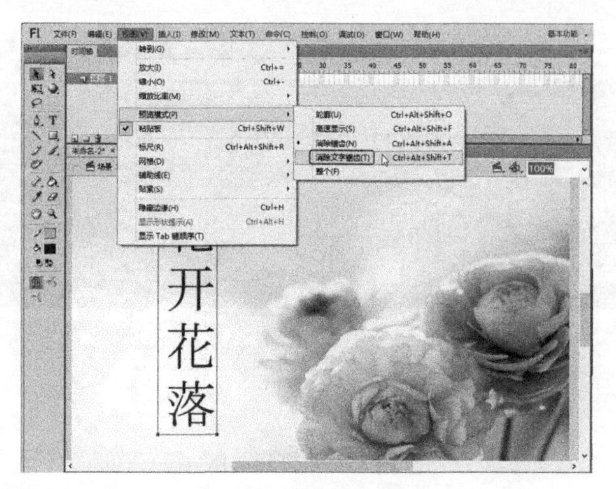

图 17-7　消除文字锯齿

17.2.2　设置文字属性

文本【属性】面板用来设置文本属性，包括字体、大小、颜色、字体和上下标等。当输入相应的文本时，文本的属性使用当前的文本属性。在创建完成后，若要对文本进行修改，就必须先选中该文本，再对其进行编辑。对文本进行修改，选择菜单中的【窗口】|【属性】|【属性】命令，打开【属性】面板，在面板中显示文本的属性，如图 17-8 所示。

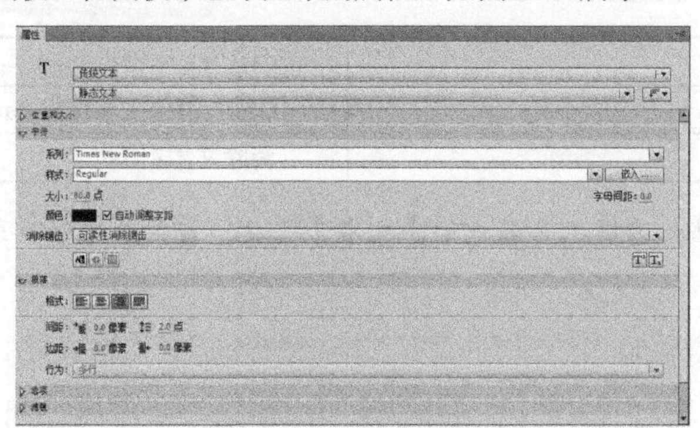

图 17-8　文本【属性】面板

- 【文本类型】：用来设置所绘文本框的类型，包括静态文本、动态文本和输入文本三个选项。
- 【系列】系列：在其下拉列表中可以设置文本的字体，也可以通过选择菜单中的【文本】|【字体】命令，在弹出的子菜单中设置文本的字体。
- 【字体大小】大小：可以拖动字体大小文本框右侧的滑块来改变文本的大小，或选择菜单中的【文本】|【大小】命令，在弹出的子菜单中设置文本的字体大小。也可以在【字体大小】文本框中直接输入数值来设置文本大小。
- 【颜色】颜色：设置和改变当前文本的颜色。单击其下拉按钮在弹出的调色板中选择当前文本的颜色，如图 17-9 所示。

如果在调色板中没有所需的颜色还可以单击位于调色板上方的图标，弹出【颜色】对话框，如图 17-10 所示，在对话框中自定义颜色。

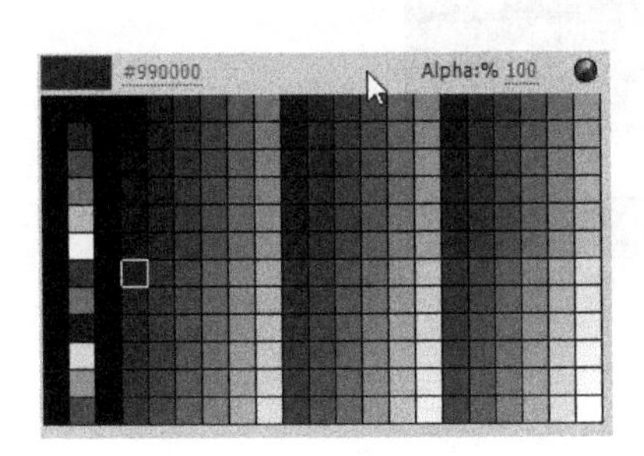

图 17-9 颜色调色板

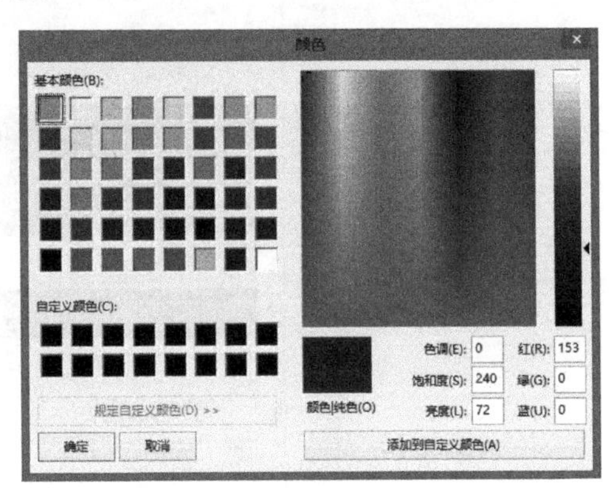

图 17-10 【颜色】对话框

17.2.3 创建文字链接

通过【属性】面板，可以为文字添加链接，单击该文本，可以跳转到网页或网站。创建文字连接的具体操作步骤如下。

原始文件	CH17/文字链接.jpg
最终文件	CH17/创建文字链接.fla
学习要点	创建文字链接

❶ 打开原始文档，选择工具箱中的【文本】工具，在舞台中输入文本“点击进入”，如图 17-11 所示。

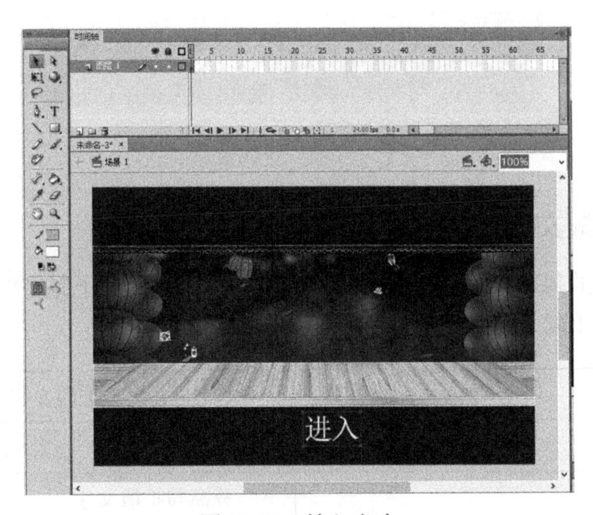

图 17-11 输入文本

❷ 选中文本，在【属性】面板【选项】中的【链接】文本框中输入 http://www.index.com，

设置链接地址，如图 17-12 所示。

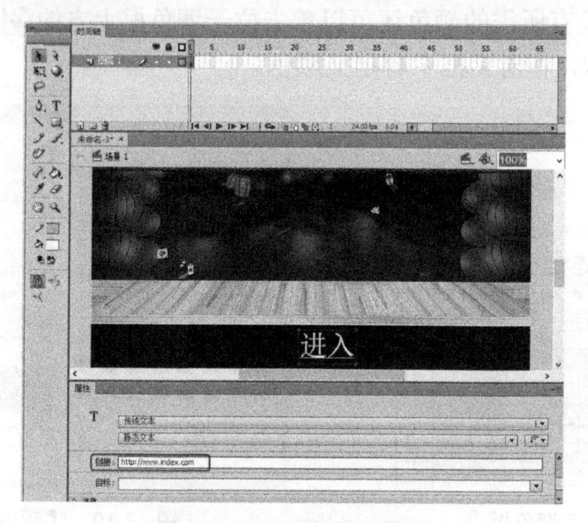

图 17-12　设置连接地址

❸ 保存文档，按 Ctrl+Enter 组合键测试影片。当鼠标指针指向链接的文字时，鼠标会变成手状，如图 17-13 所示，单击即可打开链接的页面。

图 17-13　预览效果

17.2.4　分离与打散文字

分离可以把文本的每个字符置于一个独立的文本块中，经分离处理的文字不能再按文本进行编辑，具体操作步骤如下。

原始文件	CH17/分离与扩散文字.jpg
最终文件	CH17/分离与扩散文字.fla
学习要点	分离与扩散文字

❶ 打开原始文档，选择工具箱中的【文本】工具，在舞台中输入文本“时尚购物街”，如图 17-14 所示。

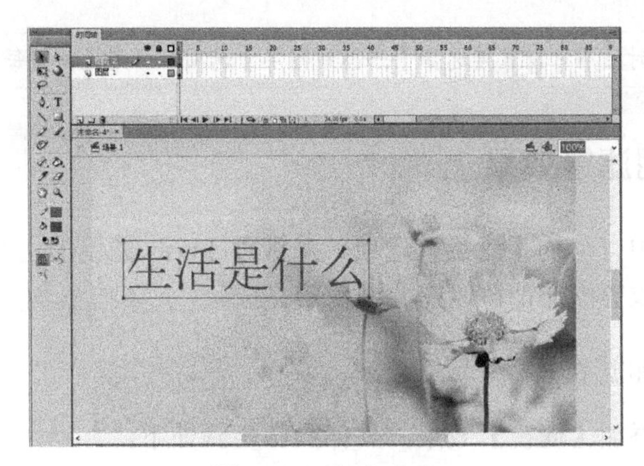

图 17-14　输入文本

❷ 选中文本，选择菜单中的【修改】|【分离】命令，选中的文本被分离在独立的文本块中，如图 17-15 所示。

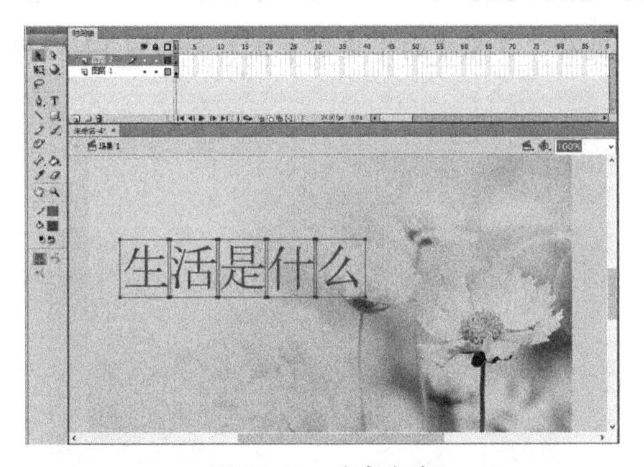

图 17-15　分离文本

提示　按 Ctrl+B 组合键也可以对文本进行分离。

❸ 选中所有的文本，选择菜单中的【修改】|【分离】命令，将单独的文本打散为图形，如图 17-16 所示。

图 17-16　分离文本

提示 分离文本块时，不可以直接选择【分离到图层】选项，否则无法将每个字符分离到各个图层。

17.3 对文本使用滤镜效果

在【属性】面板中有个的【滤镜】选项，是管理 Flash 滤镜的主要工具，增加、删除滤镜或者改变滤镜的参数等操作都可以在此面板中完成。

17.3.1 给文本添加滤镜

下面讲述给文本添加【滤镜】效果，具体操作步骤如下。

原始文件	CH17/给文本添加滤镜.jpg
最终文件	CH17/给文本添加滤镜.fla
学习要点	给文本添加滤镜

❶ 打开原始文档，选择工具箱中的【文本】工具，如图 17-17 所示。

图 17-17 选择【文本】工具

❷ 在舞台中输入文本“梦幻世界”，设置文本大小和颜色，如图 17-18 所示。

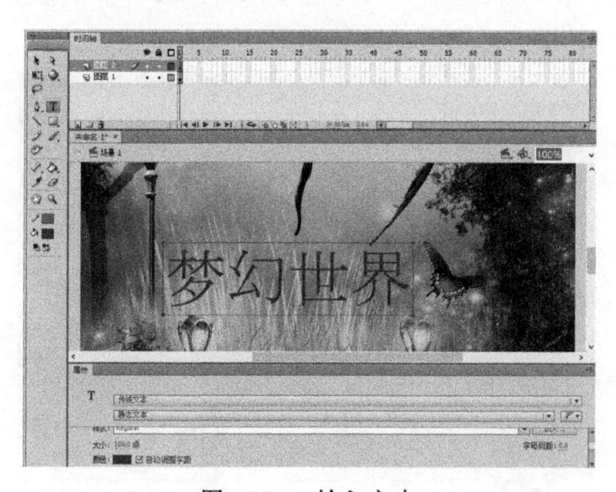

图 17-18 输入文本

❸ 选择菜单中的【窗口】|【属性】|【滤镜】命令，打开【滤镜】面板，在【滤镜】面板中单击按钮，在弹出的菜单中选择【投影】选项，如图 17-19 所示。

❹ 选择选项后，在面板中将【模糊】设置为 5，【强度】设置为 100%，【品质】设置为【高】，【颜色】设置为白色，如图 17-20 所示。

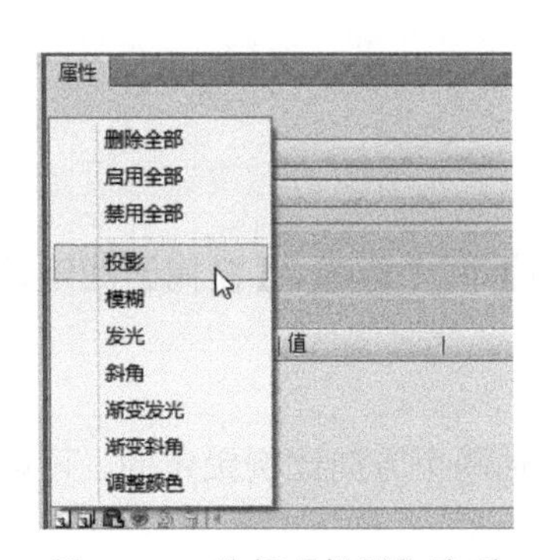

图 17-19　选择【投影】选项

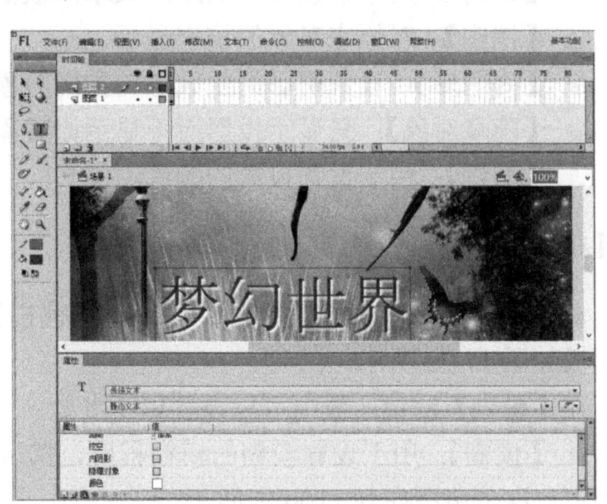

图 17-20　设置投影效果

17.3.2　设置滤镜效果

下面就讲述设置滤镜的效果。

1.【投影】滤镜效果

【投影】滤镜的参数很多，包括【模糊】、【强度】、【品质】、【颜色】、【角度】、【距离】、【挖空】、【内阴影】和【隐藏对象】、【颜色】、等，【投影】滤镜效果的面板如图 17-21 所示。

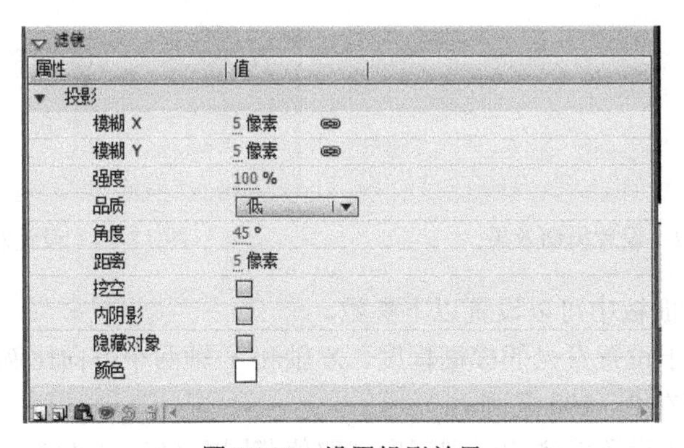

图 17-21　设置投影效果

在【投影】滤镜面板中可以设置以下参数。

- 【模糊】：用于设置投影的模糊程度，X 轴和 Y 轴两个方向比例默认是锁定的，可以解除锁定，取值范围在 0～100。
- 【强度】：用于设置投影的强烈程度，取值范围在 0%～1000%之间。

● 【品质】：用于设置投影的品质高低，包括【低】、【中】和【高】三个选项，品质越高，投影越清晰。

● 【角度】：用于设置投影的角度，取值范围在 0～360° 之间。

● 【距离】：用于设置投影的距离大小，取值范围在-32～32 之间。

● 【挖空】：对原来对象的挖空显示。

● 【内阴影】：设置阴影的生成方向指向对象内侧。

● 【隐藏对象】：只显示投影而不显示原对象。

● 【颜色】：用于设置投影的颜色。

2.【模糊】滤镜效果

滤镜中的【模糊】参数比较少，只有【模糊】和【品质】两个选项。【模糊】滤镜效果的面板如图 17-22 所示。

在【模糊】滤镜面板中可以设置以下参数。

● 【模糊】：用于设置模糊的模糊程度，默认 X 轴和 Y 轴两个方向比例锁定的，可以解除锁定，取值范围在 0～100 之间。

● 【品质】：用于设置模糊的品质高低，包括【低】、【中】和【高】三个选项，品质越高，模糊越清晰。

3.【发光】滤镜效果

滤镜中的【发光】效果具有比较多的参数，包括【模糊】、【强度】、【品质】、【颜色】、【挖空】和【内发光】。【发光】滤镜效果的面板如图 17-23 所示。

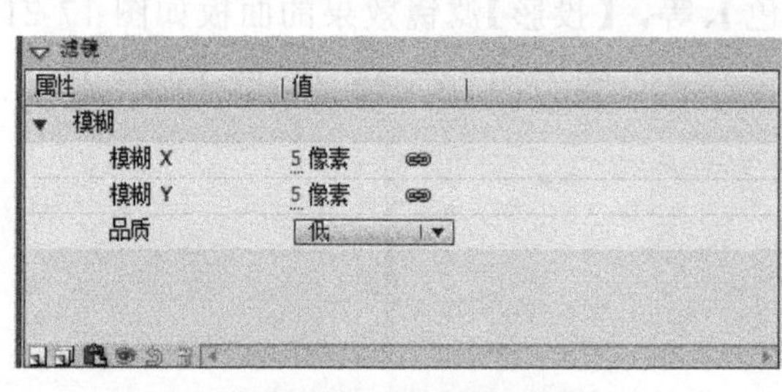

图 17-22 设置模糊效果

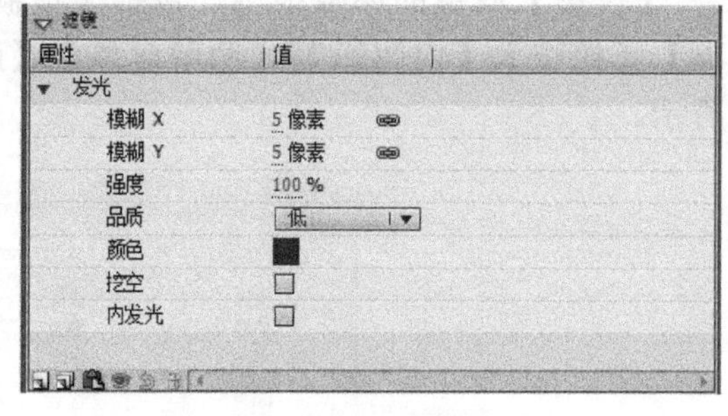

图 17-23 设置发光效果

在【发光】滤镜面板中可以设置以下参数。

● 【模糊】：用于设置发光的模糊程度，X 轴和 Y 轴两个方向比例默认是锁定的，可以解除锁定，取值范围在 0～100 之间。

● 【强度】：用于设置发光的强烈程度，取值范围在 0%～1000%之间。

● 【品质】：用于设置发光的品质高低，包括【低】、【中】和【高】三个选项，品质越高，发光越清晰。

● 【颜色】：用于设置发光的颜色。

● 【挖空】：对原来对象的挖空显示。

● 【内发光】：设置发光的生成方向指向对象内侧。

4.【斜角】滤镜效果

滤镜中【斜角】的应用可以制作出浮雕的效果。其主要的控制参数是【模糊】、【强度】、【品质】、【阴影】、【加亮显示】、【角度】、【距离】、【挖空】和【类型】。【斜角】滤镜效果的面板如图 17-24 所示。

在【斜角】滤镜面板中可以设置以下参数。

- 【模糊】：用于设置斜角的模糊程度，X 轴和 Y 轴两个方向比例默认是锁定的，可以解除锁定，取值范围在 0～100 之间。
- 【强度】：用于设置斜角的强烈程度，取值范围在 0%～1000%之间。
- 【品质】：用于设置斜角的品质高低，包括【低】、【中】和【高】三个选项，品质越高，斜角越清晰。
- 【阴影】：用于设置斜角的阴影颜色，可以在弹出的调色板中选取。
- 【加亮】：用于设置斜角的加亮颜色，可以在弹出的调色板中选取。
- 【角度显示】：用于设置斜角的角度，取值范围为 0～360°。
- 【距离】：用于设置斜角距离对象的大小，取值范围为-32～32。
- 【挖空】：以斜角效果作为背景，然后挖空对象部分的显示。
- 【类型】：用于设置斜角的应用位置，包括【内侧】、【外侧】和【整个】三个选项。

5.【渐变发光】滤镜效果

【渐变发光】的滤镜效果和【发光】的滤镜效果基本一样。不过在【渐变发光】中还可以设置【角度】、【距离】和【类型】。【渐变发光】滤镜效果的面板如图 17-25 所示。

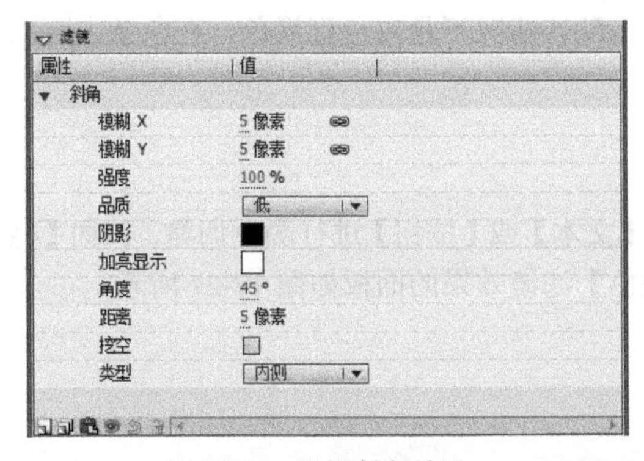

图 17-24 设置斜角效果

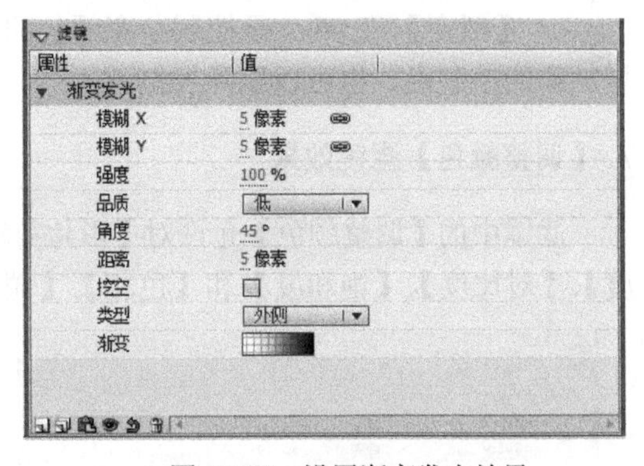

图 17-25 设置渐变发光效果

在【渐变发光】滤镜面板中可以设置以下参数。

- 【模糊】：用于设置渐变发光的模糊程度，默认是 X 和 Y 轴两个方向比例锁定的，可以解除锁定，取值范围在 0～100 之间。
- 【强度】：用于设置渐变发光的强烈程度，取值范围在 0%～1000%之间。
- 【品质】：用于设置渐变发光的品质高低，包括【低】、【中】和【高】3 个选项，品质越高发光越清晰。
- 【角度】：用于设置发光的角度，取值范围为 0～360°。

- 【距离】：用于设置发光阴影距离对象的大小，取值范围为-32～32。
- 【挖空】：以渐变发光效果作为背景，然后挖空对象部分的显示。
- 【类型】：用于设置渐变发光的应用位置，包括【内侧】、【外侧】和【整个】3 个选项。
- 【渐变】：是控制渐变颜色的工具，默认情况下是白色到黑色，在色条上可以增加新的控制点，也可以删除控制点，也可以改变颜色。

6.【渐变斜角】滤镜效果

滤镜中的【渐变斜角】的控制参数和【斜角】相似，不同的是渐变斜角更能精确地控制斜角的渐变颜色。【渐变斜角】滤镜效果的面板如图 17-26 所示。

在【渐变斜角】滤镜面板中可以设置以下参数。

- 【模糊】：用于设置渐变斜角的模糊程度，X 和 Y 轴两个方向比例默认是锁定的，可以解除锁定，取值范围在 0～100 之间。
- 【强度】：用于设置渐变斜角的强烈程度，取值范围在 0%～1000%之间，数值越大，斜角的效果越明显。
- 【品质】：用于设置斜角倾斜的品质高低，包括【低】、【中】和【高】三个选项，品质越高，斜角越清晰。
- 【角度】：用于设置渐变斜角的角度，取值范围为 0～360°。
- 【距离】：用于设置渐变斜角距离对象的大小，取值范围为-32～32。
- 【挖空】：以渐变斜角效果作为背景，然后挖空对象部分的显示。
- 【类型】：用于设置渐变发光的应用位置，包括【内侧】、【外侧】和【整个】三个选项。如果选择【整个】选项，则在内侧和外侧同时应用斜角效果。
- 【渐变】：是控制渐变颜色的工具，默认情况下是白色到黑色，在色条上可以增加新的控制点，也可以删除控制点。

7.【调整颜色】滤镜效果

滤镜中的【调整颜色】允许对【影片剪辑】、【文本】或【按钮】进行颜色调整，例如【亮度】、【对比度】、【饱和度】和【色相】。【调整颜色】滤镜效果的面板如图 17-27 所示。

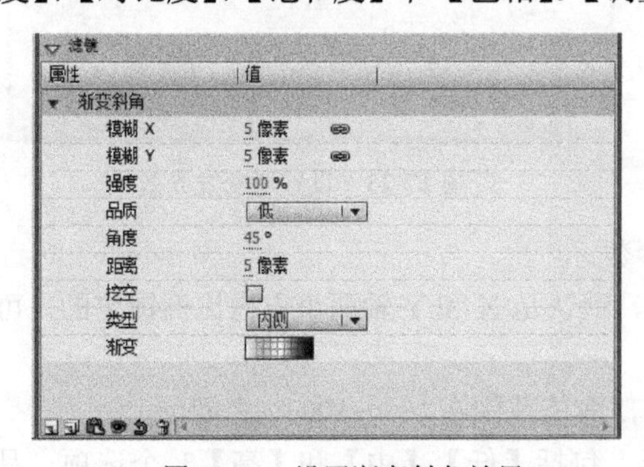

图 17-26　设置渐变斜角效果

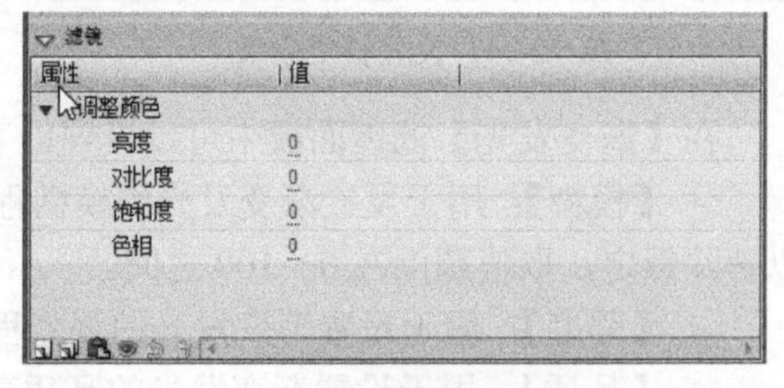

图 17-27　设置调整颜色效果

在【调整颜色】滤镜面板中可以设置以下参数。

- 【亮度】：调整对象的亮度，向左拖降低，向右拖增强，取值范围为-100～100 之间。

- 【对比度】：调整对象的对比度，向左拖降低，向右拖增强，取值范围为-100～100之间。
- 【饱和度】：调整色彩的饱和度，向左拖降低，向右拖增强，取值范围为-100～100之间。
- 【色相】：调整对象中各个颜色色相，取值范围为-100～100之间。

17.4 实战演练——制作立体文字

Flash特效文字动画非常受网友们的喜爱，下面通过具体实例讲述文字特效的制作方法。下面利用Flash制作立体文字，效果如图17-28所示，具体操作步骤如下。

图17-28　立体文字

原始文件	CH17/立体文字.jpg
最终文件	CH17/立体文字.fla
学习要点	制作立体文字

❶ 启动软件Flash CC，选新建空白文档。导入图像文件“立体文字.jpg”，如图17-29所示。

❷ 单击【新建图层】按钮，在图层1的上面新建图层2。选择工具箱中的【文本】工具，如图17-30所示。

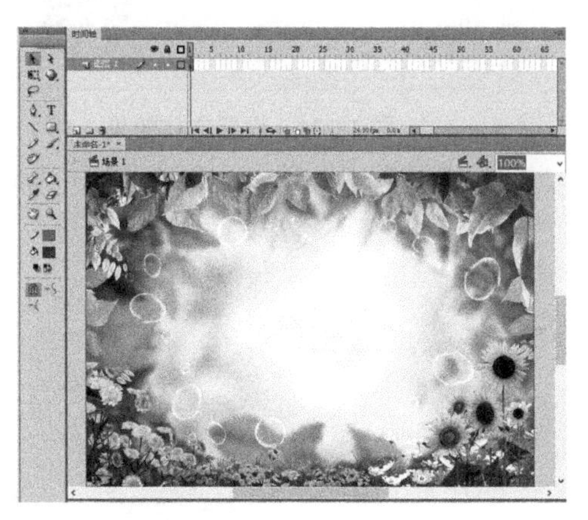

图17-29　导入图像文件

图17-30　新建图层

❸ 选择工具箱中的【文本】工具，在图像上输入文字“春暖花开”。在【属性】面板中设置字体、字体颜色和字体大小，如图 17-31 所示。

❹ 在【属性】面板中单击【滤镜】选项底部的【添加滤镜】按钮，在弹出的列表中选择【投影】选项，如图 17-32 所示。

图 17-31　输入文本

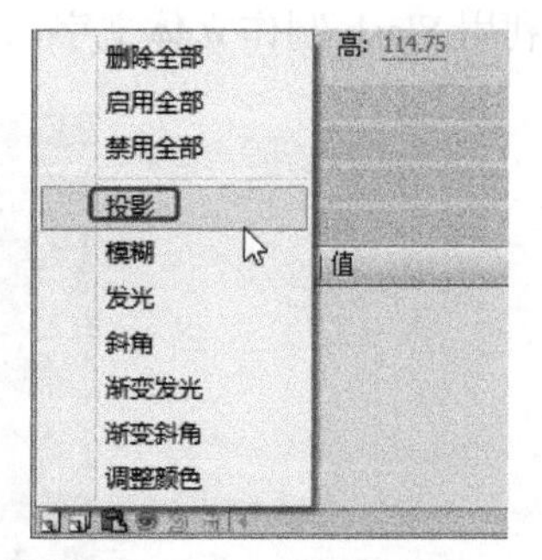

图 17-32　选择【投影】选项

❺ 选择以后即可设置投影颜色为绿色，模糊大小为 8，如图 17-33 所示。

❻ 设置好效果，如图 17-34 所示。

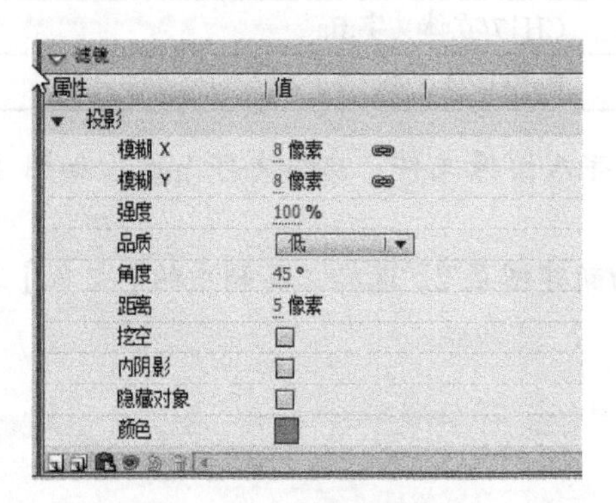

图 17-33　设置投影效果

图 17-34　设置立体效果

第18章

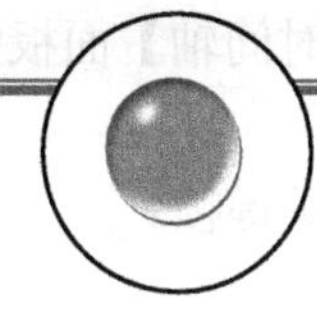

使用时间轴与图层

时间轴是Flash CC中非常重要的部分，它和动画的制作有着非常密切的关系，学会使用时间轴是制作动画的基础。在动画制作过程中往往需要建立多个层，便于更好地管理和组织文字、图像和动画等对象。各个图层中的内容互不影响，在播放时得到的是合成的播放效果。

学习目标

- 时间轴
- 帧
- 图层概述
- 使用引导层
- 使用遮罩层

18.1 时间轴与帧

时间轴是Flash中最重要的部分，所有的动画顺序、动作行为、控制命令以及声音等都是在时间轴中编辑的。

18.1.1 时间轴

时间轴是操作帧和图层的地方，显示在Flash工作界面的上部，位于编辑区的上方，如图18-1所示。时间轴的显示位置是可以改变的，可以将其停在主窗口的下部或两边，或作为一个窗口单独显示，也可以隐藏。

时间轴用于组织和控制动画在一定时间内播放的层数和帧数。图层和帧中的内容随时间的变化而发生变化，从而产生了动画。时间轴主要由图层、帧和播放头组成。

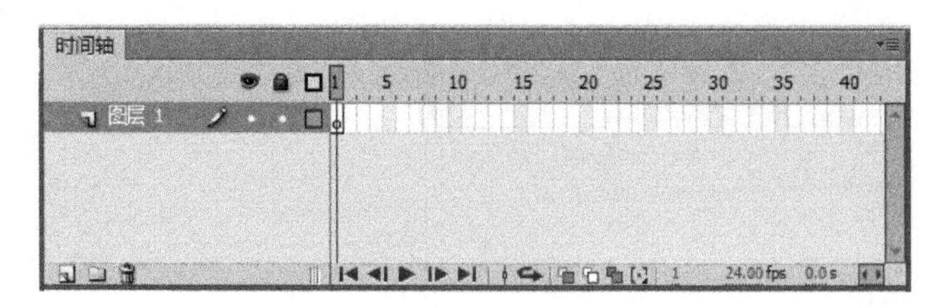

图18-1 时间轴

18.1.2 帧

帧是创建动画的基础，也是构建动画最基本的元素之一。在【时间轴】面板中可以很明显地看出帧与图层是一一对应的。

在时间轴中，帧分为三种类型，分别是普通帧、关键帧、空白关键帧。

1. 普通帧

在时间轴中，普通帧起着过滤和延长关键帧内容显示的作用。普通帧一般是以空心方格表示，每个方格占用一个帧的动作和时间，图 18-2 所示为插入了普通帧。

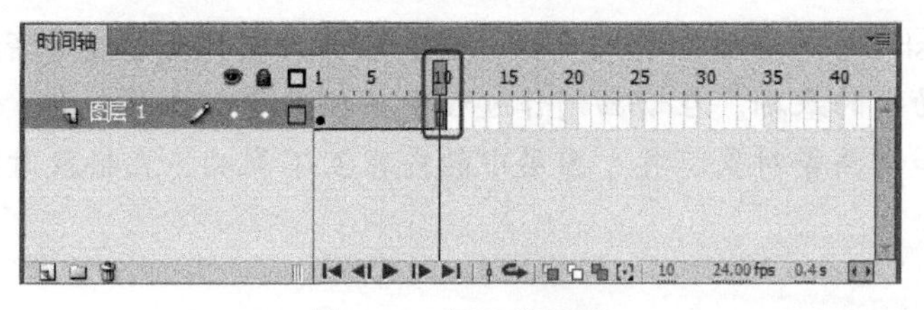

图 18-2 插入普通帧

2. 空白关键帧

空白关键帧是特殊的关键帧，它没有任何对象存在，可以在其上绘制图形，如果在空白关键帧中添加对象，它会自动转化为关键帧。一般新建图层的第一帧都为空白关键帧，一旦在其中绘制图形后，则变为关键帧，如图 18-3 所示。同样的道理，如果将某关键帧中的全部对象删除，则此关键帧会转化为空白关键帧。

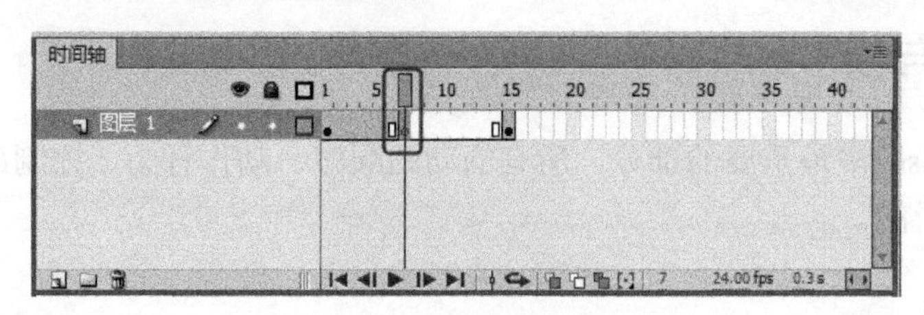

图 18-3 空白关键帧

3. 关键帧

在动画播放的过程中，关键帧会呈现出关键性的动作或内容上的变化。在时间轴中的关键帧显示为实心的小圆球，存在于此帧中的对象与前后帧中的对象的属性是不同的。在时间轴面板中插入关键帧，如图 18-4 所示。

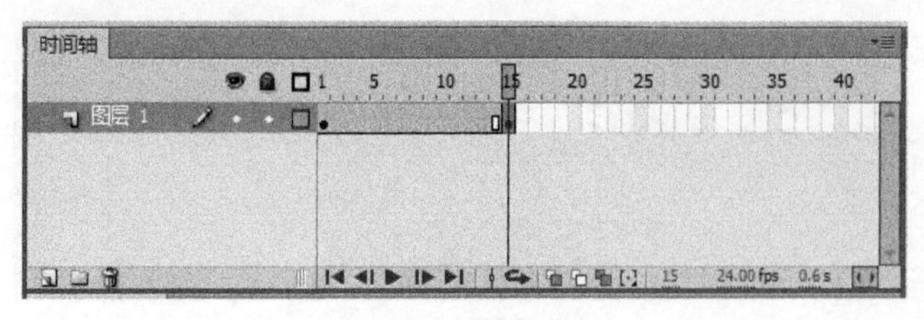

图 18-4 关键帧

18.2 图层概述

在 Flash CC 中，图层类似于堆叠在一起的透明纤维，透过不包含任何内容的图层区域中，可以看到下面图层中的内容。图层有助于组织文档中的内容。例如可以将背景图像放置在一个图层上，而将导航按钮放置在另一个图层上。此外可以在图层上创建和编辑对象，而不会影响另一个图层中的对象。

18.2.1 图层的类型

图层可以帮助组织文档中的各类元素，在图层上绘制和编辑对象，而不会影响其他图层的对象。特别是制作复杂的动画时，图层的作用尤其明显。图层可以分三种类型。

【普通图层】：普通图层是 Flash CC 默认的图层，放置的对象一般是最基本的动画元素，如矢量对象、位图对象和元件等。普通图层起着存放帧（画面）的作用。使用普通图层可以将多个帧（多幅画面）按一定的顺序叠放，以形成一段动画。

【引导层】：引导层的图案可以为绘制的图形或对象定位。引导层不从影片中输出，所以不会增大作品文件的大小，而且可以使用多次，其作用主要是设置运动对象的运动轨迹。

【遮罩层】：利用遮罩层可以将与其相连接图层中的图像遮盖起来。可以将多个图层组合起来放在一个遮罩层下，以创建出多种效果。在遮罩层中也可使用各种类型的动画使遮罩层中的对象动起来，但是在遮罩层中不能使用按钮元件。

18.2.2 创建图层和图层文件夹

新建一个 Flash 文档之后，它只包含一个层，在【时间轴】面板中也可为其添加更多的层。新建图层有以下几种方法。

- 单击【时间轴】面板底部的【新建图层】按钮，即可新建图层，如图 18-5 所示。

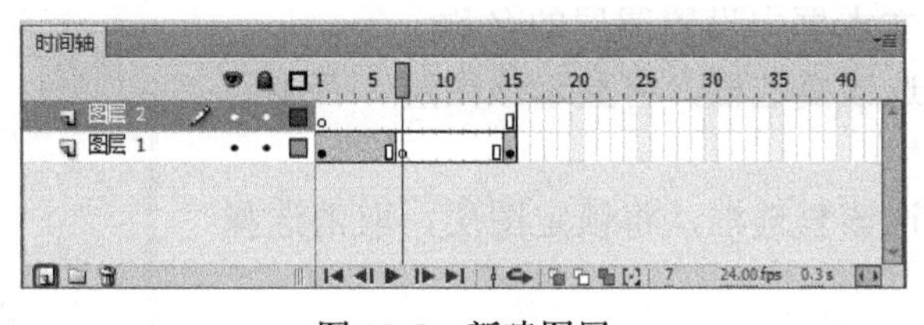

图 18-5 新建图层

- 选择菜单中的【插入】|【时间轴】|【图层】命令，也可以插入图层，如图 18-6 所示。
- 在【时间轴】面板中已有的图层上，单击鼠标右键，在弹出的菜单中选择【插入图层】选项，即可插入一个图层，如图 18-7 所示。
- 图层文件夹可以使图层的组织更加有序，在图层文件夹中可以嵌套其他图层文件夹。图层文件夹可以包含任意图层。包含的图层或图层文件夹将缩进显示。新建图层文件夹有以下几种方法。
- 单击【时间轴】面板底部的【新建文件夹】按钮，新文件夹将出现在所选图层的上面，如图 18-8 所示。

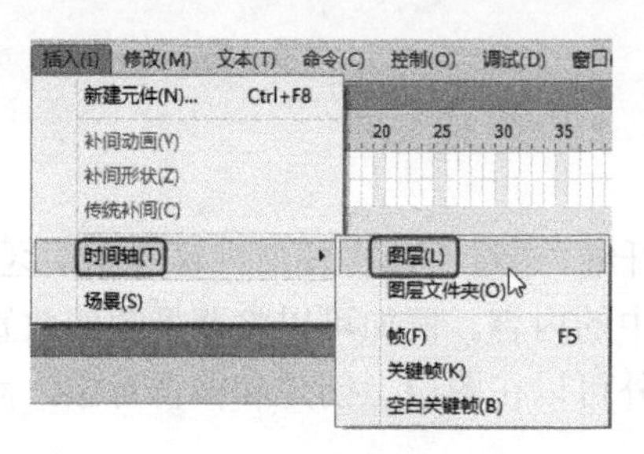

图 18-6 新建图层

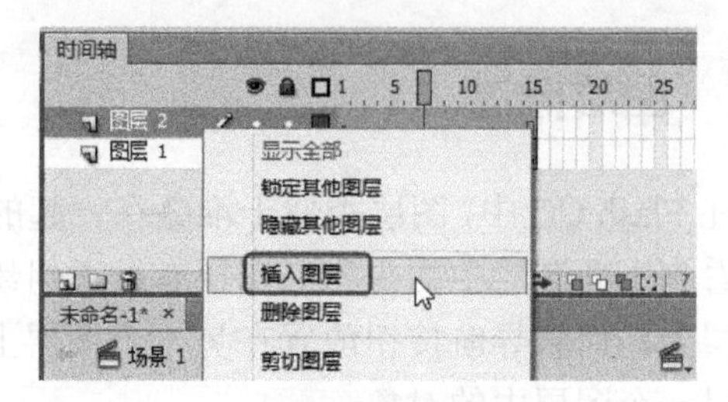

图 18-7 新建图层

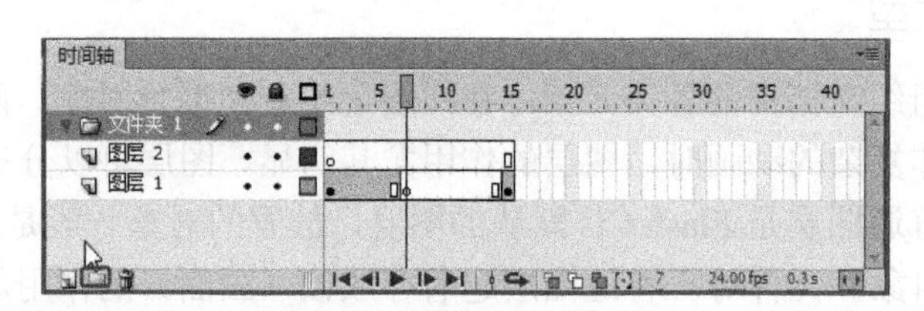

图 18-8 新建图层文件夹

- 选择菜单中的【插入】|【时间轴】|【图层文件夹】命令，插入一个新的图层文件夹。
- 在【时间轴】面板中已有的图层上，单击鼠标右键，在弹出的菜单中选择【插入文件夹】选项。

18.2.3 修改图层属性

在制作 Flash 动画时，可以设置图层的属性，如图层的名称、类型、对象轮廓的颜色和图层的高度等。选择菜单中的【修改】|【时间轴】|【图层属性】命令，或在任意图层上单击鼠标右键，在弹出的菜单中选择【属性】选项，弹出【图层属性】对话框，如图 18-9 所示。

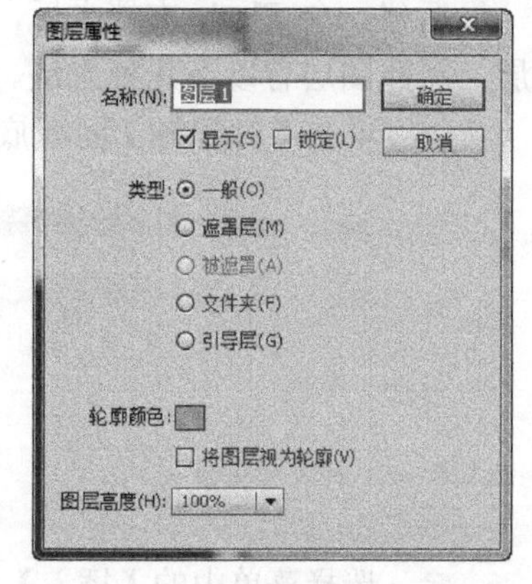

图 18-9 【图层属性】对话框

在【图层属性】对话框中可以设置以下参数。

- 【名称】：在文本框中设置图层的名称。
- 【显示】：勾选该复选框，将显示该图层，否则隐藏该图层。
- 【锁定】：勾选该复选框，将锁定图层，取消选择则解锁该图层。
- 【类型】：设置图层的种类。
- 【一般】：默认的普通图层。
- 【引导层】：为该图层创建引导图层。
- 【遮罩层】：为该图层建立一个遮罩图层。
- 【被遮罩】：该图层已经建立遮罩图层。
- 【文件夹】：创建图层文件夹。
- 【轮廓颜色】：选择图层的轮廓线颜色。
- 【将图层视为轮廓】：选择该项，表示将图层的内容显示为轮廓状态。
- 【图层高度】：选择图层，在【时间轴】面板中的高度，可以选择 100%、200%和 300%。

18.2.4 编辑图层

用户可以根据需要，对图层进行诸如移动、重命名、删除和隐藏等操作。

可以根据图层上的对象给图层重新命名。双击图层名称，在字段名称位置输入新的名称，如图 18-10 所示。

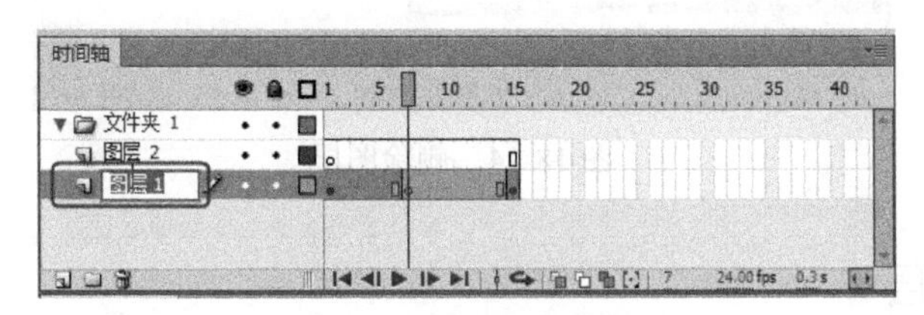

图 18-10 给图层重新命名

在 Flash 中，可以通过移动图层来改变图层的顺序。选中要移动的图层，按住鼠标左键拖动，图层以一条粗横线表示，拖动到相应的位置，释放鼠标，则图层被放到新的位置，如图 18-11 所示。

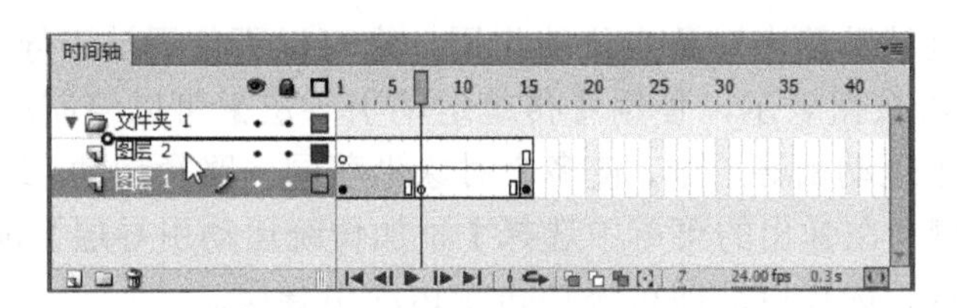

图 18-11 改变图层顺序

单击需要被锁定的图层名称右侧的圆点按钮，使其变成，而且左侧的铅笔也被划掉了，如图 18-12 所示，再次单击它可解除锁定的图层。

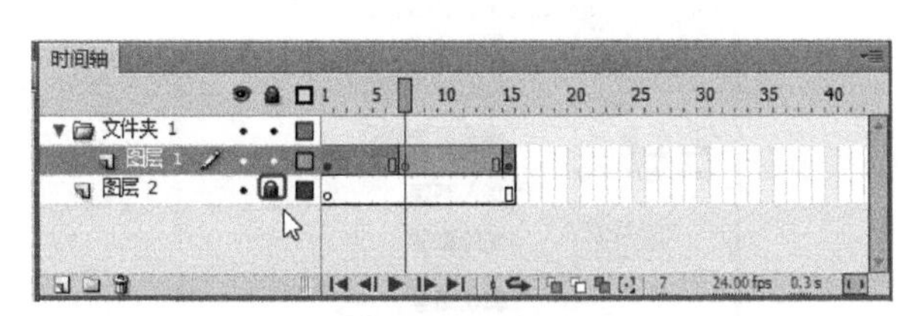

图 18-12 锁定图层

单击【显示/隐藏所有层】按钮旁边的【锁定/解除锁定所有图层】按钮，可以锁定所有的图层和文件夹，如图 18-13 所示。再次单击它可以解除所有锁定的图层和文件夹。

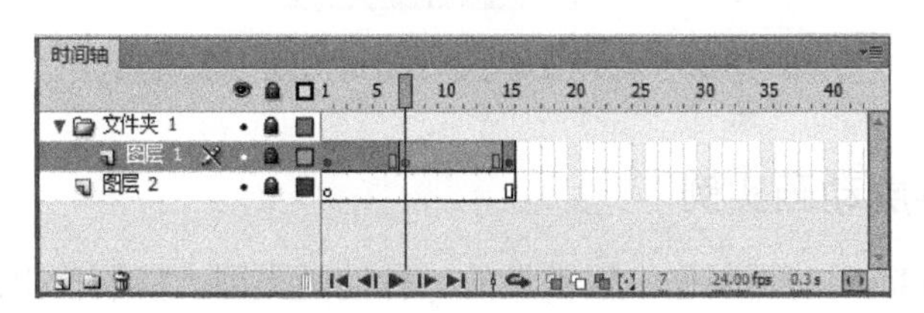

图 18-13 锁定全部图层

当不需要图层上的内容时可以将其图层删除。选中要删除的图层，单击时间轴上右下角的【删除图层】按钮，即可删除图层，如图 18-14 所示。

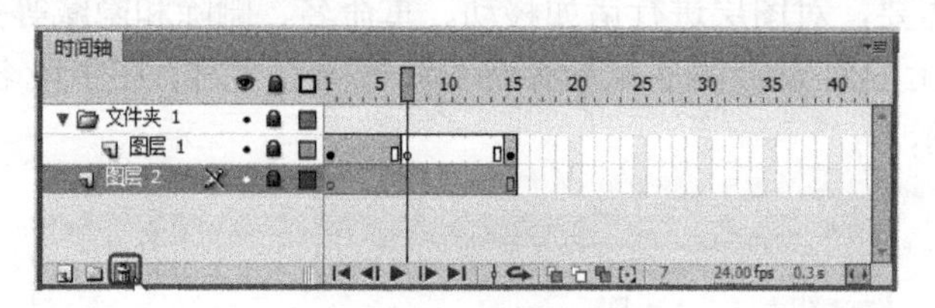

图 18-14 删除图层

18.3 使用引导层

在引导层中，可以像其他层一样制作各种图形和引入元件，但最终发布时引导层中的对象不会显示出来。按照功能引导层分为两种，分别是普通引导层和运动引导层。

18.3.1 引导层动画创建方法和技巧

普通引导层起到辅助静态对象定位的作用，它可以不使用被引导层而单独使用。【传统运动引导层】以按钮表示，使用【传统运动引导层】可以绘制运动路径，可以将多个图层链接到同一个运动引导层中，使多个对象沿着同一路径运动。选中要添加引导层的图层，单击鼠标右键，在弹出的菜单中选择【添加传统运动引导层】选项，创建运动引导层，如图 18-15 所示。选择以后即可添加传统运动引导层。

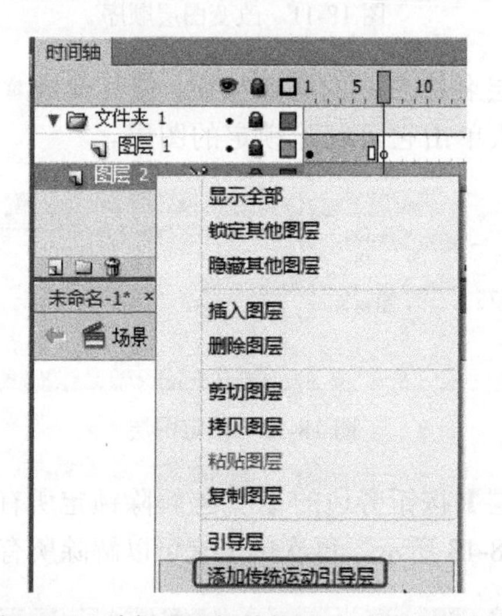

图 18-15 选择【添加传统运动引导层】选项

18.3.2 创建引导层动画实例

引导层动画是 Flash 动画制作中很常见的一种动画类型，能制作出活泼、有趣的动画效果。制作引导动画的过程实际就是对引导层和被引导层的编辑过程。本例将制作引导层动画，效果如图 18-16 所示，具体操作步骤如下。

原始文件	CH18/引导层动画.jpg
最终文件	CH18/引导层动画.fla
学习要点	创建引导层动画

❶ 新建空白文档，选择菜单【文件】|【导入】|【导入到舞台】命令，导入图像文件“引导.jpg”，如图 18-17 所示。

图 18-16 引导层动画

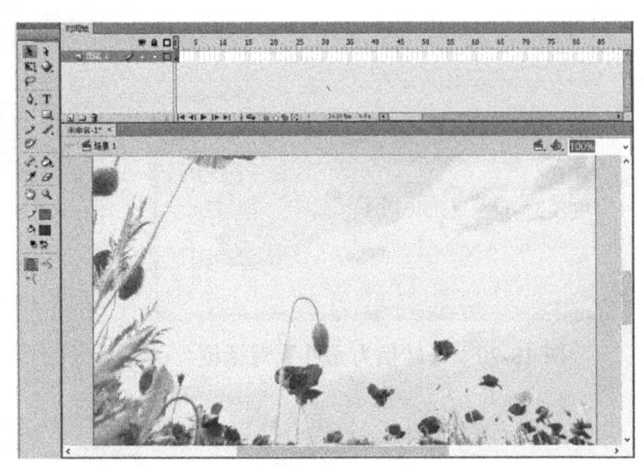

图 18-17 新建文档

❷ 单击【时间轴】面板底部的【新建图层】按钮，新建图层 2，如图 18-18 所示。

❸ 选择菜单中的【文件】|【导入】|【导入到舞台】命令，导入图像文件“hudie.gif”，如图 18-19 所示。

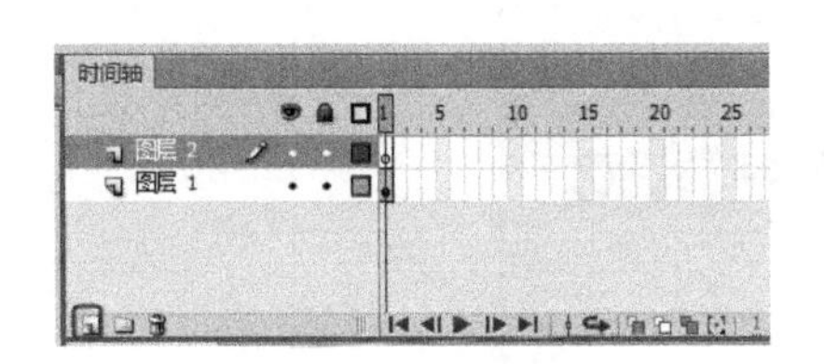

图 18-18 新建图层

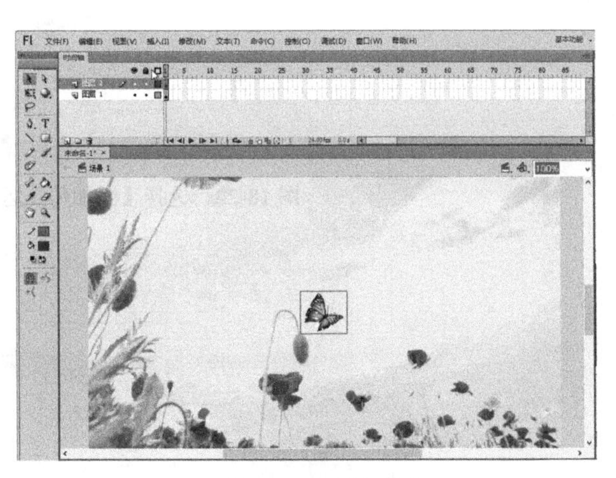

图 18-19 导入图像

❹ 选择导入的图像文件，选择菜单【修改】|【转换为元件】命令，弹出【转换为元件】对话框，将【类型】设置为【影片剪辑】选项，如图 18-20 所示。

❺ 单击【确定】按钮，将其转换为元件，选中图层 1 的第 50 帧，按 F5 键插入帧，选中图层 2 的第 50 帧，按 F6 键插入关键帧，如图 18-21 所示。

❻ 选中图层 2，单击鼠标右键，在弹出的菜单中选择【添加传统运动引导层】选项，如

图 18-22 所示。

❼ 选择以后创建运动引导层，选择工具箱中的【铅笔】工具，绘制线条，如图 18-23 所示。

❽ 选中图层 2 的第 1 帧，将图形元件拖动到路径的起始点，如图 18-24 所示。

图 18-20 【转换为元件】对话框

图 18-21 插入帧和关键帧

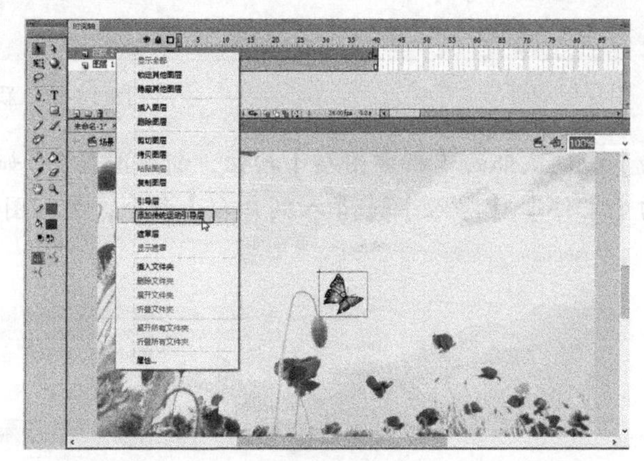

图 18-22 选择【添加传统运动引导层】选项

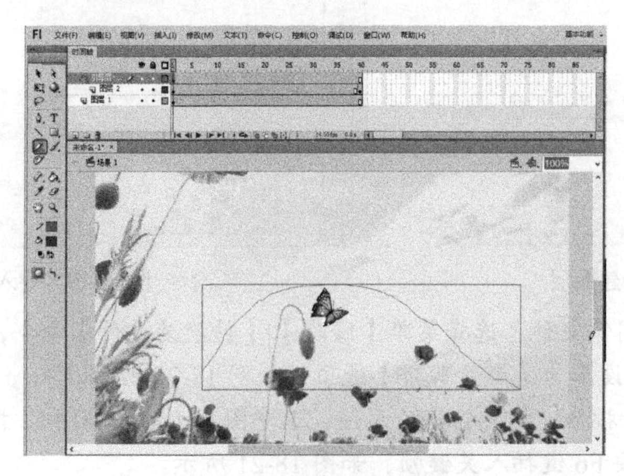

图 18-23 创建运动引导层

图 18-24 拖动到起点

❾ 选中图层 2 的第 50 帧，将图形元件拖动到路径的终点，如图 18-25 所示。

图 18-25 拖动到终点

❿ 选中图层 2 的第 1～50 帧之间的任意一帧，单击鼠标右键，在弹出的菜单中选择【创建传统补间】选项，如图 18-26 所示。

⓫ 选择以后创建补间动画，如图 18-27 所示。

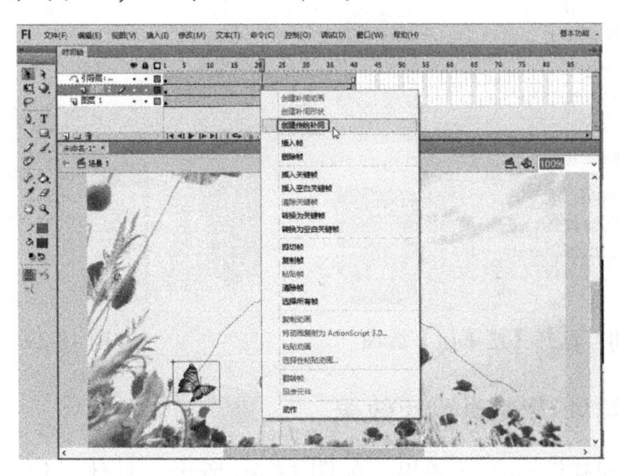

图 18-26 拖动到终点

图 18-27　创建补间动画

18.4　使用遮罩层

遮罩层是一种特殊的图层，创建遮罩层后，遮罩层下面图层的内容就像透过窗口一样显示出来，这个窗口的形状就是遮罩层中内容的形状。

18.4.1　遮罩层动画创建方法和技巧

实现遮罩效果最少需要创建两个图层才能完成，即【遮罩层】和【被遮罩层】。播放动画时，被遮罩层中的对象通过【遮罩层】中的遮罩项目显示出来。

在图层上单击鼠标右键，在弹出的菜单中选择【遮罩层】选项，如图 18-28 所示。Flash 会自动把此层转换为【遮罩层】，如图 18-29 所示。

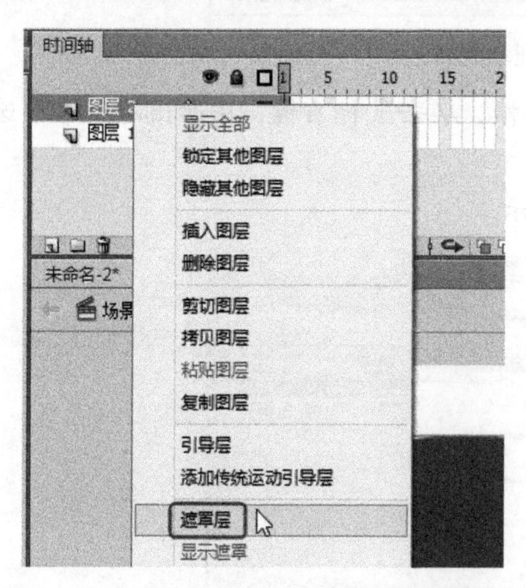

图 18-28　选择【遮罩层】选项

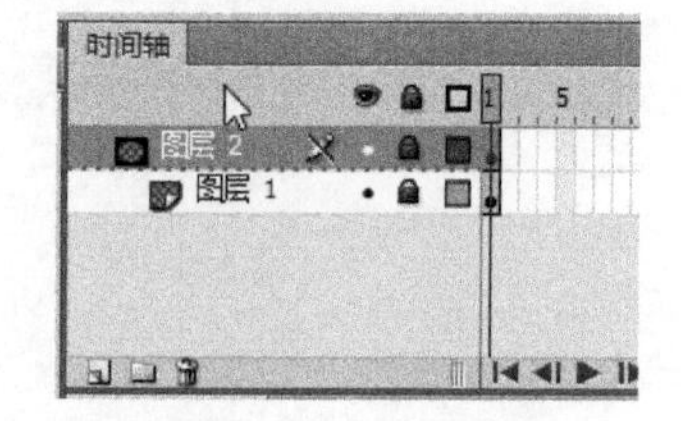

图 18-29　创建遮罩层

18.4.2　利用遮罩层创建滚动图片效果

下面利用遮罩层创建滚动图像效果，如图 18-30 所示，具体操作步骤如下。

图 18-30 滚动图像效果

原始文件	CH18/1.gif~6.gif
最终文件	CH18/滚动图片效果.fla
学习要点	利用遮罩层创建滚动图片效果

❶ 新建空白文档，选择菜单中【文件】|【新建】命令，弹出【新建文档】对话框，在对话框中将【宽】设置为 1500 像素，【高】设置为 300 像素，【背景颜色】设置为#009900，如图 18-31 所示。

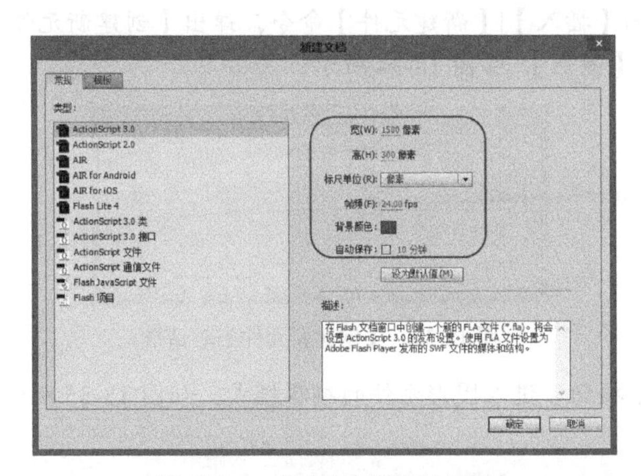

图 18-31 【新建文档】对话框

❷ 单击【确定】按钮，新建文档。选择工具箱中的【矩形】工具，在工具箱中将填充颜色设置为#FFFFFF，按住鼠标左键绘制矩形，如图 18-32 所示。

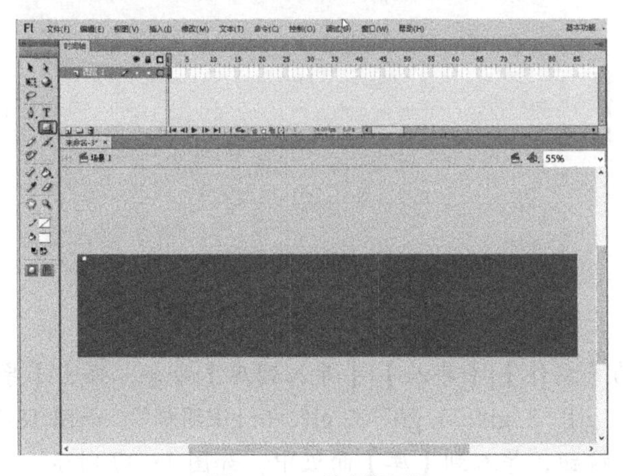

图 18-32 绘制矩形

❸ 选中绘制的矩形，按住 Alt 键拖动复制出多个白色的小矩形，如图 18-33 所示。

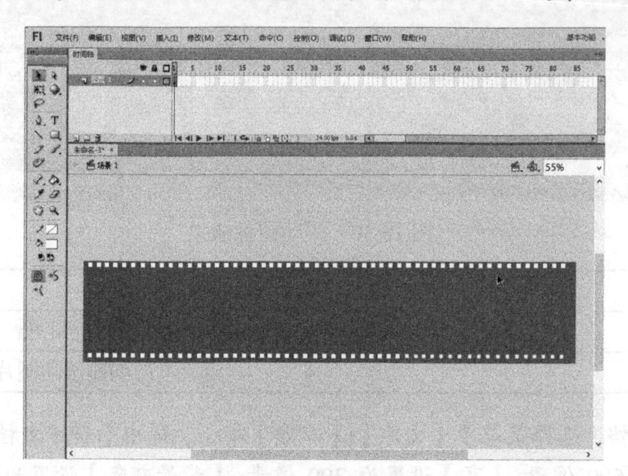

图 18-33　复制矩形

❹ 选择菜单中的【插入】|【新建元件】命令，弹出【创建新元件】对话框，将对话框中的【类型】设置为【图形】，如图 18-34 所示。

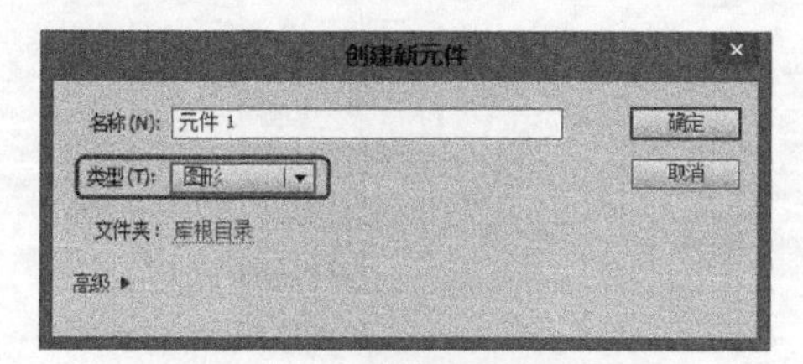

图 18-34　【创建新元件】对话框

❺ 单击【确定】按钮，进入图形元件的编辑模式，如图 18-35 所示。

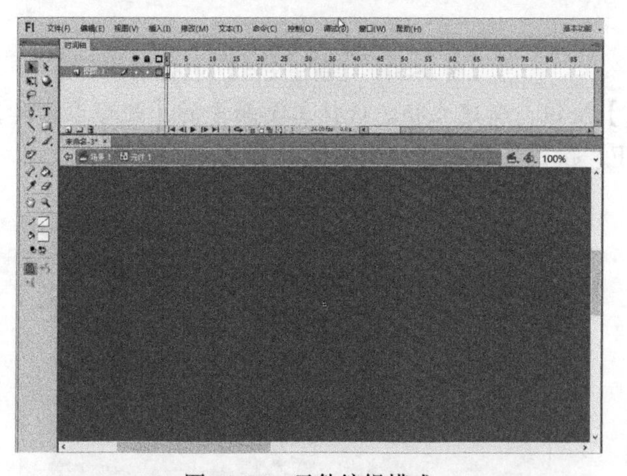

图 18-35　元件编辑模式

❻ 选择菜单中的【文件】|【导入】|【导入到库】命令，弹出【导入到库】对话框，选择原始文件“1.gif、2. gif、3. gif、4. gif、5. gif、6. gif 图像”，如图 18-36 所示。

❼ 单击【打开】按钮，导入到【库】面板中，如图 18-37 所示。

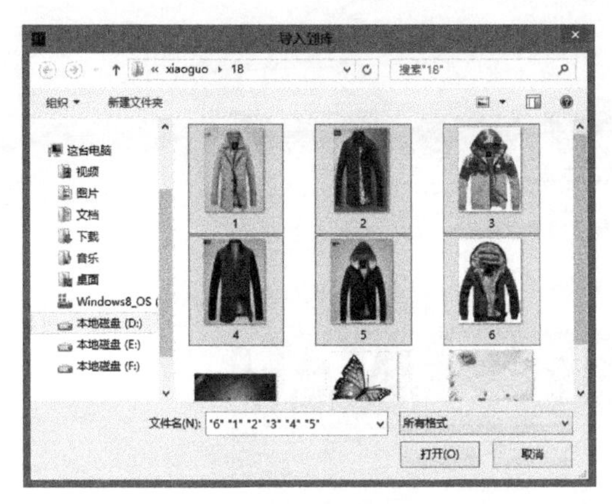

图 18-36 【导入到库】对话框

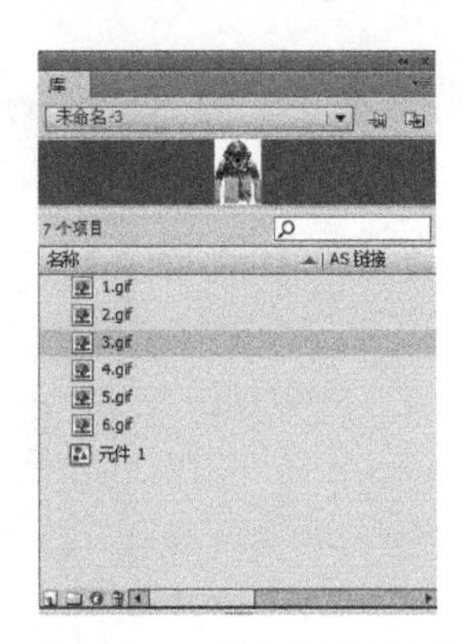

图 18-37 导入到【库】面板

❽ 将【库】面板中的 6 幅图像拖入到舞台中，并对齐排列，如图 18-38 所示。

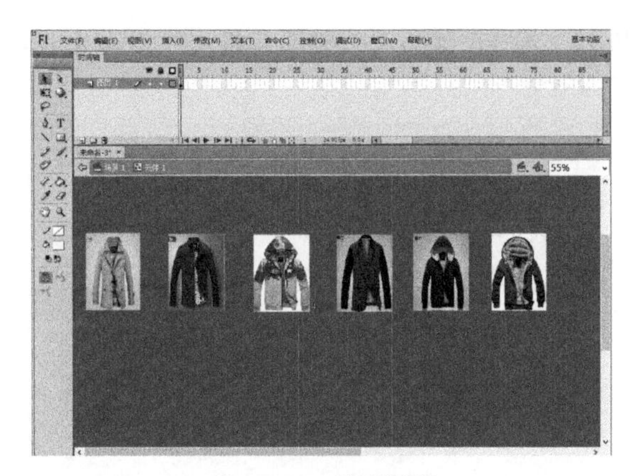

图 18-38 排列矩形

❾ 返回到场景 1，选中图层 1 的第 40 帧，按 F5 键插入帧。单击【新建图层】按钮，新建图层 2，如图 18-39 所示。

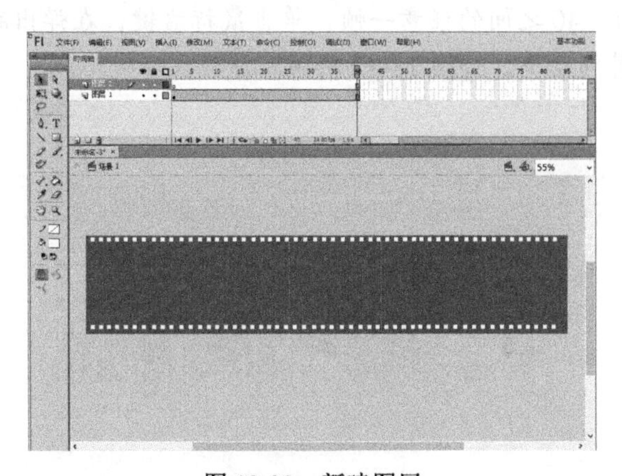

图 18-39 新建图层

❿ 选中图层 2 的第 1 帧，将【库】面板中制作好的元件 1 拖入到舞台中，如图 18-40

所示。

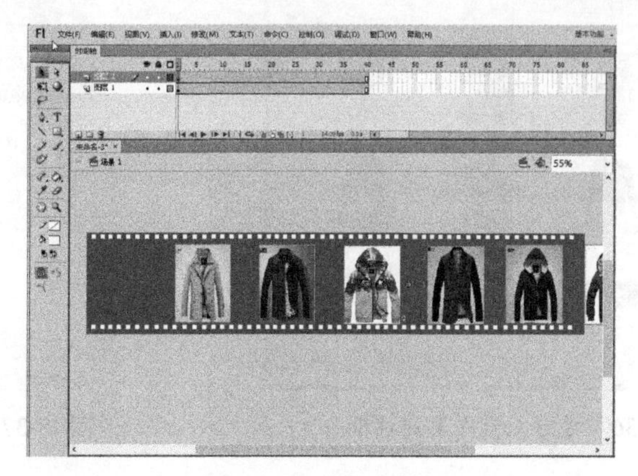

图 18-40　拖入元件

选中图层 2 的第 40 帧，按 F6 键插入关键帧，将元件 1 向左移动一段距离，如图 18-41 所示。

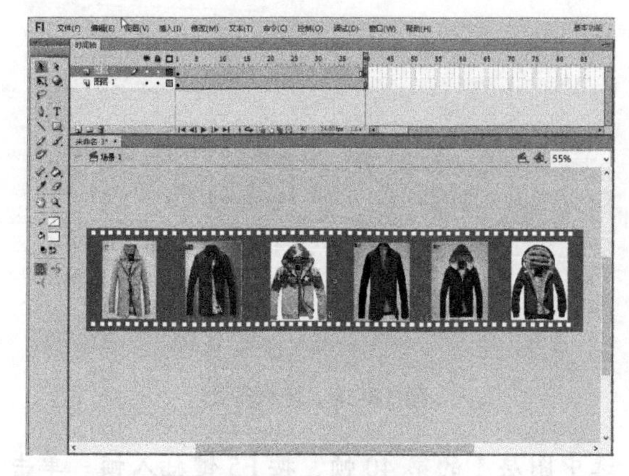

图 18-41　移动元件

选中图层 2 的第 1～40 之间的任意一帧，单击鼠标右键，在弹出的菜单中选择【创建传统补间】选项，创建补间动画，如图 18-42 所示。

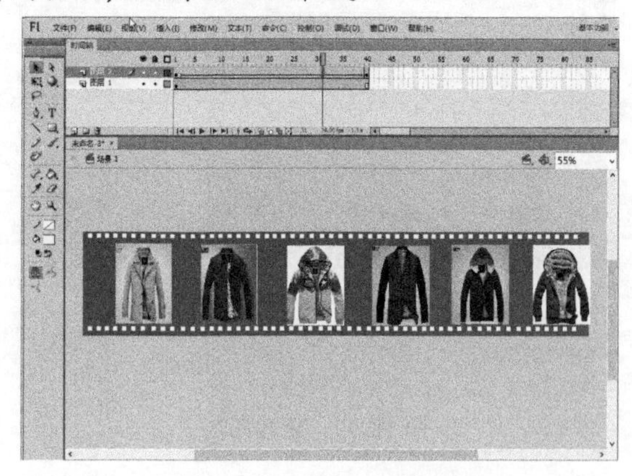

图 18-42　创建补间动画

⓭ 单击【新建图层】按钮，新建图层 3，选择工具箱中的【椭圆】工具，绘制椭圆，如图 18-43 所示。

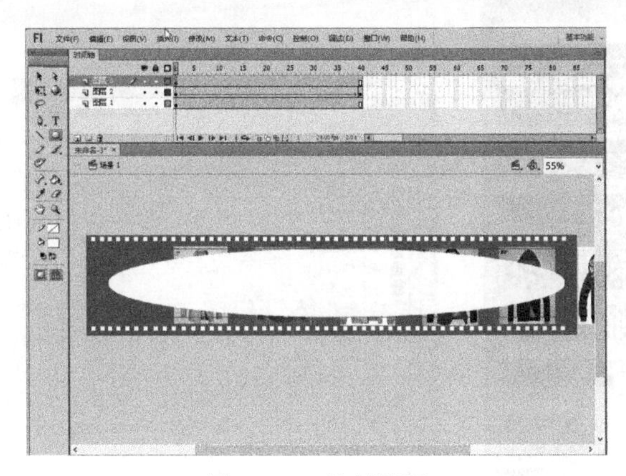

图 18-43 绘制椭圆

选中图层 3，单击鼠标右键，在弹出的菜单中选择【遮罩层】选项，创建遮罩层，如图 18-44 所示。

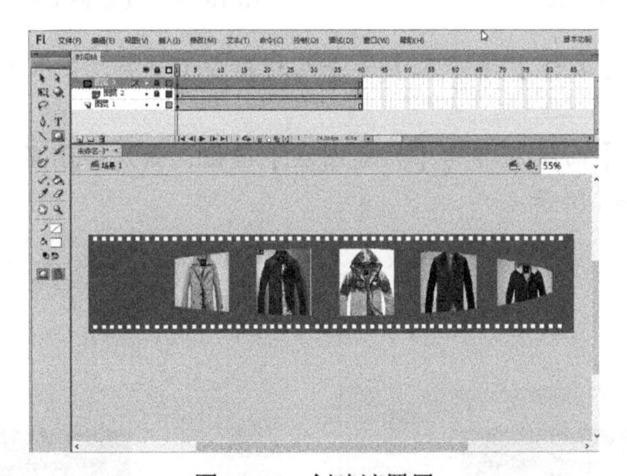

图 18-44 创建遮罩层

保存文档，按 Ctrl+Enter 组合键测试动画效果，如图 18-30 所示。

18.5 实战演练——利用遮罩层制作动画

本例主要用补间形状动画和遮罩层来实现两幅图片之间的相互切换，就像百叶窗一样，如图 18-45 所示，具体操作步骤如下。

原始文件	CH18/21.gif、22.gif
最终文件	CH18/百叶窗效果.fla
学习要点	利用遮罩层制作动画

❶ 选择菜单中的【文件】|【新建】命令，弹出【新建文档】对话框，设置高度和宽度，

新建一个空白文档，如图 18-46 所示。

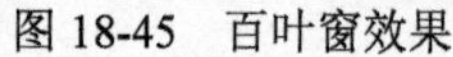

图 18-45 百叶窗效果

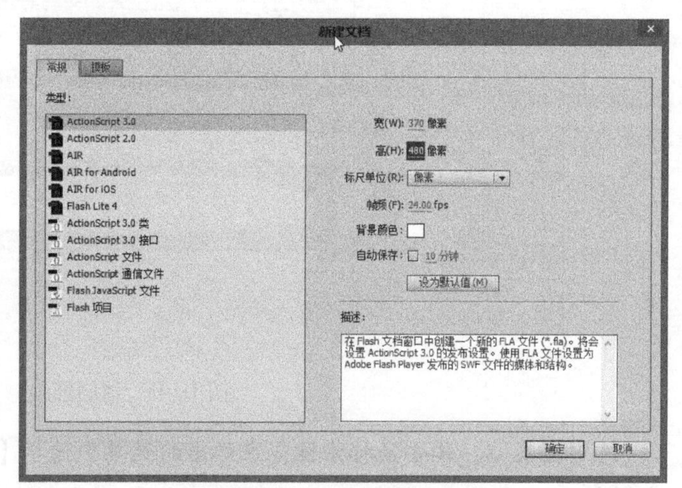

图 18-46 【新建文档】对话框

❷ 选择菜单中的【文件】|【导入】|【导入到舞台】命令，导入图像原始文件“z1.jpg”，如图 18-47 所示。

❸ 单击【时间轴】面板底部的【新建图层】按钮，新建一图层 2，导入图像原始文件“18/z2.jpg”，如图 18-48 所示。

图 18-47 导入图像

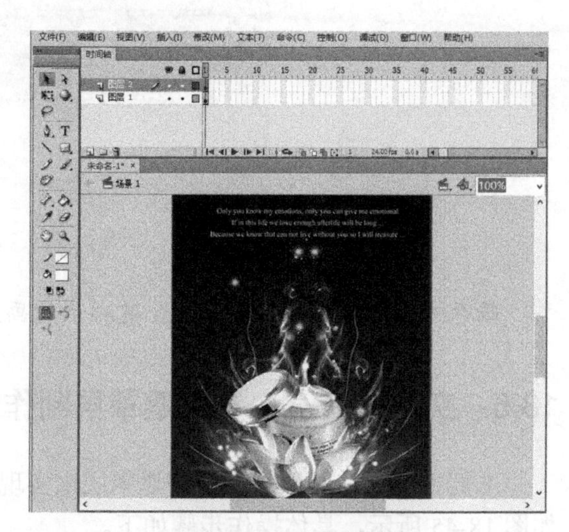

图 18-48 导入图像

❹ 选择菜单中的【插入】|【新建元件】命令，弹出【创建新元件】对话框，【类型】设置为【影片剪辑】，如图 18-49 所示。

❺ 单击【确定】按钮，进入元件编辑模式，选择工具箱中的【矩形】工具，在舞台中绘制矩形，如图 18-50 所示。

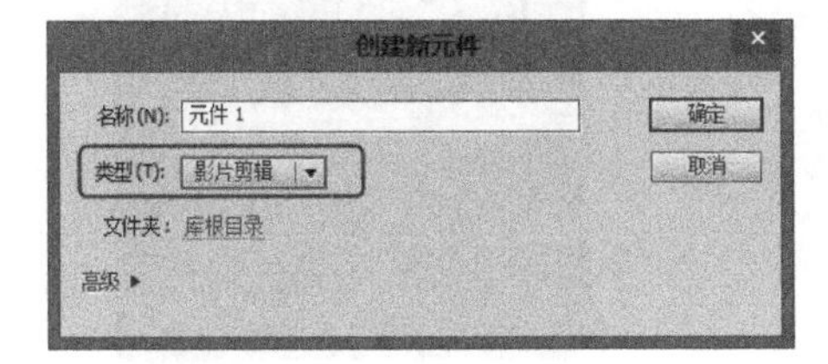

图 18-49 【创建新元件】对话框

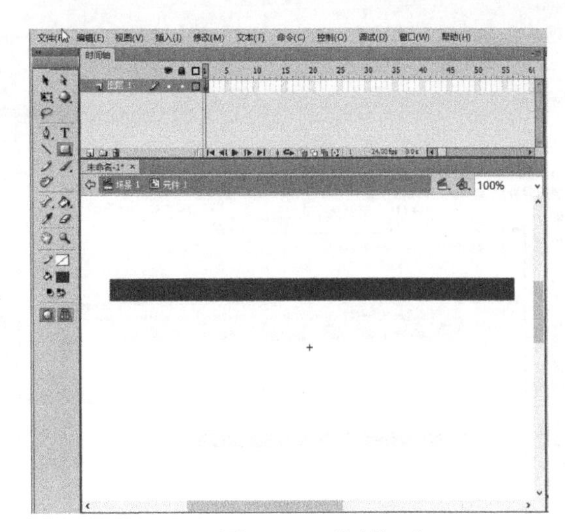

图 18-50 绘制矩形

❻ 在【属性】面板中将【宽】和【高】分别设置为 370、48，如图 18-51 所示。

❼ 在图层 1 的第 30 帧按 F6 键插入关键帧，在【属性】面板中将【高】设置为 1，如图 18-52 所示。

图 18-51 设置矩形的属性

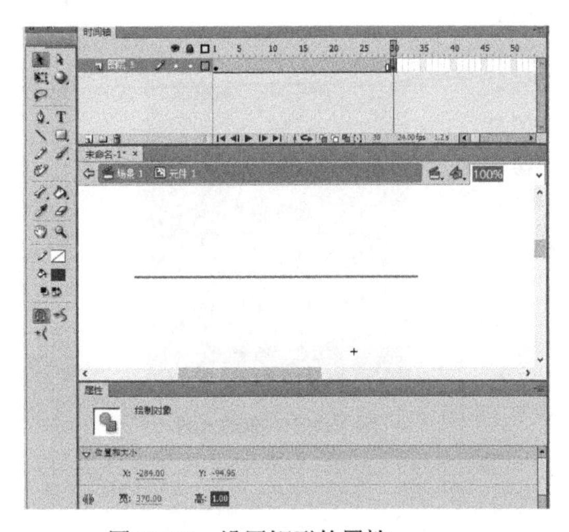

图 18-52 设置矩形的属性

❽ 在第 1～30 帧之间单击鼠标右键，在弹出的列表中选择【创建补间形状】选项，创建形状补间动画，如图 18-53 所示。

❾ 选择菜单中的【插入】|【新建元件】命令，弹出【创建新元件】对话框。将对话框中的【类型】设置为【影片剪辑】，单击【确定】按钮，进入元件编辑模式。在【库】面板中拖动 10 个元件排成一列，如图 18-54 所示。

❿ 选择菜单中的【编辑】|【编辑文档】命令返回场景。新建一个图层 3，将元件 2 拖动到舞台中，如图 18-55 所示。

⓫ 选中图层 3，单击鼠标右键，在弹出的菜单中选择【遮罩层】选项，创建遮罩层，如图 18-56 所示。

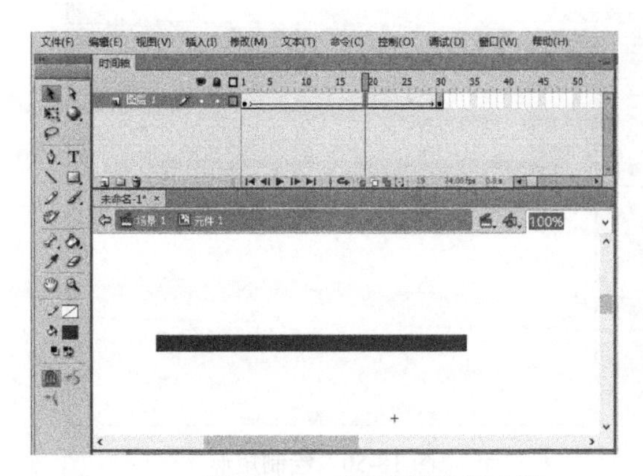

图 18-53　创建形状补间动画

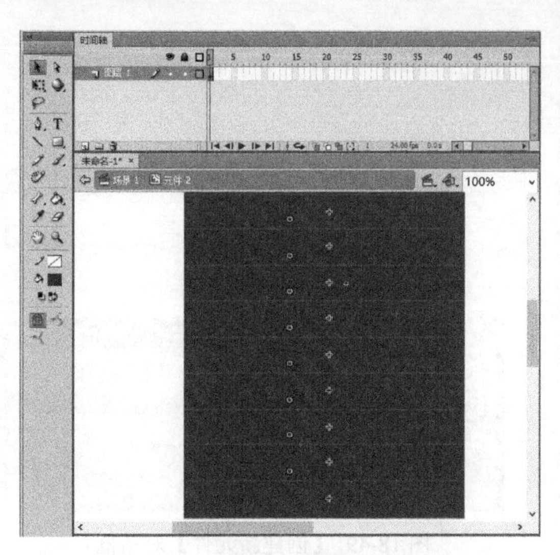

图 18-54　拖动元件

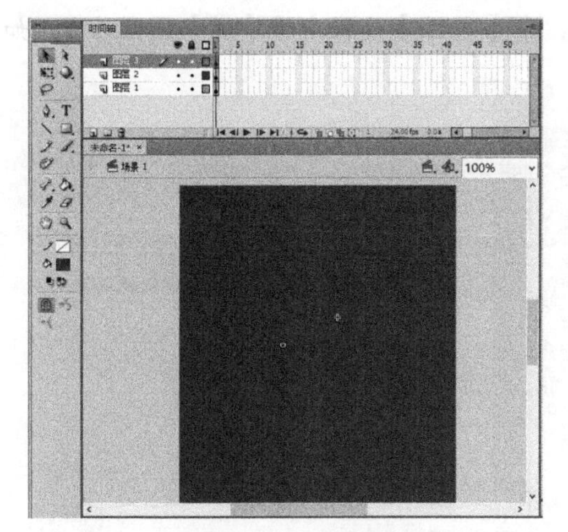

图 18-55　拖动元件

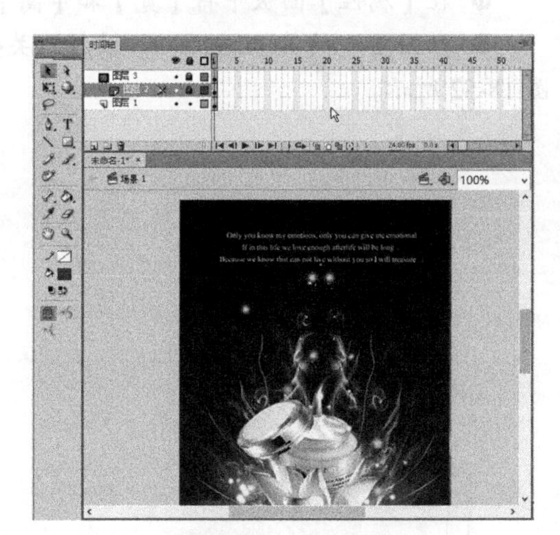

图 18-56　创建遮罩层

第19章

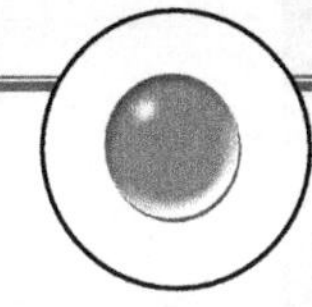

创建基本 Flash 动画

在 Flash CC 中，可以轻松地创建丰富多彩的动画效果，并且只需要通过更改时间轴每一帧中的内容，就可以在舞台上制作出移动对象、更改颜色、旋转、淡入淡出或更改形状的效果。在 Flash 中有两种创建动画的方法：逐帧动画和补间动画。本章结合具体实例，对上述动画分别进行介绍，让读者初步掌握基本动画的制作方法。

学习目标

- 动画的基本类型
- 创建逐帧动画
- 创建动画补间动画
- 创建形状补间动画
- 制作带音效的按钮

19.1 动画的基本类型

Flash 动画的基本类型包括逐帧动画和补间动画。逐帧动画也叫“帧帧动画”，它需要具体定义每一帧的内容，以完成动画的创建。补间动画包含了运动补间动画和形状补间动画两大类动画效果，也包含了引导动画和遮罩动画这两种特殊的动画效果。在补间动画中，只需要创建起始帧和结束帧的内容，而让 Flash 自动创建中间帧的内容。Flash 甚至可以通过更改起始帧和结束帧之间的对象大小、旋转方式、颜色和其他属性来创建运动的效果。

19.2 利用逐帧动画制作圣诞贺卡

逐帧动画和关键帧有很大关系，因为它的每一帧都定义为关键帧，然后在各帧中创建不同的画面，因为每个关键帧最初的内容和前面的关键帧是相同的，所以可以递增地修改动画中的帧。

逐帧动画是一种非常简单的动画方式，不设置任何补间，直接将连续的若干帧都设置为关键帧，然后在其中分别绘制内容，这样连续播放的时候就会产生动画效果了。下面制作逐帧动画，如图 19-1 所示，具体操作步骤如下。

图 19-1 逐帧动画效果

原始文件	CH19/逐帧动画.jpg
最终文件	CH19/逐帧动画.fla
学习要点	利用逐帧动画制作圣诞贺卡

❶ 新建一空白文档，选择菜单中的【文件】|【导入】|【导入到舞台】命令，导入图像“逐帧动画.jpg”，如图 19-2 所示。

图 19-2 导入图像

❷ 单击【时间轴】面板底部的【新建图层】按钮，新建一图层 2。选择工具箱中的【文本】工具，在文档中输入文本“圣诞快乐”，如图 19-3 所示。

❸ 选中输入的文本，按 Ctrl+B 组合键，将文本打散，如图 19-4 所示。

❹ 在【时间轴】面板中选中图层 1 中的第 10 帧，按 F5 键插入帧，选中图层 2 中的第 10 帧，按 F6 键插入关键帧，如图 19-5 所示。

❺ 选择图层 2 的第 5 帧、10 帧和 15 帧，按 F6 键插入关键帧，如图 19-6 所示。

❻ 选择图层 2 的第 1 帧，将“圣”以后所有的文字删除，如图 19-7 所示。

图 19-3 输入文本

图 19-4 打散文本

图 19-5 插入帧和关键帧

图 19-6 插入关键帧

图 19-7 删除文字

❼ 选中第 5 帧，将“诞”以后的文字删除，如图 19-8 所示。

图 19-8 删除文字

❽ 选中第 10 帧，将“快”以后的文字删除，如图 19-9 所示。

图 19-9 删除文字

❾ 保存文档，按 Ctrl+Enter 组合键测试影片效果，如图 19-1 所示。

19.3 创建动画补间动画

运动补间动画所处理的动画必须是舞台上的组件实例，多个图形组合、文字、导入的素材对象。利用这种动画，可以实现对象的大小、位置、旋转、颜色以及透明度等变化设置。

19.3.1 动画补间动画的创建方法和技巧

补间动画先在一点定义实例的属性，如位置、大小等，然后在另一点改变属性。另外 Flash 还可以对实例和字体进行颜色的渐变，或者制作出淡出淡入效果。

在要创建补间动画，在关键帧中单击鼠标右键在弹出的列表中可以选择【创建补间动画】或者【创建传统补间】选项，如图 19-10 所示。

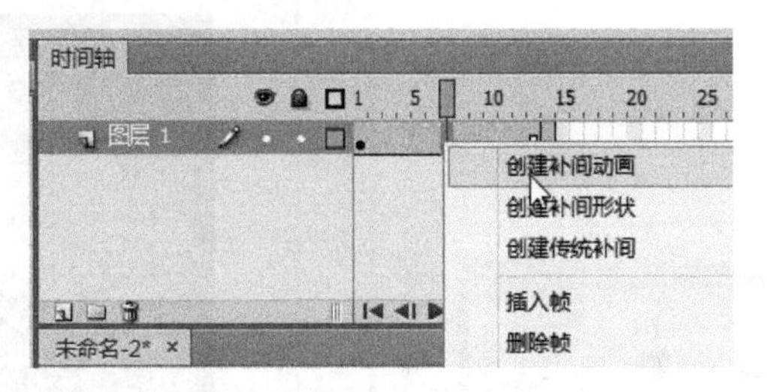

图 19-10 创建补间动画

19.3.2 利用动画补间创建对象的缩放与淡出效果

下面利用动画补间创建对象的缩放与淡出效果，如图 19-11 所示，具体操作步骤如下。

原始文件	CH19/缩放与淡出效果.jpg
最终文件	CH19/缩放与淡出效果.fla
学习要点	利用动画补间创建对象的缩放与淡出效果

❶ 新建空白文档，选择菜单中的【文件】|【导入】|【导入到舞台】命令，导入图像“淡入.jpg”，如图 19-12 所示。

图 19-11 对象的缩放与淡出效果

图 19-12 导入图像

❷ 选中图像，选择菜单中的【修改】|【转换为元件】命令，弹出【转换为元件】对话框，如图 19-13 所示。

❸ 在弹出的对话框【类型】中选择【图形】，单击【确定】按钮，将图像转换为图形元件，如图 19-14 所示。

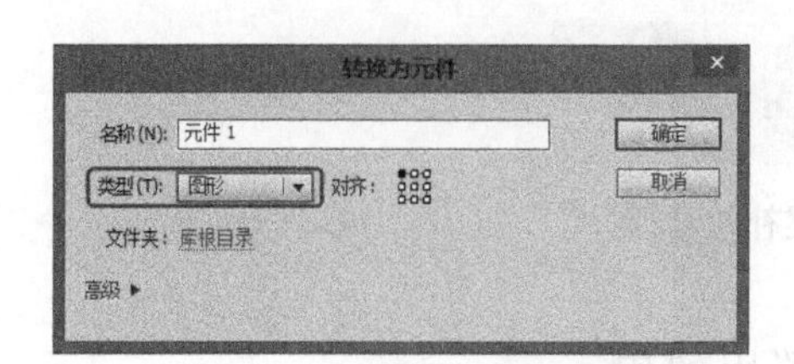

图 19-13 【转换为元件】对话框

图 19-14 转换图形元件

❹ 分别选中第 10 帧、第 20 帧和第 30 帧，按 F6 键插入关键帧。选中第 1 帧，选中图形

元件，在【属性】面板中的【颜色】下拉列表中选择【Alpha】选项，将Alpha的透明度设置为5%，如图19-15所示。

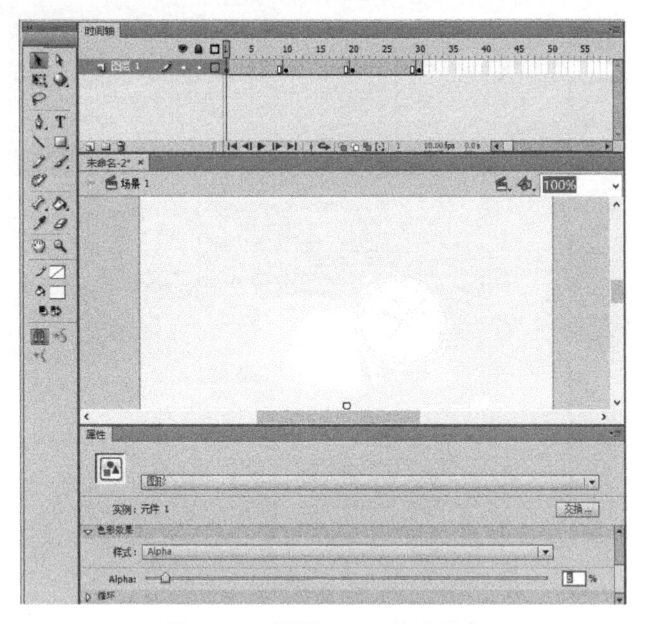

图19-15　设置Alpha的透明度

⑤ 选择第20帧，选择工具箱中的【任意变形】工具，单击选中图像将图像缩小，如图19-16所示。

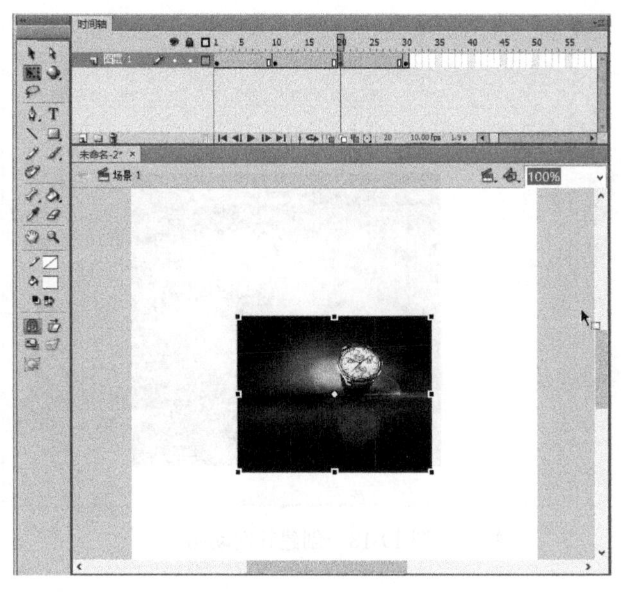

图19-16　缩小图像

⑥ 将光标放置在第1～10帧的任意一帧，单击鼠标右键，在弹出的菜单中选择【创建传统补间】选项，创建补间动画，如图19-17所示。

❼ 在第 10~20 帧，第 20~30 帧之间创建补间动画效果，如图 19-18 所示。

❽ 保存文档，按 Ctrl+Enter 组合键测试影片。

图 19-17　创建传统补间

图 19-18　创建补间动画

19.3.3　利用动画补间创建对象的旋转与颜色变化效果

下面讲述利用动画补间创建对象的旋转与颜色变化效果，如图 19-19 所示，具体操作步骤如下。

图 19-19 创建对象的旋转与颜色变化效果

原始文件	CH19/玫瑰.jpg、旋转.jpg
最终文件	CH19/创建对象的旋转与颜色变化效果.fla
学习要点	利用动画补间创建对象的旋转与颜色变化效果

❶ 新建空白文档，选择菜单中的【文件】|【导入】|【导入到舞台】命令，导入图“旋转.jpg”，如图 19-20 所示。

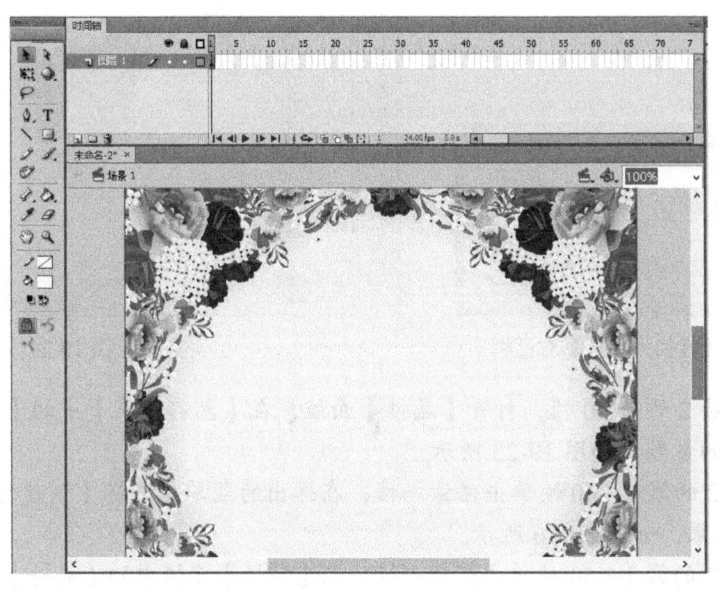

图 19-20 导入图像

❷ 单击【时间轴】面板底部的【新建图层】按钮，新建一个图层2，如图19-21所示。

❸ 选择菜单中的【文件】|【导入】|【导入到舞台】命令，导入另一幅图像文件“玫瑰.gif”，如图19-22所示。

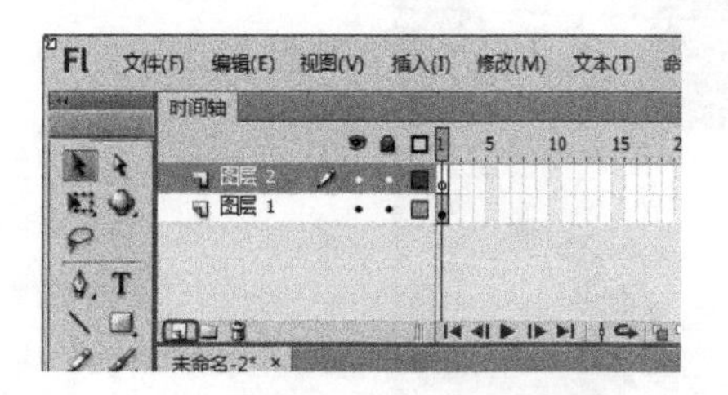

图19-21　新建图层

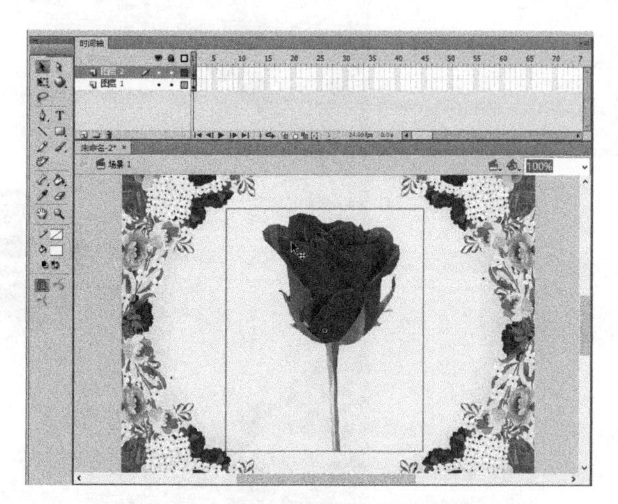

图19-22　导入图像

❹ 选择导入的图像文件，按F8键弹出【转换为元件】对话框，将【类型】设置为【图形】选项，如图19-23所示。

❺ 分别在图层1和图层2的第40帧按F6键插入关键帧，如图19-24所示。

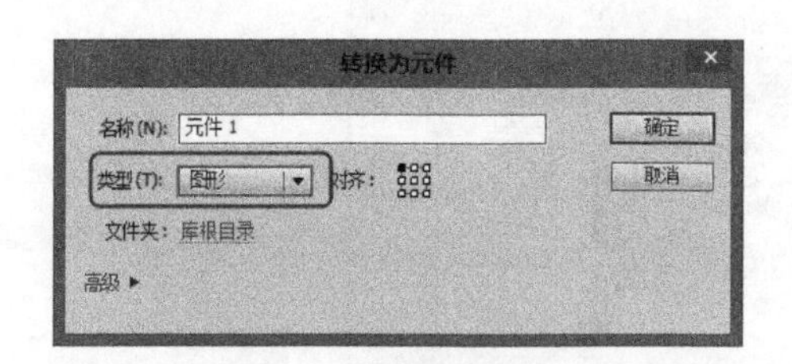

图19-23　【转换为元件】对话框

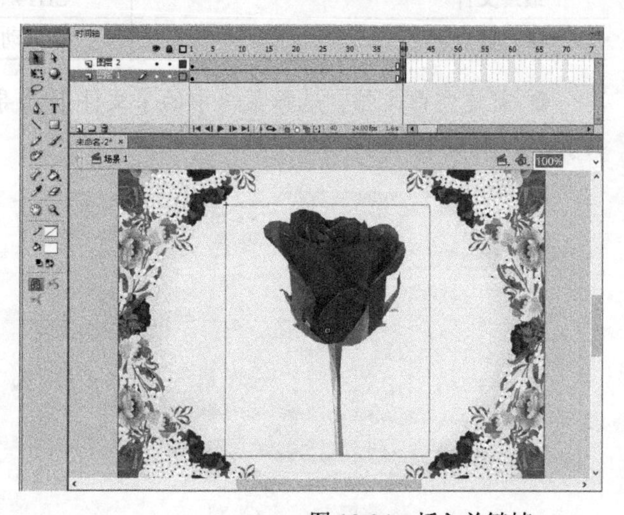

图19-24　插入关键帧

❻ 选择图层2的第40帧，打开【属性】面板，在【色彩效果】中的【样式】选择【色调】，设置相应的参数，如图19-25所示。

❼ 在图层2的第1～40帧单击任意一帧，在弹出的菜单中选择【创建传统补间】选项，创建补间动画效果，如图19-26所示。

❽ 在图层2的第1～50帧单击任意一帧，在【属性】面板中的【旋转】下拉列表中选择【顺时针】选项，如图19-27所示。

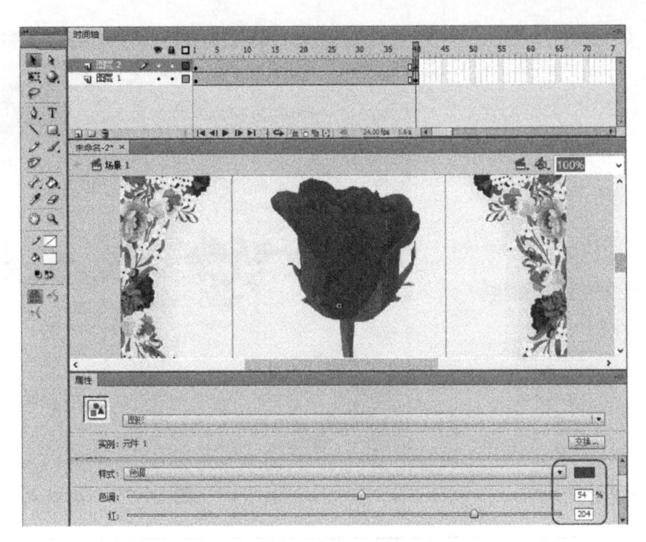

图 19-25 设置色调

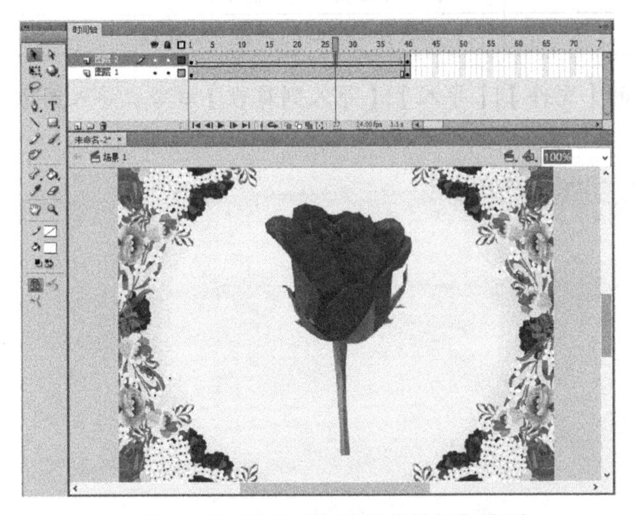

图 19-26 选择【创建传统补间】选项

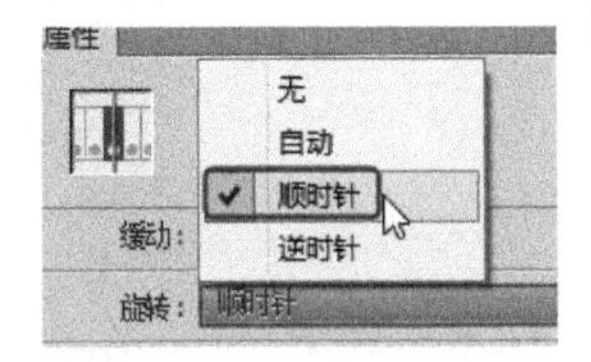

图 19-27 设置旋转

19.4 创建形状补间动画

形状补间动画是对象从一个形状到另一个形状的渐变，只需要设置起始关键帧和结束关键帧的实体形状，中间的渐变过程由 Flash 自动完成。

形状补间动画的创建方法和技巧

在某一帧中绘制对象，再在另一个帧中修改对象或者重新绘制其他对象，然后由 Flash 计算两个帧之间的差距插入变形帧，这样当连续播放时会出现形状补间效果。对于形状补间动画，要为一个关键帧中的形状指定属性，然后在后续关键帧中修改形状或者绘制另一个形状。正如动画补间动画一样，Flash 在关键帧之间的帧中创建补间动画，如图 19-28 所示。

下面通过实例来讲述形状补间动画的制作，如图 19-29 所示，具体操作步骤如下。

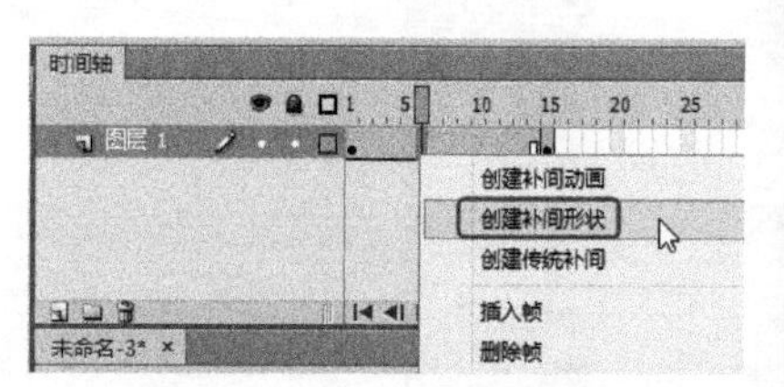

图 19-28　创建补间动画

图 19-29　形状补间动画

原始文件	CH19/形状补间.jpg
最终文件	CH19/形状补间动画.fla
学习要点	形状补间动画的创建方法和技巧

❶ 新建空白文档，选择菜单中的【文件】|【导入】|【导入到舞台】命令，导入图像“形状补间.jpg”，如图 19-30 所示。

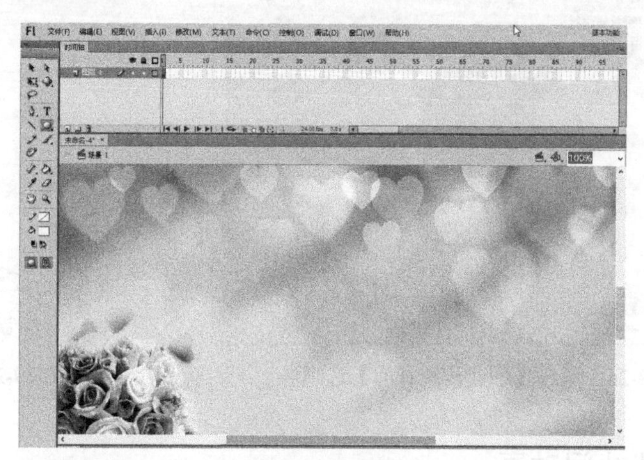

图 19-30　导入图像

❷ 单击【时间轴】面板底部的【新建图层】按钮，新建图层 2。选择工具箱中的【椭圆】工具，在舞台中绘制椭圆，如图 19-31 所示。

❸ 选择工具箱中的【选择】工具，调整椭圆的形状，如图 19-32 所示。

❹ 选中绘制的椭圆，按住 Alt 键复制并移动出另外四个形状，如图 19-33 所示。

❺ 选中图层 1 和图层 2 的第 60 帧，按 F5 键插入帧，如图 19-34 所示。

❻ 选中图层 2 的第 40 帧，按 F6 键插入关键帧，选择工具箱中的【文本】工具，将星形删除，输入文字“情人节快乐”，如图 19-35 所示。

❼ 选中文字，执行两次 Ctrl+B 组合键，将文本分离，如图 19-36 所示。

图 19-31 绘制椭圆

图 19-32 调整形状

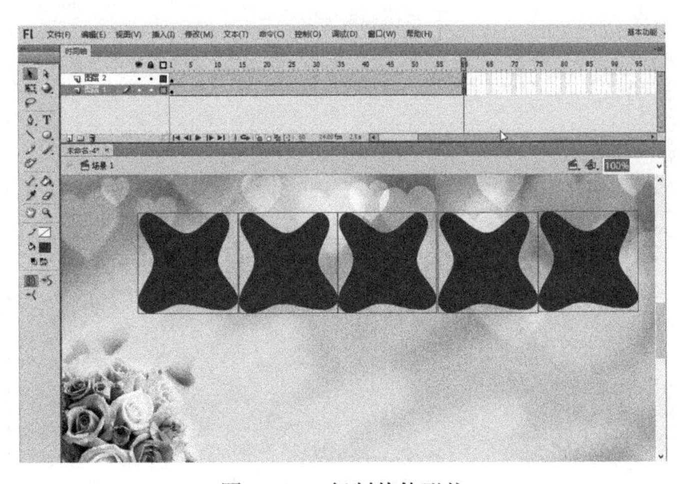

图 19-33 复制其他形状

图 19-34　插入帧

图 19-35　输入文字

图 19-36　分离文本

❽ 将光标放置在图层 2 的第 1 帧至第 40 帧之间的任意位置，单击鼠标右键，在弹出的菜单中选择【创建补间形状】命令，选择命令后即可创建形状补间，如图 19-37 所示。

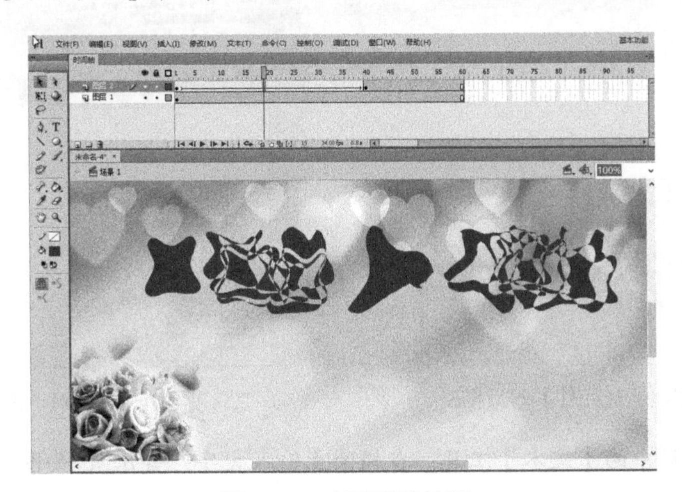

图 19-37 创建形状补间

19.5 制作带音效的按钮

本例制作的带音效的按钮的最终效果如图 19-39 所示，具体操作步骤如下。

原始文件	CH19/音效按钮.jpg
最终文件	CH19/制作带音效的按钮.fla
学习要点	制作带单效的按钮

❶ 新建空白文档，导入图像文件“音效按钮.jpg”，如图 19-38 所示。

图 19-38 带音效的按钮效果

图 19-39 导入图像

❷ 选择菜单中的【插入】|【新建元件】命令，弹出【创建新建元件】对话框，将【类型】设置为【按钮】，如图 19-40 所示。

❸ 单击【确定】按钮，新建一个按钮元件，在【属性】面板中设置充颜色，在舞台中绘

制一个椭圆，如图 19-41 所示。

图 19-40 【创建新建元件】对话框

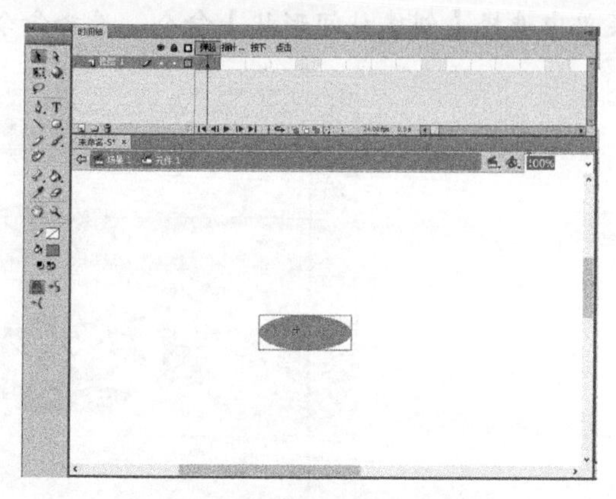

图 19-41 绘制椭圆

❹ 选择工具箱中的【文本】工具，在椭圆上输入文字“音乐”，如图 19-42 所示。

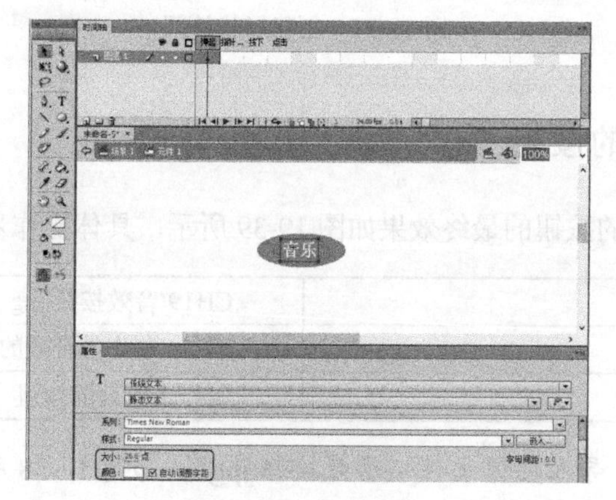

图 19-42 输入文本

❺ 选中【指针】帧，按 F6 键插入关键帧，更改椭圆的填充颜色，如图 19-43 所示。

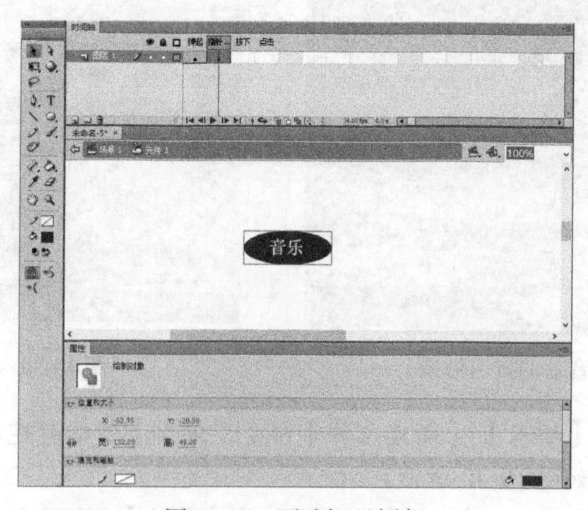

图 19-43 更改矩形颜色

❻ 在【点击】帧按 F5 键插入帧，如图 19-44 所示。

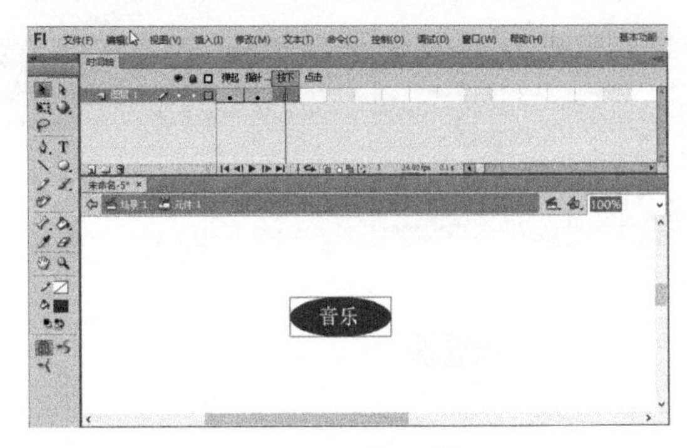

图 19-44　插入帧

❼ 单击【新建图层】按钮，新建一个图层 2，选中【指针】，按 F6 键插入关键帧，如图 19-45 所示。

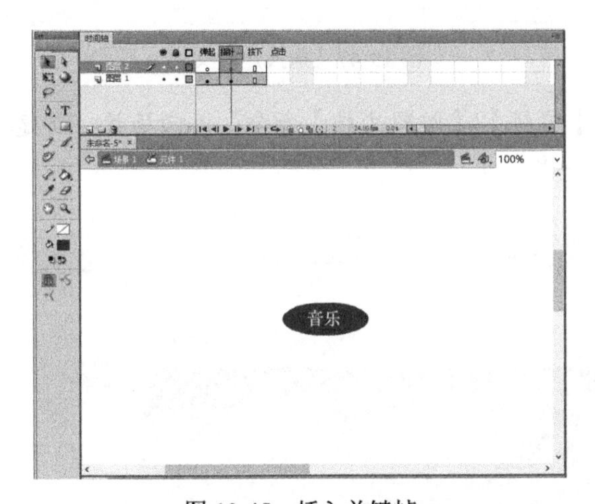

图 19-45　插入关键帧

❽ 选择菜单中的【文件】|【导入】|【导入到库】命令，弹出【导入到库】对话框中，如图 19-46 所示。

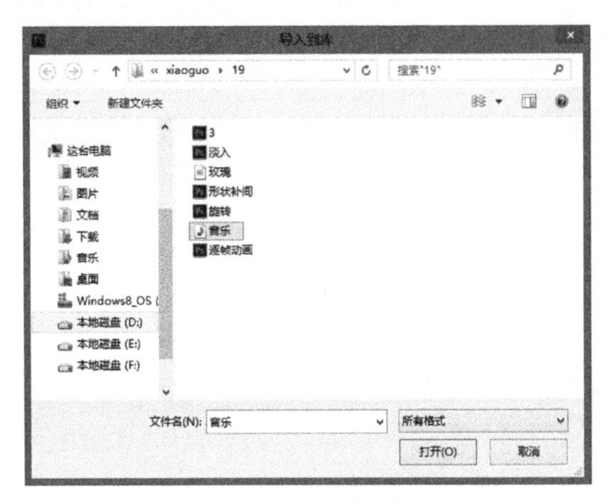

图 19-46　【导入到库】对话框中

❾ 在该对话框中选择音乐文件，从库中将声音文件拖拽到舞台中，如图 19-47 所示。

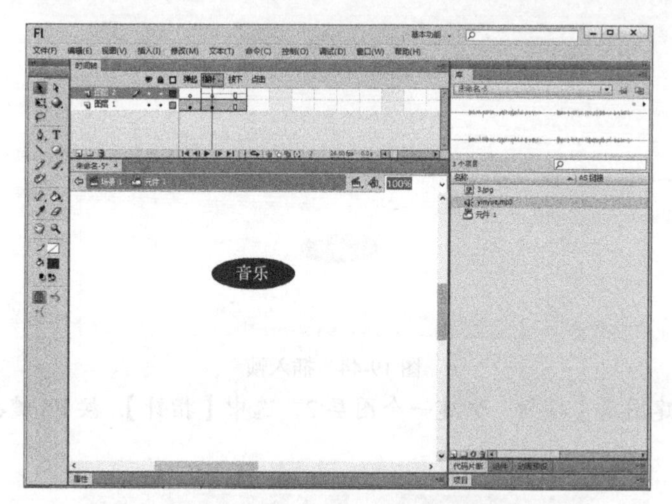

图 19-47 拖拽声音文件

❿ 选择菜单中的【编辑】|【编辑文档】命令，返回场景，新建一个图层，将按钮元件拖拽到舞台中，如图 19-48 所示。

图 19-48 拖拽元件

第20章

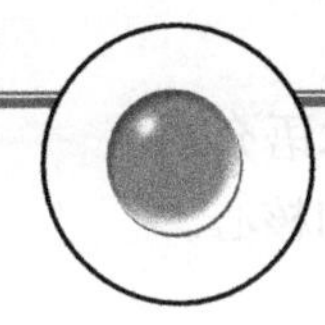

使用 ActionScript 制作交互动画

ActionScript 是 Flash 中的一种高级技术，也是一种动作脚本语言，具备强大的交互功能，提高了动画与用户之间的交互性，并使得用户对动画元件的控制得以加强。

学习目标

- ActionScript 简介
- 插入 ActionScript 代码
- ActionScript 编程基础
- ActionScript 中的运算符
- ActionScript 中的基本语句

20.1 ActionScript 简介

ActionScript 是一种专用的 Flash 程序语言，它的出现给设计和开发人员带来了很大方便。通过使用 ActionScript 脚本编程，可以实现根据运行时间和加载数据等事件来控制 Flash 文档播放的效果。另外可以为 Flash 文档添加交互性，使之能够响应按键、单击等操作。还可以将内置对象与内置的相关方法、属性和事件结合使用，并且允许用户创建自定义类和对象，创建更加短小精悍的应用程序，所有这些都可以通过可重复利用的脚本代码来完成。

ActionScript 语言自从形成以来已经发展了多年，随着 Flash 的每次更新，更多的关键字、对象、方法和其他的语言元件已经被增加到语言中。

Flash 利用 ActionScript 编程的目的就是更好地与用户进行交互，通常用 Flash 制作页面可以很轻易地制作出华丽的 Flash 特效，如遮罩、淡入淡出以及动态按钮等。使用简单的 Flash 编程可以实现场景的跳转、与 HTML 网页的链接、动态装载 SWF 文件等。而高级的 Flash 编程可以实现复杂的交互游戏，根据用户的操作响应不同的电影，与后台数据库及各种程序进行交流，如 ASP、PHP、SQL Server 等。庞大的数据库系统及各种程序结合 Flash 内置的编程语句，可以制作出很多具备人机交互功能的网页、游戏以及在线商务系统。

20.2 ActionScript 基础

通过简单的 ActionScript 代码语言的组合，就可以实现很多相当精彩的动画效果。在 Flash

中 ActionScript 功能十分强大，可以将它添加在以下几个对象中：帧、按钮以及影片剪辑。

20.2.1 ActionScript 中的相关术语

下面是在使用 Flash 制作交互动画时关于 ActionScript 的常用术语介绍。

- 动作：就是程序语句，它是 ActionScript 脚本语言的灵魂和核心。
- 参数：用于向函数传递值的占位符。
- 类：一系列相互之间有联系的数据的集合，用来定义新的对象类型。
- 常数：不变的元素。
- 构造器：用来定义类的属性和方法的函数。
- 数据类型：值以及可以在上面执行的动作的集合。
- 事件：简单地说，要执行某一个动作，必须提供一定的条件，如需要某一个事件对该动作进行的一种触发，这个触发功能的部分就是 ActionScript 中的事件。
- 表达式：任何产生值的语句片断。
- 函数：可以向其传递参数并能够返回值的可重复使用的代码块。
- 标识符：用来指示变量、属性、对象、函数或者方法的名称。
- 实例：属于某个类的对象，一个类的每一个实例都包含类的所有属性和方法。
- 关键字：具有特殊意义的保留字。
- 方法：指被指派给某一个对象的函数，一个函数被分配后，它可以作为这个对象的方法被调用。
- 对象：属性的集合，每一个对象都有自己的名称和数值，通过对象可以自由访问某一个类型的信息。
- 操作符：从一个或多个值计算出一个新值的术语。
- 目标路径：影片剪辑实例名称、变量和对象的层次性的地址。
- 属性：定义对象的特征。
- 变量：保存某一种数据类型的值的标识符。

20.2.2 ActionScript 3.0 基本语法

在编写 ActionScript 脚本的过程中，要熟悉其语法规则，其中主要且常用的有点语法、括号与分号、斜杠和注释等。

1. 点

点语法是由于在语句中使用了一个点“.”而得名的，它指向了一个对象的某一个属性或方法，或指向一个电影片段或变量的目标路径。在 Flash 动画中它的对象大多数情况下是影片中的电影剪辑。

在使用点语法后可以将程序语句简化，如：

```
ypjj.gotoAndstop(15);
```

这样一来，就大大简化了语句的编写步骤。

在 ActionScript 中，“.”不但用于指出与一个对象或影片剪辑相关的属性或方法，还用于标识指向一个影片剪辑或变量的目标路径。点语法的表达式是由一个带有点的对象或者影片剪辑的名字作为起始，以对象的属性、方法或者想要指定的变量作为表达式的结束。如前面所提到的例子中，ypjj 就是影片剪辑的名字，而“.”的作用就是要告诉影片剪辑执行后面的动作。

点语法使用两个比较特殊的别名-root 和-parent。如果使用的是-root，那么采用的将是绝对路径；如果使用的是-parent，那么采用的将是相对路径。

2. 注释

通过在脚本中添加注释，将有助于理解用户关注的内容，以及向其他开发人员提供信息。

在【动作】面板中，将字符“//”插入到程序的脚本中，可以在字符“//”后向脚本中添加说明性语句，使用注释有助于其他人理解某个语句内容。在动作编辑区，注释在窗口中以灰色显示。

ActionScript 3.0 代码支持两种类型的注释：单行注释和多行注释。

单行注释以两个正斜杠字符（//）开头并持续到该行的末尾。例如，下面的代码包含一个单行注释。

```
var someNumber:Number = 3; // a single line comment
```

多行注释以一个正斜杠和一个星号（/*）开头，以一个星号和一个正斜杠（*/）结尾。

```
/* This is multiline comment that can span
more than one line of code. */
```

3. 分号

在 ActionScript 中，分号“;”表示一个语句的结束。如果在代码中忘记加上分号，编译程序就会自动加上。但是良好的编程习惯要求一定要在语句结束时加上“;”，因为无论是以后自己查错或阅读都能减少很多不必要的麻烦，使程序条理更清楚也更加严谨。

如以下语句都带有分号。

```
curveTo(p, p, 0, radius);
curveTo(-p, p, -radius, 0);
curveTo(-p, -p, 0, -radius);
endFill();
```

4. 大括号

在 ActionScript 中，很多语法规则都沿用了 C 语言的规范，很典型的就是大括号“{}”语法。在 ActionScript 和 C 语言中，都是用“{}”把程序分成一个个的模块，可以把括号中的代码看作一句完整的语句，如：

```
on (release) {
stop();
}
```

5. 小括号

小括号是在定义和调用函数时使用的。在定义和调用函数时，原函数的参数和传递给函数的各个参数的值都需要用小括号括起来。

在 ActionScript 3.0 中，可以通过三种方式使用小括号。第一，可以使用小括号来更改表达式中的运算顺序。组合到小括号中的运算总是最先执行的。例如，小括号可用来改变如下代码中的运算顺序。

```
trace(2 + 3 * 4); // 14
trace((2 + 3) * 4); // 20
```

第二，可以结合使用小括号和逗号运算符来计算一系列表达式，并返回最后一个表达式的结果，如下面的示例所示。

```
var a:int = 2;
var b:int = 3;
trace((a++, b++, a+b)); // 7
```

第三，可以使用小括号来向函数或方法传递一个或多个参数，如下面的示例所示，此示例向 trace() 函数传递一个字符串值。

```
trace("hello"); // hello
```

20.3 常用 ActionScript 语句

在 Flash 中经常用到的语句是条件语句和循环语句。条件语句包括 if 语句、特殊条件语句。循环语句包括 while 循环、for 循环语句。

20.3.1 for 循环

在现实生活中有很多规律性的操作，作为程序来说就是要重复执行某些代码。其中重复执行的代码称为循环体，能否重复操作，取决于循环的控制条件。循环语句可以认为是由循环体和控制条件两部分组成。

循环程序结构的结构一般认为有两种。

一种先进行条件判断，若条件成立，执行循环体代码，执行完之后再进行条件判断，条件成立继续，否则退出循环。若第一次条件就不满足，则一次也不执行，直接退出。

另一种是先执行依次操作，不管条件，执行完成之后进行条件判断，若条件成立，循环继续，否则退出循环。

for 循环语句是 ActionScript 编程语言中最灵活、应用最为广泛的语句。

For 循环的语法格式如下：

```
For(初始化 条件 改变变量){
语句
}
```

在“初始化”中定义循环变量的“初始值”；“条件”是确定什么时候退出循环；“改变变量”是指循环变量每次改变的值，例如：

```
trace=0
for(var i=1 i<=30 i++ {
trace = trace +i
}
```

在以上实例中，初始化循环变量 i 为 1，每循环一次，i 就加 1，并且执行一次“trace = trace +i”，直到 i 等于 30，停止增加 trace。

20.3.2 while 和 do while 循环

while 语句可以重复执行某条语句或某段程序。使用 while 语句时，系统会先计算一个表达式，如果表达式的值为 true，就执行循环的代码。在执行完循环的每一个语句之后，while 语句会再次对该表达式进行计算。当表达式的值仍为 true 时，会再次执行循环体中的语句，直到表达式的值为 false。

do while 语句与 while 语句一样，可以创建相同的循环。这里要注意的是，do while 语句对表达式的判定是在其循环结束处，因而使用 do while 语句至少会执行一次循环。

for 语句的特点是有确定的循环次数，而 while 和 do while 语句没有确定的循环次数，具体使用格式如下。

```
while(条件){
语句
}
```

以上代码只要满足“条件”，就一直执行“语句”的内容。

```
do{
语句
}while(条件)
```

20.3.3 if 语句

if...else 条件语句判断一个控制条件，如果该条件能够成立，则执行一个代码块，否则执行另一个代码块。

if...else 条件语句基本格式如下：

```
if(表达式){
 语句 1
}
else
 {
语句 2;
}
```

例如下列语句：

```
input="mymovie"
if(input==Flash&&passward==841113){
  gotoAndPlay(play);
}
  gotoAndPlay(wrong);
```

当程序执行至此处时，将会先判断给定的条件是否为真，若条件式（input）和（passward）的值为真，则执行 if 语句的内容（gotoAndPlay），然后再继续后面的流程。若条件（input）和（passward）为假，则跳过 if 语句，直接执行后面的流程语句。

另外，if 经常与 else 结合使用，用于多重条件的判断和跳转执行，例如下列语句：

```
input="mymovie"
if(input==Flash&&passward==841113){
  gotoAndPlay(play);
}
```

```
else{
gotoAndPlay("moviedescription");
}
```

当 if 语句的条件式（condition）的值为真时，执行 if 语句的内容，跳过 else 语句。反之，将跳过 if 语句，直接执行 else 语句的内容，再例如下边语句：

```
input="mymovie"
if(input==Flash&&passward==841113){
  gotoAndPlay(play);
}
else if(input==Flash&&passward==831210){
  gotoAndPlay(play);
}
else{
gotoAndPlay("moviedescription");
}
```

20.3.4 特殊条件判断

特殊条件判断语句一般用于赋值，本质是一种计算形式，格式为：

```
变量 a=判断条件？表达式 1：表达式 2；
```

如果判断条件成立，a 就取表达式 1 的值；如果不成立就取表达式 2 的值，例如：

```
Var a: Number=1
Var b: Number=2
Var max: Number=a>ba: b
```

执行以后，max 就为 a 和 b 中较大的值，即值为 2。

20.4 ActionScript 的编辑环境

【动作】面板是专门用来编写 ActionScript 语言的，在学习 ActionScript 脚本之前，首先来熟悉一下【动作】面板的界面。如果在工作界面上看不到【动作】面板，可以执行【窗口】【动作】命令，或使用快捷键 F9 快速打开【动作】面板，如图 20-1 所示。在【动作】面板中可以输入需要添加的代码。

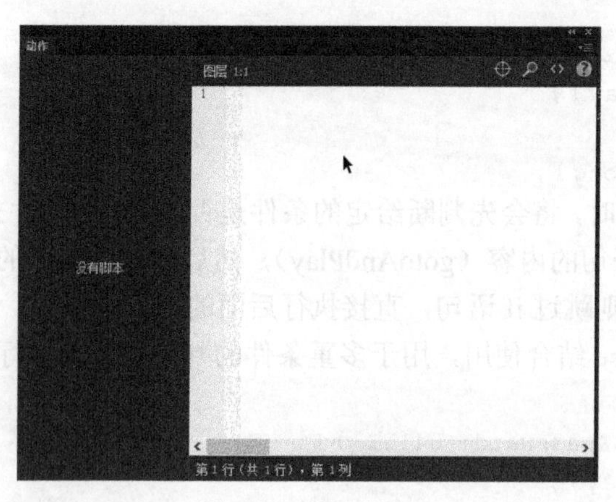

图 20-1　输入文本

20.5 实战演练

通过前面的学习，现在对 ActionScript 3.0 的编程环境、语法规则、基本语句等已经有所了解。本节将通过实例来说明 Flash 中内置基本语句的使用，以及手动编写 ActionScript 脚本的方法。

实例 1——stop 和 play 语句

flash AS3（Flash Action Script3）制作漂亮的遮罩动画，主要用 as 命令控制遮罩层运动路径。下面通过实例讲述具体应用，效果如图 20-2 所示。具体操作步骤如下。

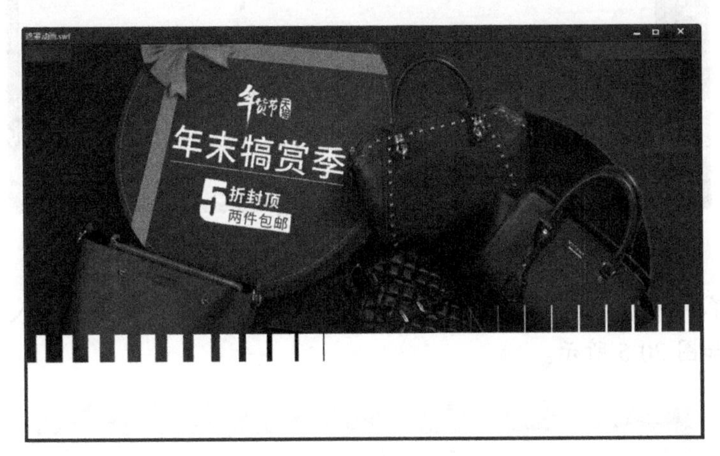

图 20-2　输入文本

原始文件	CH20/stop 和 play 语句.jpg
最终文件	CH20/stop 和 play 语句.fla
学习要点	stop 和 play 语句

❶ 选择菜单中的【文件】|【新建】命令，弹出【新建】对话框，将【宽】设置为 1000，【高】设置为 570，如图 20-3 所示。

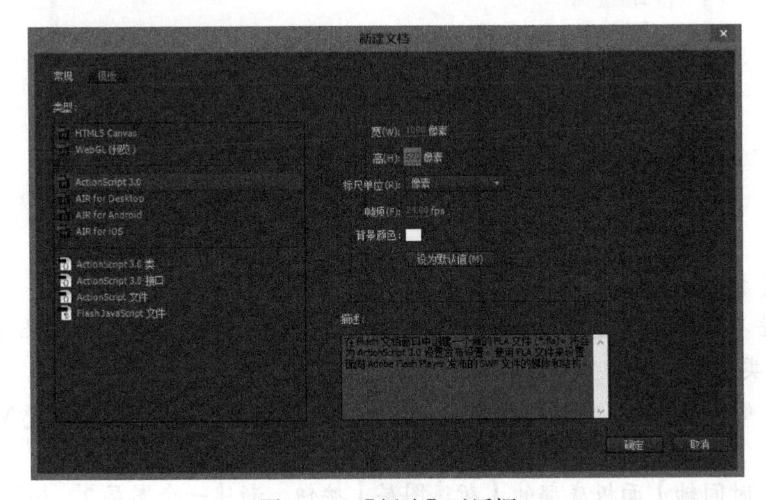

图 20-3　【新建】对话框

❷ 单击【确定】按钮，新建空白文档，如图 20-4 所示。

图 20-4　新建文档

❸ 选择菜单中的【文件】|【导入】|【导入到舞台】命令，弹出【导入】对话框，导入图像“1.jpg”，如图 20-5 所示。

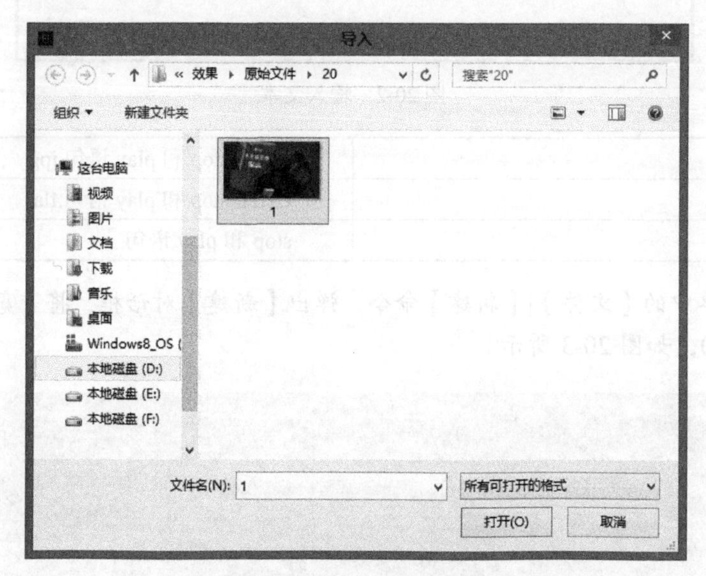

图 20-5　【导入】对话框

❹ 单击【打开】按钮，导入图像文件，如图 20-6 所示。

❺ 选中导入的图像，选择菜单中的【修改】|【转换为元件】命令，弹出【转换为元件】对话框，将【类型】设置为【影片剪辑】，如图 20-7 所示。

❻ 单击【确定】按钮，将其转换为影片剪辑元件，将实例名称设置为 cityMC，如图 20-8 所示。

❼ 单击【时间轴】面板底部的【新建图层】按钮，新建一个图层 2，如图 20-9 所示。

图 20-6　导入图像文件

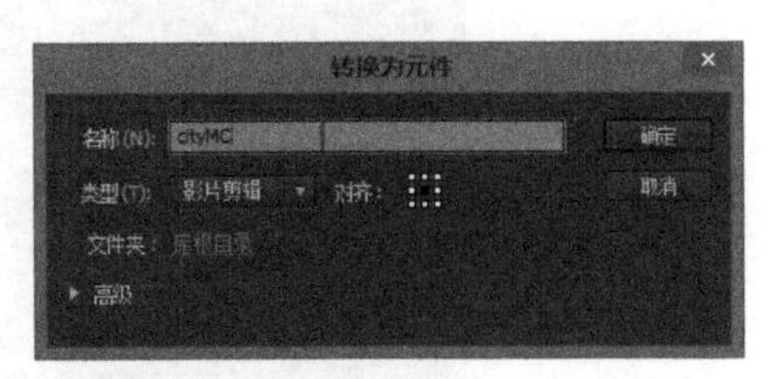

图 20-7　【转换为元件】对话框

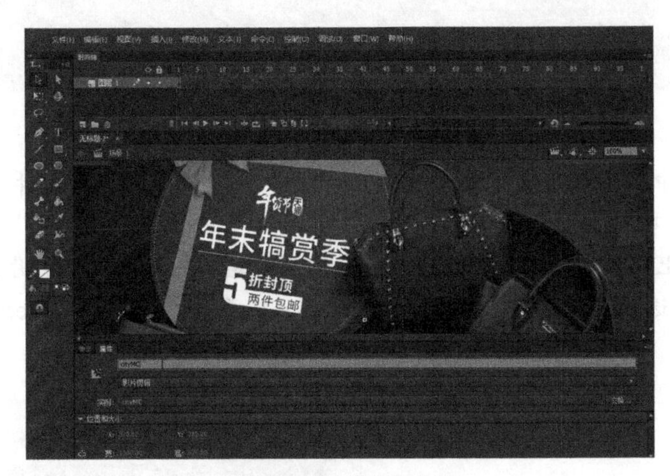

图 20-8　设置实例名称

图 20-9　新建图层

❽ 选择工具箱中的【矩形】工具，在舞台中绘制矩形，在【属性】面板中将【宽】和【高】

设置为 40，如图 20-10 所示。

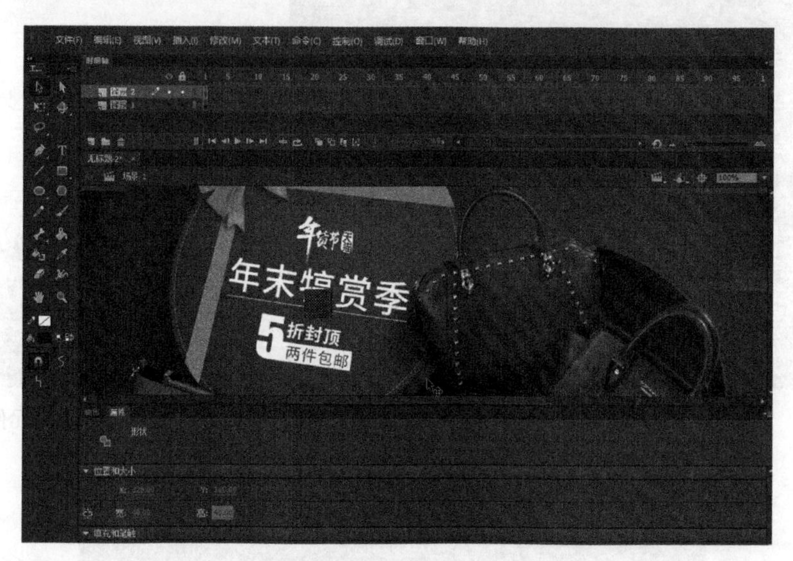

图 20-10　绘制矩形

❾ 选择菜单中的【修改】|【转换为元件】命令，弹出【转换为元件】对话框，将【类型】设置为【影片剪辑】，如图 20-11 所示。

❿ 删除舞台上的圆角矩形，打开【库】面板，右键单击 maskMC 影片剪辑，在弹出的菜单中选择【属性】选项，打开【元件属性】对话框，将类名设置为 MaskRectangle，如图 20-12 所示。

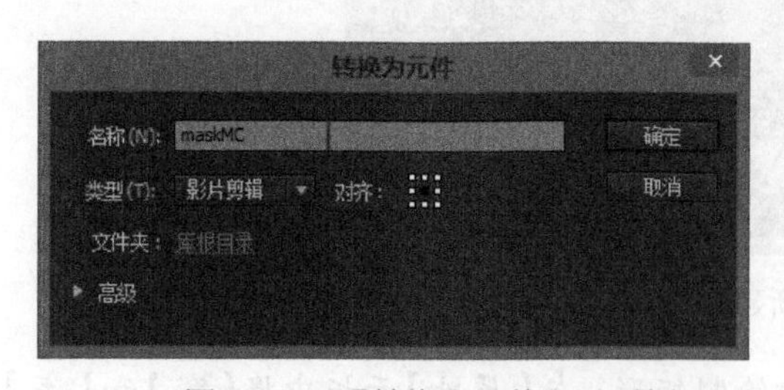

图 20-11　【转换为元件】对话框

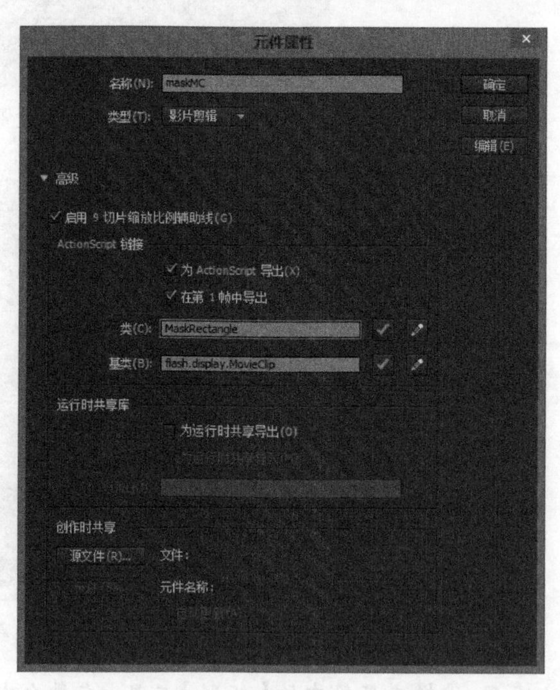

图 20-12　【元件属性】对话框

⓫ 选中图层 2 的第一帧，在脚本编辑窗口中输入以下代码，如图 20-13 所示。

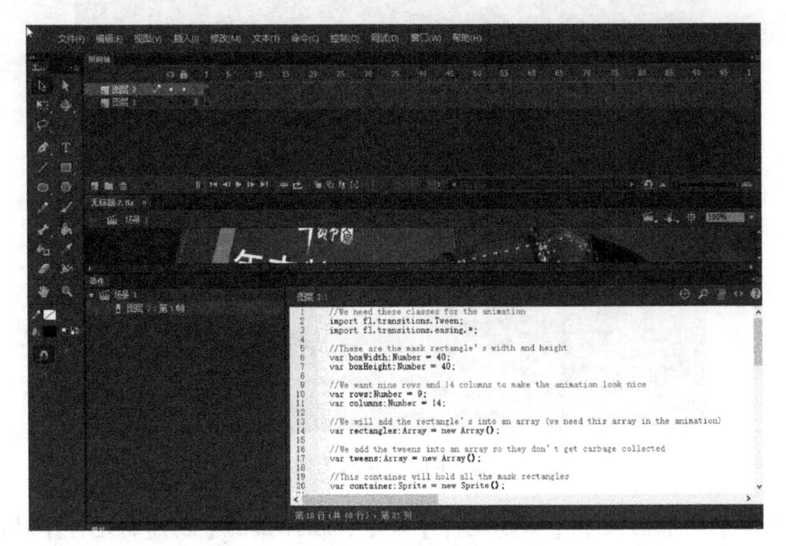

图 20-13 输入代码

实例 2——制作下雪效果

利用 Flash 可以制作出许多动画的效果，本实例教大家用 Flash 制作简单的动画下雪效果，效果如图 20-14 所示，具体操作步骤如下。

图 20-14 下雪效果

原始文件	CH20/下雪效果.jpg
最终文件	CH20/下雪效果.fla
学习要点	制作下雪效果

❶ 新建一个空白文档，选择菜单中的【文件】|【导入】|【导入到舞台】命令，导入图像“下雪效果.jpg”，如图 20-15 所示。

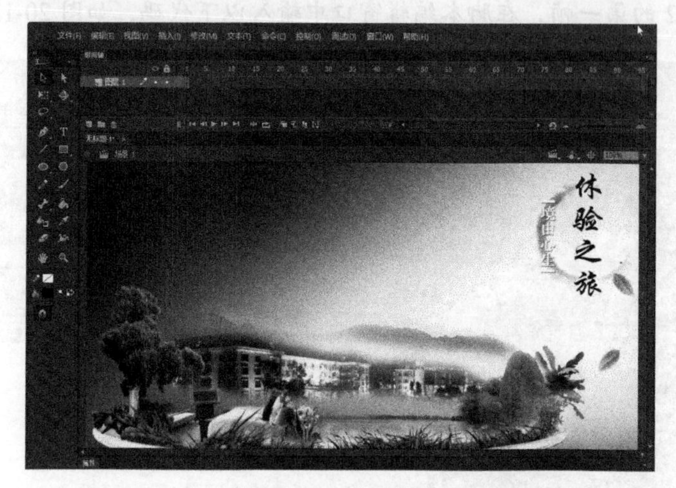

图 20-15　导入图像

❷ 选择菜单中的【插入】|【新建元件】命令，在弹出的【创建新元件】对话框中将【类型】设置为【影片剪辑】,【名称】设置为 xl，单击【高级】选项，勾选【为 Actionscript 导出】选项，将【类】名称也设置为 xl，如图 20-16 所示。

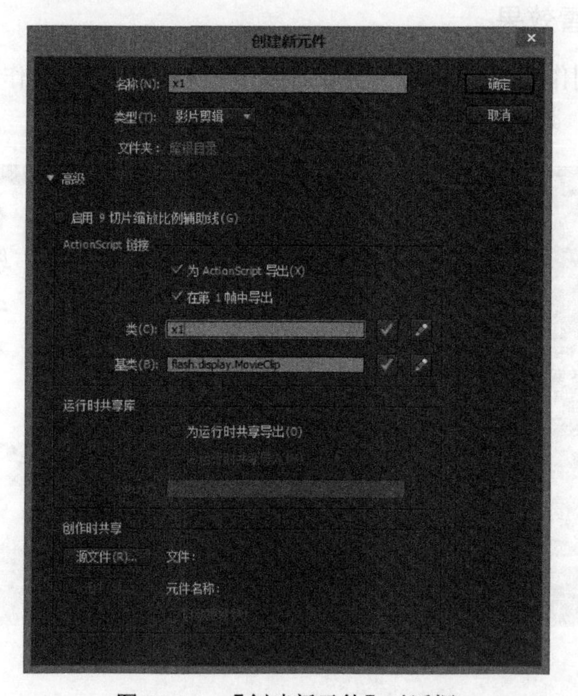

图 20-16　【创建新元件】对话框

❸ 单击【确定】按钮，进入元件编辑模式，选择工具箱中的【椭圆】工具，在舞台中绘制椭圆，如图 20-17 所示。

❹ 选中绘制的椭圆，选择菜单中的【修改】|【转换为元件】命令，弹出【转换为元件】对话框，将【类型】设置为【影片剪辑】，如图 20-18 所示。

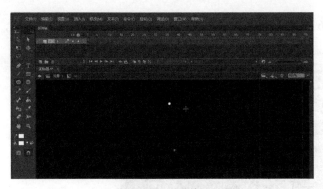

图 20-17　绘制椭圆

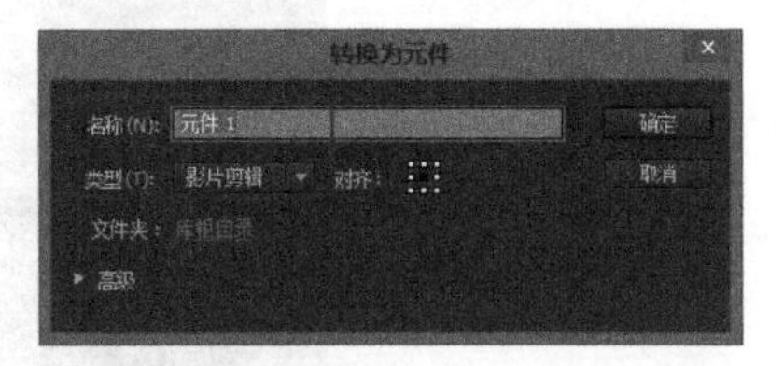

图 20-18　【转换为元件】对话框

❺ 单击【确定】按钮，将其转换为元件。单击鼠标右键选择第一层，在弹出的列表中选择【添加传统运动引导层】选项，如图 20-19 所示。

❻ 选择以后添加运动引导层，如图 20-20 所示。

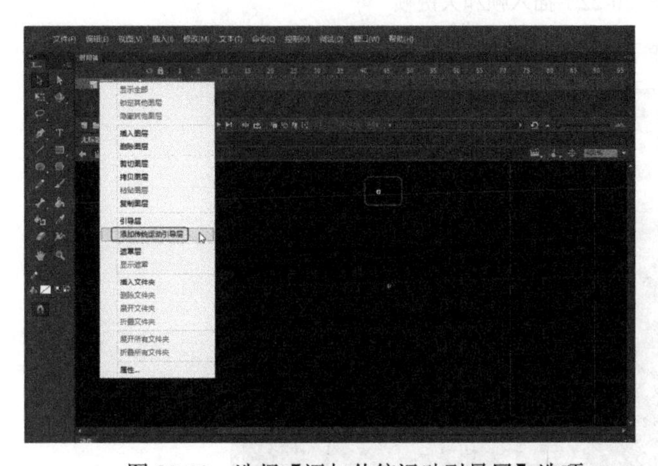

图 20-19　选择【添加传统运动引导层】选项

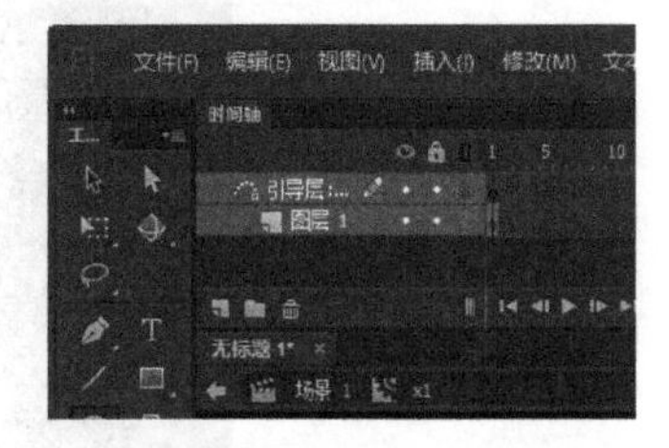

图 20-20　输入代码

❼ 选择引导层的第 1 帧，选择工具箱中的【铅笔】工具，在椭圆的起点绘制曲线作为下雪的轨道，如图 20-21 所示。

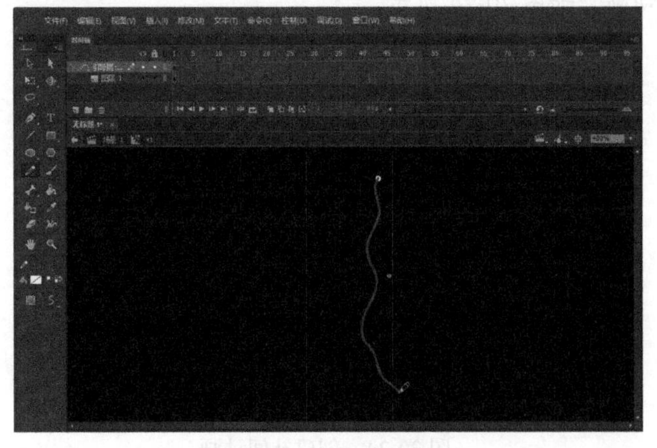

图 20-21　绘制曲线

❽ 选择图层 1 的第 40 帧，按 F6 键插入关键帧，在引导层的第 40 帧按 F5 键插入帧，如图 20-22 所示。

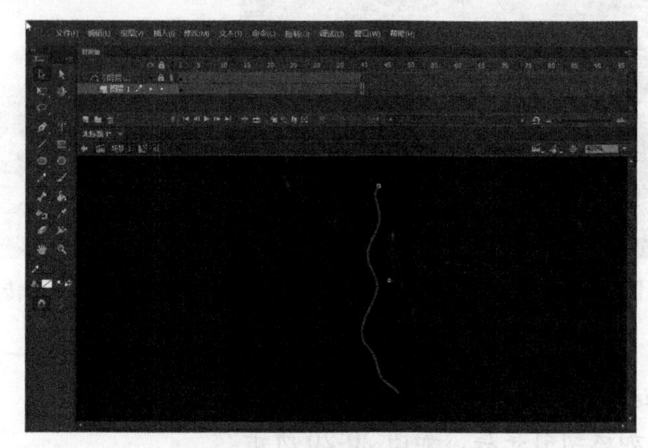

图 20-22　插入帧和关键帧

❾ 选择图层 1 的第 40 帧，将椭圆移动到曲线的末端，如图 20-23 所示。

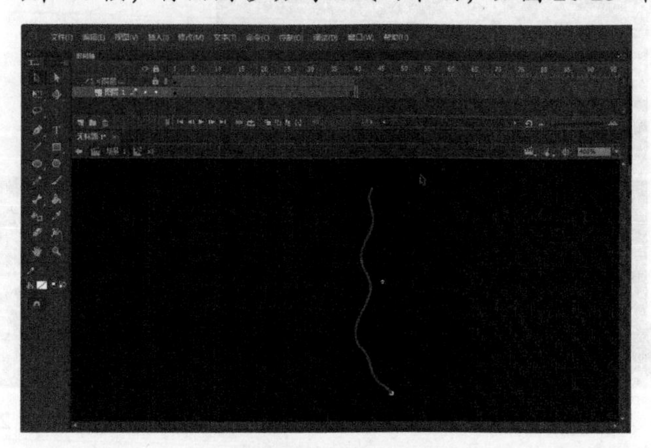

图 20-23　移动椭圆

❿ 在图层 1 的第 1~40 帧之间单击鼠标右键，在弹出的列表中选择【创建传统补间】动画选项，创建补间动画，如图 20-24 所示。

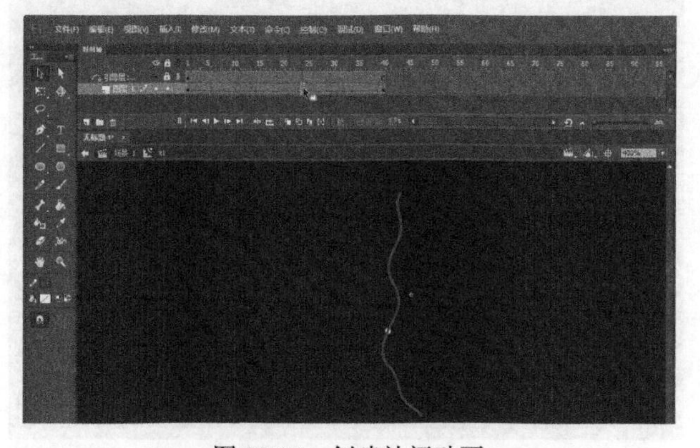

图 20-24　创建补间动画

⓫ 单击【场景 1】按钮，返回到主场景，单击【新建图层】按钮，新建图层 2，如图 20-25 所示。

图 20-25 新建图层 2

⓬ 选择图层 2 的第 1 帧，打开【动作】面板，输入代码，用来让雪随机落下，如图 20-26 所示。

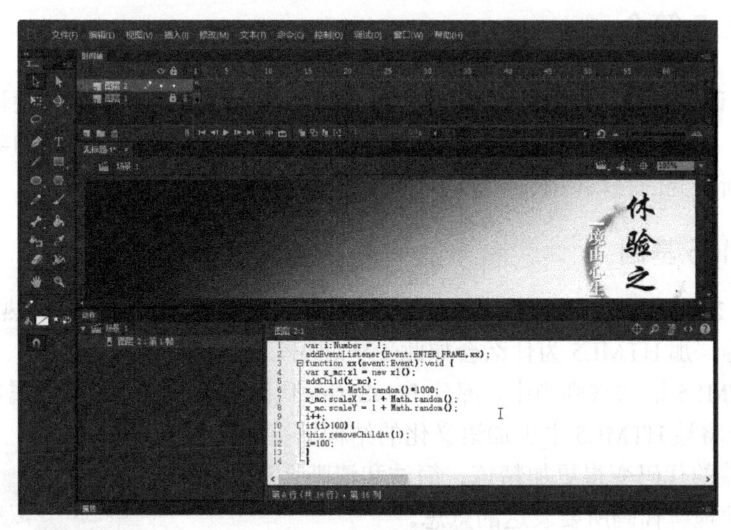

图 20-26 输入代码

第21章

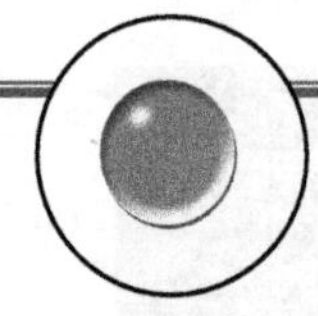

HTML5 动画

HTML5 是一种网络标准，相比 HTML 4.01 和 XHTML 1.0，可以实现更强的页面表现性能，同时充分调用本地的资源，实现不输于 APP 的功能效果。HTML5 带给了浏览者更强的视觉冲击，同时让网站程序员更好地与 HTML 语言“沟通”。

学习目标

- HTML 5 简介
- HTML 5 新增的主体结构元素
- HTML 5 新增的非主体结构元素

21.1 HTML 5 简介

HTML5 自诞生以来，作为新一代的 Web 标准，越来越受开发人员及设计师的欢迎。其强大的兼容性，一次开发、到处使用的特征，大大减少了跨平台开发人员的数量及成本，特别是在如今日新月异的移动时代。

21.1.1 HTML5 基础

HTML5 是 2010 年正式推出的，引起了世界上各大浏览器开发商的极大热情，如 Fire Fox、Chrome、IE9 等。那 HTML5 为什么会如此受欢迎呢？

在新的 HTML5 语法规则当中，部分 JavaScript 代码将被 HTML5 的新属性所替代，部分 Div 布局代码也将被 HTML5 中更加语义化的结构标签取代，这使得网站前端的代码变得更加精炼、简洁和清晰，让代码开发者更轻松地理解代码所要表达的意思。

HTML5 提供了各种切割和划分页面的手段，允许你创建的切割组件不仅能用来逻辑地组织站点，而且能够赋予网站聚合的能力。这是 HTML5 富于表现力的语义和实用性美学的基础，HTML5 赋予设计者和开发者各种层面的能力来向外发布各式各样的内容，从简单的文本内容到丰富的、交互式的多媒体。图 21-1 所示为用 HTML5 技术实现动画特效。

图 21-1　HTML5 技术用来实现动画特效

HTML5 提供了高效的数据管理、绘制、视频和音频工具，促进了网页和移动设备的跨浏览器应用的开发。HTML5 允许更大的灵活性，支持开发非常精彩的交互式网站。其还引入了新的标签和增强性的功能，其中包括了一个优雅的结构、表单的控制、API、多媒体、数据库支持和显著提升的处理速度等。

HTML5 中的新标签都是高度关联的，标签封装了它们的作用和用法。HTML 过去的版本更多的是使用非描述性的标签，然而，HTML5 拥有高度描述性让人一目了然。例如，频繁使用的<div>标签已经有了两个增补进来的<section>和<article>标签。<video>、<audio>、<canvas>和<figure>标签的增加也提供了对特定类型内容的更加精确的描述。

21.1.2 向后兼容

我们之所以学习 HTML5，最主要的原因之一是现今的绝大多数浏览器都支持它。即使在 IE 6 上，你也可以使用 HTML5 并慢慢转换旧的标记。你甚至可以通过 W3C 验证服务来验证 HTML5 代码的标准化程度（当然，这也是有条件的，因为标准仍在不断演进）。

如果你用过 HTML 或 XML，肯定会知道文档类型（doctype）声明。其用途在于告知验证器和编辑器可以使用哪些标签和属性，以及文档将如何组织。此外，众多 Web 浏览器会通过它来决定如何渲染页面。一个有效的文档类型常常通知浏览器用“标准模式”来渲染页面。

以下是许多网站使用的相当冗长的 XHTML 1.0 Transitional 文档类型：

```
<!DOCTYPE html PUBLIC "-//W3C//DTD XHTML 1.0 Transitional//EN"
"http://www.w3.org/TR/xhtml1/DTD/xhtml1-transitional.dtd">
```

相比于这一长串，HTML5 的文档类型声明出乎意料地简单。

```
<!doctype html>
```

把上述代码放在文档开头，就表明在使用 HTML5 标准。

21.1.3 更加简化

在 HTML5 中，大量的元素得以改进，并有了更明确的默认值。我们已经见识了文档类型的声明是多么简单，除此之外还有许多其他输入方面的简化。例如，以往我们一直这样定义 JavaScript 的标签：

```
<script language="javascript" type="text/javascript">
```

但在 HTML5 中，我们希望所有的<script>标签定义的都是 JavaScript，因此，你可以放心地省略多余的属性（指 language 和 type）。

如果想要指定文档的字符编码为 UTF-8 方式，只需按下面的方式使用<meta>标签即可：

```
<meta charset="utf-8">
```

上述代码取代了以往笨拙的、通常靠复制粘贴方式来完成处理的方式：

```
<meta http-equiv="Content-Type" content="text/html; charset=utf-8">
```

21.1.4 HTML 5 语法中的三个要点

HTML5 中规定的语法，在设计上兼顾了与现有 HTML 之间最大程度的兼容性。下面就来看看具体的 HTML5 语法。

1. 可以省略标签的元素

在 HTML5 中，有些元素可以省略标签，具体来讲有三种情况。

①必须写明结束标签

area、base、br、col、command、embed、hr、img、input、keygen、link、meta、param、source、track、wbr

②可以省略结束标签

li、dt、dd、p、rt、rp、optgroup、option、colgroup、thead、tbody、tfoot、tr、td、th

③可以省略整个标签

HTML、head、body、colgroup、tbody

需要注意的是，虽然这些元素可以省略，但实际上却是隐形存在的。

例如“<body>”标签可以省略，但在 DOM 树上它是存在的，可以永恒访问到“document.body”。

2. 取得 boolean 值的属性

取得布尔值（Boolean）的属性，例如 disabled 和 readonly 等，通过默认属性的值来表达“值为 true”。

此外，在属性值为 true 时，可以将属性值设为属性名称本身，也可以将值设为空字符串。

以下的 checked 属性值皆为 true。

```
<input type="checkbox" checked>
<input type="checkbox" checked="checked">
<input type="checkbox" checked="">
```

3. 省略属性的引用符

在 HTML4 中设置属性值时，可以使用双引号或单引号来引用。

在 HTML5 中，只要属性值不包含空格、“<”“>”“'”“"”“`”“=”等字符，都可以省略属性的引用符实例如下：

```
<input type="text">
<input type='text'>
<input type=text>
```

21.2 新增的主体结构元素

在 HTML 5 中，为了使文档的结构更加清晰明确，容易阅读，增加了很多新的结构元素，如页眉、页脚、内容区块等结构元素。

21.2.1 实例应用——article 元素

article 元素代表文档、页面或应用程序中独立、完整、可以独自被外部引用的内容。它可以是一篇博客或报刊中的文章、一篇论坛帖子、一段用户评论或独立的插件，或其他任何独立的内容。除了内容部分，一个 article 元素通常有它自己的标题（一般放在一个 header 元素里面），有时还有自己的脚注。

下面以一篇文章讲述 article 元素的使用，具体代码如下。

```
<article>
    <header>
        <h1>企业简介</h1>
        <p>发表日期: <time pubdate="pubdate">2014/12/09</time></p>
    </header>
    <p>公司拥有一支由公安部认证的信息系统等级保护高级测评师、CMMI3 内审员、ISO 内审员、网络安全专家、软件工程专家、项目管理专家和众多网络工程师构成的技术研发团队，先后研发出企业云邮箱、企业智能办公软件、行业云计算解决方案等众多云计算产品和企业管理类软件，并荣获国家版权局颁布的 IDC 机房监控装置、邦宁分析系统、企业管理系统、虚拟主机管理系统等十余项专利及软件著作权证书。<br>
      <footer>
      </footer>
    </p>
    <footer>
      <p><small>版权所有@诚信科技</small></p>
    </footer>
</article>
```

在 header 元素中嵌入了文章的标题部分，在 h1 元素中是文章的标题“企业简介”，文章的发表日期在 p 元素中。在标题下部的 p 元素中是文章的正文，在结尾处的 footer 元素中是文章的版权。对这部分内容使用了 article 元素，在浏览器中的效果如图 21-2 所示。

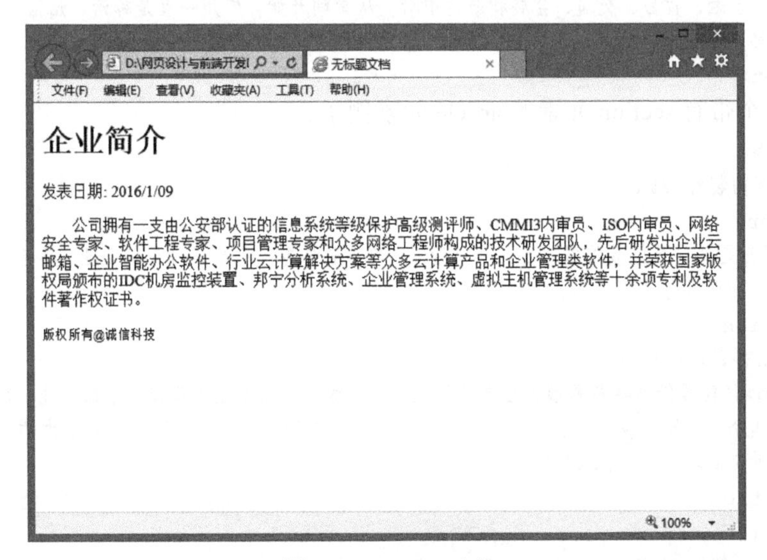

图 21-2 article 元素

article 元素也可以用来表示插件，它的作用是使插件看起来好像内嵌在页面中一样。

```
<article>
<h1>article 表示插件</h1>
<object>
<param name="allowFullScreen" value="true">
<embed src="#" width="500" height="400"></embed>
</object>
</article>
```

一个网页中可能有多个独立的 article 元素，每一个 article 元素都允许有自己的标题与脚注等从属元素，并允许对自己的从属元素单独使用样式，如一个网页中的样式，如下所示。

```
header{
display:block;
color:green;
text-align:center;
}
aritcle header{
color:red;
text-align:left;
}
```

21.2.2 实例应用——section 元素

section 元素用于对网站或应用程序中页面上的内容进行分块。一个 section 元素通常由内容及其标题组成。但 section 元素并非一个普通的容器元素。当一个容器需要被直接定义样式或通过脚本定义行为时，推荐使用 div 而非 section 元素。

```
<section>
<h3>广州</h3>
 <p>广州，简称穗，别称羊城、花城，是广东省会、副省级市，中国国家中心城市，世界著名的港口城市，国家重要的经济、金融、贸易、交通、会展和航运中心。从秦朝开始，广州一直是郡治、州治、府治的行政中心。二千多年来一直都是华南地区的政治、军事、经济、文化和科教中心。... ...</p>
</section>
```

下面是一个带有 section 元素的 article 元素例子。

```
<article>
    <h1>室内装饰</h1>
    <p><br>
    亿佳股份是建筑装修装饰施工专业承包壹级、建筑装饰专项工程设计甲级企业，具备承接各类大型建筑室内装修装饰工程的设计与施工。</p>
    <section>
        <h3>幕墙</h3>
        <p>亿佳股份是建筑幕墙工程专业承包壹级、建筑幕墙专项工程设计甲级企业，进一步增强了在幕墙领域的实力，如今以研发、设计、生产、施工为一体的广田幕墙已经成为中国最具竞争力的建筑门窗幕墙系统整体解决方案的供应商。... ...</p>
    </section>
    <section>
        <h3>智能</h3>
        <p>亿佳股份拥有建筑智能化工程设计与施工壹级资质，也是最早进入智能家居领域的企业之一。2013 年文博会广田分会场展出的智能家居体验馆获得了政府、客户及社会各界的一致好评。</p>
    </section>
    <section>
        <h3>园林</h3>
        <p>在城市园林绿化领域，亿佳股份拥有城市园林绿化壹级资质。在园林绿化业界的行业翘楚</p>
    </section>
</article>
```

从上面的代码可以看出，首页整体呈现的是一段完整独立的内容，所有我们要用 article 元素包起来，这其中又可分为四段，每一段都有一个独立的标题，使用了三个 section 元素为其分段。这样使文档的结构显得清晰，在浏览器中的效果如图 21-3 所示。

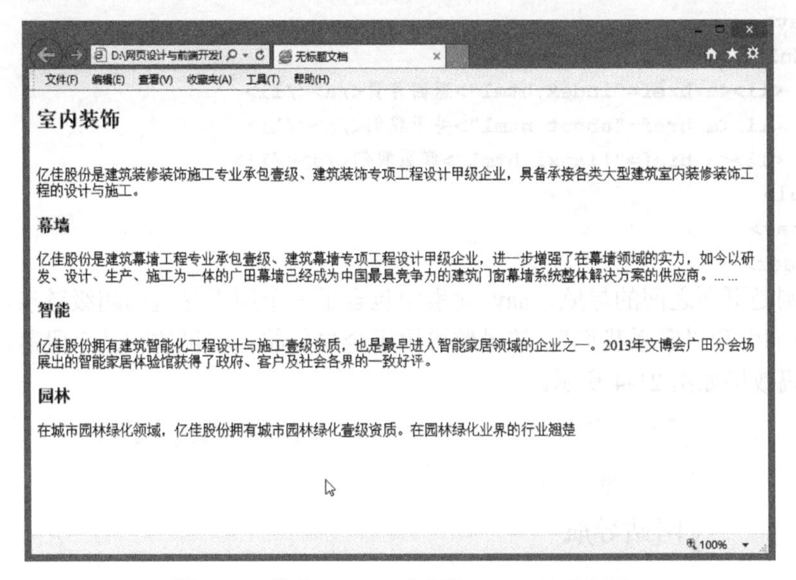

图 21-3 带有 section 元素的 article 元素实例

section 元素的作用是对页面上的内容进行分块，或者说对文章进行分段，不要与“有着自己的完整的、独立的内容”的 article 元素混淆。article 元素和 section 元素有什么区别呢？

在 HTML 5 中，article 元素可以看成是一种特殊种类的 section 元素，它比 section 元素更强调独立性。即 section 元素强调分段或分块，而 article 强调独立性。如果一块内容相对来说比较独立、完整的时候，应该使用 article 元素，但是如果想将一块内容分成几段的时候，应该使用 section 元素。

21.2.3 实例应用——nav 元素

<nav>元素代表页面中的导航区域，它由一个链接列表组成，这些链接指向本站或本应用程序内的其他页面或板块。

一直以来，习惯于使用形如<div id="nav">或<ul id="nav">这样的代码来编写页面的导航，在 HTML5 中，可以直接将导航链接列表放到<nav>标签中：

```
<nav>
<ul>
<li><a href="index.html">Home</a></li>
<li><a href="#">关于我们 </a></li>
<li><a href="#">联系我们</a></li>
</ul>
</nav>
```

导航，顾名思义，就是引导的路线，那么具有引导功能的都可以认为是导航。可以在页与页之间导航，也可以在页内的段与段之间导航。

```
<!doctype html>
<title>网站导航</title>
<header>
```

```
<h1>网站页面之间导航<h1>
    <nav>
      <ul>
        <li><a href="index.html">返回首页</a></li>
        <li><a href="about.html">关于我们</a></li>
        <li><a href="lianxi.html">联系我们</a></li>
    </ul>
    </nav>
</header>
```

这个实例是页面之间的导航，nav 元素中包含了三个用于导航的超级链接，即“返回首页”“关于我们”和“联系我们”。该导航可用于全局导航，也可放在某个段落，作为区域导航，运行代码效果如图 21-4 所示。

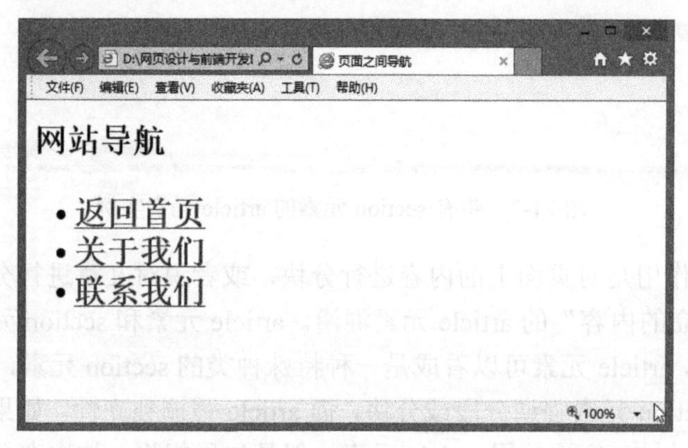

图 21-4　页面之间导航

下面的实例是页内导航，运行代码效果如图 21-5 所示。

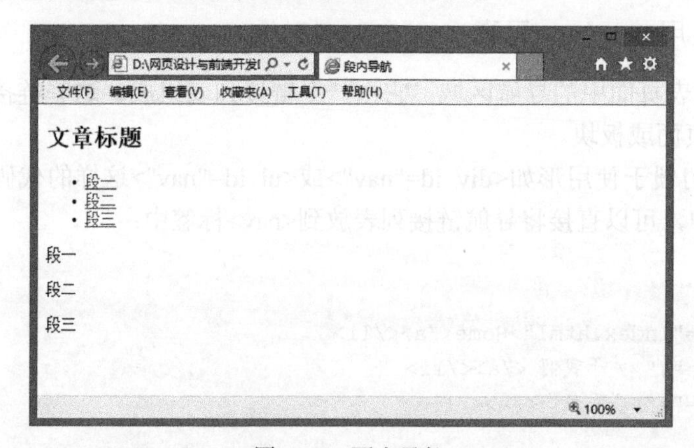

图 21-5　页内导航

```
<!doctype html>
<title>段内导航</title>
<header>
</header>
<article>
      <h2>文章标题</h2>
```

```
        <nav>
            <ul>
               <li><a href="#p1">段一</a></li>
               <li><a href="#p2">段二</a></li>
                <li><a href="#p3">段三</a></li>
             </ul>
         </nav>
         <p id=p1>段一</p>
         <p id=p2>段二</p>
         <p id=p3>段三</p>
    </article>
```

nav 元素使用在哪些位置呢？

顶部传统导航条：现在主流网站上都有不同层级的导航条，其作用是将当前页面跳转到网站的其他主要页面上去。图 21-6 所示为顶部传统网站导航条。

图 21-6　顶部传统网站导航条

侧边导航：现在很多企业网站和购物类网站上都有侧边导航，图 21-7 所示为左侧导航。

图 21-7　左侧导航

页内导航：页内导航的作用是在本页面几个主要的组成部分之间进行跳转，图 21-8 所示为页内导航。

在 HTML 5 中不要用 menu 元素代替 nav 元素。过去有很多 Web 应用程序的开发者喜欢用 menu 元素进行导航，menu 元素是用在 Web 应用程序中的。

图 21-8　页内导航

21.2.4　aside 元素

<aside>元素用于标记文档的相关内容，比如醒目引用、边条和广告等。<aside>元素的内容应与元素周围内容相关。

aside 元素主要有以下两种使用方法。

（1）包含在 article 元素中作为主要内容的附属信息部分，其中的内容可以是与当前文章有关的参考资料、名词解释等。

```
<article>
 <h1>…</h1>
<p>…</p>
<aside>…</aside>
</article>
```

（2）在 article 元素之外使用作为页面或站点全局的附属信息部分。最典型的是侧边栏，其中的内容可以是友情链接、文章列表、广告单元等。代码如下所示，运行代码效果如图 21-9 所示。

```
<aside>
<h2>公司新闻</h2>
<ul>
<li>重大事件</li>
<li>业内信息</li>
</ul>
<h2>产品类型</h2>
<ul>
<li>外套</li>
<li>裤子</li>
<li>鞋子</li>
</ul>
</aside>
```

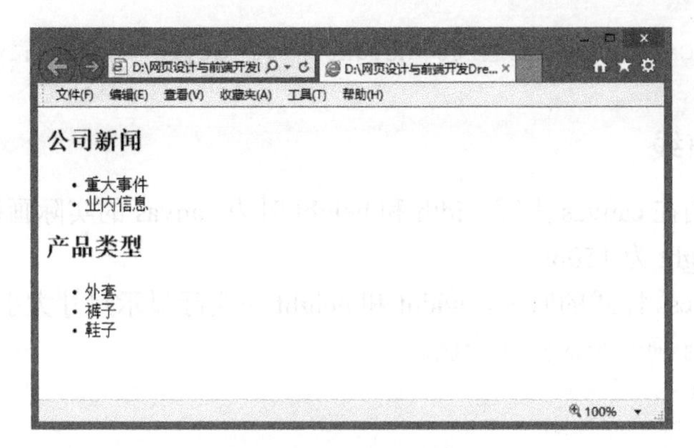

图 21-9 aside 元素实例

21.3 canvas 元素

canvas 元素是 HTML5 中新增的一个重要元素，专门用来绘制图形，在页面上放置一个 canvas 元素，就相当于在页面上放置一块“画布”，可以在其中进行图形的描绘。

canvas 元素只是一块无色透明的区域，需要利用 JavaScript 编写在其中进行绘画的脚本。从这个角度来说，可以理解为类似于其他开发语言中的 canvas 画布。

21.3.1 绘制矩形

下面是一个绘制正方形的实例，运行代码效果如图 21-10 所示。

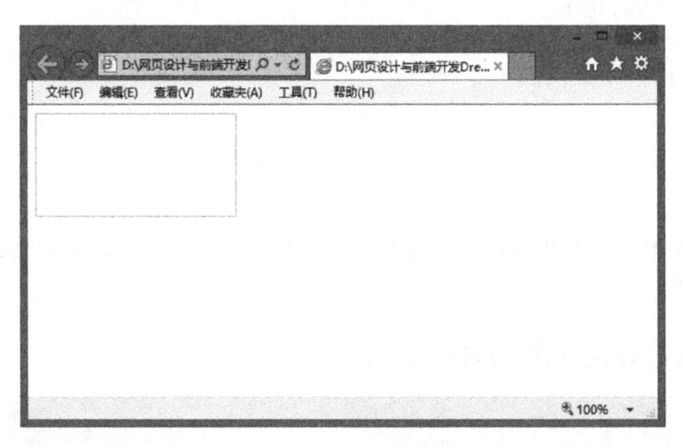

图 21-10 绘制矩形

```
<head>
<script type="text/javascript">
var c=document.getElementById("myCanvas");
var cxt=c.getContext("2d");
cxt.moveTo(10,10);
cxt.lineTo(150,50);
cxt.lineTo(10,50);
cxt.stroke();
</script>
<meta charset="utf-8">
</head>
```

```
<canvas id="myCanvas" width="200" height="100" style="border:1px solid #c3c3c3;">
</canvas>
```

21.3.2 绘画对角线

在 canvas 中，当在 canvas 上写 width 和 height 时为 canvas 的实际画板大小，默认情况下 width 为 300px，height 为 150px。

在 style 里面写 css 样式的时候，widht 和 height 为实际显示尺寸大小。

现在以用 canvas 画一个对角线为例。

```
<!DOCTYPE html>
<head>
<meta charset=utf-8 />
<title>canvas</title>
<script type='text/javascript'>
window.onload = function(){
getCanvas();
};
//canvase 绘图
function getCanvas(){
//获得 canvas 元素及其绘图上下文
var canvas = document.getElementById('canvasId');
var context = canvas.getContext('2d');
//用绝对路标来创建一条路径
context.beginPath();
context.moveTo(0,500);
context.lineTo(500,0);
//将这条先绘制到 canvas 上
context.stroke();
}
</script>
</head>
<body>
<canvas id='canvasId' width="500px" height='500px' style='width:500px;height: 200px;'></canvas>
</body>
</html>
```

在浏览器中的预览效果如图 21-11 所示。

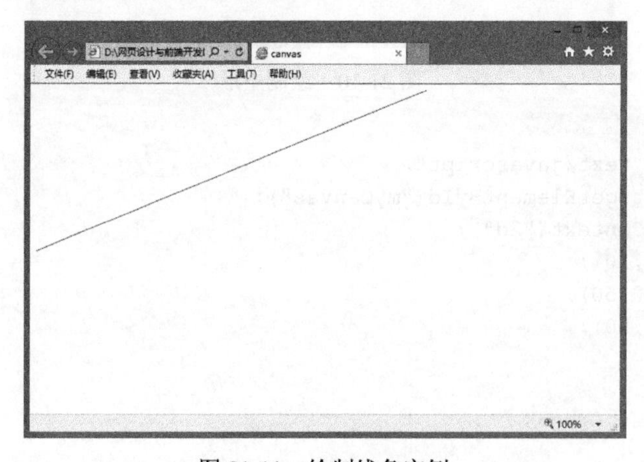

图 21-11　绘制线条实例

21.4 实战演练——利用 HTML5 制作 3D 爱心动画

下面利用 HTML5+CSS3 制作 3D 爱心动画，该动画可以作为情人节、七夕礼物，如图 21-22 所示。注意要使用支持 HTML5+CSS3 的主流浏览器预览效果（兼容测试：FireFox、Chrome、Safari、Opera 等支持 HTML5/CSS3 浏览器）。

首先调用 CSS 样式，如图 21-23 所示。

图 21-22　3D 爱心动画

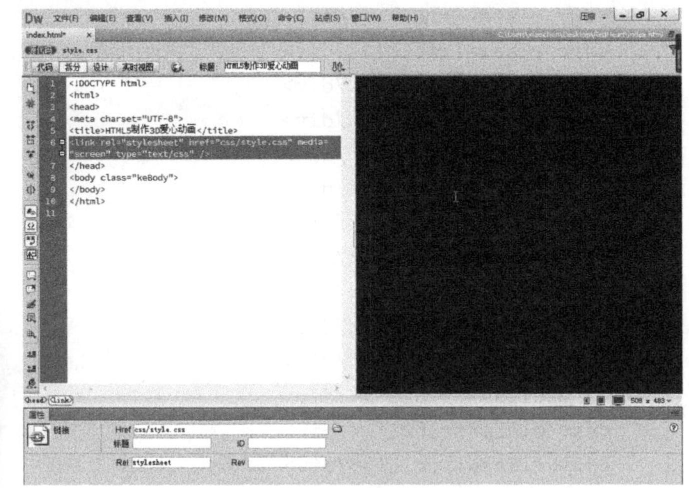

图 21-23　调用 CSS 样式

```
<link rel="stylesheet" href="css/style.css" media="screen" type="text/css" />
```

在<body>和</body>之间添加 HTML 代码，如图 21-24 所示。

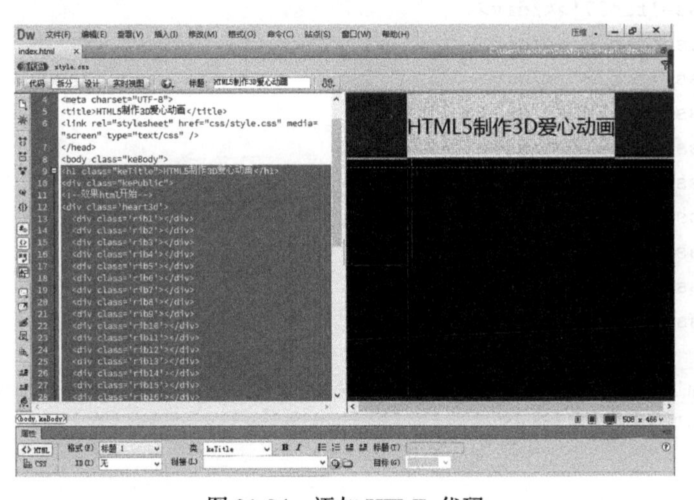

图 21-24　添加 HTML 代码

```
<h1 class="keTitle">HTML5 制作 3D 爱心动画</h1>
<div class="kePublic">
<!--效果 html 开始-->
<div class='heart3d'>
  <div class='rib1'></div>
```

```
    <div class='rib2'></div>
    <div class='rib3'></div>
    <div class='rib4'></div>
    <div class='rib5'></div>
    <div class='rib6'></div>
    <div class='rib7'></div>
    <div class='rib8'></div>
    <div class='rib9'></div>
    <div class='rib10'></div>
    <div class='rib11'></div>
    <div class='rib12'></div>
    <div class='rib13'></div>
    <div class='rib14'></div>
    <div class='rib15'></div>
    <div class='rib16'></div>
    <div class='rib17'></div>
    <div class='rib18'></div>
    <div class='rib19'></div>
    <div class='rib20'></div>
    <div class='rib21'></div>
    <div class='rib22'></div>
    <div class='rib23'></div>
    <div class='rib24'></div>
    <div class='rib25'></div>
    <div class='rib26'></div>
    <div class='rib27'></div>
    <div class='rib28'></div>
    <div class='rib29'></div>
    <div class='rib30'></div>
    <div class='rib31'></div>
    <div class='rib32'></div>
    <div class='rib33'></div>
    <div class='rib34'></div>
    <div class='rib35'></div>
    <div class='rib36'></div>
  </div>
  <!--效果 html 结束-->
  <div class="clear"></div>
  </div>
```

第6部分

Photoshop CC 图像处理篇

第22章

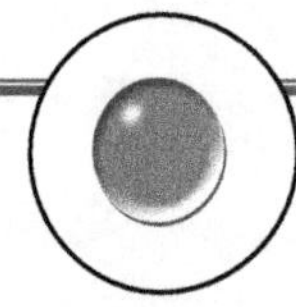

Photoshop 基础操作

Photoshop 是当今世界上最为流行的图像处理软件，其强大的功能和友好的界面深受广大用户的喜爱，它可以用来处理网页中的图像。本章主要讲述 Photoshop CC 工作界面和快速调整图像。

学习目标

- 使用曲线命令美化图像
- 调整图像大小
- 使用色阶命令美化图像
- 调整图像亮度与对比度
- 调整图像色相与饱和度

22.1 Photoshop CC 工作界面

Photoshop 的工作界面提供了一个可充分表现自我的设计空间，在方便操作的同时也提高了工作效率。Photoshop CC 窗口环境是编辑、处理图形图像的操作平台，它主要由菜单栏、工具箱、工具选项栏、面板组、文档窗口和时间轴等组成，工作界面如图 22-1 所示。

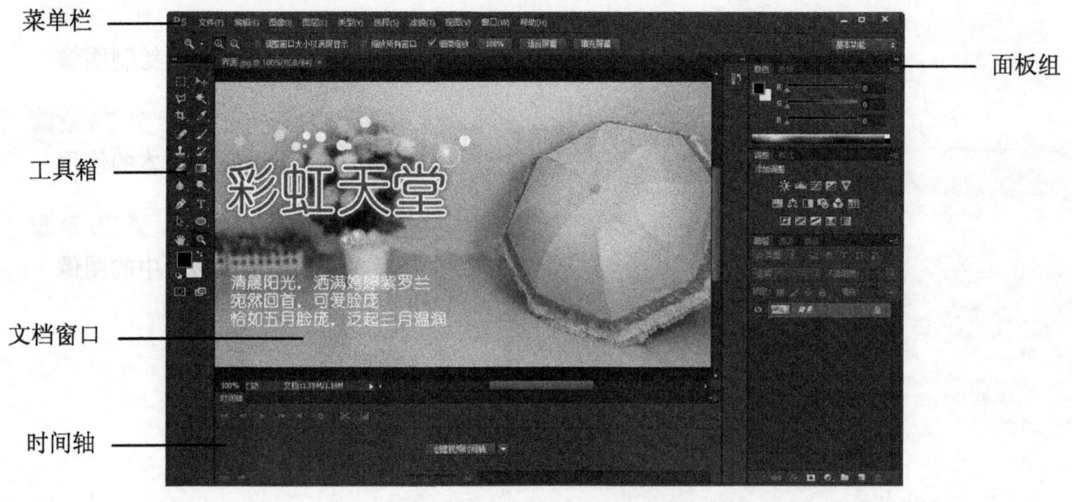

图 22-1 Photoshop CC 工作界面

22.1.1 菜单栏

Photoshop CC 包括【文件】、【编辑】、【图像】、【图层】、【文字】、【选择】、【滤镜】、【视图】、【窗口】和【帮助】10 个菜单，如图 22-2 所示。

Ps 文件(F) 编辑(E) 图像(I) 图层(L) 类型(Y) 选择(S) 滤镜(T) 视图(V) 窗口(W) 帮助(H)

图 22-2 菜单栏

- 【文件】：对所修改的图像进行打开、关闭、存储、输出、打印等操作。
- 【编辑】：对编辑图像过程中所用到的各种操作，如拷贝、粘贴等一些基本操作。
- 【图像】：用来修改图像的各种属性，包括图像和画布的大小、图像颜色的调整、修正图像等。
- 【图层】：图层基本操作命令。
- 【文字】：用于设置文本的相关属性。
- 【选择】：可以对选区中的图像添加各种效果或进行各种变化而不改变选区外的图像，还提供了各种控制和变像选区的命令。
- 【滤境】：用来添加各种特殊效果。
- 【视图】：用于改变文档的视图，如放大、缩小、显示标尺等。
- 【窗口】：用于改变活动文档，以及打开和关闭 Photoshop CC 的各个浮动面板。
- 【帮助】：用于查找帮助信息。

22.1.2 工具箱及工具选项栏

Photoshop 的工具箱包含了多种工具，要使用这些工具，只要单击工具箱中的工具按钮即可，如图 22-3 所示。

使用 Photoshop CC 绘制图像或处理图像时，需要在工具箱中选择工具，同时需要在工具选项栏中进行相应的设置，如图 22-4 所示。

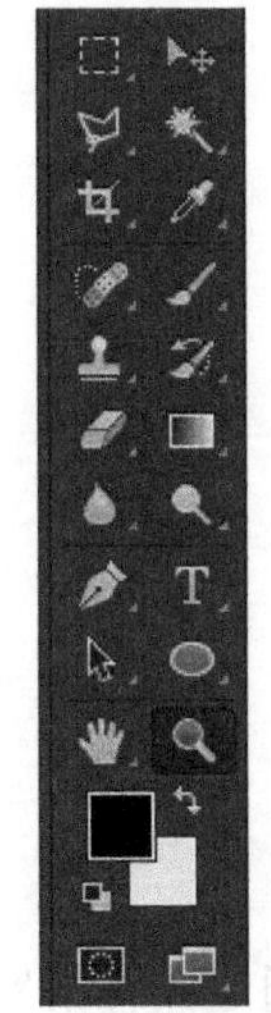

图 22-3 工具箱

T 黑体 48点 浑厚

图 22-4 工具选项栏

22.1.3 文档窗口及状态栏

图像文件窗口就是显示图像的区域，也是编辑和处理图像的区域。在图像窗口中可以实现 Photoshop 中所有的功能。也可以对图像窗口进行多种操作，如改变窗口大小和位置，对窗口进行缩放等。文档窗口如图 22-5 所示。

状态栏位于图像文件窗口的最底部，主要用于显示图像处理的各种信息，如图 22-6 所示。

图 22-5 文档窗口

图 22-6 状态栏

22.1.4 面板组

在默认情况下，面板位于文档窗口的右侧，其主要功能是查看和修改图像。一些面板中的菜单提供其他命令和选项。可使用多种不同方式组织工作区中的面板；也可以将面板存储在面板箱中，以使它们不干扰工作且易于访问；或者可以让常用面板在工作区中保持打开。另一个选项是将面板编组，或将一个面板停放在另一个面板的底部，如图 22-7 所示。

图 22-7 面板组

22.2 快速调整图像

在【调整】菜单命令中，还为用户提供了几种快速调整图像的命令，下面通过具体的实例应用 Photoshop 调整图像。

22.2.1　调整图像大小

对于经常操作 Photoshop 应用程序的用户，一定都少不了对图像的大小进行操作，通过使用这个命令，可以合理有效地将图像改变为需要的大小。下面讲述调整图像大小的具体操作步骤。

原始文件	CH22/调整图像.jpg
最终文件	CH22/调整图像.jpg
学习要点	调整图像大小

❶ 启动 Photoshop CC，选择菜单中的【文件】|【打开】命令，弹出【打开】对话框，在该对话框中选择图像文件“调整图像.jpg”，如图 22-8 所示。

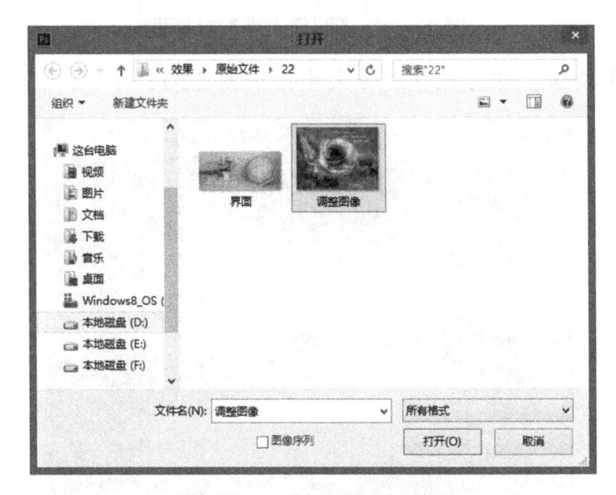

图 22-8　【打开】对话框

❷ 单击【确定】按钮，打开图像文件，如图 22-9 所示。

图 22-9　打开图像文件

❸ 选择菜单中的【图像】|【图像大小】命令，弹出【图像大小】对话框，在该对话框中将【宽度】设置为500像素，如图22-10所示。

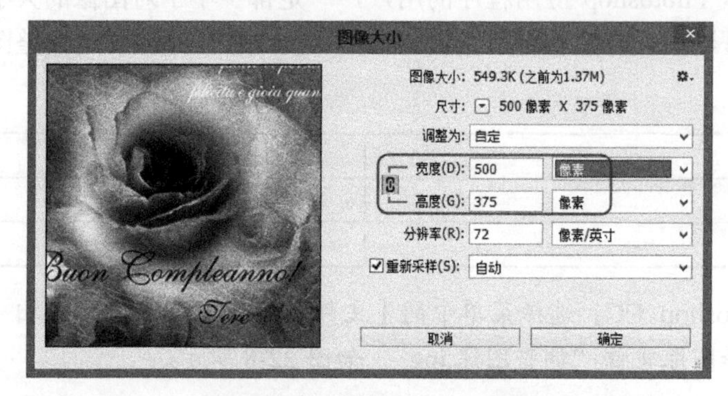

图22-10 【图像大小】对话框

❹ 单击【确定】按钮，即可调整图像大小，如图22-11所示。

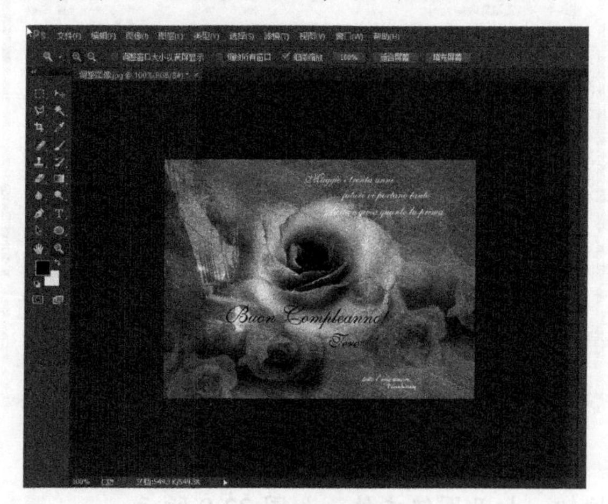

图22-11 调整图像大小后

22.2.2 使用色阶命令美化图像

通过【色阶】命令可以调整整个图像或某个选区内的图像的色阶。下面讲述利用色阶美化图像效果，具体操作步骤如下。

原始文件	CH22/色阶.jpg
最终文件	CH22/色阶.jpg
学习要点	使用色阶命令变化图像

❶ 启动Photoshop CC，选择菜单中的【文件】|【打开】命令，弹出【打开】对话框，在对话框中选择图像文件“色阶.jpg”，单击【确定】按钮，打开图像文件，如图22-12所示。

❷ 选择菜单中的【图像】|【调整】|【色阶】命令，弹出【色阶】对话框，在弹出的对话框中调整输入色阶，如图22-13所示。

❸ 单击【确定】按钮，即可调整图像色阶，如图22-14所示。

图 22-12　打开图像

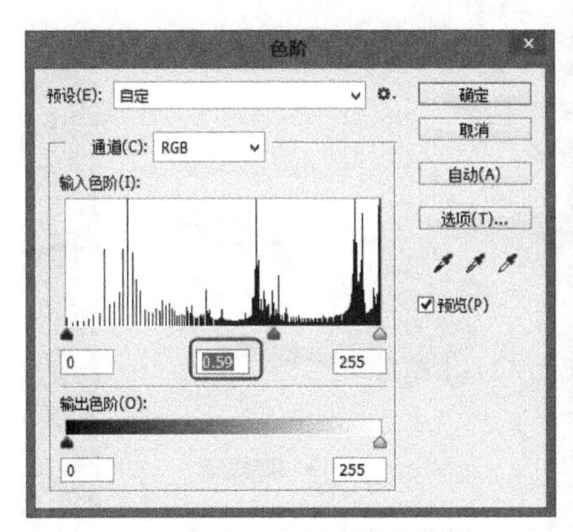

图 22-13　【色阶】对话框

图 22-14　调整图像色阶

22.2.3　使用曲线命令美化图像

曲线是用来改善图像质量的的首选方法之一。曲线可以精确地调整图像，赋予那些原本应当报废的图片新的生命力。下面讲述利用曲线美化图像效果，具体操作步骤如下。

原始文件	CH22/曲线.jpg
最终文件	CH22/曲线.jpg
学习要点	使用曲线命令变化图像

❶ 启动 Photoshop CC，选择菜单中的【文件】|【打开】命令，弹出【打开】对话框，在该对话框中选择文件“曲线.jpg”，单击【确定】按钮，打开图像文件，如图 22-15 所示。

❷ 选择菜单中的【图像】|【调整】|【曲线】命令，弹出【曲线】对话框，在弹出的对话框中调整曲线，如图 22-16 所示。

❸ 单击【确定】按钮，即可调整图像曲线，如图 22-17 所示。

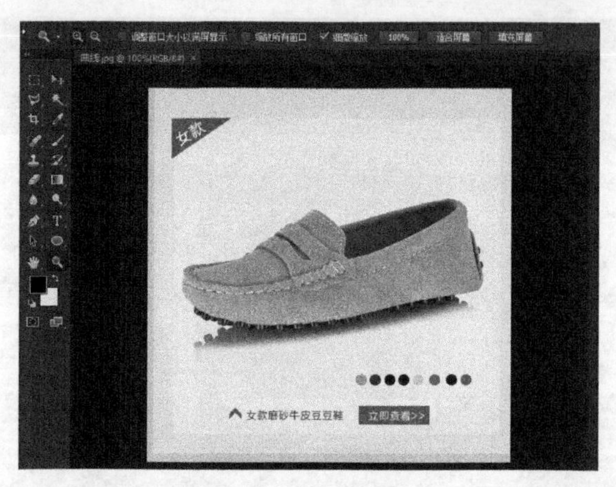

图 22-15　打开图像文件

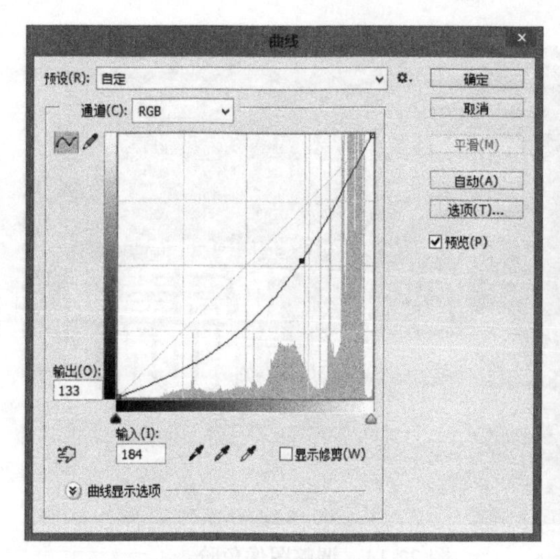

图 22-16　调整曲线

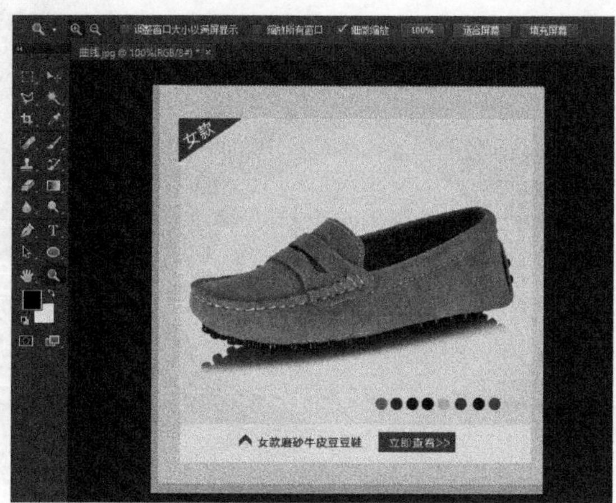

图 22-17　调整曲线后的效果

22.2.4　调整图像亮度与对比度

在图像处理中，大家最熟悉的就是对于图像亮度和对比度的调整了。下面讲述调整图像的亮度与对比度，具体操作步骤如下。

原始文件	CH22/亮度与对比度.jpg
最终文件	CH22/亮度与对比度.jpg
学习要点	调整图像亮度与对比度

❶ 启动 Photoshop CC，选择菜单中的【文件】|【打开】命令，弹出【打开】对话框，在该对话框中选择图像文件“亮度与对比度.jpg”，单击【确定】按钮，打开图像文件，如图 22-18 所示。

❷ 选择菜单中的【图像】|【调整】|【亮度对比度】命令，弹出【亮度/对比度】对话框，在弹出的对话框中调整亮度和对比度，如图 22-19 所示。

❸ 单击【确定】按钮，即可调整图像亮度对比度，如图 22-20 所示。

图 22-18 打开图像文件

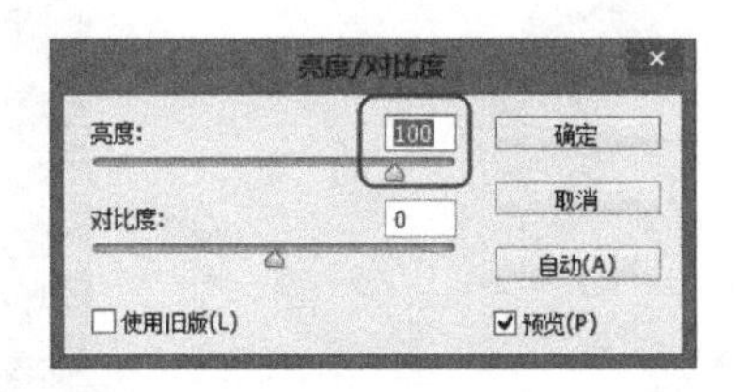

图 22-19 【亮度/对比度】对话框

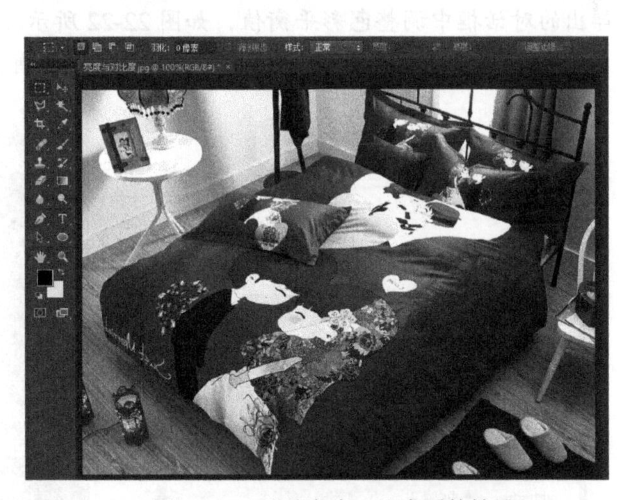

图 22-20 调整亮度对比度后的效果

22.2.5 使用色彩平衡

色彩平衡是图像处理中一个重要环节。通过对图像的色彩平衡处理，可以校正图像颜色过饱和或饱和度不足的情况，也可以根据自己的喜好和制作需要，调制需要的色彩，更好地呈现画面效果。下面讲述使用色彩平衡调整图像。具体操作步骤如下。

原始文件	CH22/色彩平衡.jpg
最终文件	CH22/色彩平衡.jpg
学习要点	使用色彩平衡

❶ 启动 Photoshop CC，选择菜单中的【文件】|【打开】命令，弹出【打开】对话框，在该对话框中选择图像文件“色彩平衡.jpg”， 单击【确定】按钮，打开图像文件，如图 22-21 所示。

图 22-21　打开图像文件

❷ 选择菜单中的【图像】|【调整】|【色彩平衡】命令，弹出【色彩平衡】对话框，在弹出的对话框中调整色彩平衡值，如图 22-22 所示。

❸ 单击【确定】按钮，即可调整图像色彩平衡，如图 22-23 所示。

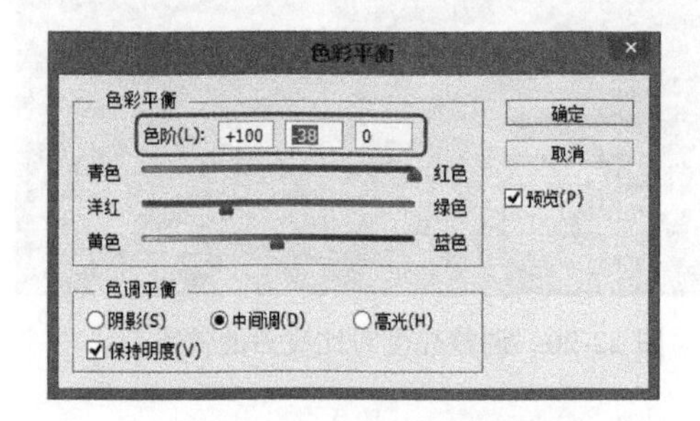

图 22-22　【色彩平衡】对话框

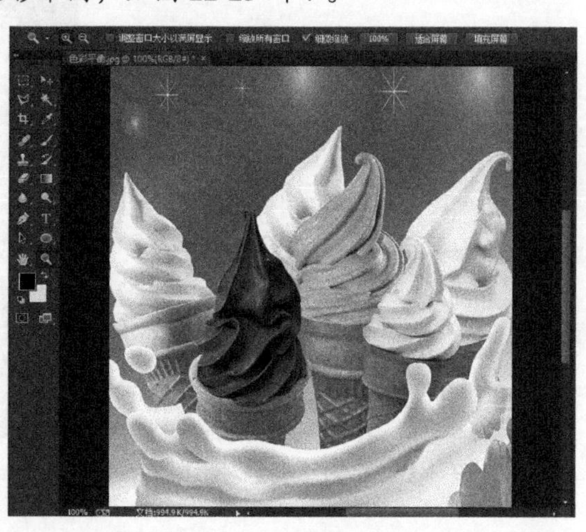

图 22-23　整色彩平衡后的效果

22.2.6　调整图像色相与饱和度

色相/饱和度是一款快速调色及调整图片色彩浓淡及明暗的工具。下面讲述调整图像色相饱和度，具体操作步骤如下。

原始文件	CH22/色相与饱和度.jpg
最终文件	CH22/色相与饱和度.jpg
学习要点	调整图像色相与饱和度

❶ 启动 Photoshop CC，选择菜单中的【文件】|【打开】命令，弹出【打开】对话框，在该对话框中选择图像文件“色相与饱和度.jpg”，单击【确定】按钮，打开图像文件，如

图 22-24 所示。

图 22-24 打开图像文件

❷ 选择菜单中的【图像】|【调整】|【色相饱和度】命令，弹出【色相/饱和度】对话框，在弹出的对话框中设置相应的参数，如图 22-25 所示。

❸ 单击【确定】按钮，即可调整图像色彩，如图 22-26 所示。

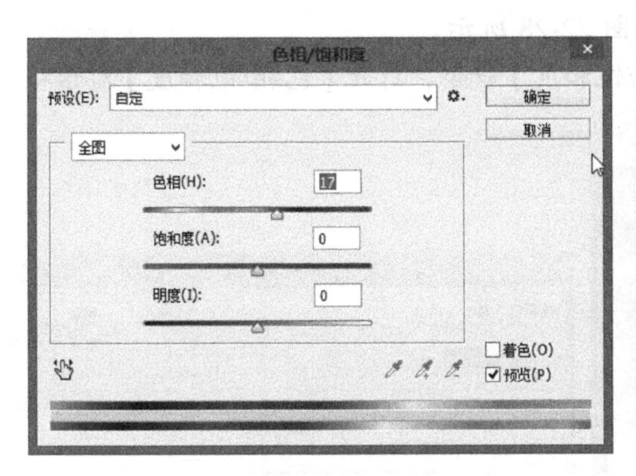

图 22-25 【色相/饱和度】对话框

图 22-26 调整色相饱和度后的效果

22.3 实战演练

实例 1——制作电影图片效果

本例制作电影效果如图 22-27 所示，具体操作步骤如下。

图 22-27　电影图片效果

原始文件	CH22/电影效果.jpg
最终文件	CH22/电影效果.jpg
学习要点	制作电影图片效果

❶ 打开原始图像文件“电影效果.jpg”，如图 22-28 所示。

❷ 选择菜单中的【图像】|【调整】|【色相/饱和度】命令，打开【色相/饱和度】对话框，将【饱和度】设置为-70，如图 22-29 所示。

图 22-28　打开原始文件

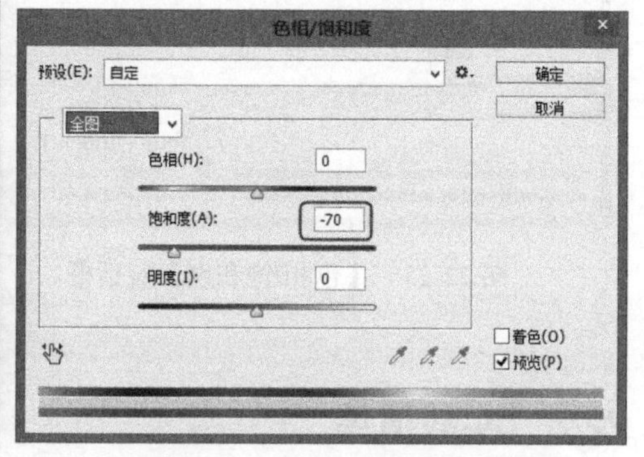

图 22-29　【色相/饱和度】对话框

❸ 单击【确定】按钮，调整色相/饱和度，如图 22-30 所示。

❹ 选择菜单中的【图像】|【调整】|【亮度/对比度】命令，打开【亮度/对比度】对话框，将【亮度】设置为-50，如图 22-31 所示。

❺ 单击【确定】按钮，设置亮度/对比度，如图 22-32 所示。

❻ 单击【图层】面板底部的【创建新图层】按钮，新建一个图层 1，如图 22-33 所示。

图 22-30 调整色相饱和度

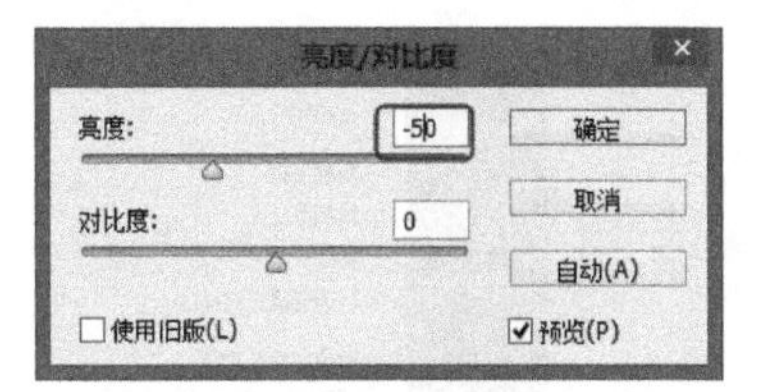

图 22-31 【亮度/对比度】对话框

图 22-32 设置亮度对比度后

图 22-33 新建图层

❼ 选择工具箱中的【矩形】工具，将【填充颜色】设置为黑色，在舞台中绘制矩形，在【图层】面板中将【不透明度】设置为65%，如图22-34所示。

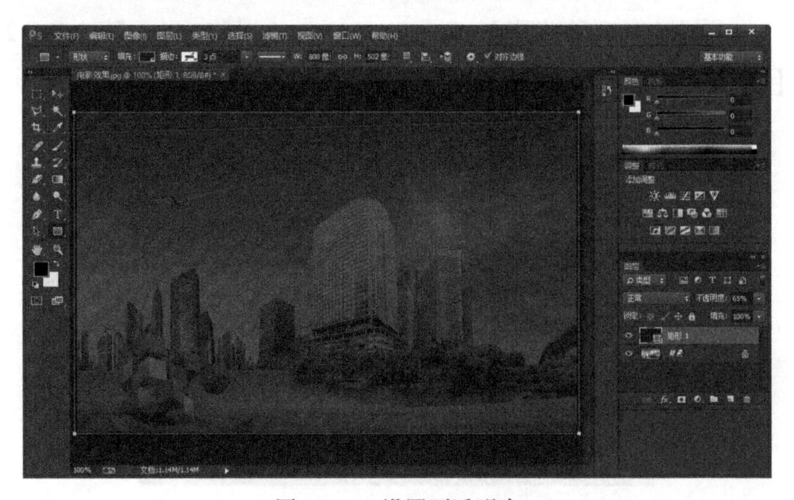

图 22-34 设置不透明度

❽ 选择矩形图像，单击鼠标右键，在弹出的菜单中选择【格式化图层】，如图 22-35 所示。

❾ 选择工具箱中的【橡皮擦工具】，在舞台中擦除相应的部分，如图 22-36 所示。

图 22-35　选择【格式化图层】选项

图 22-36　擦除图像

❿ 选择菜单中的【图层】|【合并可见图层】命令，即可合并图层，如图 22-37 所示。

⓫ 选择菜单中的【滤镜】|【杂色】|【添加杂色】命令，弹出【添加杂色】对话框，将【数量】设置为 13%，如图 22-38 所示。

图 22-37　合并图层

图 22-38　【添加杂色】对话框

⓬ 单击【确定】按钮，添加杂色效果，如图 22-39 所示。

图 22-39　添加杂色效果

⑬ 选择菜单中的【图像】|【调整】|【色彩平衡】命令，弹出【色彩平衡】对话框，在该对话框中设置相应的参数，如图 22-40 所示。

⑭ 单击【确定】按钮，调整色相/饱和度，如图 22-41 所示。

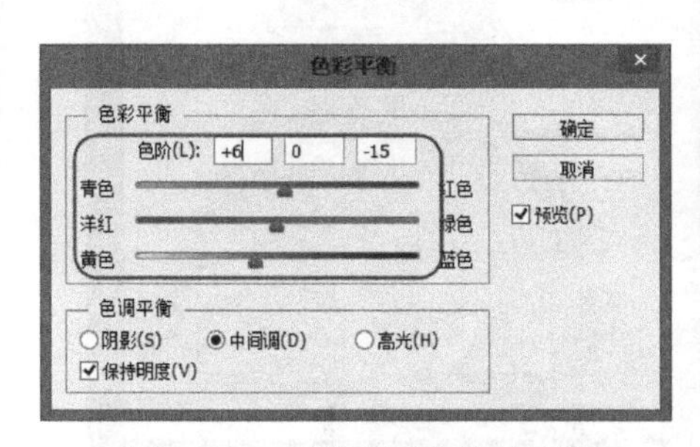

图 22-40 【色彩平衡】对话框

图 22-41 调整电影图片效果

实例 2——调整曝光不足的照片

由于光线的影响、测光的失误或技术的欠缺等原因,都可能造成照片曝光不足。本例将介绍调整曝光不足的照片效果，如图 22-42 所示，具体操作步骤如下。

原始文件	CH22/曝光不足.jpg
最终文件	CH22/曝光不足.jpg
学习要点	调整曝光不足的照片

❶ 打开原始图像文件“曝光不足.jpg”，如图 22-43 所示。

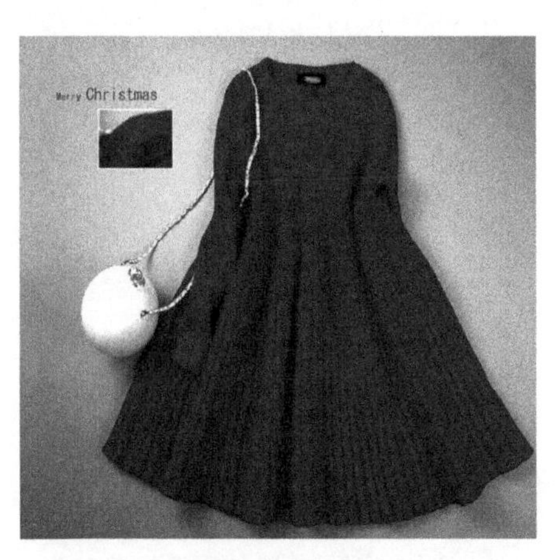

图 22-42 调整曝光不足照片后的效果

图 22-43 打开原始文件

❷ 选择菜单中的【图像】|【调整】|【曝光度】命令，打开【曝光度】对话框，将【曝光度】设置为 1.75，【灰度系数校正】设置为 1.66，如图 22-44 所示。

❸ 单击【确定】按钮，即可调整图像曝光度，如图 22-45 所示。

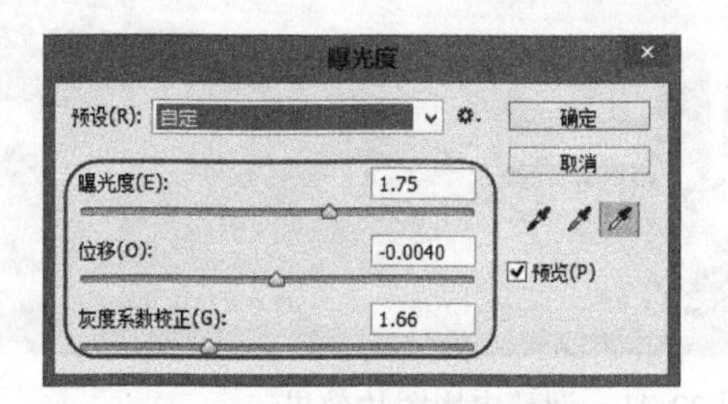

图 22-44 【曝光度】对话框

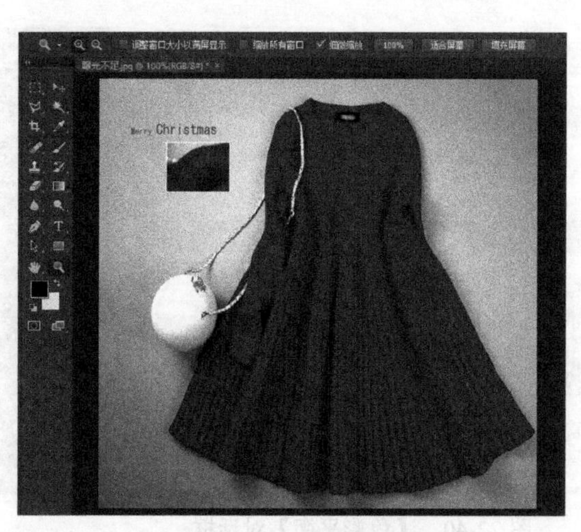

图 22-45 调整图像曝光度

第23章

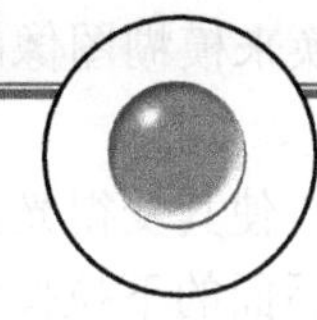

使用绘图工具绘制图像

绘图工具是 Photoshop 最重要的功能之一，只要用户熟练掌握这些工具并有着一定的美术造型能力，就能绘制出精美的作品。在平面设计中经常会用到这些绘图工具，掌握绘图工具十分必要。

学习目标

- 创建选择区域
- 基本绘图工具
- 形状工具

23.1 创建选择区域

精确快速地选取图像十分重要，本节将讲述各种选择工具的使用方法，使图像选取尽可能精确、合适，为以后的各种操作提供方便。

23.1.1 选框工具

【选框】工具位于工具箱的左上角，它包括矩形选框、圆形选框、单行选框、单列选框。可以单击选择它，也可以按键盘上的快捷键 M，如图 23-1 所示。

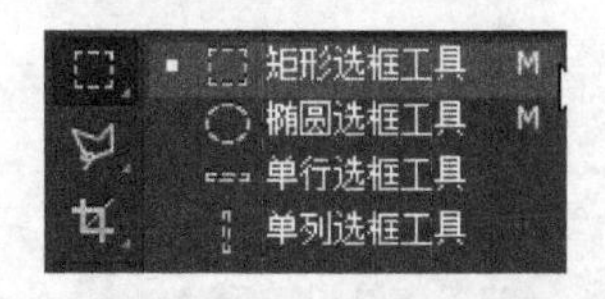

图 23-1 【选框】工具

选择工具箱中的【矩形选框】工具，在工具选项栏中可以设置【羽化】、【样式】参数，如图 23-2 所示。

图 23-2 【矩形选框】工具选项栏

- 工具预设选取器：用来存放各项参数已经设置完成的工具。如果下次再使用该工具，可以直接单击它的下拉按钮，从弹出的下拉列表中选择该工具即可。

- 布尔按钮组：该按钮组用于进行选区操作，分别是【新选区】、【添加到选区】、【从选区中减去】和【与选区交叉】。
- 羽化 羽化：0像素：可以通过建立选区和选区周围的像素转换来模糊图像的边缘。在羽化框中输入数值即可达到想要的羽化效果。
- 消除锯齿 消除锯齿：选择该复选框后，可以消除边缘的锯齿，使其变得光滑。
- 样式 样式：正常：用于控制选区的创建形式，单击文本框后面的下拉按钮可打开样式下拉列表框，在此列表框中即可选择所需的样式。

选择工具箱中的【矩形选框】工具，在图像中按住鼠标左键，然后拖动到合适的位置放开，即可绘制一个矩形选区，如图 23-3 所示。

图 23-3　矩形选框

选择工具箱中的【椭圆选框】工具，在图像中按住鼠标左键，然后拖动到合适的位置放开，即可绘制一个椭圆选区，如图 23-4 所示。

图 23-4　椭圆选框

选择工具箱中的【单行选框】工具，在图像中按住 Shift 键，在舞台中单击即可绘制多个单行选框，如图 23-5 所示。

图 23-5 单行选框

选择工具箱中的【单列选框】工具，在图像中按住 Shift 键，在舞台中单击即可绘制 5 个单列选框，如图 23-6 所示。

图 23-6 单列选框

23.1.2 套索工具

当需要选取不规则的形状时，常常需要使用【套索】工具。可用来制造直线、线段或徒手描绘外框的选取范围。【套索】工具包含三种工具，分别为【套索】工具、【多边形套索】工具、【磁性套索】工具，如图 23-7 所示。

图 23-7 工具箱

选择工具箱中的【套索】工具，当鼠标变为形状时，在文档中拖动。松开鼠标，此时会自动形成一个不规则的选区，如图 23-8 所示。

图 23-8 【套索】工具

【磁性套索】工具特别适用于快速选择与背景对比强烈且边缘复杂的对象。在图像中点按，设置第一个紧固点，紧固点将选框固定住。要绘制手绘线段，松开鼠标按钮或按住鼠标按钮不放，然后沿着想要跟踪的边缘移动指针。图 23-9 所示为使用【磁性套索】工具选择对象。

图 23-9 【磁性套索】工具

【多边形套索】工具对于绘制选区边框的直边线段十分有用。选择多边形套索工具，并选择相应的选项，在选项栏中指定一个选区选项。在图像中单击以设置起点。图 23-10 所示为使用【多边形套索】工具选择对象。

图 23-10　【多边形套索】工具

23.1.3　魔棒工具

【魔棒】工具可以选择颜色一致的区域，而不必跟踪其轮廓。当用魔棒单击某个点时，与该点颜色相似和相近的区域将被选中，可以节省大量的精力来达到令人意想不到的结果。

选择工具箱中的【魔棒】工具，在图像上按住 Shift 键进行单击，即可选择选区，如图 23-11 所示。

图 23-11　【魔棒】工具选择选区

23.2　基本绘图工具

Photoshop CC 提供了大量绘画与修饰工具，如画笔工具、铅笔工具、仿制图章工具等，利用这些工具可以对图像进行细节修饰。

23.2.1 画笔工具

【画笔】工具是工具箱中经常用到的工具，下面将讲述【画笔】工具的具体应用。

原始文件	CH23/画笔工具.jpg
最终文件	CH23/画笔工具.jpg
学习要点	画笔工具的使用

❶ 选择菜单中的【文件】|【打开】命令，打开图像文件“画笔工具.jpg”，选择工具箱中的【画笔】工具，如图 23-12 所示。

图 23-12 打开图像文件

❷ 在工具选项栏中单击【点按可打开“画笔预设”选取器】，在弹出的对话框中选择相应的画笔，并设置画笔大小，如图 23-13 所示。

❸ 在图像中单击，即可得到相应的形状，如图 23-14 所示。

图 23-13 选择画笔

图 23-14 使用画笔绘制图形

23.2.2 铅笔工具

【铅笔】工具用于随意性的创作，可以随意地画出各种线条和形状。下面讲述【铅笔】工具的具体使用方法。

原始文件	CH23/铅笔工具.jpg
最终文件	CH23/铅笔工具.jpg
学习要点	铅笔工具的作用

❶ 选择菜单中的【文件】|【打开】命令，打开图像文件“铅笔工具.jpg”，选择工具箱中的【铅笔】工具，如图 23-15 所示。

图 23-15　打图像文件

❷ 在工具选项栏中单击【点按可打开“铅笔预设”选取器】，在弹出的对话框中选择相应的铅笔，如图 23-16 所示。

❸ 在图像中单击，即可得到选择的铅笔形状，如图 23-17 所示。

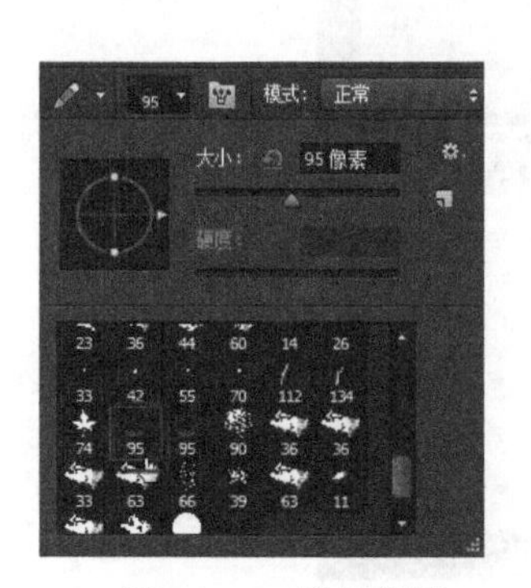

图 23-16　选择铅笔

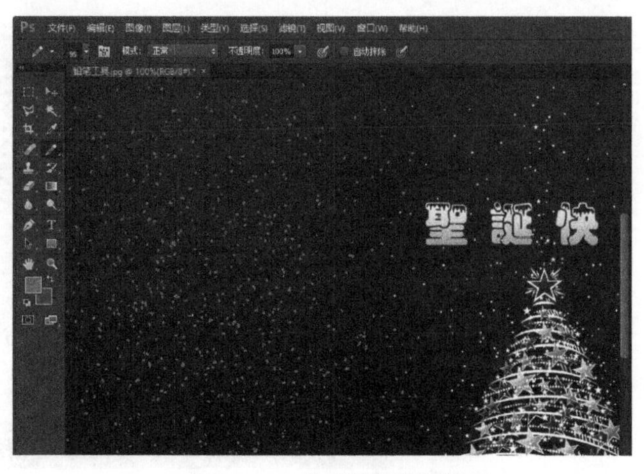

图 23-17　使用铅笔绘制图形

23.2.3 仿制图章工具

【仿制图章】工具可以将一幅图像的全部或者部分复制到同一幅图像或者另外一幅图像中。下面讲述【仿制图章】工具的具体使用方法。

原始文件	CH23/仿制图章.jpg
最终文件	CH23/仿制图章.jpg
学习要点	仿制图章工具的使用

❶ 选择菜单中的【文件】|【打开】命令，打开图像文件"仿制图章工具.jpg"，如图 23-18 所示。

图 23-18 打开图像文件

❷ 选择工具箱中的【仿制图章】工具，将鼠标移动到图像中需要复制的区域，按住键盘上的 Alt 键并单击鼠标，即可复制区域。在图像中相应位置单击，即可粘贴区域，如图 23-19 所示。

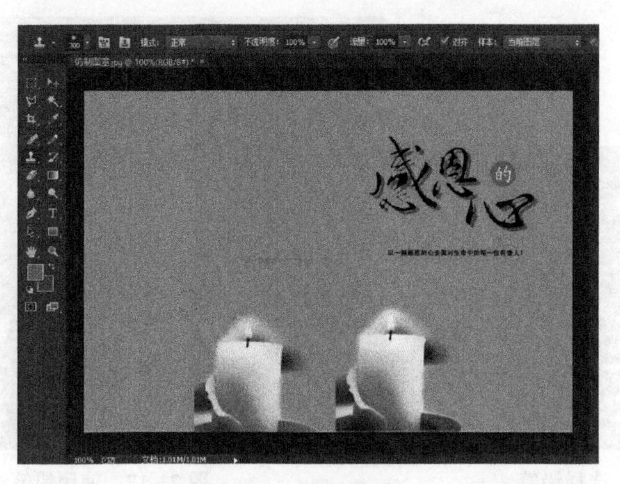

图 23-19 复制区域

23.2.4 图案图章工具

【图案图章】工具可以用于绘制图案，也可以将图案库中的图案或自定义的图案复制到同一图像或者其他图像中。下面讲述【图案图章】工具的具体使用方法。

原始文件	CH23/图案图章.jpg
最终文件	CH23/图案图章.jpg
学习要点	图案图章工具的使用

❶ 选择菜单中的【文件】|【打开】命令，打开图像文件“图案图章工具.jpg“，如图 23-20 所示。

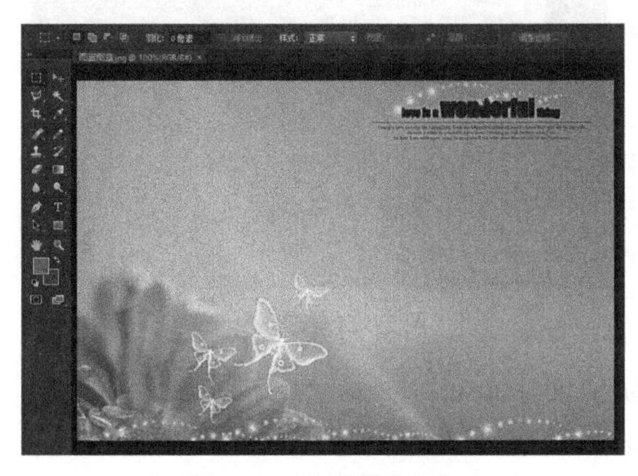

图 23-20 打开图像文件

❷ 在预设的图案样式面板中选择相应的图案，如图 23-21 所示。

❸ 在图像中按住鼠标左键拖动，绘制图案，如图 23-22 所示。

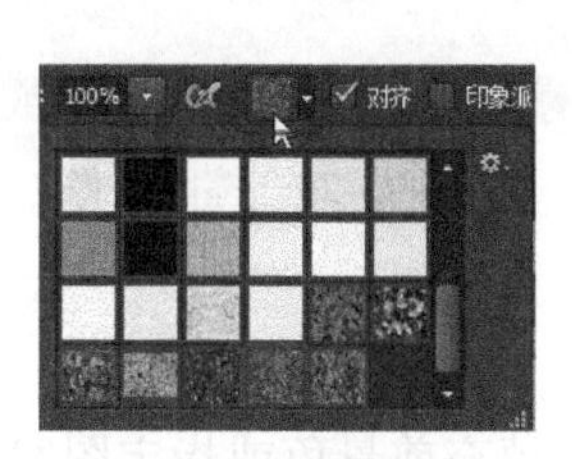

图 23-21 选择图案

图 23-22 绘制图案

23.2.5 橡皮擦工具

工具箱中的【橡皮擦】工具、【魔术橡皮擦】工具和【背景色橡皮擦】工具，可将图像区域变成透明或者背景色。下面讲述【橡皮擦】工具的具体使用方法。

原始文件	CH23/橡皮工具.jpg
最终文件	CH23/橡皮工具.jpg
学习要点	橡皮工具的使用

❶ 选择菜单中的【文件】|【打开】命令，打开图像文件“橡皮工具.jpg“，如图 23-23 所示。

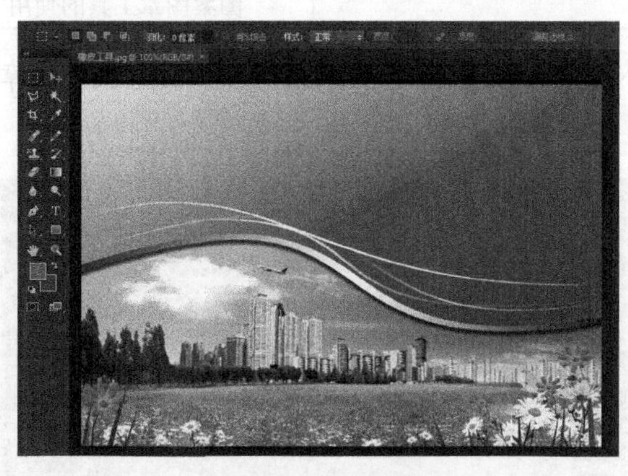

图 23-23　打开图像

❷ 将橡皮擦透明度设置为 30%，擦除的效果如图 23-24 所示。

❸ 将橡皮擦透明度设置为 100%，擦除的效果如图 23-25 所示。

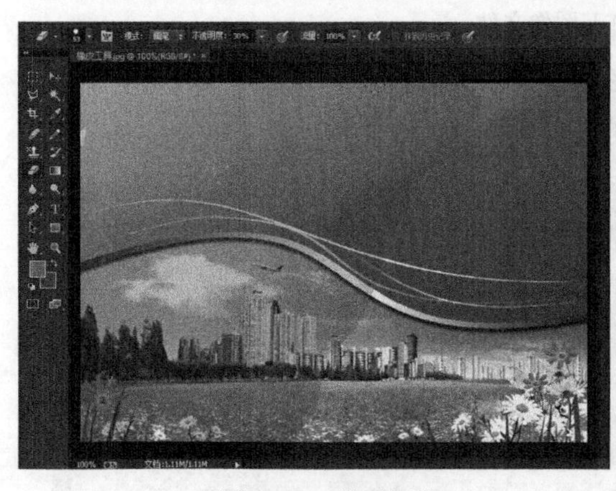

图 23-24　擦除图像

图 23-25　擦除图像

23.2.6　油漆桶工具和渐变工具

【油漆桶】工具用于向鼠标单击处色彩相近并相连的区域填充前景色或指定图案，【油漆桶】工具和【渐变】工具都是色彩填充工具，如图 23-26 所示。

图 23-26　【油漆桶】工具和【渐变】工具

使用【油漆桶】工具的具体操作步骤如下。

原始文件	CH23/油漆桶工具和渐变工具.jpg
最终文件	CH23/油漆桶工具和渐变工具.jpg
学习要点	油漆桶工具和渐变工具的使用

❶打开原始文件“油漆桶工具和渐变工具.jpg”，选择工具箱中的【油漆桶】工具，如图23-27 所示。

图 23-27　打开图像文件

❷选择工具箱中的【魔棒】工具，用鼠标单击色彩相近并相连的区域，将背景颜色设置为红色，如图 23-28 所示。

图 23-28　填充前景色

❸按 Ctrl+Delete 组合键填充背景颜色，如图 23-29 所示。

❹选择工具箱中的【渐变】工具，在选项栏中单击【点按可编辑渐变】按钮，弹出【渐变编辑器】对话框，选择【前景色到背景色渐变】选项，如图 23-30 所示。

❺单击【确定】，设置渐变，在舞台中填充选区，在填充区域从上向下填充背景颜色，如图 23-31 所示。

图 23-29　填充背景颜色

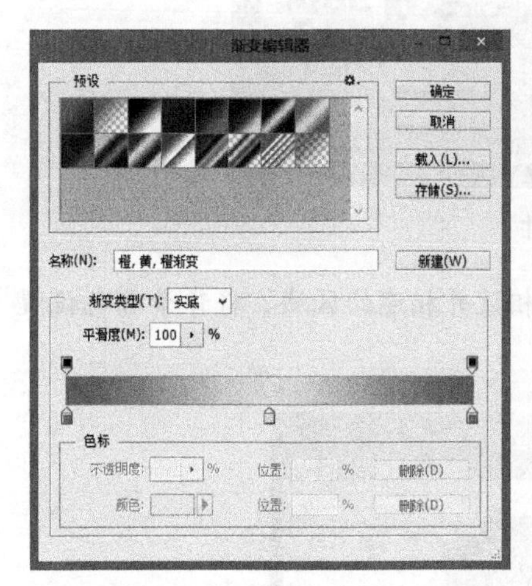

图 23-30　【渐变编辑器】对话框

图 23-31　填充选区

23.3　形状工具

形状工具包含有【矩形】工具、【圆角矩形】工具、【椭圆】工具、【多边形】工具、【直线】工具、【自定义形状】工具六类工具。本节将详细讲述这些工具的具体应用。

23.3.1　矩形工具

使用【矩形】工具的具体操作步骤如下。

原始文件	CH23/矩形工具.jpg
最终文件	CH23/矩形工具.psd
学习要点	矩形工具的使用

❶ 打开原始图像文件“矩形工具.jpg”，选择工具箱中的【矩形】工具，如图 23-32 所示。

图 23-32　打开图像文件

❷ 在选项栏中设置矩形的颜色为#ffc5de，在图像上按住鼠标左键不放拖动到合适的位置绘制矩形，如图 23-33 所示。

图 23-33　绘制矩形

23.3.2　圆角矩形工具

使用【圆角矩形】工具绘制图形的具体操作步骤如下。

原始文件	CH23/圆角矩形.jpg
最终文件	CH23/圆角矩形.psd
学习要点	圆角矩形工具的使用

❶ 打开原始图像文件“圆角矩形.jpg”，选择工具箱中的【圆角矩形】工具，如图 23-34 所示。

图 23-34 选择【圆角矩形】工具

❷ 在圆角矩形选项框中，将【填充】颜色设置为#00ccb6，【描边】颜色设置为#fff799，将【半径】的值设置为 2，按住鼠标左键不放，拖动到合适的位置,即可绘制圆角矩形，如图 23-35 所示。

图 23-35 绘制圆角矩形

23.3.3 椭圆工具

【椭圆】工具可以在绘图区内绘制出所需要的椭圆矢量图形。使用【椭圆】工具绘制图形的具体操作步骤如下。

原始文件	CH23/椭圆.jpg
最终文件	CH23/椭圆.psd
学习要点	椭圆工具的使用

❶ 打开原始图像文件“椭圆.jpg”，选择工具箱中的【椭圆】工具，如图 23-36 所示。

图 23-36 选择【椭圆】工具

❷ 在圆角矩形选项框中，将【填充】颜色设置为#ff0000，【描边】颜色设置为#fff45c，按住鼠标左键不放，拖动到合适的位置,即可绘制椭圆如图 23-37 所示。

图 23-37 绘制椭圆

23.3.4 多边形工具

【多边形】工具用来绘制多边形、星形形状的图形。使用【多边形】工具绘制图形的具体操作步骤如下。

原始文件	CH23/多边形工具.jpg
最终文件	CH23/多边形工具.jpg
学习要点	多边形工具的使用

❶ 打开图像文件“多边形工具.jpg”，选择工具箱中的【多变形】工具，如图 23-38 所示。

❷ 在选项栏中将【填充】颜色设置为#486a00，【边】的值设置为 10，按住鼠标左键不

放，拖动到合适的位置即可绘制多边形，如图 23-39 所示。

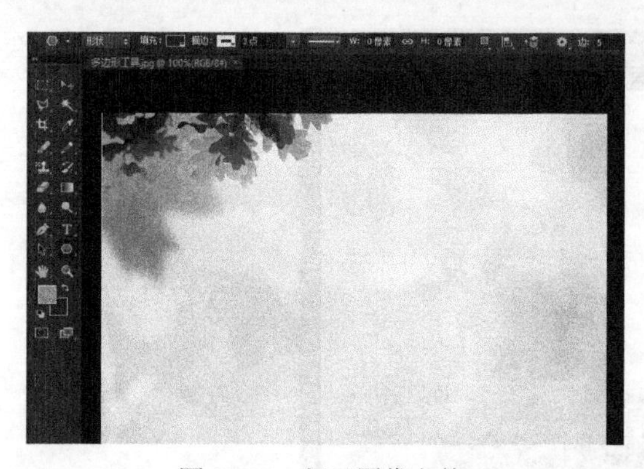

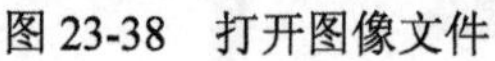

图 23-38　打开图像文件

图 23-39　绘制多边形

23.4　实战演练—绘制网页标志

下面讲述绘制网页标志效果，如图 23-40 所示，具体操作步骤如下。

图 23-40　网页标志效果

最终文件	CH23/网页标志.psd
学习要点	绘制网页标志

❶ 启动 Photoshop CC，选择菜单中的【文件】|【新建】命令，弹出【新建文档】对话框，将【宽度】设置为 600，【高度】设置为 400，如图 23-41 所示。

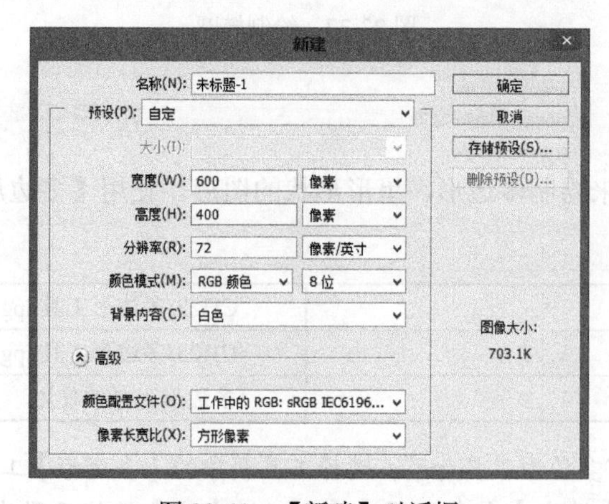

图 23-41　【新建】对话框

❷ 单击【确定】按钮，新建空白文档，如图 23-42 所示。

❸ 选择工具箱中的【画笔】工具，在选项栏中单击【填充】右边的按钮，在弹出的列表框中选择画笔，如图 23-43 所示。

图 23-42 新建文档

图 23-43 选择画笔

❹ 在工具箱中将前景色设置为#24a9e1，在舞台中按住鼠标左键绘制形状，如图 23-44 所示。

❺ 在工具箱中将前景色设置为#203f9a，在舞台中按住鼠标左键绘制形状，如图 23-45 所示。

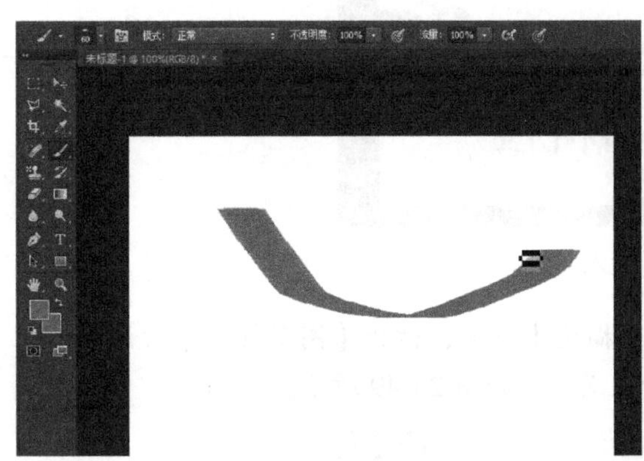

图 23-44 绘制形状

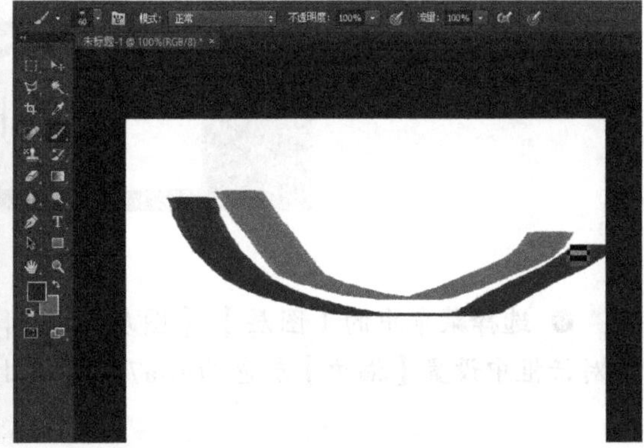

图 23-45 绘制形状

❻ 选择工具箱中的【自定义形状】工具，在选项栏中单击【形状】右边的按钮，在弹出的列表框中选择形状，如图 23-46 所示。

图 23-46 选择形

❼ 在舞台中按住鼠标左键绘制形状，如图 23-47 所示。

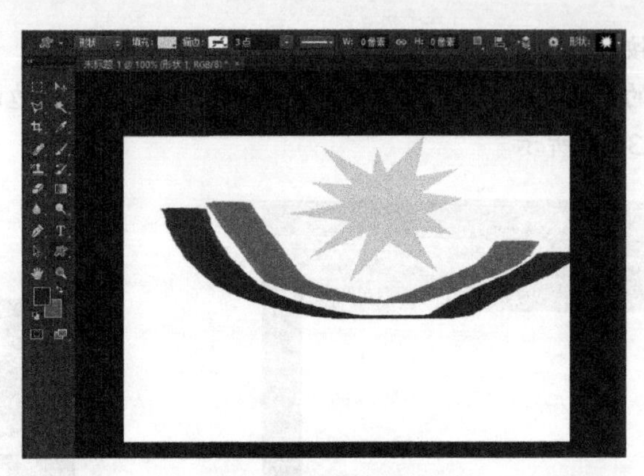

图 23-47　绘制形状

❽选择工具箱中的【横排文字】工具，在选项栏中将【字体】设置为【黑体】,【字体大小】设置为 72,【字体颜色】设置为#203f9a，然后输入文本“旭阳科技”，如图 23-48 所示。

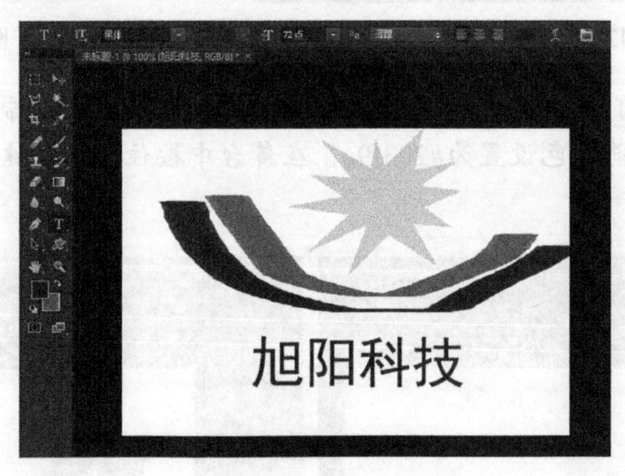

图 23-48　输入文字

❾ 选择菜单中的【图层】|【图层样式】|【描边】命令，弹出【图层样式】对话框，在该对话框中设置【描边】颜色为#ffa7fe,【大小】为 4，如图 23-49 所示。

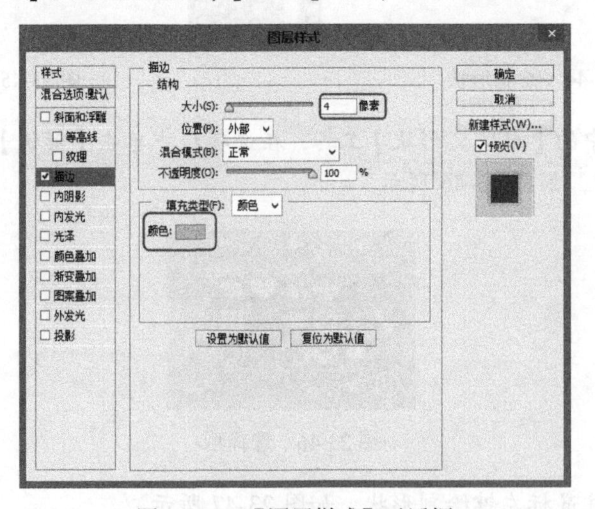

图 23-49　【图层样式】对话框

⑩ 单击【确定】按钮，设置图层描边效果，如图 23-50 所示。

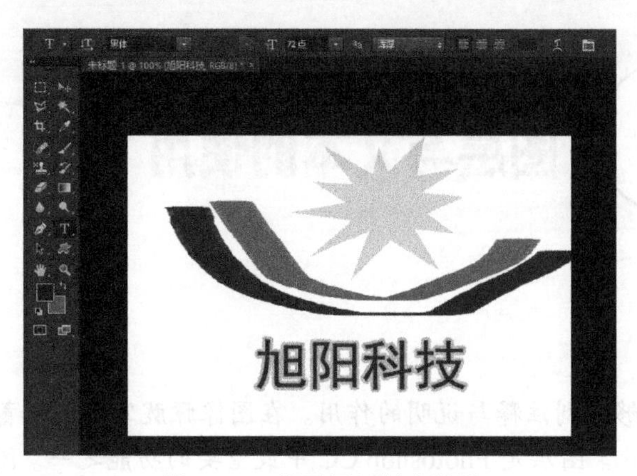

图 23-50　设置图层样式效果

第24章

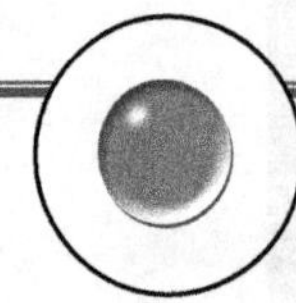

图层与文本的使用

文字在网页中能够起到注释与说明的作用。在图像朦胧写意与含蓄表达后，需要用文字这种语言符号加以强化。图层是 Photoshop CC 中最重要的功能之一。图层给图像的编辑带来了极大的便利。在理解图层时，可以把图层理解为一张张透明的白纸，每张白纸上都有不同的对象，可以单独对每张白纸的对象进行处理，而不影响其他白纸上的对象。

学习目标

- 新建图层
- 删除图层
- 新建图层组
- 图层的特殊混合
- 应用图层样式
- 使用文本工具

24.1 新建和删除图层

图层的新建有几种情况，Photoshop 在执行某些操作时会自动创建图层。例如，当进行图像粘贴或者创建文字时，系统会自动为粘贴的图像和文字创建新图层。也可以直接创建新图层。

24.1.1 新建图层

下面讲述新建图层，具体操作步骤如下。

❶ 选择菜单中的【窗口】|【图层】命令，打开【图层】面板，如图 24-1 所示。

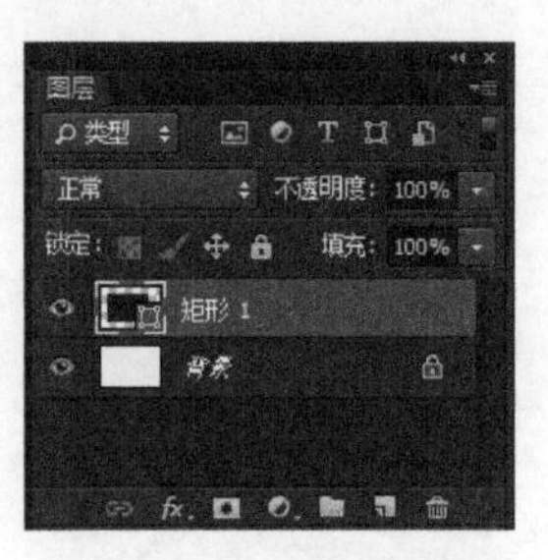

图 24-1 【图层】面板

❷ 单击【图层】面板底部的【新建图层】按钮，在当前之层上新建一个图层。如图 24-2 所示。

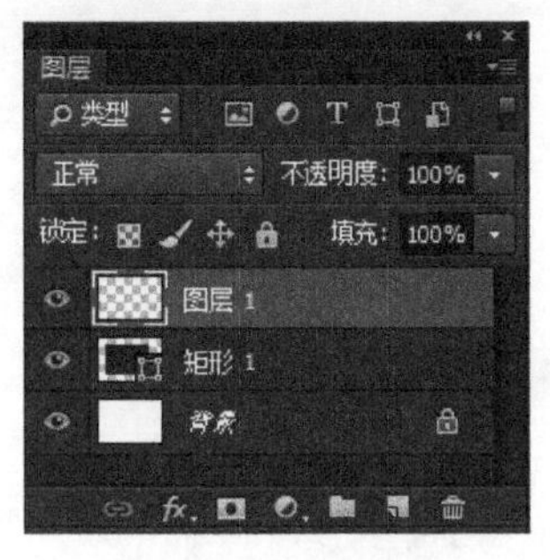

图 24-2　新建图层

24.1.2　删除图层

当不需要图层时，还可以将此图层删除，具体方法如下。

❶ 先选择所要删除的图层，单击鼠标右键，在弹出的菜单中选择【删除图层】命令，如图 24-3 所示。

❷ 执行删除命后，会弹出确认删除的提示框，此时单击提示框中的【确定】按钮，即可删除图层，如图 24-4 所示。

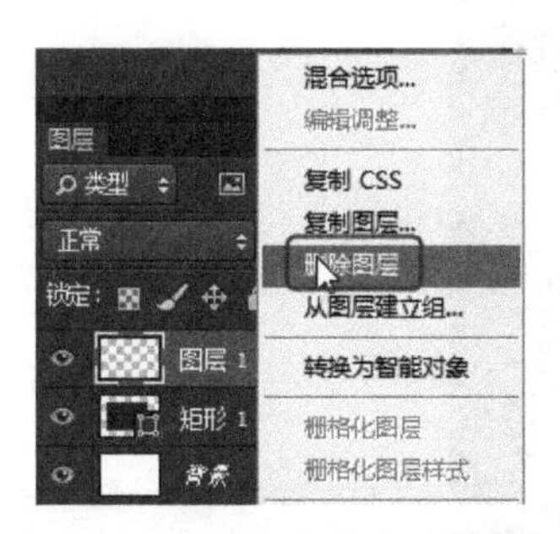

图 24-3　选择【删除图层】命令

图 24-4　删除图层

24.1.3　新建图层组

【图层】可以让用户更有效地组织和管理图层，在【图层】调板中可以打开一个图层组以显示夹子里的图层，也可以关闭图层以免引起混乱，从而使【图层】调板显得更有条理。还可以利用图层组将蒙版或其他效果一次性应用到一组图层中。

选择菜单中的【图层】|【新建】|【从图层建立组】命令，弹出【从图层新建组】对话框，如图 24-5 所示。对图层组的编辑就好比是对图层的编辑一样，因此【从图层新建组】对话框与【新建图层】对话框显得很相似，这里可以为新建的图层组取名、改变【图层】层夹前方框的颜色及不透明度，还可以改变混合模式。值得一提的是，在【模式】选项中有一项【穿过】，表示在产生图层混合效果时忽略图层组的存在。

其实图层组就可以看成一个复合的图片，只不过图层里还有图层而已，因此对图层组的编辑也类似于对图层的编辑，可以像对图层一样地去定义、选择、复制、移动图层组。创建图层组后，可以方便地将图层移入或移出图层，图 24-6 所示为图层面板。或者在图层组里直接新建一个图层。

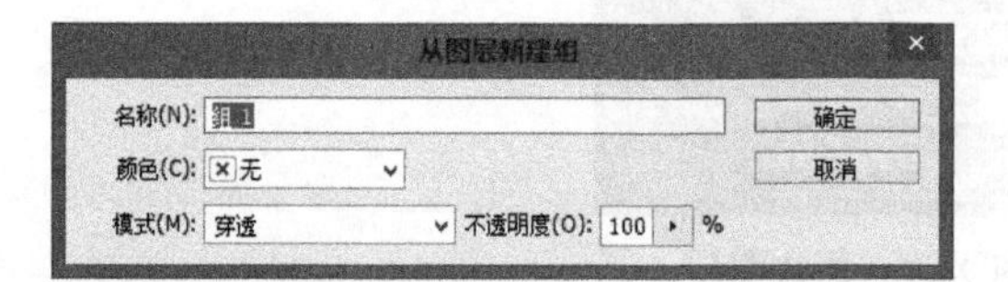

图 24-5 【从图层新建组】对话框

图 24-6 新建图层组

24.2 图层的特殊混合

图层混合模式列表框中的选项决定了当前层与其他层的合成模式，如图 24-7 所示。可以在其中选择不同的合成模式以做出各种特殊的效果。

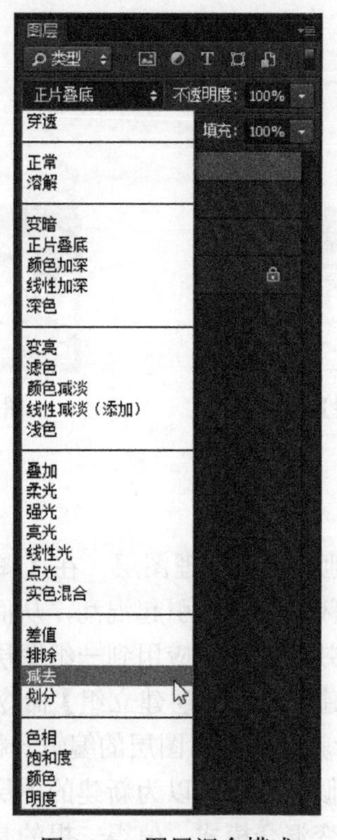

图 24-7 图层混合模式

● 【正常】：当【不透明度】设定为 100%，该合成模式将正常显示当前层，且该层的显示不受其他层的影响。当【不透明度】设定值小于 100%时，当前层的每个像素点的颜色将受到其他层的影响，图层变得露出背景，根据当前的不透明度值和其他层的色彩来确定显示的颜色。

- 【溶解】：从字面上去理解的话，该项将控制层与层之间的融合显示，因此该项对于有羽化边缘的层将起到很大的影响。如果当前层没有这种羽化边缘，或是该层被设定为完全不透明，则该项几乎是不起作用的。
- 【变暗】：此项只对当前层的某些像素起作用，这些像素一般要比其下面层中的对应的像素暗。在 Photoshop 中，此项将把图像中所有通道中的颜色进行比较，然后将暗的调整得比原色调更暗。
- 【正片叠底】：该合成模式将形成一种光线透过两张叠加在一起的幻灯片效果，结果产生比图层和背景的颜色都暗的颜色。用这个模式可以制作一些阴影效果，黑色和任何颜色混合还是黑色，而任何颜色和白色叠加，得到的还是该颜色。
- 【颜色加深】：这个模式将会获得与【颜色减淡】相反的效果，图层的亮度降低，色彩加深。
- 【线性加深】：查看每一个色版中的色彩信息，同时让基本色彩变暗，以减少对比的方式反映出混合色彩。与白色混合不会产生改变。
- 【变亮】：这种模式仅当图层的颜色比背景的颜色浅时才有用，图层的浅色将覆盖背景的深色部分。与上面的方式相同，先比较通道中颜色的数值，然后再将亮的调整为比原色调更亮。
- 【滤色】：该合成模式将呈现出一种较亮的效果，它将使两个图层的颜色越叠加越浅。如果选的是一个浅颜色的图层，那它就相当于一个对背景漂白的漂白剂。如果图层是白色的话，在这种模式下，背景的颜色将变得非常模糊。
- 【颜色减淡】：使图层的亮度增加，使得背景好像被漂白了一样。这个模式和【正片叠底】相类似，但它的效果比【正片叠底】更加明显。由于图层各部分的颜色不同，它有时会得到一些意想不到的效果。
- 【线性减淡】：查看每一个色版中的色彩信息，同时让基本色彩变亮，以增加对比的方式反映出混合色彩。与黑色混合不会产生任何改变。
- 【叠加】：该合成模式将根据底层的颜色，将当前层的像素进行相乘或覆盖。使用该模式可能导致当前层变亮或变暗。该模式对于中间色调影响较明显，对于高亮度区域和暗调区域影响不大。
- 【柔光】：该模式创作一种柔和光线照射的效果，高亮度的区域将更亮，暗调区域将变得更暗，最终使反差更加增大了。
- 【强光】：该模式制作一种强烈光线照射的效果，高亮度的区域将更亮，暗调区域将变得更暗，最终使反差更增大。
- 【亮光】：根据混合色彩，增殖或以滤色筛选颜色。这个效果类似于在影像上照射刺眼的聚光灯。如果混合色彩（光源）比为 50% 灰阶亮，影像就会像以滤色筛选过一般变亮，这对于增加影像中的亮部很有帮助；如果混合色彩比为 50% 灰阶暗，影像就会像增殖过一般变暗，这对于增加影像中的阴影很有帮助。使用纯黑色或纯白色绘画，会产生纯黑色或纯白色。
- 【线性光】：依照混合色彩，用增加或减少亮度的方式，将颜色加深或加亮。如果混合色彩（光源）比为 50%灰阶亮，增加亮度会使影像变亮；如果混合色彩比为 50%灰阶暗，减少亮度会使影像变暗。

- 【点光】：依照混合色彩取代颜色。如果混合色彩（光源）比为 50% 灰阶亮，比混合色彩暗的像素会被取代，比混合色彩亮的像素不会改变。如果混合色彩比为 50% 灰阶暗，比混合色彩亮的像素会被取代，比混合色彩暗的像素不会改变。这对于增加影像中的特殊效果很有用。
- 【差值】：该模式形成的效果取决于当前层和底层像素值的大小，它将单纯地反转图像。当不透明度的设定为 100%时，当前层中的白色地方将全部反转，而黑色的地方将保持不变，介于黑白二者之间的部分将做相应的阶调反转。
- 【排除】：由亮度值决定是从当前层中减去底层色还是从底层色中减去目标色。其效果比差异合成模式要柔和一些。
- 【色相】：色相合成模式是利用 HSL 色彩模式进行合成的，它将把当前层的色相与下面层的亮度和饱和度混合起来，形成特殊的效果。
- 【饱和度】该项将把当前层中的饱和度与下面层中的色相亮度结合起来形成特殊的效果。
- 【颜色】：该项产生的效果基本上与【色相】合成模式产生的效果一样，它将保留当前层的色相和饱和度，只用下面层的亮度值进行混合。
- 【明度】：该模式与色彩合成模式相反，它将保留当前层的亮度值，而用下面层的色相和饱和度进行合成。该项是除了【正常】项之外的惟一能够完全消除纹理背景干扰的模式，这是因为亮度合成模式保留的是亮度值，而纹理背景是由不连续的亮度组成的，被保留的亮度将完全地覆盖在纹理背景上，这样就不被干扰了。

24.3 应用图层样式

图层样式效果非常丰富，以前需要用很多步骤制作的效果在这里设置几个参数就可以轻松完成。图层的样式包含了许多可以自动应用到图层中的效果，包括投影、发光、斜面和浮雕、描边、图案填充等。但正因为图层样式的种类和设置很多，很多人对它并没有全面的了解，下面将 Photoshop 的图层样式调板的设置及效果详细讲解一下。

当应用了一个图层效果时，一个小三角和一个 fx 图标就会出现在【图层】调板中相应图层名称的右方，表示这一图层含有自动效果。并且当出现的是向下的小三角时，还能具体看到该图层到底被应用了哪些自动效果，这样就更便于用户对图层效果进行管理和修改，如图 24-8 所示。选择菜单中的【图层】|【图层样式】命令，出现图层效果菜单，如图 24-9 所示。

图 24-8 【图层】面板

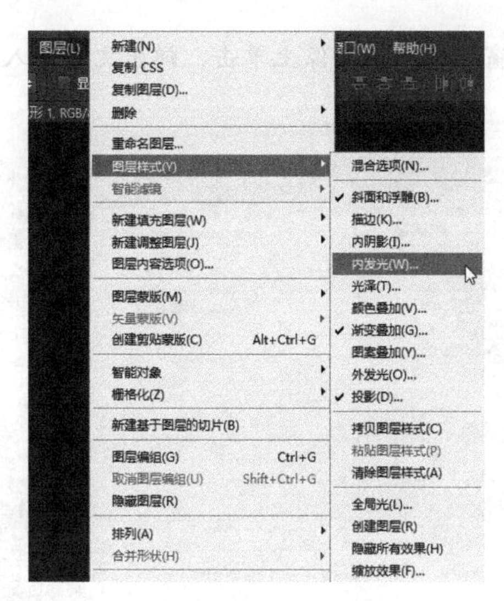

图 24-9　图层效果菜单

24.4　使用文本工具

Photoshop 提供了丰富的文字工具，可以在图像背景上制作多种复杂的文字效果。

24.4.1　输入文字

使用文本工具输入文字的具体操作步骤如下。

原始文件	CH24/文本工具.jpg
最终文件	CH24/文本工具.psd
学习要点	文本工具的使用

❶ 打开图像文件“文本工具.jpg“，选择工具箱中的【横排文字】工具，如图 24-10 所示。

图 24-10　打开文档

❷ 将光标移动到文档窗口中，在图像上单击，弹出文本输入框，输入文本“繁花似锦”如图 24-11 所示。

图 24-11 输入文本

24.4.2 设置文字属性

选中输入的文本可以更改字体、字号、字距、对齐方式、颜色以及行距等，具体操作步骤如下。

❶ 双击输入的文本，即可选中文本，如图 24-12 所示。

图 24-12 选择文本

❷ 在工具选项栏中【字体】下拉列表中选择要更改的字体，如图 24-13 所示。

❸ 选择要更改的字体后，更改字体的效果，如图 24-14 所示。

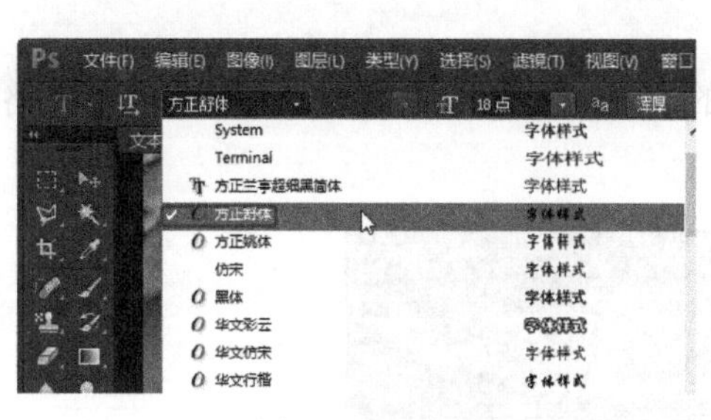

图 24-13 选择字体

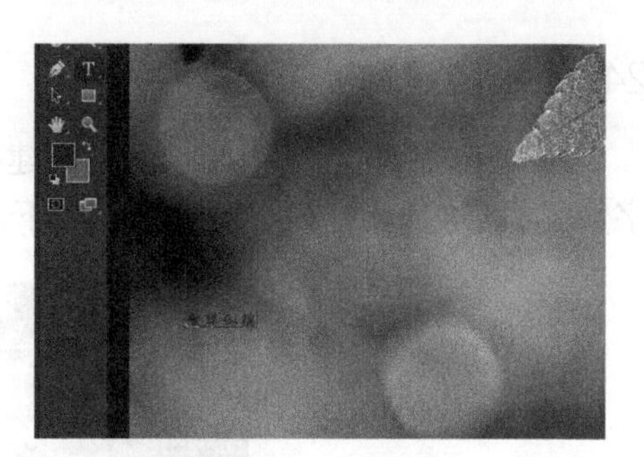

图 24-14 更改字体

❹ 在工具选项栏中【大小】下拉列表中，可以设置文本的大小，如图 24-15 所示。

图 24-15 设置文本的大小

❺ 在工具选项栏中单击【设置文本颜色】按钮，弹出【拾色器】对话框，在该对话框中将【字体颜色】设置为#ff5400，如图 24-16 所示。

❻ 单击【确定】按钮，即可设置文本颜色，如图 24-17 所示。

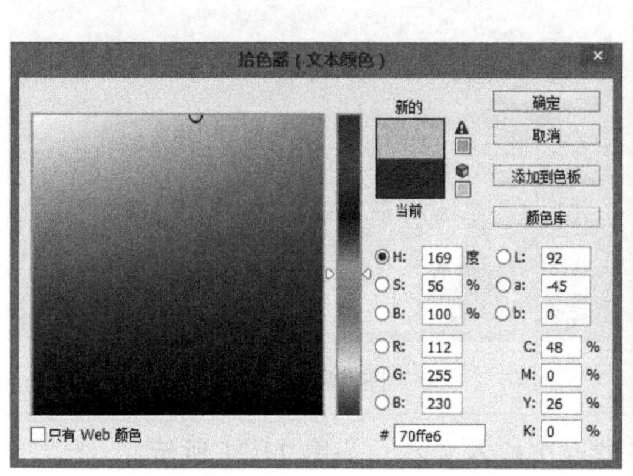

图 24-16 【拾色器】对话框

图 24-17 设置文本颜色

24.4.3 创建路径文字

在 Photoshop 中，对于文字的创建有不同的方式，可以在路径上输入文字，制作路径文字如图 24-18 所示，具体操作步骤如下。

图 24-18 路径文字

原始文件	CH24/创建路径文字.jpg
最终文件	CH24/创建路径文字.psd
学习要点	创建路径文字

❶ 启动 Photoshop CC，打开图像文件“创建路径文字.jpg”，选择工具箱中的【钢笔】工具，如图 24-19 所示。

❷ 在舞台中绘制路径，如图 24-20 所示。

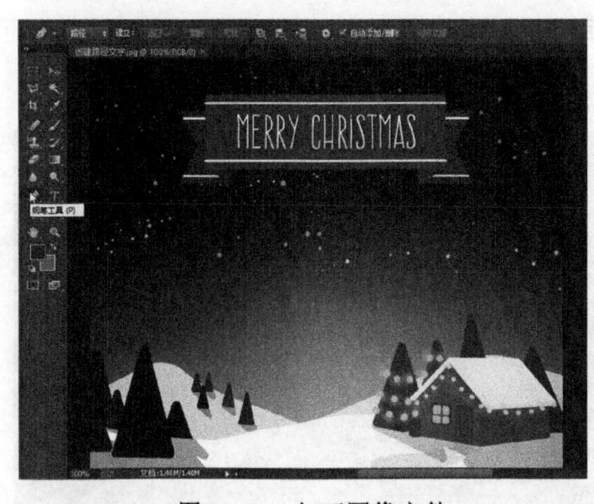

图 24-19 打开图像文件

图 24-20 绘制路径

❸ 选择工具箱中的【横排文字】工具，在舞台中输入文本，如图 24-21 所示。

图 24-21　输入文本

24.5　实战演练

实例 1——制作立体文字效果

本例制作立体文字效果如图 24-22 所示，具体操作步骤如下。

图 24-22　立体字效果

原始文件	CH24/立体字.jpg
最终文件	CH24/立体字.psd
学习要点	制作立体文字效果

❶ 打开图像文件“立体字.jpg”，选择工具箱中的【横排文字】工具，如图 24-23 所示。

❷ 在选项栏中将字体设置为【黑体】，字体大小设置为 200，字体颜色设置为#ff0000，在舞台中的文字“爱”如图 24-24 所示。

❸ 在【图层】面板中选择文本图层，右击鼠标弹出【复制图层】对话框，如图 24-25 所示。

❹ 单击【确定】按钮，即可复制图层，如图 24-26 所示。

图 24-23　选择【横排文字】工具

图 24-24　输入文字

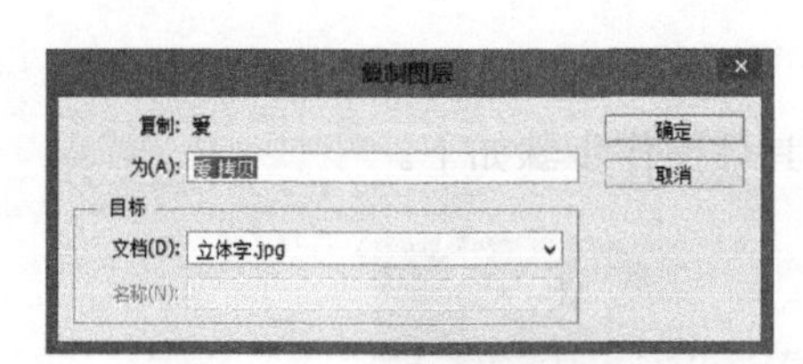

图 24-25　【复制图层】对话框

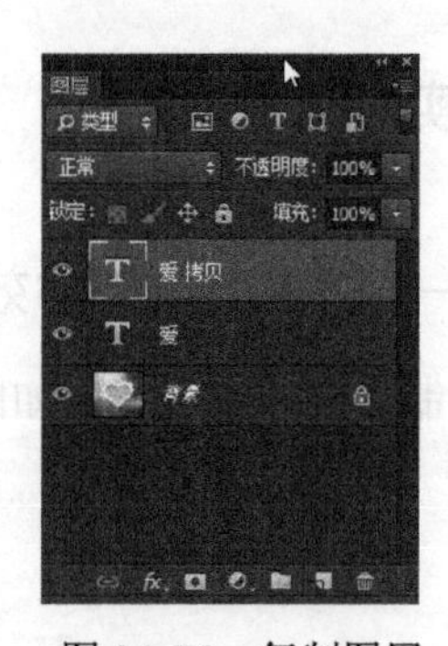

图 24-26　复制图层

❺ 选择菜单中的【图层】|【图层样式】|【渐变叠加】命令，弹出【图层样式】对话框，如图 24-27 所示。

❻ 在该对话框中单击【渐变】右边的按钮，在弹出的【渐变编辑器】对话框中选择渐变颜色，如图 24-28 所示。

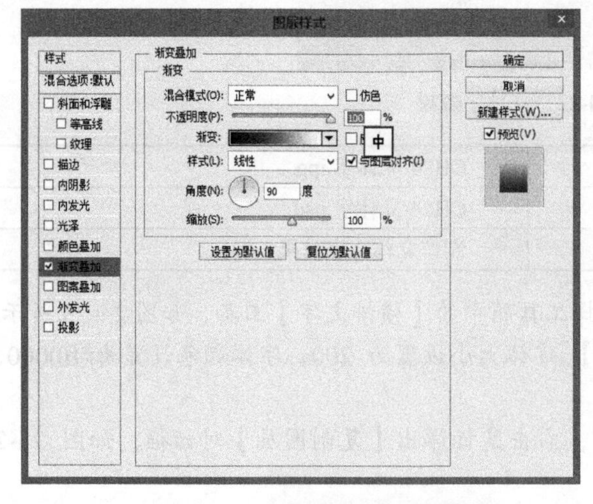

图 24-27　【图层样式】对话框

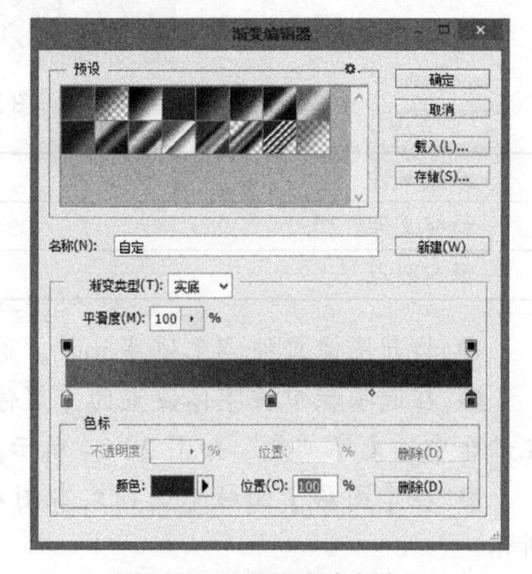

图 24-28　设置渐变颜色

❼ 勾选【内阴影】选项，在弹出的列表框中设置相应的参数，如图 24-29 所示。

❽ 勾选【描边】选项，在弹出的列表框中设置相应的参数，如图 24-30 所示。

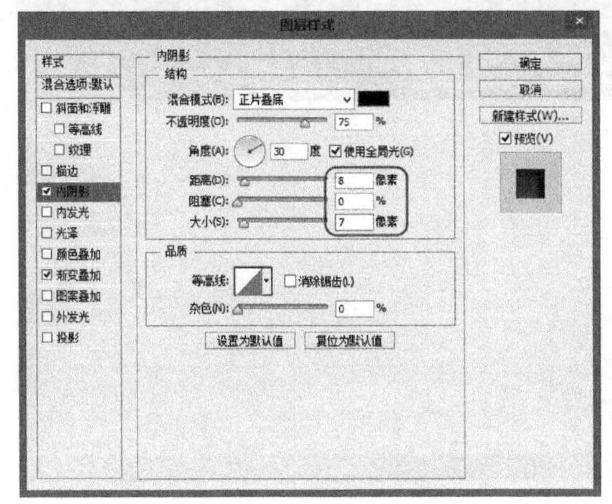

图 24-29 设置内阴影选项

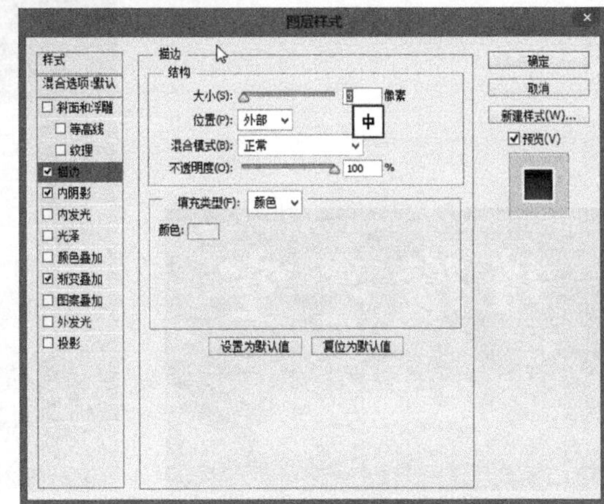

图 24-30 设置描边选项

❾ 单击【确定】按钮，设置图层样式，如图 24-31 所示。

❿ 选择工具箱中的【移动】工具，将其向下移动一段距离，使文本具有立体效果，如图 24-32 所示。

图 24-31 【图层样式】对话框

图 24-32 立体文本

实例 2——制作图案文字效果

本例讲述制作图案文字，效果如图 24-33 所示，具体操作步骤如下。

原始文件	CH24/图案.jpg
最终文件	CH24/图案文字.psd
学习要点	制作图案文字效果

❶ 打开原始图像文件“图案.jpg”，如图 24-34 所示。

图 24-33　图案文字效果

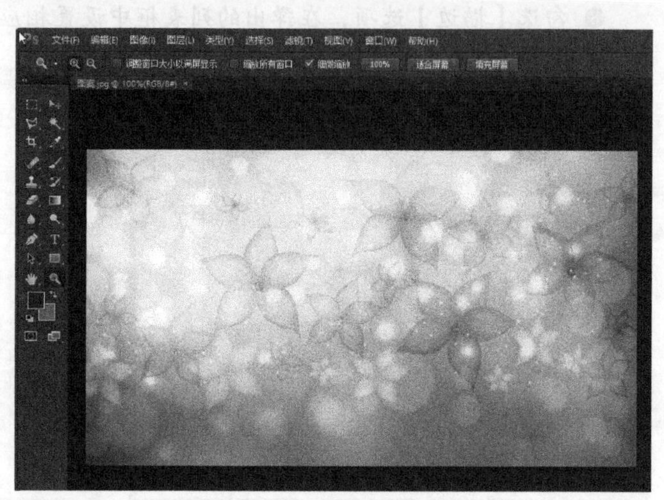

图 24-34　打开原始文件

❷ 选择菜单中的【编辑】|【定义图案】命令，打开【定义图案】对话框，如图 24-35 所示。

图 24-35　【定义图案】对话框

❸ 单击【确定】按钮，即可定义图案。打开另一图像文件“彩色字.jpg”，如图 24-36 所示。

图 24-36　打开图像文件

❹ 选择工具箱中的【横排文字】工具，在选项栏中设置相应的参数，在图像上输入文字“璀璨星空”，如图 24-37 所示。

图 24-37 输入文本

❺ 选择菜单中的【图层】|【图层样式】|【图案叠加】命令，弹出【图层样式】对话框，在弹出的列表框中的【图案】中选择刚才定义好的图案，如图 24-38 所示。

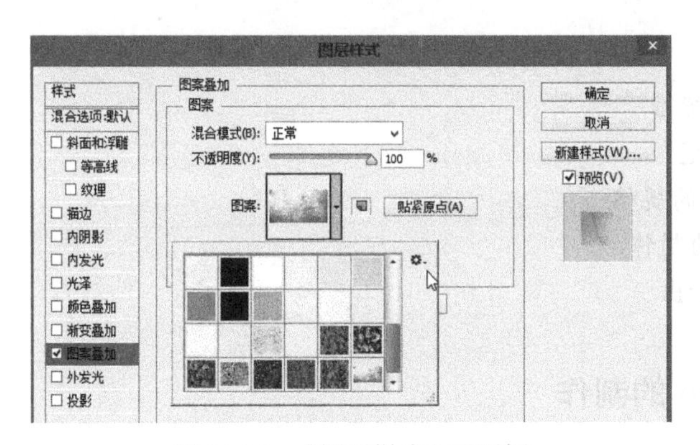

图 24-38 【图层样式】对话框

❻ 单击【确定】选项，设置图案文字，如图 24-39 所示。

图 24-39 设置图案文字

第25章

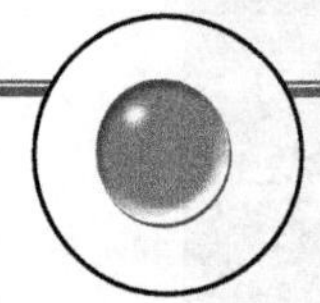

设计制作网页中的图像

在网页中，图像的应用能够使网页更加美观、生动，而且图像是传达信息的一种重要手段，它具有很多文字无法比拟的优点。Photoshop CC是当前最流行的图像处理软件，广泛应用于广告设计、平面设计、网页设计制作等领域。本章将讲述利用Photoshop设计制作网页Logo和网页Banner。

学习目标

- Logo设计标准
- Logo的规范
- 网站Logo的规格
- 网络广告的制作
- 网页切片输出

25.1 网站Logo的制作

Logo是网站形象的重要体现，它可以反映网站及制作者的某些信息，从中可了解网站的类型及内容。

25.1.1 Logo设计标准

一个网络Logo不应只考虑在设计师高分辨屏幕上的显示效果，应该考虑到网站整体发展到一个高度时相应推广活动所要求的效果，使其在应用于各种媒体时，也能发挥充分的视觉效果。所以应考虑到Logo在传真、报纸、杂志等纸介质上的单色效果、反白效果、在织物上的纺织效果、在车体上的油漆效果，制作徽章时的金属效果、墙面立体的造型效果等。

25.1.2 网站Logo的规格

为了便于因特网上信息的传播，其中关于网站的Logo，目前有四种规格。

① 88×31：互联网上最普遍的Logo规格。

② 120×60：用于一般大小的Logo规格。

③ 120×90：用于大型的Logo规格。

④ 200×70：这种规格Logo也已经出现。

25.1.3　实战演练 1——设计网站 Logo

本例讲述网站 Logo 的设计，效果如图 25-1 所示，具体操作步骤如下。

图 25-1　网站 logo

❶ 启动 Photoshop CC，选择菜单中的【文件】|【新建】命令，弹出【新建】对话框，在该对话框中将【宽度】设置为 800，【高度】设置为 600，如图 25-2 所示。

❷ 单击【确定】按钮，新建空白文档，将文档保存为 logo.psd，如图 25-3 所示。

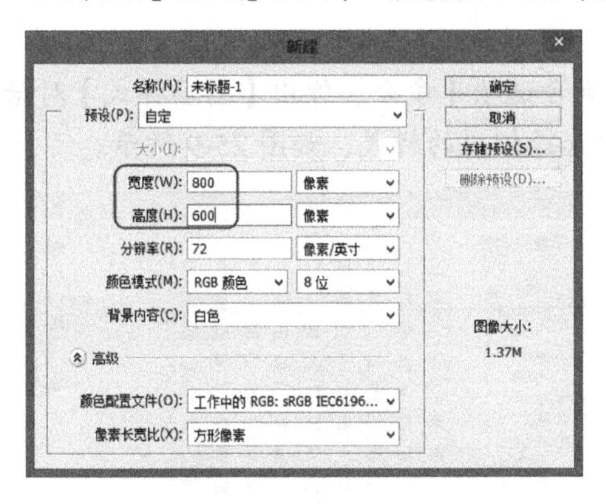

图 25-2　【新建】对话框

图 25-3　新建空白文档

❸ 选择工具箱中的【椭圆】工具，在舞台中绘制蓝色椭圆，如图 25-4 所示。

❹ 选择工具箱中的【自定义】工具形状，在选项栏中单击【形状】后面的按钮，在弹出的列表框中选择形状，如图 25-5 所示。

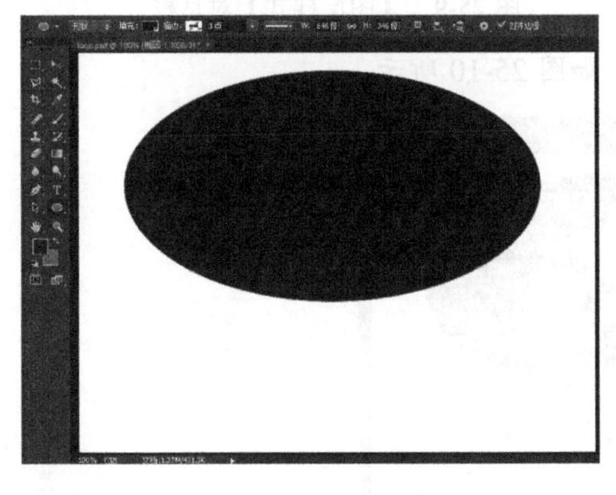

图 25-4　绘制椭圆

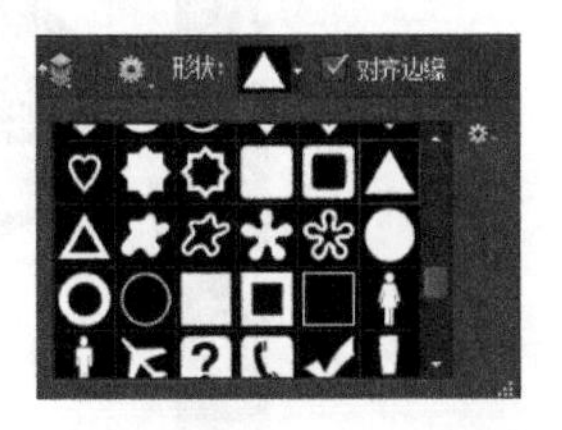

图 25-5　选择形状

❺ 在舞台中按住鼠标左键绘制三角形，如图 25-6 所示。

❻ 选中绘制的三角形，按住键盘上的 Alt 键拖动出两个三角形，如图 25-7 所示。

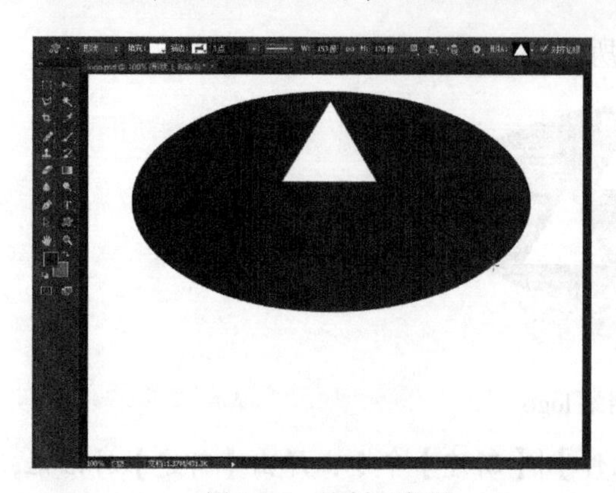

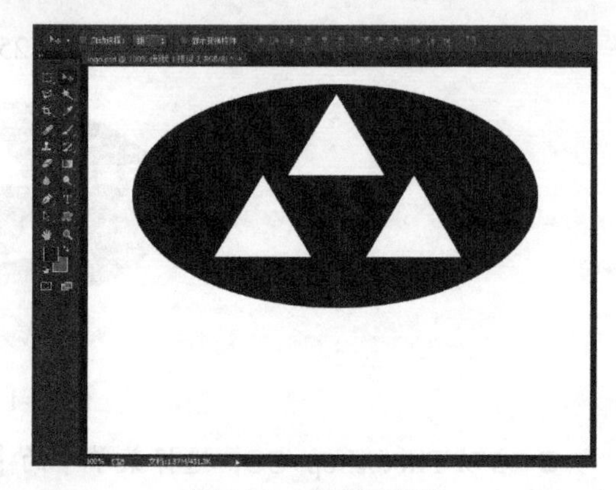

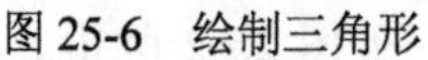

图 25-6　绘制三角形

图 25-7　拖动三角形

❼ 选择工具箱中的【横排文字】工具，在选项栏中设置相应的参数，在舞台中输入文字“众泰科技”，如图 25-8 所示。

❽ 选择菜单中的【图层】|【图层样式】|【混合选项】命令，弹出【图层样式】对话框，单击左上侧的“样式”选项，在弹出的列表框中选择相应的样式，如图 25-9 所示。

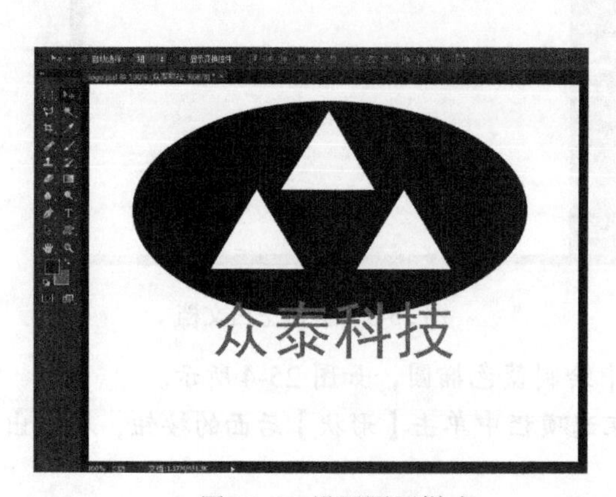

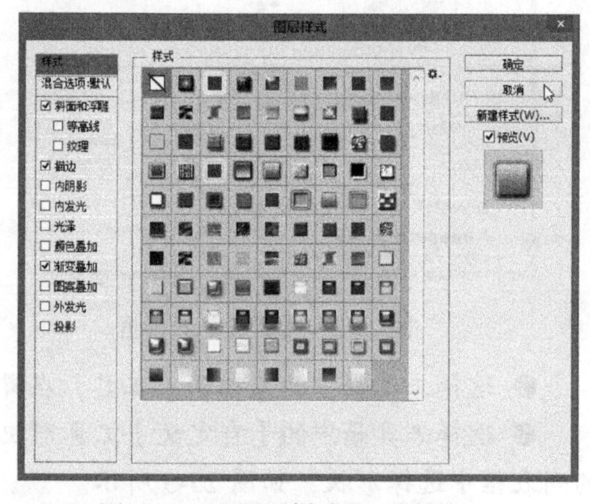

图 25-8　设置图层样式

图 25-9　【图层样式】对话框

❾ 单击【确定】按钮，设置图层样式效果，如图 25-10 所示。

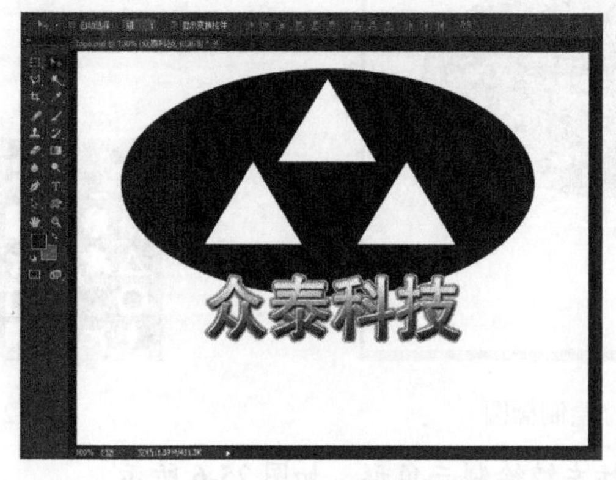

图 25-10　设置图层样式效果

25.2 网络广告的制作

网络广告的形式有很多种，包括图片广告、多媒体广告、超文本广告等，可以针对不同的企业、不同的产品、不同的客户对象，采用不同的广告形式。

25.2.1 网页广告设计要素

网络广告包括多种设计要素，如图像、动画、文字和超文本等，这些要素可以单独使用，也可以配合使用。

- 图像：网页中最常用的图像格式是 GIF 和 JPG，另外还有不常用的 PNG 图像格式。
- 电脑动画：动画是一种表现力极强的网络设计手段。电脑动画分为二维动画和三维动画。典型的二维动画制作软件如 Flash，它是一款专业的网页动画编辑软件，通过 Flash 制作的动画文件小，调用速度快且能实现交互功能。三维动画在网络广告中的应用能增强广告画面的视觉效果和层次感。
- 文字：在网络广告设计中，标题和内文的设计、编排都要用到文字。
- 数字影（音）像：数字影（音）像也被广泛应用在网络广告中。但是由于带宽的限制，数字影（音）像一般都经过高倍的压缩。虽然压缩会使音频、视频文件的精度在一定程度上损失，但是采取这种方法可以大大提高它们在网上的传输速度。

25.2.2 网络广告设计技巧

1.构思画面

一个好的网上广告应在网页中十分醒目、出众，使用户在随意浏览的几秒钟之内就能感觉到它的存在。为此，应充分发挥电脑图像和动画技术的特长，使广告具有强烈的视觉冲击力。旗帜广告的颜色可考虑多用明黄、橙红、天蓝等艳丽色，强调动画效果。从视觉原理上讲，动画比静态图像更能引人注目，有统计表明其吸引力会提高三倍。当然也要注意广告与网页内容与风格相融合，但一定要避免用户误将广告当成装饰画。

2. 构思广告语

- 标题展露最吸引人之处，力争开头抓住浏览者的注意力。
- 正文句子要简短、直截了当，尽量用短语，避免完整长句。
- 语句要口语化，不绕弯子。
- 可以适当运用感叹号，增强语气效果。
- 如果要引导用户从广告访问企业网站，应使用“请点击”或“C1ick”等文字。

3. 内容更换，常新常看

浏览者的注意力资源有限，应该尽力争取“回头客”，最基本的招数，就是经常更换内容。内容常新的广告，可以使经常访问网页的用户感觉到广告的存在，因为任何好的广告图像，如果用户看多了也会视而不见。统计表明，当广告图像不变时，点击率会逐步下降，而更换图像后，点击率又会上升。广告更新频率一般为两周一次。

在制作广告时，一定要考虑下载速度，图像要尽量少，容量应保持在10KB左右。

4. 定位目标受众

首先必须准确锁定目标受众，然后根据你的预算实际，寻找用户最可能光顾的网站媒体。如果广告预算不宽裕（大多数网上企业都是这样），那么重点是像新闻邮件、电子杂志之类的小型网上媒体，而不应是广告价位高昂的大型网上媒体。

因为数量庞大，企业选择的范围广阔，有些网站的受众面可能正是企业的目标受众，如果找准适合的网站，效果也出奇得好。企业选择网上媒体时要花点功夫。先做些短期测试，以确定选择了最佳广告载体。

25.2.3 实战演练2——制作宣传广告

本例讲述制作宣传广告，效果如图25-11所示，具体操作步骤如下。

原始文件	CH25/1.gif~7.gif
最终文件	CH25/宣传广告.psd
学习要点	制作宣传广告

图25-11 宣传广告

❶ 启动Photoshop CC，选择菜单中的【文件】|【新建】命令，弹出【新建】对话框，在该对话框中将【宽度】设置为800，【高度】设置为480，如图25-12所示。

❷ 单击【确定】按钮，新建空白文档，如图25-13所示。

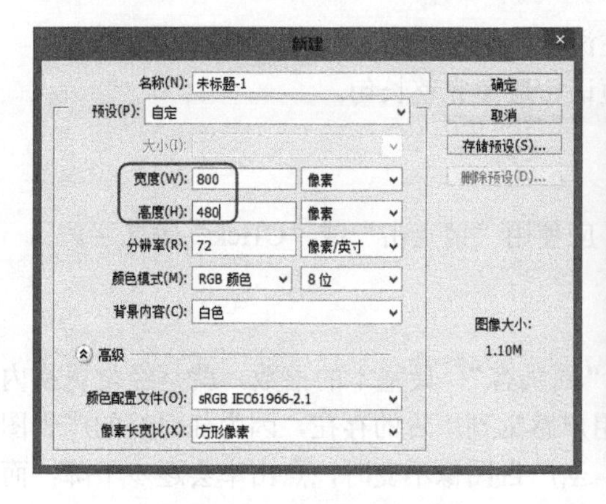

图25-12 【新建】对话框

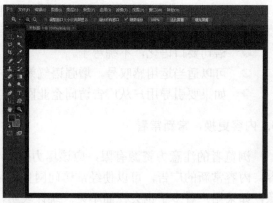

图25-13 新建空白文档

❸ 选择工具箱中的【渐变】工具，在选项栏中单击【点按可编辑渐变】按钮，弹出【渐变编辑器】对话框，设置渐变颜色，如图 25-14 所示。

❹ 单击【确定】按钮，设置渐变颜色，按住鼠标从上往下拖动填充背景颜色，如图 25-15 所示。

图 25-14 设置渐变颜色

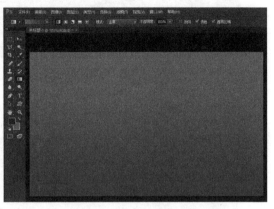

图 25-15 填充背景颜色

❺ 选择工具箱中的【画笔】工具，在选项栏中单击画笔后面的按钮，在弹出的列表中选择画笔，如图 25-16 所示。

❻ 在舞台中单击绘制画笔形状，如图 25-17 所示。

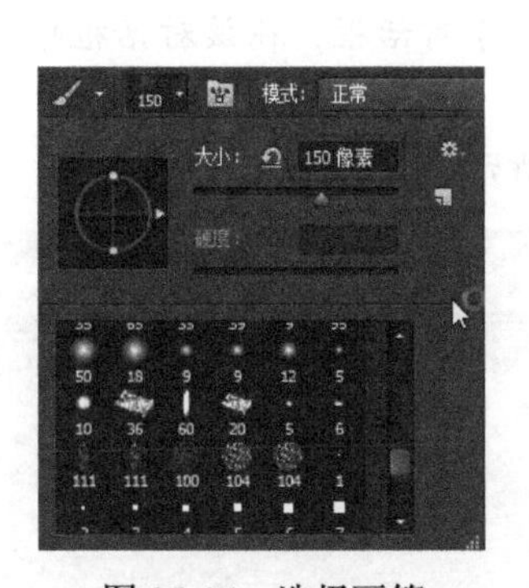

图 25-16 选择画笔

图 25-17 绘制画笔形状

❼ 在舞台中按住鼠标左键在舞台右侧绘制画笔形状，如图 25-18 所示。

❽ 选择工具箱中的【自定义形状】工具，在选项栏中单击【形状】按钮，在弹出的列表框中选择合适的形状，如图 25-19 所示。

❾ 在舞台中按住鼠标左键绘制椭圆，如图 25-20 所示。

❿ 打开【图层】面板，将【不透明度】设置为 40%，在舞台中按住 Shift 键绘制直线，如图 25-21 所示。

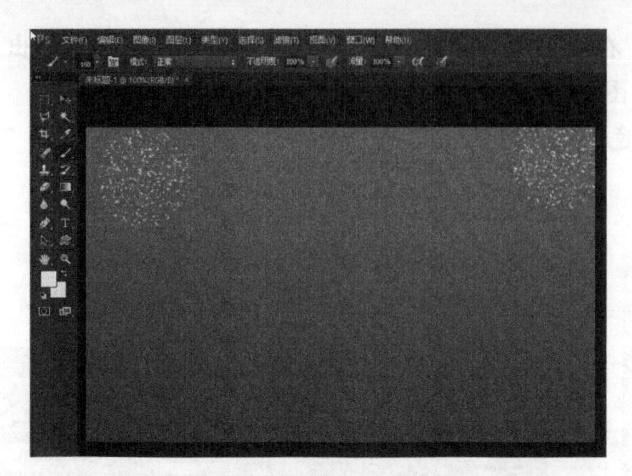

图 25-18　绘制画笔形状

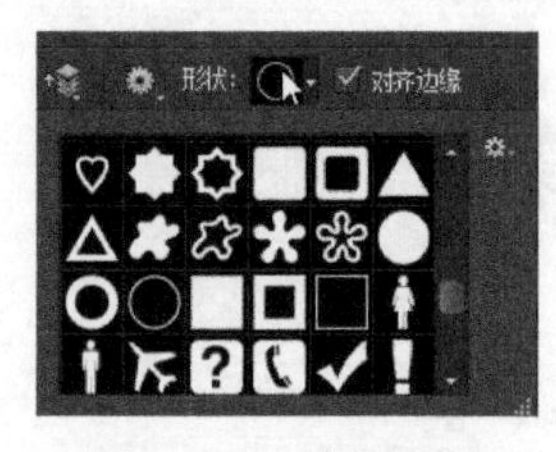

图 25-19　选择形状

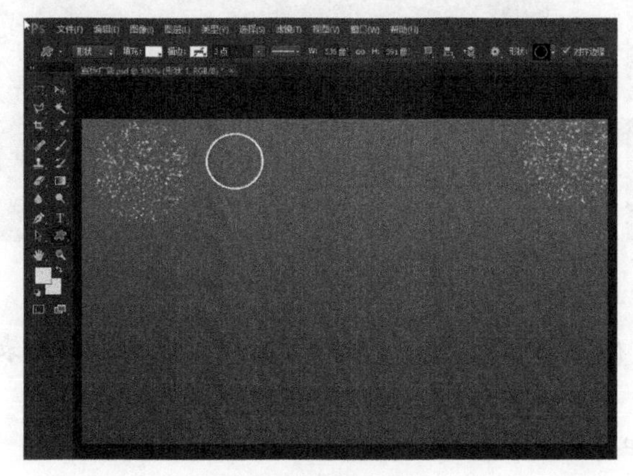

图 25-20　绘制椭圆

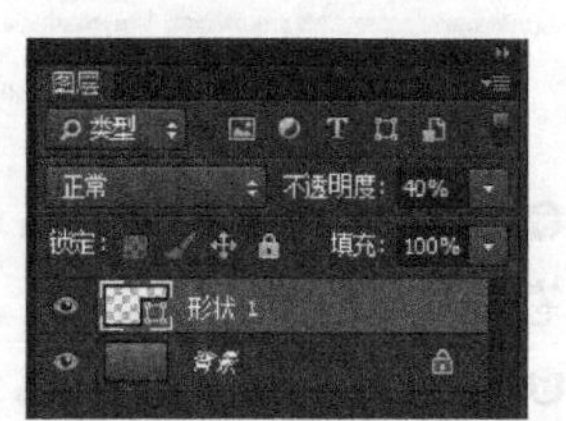

图 25-21　绘制直线

⓫ 选择菜单中的【文件】|【置入】命令，弹出【置入】对话框，在该对话框中选择图像文件“6.gif”，如图 25-22 所示。

⓬ 单击【置入】命令，置入图像文件，如图 25-23 所示。

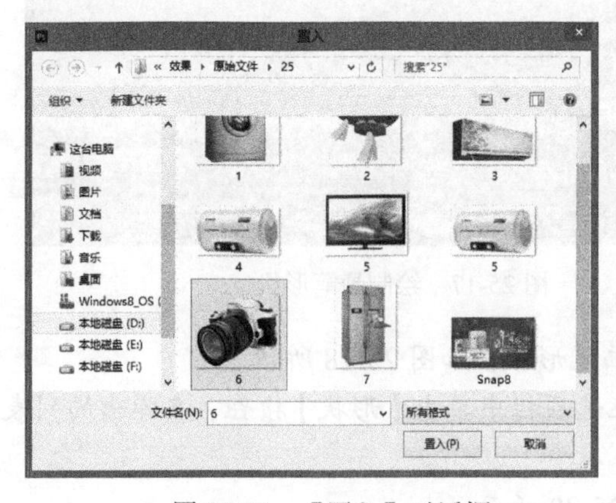

图 25-22　【置入】对话框

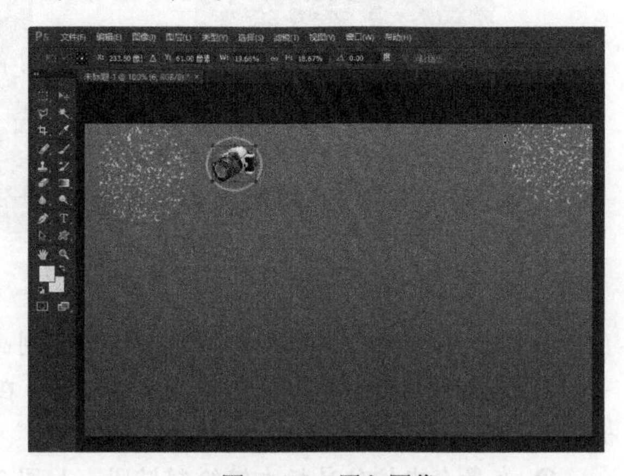

图 25-23　置入图像

⓭ 打开【图层】面板，将【不透明度】设置为 40%，如图 25-24 所示。

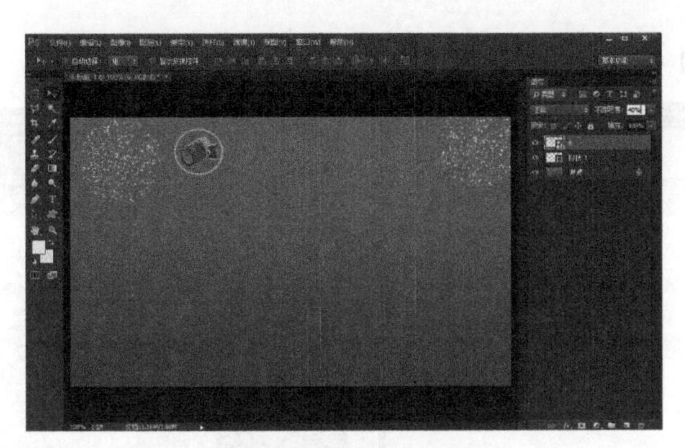

图 25-24 设置不透明度

⑭ 同步骤 9~13，绘制椭圆，设置椭圆的不透明度，并导入两个图像，设置图像的【不透明度】为 40%，如图 25-25 所示。

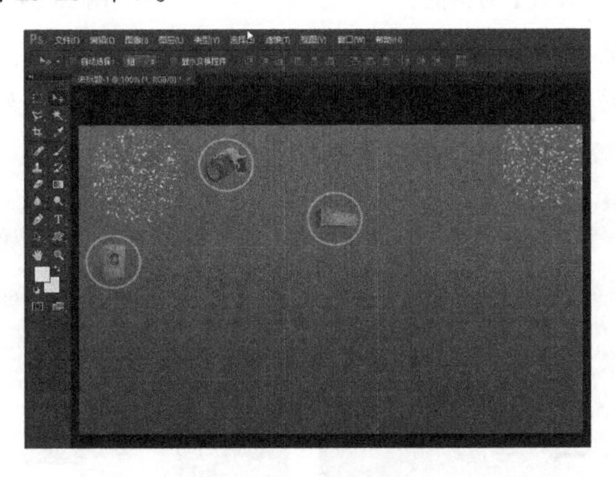

图 25-25 导入图像

⑮ 同步骤 11，导入其余的商品图片，如图 25-26 所示。

⑯ 选择工具箱中的【横排文字】工具，在舞台中输入“年货盛惠”，如图 25-27 所示。

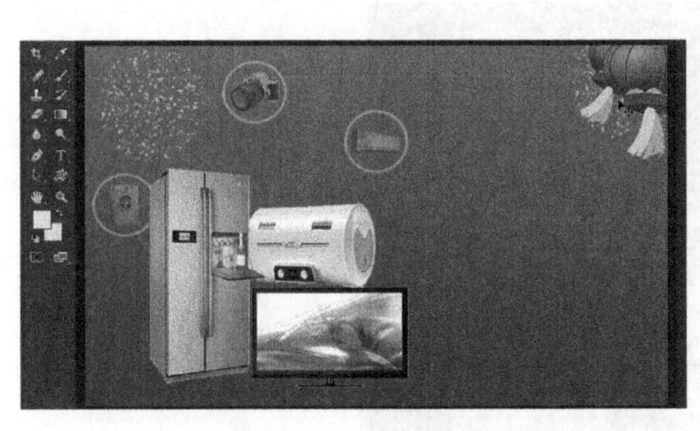

图 25-26 导入图像

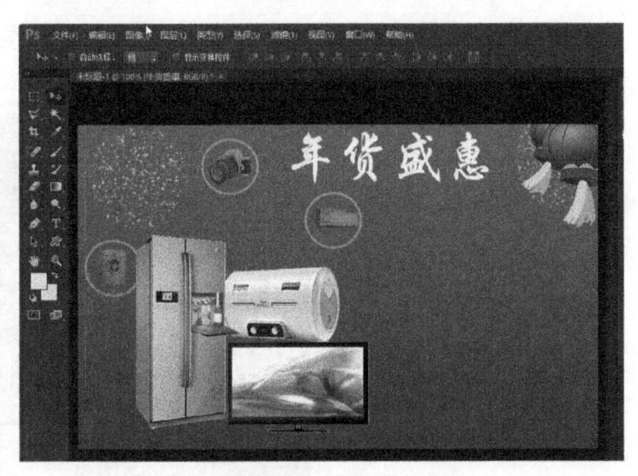

图 25-27 输入文字

⑰ 选择菜单中的【图层】|【图层样式】|【描边】命令，弹出【图层样式】对话框，设置描边颜色，如图 25-28 所示。

⑱ 单击【确定】按钮，设置图层样式效果，如图 25-29 所示。

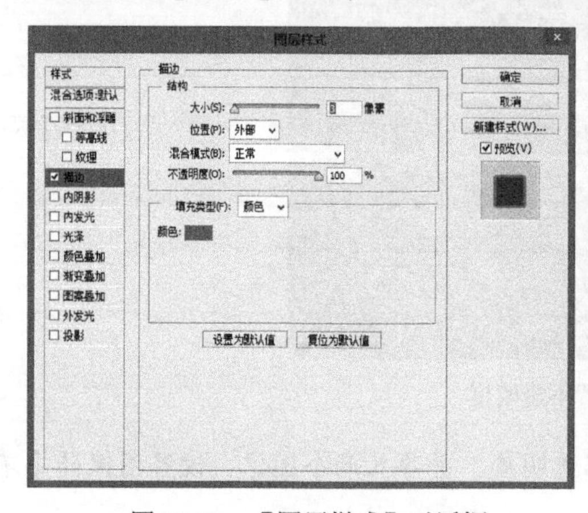

图 25-28 【图层样式】对话框

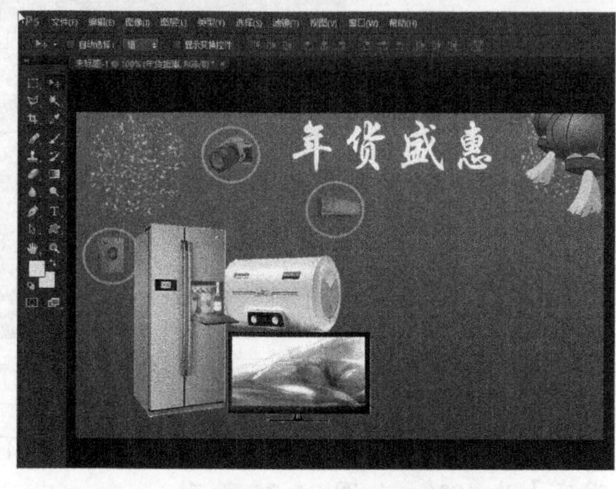

图 25-29 设置图层样式

⑲ 选择工具箱中的【横排文字】工具，在舞台中输入广告文字，如图 25-30 所示。

⑳ 选择工具箱中的【矩形】工具，在舞台中绘制黄色的矩形，如图 25-31 所示。

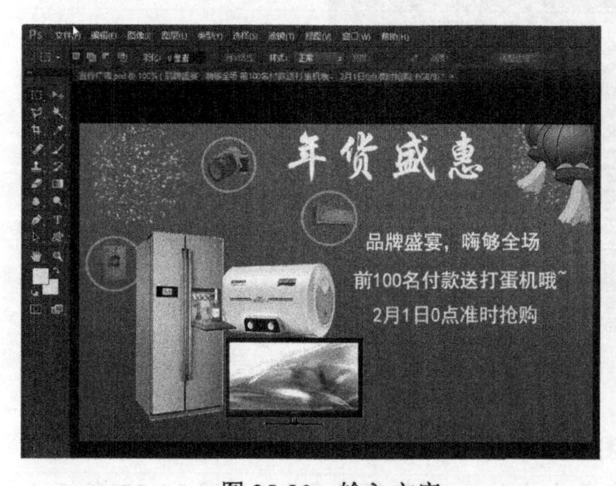

图 25-30 输入文字

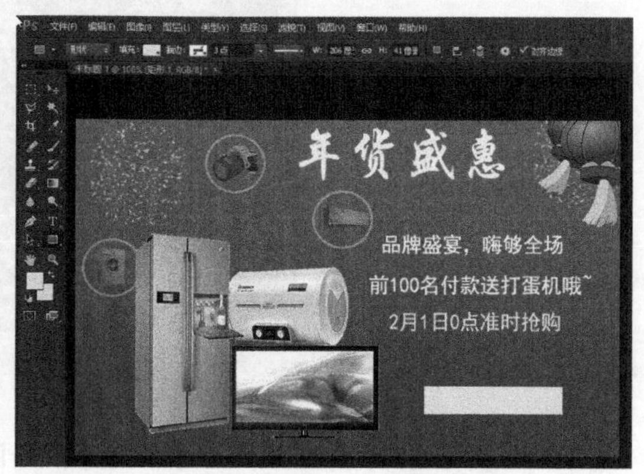

图 25-31 绘制矩形

㉑ 选择工具箱中的【横排文字】工具，在黄色矩形上面输入文字，如图 25-32 所示。

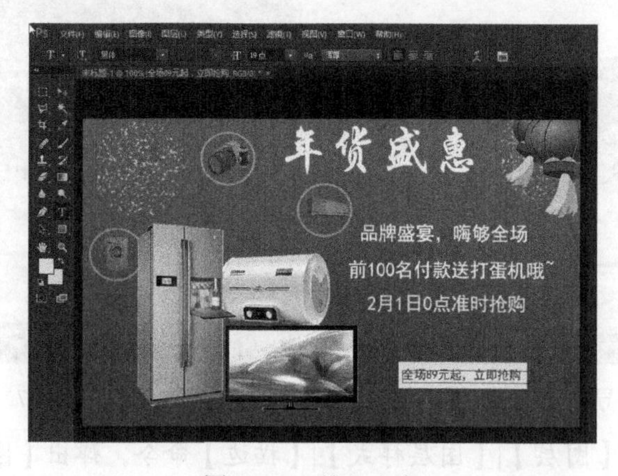

图 25-32 输入文字

25.3 网页切片输出

切片就是将一幅大图像分割为一些小的图像切片，然后在网页中通过没有间距和宽度的表格，重新将这些小的图像没有缝隙地拼接起来，成为一幅完整的图像。这样做可以减小图像的大小，加快网页加载速度，还能将图像的一些区域用 HTML 来代替。

25.3.1 创建切片

切片工具主要用于切割图像，具体操作步骤如下。

原始文件	CH25/切片.jpg
最终文件	CH25/切片.html
学习要点	创造切片

❶ 打开图像文件“切片.jpg”，选择工具箱中的【切片】工具，如图 25-33 所示。

❷ 在图像上按住鼠标左键，拖动到合适的切片大小，如图 25-34 所示。

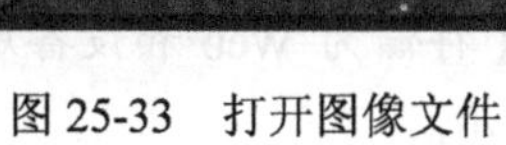

图 25-33 打开图像文件

图 25-34 绘制切片

25.3.2 编辑切片

切片工具可以用来编辑切片，右击在弹出的【快捷菜单】中进行设置，具体操作步骤如下。

❶ 在绘制的切片上面，单击鼠标右键，在弹出的列表中选择【编辑切片选项】，如图 25-35 所示。

❷ 弹出【切片选项】对话框，在该对话框中可以设置相应的参数，如图 25-36 所示。

❸ 单击鼠标右键，在弹出的快捷菜单中选择【划分为】命令，弹出【划分切片】对话框，将【水平划分为】5 个纵向切片，均匀分隔，【垂直划分为】6 个横向切片，均匀分隔，如图 25-37 所示。

❹ 单击【确定】按钮，即可划分切片，如图 25-38 所示。

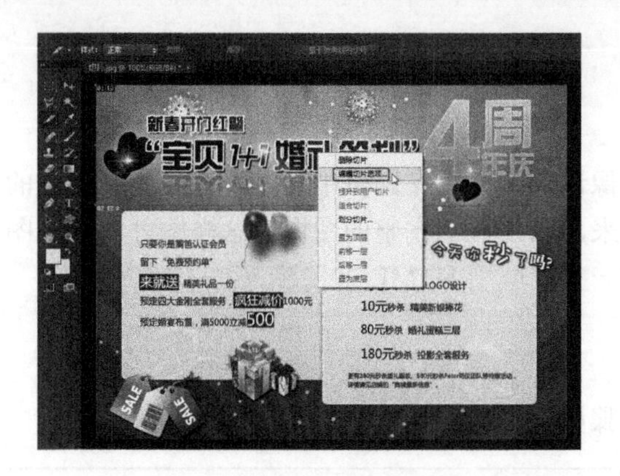

图 25-35 选择【编辑切片选项】

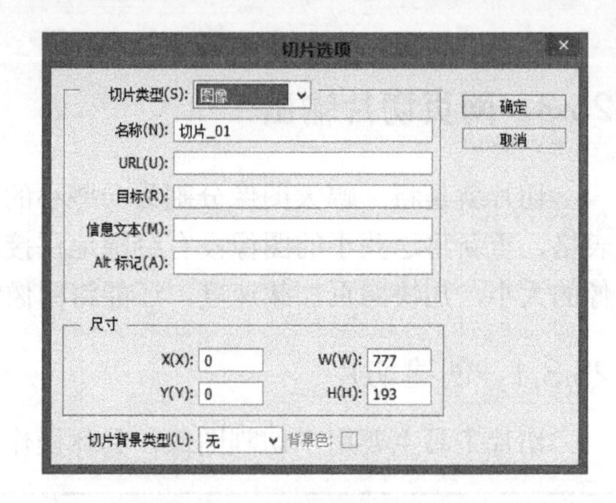

图 25-36 【切片选项】对话框

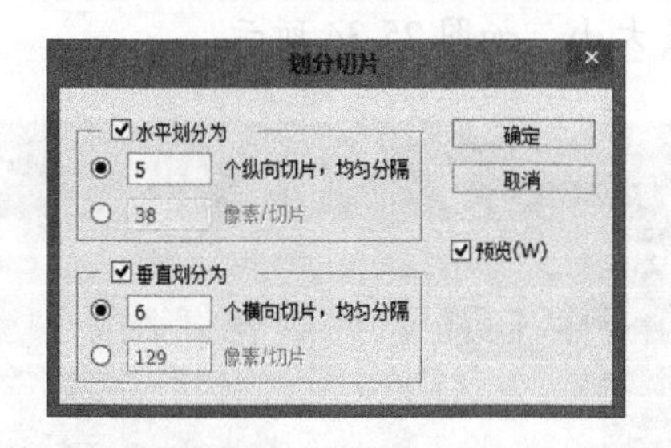

图 25-37 【划分切片】对话框

图 25-38 划分切片

25.3.3 优化和输出切片

下面讲述优化和输出切片，具体操作步骤如下。

❶ 在图像上设置好切片后，选择菜单中的【文件】|【存储为 Web 和设备所用格式】命令，弹出【存储为 Web 所用格式】对话框，如图 25-39 所示。

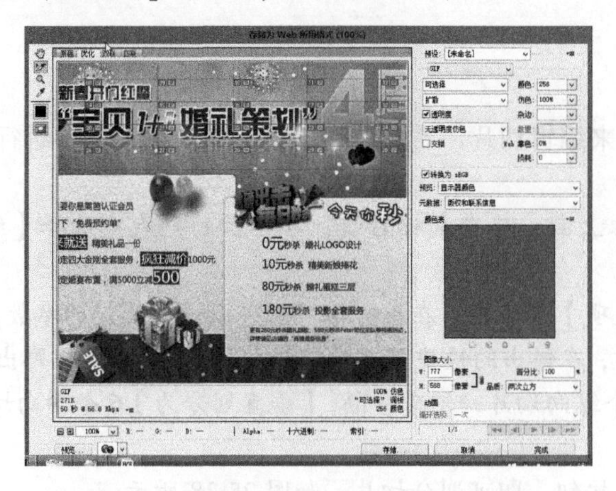

图 25-39 【存储为 Web 所用格式】对话框

❷ 在对话框中各个切片都作为独立文件存储，并具有各自独立的设置和颜色调板，单击【存储】按钮，弹出【将优化结果存储为】对话框，如图 25-40 所示。

❸ 单击【保存】按钮，同时创建一个文件夹，用于保存各个切片生成的文件，双击【切片.html】预览效果，如图 25-41 所示。

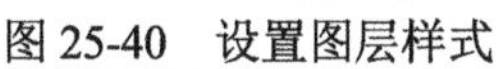
图 25-40 设置图层样式

图 25-41 预览效果

实战演练 3——设计网站主页

本例主要讲述设计网站主页效果如图 25-42 所示，具体操作步骤如下。

原始文件	CH25/shouye.jpg
最终文件	CH25/网站主页.psd
学习要点	设计网站主页

❶ 选择菜单中的【文件】|【新建】命令，弹出【新建】对话框，在该对话框中将【宽度】设置为 1000，【高度】设置为 700，如图 25-43 所示。

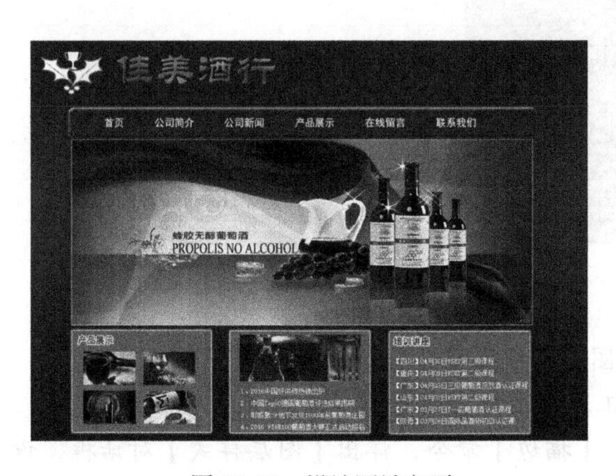

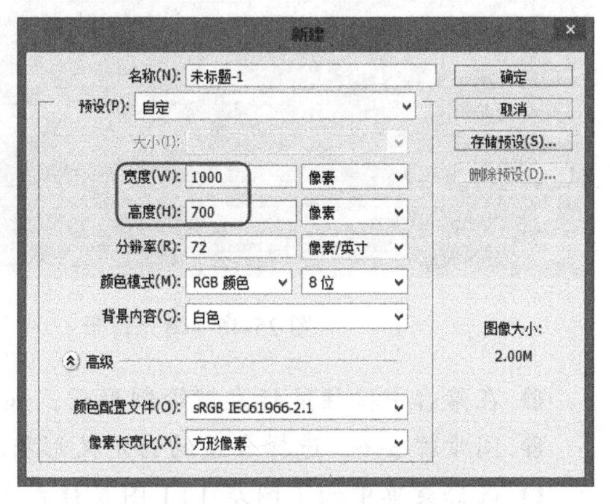

图 25-42 设计网站主页

图 25-43 【新建】对话框

❷ 单击【确定】按钮，新建文档，如图 25-44 所示。

❸ 选择工具箱的【渐变】工具，单击选项栏中的【点按可编辑渐变】按钮，弹出【渐变编辑器】对话框，设置渐变颜色，如图 25-45 所示。

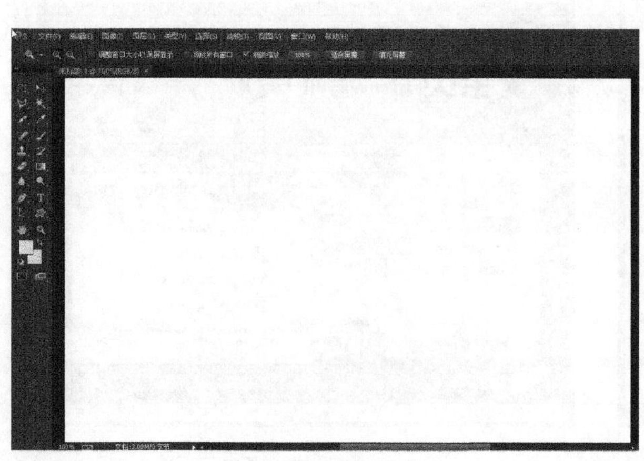

图 25-44　新建文档

图 25-45　设置渐变颜色

❹ 在舞台中按住鼠标左键从上往下拖动填充背景，如图 25-46 所示。

❺ 选择工具箱中的【自定义形状】工具，在选项栏的【形状】中选择相应的形状，如图 25-47 所示。

图 25-46　填充背景

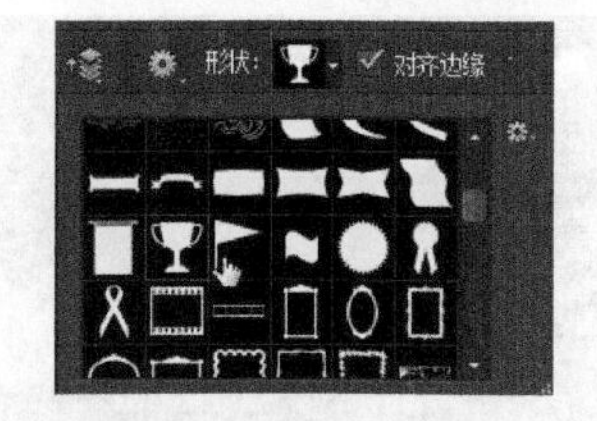

图 25-47　选择形状

❻ 在舞台中按住鼠标左键绘制形状，如图 25-48 所示。

❼ 同步骤 5~6，选择合适的自定义形状工具，在舞台中绘制形状，如图 25-49 所示。

❽ 选择菜单中的【图层】|【图层样式】|【描边】命令，弹出【图层样式】对话框，设置描边效果，如图 25-50 所示。

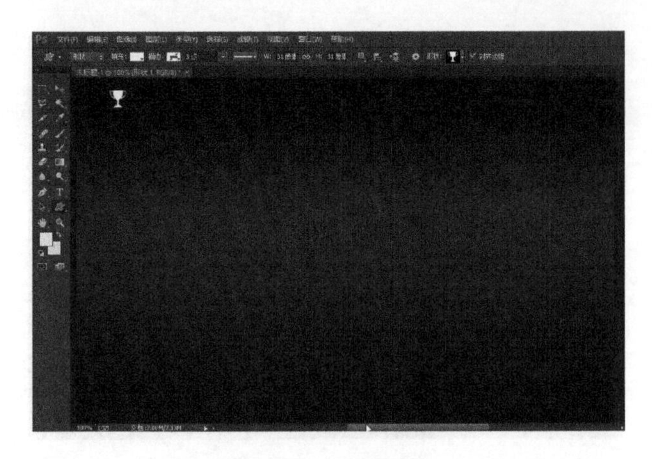

图 25-48　绘制形状

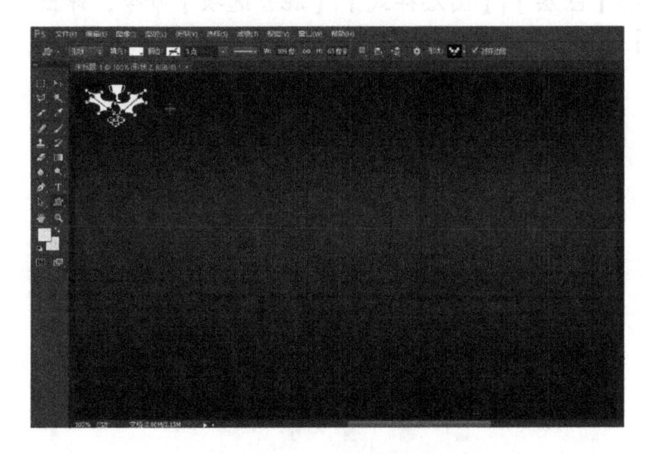

图 25-49　绘制形状

❾ 单击【确定】按钮，设置描边效果，如图 25-51 所示。

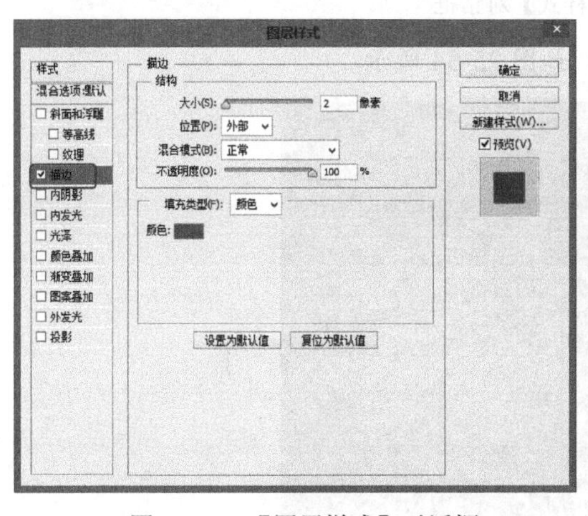

图 25-50　【图层样式】对话框　　　　图 25-51　设置描边效果

❿ 选择工具箱中的【横排文字】工具，在舞台中输入文字“佳美酒行”，如图 25-52 所示。

图 25-52　输入文本

⓫ 选择菜单中的【图层】|【图层样式】|【混合选项】命令，弹出【图层样式】对话框，单击左侧的【样式】选项，选择合适的样式，如图 25-53 所示。

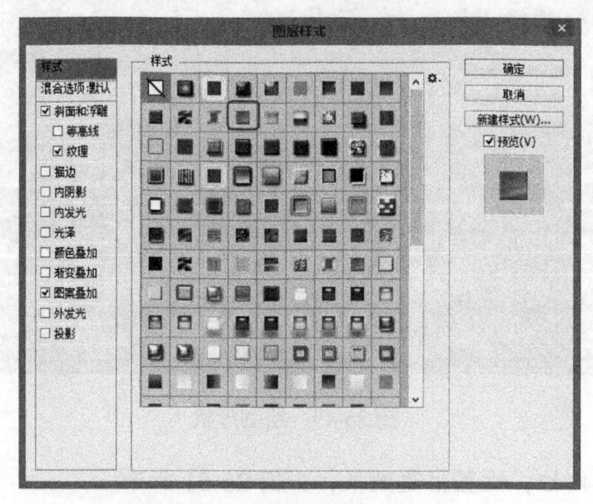

图 25-53　【图层样式】对话框

⓬ 单击【确定】按钮，设置图层样式效果，如图 25-54 所示。

图 25-54　设置图层样式效果

⑬ 选择工具箱中的【圆角矩形】工具，在舞台中绘制圆角矩形，如图 25-55 所示。

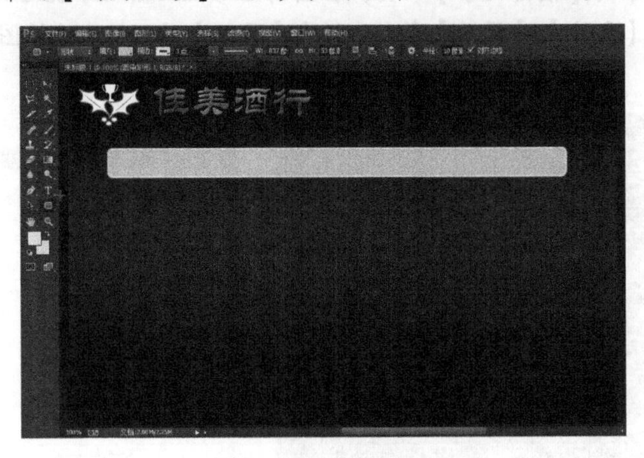

图 25-55 绘制圆角矩形

⑭ 选择菜单中的【图层】|【图层样式】|【混合选项】命令，弹出【图层样式】对话框，单击左侧的【样式】选项，选择合适的样式，如图 25-56 所示。

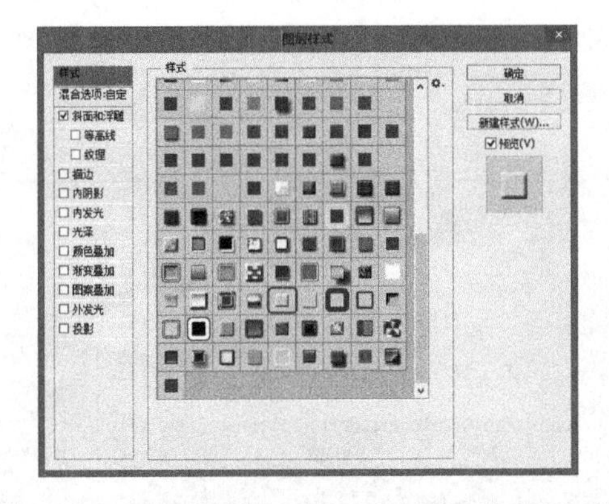

图 25-56 输入文本

⑮ 单击【确定】按钮，设置图层样式效果，图 25-57 所示。

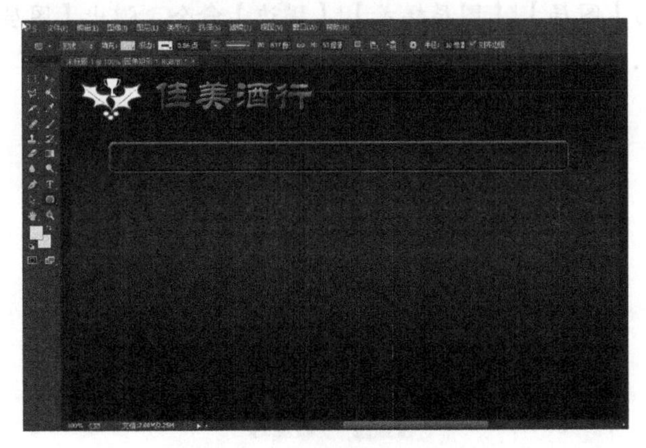

图 25-57 设置图层样式效果

⑯ 选择工具箱中的【横排文字】工具，在圆角矩形上面输入导航文本，如图 25-58 所示。

⑰ 选择菜单中【文件】|【置入】命令，弹出【置入】对话框，选择图像文件 shouye.jpeg，如图 25-59 所示。

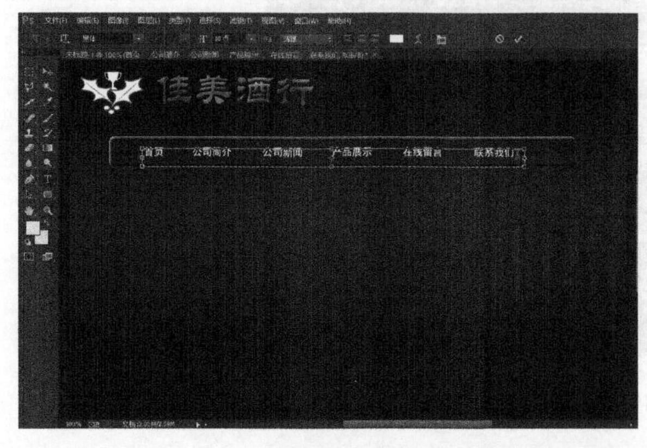

图 25-58　输入导航文本

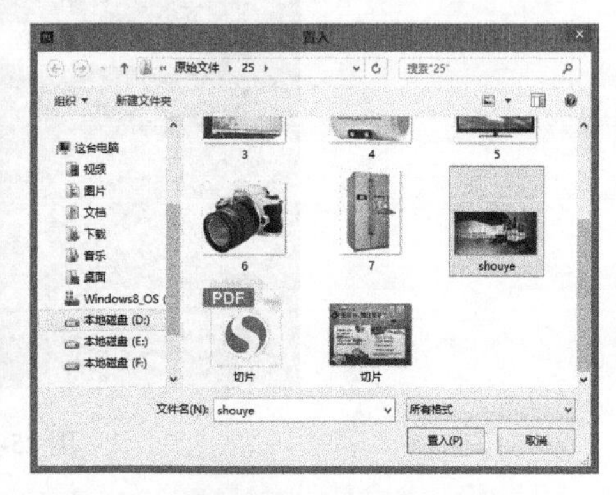

图 25-59　【置入】对话框

⑱ 单击【确定】按钮，置入图像文件，将其拖到合适的位置，如图 25-60 所示。

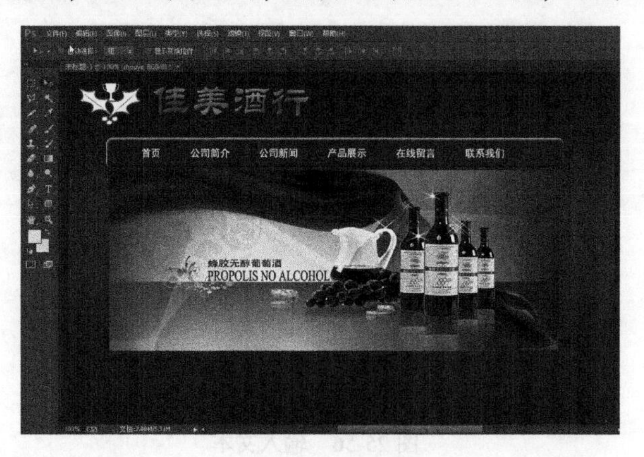

图 25- 60　拖入图像

⑲ 选择菜单中的【图层】|【图层样式】|【描边】命令，弹出【图层样式】对话框，设置描边颜色和描边大小，如图 25-61 所示。

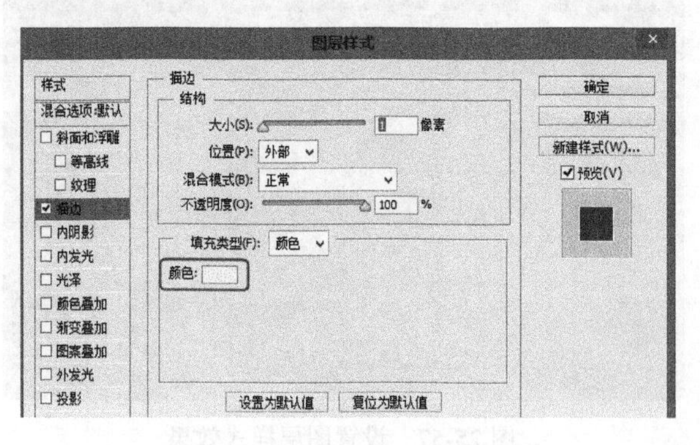

图 25-61　【图层样式】对话框

⑳ 单击【确定】按钮，设置图层样式效果，如图 25-62 所示。

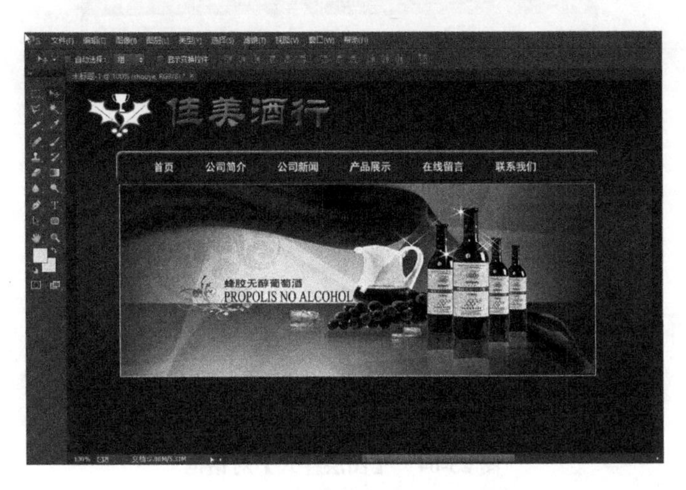

图 25-62　设置图层样式效果

㉑ 选择工具箱中的【矩形】工具，在舞台中绘制矩形，然后设置描边效果，如图 25-63 所示。

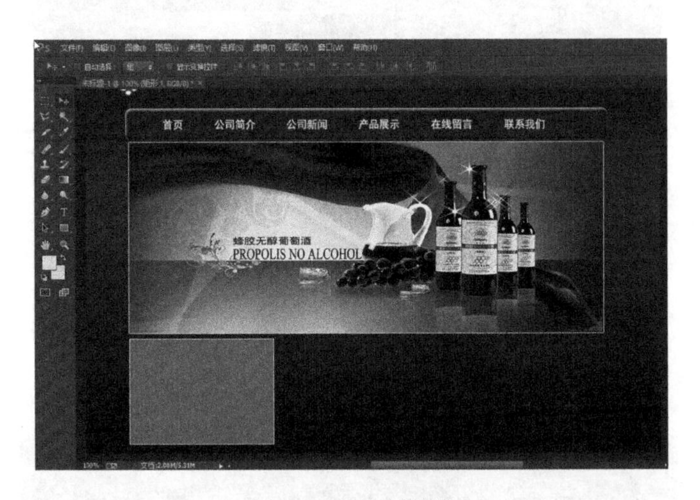

图 25-63　绘制矩形

㉒ 选择菜单中的【图层】|【图层样式】|【外发光】命令，弹出【图层样式】对话框，设置外发光效果，如图 25-64 所示。

㉓ 单击【确定】按钮，设置图层样式按钮，如图 25-65 所示。

㉔ 同步骤 21~23，绘制其余的两个同样的矩形，如图 25-66 所示。

㉕ 选择工具箱中的【横排文字】工具，在舞台中输入文字“产品展示”，并设置描边效果，如图 25-67 所示。

㉖ 选择菜单中的【文件】|【置入】命令，弹出【置入】对话框，置入图像文件，将其拖动到第一个矩形上面，如图 25-68 所示。

㉗ 在第二个矩形上面置入图像和输入相应的文本，如图 25-69 所示。

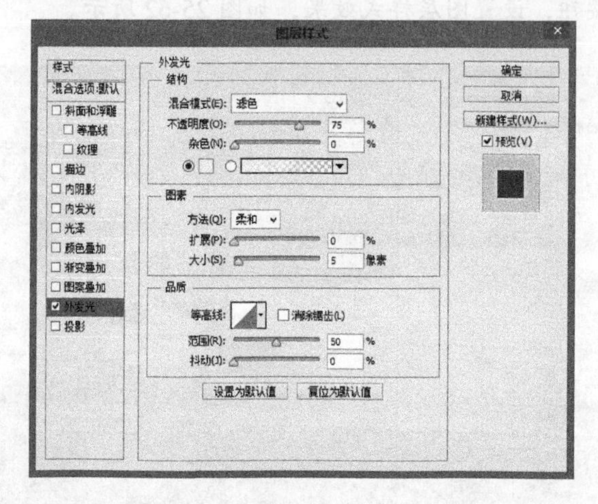

图 25-64 【图层样式】对话框

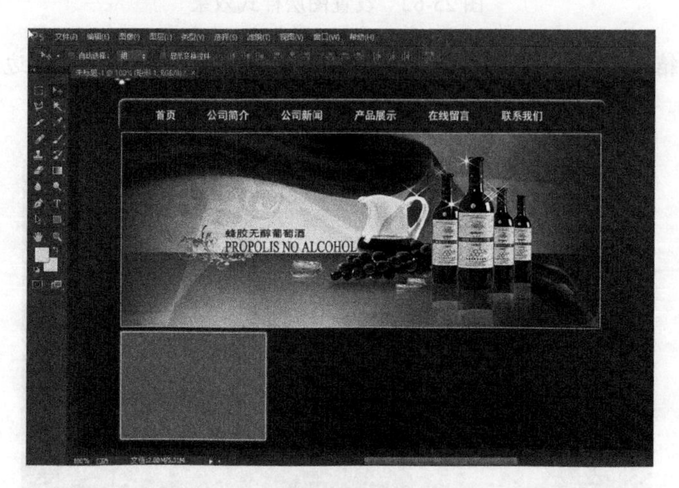

图 25-65 设置图层样式按钮

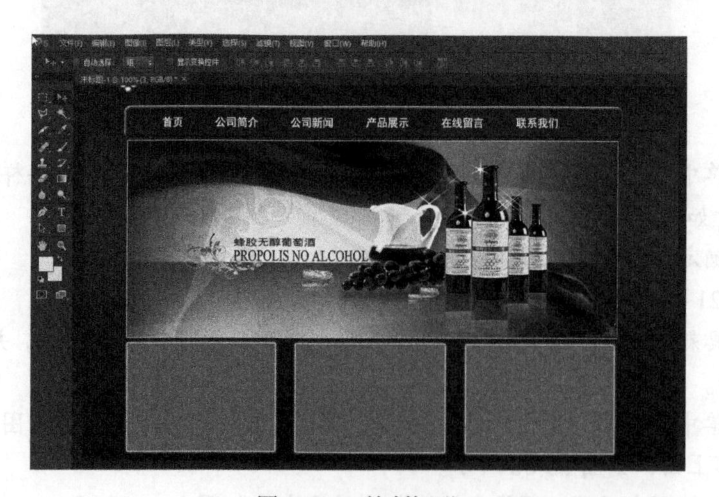

图 25-66 绘制矩形

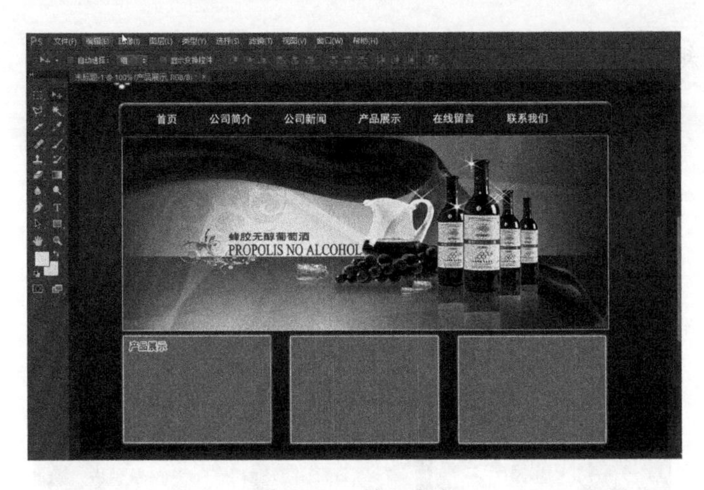

图 25-67　输入文字

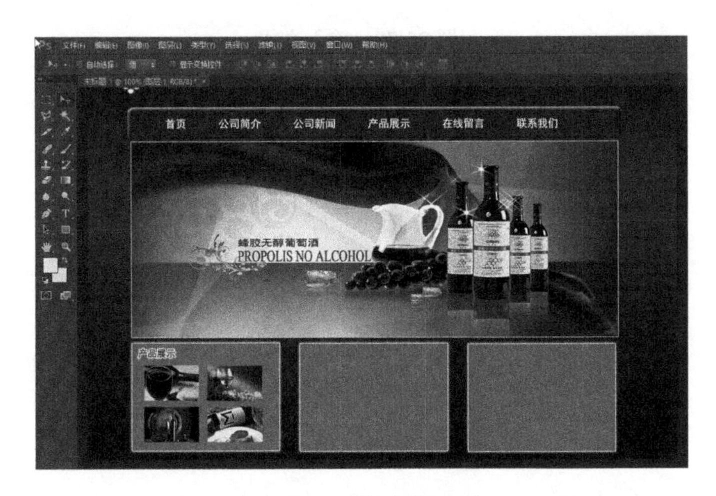

图 25-68　置入图像文件

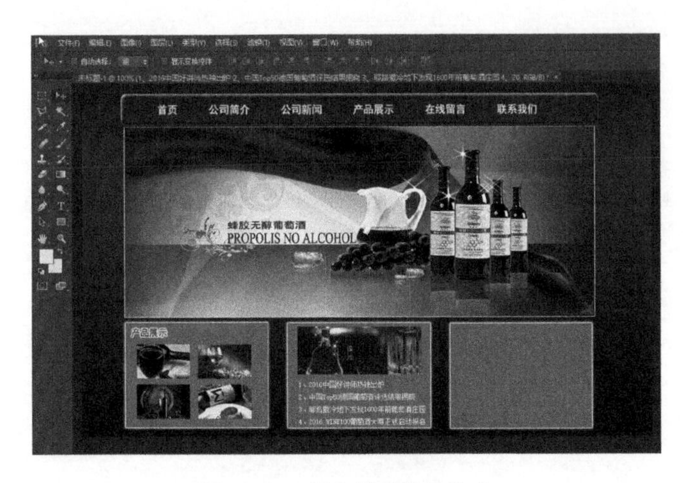

图 25-69　置入图像输入文本

㉘ 在第三个矩形上面输入文本，如图 25-70 所示。

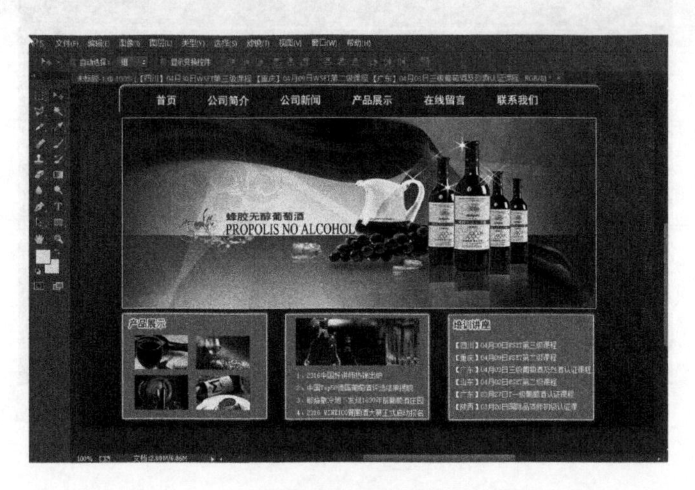

图 25-70　输入文本

第7部分

网站综合案例篇

第26章

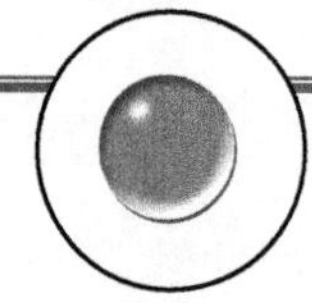

企业网站制作综合实例

随着网络的普及和飞速发展，企业拥有自己的网站已是必然趋势，网站不仅是企业宣传产品和提供服务的窗口，同时也是企业相互竞争的新战场。网站是企业在因特网上的标志，在因特网上建立自己的网站，通过网站宣传产品和服务，与用户及其他企业建立实时互动的信息交换，达到生产、流通、交换、消费各环节的电子商务，最终实现企业经营管理全面信息化。

学习目标

- 网站规划
- 设计网站首页
- 利用 CSS+Div 布局主页

26.1 网站规划

建立网站之前，要有明确的目的，即所要建立的网站的作用是什么，服务的对象是哪些群体，要为浏览者提供怎样的服务。只有规划好了网站，才可能建成一个成功的网站。

26.1.1 网站需求分析

企业网站是以企业为主体而构建的网站，域名一般为.com。由于大多数传统企业离开展电子商务还很远，因此信息发布型的网站还是企业网站的主流形式，因此信息内容显得更为重要，该类型网站主要包括公司介绍、产品、服务等几个方面。网站采用国际上流行的网站风格，布局清晰明了，干净简洁，颜色以蓝色、白色等为主，使网站看起来大气。网站表现形式要独具创意，充分展示企业形象。并将最吸引人的信息放在主页比较显著的位置，尽量能在最短的时间内吸引客户的注意力，从而让客户有兴趣浏览一些详细的信息。整个设计要给浏览者一个清晰的导航，方便其操作。

在企业网站的设计中，既要考虑商业性，也要虑到艺术性。企业网站是商业性和艺术性的结合，同时网站也是一个企业文化的载体，通过视觉的元素，承接企业的文化和企业的品牌。好的网站设计，有助于企业树立好的社会形象，也能比其他的传播媒体更好、更直观地展示企业的产品和服务。好的企业网站首先看商业性，就是直接为企业推广提供的服务，为了完成企业商业目的进行的设计就是商业性设计，包括功能设计、栏目设计、页面设计等。和商业性相对应的就是艺术性，艺术性要求怎么更好地传达信息，怎样让浏览者更好地接触信息，怎样给浏览者创造一个愉悦的视觉环境，留住浏览者视线等。

企业宣传类网站可以分为以下几类。

1. 以形象为主的企业网站

互联网作为新经济时代一种新型传播媒体，在企业宣传中发挥着越来越重要的地位，成为公司以最低的成本在更广的范围内宣传企业形象、开辟营销渠道、加强客户沟通的一项必不可少的重要工具。

设计这类网站时要参考一些大型同行业网站，多吸收他们的优点，以公司自己的特色进行设计，整个网站要以国际化为主。以企业形象及行业特色加上动感音乐作片头动画，每个页面配以栏目相关的动画衬托，通过良好的网站视觉创造一种独特的企业文化。

2. 以产品为主的企业网站

绝大多数企业网站是为了介绍自己的产品，中小型企业尤为如此，在公司介绍栏目中只有一页文字，而产品栏目则是大量的图片和文字。以产品为主的企业网站可以把主推产品放置在网站首页。产品资料分类整理，附带详细说明，使客户能够看明白。如果公司产品比较多，最好采用动态更新的方式添加产品介绍和图片，通过后台来控制前台信息。

为了醒目，可以分出两个导航条，把产品导航放在明显的地方，或是用特殊样式的导航按钮标注出产品分类。网页的插图应以体现产品为主，营造企业形象为辅，这两方面尽量协调到位。

3. 信息量大的企业站点

很多企业不仅仅需要树立良好的企业形象，还需要建立自己的信息平台。有实力的企业逐渐把网站做成一种以其产品为主的交流平台。一方面，网站的信息量大、结构设计要大气简洁，保证速度和节奏感；另一方面，它不同于单纯的信息型网站，从内容到形象都应该围绕公司的一切，既要大气又要有特色。

26.1.2 确定网站的版式设计

网页设计作为一种视觉语言，要讲究编排和布局，虽然主页的设计不等同于平面设计，但它们有许多相近之处，应充分加以利用和借鉴。版式设计通过文字和图像的空间组合，表达出和谐与美。一个优秀的网页设计师也应该知道哪一段文字图像该落于何处，才能使整个网页生辉。多页面站点页面的编排设计要求把页面之间的有机联系反映出来，特别要处理好页面之间和页面内的秩序与内容的关系。为了达到最佳的视觉表现效果，应讲究整体布局的合理性，使浏览者有一个流畅的视觉体验。

26.1.3 确定网站主要色彩搭配

色彩是艺术表现的要素之一。在网页设计中，根据和谐、均衡和重点突出的原则，将不同的色彩进行组合、搭配，来构成美丽的页面。根据色彩对人们心理的影响，合理地加以运用。按照色彩的记忆性原则，一般暖色较冷色的记忆性强；色彩还具有联想与象征的性质，如红色象征积极、阳光；蓝色象征大海、天空和水面等。网页的颜色应用并没有数量的限制，但不能毫无节制地运用多种颜色。

在色彩的运用过程中，还应注意的一个问题是：由于国家和种族的不同、宗教和信仰的不同，以及生活的地理位置、文化修养的差异等，不同的人群对色彩的喜恶程度有着很大的差异。如儿童喜欢对比强烈、个性鲜明的纯颜色；生活在草原上的人喜欢红色；生活在闹市中的人喜欢淡雅的颜色；生活在沙漠中的人喜欢绿色。在设计中要考虑主要浏览者的背景和构成。

26.2 设计网站封面型首页

一个网站的首页是这个网站的门面。浏览者第一次来到网站首先看到的就是首页，所以首页的好坏对整个网站的影响非常大。

26.2.1 设计网站首页

网站首页是关于网站的建设及形象宣传，它对网站生存和发展起着非常重要的作用。在任何网站上，首页都是最重要的页面，会有比其他页面更大的访问量。下面使用 Photoshop CC 设计网站的封面型首页，如图 26-1 所示，具体操作步骤如下。

图 26-1　网站首页

原始文件	CH26/1.jpg~4.jpg
最终文件	CH26/首页.jpg
学习要点	设计网站首页

❶ 启动 Photoshop CC，选择菜单中的【文件】|【新建】命令，弹出【新建】对话框，在该对话框中将【宽度】设置为 800，【高度】设置为 1200，如图 26-2 所示。

❷ 单击【确定】按钮，新建空白文档，如图 26-3 所示。

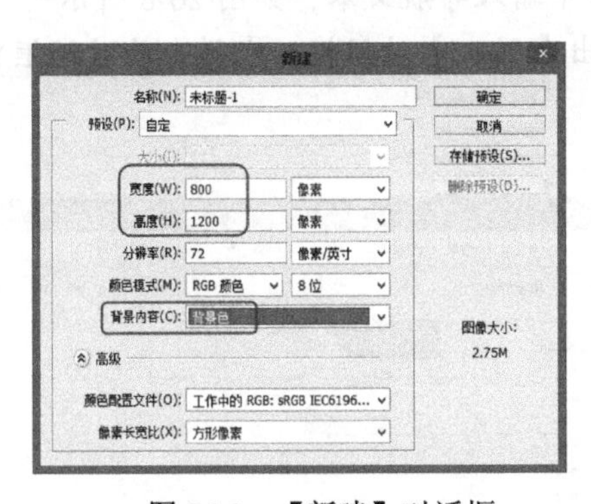

图 26-2 【新建】对话框

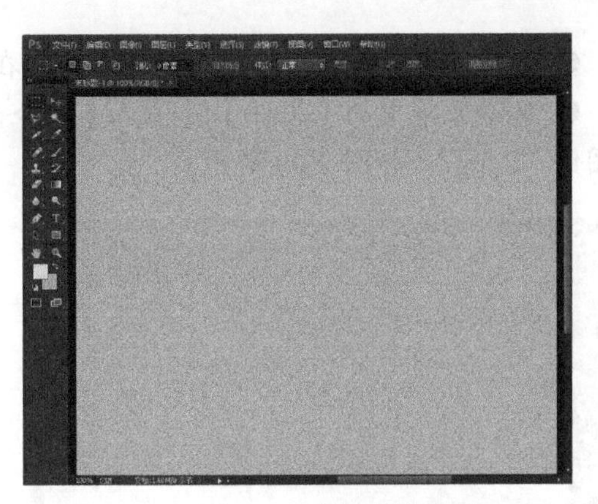

图 26-3 新建空白文档

❸ 选择工具箱中的【横排文字】工具，在舞台中输入文字“一诺装饰”，如图 26-4 所示。

❹ 选择菜单中的【图层】|【图层样式】|【描边】命令，弹出【图层样式】对话框，设置描边颜色和大小，如图 26-5 所示。

图 26-4 输入文字

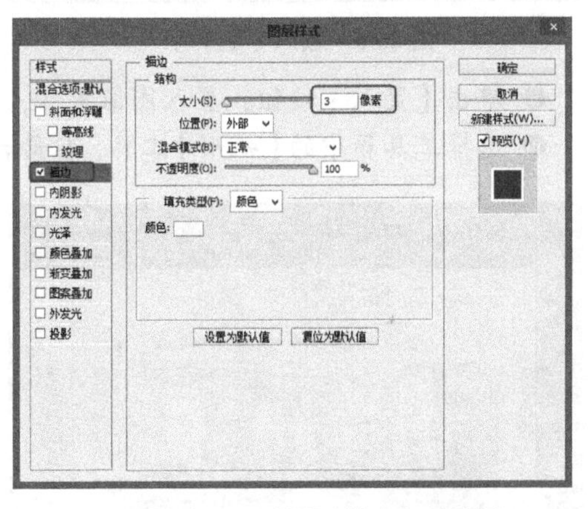

图 26-5 【图层样式】对话框

❺ 单击【确定】按钮，设置图层样式效果，如图 26-6 所示。

❻ 选择工具箱中的【矩形】工具，在选项栏中将【填充】颜色设置为#ecdace，将描边设置为虚线，在舞台中绘制矩形，如图 26-7 所示。

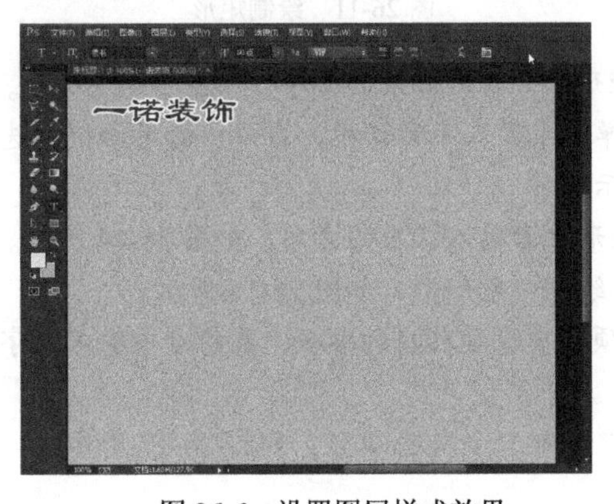

图 26-6 设置图层样式效果

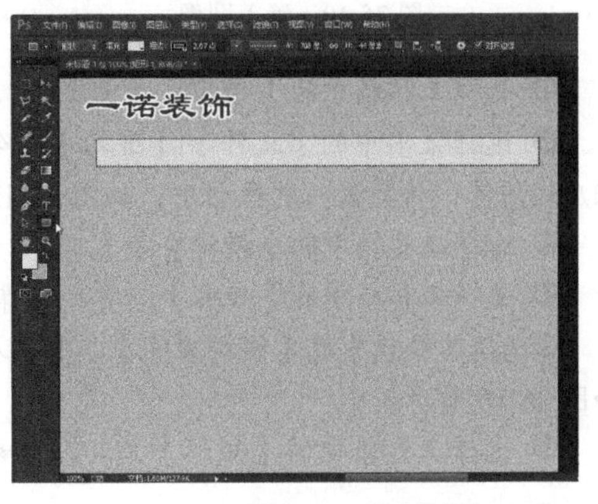

图 26-7 绘制矩形

❼ 选择工具箱中的【横排文字】工具，在舞台中输入导航文本，如图 26-8 所示。

❽ 选择菜单中的【文件】|【置入】命令，弹出【置入】对话框，在弹出的对话框中选择图像“2.jpg”，如图 26-9 所示。

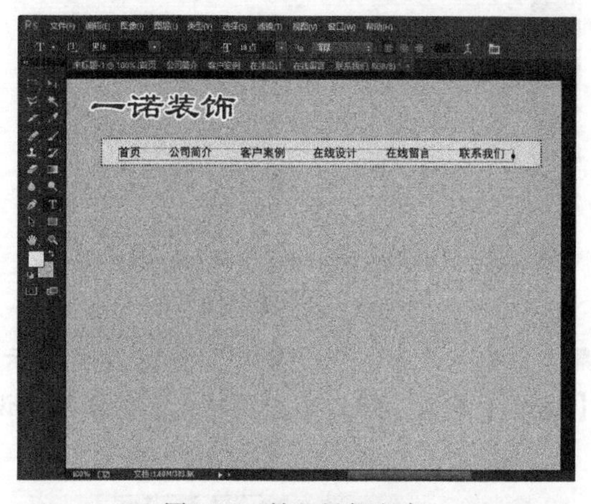

图 26-8 输入导航文本

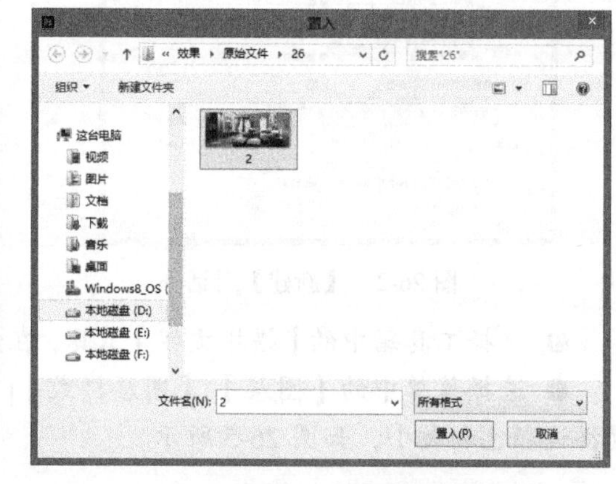

图 26-9 【置入】对话框

❾ 单击【置入】按钮，置入图像文件，并将其拖动到相应的位置，如图 26-10 所示。

❿ 选择工具箱中的【矩形】工具，在舞台中绘制三个不同颜色的矩形，如图 26-11 所示。

图 26-10 置入图像

图 26-11 绘制矩形

⓫ 选择工具箱中的【横排文字】工具，在矩形上面输入相应的文字，如图 26-12 所示。

⓬ 选择菜单中的【文件】|【置入】命令，弹出【置入】对话框，在弹出的对话框中选择相应的图像，将其置入到舞台中，如图 26-13 所示。

⓭ 选择工具箱中的【横排文字】工具，在矩形上面输入相应的文字，如图 26-14 所示。

⓮ 选择工具箱中的【矩形】工具，在舞台中绘制白色矩形，如图 26-15 所示。

⓯选择工具箱中的【横排文字】工具，在选项栏中设置相应的参数，在舞台中输入文字，如图 26-16 所示。

⓰ 选择工具箱中的【矩形】工具，在舞台中绘制三个灰色矩形，如图 26-17 所示。

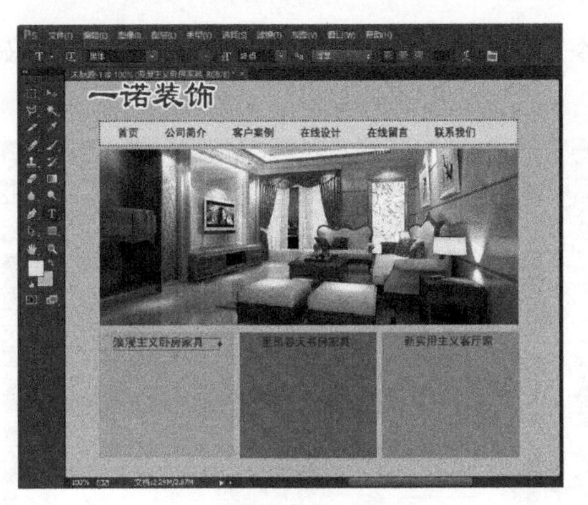

图 26-12　输入文本

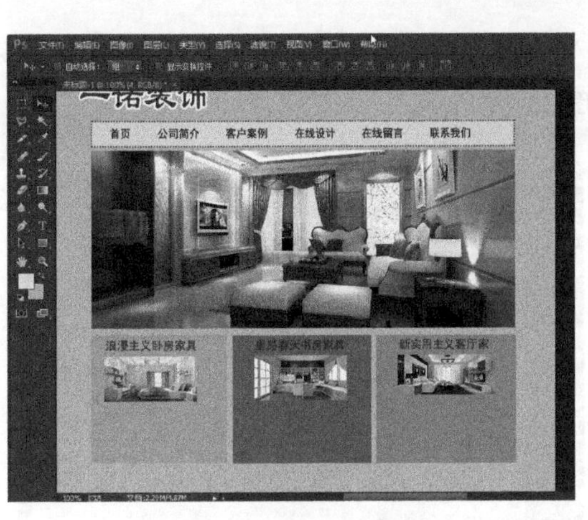

图 26-13　置入图像

图 26-14　输入文本

图 26-15　绘制矩形

图 26-16　输入文本

图 26-17　绘制矩形

⑰ 选择工具箱中的【横排文字】工具，在选项栏中设置相应的参数，在舞台中输入文字，如图 26-18 所示。

⑱ 选择工具箱中的【文件】|【置入】命令，弹出【置入】对话框，置入图像文件，如图 26-19 所示。

图 26-18　输入文本

图 26-19　置入图像文件

⑲ 选择工具箱中的【矩形】工具，在舞台中绘制矩形，如图 26-20 所示。

⑳ 选择工具箱中的【横排文字】工具，在舞台中输入相应的文本，如图 26-21 所示。

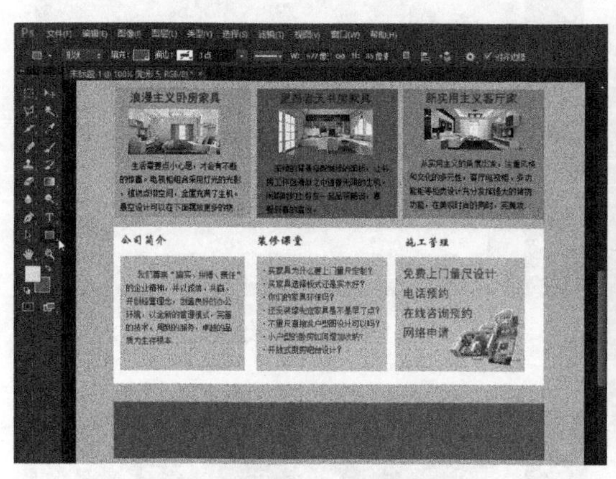

图 26-20　绘制矩形

图 26-21　输入文本

26.2.2　切割网站首页

使用切片工具可以将网页图像剪切成较小的切片。较小图像的加载速度更快，因此用户可以看到页面逐渐加载，而不是等待下载一个大图像。网站的首页如图 26-22 所示，切割的具体操作步骤如下。

原始文件	CH26/首页.jpg
最终文件	CH26/首页.html
学习要点	切割网站页

❶ 打开图像文件“首页 jpg”，选择工具箱中的【切片】工具，在舞台中单击绘制切片，如图 26-23 所示。

图 26.22 切割后的网页效果

图 26-23 绘制切片

❷ 选择菜单中的【文件】|【存储为 Web 所用格式】命令，弹出【存储为 Web 所用格式】对话框，如图 26-24 所示。

图 26-24 【存储为 Web 所用格式】对话框

❸ 在对话框中各个切片都作为独立文件存储，并具有各自独立的设置和颜色调板，单击【存储】按钮，弹出【将优化结果存储为】对话框，如图 26-25 所示。

❹ 单击【保存】按钮预览效果，如图 26-22 所示。

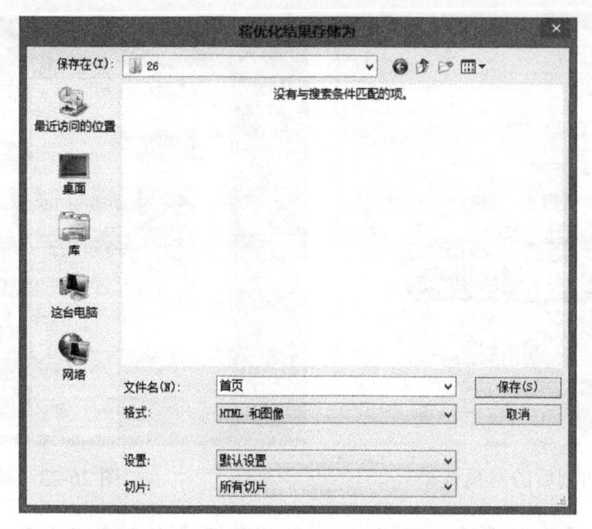

图 26-25 【将优化结果存储为】对话框

26.3 使用 CSS+Div 布局网站主页

一个网站的首页是这个网站的门面，访问者第一次来到网站首先看到的就是首页，所以首页的好坏对整个网站的影响非常大。

26.3.1 分析架构

最终文件	CH26/index.html
学习要点	使用 CSS+Div 布局网站主页

公司信息发布型网站是企业网站的主流形式，因此信息内容显得更为重要，该种类型网站的网页页面结构设计主要包括公司简介、产品展示、服务等方面。与一般的门户型网站不同，企业网站相对来说信息量比较少。作为一个企业网站，除了在网站上发布常规的信息之外，还要重点突出用户最需要的内容。本例制作的企业网站主页，主要包括“关于我们”“网站建设”“网站推广”“主机域名”“联系我们”“友情链接”和“解决方案”等栏目。图 26-26 所示为页面布局图。

本章网页的结构属于；四行四列式布局。顶行用于显示 header 对象中的网站导航按钮和 Banner 信息，底部部分 footer 放置网站的版权信息，中间部分 special 和 botbody 显示网站的主要内容。

由于本网站包含大量的图文信息内容，浏览者面对繁杂的信息如何快速地找到所需信息，是需要考虑的一个首要问题。因此页面导航在网站中非常重要。

图 26-26 页面布局图

其页面中的 HTML 框架代码如下所示。

```
<div id="header">
</div>
<div id="special">
</div>
<div id="botbody">
        <div class="subdiv">
      </div>
        <div class="subdiv">
      </div>
     <div class="subdiv">
     </div>
     <div class="subdiv2">
     </div>
</div>
<div id="footerbig">
     <div id="footer">
     </div>
</div>
```

26.3.2 页面通用规则

CSS 的开始部分定义页面的 body 属性和一些通用规则，具体代码如下。

```
@charset "utf-8";
body{
    padding:0; margin:0; background:url(../images/bg.gif) repeat-x 0 0 #d6d7a0;
```

```
color:#111406;
   font-family:"trebuchet ms", arial, helvetica, sans-serif ;
   }
div, h1, h2, h3, h4, h5, img, form, ul, p, dl{padding:0; margin:0;}
ul{
   list-style-type:none; font-size:0;
   }
.spacer{
   clear:both; line-height:0; font-size:0;
   }
```

定义完网页的整体页边距和背景图片，以及网页内标题元素和ul元素的样式后，页面实例效果如图26-27所示。

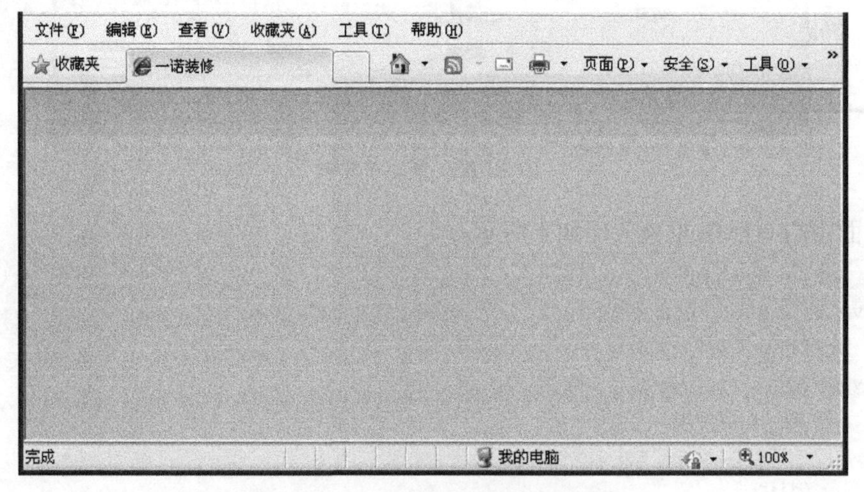

图26-27　定义页面通用规则后的效果

26.3.3　制作网站header导航部分

header部分主要包括有无序列表制作的导航、插入的Logo图片和查询表单。一般企业网站通常都将导航放置在页面的左上角，让用户一进入网站就能够看到。下面制作顶部导航部分，这部分主要放在header对象内，如图26-28所示。

图26-28　网站导航部分

❶ 首先使用Dreamweaver建立一个xhtml文档，名称为index.html，在【拆分】视图中，输入如下div代码建立导航部分框架，如图26-29所示。

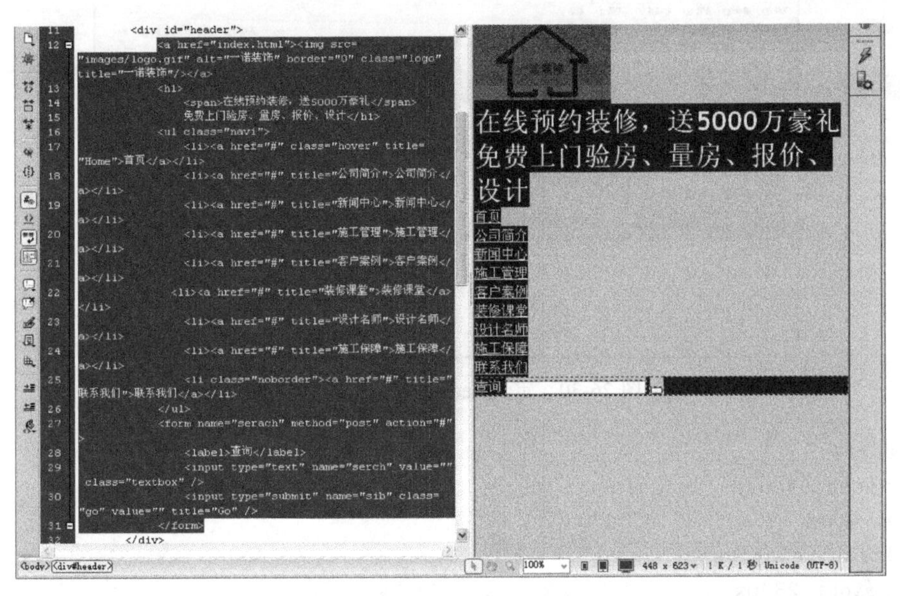

图 26-29　建立导航部分框架

```
<div id="header">
<a href="index.html"><img src="images/logo.gif" alt="一诺装饰" border="0"
class="logo" title="一诺装饰"/></a>
        <h1>
            <span>在线预约装修，送 5000 万豪礼</span>
             免费上门验房、量房、报价、设计</h1>
          <ul class="navi">
            <li><a href="#" class="hover" title="Home">首页</a></li>
             <li><a href="#" title="公司简介">公司简介</a></li>
             <li><a href="#" title="新闻中心">新闻中心</a></li>
             <li><a href="#" title="施工管理">施工管理</a></li>
             <li><a href="#" title="客户案例">客户案例</a></li>
             <li><a href="#" title="装修课堂">装修课堂</a></li>
             <li><a href="#" title="设计名师">设计名师</a></li>
             <li><a href="#" title="施工保障">施工保障</a></li>
             <li class="noborder"><a href="#" title="联系我们">联系我们</a></li>
          </ul>
          <form name="serach" method="post" action="#">
            <label>查询</label>
             <input type="text" name="serch" value="" class="textbox" />
             <input type="submit" name="sib" class="go" value="" title="Go" />
          </form>
</div>
```

❷ 下面定义外部 header 的宽度、高度、相对定位、背景图片等整体样式，定义完样式后的网页如图 26-30 所示。

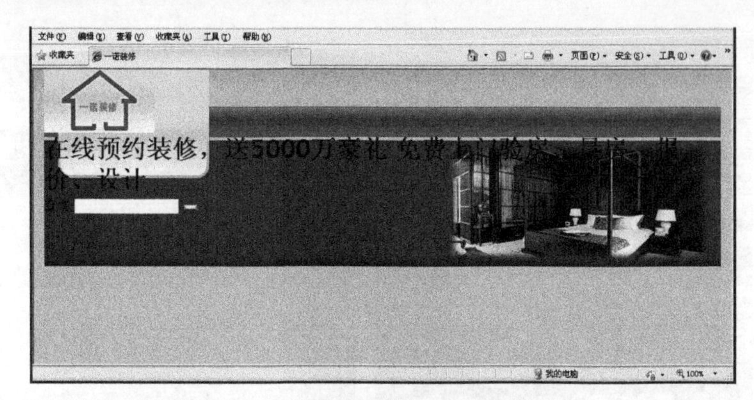

图 26-30　定义 header 部分的整体样式

```
    #header{
       width:994px;   margin:0   auto;   background:url(../images/header_pic.gif)
no-repeat 0 0;
    position:relative;
       height:280px;
    }
```

❸ 使用如下代码定义 logo 和无序列表的样式，如图 26-31 所示。

图 26-31　定义 logo 和无序列表的样式

```
    #header img.logo{
       display:block; font-size:0; position:absolute; left:49px; top:52px;
       }
    #header ul.navi{
       height:43px; position:absolute; left:245px; top:53px;
       }
    #header ul.navi li{
       float:left; border-right:#ecedb5 1px solid;
       }
    #header ul.navi li.noborder{
        border-right:none;
       }
    #header ul.navi li a{
       display:block;   padding:0   13px;   font-size:11px;   font-weight:bold;
```

```
line-height:43px; background-color:inherit;
        text-decoration:none; color:#ffffff;
        }
    #header ul.navi li a:hover{
        background:url(../images/navi_h_bg.gif) repeat-x 0 0;
        }
    #header ul.navi li a.hover{
        background:url(../images/navi_h_bg.gif) repeat-x 0 0; cursor:text;
        }
```

❹ 使用如下代码定义宣传文字“在线预约装修，送 5000 万豪礼”和“免费上门验房、量房、报价、设计”的样式，如图 26-32 所示。

图 26-32　定义宣传文字的样式

```
    #header h1{
        position:absolute; left:21px; top:171px; font-size:13px; line-height:22px;
    color:#8ad9d3; font-weight:bold;   background-color:inherit;
        }
    #header h1 span{
        display:block;   font:normal   44px/44px   arial,   helvetica,   sans-serif;
color:#ffffff ;
    background-color:inherit;
        }
```

❺ 使用如下代码定义搜索表单的样式和 Go 按钮的样式，如图 26-33 所示。

图 26-33　定义搜索表单的样式和 Go 按钮的样式

```
#header form{   position:absolute; left:647px; top:14px; height:26px;}
#header form label{
   padding:0  0  0  32px;  margin:0;  background:url(../images/search_icon.gif)
no-repeat 0 0;
width:58px;   height:26px;   line-height:26px;   color:#000000;   float:left;
font-size:13px;
font-weight:bold; background-color:inherit;}
#header form input.textbox{
   width:203px; height:21px; border-bottom:#d4ceaa 1px solid;
border-right:#d4ceaa 1px solid; border-top:#302a14 1px solid;
   border-left:#302a14 1px solid; float:left; margin:0 1px 0 0;   }
#header form input.go{
   width:29px;height:22px;float:left;cursor:pointer;font-size:0;border:none;
background:url(../images/go.gif) no-repeat 0 0;
   }
#header ul.login{
width:98px; position:absolute; right:22px; top:184px;}
#header ul.login li{
   display:block; margin:0 0 11px 0;}
#header  ul.login  li  a{display:block;  font-size:0;  text-indent:-2000px;
text-decoration:none;
width:98px; height:26px;}
#header ul.login li a.sub{background:url(../images/subscripbe.gif) no-repeat 0
0;  }
#header  ul.login  li  a.sub:hover{background:url(../images/subscripbe_h.gif)
no-repeat 0 0;   }
#header   ul.login   li   a.loginher{background:url(../images/login_here.gif)
no-repeat 0 0;}
#header ul.login li a.loginher:hover{background:url(../images/login_here_h.gif)
no-repeat 0 0;   }
```

26.3.4 制作网站 special 部分

special 部分主要放在 special 对象内，包括保修宣传文字信息和图片案例展示，如图 26-34 所示。

图 26-34　special 部分

❶ 首先输入如下 Div 代码建立 special 部分框架，如图 26-35 所示，可以看到没有定义网页样式，网页比较乱。

```
<div id="special">
      <h2 class="spea">首推十年保修服务</h2>
       <a href="#" class="spe2007" title="案例展示">案例展示</a>
```

```
            <dl>
                <dt>注重服务质量</dt>
              <dt>工程监理严格把关</dt>
              <dt>邀您鉴赏生活品质 </dt>
            </dl>
            <br class="spacer" />
    </div>
```

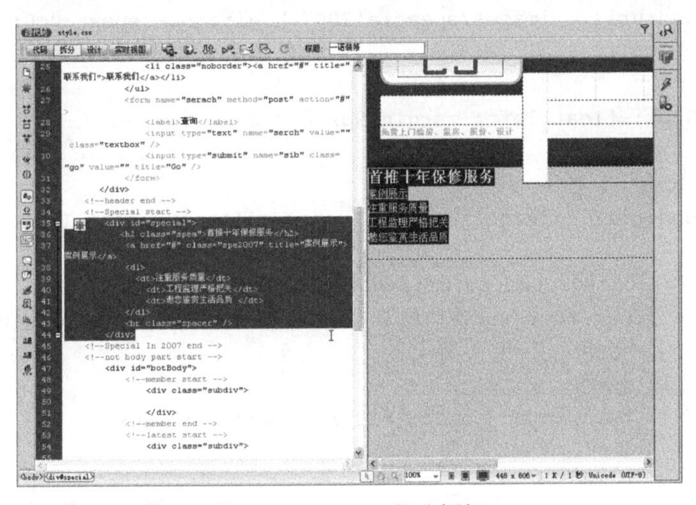

图 26-35　special 部分框架

❷ 首先定义 special 部分的宽度、边距、背景颜色等外观样式，如图 26-36 所示。

```
#special{
    width:954px; margin:5px auto 0 auto; padding:0 20px;
background:url(../images/special_bg.gif) repeat-x 0 0 #191919;
    color:#ffffff;
    }
```

图 26-36　定义 special 部分的宽度、边距、背景颜色等外观样式

❸ 接着使用如下 CSS 代码定义 special 部分内的文字样式，如图 26-37 所示。

```
#special h2.spea{
    width:600px; float:left; margin:17px 0 0 0; font:bold 28px/28px arial, helvetica,
sans-serif; display:block;
```

```
    }
#special a.spe2007{
    background:url(../images/speacial2007.gif)  no-repeat  0  0;  width:351px;
height:148px;
float:right; font-size:0;   text-indent:-2000px; text-decoration:none;
    }
#special a.spe2007:hover{
    background:url(../images/speacial2007_h.gif) no-repeat 0 0;
    }
#special dl{
    width:600px; float:left; margin:9px 0 0 0;
    }
#special dl dt{
    background:url(../images/special_arrow.gif) no-repeat 0 6px; padding:0 0 0
14px;
color:#b5b67c; background-color:inherit;
    font-size:13px; font-weight:bold; line-height:20px; margin:0 0 4px 0;
    }
#special dl dt span{
    color:#fff; background-color:#911515; padding:0 3px;
    }
```

图 26-37　定义 special 部分内的文字样式

26.3.5　制作会员登录部分

会员登录部分主要放在 botBody 对象的 subdiv 内，主要是会员登录窗口，如图 26-38 所示。

❶ 首先输入如下 Div 代码建立会员登录部分框架，如图 26-39 所示，可以看到没有定义网页样式，网页比较乱。

```
<div class="subdiv">
        <p class="top"> </p>
         <h2 >会员登录</h2>
          <form name="login" method="post" action="#">
            <label>输入姓名</label>
              <input type="text" name="text" value="" class="textbox" />
              <label>输入密码</label>
```

```
                <input type="password" name="password" value="" class="textbox" />
                <input type="checkbox" name="che" value="" class="check" />
              <a href="#" class="reme" title="Remember Me">忘记密码</a>
             <input type="submit" name="登录" value="" class="loginbut"
title="登录" id="登录" />
            <br class="spacer" />
            </form>
    </div>
```

图 26-38　会员登录部分

图 26-39　会员登录部分框架

❷ 使用如下 CSS 代码定义会员登录部分的整体样式，如图 26-40 所示。

图 26-40　定义会员登录部分的整体样式

```
#botbody{width:954px; margin:0 auto; padding:0 0 0 0;}
.subdiv{width:226px !important; float:left; margin:0 15px 0 0;
background:url(../images/sub_div_bg.gif) repeat-y 0 0 #d6d7a0; color:#5c5c5c;
    padding:0;}
```

❸ 使用如下 CSS 代码定义会员登录部分内的文本框和表单的样式，如图 26-41 所示。

图 26-41　定义会员登录部分内的文本框和表单的样式

```
    .subdiv .nomar{margin:0;}
    .subdiv p.top{  background:url(../images/sub_div_top.gif)  no-repeat  0  0;
width:226px;
    height:13px; font-size:0; padding:0 ; margin:0;display:block;}
    .subdiv p.bot{  background:url(../images/sub_div_bot.gif)  no-repeat  0  0;
width:226px;
    height:20px; font-size:0; padding:0; margin:0;display:block;  }
    .subdiv h2{background:url(../images/member_h2.gif) no-repeat 0 0 #fffffe;
    margin:0 5px 0 5px; display:block; padding:0 0 0 44px; height:41px; color:#ffffff;
    font:bold 16px/41px arial, helvetica, sans-serif; width:171px;    }
    .subdiv h2.event{background:url(../images/latest_h2_bg.gif) no-repeat 0 0;
    padding:0 0 0 58px; width:157px;}
    .subdiv h2.moreservices{background:url(../images/more_h2_service.gif) no-repeat
0 0;
    padding:0 0 0 51px; margin-bottom:19px; width:164px;}
    .subdiv h2.testi{background:url(../images/testimonia_h2_bg.gif) no-repeat 0 0;
    margin-bottom:19px;}
    .subdiv form{margin:0 0 61px 10px; width:194px;}
    .subdiv form label{ width:193px; float:left; height:27px;
    font:normal 10px/27px arial, helvetica, sans-serif;}
    .subdiv form input.textbox{width:189px; height:23px; border-bottom:#d4ceaa 1px
solid;
    border-right:#d4ceaa 1px solid; border-top:#302a14 1px solid;
        border-left:#302a14 1px solid; float:left; margin:0 1px 0 0;}
    .subdiv form input.check{width:16px; height:16px; float:left; margin:10px 7px 0
0;}
    .subdiv  form  a.reme{font:bold  11px/16px  arial,  helvetica,  sans-serif;
color:#830808;
    background-color:#ffffff; text-decoration:none; float:left;margin:9px 0 0 0;}
    .subdiv form a.reme:hover{color:#000000; background-color:#ffffff;}
    .subdiv form input.loginbut{width:50px; height:16px; float:right; cursor:pointer;
font-size:0;
    border:none;background:url(../images/login_but.gif) no-repeat 0 0; margin:10px
0 0 0;}
```

26.3.6　制作装修案例部分

装修案例部分主要放在 botBody 对象的 subdiv 内，主要是装修案例介绍，如图 26-42 所示。

❶ 首先输入如下 Div 代码建立装修案例部分框架，如图 26-43 所示，可以看到没有定义网页样式，网页比较乱。

图 26-42　装修案例部分

图 26-43　装修案例部分框架

```
<div class="subdiv">
            <p class="top"> </p>
             <h2 class="event">装修案例</h2>
                <div class="subdiv1">
                   <img src="images/pic.gif" alt="pic01" title="pic01" />
                   <h3>2013.06.07</h3>
                   <h4>红星大厦 </h4>
                   <p> </p>
                   <br class="spacer" />
                    </div>
                     <div class="subdiv1">
                      <img src="images/pic2.gif" alt="pic02" title="pic02" />
                      <h3>2013.06.07</h3>
                      <h4>幸运国际</h4>
                      <p> </p>
                     <br class="spacer" />
                     </div>
             <p class="more marTop"><a href="#" title="more">more</a></p>
             <p class="bot"> </p>
 </div>
```

❷ 使用如下代码定义装修案例部分的样式，如图 26-44 所示。

```
.subdiv .subdiv1{width:192px; margin:15px 0 0 18px;    }
.subdiv h4{color:#830808; background-color:#ffffff; font-size:11px;
```

```
    font-weight:normal; line-height:16px; margin:0 2px 0 20px;display:block;}
    .subdiv h4.green{color:#5a6c04; background-color:#ffffff; margin:0 2px 5px 20px;
    font-size:11px;line-height:16px; display:block; font-weight:bold;}
    .subdiv  .subdiv1  h3{color:#136c66;  background-color:#ffffff;  float:left;
width:140px;
    font:bold 11px/16px arial, helvetica, sans-serif;}
    .subdiv   .subdiv1   h4{float:left;   width:140px;   margin:0;   padding:0;
font-weight:bold;}
    .subdiv .subdiv1 p{ font-size:10px;  text-decoration:underline;  width:140px;
float:left;}
    .subdiv .subdiv1 img{display:block; font-size:0; float:right; }
    .subdiv p.martop{padding:13px 0 0 0;}
    .subdiv p.more{margin:12px 0 0 160px; }
    .subdiv    p.more    a{width:50px;    height:16px;    text-decoration:none;
text-align:center;
       font-weight:bold; font-size:10px; color:#ffffff; display:block;
    background:url(../images/more.gif) no-repeat 0 0 #fffffe;}
    .subdiv p.more a:hover{background:url(../images/more_h.gif) no-repeat 0 0;}
    .subdiv ul.servi{margin:0 0 0 20px; padding:0 0 24px 0;}
    .subdiv ul.servi li{display:block; background:url(../images/subdiv_arrow.gif)
     no-repeat 0 7px; padding:0 0 0 12px; }
    .subdiv    ul.servi    li    a{text-decoration:underline;    font-size:11px;
line-height:18px;
    color:#5c5c5c; background-color:#ffffff;
    font-family:"trebuchet ms", arial, helvetica, sans-serif}
    .subdiv ul.servi li a:hover{text-decoration:none;}
    .subdiv p.text{  font-size:11px; font-weight:bold; line-height:16px;
    padding:0 0 5px 0; margin: 0 0 0 20px;    }
```

图 26-44　定义装修案例部分的样式

此外主页还有公司新闻，装修常识的制作来制作其他部分与装修部分类似，这里限于篇幅就不再详细讲述了，读者可以根据本书提供的最终案例。